Behrooz Mashadi
David Crolla

**Antriebsstrangsysteme
in Kraftfahrzeugen**

D1724235

Beachten Sie bitte auch weitere interessante Titel
zu diesem Thema

Aifantis, K.E., Hackney, S.A.

Practical Guide to Li-Ion Batteries

2016
Print ISBN: 978-3-527-33786-6

Stein, E., Barthold, F.

Elastizitätstheorie für Ingenieure

Grundgleichungen, Energieprinzipien und Finite-Elemente-Methoden

2015
Print ISBN: 978-3-527-33736-1

Lange, G., Pohl, M. (Hrsg.)

Systematische Beurteilung technischer Schadensfälle
6. Auflage

2014
Print ISBN: 978-3-527-32530-6

Helm, D.

Einführung in die Kontinuumsmechanik

2014
Print ISBN: 978-3-527-33597-8

Mi, C.C., Masrur, A.A., Gao, D.D.

Hybridkraftfahrzeuge
Grundlagen und Anwendungen mit Perspektiven für die Praxis

2014
Print ISBN: 978-3-527-33662-3

Korpela, S.A.

Grundlagen der Strömungsmaschinen

2014
Print ISBN: 978-3-527-33663-0

Shabana, A.A.

Einführung in die Mehrkörpersimulation

2014
Print ISBN: 978-3-527-33664-7

Hartmann, S.

Technische Mechanik

2014
Print ISBN: 978-3-527-33699-9

Hartmann, S.

Technische Mechanik Prüfungstrainer

2014
Print ISBN: 978-3-527-33700-2

Behrooz Mashadi
David Crolla

Antriebsstrangsysteme in Kraftfahrzeugen

Übersetzt von Kurt Wener

Verlag GmbH & Co. KGaA

Titel der Originalausgabe: Crolla/Mashadi
„Vehicle Powertrain System" (Print ISBN
978-0-470-66602-9)

© All Rights Reserved. Authorised translation
from the English language edition published by
John Wiley & Sons Limited. Responsibility for
the accuracy of the translation rests solely with
Wiley-VCH Verlag GmbH. & Co. KGaA and is
not the responsibility of John Wiley & Sons
Limited. No part of this book may be reproduced
in any form without the written permission of
the original copyright holder, John Wiley & Sons
Limited.

MATLAB® ist ein eingetragenes Warenzeichen
von The MathWorks, Inc. und wird im Text mit
freundlicher Genehmigung von The
MathWorks, Inc. verwendet.

Autoren

Behrooz Mashadi
Iran University of Science and Technology
Iran

David Crolla †
University of Sunderland
United Kingdom

Übersetzung

Kurt Wener
Translation Knowledge Work(s)
Bleicherstr. 11
31137 Hildesheim

**Bibliografische Information der
Deutschen Nationalbibliothek**
Die Deutsche Nationalbibliothek verzeichnet
diese Publikation in der Deutschen Nationalbi-
bliografie; detaillierte bibliografische Daten sind
im Internet über http://dnb.d-nb.de abrufbar.

© 2014 WILEY-VCH Verlag GmbH & Co. KGaA,
Boschstr. 12, 69469 Weinheim, Germany

Umschlaggestaltung Formgeber, Mannheim
Typesetting le-tex publishing services GmbH,
Leipzig, Germany
Druck und Bindung Markono Print Media
Pte Ltd, Singapore

Print ISBN 978-3-527-33661-6
ePDF ISBN 978-3-527-67803-7
ePub ISBN 978-3-527-67805-1
Mobi ISBN 978-3-527-67804-4

Gedruckt auf säurefreiem Papier

Inhaltsverzeichnis

Dieses Buch ist Professor David Crolla gewidmet, der unerwartet früh, während dieses Buch in der Fertigstellung war, verstorben ist. David Crolla führte ein ungewöhnlich erfülltes und produktives Leben, sowohl bei der Arbeit als auch im Privaten, er war sehr erfolgreich und beliebt. David Crolla war ein führender Forscher, ein inspirierender Lehrer, ein exzellenter Doktorvater und ein Freund für viele. Seine Energie, sein Enthusiasmus und unbändiger Humor haben mich und jeden, der ihn kannte, sehr beeindruckt. Er wird uns fehlen und sein wichtiger Beitrag zur Veröffentlichung dieses Buches wird uns immer in Erinnerung bleiben.

Die Autoren

Behrooz Mashadi ist Associate Professor am Department of Automotive Engineering der Iran University of Science and Technology (IUST) in Teheran, Iran. Er legte sein Bachelor of Science (BSc) und Master of Science (MSc) in Mechanical Engineering an der Isfahan University of Technology (IUT) in Isfahan, Iran, ab und und erhielt seinen Doktorgrad – PhD degree in Vehicle Dynamics Engineering – an der University of Leeds 1996 bei Professor D. A. Crolla. Danach war Mashadi an verschiedenen Forschungsprojekten in der Automobilindustrie beteiligt und wurde 2002 akademischer Mitarbeiter am IUST.

Er entwickelte eine Vielzahl von Vorlesungen und Kursen für Studierende und Doktoranden im Bereich der Automobiltechnik. Er arbeitete als Deputy for Education im Department of Automotive Engineering und ist derzeit Deputy of the Automotive Research Centre beim IUST, dem führenden Forschungszentrum für Automobiltechnik im Iran.

Zu seinen aktuellen Forschungsgebieten gehören Antriebsstrangsysteme, Hybrid-Antriebskonzepte, Fahrzeugdynamik, Fahrzeugmodellierung, Simulation und Steuerung. Er schrieb über 100 Fachartikel für Zeitschriften und Konferenzen. Er ist zudem Redaktionsmitglied in verschiedenen internationalen Fachzeitschriften.

David Crolla, FREng, war Visiting Professor of Automotive Engineering an den Universitäten von Leeds, Sunderland und Cranfield. Nach Abschluss des Studiums an der Loughborough University arbeitete er zunächst als Entwicklungsingenieur in der Offroad-Fahrzeugtechnik und ging anschließend an die University of Leeds (1979–2001), wo er das Mechanical Engineering Department leitete. Zu seinen Forschungsgebieten zählen Fahrzeugdynamik, Fahrwerksregelsysteme, Antriebsstrangsysteme, Radaufhängungssysteme und Terramechanik. Er veröffentlichte über 250 Artikel für Fachzeitschriften und Konferenzen.

Zu seinen Aktivitäten zählen die Forschung an Low Carbon Vehicles, Schnellkurse über Fahrzeugdynamik und Fahrgestellregelsysteme für die Industrie sowie beispielsweise die technische Beratertätigkeit für den 1000mph Geschwindigkeitsrekord-Versuch von BLOODHOUND SSC.

Er war Chefredakteur der weltweit ersten *Encyclopedia of Automotive Engineering*, die 2015 erscheinen soll.

Vorwort

Mit dem Verfassen dieses Buches haben wir versucht, uns gleichermaßen an den Anforderungen von Studierenden der Fachrichtung Automobiltechnik und an den Anforderungen der Ingenieure in der Automobilindustrie zu orientieren. Für Studierende der Ingenieurwissenschaften hoffen wir, nachvollziehbare Erläuterungen zu den Hintergründen von Entwurf und Auslegung von Fahrzeug-Antriebssystemen gegeben zu haben. Für Ingenieure aus der Automobilindustrie haben wir versucht, eine umfassende Einführung in den Themenkomplex zu geben, mit dem sich künftige Fachbücher, beispielsweise über Verbrennungsmotoren, Kraftübertragungen oder Hybrid-elektrische Komponenten befassen werden.

Das Buch ist aus unserer jeweiligen Lehrtätigkeit an einer Reihe von Universitäten, darunter Iran University of Science and Technology (IUST), Teheran, sowie an den Universitäten von Leeds, Sunderland und Cranfield entstanden. Im Unterschied zu anderen Lehrbüchern haben wir versucht, zwei wichtige Themen in unseren Texten einzubeziehen:

1. die Aufnahme zahlreicher Arbeitsbeispiele und die Bereitstellung von MATLAB®-Code-Beispielen für viele der Probleme.
2. Eine systematische Vorgehensweise für die konstruktive Bestimmung des Antriebsstrangs – wobei wir die Integration und Interaktionen zwischen allen Komponenten, beispielsweise von Verbrennungsmotor, Getriebe, Achsantrieb, Rädern und Reifen bei der Analyse der Gesamt-Performance des Fahrzeugs in den Fokus gestellt haben.

Unsere Erfahrung in der Lehrtätigkeit mit Studierenden sagt uns, dass eine der besten Methoden, die ingenieurwissenschaftlichen Grundlagen zu erlernen, darin besteht, Probleme selbst praktisch zu erarbeiten. Daher haben wir versucht, eine große Zahl von Übungen mit ausgearbeiteten Lösungen, oft mit dem zugehörigen MATLAB-Code, bereitzustellen. Wir hoffen, dass die Leser diese Programme interessant finden und selbst modifizieren, um Performance-Probleme zu untersuchen.

Der Begriff „systemischer" oder „systematischer" Ansatz wird in den Ingenieurwissenschaften weitläufig verwendet, bleibt aber oft in dem jeweiligen Kontext im Unklaren. Hier meinen wir, dass es für das Verständnis der Fahrzeug-Performance notwendig ist, alle Komponenten des Triebstranges zusammen zu analysieren und zu prüfen, wie sie interagieren und wie der Konstrukteur sie in koordinierter Art und Weise integrieren kann. Unsere Erfahrung hat uns gelehrt, dass es relativ wenige Nachschlagewerke gibt, die diesen kritischen Integrationsgedanken umfassend abhandeln.

Derzeit steht die Automobilindustrie unter beachtlichem Druck, den Energieverbrauch zu minimieren und die globalen Emissionen zu senken. Das hat zu einer sprunghaften Zunahme des Interesses an alternativen Antriebskonzepten geführt – und zur Entwicklung einer breiten Palette von elektrisch angetriebenen und Hybrid-elektrischen Fahrzeugen. Dennoch scheinen die Verbraucher nicht gewillt, auf einige der traditionellen Aspekte der Fahrzeug-Performance, wie beispielsweise Beschleunigung, Geschwindigkeit etc. im Interesse des Gesamtenergieverbrauchs zu verzichten. Fahrkomfort bleibt ein entscheidender Punkt für den kommerziellen Erfolg eines Fahrzeugs und es gibt ein Verlangen nach „Fahrspaß". Daher bleibt es eine große Herausforderung bei der Fahrzeugentwicklung, den richtigen Kompromiss zwischen Performance und Energieeffizienz des Fahrzeugs zu finden. Wir haben versucht, mit diesem Buch diese oft widersprüchlichen Aspekte des Fahrzeugverhaltens umfassend abzuhandeln.

Antriebsstrangsysteme wird parallel auf einer Webseite[1] angeboten. Hier findet der Leser eine Anleitung zu Lösungen mit detaillierten Erläuterungen zu den Lösungsmethoden für mehr als hundert Übungen, die in diesem Buch enthalten sind. Die Mehrzahl der Probleme können in einer MATLAB-Arbeitsumgebung gelöst werden und die Programm-Listings werden ebenfalls bereitgestellt. Über die Arbeitsbeispiele des Buches selbst hinaus bietet die Webseite wertvolle Anleitungen und Erklärungen für Studierende.

Schließlich möchten wir allen unseren Kollegen und Freunden danken, die auf die eine oder andere Weise zu diesem Buch beigetragen und uns beim Schreiben dieses Textes beeinflusst haben.

1) www.wiley.com/go/mashadi.

Abkürzungen

2WD	2-Wheel Drive, Zweiradantrieb
4WD	4-Wheel Drive, Vierradantrieb
AC	Alternating Current, Wechselstrom
AFR	Air-Fuel Ratio, Verhältnis Luft zu Kraftstoff
Ah	Amp-hour, Amperestunde
AMT	Automated Manual Transmission, automatisiertes Schaltgetriebe
AT	Automatic Transmission, Automatikgetriebe
BAS	Belted Alternator Starter, riemenbetriebener Startergenerator
BD	Block-Diagramm
BDC	Bottom Dead Centre, unterer Totpunkt
BLDC	Brushless-DC, bürstenloser Gleichstrommotor
BMEP	Brake Mean Effective Pressure, effektiver Mitteldruck
BMS	Battery Management System, Batteriemanagementsystem
BSFC	Brake Specific Fuel Consumption, spezifischer Kraftstoffverbrauch
CAFE	Corporate Average Fuel Economy, spezifischer Flottenausstoß eines Herstellers
CI	Compression Ignition, Zündung durch Verdichtung
CO_2	Kohlendioxid
COP	Conformity of Production, Nachweis der Fähigkeit zur Serienfertigung von Produkten
CPP	Constant Power Performance, Performance mit konstanter Leistungsabgabe
CSM	Charge Sustaining Mode, CS-Modus, Ladungserhaltungsmodus
CTP	Constant Torque Performance, Performance bei konstanter Drehmomentabgabe
CVT	Continuously Variable Transmission, CV-Getriebe, stufenloses Getriebe
DC	Direct Current, Gleichstrom
DCT	Dual Clutch Transmission, Doppelkupplungsgetriebe
deg.	Degree, Grad
DOF	Degree of Freedom, Freiheitsgrad
DOH	Degree of Hybridization, Hybridisierungsgrad

EC	Eddy Current, Wirbelstrom
ECU	Engine Control Unit, Motorsteuergerät
EFCC	Efficient Fuel Consumption Curve, EFCC-Kurve
EGR	Exhaust Gas Recirculation
EM	Electric Motor, Elektromotor
EMS	Engine Management System, Motormanagementsystem (MMS)
EOP	Engine Operating Point, Motorbetriebspunkt Verbrennungsmotor
EPA	Environmental Protection Agency, US-Umweltschutzbehörde
EREV	Extended Range Electric Vehicle, Elektrofahrzeug mit Reichweiten-Extender
EUDC	Extra-Urban European Driving Cycle, EU-Überlandfahrzyklus
EV	Electric Vehicle, Elektrofahrzeug
FBD	Free Body Diagram, Freikörperbild
FC	Fuel Consumption, Kraftstoffverbrauch
FCVs	Fuel Cell Vehicles, Brennstoffzellenfahrzeuge
FEAD	Front Engine Accessory Drive, Aggregatetrieb auf der Vorderseite des Verbrennungsmotors
FEM	Finite-Elemente-Methode
FTP	Federal Test Procedure, US-Testverfahren
FTP	Fixed Throttle Performance, Performance mit feststehender Drosselklappe
FWD	Front-Wheel Drive, Vorderradantrieb
GDI	Gasoline Direct Injection, Benzindirekteinspritzung
HC	Hydrocarbons, Kohlenwasserstoffe
HCCI	Homogeneous Charge Compression Ignition, HCCI-Verbrennung
HEV	Hybrid Electric Vehicle, hybridelektrisches Fahrzeug
IC	Internal Combustion, innere Verbrennung
hp	hp „horse power", englische Kurzform für „brake horse power" (bhp), Pferdestärke, nicht identisch mit der Pferdestärke nach DIN 70020
ICE	Internal Combustion Engine, Verbrennungskraftmaschine
IMEP	Indicated Mean Effective Pressure, effektiver Mitteldruck
I/O	Input/Output, Eingang/Ausgang (E/A)
ISG	Integrated Starter-Generator, Integrierter Starter-Generator
ISO	International Standard Organization
IVT	Infinitely Variable Transmission
kg/J	Kilogramm pro Joule
kWh	kW-hour, Kilowattstunde
l	Liter
lbs/(hp h)	Pfund pro Perdestärke (s. auch „hp") und Stunde
LCV	Low Carbon Vehicle, „kohlenstoffarmes" Fahrzeug
LS	Low Speed, geringe Geschwindigkeit
MAP	Manifold Absolute Pressure, Absolutdruck im Saugrohr
MC	Motor Controller, Motorsteuergerät (E-Motor)
MCU	Motor Control Unit, Motorsteuergerät (E-Motor)
MG	Motor/Generator, Motor-Generator

MPa	Megapascal
MPD	mechanische Leistungsaufteilung
MPI	Multi-point Injection, Mehrpunkteinspritzung
MT	Magic Torque (Formel), Drehmoment-„Zauberformel"
MT	Manual Transmission, Handschaltgetriebe, manuelles Schaltgetriebe
NEDC	New European Driving Cycle, Neuer Europäischer Fahrzyklus (NEFZ)
NOx	Oxides of Nitrogen, Stickoxide
NRF	No Resistive Force, NRF-Modell, Modell ohne Fahrwiderstandskraft
NVH	Noise, Vibration and Harshness, von Geräuschen, Schwingungen und Stößen verursachte Phänomene
OOL	Optimal Operating Line, optimale Betriebslinie
PCP	Pedal Cycle Performance, Gaspedalzyklus-Performance
PGS	Planetary Gear Set, Planetenradsatz, Planetengetriebe
PHEV	Plug-in Hybrid Electric Vehicle, Plug-in-Hybrid-Elektrofahrzeug, Steckdosenhybrid
PID	Proportional Integral Derivative, Proportional-Integral-Differenzial
PSD	Power Split Device, Power-Split-Vorrichtung, Leistungsteilungsvorrichtung, Leistungsweiche
RMS	Root Mean Square, Quadratmittel
rpm	Revs Per Minute, Umdrehungen pro Minute (1/min)
RWD	Rear-Wheel Drive, Hinterradantrieb
SCU	Supervisory Control Unit, übergeordnete Steuereinheit
SFG	Single Flow Graph
SI	Spark-Ignition, Fremdzündung
SOC	State of Charge, Ladezustand
SPH	Series-Parallel Hybrid, SP-Hybrid
TA	Type Approval, Typ-Genehmigung
TAD	Torque Amplification Device, Drehmomentverstärkungsvorrichtung
TBI	Throttle Body Injection, Saugrohreinspritzung
TC	Torque Converter, Drehmomentwandler
TDC	Top Dead Centre, OT, oberer Totpunkt
THS	Toyota Hybrid System
TPS	Throttle Position Sensor, Drosselklappen-Positionssensor
VVT	Variable Valve Timing, variable Ventilsteuerung
Wh	Watt hour, Wattstunde
WOT	Wide-Open Throttle, vollständig geöffnete Drosselklappe

1
Fahrzeugantriebskonzepte

1.1
Antriebskonzepte

In den letzten 100 Jahren haben Kraftfahrzeuge unser Leben verändert. Sie haben uns die Mobilität verliehen, die wir bei all unseren Geschäftsaktivitäten rund um den Globus nutzen. Zudem haben sie Millionen von uns neue Möglichkeiten gegeben, die erst mit dem Individualverkehr möglich wurden. Das Herzstück jedes Fahrzeugs ist das Antriebssystem. Die Technik des Antriebssystems stellt die die treibende Kraft für die Mobilität bereit.

Der Kraftquellenabtrieb – bis heute meist eine Verbrennungskraftmaschine – wird über ein System zur Kraftübertragung und den Antriebsstrang kontrolliert und wird als Zugkraft an die Räder abgegeben. Alle diese Komponenten, die zusammen auch als Antriebssystem oder kurz Antrieb bezeichnet werden, werden vom Fahrer kontrolliert. Anspruchsvolle Fahrer nehmen, so glaubt die Automobilindustrie, eine Reihe von Performance-Kriterien wahr. Beispielsweise sind Beschleunigung, Höchstgeschwindigkeit, Kraftstoffverbrauch, Steigfähigkeit oder Anhängelast einige der augenscheinlicheren quantitativen Merkmale. Aber subjektive Kriterien wie Fahrverhalten, Fahrspaß, technische Ausgereiftheit und Fahrvergnügen spielen eine wichtige Rolle beim wirtschaftlichen Erfolg von Fahrzeugen. Andererseits fordert die Gesellschaft verschiedene Leistungsanforderungen ein – wovon in jüngerer Zeit Emissionswerte und CO_2-Ausstoß von Fahrzeugen im Vordergrund stehen. Die Regierungen gehen so weit, Herstellern sogar Gesamtemissionswerte für ihre Fahrzeugflotten vorzugeben.

Um all diese widersprüchlichen Anforderungen erfüllen zu können, müssen die Ingenieure das gesamte Antriebssystem beherrschen. Wenn es ein durchgehendes Thema in diesem Buch gibt, dann ist dies, dass das Gesamtsystem analysiert werden muss, bevor Fahrzeugmobilität wirklich verstanden werden kann – inklusive Fahrer, Motor, Kraftübertragung, Fahrzyklen usw. Ziel dieses Kapitels ist es, dieses Hintergrundwissen bereitzustellen.

Antriebssysteme in Kraftfahrzeugen, Erste Auflage. Behrooz Mashadi, David Crolla.
©2014 WILEY-VCH Verlag GmbH & Co. KGaA. Published 2014 by WILEY-VCH Verlag GmbH & Co. KGaA.

1.1.1
Systemansatz

Das Kernthema dieses Buches besteht in der Vorgabe eines systematischen Lösungsansatzes für das Antriebskonzept eines Fahrzeugs. Einfach ausgedrückt geht es darum, alle Einzelkomponenten des Antriebsstrangs zu betrachten und zu analysieren, wie sie zusammen funktionieren und interagieren. Letztlich ist die Zielsetzung natürlich, das Gesamtverhalten des Fahrzeugs hinsichtlich Geschwindigkeit, Beschleunigung, Steigfähigkeit, Kraftstoffverbrauch usw. vorausberechnen zu können.

Zunächst wird das Verhalten der Triebstrangkomponenten analysiert – danach werden sie als Komplettsystem zusammen betrachtet, um den gesamten Triebstrang des Fahrzeugs zu erfassen, also von der Antriebsmaschine, die zumeist auch heute noch ein Verbrennungsmotor ist, über die Kraftübertragung – Kupplung, Getriebe, Differenzial usw. – bis hin zum Achsantrieb der Räder. Das Wichtige daran ist, dass der Fahrzeugkonstrukteur nur dann die gewünschten Leistungsmerkmale erreichen kann, wenn er den Antriebsstrang aus der Systemebene betrachtet. Beim Systemansatz für beliebige Systeme ist die Festlegung der Systemgrenzen die eigentlich problematische Aufgabe. Betrachtet man beispielsweise den Gesamtenergieverbrauch eines Pkw, sieht das System wie in Abb. 1.1 aus – wobei hier die Energie von der Primärenergiequelle bis zur Nutzung für den Vortrieb des Fahrzeugs bilanziert wird. Bei der Planung eines Antriebssystems ist dieser Zusammenhang von Bedeutung. Dieser wird häufig als Well-to-Wheel-Analyse des Energieverbrauchs bezeichnet.

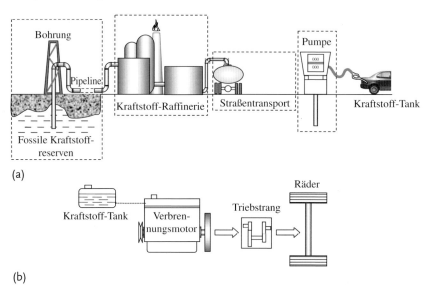

Abb. 1.1 Gesamtenergiewandlungsprozess im Kraftverkehr – Well-to-Wheel-Analyse (W2W-Analyse); (a) Bohrung bis Tank, (b) Tank bis Rad.

1.1.2
Geschichtliches

Es gibt Hunderte faszinierender Bücher, die sich mit der Entwicklungsgeschichte des Automobils befassen. Es ist nicht Ziel dieses Buches, über die Geschichte der Automobiltechnik nachzusinnen. Allerdings gibt es einige interessante Beobachtungen, die den Rahmen für unsere Analyse von Antriebssystemen stecken.

1997 veröffentlichte die SAE (Society of Automotive Engineers) anlässlich ihres hundertjährigen Bestehens ein informatives Buch [1] über die Geschichte des Automobils. Jedes Kapitel wurde von einem ausgewählten US-Experten geschrieben und alle Komponenten des Antriebs – Triebwerk (Motor), Kraftübertragung, Reifen usw. – wurden behandelt. Aus dem Blickwinkel der technischen Innovationen ist unzweifelhaft, dass Ende des 19. und Anfang des 20. Jahrhunderts eine Fülle von innovativen Konstruktionen veröffentlicht wurden. Allerdings wurden sie erst viele Jahrzehnte später durch verbesserte Werkstoffeigenschaften und Massenfertigungsverfahren praktisch nutzbar. Beispielsweise gab es jede Menge ziemlich komplexer Konstruktionen, etwa Automatikgetriebe und stufenlose Automatikgetriebe, die in dieser Zeit patentiert wurden, aber erst einige Jahrzehnte später kommerziell genutzt werden konnten. Die historische Entwicklung der Fertigung, die Massenproduktion und das wirtschaftliche Umfeld der Automobiltechnik werden in einem exzellenten Buch von Eckman [2] beschrieben.

Die beiden wichtigsten Komponenten von Antriebssystemen – der Verbrennungsmotor und das Getriebe – wurden aus historischer Perspektive beleuchtet. Der Titel des Buches von Daniels „Driving Force" [3] (Anm. d. Übersetzers: etwa „Treibende Kraft") erklärt die Rolle des Verbrennungsmotors als dominante Kraftquelle für Kraftfahrzeuge im 20. Jahrhundert. Daniels gibt einen umfassenden Überblick über die detaillierte technische Entwicklung von Motorenkonstruktionen – von den ersten Anfängen 1876 mit dem stationären Ottomotor bis zu den modernen Motoren, die sich ebenso durch intelligente Steuerungssysteme wie durch mechanische Konstruktionen auszeichnen.

Aus der Sicht der Ingenieure waren die Entwicklungen des 20. Jahrhunderts im Bereich der Kraftübertragung ebenso wichtig. Aus Systemsicht muss man dem Argument zustimmen, denn der Verbrennungsmotor gibt nur über einen begrenzten Drehzahlbereich Leistung ab. Somit kommt dem Getriebe eine entscheidende Rolle bei der Leistungswandlung in eine an den Rädern nutzbare Form zu. Gott [4] verfolgt die Geschichte technischer Entwicklungen anhand der Getriebe – wenn auch mit einer Vorliebe für die in den USA bevorzugten Automatikgetriebe. Das stärkt allerdings den systematischen Ansatz, denn die Steuerung des Getriebes muss vollständig in der Motormanagementsteuerung integriert sein.

Dieser ganzheitliche Ansatz, bei dem alle beteiligten Komponenten des Antriebsstrangs in ihrem Zusammenwirken betrachtet werden, führt zu der Idee der Systemoptimierung. Beispielsweise ist es sehr wichtig, die Einzelkomponenten schon beim Entwurf optimal zu gestalten. Andererseits ist ebenso klar, dass das Ziel immer sein muss, alle Komponenten als Gesamtsystem optimal aufeinander abzustimmen.

1.1.3
Herkömmliche Antriebe

Dieses Buch beschreibt hauptsächlich sogenannte konventionelle Antriebe. Dabei treibt ein Verbrennungsmotor die Räder eines Fahrzeugs über eine Kraftübertragungseinheit an, zu der Getriebe und Achsantrieb gehören. In Abb. 1.2 ist ein typisches Fahrzeug mit Frontmotor und Heckantrieb dargestellt. Dazu sind die entsprechenden Buchkapitel aufgeführt. Die am häufigsten anzutreffende Pkw-Konstruktion ist die Variante mit Frontmotor und Vorderradantrieb (FWD, Front-Wheel Drive). Die Prinzipien, die bei der Analyse des Antriebs angewendet werden, sind aber dieselben wie beim Heckantrieb.

2009 wurde die Zahl der Pkw und leichten Nutzfahrzeuge auf ca. 900 Millionen geschätzt, wobei in dem Jahr rund 61 Millionen neue Pkw/leichte Nutzfahrzeuge produziert wurden. Der überwiegende Teil dieser Fahrzeuge – über 99 % – nutzen die oben beschriebenen konventionellen Antriebssysteme. Daher ist klar, dass die Prinzipien zu Analyse und Verständnis der herkömmlichen Antriebssysteme, die in diesem Buch beschrieben werden, sicher noch mehrere Jahrzehnte von Interesse sein werden, trotz des seit ca. 2000 enorm gestiegenen Interesses an alternativen Antriebssystemen. Diese werden allgemein als „kohlenstoffarme Fahrzeuge" (LCVs, Low Carbon Vehicles) bezeichnet.

1.1.4
Hybridantriebe

Ende des 19. und Anfang des 20. Jahrhunderts begeisterten sich die Ingenieure an dem durch das Kraftfahrzeug möglich gewordenen Individualverkehr. Es waren drei Technologien, die als Triebwerke konkurrierten – Dampf, Elektrizität und Benzin. Jede hatte eigene Vor- und Nachteile, darum war damals keineswegs klar, welche Technik sich langfristig durchsetzen würde. Tatsächlich ergab eine Zählung

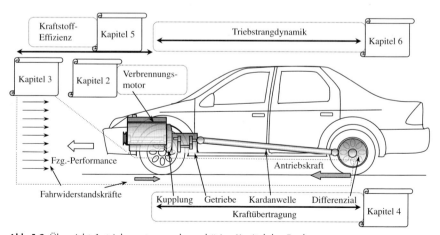

Abb. 1.2 Übersicht Antriebssystem und zugehörige Kapitel des Buches.

im Jahr 1900 in den Oststaaten der USA [5], dass jede Technologie zu rund einem Drittel vertreten war. Allerdings führten die Pferdekutschen zu der Zeit hinsichtlich der Gesamtzahl noch deutlich!

Die Dampfmaschine hatte damals eine längere technische Entwicklung hinter sich. Daher war sie hinsichtlich der installierten Leistung im Vorteil. Aber die Kraftstoffausbeute war gering. Zudem musste der Kessel vor der Fahrt auf Temperatur gebracht werden. Sowohl die Wasserbevorratung als auch der Gebrauch waren problematisch. Elektrische Fahrzeuge waren sehr vielversprechend – sie waren leise, sauber und erstaunlich einfach zu bedienen. Die limitierte Reichweite durch die geringe Speicherkapazität der Batterie war damals das Hauptproblem – es ist bis heute nicht gelöst. Benzinfahrzeuge waren in der damaligen Zeit noch nicht sehr weit entwickelt und schienen extrem störanfällig. Sie ließen sich zudem schwer anlassen. Wenn sie liefen, waren sie laut, schmutzig und recht unzuverlässig. Allerdings war ihr fundamentaler Vorteil – das wissen wir heute – die Energiedichte von Benzin. Sie war um den Faktor 300 höher als die der Blei-Säure-Batterie. Damit war es lohnenswert, in Ingenieursleistungen für benzingetriebene Antriebe zu investieren – und dieser Ansatz der unaufhaltsamen Weiterentwicklung und Verfeinerung dieses Konzepts hält bis heute an.

Angesichts der damaligen Diskussionen über das optimale automobile Triebwerk ist es nicht überraschend, dass verschiedene zukunftsorientierte Ingenieure die Kombination zweier verschiedener Kraftquellen vorschlugen, um die Vorteile beider Quellen zu nutzen – daher war bereits um die Jahrhundertwende zum 20. Jahrhundert die Idee eines Hybridfahrzeugs geboren. Damals sprach man noch nicht von einem „Hybridauto", allerdings ist es schon bemerkenswert, dass beispielsweise der 1902 von Woods realisierte „gaselektrische" Wagen [5] den heutigen seriellen Hybridfahrzeugen konstruktiv sehr ähnlich ist. Das Fahrzeug wurde von einem Elektromotor angetrieben, der auch als Generator diente. Der Wagen konnte bei geringer Geschwindigkeit nur von der Batterie angetrieben werden. Zum Laden der Batterie konnte der wegen des Elektromotors kleinere Benzinmotor genutzt werden. Zudem verfügte auch dieses Fahrzeug schon über eine regenerative Bremsanlage.

Obschon es eine beachtliche Zahl verschiedenster Antriebskonzepte für Hybridfahrzeuge gibt, sind heutzutage drei Architekturen von besonderem Interesse, alle direkt verknüpft mit kommerziell erhältlichen Modellen. Die drei Arten werden in Abb. 1.3 dargestellt und sind:

1. Plug-in-elektrisches Fahrzeug (EV), z. B. Nissan Leaf,
2. EV mit Range-Extender, z. B. Chevrolet Volt,
3. hybridelektrisches Fahrzeug (HEV), z. B. Toyota Prius.

Kapitel 7 stellt die hochaktuellen Hybridantriebe vor. Es ist nicht beabsichtigt, eine umfassende Behandlung der sich rasant entwickelnden Hybridfahrzeugtechnologie zu liefern – zu diesem Thema gibt es bereits viele exzellente Bücher, die am Ende von Kapitel 7 auch aufgeführt sind. Das Kapitel soll vielmehr zeigen, wie die gleichen Analysemethoden für Antriebe, die das zentrale Thema dieses Fachbuches darstellen, auch auf unterschiedliche Technologien angewendet werden kön-

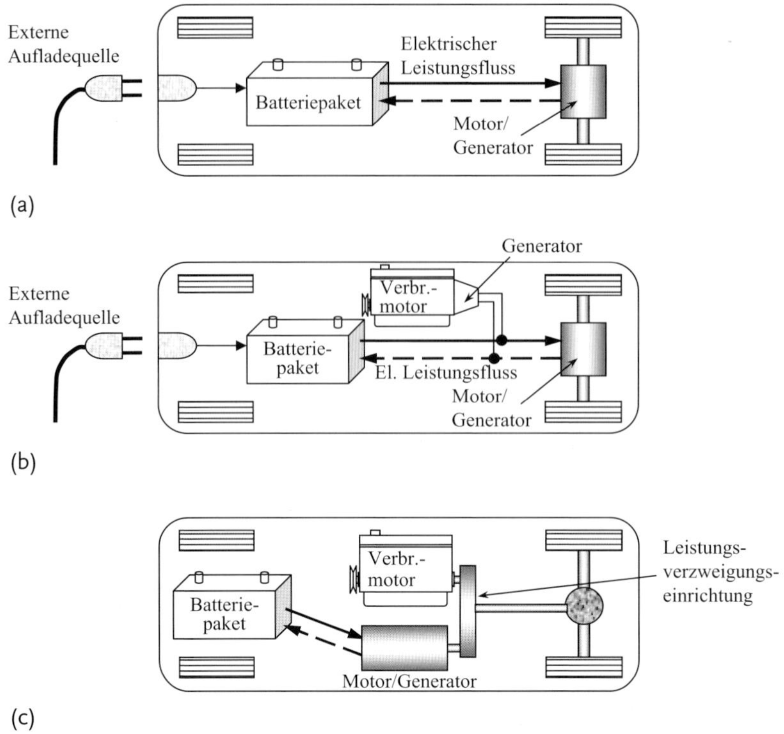

(a)

(b)

(c)

Abb. 1.3 Drei Arten typischer 2011 verfügbarer Hybrid-/Elektrofahrzeugarchitekturen: (a) Plug-in-Elektrofahrzeug, (b) Elektrofahrzeug mit Range-Extender und Plug-in-Vorrichtung, (c) HEV (hybridelektrisches Fahrzeug) – Antriebsleistung von Verbrennungsmotor, E-Motor oder einer Kombination beider.

nen. Hier soll gezeigt werden, dass der Systemansatz zur Analyse von sogenannten herkömmlichen Antriebskomponenten unverändert auf Antriebe anwendbar ist, die aus verschiedenen Komponenten bestehen, etwa Batterien, Motor-Generator-Kombinationen, Brennstoffzellen, Superkondensatoren.

1.2
Antriebskomponenten

Die Komponenten im Antriebsstrang werden detailliert in allen folgenden Kapiteln des Buches beschrieben, mit Querverweisen zu weiterführenden Büchern zum Thema. Es versteht sich von selbst, dass alle diese Komponenten ständig und unermüdlich weiterentwickelt werden und ihre Performance verbessert wird – Wirkungsgrad, Emissionssteuerung, Verfeinerung –, ebenso wie die Kosteneffizienz insgesamt. Im Folgenden werden die neuesten Entwicklungen der Antriebskomponententechnik zusammengefasst.

1.2.1
Verbrennungsmotor

- Schichtladeverfahren;
- Magerverbrennung;
- HCCI-Verbrennung (HCCI, Homogeneous Charge Compression Ignition);
- variable Ventilsteuerung;
- Aufladung oder Doppelaufladung (in Verbindung mit einem Downsizing-Motor);
- aufgeladene Dieselmotoren mit Direkteinspritzung;
- Benzinmotoren mit Direkteinspritzung;
- Common-Rail-Dieselmotoren;
- Turboladung mit variabler Geometrie.

1.2.2
Kraftübertragung

- Reibungsmindernde Schmierstoffe (Motoröl, Getriebeöl, Achsöl);
- Drehmomentwandler mit Überbrückung in Automatikgetrieben zur Verringerung von Schlupf und Leistungsverlusten im Wandler;
- stufenlose CVT-Getriebe (CVT, Continuously Variable Transmission);
- automatisierte Schaltgetriebe;
- Doppelkupplungsgetriebe;
- Zunahme der Zahl der Gangstufen in Schalt- und Automatikgetrieben.

1.2.3
Fahrzeugaufbau

- Gewichtsreduktion durch Verwendung von Werkstoffen wie Aluminium, Fiberglas, Kunststoff, hochfestem Stahl und Kohlefaser statt Schmiedestahl und Gusseisen;
- Einsatz von leichteren Werkstoffen für bewegte Teile wie Kolben, Kurbelwelle, Zahnräder und Leichtmetallräder;
- Tausch von Reifen gegen Modelle mit geringerem Rollwiderstand.

1.2.4
Systemfunktionen

- Automatische Abschaltung (Start-Stopp-Funktion) bei stehendem Fahrzeug;
- Rückgewinnung verbrauchter Energie beim Bremsen (regenerative Bremsanlage);
- Unterstützung des Downsizing-(Verbrennungs-)Motors mit einem elektrischen Antriebssystem und Batterie (Mild-Hybrid-Fahrzeuge);

- verbesserte Regelung von wasserbasierten Kühlsystemen, um die effizienteste Betriebstemperatur früher zu erreichen.

1.3
Fahrzeugleistung

Seit die ersten gebrauchsfähigen Straßenfahrzeuge auf den Straßen erschienen – wie sie beispielsweise in den 1890er- und 1900er-Jahren von Daimler, Benz, Peugeot oder Panhard & Levassor gebaut wurden – wurden Leistungsangaben gemacht, um die Fahrzeuge vergleichen zu können. An erster Stelle standen natürlich Höchstgeschwindigkeit und Reichweite. Danach kamen mit den stärker werdenden Motoren andere Performance-Werte – etwa Beschleunigung, Steigfähigkeit und Zugkraft. Die Leistung ließ sich anhand der sehr einfachen Modelle des zweiten Newton'schen Gesetzes der Bewegung voraussagen. So wurde beispielsweise im Buch von Kerr Thomas aus dem Jahr 1932 [6] mit dem Titel *Mechanics of a Moving Vehicle* gezeigt, wie Geschwindigkeiten und Beschleunigungen berechnet werden konnten, wenn Werte wie Motordrehmoment und Drehzahlverlauf, Übersetzungsverhältnisse sowie Schätzwerte für Rollwiderstand und Luftwiderstand bekannt waren.

Nach einem von dem amerikanischen Kraftfahrzeug-Pionier Olley [7] verfassten Prüfbericht wog der typische amerikanische Wagen dieser Zeit rund 2 t (2000 kg) und verfügte über eine Motorleistung von rund 75 kW (100 PS). Damit wurden normalerweise eine Beschleunigung von $\sim$ 3 m/s² (10 ft/s²), eine Steigfähigkeit von 11 % und eine Höchstgeschwindigkeit von 38 m/s oder 140 km/h (85 mph) erreicht. Die Genauigkeit dieser Leistungsberechnungen besserte sich ab den 1930er-Jahren, als die Messmethoden für Motorleistung [8], Reifenrollwiderstandseigenschaften [9] und Luftwiderstandswerte [10] besser wurden. Abbildung 1.4 zeigt für eine typische Stadt- und Autobahnfahrt, wo die Energie für die Longitudinalbewegung eines Fahrzeugs im Einzelnen verbraucht wird.

In den 1970er-Jahren kam es zu einer massiven Verlagerung des Interesses von der Fahrzeug-Performance hin zu Berechnungen der Krafteffizienz. In den USA reagierte man darauf mit den CAFE-Verordnungen (CAFE, Corporate Average Fuel Economy), die der Kongress erstmalig 1975 erließ. Diese Verordnungen der US-Regierung waren die Folge der Ölkrise 1973 und sollten dazu beitragen, die durchschnittliche Kraftstoffeffizienz von Personenwagen und leichten Nutzfahrzeugen zu verbessern. Im Grunde handelte es sich um Vorgaben für die verkaufsbereinigte Kraftstoffeffizienz aller Modelle an Pkw und leichten Nfz eines Herstellers, die für den Verkauf in den Vereinigten Staaten gefertigt wurden. Damit begann weltweit das unglaubliche Interesse an der Kraftstoffeffizienz und dem damit verknüpften Thema, den Emissionen. Zugleich wurden Regierungen sehr aktiv, Gesetze zur Messung und Kontrolle dieser beiden Aspekte der Fahrzeug-Performance zu erlassen.

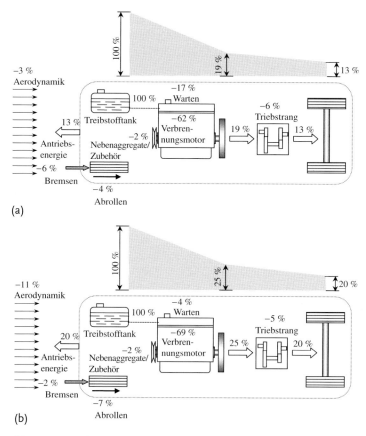

Abb. 1.4 Beispiel eines Energieflussdiagramms während eines Stadt- (a) und Autobahn-/ Überland-Fahrzyklus (b).

In den vergangenen Jahrzehnten glaubten Fahrzeugverkäufer im gewerblichen Umfeld, dass Verbraucher Daten und Vergleichszahlen brauchen, um verschiedene Modelle der Hersteller zu vergleichen. Longitudinale Performance-Werte, wie Höchstgeschwindigkeit, Beschleunigung, Steigfähigkeit, Anhängelast usw., sind recht einfach zu messende und wenig kontroverse Werte. Dagegen haben sich die Kraftstoffeffizienz- und erst recht Emissionswerte als äußerst kontrovers herausgestellt.

Das gängige Verfahren zur Ermittlung der verbrauchten Kraftstoffmenge für einen Standardfahrzyklus wird am Fahrzeug auf einem Prüfstand vorgenommen. Der Fahrzyklus besteht schlicht aus einer Reihe von Datenpunkten, die vorgeben, wie ein Streckenprofil mit bestimmten Geschwindigkeiten abgefahren wird. Es wurden verschiedene Fahrzyklen entwickelt, um bestimmte Fahrzeugbetriebsarten zu simulieren, beispielsweise Überlandfahrt, Stadtfahrt, Autobahnfahrt und eine Kombination von Stadt- und Autobahnfahrt.

Obwohl dieser Ansatz international anerkannt ist, sind wesentliche Unterschiede im Detail in verschiedenen Ländern und Regionen der Welt entstanden. Weltweite Vergleiche der Kraftstoffeffizienz von Fahrzeugen anzustellen, ist sehr schwierig! Grob gesagt haben sich die derzeitigen Standard-Fahrzyklen aus den drei großen Automobilabsatzmärkten entwickelt – Europa, USA und Asien – und die Unterschiede geben auf gewisse Weise die verschiedenen Fahrmuster in diesen Regionen wieder. Eine exzellente Übersicht zum Vergleich der verschiedenen Fahrzyklen wird in [11] gegeben. Die Situation verkompliziert sich weiter durch die Tatsache, dass verschiedene Länder oder Regionen verschiedene Grenzwerte für Kraftstoffeffizienz und Emissionen festgelegt haben – das macht es den Automobilherstellern weltweit nicht gerade einfacher, die Vorgaben in den verschiedenen Ländern zu erreichen.

Aufgrund dieser regionalen Differenzen kam es in der Branche verschiedentlich zu Meinungsstreitigkeiten über die Prüfbedingungen für Fahrzyklen. Aber die Sache stellt sich auch aus Verbrauchersicht extrem kontrovers dar, denn es hat sich herausgestellt, dass es quasi unmöglich ist, die unter Normbedingungen ermittelten idealen Zahlenwerte in der Praxis zu erzielen. Für die Ingenieure ist dieses Ergebnis eher normal und vorhersehbar – die Tests und Messungen werden schließlich unter Laborbedingungen mit verschiedenen reproduzierbaren Fahrzyklen durchgeführt, wobei die Fahrzyklen lediglich ein „typisiertes Bild" von Millionen von verschiedenen realen Fahrsituationen sein können. Der wesentliche Vorteil ist natürlich, dass Fahrzeuge zumindest unter fairen und reproduzierbaren Bedingungen miteinander verglichen werden. Allerdings argumentieren Verbraucherorganisationen und Autozeitschriften, dass die Zahlenangaben – die mittlerweile auch am Fahrzeug im Verkaufsraum sichtbar sein müssen – auch in der Praxis erreichbar sein müssten.

In der Europäischen Union wird die Kraftstoffeffizienz in zwei Fahrzyklen ermittelt, Stadtverkehr und Überlandfahrt. Der Stadtzyklus (ECE-15) wurde 1999 vorgestellt. Er simuliert eine 4 km lange Strecke mit einer Durchschnittsgeschwindigkeit von 18,7 km/h und einer Höchstgeschwindigkeit von 50 km/h. Der Überlandzyklus (NEFZ, Neuer Europäischer Fahrzyklus) simuliert eine Mischung von Stadt- und Autobahnfahrt. Er dauert 400 s und gibt eine Durchschnittsgeschwindigkeit von 62,6 km/h sowie eine Höchstgeschwindigkeit von 120 km/h vor. In den USA werden die Prüfverfahren von der US-Umweltbehörde EPA (Environmental Protection Agency) verwaltet und wurden 2008 aktualisiert. Damit wurden fünf separate Tests aufgenommen, die dann zusammen gewichtet werden, um daraus die Angaben für den EPA-City- und EPA-Highway-Fahrzyklus zu ermitteln. Diese Werte müssen auch beim Fahrzeugverkauf ausgewiesen werden. Es kann gesagt werden, dass diese Angaben den realen Kraftstoffverbrauch besser wiedergeben als die EU-Angaben.

Um die Verwirrung noch zu vergrößern, wird die Kraftstoffeffizienz weltweit zudem in verschiedenen Einheiten angegeben. So wird beispielsweise in den USA und im Vereinigten Königreich „Miles per Gallon" (mpg) verwendet – und auch schon diese Werte sind nicht vergleichbar, da die US-Gallone um den Faktor 0,83 kleiner als die britische Gallone ist! In Europa und Asien wird der Kraftstoffverbrauch in l/100 km angegeben. Beachten Sie, dass sowohl der Kleinbuchstabe (l) als auch der Großbuchstabe (L) für Liter verwendet werden kann. Diese Verbrauchsangabe ist eigentlich der Kehrwert des mpg-Ansatzes, sodass ein großer Wert in mpg mit einem kleinen Wert in l/100 km vergleichbar ist. Zum Beispiel entsprechen 30 mpg = 9,4 l/100 km und 50 mpg = 5,6 l/100 km.

Dennoch stimmen die meisten Fahrzeuganalytiker darin überein, dass alle Fahrzyklen insgesamt weniger aggressiv sind als typische reale Fahrbedingungen. Praktisch bedeutet dies, dass bei diesen Fahrzyklen geringere Beschleunigungs- und Verzögerungswerte abgefahren werden als unter normalen Fahrbedingungen. Mit dem stark steigenden Interesse an Hybridantrieben in den ersten beiden Jahrzehnten nach 2000 war unvermeidlich, dass der Fokus insbesondere auf die Herausstellung des Kraftstoffeinsparpotenzials gegenüber konventionellen Antrieben gelegt wurde. Damit wurde eine fortlaufende Debatte darüber ausgelöst, ob die Fahrzyklen die HEV-Antriebe tendenziell begünstigen gegenüber konventionellen Antrieben mit Verbrennungsmotor. Prinzipiell bieten HEVs das größte Verbesserungspotenzial im Start-Stopp-Betrieb, beispielsweise beim Fahren im dichten Stadtverkehr. Da die meisten Fahrzyklen den Stadtbetrieb und die Einbeziehung von Leerlaufperioden tendenziell bevorzugen, wird argumentiert, dass sie die potenziellen Vorteile, die mit Hybridantrieben zur Verfügung stehen, verzerrt wiedergeben.

Hinsichtlich der Emissionen gibt es zwei Aspekte zu vermerken. Beide werden meist als „Tailpipe-Emissionen" bezeichnet – schließlich treten sie aus dem Auspuffrohr (engl. „tailpipe") als Produkte des Verbrennungsvorgangs aus. Das erste Problem sind die Schadstoffemissionen: Dazu gehören Kohlenmonoxid (CO), nicht verbrannte Kohlenwasserstoffe (HC) und Stickoxide (NOx). In Europa wurden Abgasnormen in den frühen 1990er-Jahren eingeführt, um all diese von Fahrzeugen ausgestoßenen Schadstoffe zu reduzieren. Das führte zu signifikanten Verbesserungen bei den schädlichen Emissionen von Personenwagen. 2011 trat die Euro-5-Norm für Pkw in Kraft. Mit der Euro-6-Norm ist eine weitere Verschärfung der Verordnungen für Nutzfahrzeuge und Personenwagen schon geplant.

Das zweite Problem sind die Kohlendioxid-Emissionsmengen (CO_2) von Fahrzeugen. Sie haben zu Beginn des 21. Jahrhunderts angesichts der wachsenden globalen Besorgnis über die Umwelt steigende Aufmerksamkeit erlangt. Sie sind Teil der Berechnungen des Carbon-Footprint. Ab 2001 wurde in Großbritannien die Kfz-Steuer für Neufahrzeuge an die CO_2-Emissionen gebunden, sodass für Fahrzeuge mit weniger als 100 g/km tatsächlich keine Kfz-Steuer erhoben wird. Im Jahr 2008 wurde eine ehrgeizige Rechtsvorschrift erlassen, die die europäischen Fahrzeughersteller verpflichtet, die durchschnittlichen CO_2-Emissionen von Neufahrzeugen bis 2015 auf 130 g/km zu senken.

1.4
Verhalten des Fahrers

Auch wenn dieses Fachbuch sich ganz dem Fahrzeug und der Technik des Antriebssystems von Fahrzeugen widmet, muss beachtet werden, dass das System Fahrzeug, also ein auf der Straße bewegtes Fahrzeug, Fahrzeug und Fahrer umfasst. Das in Abb. 1.5 dargestellte komplette System zeigt auch den Fahrer, der als Feedback-Regler fungiert – indem er die Fahrzeug-Performance überwacht und diese Information zurückgibt, um sie mit seinen Anforderungssignalen an Gaspedal, Bremse, Gangwahl usw. zu vergleichen. Aus dem Blickwinkel der Dynamik betrachtet haben wir es praktisch mit einem Regelsystem zu tun. Darum müssen wir uns beim Entwurf des automobiltechnischen Systems die Fahrerpräferenzen als einen Regler bewusst machen.

Subjektiv gesprochen bevorzugen Fahrer tendenziell Systeme, die folgende Eigenschaften besitzen:

- Reaktionsfreudigkeit;
- Kontrollierbarkeit;
- Reproduzierbarkeit;
- Stabilität;
- minimale Zeitverzögerung;
- Linearität;
- Ruckfreiheit.

Die Untersuchungen, die sich mit der Einschätzung der longitudinalen Kontrolle des Fahrzeugs durch den Fahrer befassen, nennt man Fahrbarkeitsstudien. Es hat sich herausgestellt, dass Fahrbarkeit ein entscheidendes Merkmal der Verbesserung der Kundenakzeptanz von neuen Antriebskomponenten ist. Beispielsweise wurde die Fahrbarkeit ab 2000 in der Automobilbranche zur Beurteilung der Ruckfreiheit von Schaltvorgängen bei der Neuentwicklung von Getrieben genutzt, etwa bei Doppelkupplungsgetrieben und stufenlosen CVT-Getrieben (CVT, Conti-

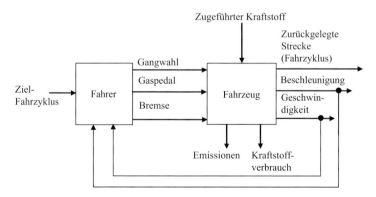

Abb. 1.5 Überblick über das System Fahrer–Fahrzeug, das die longitudinale Fahrzeugleistung regelt.

nuously Variable Transmission). Tatsächlich wurden Prozeduren zur Beurteilung der äußerst subjektiven Fahrerwahrnehmung in spezielle Softwarepakete wie AVL-DRIVE integriert [12]. Hierbei soll ein objektives Maß gefunden werden, das auf subjektiven Einschätzungen der Fahrer basiert. Dazu wird ein vorgegebenes Vokabular verwendet, wobei einige Begriffe leichter zu interpretieren sind als andere, also etwa: Rucken, Tip-in und Tip-out (plötzliches Gasgeben und Loslassen), Gaspedal durchtreten, Ansprechverzögerung, Schwingungen, Welligkeit, Spiel usw.

Es gibt Fälle, wo bei der Berechnung und Simulation der Fahrzeug-Performance ein mathematisches Modell für den Fahrer in das Komplettsystem eingebunden werden muss, wie in Abb. 1.5 gezeigt. Im folgenden Abschnitt wird die sogenannte „Forward-facing Simulation" oder Vorwärtssimulation erläutert. Bei der Vorwärtssimulation wird ein Fahrermodell benötigt, das mit an den Signaleingängen aus Gaspedal und Bremse versucht, einen vorgegebenen Fahrzyklus abzufahren. Oft ist der hier verwendete Ansatz ein einfaches PID-Modell (PID, Proportional-Integral-Differenzial). Es eignet sich gut zur Nachführung des Geschwindigkeitsprofils, ist aber nicht notwendigerweise repräsentativ für das tatsächliche Verhalten des Fahrers, denn beispielsweise wird dieses wahrscheinlich ein vorausschauendes Element enthalten.

1.5
Die Bedeutung der Modellierung

Die Idee dieses Buches basiert auf dem Ansatz, mithilfe der Modellierung ein Antriebssystem zu analysieren und zu verstehen. Dahinter steckt das Ziel, zunächst zu erklären, wie Komponenten funktionieren. Anhand der physikalischen Eigenschaften simuliert man dann das Betriebsverhalten der Komponenten mithilfe der mathematischen Modelle. Nun lassen sich die Komponenten zu einem kompletten Antriebssystem kombinieren. Das resultierende Modell ist ein Werkzeug, das einen wichtigen Beitrag bei der Entstehung des Fahrzeugdesigns liefert. Trotz dieses analytischen Ansatzes, der dem grundsätzlichen Verständnis des Verhaltens dient, sind die Ergebnisse immer darauf ausgerichtet, den Fahrzeugingenieuren einen praktischen Nutzen zu bringen.

Die im gesamten Buch verwendeten Modelle sind relativ einfach. Es werden auch Übungen aufgeführt, in denen die Modelle in der MATLAB®/Simulink®-Umgebung ausgedrückt bzw. gelöst werden. Damit ist der komplette Prozess nachvollziehbar, von der Herleitung der Bestimmungsgleichungen über deren Codierung in MATLAB/Simulink bis hin zu ihrer Auflösung und der Darstellung der Ergebnisse. Da das Buch auf grundsätzlichen Fragen aufgebaut ist, erscheint es wichtig, dass der Leser – ob Student oder Ingenieur – das gesamte Verfahren versteht und selbst erproben kann.

Bei Berechnungen der Fahrzeug-Performance für einen gegebenen Fahrzyklus gibt es zwei fundamental unterschiedliche Ansätze, die zunächst schwer verständlich erscheinen. Die zumeist verwendete Berechnungsmethode ist die „Backwards-facing Simulation" oder Rückwärtssimulation. Bei der Rückwärtssimulation sind die Momentanwerte für Geschwindigkeit und Beschleunigung des Fahrzeugs von allen Punkten des Geschwindigkeits-/Streckenprofils bekannt. Mit diesen Werten ist es möglich, das Antriebssystem von den Rädern zur Antriebsquelle hin „rückwärts" abzuarbeiten und damit die Geschwindigkeiten, Beschleunigungen, Drehmomente und Leistungen aller Komponenten zu berechnen. Der Prozess wird einfach für alle Fahrzykluspunkte wiederholt, und die Resultate werden am Ende aufsummiert. Dies ist die einfachste und am häufigsten eingesetzte Methode zur Voraussage der Fahrzeug-Performance für einen Fahrzyklus.

Der zweite Ansatz wird „Forward-facing Simulation" genannt. Die Vorwärtssimulation benötigt zusätzlich zum Fahrzeugmodell noch ein Modell, das den Fahrer simuliert. Der Fahrzyklus besteht hier aus einer vorgegebenen Bahnkurve, der der Fahrer mit Eingangssignalen für das Fahrzeugsystem zu folgen versucht. Die Simulation wird schließlich als eine konventionelle Zeitverlauf-Simulation durch Integration dynamischer Gleichungen durchgeführt. Dieser Ansatz muss für die Entwicklung von Steuerungssystemen für Elemente des Antriebsstrangs gewählt werden, damit das Echtzeitverhalten einer Steuerung im Fahrzeug simuliert werden kann.

Für genauere Analysen von Antriebskomponenten und -systemen sind verschiedene, kommerziell erhältliche Pakete auf dem Markt. Sie werden weltweit intensiv in den Fahrzeug-Konstruktionsbüros genutzt. Obwohl diese Softwarepakete zweifelsohne die beteiligten technischen Systeme besser darstellen, bieten sie weniger Informationen über die zugrunde liegende Mechanik. Einige Beispiele für derartige Pakete:

- ADVISOR® – Der Simulator (ADVISOR, „ADvanced VehIcle SimulatOR" – Anm. d. Übersetzers: „Fortschrittlicher Fahrzeugsimulator") wurde 1994 vom Center for Transportation Technologies and Systems des National Renewable Energy Laboratory des US Department of Energy vorgestellt. Es galt als flexibles Modellierungswerkzeug, mit dem sich Leistung und Energieverbrauch von konventionellen, elektrischen, Hybrid- und Brennstoffzellenfahrzeugen schnell beurteilen ließen. Es wurde 2003 von AVL aufgekauft [12].
- AVL CRUISE – Fahrzeug- und Antriebssystemanalyse für konventionelle und künftige Fahrzeugkonzepte [12].
- AVL-DRIVE – Bewertung der Fahrbarkeit [12].
- CarSim – Simulation der Wechselbeziehungen zwischen Fahrzeug-Performance und den Eingangsparametern aus Bremse, Lenkung und Beschleunigung [1].
- IPG CarMaker – Simulation der Wechselbeziehungen zwischen Fahrzeug-Performance und den Eingangsparametern aus Bremse, Lenkung und Beschleunigung [2].
- Dymola Mehrkörpersystem-Dynamik-Pakete für automobiltechnische und andere industrielle Anwendungen [3].

---

1) www.carsim.com, zuletzt besucht im März 2011.
2) www.ipg.de, zuletzt besucht im März 2011.
3) www.dymola.com, zuletzt besucht im März 2011.

- WAVE – eindimensionale Motor- und Gasdynamik-Simulation, verfügt auch über ein Triebstrangmodell, das die komplette Simulation eines Fahrzeugs ermöglicht[4].
- SimDriveline – Blöcke zur Beschreibung der Triebstrangkomponenten zur Integration in einer Simulink-Umgebung[5].
- Easy5 – fachbereichsübergreifende Modellierung und Simulation der Dynamik von physikalischen Systemen[6].

1.6
Ziel dieses Buches

Hauptziel dieses Buches ist die Bereitstellung eines umfassenden Überblicks zu Analyse und Planung von Fahrzeugantriebssystemen. Dabei stehen die folgenden Punkte im Vordergrund:

- zusammenfassende Darstellung des Systemansatzes beim Entwurf des Fahrzeugantriebs;
- Bereitstellung von Informationen zu Analyse und Entwurf von Antriebskomponenten, insbesondere für:
  – Verbrennungsmotor
  – Kraftübertragungen
  – Antriebskomponenten;

- Analyse der longitudinalen Fahrzeugdynamik zur Vorausbestimmung der Performance;
- Analyse und Erörterung der Kraftstoffeffizienz von Fahrzeugen;
- Analyse des torsionsdynamischen Verhaltens des Antriebssystems;
- Beschreibung der Grundlagen von hybridelektrischen Komponenten und deren Nutzungsstruktur im Hybridfahrzeugantrieb;
- Vorstellung von Beispielen und Übungen: einige davon mit im Buch erarbeiteten Lösungen;
- Vorstellung von Fallbeispielen der Antriebsstrang-Performance mittels MATLAB als Analysetool.

1.7
Allgemeines zu den Literaturhinweisen

Die als Literaturhinweise [1–5] aufgeführten Bücher bieten ausgezeichnete Hintergrundinformationen über die Entwicklungsgeschichte der Automobiltechnik,

---

4) www.ricardo.com, zuletzt besucht im März 2011.
5) www.mathworks.com, zuletzt besucht im März 2011.
6) www.mscsoftware.com, zuletzt besucht im März 2011.

des Verbrennungsmotors, der Kraftübertragungstechnik und der Hybridfahrzeuge. Zur Vorbereitung auf die Analyse von Antriebssystemen sind sie allemal lesenswert.

Literatur

1 SAE (1997) *The Automobile: A Century of Progress*, SAE, ISBN 0-7680-0015-7.

2 Eckermann, E. (2001) *World History of the Automobile*, SAE, ISBN 0-7680-0800-X.

3 Daniels, J. (2003) *Driving Force: The Evolution of the Car Engine*, 2. Aufl., Haynes Manuals, ISBN 978-1859608777.

4 Gott, P.G. (1991) *Changing Gears: The Development of the Automatic Transmission*. SAE, ISBN 1-56091-099-2.

5 Fuhs, A.E. (2009) *Hybrid Vehicles and the Future of Personal Transportation*. CRC Press, ISBN 978-1-4200-7534-2.

6 Kerr, T.H. (1932) *Automobile Engineering*, Bd. 1, Sir Isaac Pitman & Sons.

7 Olley, M. (1936) National Influences on American Passenger Car Design. *Proc. Inst. Automob. Eng.*, **XXXII**, 509–541.

8 Plint, M.J. (2007) *Engine Testing*, 3. Aufl., SAE International, ISBN: 978-0-7680-1850-9.

9 Clark, S.K. (Hrsg.) (1981) *Mechanics of Pneumatic Tyres*. DOT HS 805 952, US Dept of Transportation.

10 Hucho, W.-H. (Hrsg.) (1998) *Aerodynamics of Road Vehicles*, 4. Aufl., SAE International, ISBN 0-7680-0029-7.

11 Samuel, S., Austin, L. und Morrey, D. (2002) Automotive test drive cycles for emission measurement and real-world emission levels: A review. *Proc. Inst. Mech. Eng. D: J. Autom. Eng.*, **216** (7), 555–564.

12 www.avl.com, zuletzt besucht im März 2011.

Weiterführende Literatur

www.carsim.com, zuletzt besucht im März 2011.

www.ipg.de, zuletzt besucht im März 2011.

www.dymola.com, zuletzt besucht im März 2011.

www.ricardo.com, zuletzt besucht im März 2011.

www.mathworks.com, zuletzt besucht im März 2011.

www.mscsoftware.com, zuletzt besucht im März 2011.

2
Merkmale der Leistungserzeugung bei Verbrennungsmotoren

2.1
Einleitung

Der Verbrennungsmotor spielt eine wesentliche Rolle bei der Fahrzeug-Performance insgesamt. Es ist daher wichtig, sein Verhalten kennenzulernen, bevor Fahrzeuguntersuchungen vorgenommen werden. Ein Verbrennungsmotor ist ein kompliziertes System. Eine genaue Analyse erfordert fachübergreifendes Wissen aus den Bereichen Physik, Chemie, Thermodynamik, Fluiddynamik, Mechanik, Elektrik, Elektronik und Steuerung. Die Elektronik und Steuerung haben sich zu maßgeblichen Teilen aller modernen Verbrennungsmotoren entwickelt. Motorsteuergeräte oder ECUs (ECUs, Engine Control Units) steuern die Betriebsparameter und versuchen, einen guten Kompromiss zwischen Fahrbarkeit, Kraftstoffverbrauch und Emissionskontrolle herzustellen.

Die traditionelle Literatur über die Konstruktion von Verbrennungsmotoren kennt folgende Themenbereiche: Arbeitsmedien, Thermodynamik, Gasdynamik, Verbrennungsprozesse und Brennkammerkonstruktion, Wärmeübertragung, Motorwirkungsgrad, Reibung, Emissionen und Schadstoffbelastung. Auch die Dynamik der bewegten Teile und die auf die Motorlager und Komponenten wirkenden Lasten werden traditionell in Büchern über die Konstruktion und Dynamik von Triebwerken erörtert. Andererseits werden in Bereichen, die mit der Dimensionierung von Triebsträngen zusammenhängen, die Eigenschaften des Verbrennungsmotors als Eingangsgrößen für das System benötigt. Diese für die Triebstranganalyse entscheidenden Informationen findet man in den oben genannten Büchern nicht. Studierende haben scheinbar immer Schwierigkeiten, die konstruktiven Anforderungen von Verbrennungsmotor und Antriebsstrang in Zusammenhang zu bringen. Darüber hinaus haben wir festgestellt, dass Performance-Merkmale von Verbrennungsmotoren in den Büchern zur Konstruktion von Verbrennungsmotoren üblicherweise als Volllast-Motorkennfelder wiedergegeben werden. Das ist für Studierende irreführend, da oft versucht wird, Fahrzeugbewegungen ohne ausreichende Informationen zu erklären.

Antriebssysteme in Kraftfahrzeugen, Erste Auflage. Behrooz Mashadi, David Crolla.
© 2014 WILEY-VCH Verlag GmbH & Co. KGaA. Published 2014 by WILEY-VCH Verlag GmbH & Co. KGaA.

In diesem Kapitel werden wir das Verhalten von Verbrennungsmotoren in all seinen Betriebsbereichen durchsprechen. Dies beinhaltet sowohl die Prinzipien und Merkmale der Drehmomenterzeugung als auch die Modellierung von Benzin- und Dieselmotoren. Dieses Kapitel befasst sich nicht mit den allgemeinen Themen, die in Büchern über Verbrennungsmotoren zu finden sind. Schwerpunkt dieses Kapitels sind die Prinzipien der Drehmomenterzeugung von Verbrennungsmotoren. Sie werden für die Analyse des Triebstrangs benötigt.

2.2
Grundprinzipien der Leistungserzeugung beim Verbrennungsmotor

Bei Untersuchungen des Fahrzeugtriebstrangs sind die Merkmale der Leistungserzeugung von Verbrennungsmotoren von entscheidender Bedeutung, denn das vom Verbrennungsmotor erzeugte Drehmoment treibt das Fahrzeug unter verschiedensten Fahrsituationen an. Verbrennungsmotoren wandeln die im Brennstoff enthaltene chemische Energie in mechanische Leistung um, die üblicherweise an einer rotierenden Abtriebswelle anliegt. Im Brennstoff ist chemische Energie enthalten, die durch Verbrennung und Oxidation mit der in der Brennkammer enthaltenen Luft in Wärmeenergie umgewandelt wird. Damit wird im Verbrennungsmotor ein Gasdruck aufgebaut, denn beim Verbrennungsvorgang entsteht Hitze. Das stark verdichtete Gas expandiert und trifft auf die Flächen im Motor. Diese Expansionskraft bewegt die mechanischen Gestänge des Motors und dreht möglicherweise eine Kurbelwelle. Die Abtriebswelle eines Verbrennungsmotors ist normalerweise mit einem Getriebe verbunden, wie im Fall von Transportfahrzeugen.

Die meisten Verbrennungskraftmaschinen sind Kolbenmotoren. Die Kolben bewegen sich in den am Motorblock montierten Zylindern auf und ab. Kolbenmaschinen gibt es sowohl als Einzylindermotoren als auch als Mehrzylindermotoren in vielen verschiedenen geometrischen Anordnungen. Verbrennungsmotoren lassen sich in verschiedene Kategorien einstufen. Die gängigste Art ist die Klassifizierung nach der Art der Zündung. Die wichtigsten Zündungsarten sind Funkenzündung (SI, Spark Ignition, auch Fremdzündung) und Kompressionszündung (CI, Compression Ignition, auch Selbstzündung). Die Details der Verbrennungsprozesse bei Fremdzünder- und Selbstzündermotoren hängen von den Eigenschaften des jeweils verwendeten Brennstoffs ab. Da der Verbrennungsprozess bei SI- und CI-Motoren recht unterschiedlich abläuft, variieren auch Art und Menge der zahlreichen Abgasemissionen.

2.2.1
Betriebsarten von Verbrennungsmotoren

Der Schubkurbeltrieb wandelt in Kolbenmaschinen die Auf- und Abwärtsbewegung des Kolbens in eine Rotationsbewegung einer Kurbelwelle. Der Kolben fungiert als Schieber, der sich im Zylinder bewegt. Mithilfe von Ventilen und Sam-

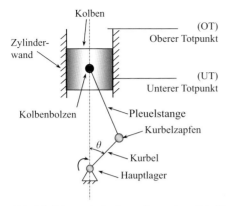

Abb. 2.1 Schematische Darstellung eines Schubkurbeltriebwerks.

melrohren erlangt der Motor die Fähigkeit, Gase zu verdichten und zu expandieren. Abbildung 2.1 zeigt die schematische Darstellung eines typischen Schubkurbeltriebs, wie er in Einzylindermotoren verwendet wird. Bei Kurbelwinkel θ null befindet sich der Kolben am sogenannten oberen Totpunkt (OT) – an diesem Punkt erreicht der Kolben die Geschwindigkeit null. Eine Rotation des Kurbelarms um 180° versetzt den Kolben von OT an die unterste Position. Hier erreicht der Kolben erneut die Geschwindigkeit null, daher nennt man diese Position den unteren Totpunkt (UT). Die Gesamtstrecke, die der Kolben während der 180°-Rotation der Kurbel zurücklegt, wird Hub genannt. Der Hub entspricht dem zweifachen Radius der Kurbel. Die Rückkehr von UT zu OT erfolgt nach weiteren 180° Kurbelrotation. Der Kolben verhält sich umgekehrt wie zwischen 0 und 180° Kurbelwinkel.

Kolbenmaschinen, das gilt gleichermaßen für Fremdzündungs- wie Selbstzündungsmotoren, benötigen für einen vollständigen Arbeitszyklus vier Phasen: Ansaugen, Verdichten, Verbrennen (Arbeitstakt) und Ausstoßen.

2.2.1.1 Viertaktmotoren
Einige Motoren sind so ausgeführt, dass der Kolben vier unterschiedliche Takte für einen vollständigen Arbeitszyklus benötigt. Sie werden Viertaktmotoren genannt. Bei einem Vierzylindermotor muss der Kolben vier Takte durchlaufen, um den thermodynamischen Kreisprozess vollständig zu durchlaufen. Die Kurbelwelle muss zwei ganze Umdrehungen ausführen, damit der Kolben vier Takte durchläuft. Abbildung 2.2 zeigt die wichtigsten Teile eines Viertaktmotors mit Zylinder, Kolben, Zylinderkopf, Ansaug- und Auslasskanälen und Ventilen.

Zu Beginn des Ansaugtaktes öffnet das Einlassventil ab OT und das Auslassventil schließt. Durch die Kolbenbewegung zum UT strömt Frischluft (oder Mischluft) in den Zylinder. Bei UT ist der erste Takt (Hub) beendet und das Einlassventil schließt. Der Kolben bewegt sich aufwärts zum OT und verdichtet die Gase im Zylinder. Beim OT endet der Verdichtungstakt. Wenn beide Ventile geschlossen sind, beginnt der Arbeitstakt mit der Verbrennung. Die Gase dehnen sich aus und pres-

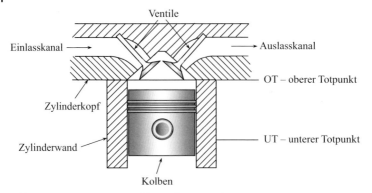

Abb. 2.2 Komponenten eines klassischen Viertaktmotors.

Tab. 2.1 Die vier Takte eines Hubkolbenmotors.

| Reihen-folge | Name des Taktes | Kolbenposition | | Einlassventil | Auslassventil | Kurbelwinkel (Grad) |
		Beginn des Taktes	Ende des Taktes			
1	Ansaugen (Einlass)	OT	UT	offen	geschlossen	0–180
2	Verdichten	UT	OT	geschlossen	geschlossen	180–360
3	Verbrennung (Arbeitstakt)	OT	UT	geschlossen	geschlossen	360–540
4	Ausstoßen	UT	OT	geschlossen	offen	540–720

sen den Kolben zum UT, womit der vierte und letzte Takt, der Arbeitstakt, mit dem Öffnen des Auslassventils beginnt. Hierdurch können die unter Druck stehenden Verbrennungsprodukte den Zylinder verlassen. Die Kolbenbewegung hin zum OT unterstützt das Ausstoßen der Gase, da er sie vor sich herschiebt. Tabelle 2.1 zeigt die Zusammenfassung der vier Takte.

Beachten Sie, dass es sich bei den in Tab. 2.1 aufgeführten Kurbelwinkelangaben für Öffnen und Schließen der Ventile um rein theoretische Werte handelt – praktische Werte unterscheiden sich deutlich von den Tabellenwerten. In der Praxis ist es besser, das Auslassventil noch eine Weile offen zu lassen, wenn der Einlassvorgang beginnt, damit die Trägheit der austretenden Verbrennungsgase für einen besseren Gaswechsel genutzt werden kann (auch hilft die Frischluft, sie herauszudrücken). Es steht für Frischluft mehr Raum zur Verfügung. Das verbessert den Wirkungsgrad der Verbrennung. Ebenso ist es besser, das Einlassventil eine Weile geöffnet zu lassen, wenn der Kolben mit der Aufwärtsbewegung zum OT im Verdichtungstakt beginnt. So strömt dank der Gasträgheit weiter Frischluft in den Zylinder.

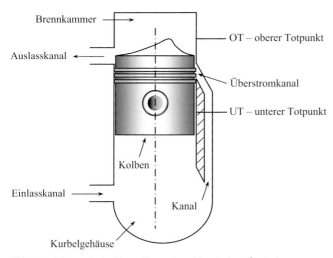

Abb. 2.3 Schematische Darstellung eines klassischen Zweitaktmotors.

2.2.1.2 Zweitaktmotoren

Ein Zweitaktmotor vollzieht die vier grundsätzlichen Phasen eines Verbrennungszyklus mit nur zwei Hubbewegungen (Takten) des Kolbens. Beim Zweitaktmotor wird auf Einlass- und Auslassventile verzichtet. Ansaug- und Auslasskanäle für den Gaswechsel sind in die Zylinderwände und das Kurbelgehäuse integriert. Der Kolben schließt und öffnet durch seine Auf- und Abwärtsbewegung im Zylinder die Kanäle (s. Abb. 2.3).

Den Zyklus eines Zweitaktmotors beginnen wir mit der Betrachtung des Verbrennungstaktes. Das Gemisch in der Brennkammer wird auf die gleiche Weise entzündet wie beim Viertaktmotor, und zwar am oberen Ende des Kolbenhubs. Der Kolben bewegt sich abwärts und öffnet den Auslasskanal, wodurch die unter Druck stehenden Verbrennungsgase aus dem Zylinder strömen können. Durch die Abwärtsbewegung des Kolbens werden die Gase im Kurbelgehäuse komprimiert. Weiter unten gibt der Kolben den Überströmkanal frei und die verdichteten Gase strömen in die Brennkammer und pressen die Verbrennungsprodukte durch den Auslasskanal. Somit finden innerhalb eines Kolbenhubs sowohl der Verbrennungs- als auch der Ausstoßzyklus statt. Durch die Aufwärtsbewegung des Kolbens werden die Gase in der Brennkammer verdichtet. Gleichzeitig wird für Druckentlastung im Kurbelgehäuse gesorgt, so wird mithilfe des Umgebungsdrucks wieder Frischluft in das Kurbelgehäuse gefüllt. Weiter oben endet der Verdichtungstakt und es beginnt ein neuer Zyklus mit dem Verbrennungsprozess. Auch hier werden mit einem Kolbenhub aufwärts Ansaugtakt und Arbeitstakt ausgeführt.

Es scheint zunächst, dass Zweitaktmotoren vorteilhafter sind, da sie den Arbeitszyklus schneller durchlaufen als Viertaktmotoren und weder Ventile noch Ventiltriebe benötigen. In der Praxis sind Zweitaktmotoren allerdings weniger effizient als Viertaktmotoren, insbesondere bei hohen Drehzahlen. Zweitaktmotoren werden im Allgemeinen in Motorrädern als kleinere Ottomotoren und bei Lokomotiven und Schiffen als große Dieselmotoren mit geringen Drehzahlen eingesetzt. Bei den großen Dieselmotoren kann der Zweitaktprozess wieder mit dem des Viertaktmotors mithalten, da beim Dieselzyklus im Zylinder lediglich Luftverluste auftreten (s. Abschn. 2.2.2).

Im übrigen Kapitel werden wir ausschließlich Viertaktmotoren behandeln.

2.2.2
Der Verbrennungsvorgang

Es ist üblich, Motoren nach der Art der Zündung bzw. Verbrennung entweder als Otto- oder Dieselmotoren zu bezeichnen. Die Begriffe Selbstzündungs- (Dieselmotor) und Fremdzündungsmotor (Ottomotor) werden ebenfalls verwendet. Im amerikanischen Sprachgebrauch heißen sie SI-Motoren und CI-Motoren. SI steht für „Spark Ignition" (Funkenzündung) und CI für „Compression Ignition" (Kompressionszündung). Bei den Fremdzündungsmotoren werden Luft und Kraftstoff normalerweise – vor der Einleitung der Verbrennung durch den Zündfunken – vorgemischt. Bei Selbstzündern entzündet sich der Kraftstoff bei der Einspritzung an der durch die Verdichtung stark erhitzten Luft und vermengt sich dabei mit der Luft.

Um eine ideale Verbrennung zu erzielen, muss die Kraftstoffmenge exakt zur angesaugten Luftmenge passen. Damit eine perfekte Verbrennung erreicht wird, muss entsprechend der chemischen Reaktion bei der Verbrennung für eine bestimmte Anzahl von Luftmolekülen eine bestimmte Anzahl von Kraftstoffmolekülen vorhanden sein. Das ideale Kraftstoff-Luft-Verhältnis wird als *stöchiometrisches* Verhältnis bezeichnet. Bei der Motorverbrennung werden Kraftstoff-Luft-Verhältnisse angestrebt, die möglichst nahe am stöchiometrischen Verhältnis sind. Weitere Einzelheiten werden in den nächsten Abschnitten folgen.

2.2.2.1 Verbrennung im Fremdzündungsmotor

Bei Motoren mit Fremdzündung wird der Kraftstoff vor dem Eintritt in den Zylinder im Einlasssystem mit der Luft vermischt. Früher wurden Vergaser eingesetzt, um ein homogenes Kraftstoff-Luft-Gemisch zu erreichen. Ein Vergaser funktioniert nach dem Druckabfallprinzip. Dieser entsteht, sobald Luft durch einen Venturi-Kanal strömt. Durch den Unterdruck im Venturi-Rohr wird mit der Luft die passende Menge Kraftstoff (mit höherem Druck) aus der Schwimmerkammer angesaugt und mitgenommen. Die Drosselklappenöffnung steuert den Luftstrom im Venturi-Rohr. Je nach Öffnungswinkel und dem daraus resultierendem Unterdruck wird eine entsprechende Kraftstoffmenge in den Motor gesaugt. Diese Art der Kraftstoffbemessung ist sehr empfindlich gegenüber atmosphärischen Veränderungen. Das Mischungsverhältnis von Kraftstoff und Luft lässt sich nicht genau beibehalten, es kommt zu Leistungseinbußen und erhöhtem Schadstoffausstoß.

Bei Motoren der neueren Generationen wurden die längst überholten Vergaser von Einspritzanlagen abgelöst. Damit ist es möglich, genau bemessene Kraftstoffmengen einzuspritzen. Einspritzsysteme werden elektronisch gesteuert. Der Luftmassenstrom wird gemessen und die gewünschte Menge Kraftstoff pro Zylinder wird eingespritzt. Die für eine saubere Verbrennung erforderliche Kraftstoffmenge muss dazu berechnet und schließlich eingespritzt werden.

Derzeit gibt es zwei verschiedene Kraftstoffeinspritzsysteme, die Saugrohr- und die Mehrpunkteinspritzung. Saugrohreinspritzsysteme sind vergleichbar mit einem Vergaser mit einem oder mehreren Injektoren. Wenn Kraftstoff eingespritzt wird, wird dieser mit der Luft vermengt. Das Gemisch strömt durch das Saugrohr genau wie bei einem Vergaser. Bei Mehrpunkteinspritzsystemen wird nicht – wie bei der Saugrohreinspritzung – in den allen Zylindern gemeinsamen Drosselklappenstutzen eingespritzt. Stattdessen strömt die Luft ohne Vormischen direkt in den Einlasskanal des jeweiligen Zylinders. Der Kraftstoff wird kurz vor dem Eintritt in den jeweiligen Zylinder eingespritzt und dort mit der Luft vermischt. Deshalb ist die Zahl der Injektoren bei Mehrpunkteinspritzsystemen gleich der Zylinderzahl. Mehrpunkteinspritzsysteme sind effizienter als Saugrohreinspritzsysteme. Erstens, weil die Kraftstoffmenge für jeden Zylinder genauer bemessen werden kann. Zweitens wird die gesamte Kraftstoffmenge in den Zylinder eingespritzt. Bei der Saugrohreinspritzung hingegen kommt ein gewisser Teil Kraftstoff mit der Oberfläche des Saugrohrs in Kontakt und verbleibt dort.

Zu den neueren Generationen fremdgezündeter Motoren zählen Benzin-Direkteinspritzsysteme (GDI, Gasoline Direct Injection), die das Einspritzkonzept von Selbstzündermotoren nutzen (s. Abschn. 2.2.2.2) und den Kraftstoff direkt in die Brennkammer im Zylinder einspritzen. Diese Systeme ermöglichen ähnliche Kraftstoffverbrauchswerte wie Dieselmotoren. Allerdings mit der hohen Literleistung eines konventionellen Ottomotors.

Unabhängig von der Einspritzart kann der Arbeitszyklus des Fremdzündermotors wie folgt beschrieben werden. Während des Ansaugvorgangs ist das Einlassventil geöffnet und das Gemisch aus Luft und Kraftstoff strömt in den Zylinder. Nachdem das Einlassventil schließt, werden die Zylinderinhalte durch die Aufwärtsbewegung des Kolbens verdichtet. Bevor der Kolben den OT erreicht, wird durch eine elektrische Entladung einer Hochspannung zwischen den Elektroden der Zündkerze der Verbrennungsvorgang eingeleitet. Das Verbrennen des Kraftstoffs beim Verbrennungsprozess erhöht die Temperatur auf einen sehr hohen Spitzenwert. Das wiederum erhöht den Druck im Zylinder auf einen sehr hohen Spitzenwert. Dieser Druck erzwingt die Abwärtsbewegung des Kolbens und es wird ein Drehmoment über der Kurbelachse generiert. Der Expansionstakt führt zum Druck- und Temperaturabfall im Zylinder. Bei optimalem Zündzeitpunkt wird für eine gegebene Kraftstoff- und Luftmasse im Zylinder das maximale Drehmoment generiert.

Vor dem Ende des Expansionstaktes beginnt das Öffnen des Auslassventils. Die verbrannten Gase strömen durch das sich öffnende Ventil in den Auslasskanal und schließlich in den Abgaskrümmer. Verglichen mit dem Druck im Abgaskrümmer ist der Druck im Zylinder noch immer recht hoch. Diese Druckdifferenz bläst einen Großteil der heißen Verbrennungsprodukte bereits aus dem Zylinder heraus, bevor der Kolben mit der Aufwärtsbewegung beginnt. Die Kolbenbewegung während des Ausstoßtaktes presst die restlichen Verbrennungsprodukte in den Abgaskrümmer. Der Zeitpunkt für das Öffnen des Auslassventils ist wichtig. Durch frühes Öffnen wird die Arbeit am Kolben reduziert (weniger Ausgangsdrehmoment). Bei spätem Öffnen muss externe Arbeit während der Auslassphase (s. Abschn. 2.2.3.1) an den Kolben abgegeben werden.

Das Einlassventil öffnet vor OT und das Auslassventil schließt etwas später. Dadurch werden Verbrennungsprodukte, die sich im Totraum befinden, besser ausgestoßen, wenn der Kolben OT erreicht, und eine bessere Füllung mit Frischgas erzielt. Die Phase, in der Einlass- und Auslassventil gleichzeitig geöffnet sind, wird (Ventil-)Überschneidungsphase genannt. Nach [1] werden beim Verbrennungsvorgang von Ottomotoren vier Phasen unterschieden: Zündung, Flammenentstehung, Flammenausbreitung und Flammenlöschung. Die Flammenentstehung wird manchmal (in [2]) als Teil der ersten Phase angesehen, und es werden insgesamt drei Phasen betrachtet. Der Flammenkern entsteht in dem Intervall zwischen Funkenentladung und der Zeit, bei der ein Bruchteil des Kraftstoff-Luft-Gemisches verbrannt ist. Dieser Bruchteil wird unterschiedlich definiert, beispielsweise 1, 5 oder 10 %. In dieser Periode findet sehr wenig Druckanstieg statt, obschon es zur Entzündung kommt und der Verbrennungsprozess beginnt. Dementsprechend ist die nutzbare Arbeit auch sehr gering.

Im Intervall zwischen dem Ende der Flammenentstehungsphase und dem Ende des Flammenausbreitungsprozesses wird normalerweise der Großteil der Kraftstoff- und Luftmasse verbrannt. Hierbei wird 90 % der Energie freigesetzt. In dieser Periode steigt der Druck im Zylinder stark an. Die nutzbare Arbeit des Arbeitstaktes des Motors entstammt also der Periode der Flammenausbreitung. Die verbleibenden 5–10 % der Kraftstoff-Luft-Masse verbrennen in der Flammenlöschungsphase. In dieser Zeit nimmt der Druck schnelle ab und die Verbrennung endet. Die Gesamtdauer der Flammenentstehungs- und Flammenausbreitungsphasen findet typischerweise zwischen 30° und 90° Kurbelwinkel statt.

2.2.2.2 Die Verbrennung im Selbstzündermotor

Hinsichtlich der Ventilöffnungen im Betrieb sind Viertakt-Ottomotor und Dieselmotor während des Ansaugtaktes identisch. Der einzige Unterschied besteht darin, dass beim Ansaugtakt lediglich Luft in den Zylinder gelangt. Das Verdichtungsverhältnis bei Dieselmotoren ist höher. Beim Verdichtungshub wird die Luft auf höhere Drücke verdichtet und auf höhere Temperaturen erhitzt als bei Ottomotoren. Der Kraftstoff wird beim Verdichtungshub direkt in den Zylinder eingespritzt. Dort vermischt er sich mit sehr heißer Luft, wodurch er verdampft und sich selbst entzündet, sodass die Verbrennung beginnt. Der Arbeitstakt wird fortgesetzt, während die Verbrennung endet und der Kolben sich zum UT bewegt. Auch der Ausstoßtakt ist mit dem von Ottomotoren identisch.

Beim Dieselmotor ist der Luftstrom für eine gegebene Drehzahl unverändert. Die abgegebene Leistung wird nur durch Anpassen der Einspritzmenge geregelt. Die Art der Gemischbildung in Selbstzündermotoren unterscheidet sich wesentlich von der in Dieselmotoren. Bei Motoren mit Fremdzündung steht ein homogenes Gemisch zur Verfügung. Während des Verbrennungsprozesses breitet sich eine Flammenfront durch das Gemisch aus. Beim Dieselmotor hingegen wird flüssiger Kraftstoff, der mit hohen Geschwindigkeiten durch kleine Düsen in die Injektorspitze eingespritzt wird, in kleinste Tröpfchen zerstäubt und durchdringt so die heiße, verdichtete Luft in der Brennkammer. Folglich handelt es sich hier um einen unsteten, an vielen Stellen gleichzeitig stattfindenden Verbrennungsprozess mit einem sehr inhomogenen Kraftstoff-Luft-Gemisch.

Der Prozess, der nach der Kraftstoffeinspritzung mit der Verbrennung einhergeht, kann in vier Phasen gegliedert werden. Die erste Phase ist die Zerstäubung, bei der Kraftstofftropfen in kleinste Tröpfchen „atomisiert" werden. Die zweite ist die Verdampfungsphase, denn die Kraftstofftröpfchen verdampfen aufgrund der hohen Temperaturen, die durch die starke Verdichtung der Luft entstanden sind, sehr schnell. Nach der Verdampfung, in der „Kraftstoff-Luft-Gemischbildungsphase", vermischt sich der Kraftstoffdampf mit der Luft aufgrund der hohen Kraftstoffeinspritzgeschwindigkeit sowie der Verwirbelung und turbulenten Luftströmung zu einem explosiven Gemisch. Da Lufttemperatur und -druck über dem Zündpunkt des Kraftstoffs liegen, kommt es in der „Verbrennungsphase" zur Selbstentzündung von Teilen des bereits vermischten Kraftstoff-Luft-Gemisches. Der Zylinderdruck nimmt aufgrund der Verbrennung des Kraftstoff-Luft Gemisches zu. Dies verkürzt auch die Verdampfungszeit des verbleibenden flüssigen Kraftstoffs. Während der eingespritzte Kraftstoff bereits verbrennt, wird das Einspritzen flüssigen Kraftstoffs in den Zylinder fortgesetzt. Nach dem Beginn der Verbrennung, wenn das gesamte entflammbare Kraftstoff-Luft-Gemisch verbraucht ist, findet der Rest des Verbrennungsprozesses kontrolliert entsprechend der eingespritzten Kraftstoffmenge statt. Da während des Verdichtungstaktes im Zylinder lediglich Luft komprimiert wird, werden deutlich höhere Verdichtungen als bei Fremdzündungsmotoren verwendet. Die Verdichtungsverhältnisse moderner Selbstzünder liegen zwischen 14 und 24.

Zu den Motorenarten zählen Saugmotoren, bei denen Umgebungsluft direkt angesaugt wird, Turboladermotoren, bei denen die Ansaugluft von einer abgasbetriebenen Turbinen-Kompressor-Kombination verdichtet wird, sowie aufgeladene Motoren, bei denen die Luft durch mechanische Lader, d. h. durch eine Pumpe oder ein Gebläse, komprimiert wird. Beide Aufladeverfahren verbessern die Ausgangsleistung des Motors durch Steigerung des spezifischen Luftmassenstroms pro Hubvolumen. Daher ist es möglich, mehr Kraftstoffverbrennungsenergie im Motor zu nutzen.

2.2.3
Betrachtung der Thermodynamik des Verbrennungsmotors

Während realer Motorzyklen (Ansaugen, Verdichten, Verbrennen und Ausstoßen) ändert sich die Zusammensetzung der am Prozess beteiligten Substanzen. Der variable Zustand der Gase macht eine Analyse schwierig. Um die Analyse handhabbar zu machen, werden reale Zyklen idealen Luft-Standardzyklen angenähert. Das erfordert die folgenden Annahmen:

- die Gasmischung im Zylinder wird als ideales Gas mit konstanten spezifischen Wärmen während des gesamten Kreisprozesses betrachtet;
- das in der Realität offene System, bei dem Frischluft eintritt und Verbrennungsprodukte das System verlassen, wird unter der Annahme, dass Abgase wieder in das Ansaugsystem zurückgeführt werden, zu einem geschlossenem System;
- da Luft als ideales Gas nicht verbrennen kann, wird der Verbrennungsprozess durch eine Phase der Wärmezufuhr mit äquivalentem Energiewert ersetzt;
- der Ausstoßprozess wird durch ein geschlossenes System mit einem Wärmeabgabeprozess äquivalenten Energiewerts ersetzt.

Die Prozesse werden auch idealisiert als reversible Prozesse betrachtet und besitzen folgende Eigenschaften:

- es wird angenommen, dass Ansaug- und Ausstoßtakt unter konstantem Druck stattfinden;
- näherungsweise werden Kompressions- und Expansionstakt als isentrope Prozesse betrachtet, und es wird weiter angenommen, dass diese Takte trotz der geringfügigen Reibungsarbeit und Wärmeübertragung innerhalb des Kreisprozesses reversibel und adiabatisch sind;
- der Verbrennungsprozess wird idealisiert für einen Ottomotor als isochor und für einen Dieselmotor als isobar betrachtet;
- der Abgasausstoß wird näherungsweise als isochorer Prozess betrachtet.

Standardkreisprozesse sind die Basis zur Berechnung des thermischen Wirkungsgrads und der Leistung von Motoren. Diese Prozesse werden grafisch in der Druck-Volumen-Ebene dargestellt, da die beteiligen Prozesse, wie oben erläutert, isobare, isochore oder isentrope Prozesse beinhalten. Andererseits kann die von den auf den Kolben wirkenden Druckkräften geleistete Arbeit mit dem Integral $\oint p \, dV$ berechnet werden. Darum entspricht die während eines Einzylindermotor-Zyklus geleistet Arbeit der Fläche, die von den Kurven des Kreisprozesses im p-V-Diagramm umschlossen wird. Druck-Volumen-Diagramme (p-V-Diagramme) für Kolbenmaschinen werden auch Indikatordiagramme genannt, da sie die Grundlage für die Schätzung der Motorleistung sind.

2.2.3.1 Fremdzündungsmotoren

Der in Abb. 2.4 abgebildete Otto-Kreisprozess ist der theoretische Prozess, der üblicherweise zur Darstellung der Prozesse von Fremdzündungsmotoren verwendet wird. Wie bereits beschrieben, wird angenommen, dass im Kreisprozess eine konstante Luftmasse als Arbeitsmedium eingesetzt wird und dass sich der Kolben zwischen OT und UT hin und her bewegt. Der Ansaugtakt des Otto-Kreisprozesses beginnt mit dem Kolben in OT (Punkt 0) bei konstantem Ansaugdruck. Der Ansaugprozess eines realen drosselklappengesteuerten Motors verläuft anders, da Druckverluste im Luftstrom auftreten. Darum stellt Abb. 2.4 lediglich den Zustand der komplett offenen Drosselklappe dar. Der Verdichtungstakt stellt eine isentrope Kompression von UT nach OT dar (von Punkt 1 nach Punkt 2). Beim realen

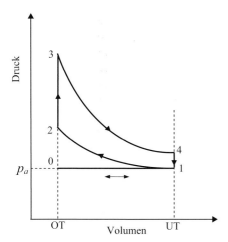

Abb. 2.4 Standardkreisprozess für Ottomotoren.

Motor ist das Einlassventil zu Beginn des Taktes nicht vollständig geschlossen und die Zündkerze wird vor OT gezündet. Das heißt, der Kreisprozess wird von diesen Ereignissen beeinflusst. Die Wärmezufuhr zwischen Punkt 2 und 3 stellt den Verbrennungsprozess dar, der bei realen Motoren nahezu als Gleichraumprozess stattfindet. Während dieses Prozesses wird der Luft ein bestimmter Energiebetrag zugeführt. Diese erhöht die Temperatur auf den Spitzenwert, was Punkt 3 im Prozess entspricht. Dieser Temperaturanstieg im Gleichraumprozess führt auch zu hohem Druck bei Punkt 3. Der Expansionstakt (zwischen Punkt 3 und 4), der nach der Verbrennung stattfindet, kann im Otto-Kreisprozess näherungsweise als isentrop betrachtet werden. Unter der Voraussetzung, dass der Prozess ohne Reibung und adiabat verläuft, ist diese Näherung zulässig.

Im Otto-Kreisprozess wird der Abgasausstoßvorgang durch einen Druckabfall bei konstantem Volumen dargestellt und entspricht der Zustandsänderung von Punkt 4 zurück nach Punkt 1. Beim Ausstoßtakt wandert der Kolben von OT nach UT. Der Prozess von Punkt 1 nach Punkt 0 entspricht dem Ausstoßtakt und findet mit konstantem Druck von einer Atmosphäre statt. An diesem Punkt, nach zwei Kurbelumdrehungen, ist der Kolben wieder bei OT angelangt; ein neuer Zyklus beginnt.

Beachten Sie, dass im Otto-Kreisprozess die Prozesse von Punkt 0 nach Punkt 1 sowie von Punkt 1 nach Punkt 0 thermodynamisch entgegengesetzt verlaufen. Damit heben sie sich gegenseitig während eines kompletten Kreisprozesses auf. Damit wird die untere Linie bei der Analyse des Kreisprozesses nicht mehr gebraucht.

Es folgt eine Zusammenfassung der thermodynamischen Analyse für den Kreisprozess, bei der die Eigenschaft jedes Taktes betrachtet wird. Zweckdienliche Beziehungen für ideales Gas finden Sie in Tab. 2.2.

Der thermische Wirkungsgrad η_T des Otto-Kreisprozesses ist als das Verhältnis zwischen spezifischer geleisteter Nettoarbeit w_{net} (Arbeit pro Masseneinheit) und

Tab. 2.2 Thermische Zustandsgleichung idealer Gase.

1	grundlegender Zusammenhang	$pV = mRT$
2	bezogen auf das spezifische Volumen	$pv = RT$
3	bezogen auf die spezifische Masse	$p = \rho RT$
4	isentroper (adiabatisch-reversibler) Prozess	$pv^k = \text{konst.}$
5	isentroper Prozess	$Tv^{k-1} = \text{konst.}$
6	Gleichraumprozess	$q = c_v \Delta T$
7	Gleichdruckprozess	$q = c_p \Delta T$

zugeführter spezifischer Nettoenergie q_{in} (Energie pro Masseneinheit) definiert:

$$\eta_T (Otto) = \frac{|w_{net}|}{|q_{in}|} \tag{2.1}$$

Die spezifische Nutzarbeit (geleistete Arbeit) wird berechnet, indem die im Ausstoßtakt (4–1) abgeführte Energie q_{out} von der während des Verbrennungstaktes (2–3) zugeführten Energie subtrahiert wird:

$$w_{net} = q_{in} - q_{out} = q_{2-3} - q_{4-1} \tag{2.2}$$

wobei in den Grundgleichungen bei konstantem Volumen (Tab. 2.2) gilt:

$$q_{2-3} = c_v (T_3 - T_2) \tag{2.3}$$

$$q_{4-1} = c_v (T_1 - T_4) \tag{2.4}$$

Hier sind c_v die spezifische Wärme bei konstantem Volumen und T die Temperatur. Durch Einsetzen in Gleichung 2.1 ergibt sich:

$$\eta_T (Otto) = 1 - \frac{|q_{4-1}|}{|q_{2-3}|} = 1 - \frac{T_4 - T_1}{T_3 - T_2} \tag{2.5}$$

Der thermische Wirkungsgrad kann wie folgt vereinfacht werden, indem wir die Beziehung zwischen den Temperaturen beim isentropen Kompressions- und isentropen Expansionstakt nutzen:

$$\eta_T (Otto) = 1 - \frac{T_1}{T_2} \tag{2.6}$$

Für den isentropen Kompressionsprozess (1–2) gilt:

$$\frac{T_2}{T_1} = \left(\frac{v_1}{v_2} \right)^{k-1} \tag{2.7}$$

wobei v das spezifische Volumen und $k = c_p/c_v$ der Quotient der spezifischen Wärmen bei konstantem Druck und konstantem Volumen sind. Das Verdichtungsverhältnis r_C definieren wir als das Verhältnis von maximalem zu minimalem Luftvolumen:

$$r_C = \frac{V_1}{V_2} = \frac{v_1}{v_2} \tag{2.8}$$

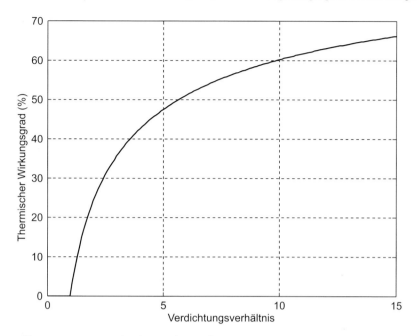

Abb. 2.5 Die Variation des thermischen Wirkungsgrads eines Otto-Zyklus mit dem Verdichtungsverhältnis.

Die Kombination der Gleichungen 2.6–2.8 ergibt:

$$\eta_T (Otto) = 1 - \left(\frac{1}{r_C}\right)^{k-1} \tag{2.9}$$

Gleichung 2.9 ist sehr hilfreich: Ist das Verdichtungsverhältnis bekannt, lässt sich der thermische Wirkungsgrad bestimmen. Sie zeigt auch, dass das Verdichtungsverhältnis der fundamentale Parameter von Verbrennungsmotoren ist und dass die Erhöhung des Verdichtungsverhältnisses den thermischen Wirkungsgrad des Kreisprozesses steigert. Abbildung 2.5 stellt diese Beziehung grafisch dar.

In der Praxis ist das Verdichtungsverhältnis von Fremdzündungsmotoren begrenzt. Das Kraftstoff-Luft-Gemisch darf sich nicht aufgrund der hohen Temperatur nach der Kompressionsphase unkontrolliert selbst entzünden. Die Selbstentzündung ist wiederum eine Frage der Oktanzahl des Kraftstoffs. Höhere Oktanzahlen ermöglichen höhere Verdichtungsverhältnisse. Aufgrund dieser Einschränkung haben im Handel erhältliche Fahrzeuge mit Fremdzündungsmotoren normalerweise ein Verdichtungsverhältnis kleiner 10.

Weitere Gleichungen für den Otto-Kreisprozess erhält man wie folgt:

Die gesamte bei der Verbrennung produzierte Energie (Wärme) in einem Prozess errechnet sich aus:

$$Q_{2-3} = m_m c_v (T_3 - T_2) = m_f \eta_c Q_{HV} \tag{2.10}$$

wobei m_m und m_f die Gemisch- und Kraftstoffmassen, η_c der Wirkungsgrad der Verbrennung und Q_{HV} der Heizwert des Kraftstoffs sind. Aus Gleichung 2.10 ergibt sich die Nettotemperatur:

$$\Delta T_{2-3} = T_3 - T_2 = \frac{\eta_c Q_{HV}}{c_v (AF + 1)} \left(1 - \frac{m_r}{m_m} \right) \tag{2.11}$$

wobei AF das Verhältnis von Luft- zu Kraftstoffmasse und m_r die restliche Abgasmasse eines Taktes sind. Mit den Gleichungen 2.1, 2.3 und 2.9 lässt sich die spezifische Nettoarbeit bestimmen:

$$w_{net} = \eta_T q_{2-3} = \eta_T \eta_c \frac{Q_{HV}}{AF + 1} \left(1 - \frac{m_r}{m_m} \right) \tag{2.12}$$

Die Nettoarbeit des Zyklus ist dann:

$$W_{net} = m_m w_{net} = m_m \eta_T \eta_c \frac{Q_{HV}}{AF + 1} \left(1 - \frac{m_r}{m_m} \right) \tag{2.13}$$

Der indizierte effektive Mitteldruck ist definiert als:

$$p_{ime} = \frac{W_{net}}{V_1 - V_2} = \frac{W_{net}}{V_d} \tag{2.14}$$

Die indizierte Leistung P_i bei einer bestimmten Drehzahl n (1/min) errechnet sich (bei einem Viertaktmotor) wie folgt:

$$P_i = \frac{n \, W_{net}}{120} \tag{2.15}$$

Ist der mechanische Wirkungsgrad η_m bekannt, so erhält man Bremsleistung (d. h. die mechanische Ausgangsleistung) und den effektiven Mitteldruck (BMEP, Brake Mean Effective Pressure) aus:

$$P_b = \eta_m P_i \tag{2.16}$$

$$p_{bme} = \eta_m p_{ime} \tag{2.17}$$

Das abgegebene Motor(brems)moment ist:

$$T_b = \frac{30 P_b}{\pi n} \tag{2.18}$$

Der spezifische Kraftstoffverbrauch (BSFC, Brake Specific Fuel Consumption, im angloamerikanischen Raum in lbs/hp h, im europäischen Raum als spezifischen Kraftstoffverbrauch in g/kWh gemessen) ist als das Verhältnis von Kraftstoffmasse $\dot{m}_f$ zu Bremsleistung definiert:

$$BSFC = \frac{\dot{m}_f}{P_b} \tag{2.19}$$

Der Füllungsgrad ist als das Verhältnis der in den Zylinder induzierten Luftmasse m_a zur gesamten, vom Kolben verdrängten Luftmasse (bei Umgebungsluftbedingungen) definiert:

$$\eta_v = \frac{m_a}{\rho_a V_d} \qquad (2.20)$$

wobei ρ_a die Dichte der Umgebungsluft und V_d das Hubvolumen des Kolbens sind.

Übung 2.1

Auf Meereshöhe wird 30 °C warme Luft von einem Vierzylinder-Viertaktmotor angesaugt. Der Ottomotor hat 2,0 l Hubraum und ein Verdichtungsverhältnis von 8. Die Temperatur des Kraftstoff-Luft-Gemisches beim Eintritt in den Zylinder beträgt 50 °C. Nutzen Sie die Angaben in Tab. 2.3 und errechnen Sie:

a) Bohrung, Hub und Totraum für jeden Zylinder;
b) pro Zylinder die Massen an Kraftstoff-Luft-Gemisch, Luft, Kraftstoff und Abgas für einen Zyklus;
c) die maximale Temperatur und den maximalen Druck im Zyklus;
d) pro Zylinder den indizierten thermischen Wirkungsgrad und die indizierte Nettoarbeit eines Zyklus;
e) den indizierten und effektiven Druck;
f) die indizierte Motorleistung, Bremsleistung und das Drehmoment bei 3000/min;
g) den spezifischen Kraftstoffverbrauch und den Füllungsgrad des Motors.

Lösung:

a) Hubraum pro Zylinder:

$$V_d = \frac{2,0}{4} = 0,5 \,\mathrm{l} \left(5,0 \times 10^{-4}\,\mathrm{m}^3\right)$$

Bohrung und Hub:

$$B = \left(\frac{4 V_d}{1,1\pi}\right)^{\frac{1}{3}} = 8,33\,\mathrm{cm}\,, \quad S = 1,1 \times B = 9,17\,\mathrm{cm}$$

Tab. 2.3 Motordaten von Übung 2.1.

1	Luft-Kraftstoff-Massenverhältnis	15
2	Verbrennungswirkungsgrad	95 %
3	mechanischer Wirkungsgrad	85 %
4	Hub-Bohrungs-Verhältnis	1,1
5	Heizwert des Kraftstoffs	44 MJ/kg
6	Restabgas in einem Zyklus	5 %
7	k	1,35
8	c_v	0,821 kJ/(kg K)

Der Totraum V_c ist gleich V_2 und, da V_1 das Gesamtvolumen (einschließlich V_2) ist, berechnet sich das Verdichtungsverhältnis wie folgt:

$$r_C = \frac{V_1}{V_2} = \frac{V_d + V_c}{V_c}$$

daraus erhalten wir V_c:

$$V_c = \frac{V_d}{r_C - 1} = 71,43\,\text{cm}^3$$

b) Mit Tab. 2.2 erhalten wir die grundsätzlichen Formeln für ideale Gase für die erste Phase des Otto-Kreisprozesses:

$$p_1 V_1 = m_m R T_1$$

wobei p_1 der Atmosphärendruck (101 330 Pa), R die universelle Gaskonstante (287 J/(kg K)) und T_1 Ansaugtemperatur (in K) sind. Daraus ergibt sich die Gemischmasse zu:

$$m_m = \frac{p_1 (V_d + V_c)}{R T_1} = 0,6243\,\text{g}$$

Die Gesamtmasse ist gleich:

$$m_m = m_a + m_f + m_r$$

wobei die Restmasse 5 % der Gesamtmasse ist. Das Luft-Kraftstoff-Verhältnis ist in Tab. 2.3 vorgegeben, sodass sich folgende Massen ergeben:

$$m_f = \frac{0,95 \times m_m}{AF + 1} = 0,0371\,\text{g}\,, \quad m_a = 15 m_f = 0,556\,\text{g} \quad \text{und}$$

$$m_r = 0,0312\,\text{g}$$

c) Die maximale Temperatur und den maximalen Druck des Zyklus finden wir bei Punkt 3 des Otto-Kreisprozesses. Um die Werte bei Punkt 3 bestimmen zu können, werden zunächst die Werte bei Punkt 2 benötigt. Für den isentropen Prozess 1–2 schreiben wir also:

$$p_2 = \left(\frac{v_1}{v_2}\right)^k p_1 = r_C^k p_1 = 8^{0,35} \times 1,0133 = 1,68\,\text{MPa}$$

$$T_2 = \left(\frac{v_1}{v_2}\right)^{k-1} T_1 = r_C^{k-1} T_1 = 8^{0,35} \times 323,16 = 669,1\,\text{K}\,(396\,°\text{C})$$

Aus Gleichung 2.10:

$$T_3 = T_2 + \frac{m_f \eta_c Q_{HV}}{m_m c_v} = 669,1 + \frac{0,0371 \times 0,95 \times 44 \times 10^6}{0,6243 \times 0,821 \times 10^3}$$

$$= 3692\,\text{K}\,(3419\,°\text{C})$$

Für den isochoren Prozess 2–3 haben wir:

$$p_3 = p_2 \frac{T_3}{T_2} = 1,68 \times \frac{3692}{669,1} = 9,26\,\text{MPa}$$

d) Der indizierte thermische Wirkungsgrad aus Gleichung 2.9 ist gleich:

$$\eta_T = 1 - \left(\frac{1}{r_C}\right)^{k-1} = 0{,}517$$

Die indizierte Nettoarbeit kann direkt mithilfe von Gleichung 2.13 berechnet werden:

$$W_{net} = 0{,}6243 \times 0{,}517 \times 0{,}95 \times \frac{44 \times 10^6}{15 + 1} \times 0{,}95 = 801{,}12\,\text{J}$$

e) Den indizierten Druck und effektiven Mitteldruck erhalten wir mit den Gleichungen 2.14 und 2.17:

$$p_{ime} = \frac{W_{net}}{V_d} = \frac{801{,}12}{5 \times 10^{-4}} = 1{,}602 \times 10^6\,\text{Pa}$$

$$p_{bme} = \eta_m\,p_{ime} = 0{,}85 \times 1{,}602 = 1{,}36\,\text{MPa}$$

f) Die indizierte Leistung und Bremsleistung können direkt aus den Gleichungen 2.15 und 2.16 bestimmt werden. Somit haben wir für vier Zylinder bei 3000/min:

$$P_i = 4 \times \frac{n\,W_{net}}{120} = 80{,}1\,\text{kW}$$

$$P_b = \eta_m\,P_i = 0{,}85 \times 80{,}1 = 68{,}1\,\text{kW}$$

Das Motordrehmoment aus Gleichung 2.18 beträgt:

$$T_b = \frac{30 \times 68{,}1 \times 10^3}{\pi \times 3000} = 217\,\text{Nm}$$

g) Zur Bestimmung des spezifischen Kraftstoffverbrauchs wird der Kraftstoffmassendurchsatz benötigt. Die Kraftstoffmasse pro Zylinder für einen Zyklus kennen wir bereits aus (b). Somit ergeben sich der Gesamtkraftstoffmassenstrom und der spezifische Kraftstoffverbrauch (BSFC, Brake Specific Fuel Consumption) wie folgt:

$$\dot{m}_f = 4 \times \frac{n\,m_f}{120} = 0{,}0037\,\text{kg/s (13\,345\,g/h)}$$

$$BSFC = \frac{13345}{68{,}1} = 196\,\text{g/(kW\,h)}$$

Für den Füllungsgrad des Verbrennungsmotors wird die Luftdichte im Ansaugtrakt benötigt, die wir mit der Zustandsgleichung bei einer Ansaugtemperatur von 30 °C erhalten. Somit gilt:

$$\eta_v = \frac{m_a}{\rho_a\,V_d} = \frac{0{,}556 \times 10^{-3}}{1{,}165 \times 5 \times 10^{-4}} = 0{,}955\,\text{(95,5 \%)}$$

2.2.3.2 **Selbstzündungsmotoren**

Bei dem in Abb. 2.6 dargestellten idealisierten Diesel-Kreisprozess findet die Verbrennung als Gleichdruckprozess und nicht wie beim Otto-Kreisprozess als Gleichraumprozess statt. Das liegt daran, dass durch die Steuerung der Kraftstoffeinspritzmenge, somit der Menge an während der Expansion der Verbrennungsgase freigesetzter chemischer Energie, ein Gleichdruckprozess erreicht werden kann.

Die thermodynamische Analyse des Diesel-Kreisprozesses erfolgt ähnlich wie beim Otto-Kreisprozess. Allerdings ist hier neben den Volumina V_1 und V_2 des Otto-Kreisprozesses ein drittes Volumen V_3 von Bedeutung. Das „Einspritzverhältnis" ist der Quotient aus V_3 zu V_2 und ist wie folgt definiert:

$$r_{Co} = \frac{V_3}{V_2} = \frac{T_3}{T_2} \tag{2.21}$$

Die Gleichheit auf der rechten Seite gilt aufgrund des Gleichdruckprozesses. Wir beginnen mit Gleichung 2.1 für den thermischen Wirkungsgrad. Die spezifische Nettonutzarbeit ist analog zu Gleichung 2.2, sie unterscheidet sich aber dadurch, dass die Energieaufnahme bei konstantem Druck und nicht bei konstantem Raum stattfindet. Somit:

$$q_{2-3} = c_p \left(T_3 - T_2 \right) \tag{2.22}$$

Durch Einsetzen der Gleichungen 2.22 und 2.2 in Gleichung 2.1 ergibt sich:

$$\eta_T \left(Diesel \right) = 1 - \frac{|q_{4-1}|}{|q_{2-3}|} = 1 - \frac{c_v \left(T_4 - T_1 \right)}{c_p \left(T_3 - T_2 \right)} = 1 - \frac{T_4 - T_1}{k \left(T_3 - T_2 \right)} \tag{2.23}$$

Die Gleichung kann im Gegensatz zum Fremdzündungsmotor nicht vereinfacht werden. In ihrer einfachsten Form sieht die Gleichung so aus:

$$\eta_T \left(Diesel \right) = 1 - \frac{1}{k \, r_C^{k-1}} \cdot \frac{r_{Co}^k - 1}{r_{Co} - 1} \tag{2.24}$$

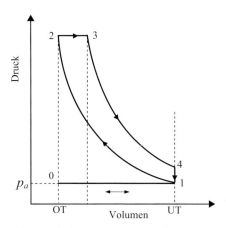

Abb. 2.6 Idealisierter Kreisprozess für Dieselmotoren.

Das heißt, sie ist eine Funktion des Verdichtungs- und des Einspritzverhältnisses. Andere zweckdienliche Beziehungen für den Diesel-Kreisprozess erhalten wir im Folgenden.

Die Gesamtverbrennungsenergie (zugeführte Wärme) für einen Kreisprozess (Gleichdruckprozess) ergibt sich wie folgt:

$$Q_{2-3} = m_m c_p (T_3 - T_2) = m_f \eta_c Q_{HV} \tag{2.25}$$

Gleichung 2.11 des Otto-Kreisprozesses erfährt eine geringfügige Veränderung (c_p ersetzt c_v):

$$\Delta T_{2-3} = T_3 - T_2 = \frac{\eta_c Q_{HV}}{c_p (AF + 1)} \left(1 - \frac{m_r}{m_m}\right) \tag{2.26}$$

Die restlichen Gleichungen für den Diesel-Kreisprozess sind ähnlich und die für den Ottomotor geltenden Gleichungen 2.12–2.20 können auch hier verwendet werden.

Übung 2.2

Vergleichen Sie bei ähnlichen Werten für Verdichtungsverhältnisse von 5 bis 20 die thermischen Wirkungsgrade der idealisierten Kreisprozesse von Fremd- und Selbstzündungsmotoren. Vergleichen Sie die Resultate für verschiedene Einspritzverhältnisse von 2 bis 6.

Lösung:

Ein einfaches MATLAB-Programm mit zwei inneren und äußeren Schleifen für r_C und r_{Co} kann für die Ermittlung der Ergebnisse verwendet werden. Das Ergebnis ist in Abb. 2.7 dargestellt. Es ist ersichtlich, dass der Wirkungsgrad des Dieselmotors stets höher als der des Benzinmotors ist. Aufgrund des niedrigeren Verdichtungsverhältnisses ist im Benzinmotor der thermische Wirkungsgrad im idealisierten Kreisprozess auf ca. 60 % begrenzt. Bei Dieselmotoren hingegen ermöglichen die höheren Verdichtungsverhältnisse derartige, ja sogar noch höhere thermische Wirkungsgrade. So ergeben beispielsweise ein Verdichtungsverhältnis von 15 und ein Einspritzverhältnis von 2 einen thermischen Wirkungsgrad in der Größenordnung von 60 %. Die Wirkung des Einspritzverhältnisses auf den thermischen Wirkungsgrad des Dieselmotors wird auch aus den drei Kurven für die Einspritzverhältniswerte 2, 4 und 6 klar. Kleinere Einspritzverhältnisse führen zu höheren thermischen Wirkungsgraden. Es ist recht einfach, das MATLAB-Programm zu nutzen und zu zeigen, dass für r_{Co} nahe eins die Wirkungsgradkurven von Diesel- und Ottomotor am Ende identisch sind.

Übung 2.3

Betrachten wir einen Vierzylinder-Viertakt-Dieselmotor mit 2,0 l Hubraum und einem Verdichtungsverhältnis von 16. Die Umgebungsluft auf Meereshöhe hat eine Temperatur von 30 °C. Die Temperatur des in den Zylinder eintretenden Kraftstoff-Luft-Gemisches beträgt 50 °C. Nutzen Sie die Daten aus Tab. 2.4 und bestimmen Sie:

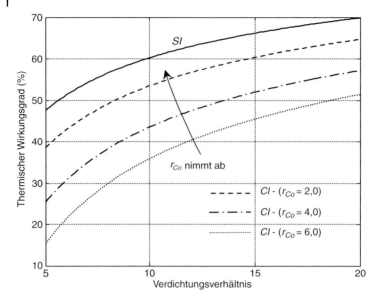

Abb. 2.7 Vergleich zwischen idealisierten thermischen Wirkungsgraden von Otto- und Diesel-motoren.

a) Bohrung, Hub und Totraum für jeden Zylinder;
b) pro Zylinder die Massen an Kraftstoff-Luft-Gemisch, Luft, Kraftstoff und Abgas für einen Zyklus;
c) die maximale Temperatur und den maximalen Druck im Zyklus;
d) pro Zylinder den indizierten thermischen Wirkungsgrad und die indizierte Nettoarbeit eines Zyklus;
e) die induzierten und effektiven Drücke;
f) die indizierte Motorleistung, Bremsleistung und das Drehmoment bei 3000/min;
g) den spezifischen Kraftstoffverbrauch (BSFC, Brake Specific Fuel Consumption) und den Füllungsgrad des Motors.

Tab. 2.4 Motordaten von Übung 2.3

1	Luft-Kraftstoff-Massenverhältnis	18
2	Verbrennungswirkungsgrad	95 %
3	mechanischer Wirkungsgrad	85 %
4	Hub-Bohrungs-Verhältnis	1,3
5	Heizwert des Kraftstoffs	43 MJ/kg
6	Restabgas in einem Zyklus	5 %
7	k	1,35
8	c_p	1,11 kJ/(kg K)

Lösung: Das Vorgehen bei der Lösung dieses Problems ist ähnlich wie in Übung 2.1.

a) Hubraum für einen Zylinder $V_d = 0{,}5\,l\,(5{,}0 \times 10^{-4}\,\text{m}^3)$. Bohrung und Hub:

$$B = \left(\frac{4V_d}{1{,}3\pi}\right)^{\frac{1}{3}} = 7{,}88\,\text{cm}\,, \quad S = 1{,}3 \times B = 10{,}25\,\text{cm}$$

V_c ist:

$$V_c = \frac{V_d}{r_C - 1} = 33{,}33\,\text{cm}^3$$

b) Die Gemischmasse ist:

$$m_m = \frac{p_1\,(V_d + V_c)}{R\,T_1} = 0{,}5827\,\text{g}$$

Wie man sehen kann, wird aufgrund des kleineren Totraums im Vergleich zum Otto-Prozess (Übung 2.1) weniger Masse zugeführt. Es ergeben sich folgende Massen:

$$m_f = \frac{0{,}95 \times m_m}{AF + 1} = 0{,}0291\,\text{g}\,, \quad m_a = 18\,m_f = 0{,}524\,\text{g}$$

und $\quad m_r = 0{,}0291\,\text{g}$

c) Der maximale Druck liegt zwischen den Punkten 2 und 3 im Kreisprozess. Die Maximaltemperatur wird bei Punkt 3 erreicht. Für den isentropen Prozess zwischen 1 und 2 ergibt sich:

$$p_2 = r_C^k\,p_1 = 16^{0{,}35} \times 1{,}0133 = 4{,}28\,\text{MPa}$$
$$T_2 = r_C^{k-1}\,T_1 = 16^{0{,}35} \times 323{,}16 = 852{,}8\,\text{K}\,(580\,^\circ\text{C})$$

Aus Gleichung 2.10:

$$T_3 = T_2 + \frac{m_f\,\eta_c\,Q_{HV}}{m_m\,c_p} = 852{,}8 + \frac{0{,}0291 \times 0{,}95 \times 43 \times 10^6}{0{,}5827 \times 1{,}11 \times 10^3}$$

$$= 2693\,\text{K}\,(2420\,^\circ\text{C})$$

$$\eta_T\,(Diesel) = 1 - \frac{1}{1{,}35 \times 3{,}16^{0{,}35}} \cdot \frac{3{,}16^{1{,}35} - 1}{3{,}16 - 1} = 0{,}516\,(51{,}6\,\%)$$

Für den Gleichdruckprozess zwischen 2 und 3 ergibt sich:

$$p_3 = p_2 = 4{,}28\,\text{MPa}$$

Das ist, verglichen mit dem Wert des Ottomotors in Übung 2.1, sehr wenig. Das Einspritzverhältnis beträgt:

$$r_{Co} = \frac{T_3}{T_2} = \frac{2693}{852{,}8} = 3{,}16$$

d) Der indizierte thermische Wirkungsgrad aus Gleichung 2.24 ist gleich: Die indizierte Nettoarbeit kann direkt mithilfe von Gleichung 2.13 berechnet werden:

$$W_{net} = 0,5827 \times 0,516 \times 0,95 \times \frac{43 \times 10^6}{18 + 1} \times 0,95 = 613,85 \text{ J}$$

e) Den indizierten Druck und effektiven Mitteldruck erhalten wir mit den Gleichungen 2.14 und 2.17:

$$p_{ime} = \frac{W_{net}}{V_d} = \frac{613,85}{5 \times 10^{-4}} = 1,228 \times 10^6 \text{ Pa}$$

$$p_{bme} = \eta_m \, p_{ime} = 0,85 \times 1,228 = 1,044 \text{ MPa}$$

f) Die indizierte Energie und Bremsleistung bei 3000/min werden für die vier Zylinder wie folgt berechnet:

$$P_i = 4 \times \frac{n \, W_{net}}{120} = 61,4 \text{ kW}$$

$$P_b = \eta_m \, P_i = 0,85 \times 61,4 = 52,2 \text{ kW}$$

Das Motordrehmoment aus Gleichung 2.18 beträgt:

$$T_b = \frac{30 \times 52,2 \times 10^3}{\pi \times 3000} = 166 \text{ Nm}$$

g) Der Gesamtkraftstoffmassenstrom und der spezifische Kraftstoffverbrauch (BSFC, Brake Specific Fuel Consumption) ergeben sich zu:

$$\dot{m}_f = 4 \times \frac{n \, m_f}{120} = 0,0029 \text{ kg/s (10\,488 g/h)}$$

$$BSFC = \frac{10\,488}{52,2} = 201 \text{ g/(kW h)}$$

Der Füllungsgrad beträgt:

$$\eta_v = \frac{m_a}{\rho_a V_d} = \frac{0,524 \times 10^{-3}}{1,165 \times 5 \times 10^{-4}} = 0,900 \ (90,0 \, \%)$$

2.2.3.3 Vergleich der idealisierten Otto- und Diesel-Kreisprozesse

Bei identischem Hubraum können die idealisierten Kreisprozesse für Otto- und Dieselmotoren verglichen werden, wie Abb. 2.8 zeigt. In dem Fall ist auch die Eingangsbedingung ähnlich und der Unterschied im Prozess 1–2 ergibt sich aus den unterschiedlichen Verdichtungsverhältnissen. Klar ist, dass der Otto-Prozess einen höheren Spitzendruck produziert und dass die vom geschlossenen Kreisprozess 1–2–3–4–1 umschlossene Fläche größer ist als die umschlossene Fläche $1-2_D-3_D-4-1$ des Dieselmotors. Somit ist die indizierte spezifische Arbeit des Otto-Prozesses größer als die Arbeit des Dieselmotors bei vergleichbarem Hubraum.

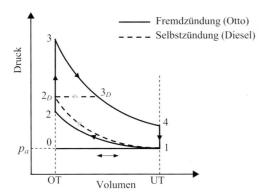

Abb. 2.8 Vergleich von idealisierten Kreisprozessen für Otto- und Dieselmotoren mit gleichem Hubraum.

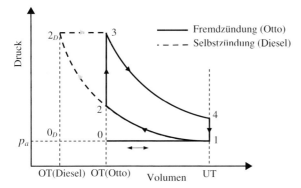

Abb. 2.9 Vergleich von idealisierten Kreisprozessen für Otto- und Dieselmotoren mit gleichen Spitzendrücken.

Aus Abb. 2.8 wird auch klar, dass der Maximaldruck des Otto-Prozesses erheblich höher als der des Dieselmotors ist. Dennoch können Dieselmotoren mit höheren Verdichtungsverhältnissen auch Spitzendrücke entwickeln, die in der Größenordnung derer der Ottomotoren liegen, denn die konstruktive Auslegung des Motors ist die mechanische Grenze. Darum kann man auch einen anderen Vergleich anstellen, bei dem die Spitzendrücke gleich sind. Dieser Kreisprozessvergleich ist in Abb. 2.9 dargestellt. Für diesen Fall ist die vom Kreisprozess $1-2_D-3-4-1$ umschlossene Fläche des Diesel-Prozesses offenbar größer als die umschlossene Fläche des Otto-Prozesses $1-2-3-4-1$. Damit ist auch die indizierte spezifische Arbeit des Diesel-Prozesses größer als die Arbeit des Otto-Prozesses bei identischen Maximaldrücken.

2.2.3.4 Kreisprozesse realer Motoren

Typische Kreisprozesse von Otto- und Dieselmotoren sind in den Abb. 2.10 und 2.11 abgebildet. Beim Otto-Prozess unterscheiden sich der reale und der

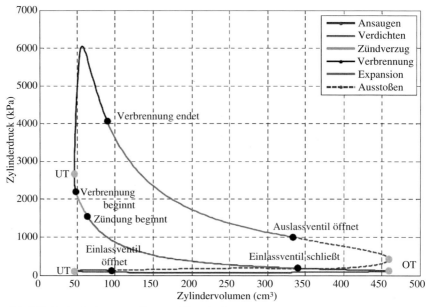

Abb. 2.10 Realer Kreisprozess für einen Viertakt-Ottomotor.

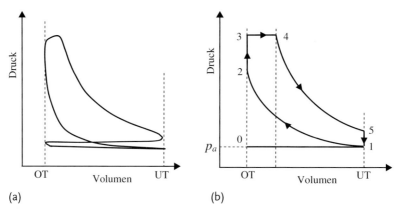

Abb. 2.11 Indikatordiagramm eines Viertakt-Dieselmotors: (a) realer Motor; (b) Doppelzyklus-Näherung.

ideale Prozess im Gleichraumprozess des Ausstoßtaktes. Beim Diesel-Prozess ist ein größerer Unterschied zu sehen. Neben dem bereits festgestellten Phänomen beim Abgasausstoß finden wir hier ein Gleichraumsegment im realen Kreisprozess, das im idealen Prozess nicht vorkommt. Das Segment des realen Motors entsteht durch die vor OT stattfindende Kraftstoffeinspritzung. Dadurch wird bereits Druck im Zylinder aufgebaut, wenn der Kolben nahe OT ist (konstantes Volumen). Manchmal wird eine Doppelzyklus-Näherung (Abb. 2.11b) verwendet, um den Kreisprozess genauer zu modellieren.

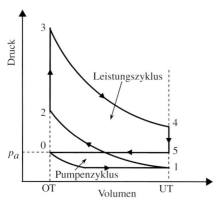

Abb. 2.12 Teillastkreisprozess beim Ottomotor.

2.2.3.5 Teilweise geöffnete Drosselklappe beim Kreisprozess des Ottomotors

Bisher wurde angenommen, dass die Ansaugluft ungedrosselt, somit mit vollständig geöffneter Drosselklappe (WOT, Wide Open Throttle) angesaugt wird. Wir sind auch davon ausgegangen, dass die Ansaugluft bei Umgebungsdruck angesaugt wird. Bei teilweise geöffnetem Drosselklappenventil wird der Luftstrom verengt, sodass der Umgebungsdruck größer als der („gedrosselte") Ansaugdruck ist. Das führt wiederum dazu, dass weniger Luftmasse in den Zylinder gesaugt wird. Damit ist die benötigte Kraftstoffmenge entsprechend geringer, was die Wärmeenergie aus der Verbrennung und damit die resultierende Arbeit reduziert.

Der typische Kreisprozess für den Motor mit gedrosselter Luftzufuhr ist in Abb. 2.12 dargestellt. Nach Abb. 2.12 ist die Nettoarbeit geringer als im idealisierten Otto-Kreisprozess. Die obere Schleife des Prozesses stellt die positive, abgegebene Arbeit dar (Arbeitstakt). Der untere Teil entspricht der vom Motor aufgenommenen negativen Arbeit (Pumpentakt).

2.2.3.6 Wirkung eines Turboladers

Turbolader nutzen den Abgasdruck und/oder eine mechanische Leistung, um einen Kompressor anzutreiben, der die Ansaugluft in den Zylinder presst. Damit ist der Einlassdruck im Saugrohr höher als der Umgebungsdruck. Während des Zyklus gelangt so mehr Ansaugluft in die Brennkammer. Klar ist, je mehr Gemischmasse im Zyklus vorhanden ist, desto mehr chemische Energie kann freigesetzt werden. Die resultierende indizierte Nettoarbeit ist größer. Der Effekt des Aufladens mit Turbolader oder Kompressor auf den Kreisprozess besteht darin, dass der Ansaugdruck bei Punkt 1 höhere Werte erreicht. Zum Beispiel wäre das Ergebnis im Otto-Prozess ähnlich dem in Abb. 2.13 gezeigten. Auch hier ist die Steigerung in den positiven Bereichen unter den Prozessschleifen ein Hinweis auf die gesteigerte indizierte Nettoarbeit im Kreisprozess.

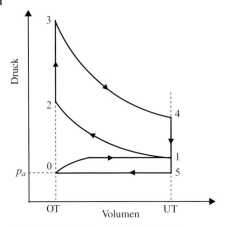

Abb. 2.13 Turboladeeffekt auf Ottokreisprozess.

2.2.4
Merkmale der Motorleistungsabgabe

In den vorangegangenen Betrachtungen wurde festgestellt, dass die normalen Prozesse in der Lage waren, die indizierten Ausgangsleistungen des Motors bei vollständig geöffneter Drosselklappe (WOT, Wide Open Throttle) und den gewünschten Drehzahlen zu erzeugen (s. Übungen 2.1 und 2.3). Gleichwohl haben wir festgestellt, dass die indizierte Nettoarbeit des Kreisprozesses unabhängig von der Drehzahl ist (Gleichung 2.13). Praktisch arbeitet ein Motor aber unter unterschiedlichen Ausgangsdrehzahlen und -leistungen. Eine wichtige Frage ist also, welche Beziehungen zwischen Motorleistung und -drehzahl bestehen. Die Variationen von Motorabtriebsleistung und -drehmoment über der Drehzahl ergeben sich aus den Gleichungen 2.16 und 2.18. Die Gleichungen lassen sich auch in die folgende Form bringen:

$$P_b = \frac{\eta_m W_{net}}{120} n \equiv k_P n \tag{2.27}$$

$$T_b = \frac{30 P_b}{\pi n} = T^* = \text{konst.} \tag{2.28}$$

Somit sind nach den normalen Kreisprozessen Motorausgangsleistung und -drehmoment bei vollständig geöffneter Drosselklappe (WOT, Wide Open Throttle) im gesamten Betriebsbereich ähnlich wie in Abb. 2.14. Das gilt für Otto- und Dieselmotoren. Nur die konstanten Werte T^* und k_P sind unterschiedlich.

Im Allgemeinen zeigen reale Motoren ähnliche Eigenschaften wie die idealisierten (Vergleichs-)Prozesse, bei niedrigen und hohen Drehzahlen unterscheiden sie sich aber. Das liegt an der Tatsache, dass der Gesamtwirkungsgrad η_e des Motors nicht konstant, sondern drehzahlabhängig ist. Um dies zu sehen, kombinieren wir die Gleichungen 2.13, 2.14 und 2.17. Dabei nehmen wir an, dass keine Restmasse

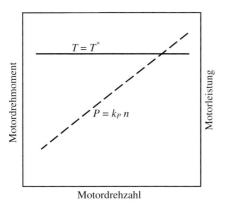

Abb. 2.14 Motordrehmoment und Leistungsabgabe des idealen Motors.

im Prozess verbleibt, und wir erhalten:

$$p_{bme} = \frac{m_m}{V_d} \eta_m \eta_T \eta_c \frac{Q_{HV}}{AF + 1} \tag{2.29}$$

Unter Zuhilfenahme von $m_a = AF/(AF + 1)m_m$ erhalten wir aus Gleichung 2.20:

$$\frac{m_m}{V_d} = \rho_a \eta_v \frac{AF + 1}{AF} \tag{2.30}$$

was möglicherweise zu den folgenden Gleichungen für p_{bme}, Drehmoment und Leistung (bei Viertaktmotoren) führt:

$$p_{bme} = \eta_v \eta_m \eta_T \eta_c \frac{\rho_a Q_{HV}}{AF} \tag{2.31}$$

$$T_b = \eta_v \eta_m \eta_T \eta_c \frac{\rho_a V_d Q_{HV}}{4\pi AF} = \eta_e k_T^* \tag{2.32}$$

$$P_b = \eta_v \eta_m \eta_T \eta_c \frac{\rho_a V_d Q_{HV}}{120 AF} n = \eta_e k_P^* n \tag{2.33}$$

Wie bereits erwähnt ist der Gesamtwirkungsgrad η_e des Motors nicht konstant, sondern abhängig von verschiedenen Faktoren, darunter von Motorlast und -drehzahl. Die Beziehung zwischen η_e und den Betriebsparametern des Motors ist sehr komplex und schlecht dokumentiert in der Literatur. Bei realen Motoren sind sogar die Faktoren k_T^* und k_P^* keineswegs konstant. Sie ändern sich mit sich wechselnden atmosphärischen Bedingungen und der Motordrehzahl.

Unter den verschiedenen Einflussfaktoren für den Gesamtwirkungsgrad des Motors besitzt der Füllungsgrad substanzielle Bedeutung, da er bestimmt, wie viel Luft bei jedem Zyklus in den Zylinder gelangt. Je mehr Luft in den Zylinder gelangt, desto mehr Kraftstoff kann verbrannt werden. Damit kann mehr Energie in Ausgangsleistung verwandelt werden. Aufgrund der begrenzten Zykluszeiten, Druckverluste in Luftfilter, Saugrohr, Einlassventil(en), der von den heißen Zylinderwänden reduzierten Gemischdichte sowie durch Trägheitseffekte gelangt nicht

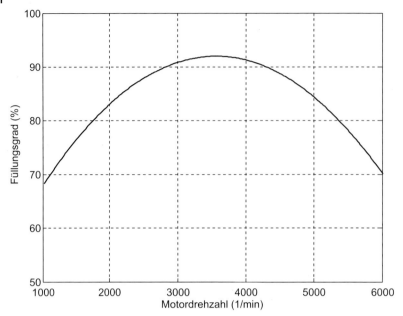

Abb. 2.15 Typischer Füllungsgrad von Ottomotoren.

die ideale Luftmenge, sondern eine reduzierte Luftmenge in den Zylinder, und dies reduziert den Füllungsgrad. In Abb. 2.15 ist die Variation des Füllungsgrads über der Motordrehzahl für einen typischen Ottomotor dargestellt.

Die Drehzahl- und Drehmomentkurven eines realen Motors werden somit insbesondere bei niedrigen und hohen Motordrehzahlen beeinträchtigt. Daraus resultiert ein niedrigerer Drehmomentwert des Motors bei niedrigen und hohen Drehzahlen. Die Maximalleistung erreicht der Motor nicht bei maximaler Drehzahl, sondern darunter. In Abb. 2.16 sind die Leistungskurven für einen Ottomotor bei vollständig geöffneter Drosselklappe (WOT, Wide Open Throttle) dargestellt.

2.2.5
Variationen des Zylinderdrucks

Der Kolben und die Kolbenbewegung werden vom Zylinderdruck gesteuert und erzeugen Motordrehzahl und Ausgangsdrehmoment. Die Ausgangswerte des Motors werden somit von der Variation des Momentandruckwerts bestimmt. Als Variable zur Beschreibung der Druckänderungen des Motors eignet sich der Kurbelwinkel. Das Druck-Kurbelwinkel-Diagramm wird daher häufig verwendet. Zudem liefern diese Kurven ein tieferes Verständnis der Wirkung der Motordrehmoment-Variation mit dem Zünd- beziehungsweise Einspritzzeitpunkt.

Die Werte für den Zylinderdruck für den normalen Otto- und Diesel-Kreisprozess wurden in Abschn. 2.2.3 für die Endpunkte jedes Kolbenhubs erklärt. Um die Druckschwankung als Kurve darstellen zu können, werden auch die Drücke

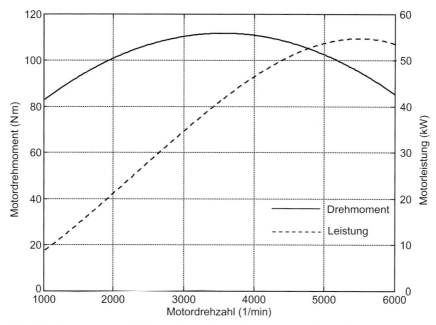

Abb. 2.16 Drehmoment und Leistungskurve eines realen Ottomotors bei Volllast.

im mittleren Bereich benötigt. Aus diesem Grund müssen wir das Volumen des Zylinders auch mit dem Kurbelwinkel θ in Relation bringen. Dies kann wie folgt beschrieben werden:

$$V(\theta) = V_1 - y A_P \tag{2.34}$$

wobei A_P die Kolbenfläche ist. Zudem gilt (s. Abschn. 2.3.1):

$$y = R \cos \theta + l \cos \beta \tag{2.35}$$

$$\beta = \sin^{-1}\left(\frac{R}{l} \cdot \sin \theta\right) \tag{2.36}$$

Beachten Sie, der Kolben befindet sich mit $\theta = 0$ bei OT und mit $\theta = 180°$ bei UT. Auch ist $S = R + l$ der Hub. Die Variationen des Zylinderdrucks werden in Übung 2.4 untersucht.

Übung 2.4
Betrachten Sie Übung 2.1 und ermitteln Sie für einen kompletten Zyklus die Variation des Drucks über dem Kurbelwinkel. Der Kurbelradius ist 40 mm.

Lösung:
Während des Ansaugtaktes ist der Druck konstant und entspricht dem Atmosphärendruck p_a (s. Abb. 2.4). Dieser Takt beginnt bei OT und endet bei UT. Während des Verdichtungstaktes, d. h. für Kurbelwinkel zwischen 180° und 360°, wird der

```
% Übung 2.4
% Umgebungsdruck-Daten
T0=273.16+30;
p0=101330;  % Umgebungsdruck (Pa)
R=287;
T1=273.16+50; % Temperatur einlassseitig (K)

% Daten Verbrennungsmotor:
Dis=2.0;        % Liter
N=4;            % Anzahl Zylinder
AF=15;          % Verhältnis Luft zu Kraftstoff
ce=0.95;        % Wirkungsgrad Verbrennung
me=0.85;        % mechanischer Wirkungsgrad
SB=1.1;         % Verhältnis Hub zu Bohrung
QHV=44e6;       % Heizwert Kraftstoff
er=0.05;        % Abgasrestmasse in Prozent
rC=8;           % Verbrennungsverhältnis
k=1.35;         % cp/cv
cv=0.821e3;     % J/(kgK)
Rc=40/1000;     % Kurbelradius

% Vorabberechnungen
Vd=Dis/4/1000;
B=(4*Vd/pi/1.1)^(1/3);
S=1.1*B;
Vc=Vd/(rC-1);
l=S-Rc;
V1=Vd+Vc;
Ap=pi*B^2/4;
mm=p0*(Vd+Vc)/R/T1;
mf=(1-er)*mm/(AF+1);

% Ansaugtakt:
p=ones(1,181)*p0;
crak_ang=0: 1: 180;
plot(crak_ang, p/10^6)

% Verdichtungstakt:
for i=1: 181
    ang=(i+179)*pi/180;
    theta(i)=i+179;
    beta=asin(Rc*sin(ang)/l);
    y=Rc*cos(ang)+l*cos(beta);
    Vt=V1-y*Ap;
    rv=V1/Vt;
    p2(i)=p0*rv^k;
end
T2=T1*rC^(k-1);
T3=T2+mf*QHV*ce/mm/cv;
p3=p2(181)*T3/T2;
p2(181)=p3;
hold on

plot(theta, p2/10^6)
```

```
% Übung 2.4 (Fortsetzung)
% Expansionstakt:
for i=1: 181
    ang=(i+359)*pi/180;
    theta(i)=i+359;
    beta=asin(Rc*sin(ang)/l);
    y=Rc*cos(ang)+l*cos(beta);
    Vt=V1-y*Ap; rv=Vc/Vt;
    p4(i)=p3*rv^k;
end
T4=T3*(1/rC)^(k-1);
T5=T1; p5=p4(181)*T5/T4;
p4(181)=p5;
plot(theta, p4/10^6)

% Ausstoßtakt:
p=ones(1,181)*p0;
crank_ang=540: 1: 720;
plot(crank_ang, p/10^6)
xlabel('Kurbelwinkel (Grad)')
ylabel('Druck im Zylinder (MPa)')
```

Abb. 2.17 MATLAB Listing für Übung 2.4.

Druck bei Kurbelwinkel θ durch die folgende Gleichung beschrieben:

$$p\left(\theta\right) = \left(\frac{V_1}{V\left(\theta\right)}\right)^k p_1$$

Bei 360° (Ende des Verdichtungsvorgangs) steigt der Druck bei konstantem Volumen plötzlich auf $p_3 = 9{,}26\,\text{MPa}$ an. Anschließend, zwischen 360° und 540°, im Expansionstakt also, lässt sich der Druck bei Kurbelwinkel θ durch ähnliche Gleichungen wie für die Verdichtungsphase beschreiben. Auch hier kommt es bei konstantem Volumen zum Druckabfall auf den Atmosphärendruck von $p_4 = 101\,\text{kPa}$. Der Ausstoßtakt findet bei konstantem Atmosphärendruck statt.

In Abb. 2.17 ist ein MATLAB-Programm abgebildet, das die Lösung für diese Übung liefert. Das damit ausgegebene Diagramm ist in Abb. 2.18 abgebildet.

Der Zylinderdruck kann auch unter Laborbedingungen geprüft und berechnet werden. Ein Drucksensor erfasst die Variation des Zylinderdrucks und erzeugt ein elektrisches (oder digitales) Signal, das dazu proportional ist. Bei gleichzeitiger Aufzeichnung der Kurbelwellenrotationswinkel erhält man die Testergebnisse für die Variation über dem Kurbelwinkel. Diese Tests werden üblicherweise bei konstanter Motordrehzahl gefahren. Bei unterschiedlichen Motordrehzahlen sind die Druckverlaufskurven abweichend. Dementsprechend weicht auch die Motorleistung ab. Eine typische Druckverlaufskurve über dem Kurbelwinkel eines realen Ottomotors ist in Abb. 2.19 zu sehen. Der Gesamtverlauf sieht der Kurve aus Abb. 2.18 für den idealen Motor ziemlich ähnlich.

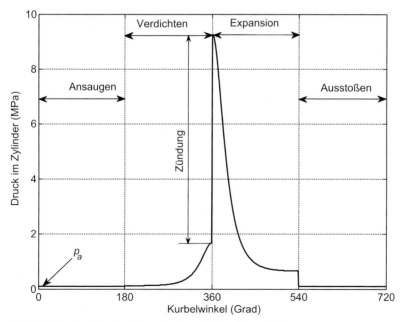

Abb. 2.18 Der Druckverlauf eines einzelnen Zyklus (Übung 2.4).

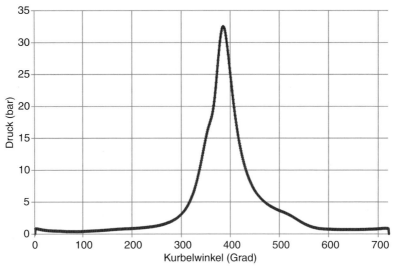

Abb. 2.19 Druckverlauf über dem Kurbelwinkel im Zylinder eines realen Ottomotors.

2.3
Modellierung von Verbrennungsmotoren

Im vorangegangenen Abschnitt wurden die Grundsätze für die Erzeugung der Motorleistung durch Verbrennung von Kraftstoff im Motor und die so freigesetzte Energie erarbeitet. Die aus einer solchen Analyse ermittelten Angaben für die Leistungs- und Drehmomentabgabe stellen allerdings nur Durchschnitts- beziehungsweise Richtwerte dar. Um Momentanwerte für die Ausgangswerte eines Motors zu ermitteln, stehen uns zwei unterschiedliche Ansätze zur Verfügung, wie Abb. 2.20 zeigt. Prozessmodellierung stellt ein aufwändigeres Verfahren dessen dar, was wir in Abschn. 2.2 diskutiert haben. Hierbei werden die fluide Strömung im Motor, Ventilsteuerung, Verbrennungsprozess, Thermodynamik, Wärmübergang und fluide Strömung außerhalb des Motors detailliert modelliert. Die Genauigkeit dieser Modellierung ist von der Korrektheit seiner Subsysteme abhängig. Dieser Ansatz nutzt anspruchsvolle Software mit einer großen Zahl von Eingangsgrößen. Der zweite Ansatz besteht in einem mechanischen Analyseverfahren, das einfacher und genauer ist, sofern exakte Verbrennungsdruckdaten zur Verfügung stehen.

In diesem Abschnitt werden wir die zweite Methode verwenden. Damit erarbeiten wir die Beziehungen für die Momentanwerte des Motordrehmoments durch Analyse der Kinetik und der Kräftegleichgewichte des Motors. Wir beginnen mit Einzylindermotoren. Die Ausgangswerte von Mehrzylindermotoren werden später diskutiert. Letztlich ist die Einzylinder-Verbrennungskraftmaschine ein Baustein des Mehrzylindermotors. Da alle Zylinder eines Motors ähnlich sind, kann ein Modell, das auf Basis eines einzelnen Zylinders erstellt wurde, problemlos auf die übrigen Zylinder ausgeweitet werden.

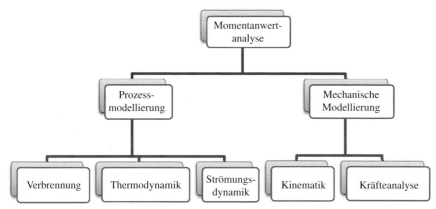

Abb. 2.20 Methoden zur Analyse der Momentleistungsabgabe.

2.3.1
Maschinenkinetik

Die Kinematik eines Einzylindermotors entspricht der Kinematik eines Schubkurbeltriebs. Abbildung 2.21 zeigt die für die Teile eines Einzylindermotors verwendeten Bezeichnungen sowie eine schematische Darstellung des Triebwerks. Während die Kurbel rotiert, bewegt sich der Kolben aufwärts zum oberen Totpunkt (OT). Die Verschiebung des Kolbens gegenüber OT wird mit der Variable x angegeben. Die Drehung der Kurbel wird als positive Rotation (Drehung im Uhrzeigersinn) betrachtet und mit dem Winkel θ (Kurbelwinkel) angegeben. Der Kurbelradius ist R und die Pleuellänge ist l. Das ist die Strecke zwischen Punkt A (Kolbenbolzenmitte) und B (Pleuelfußlagermitte).

Die Gesamtstrecke zwischen OT und unterem Totpunkt (UT) ist L und kann wie folgt ausgedrückt werden:

$$L = R + l \tag{2.37}$$

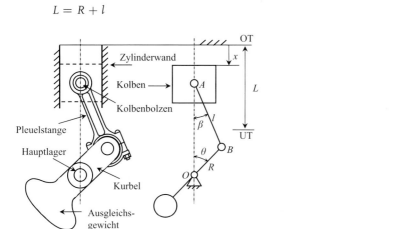

Abb. 2.21 Begriffe für den Einzylindermotor.

Nach Abb. 2.21 kann x wie folgt ausgedrückt werden:

$$x = L - R\cos\theta - l\cos\beta \qquad (2.38)$$

Kolbengeschwindigkeit und -beschleunigung sind die erste und zweite Ableitung der Verschiebung x nach der Zeit:

$$v_P = \frac{dx}{dt} \qquad (2.39)$$

$$a_P = \frac{d^2x}{dt^2} \qquad (2.40)$$

Differenziation von Gleichung 2.38 über die Zeit führt zu den Gleichungen für Geschwindigkeit und Beschleunigung des Kolbens in folgender Form:

$$v_P = k_v R\omega_e \qquad (2.41)$$

$$a_P = k_v R\alpha_e + k_a R\omega_e^2 \qquad (2.42)$$

wobei ω_e die Winkelgeschwindigkeit und α_e die Beschleunigung des Motors entsprechend der folgenden Definition sind:

$$\omega_e = \frac{d\theta}{dt} \qquad (2.43)$$

$$\alpha_e = \frac{d\omega_e}{dt} = \frac{d^2\theta}{dt^2} \qquad (2.44)$$

k_v und k_a erhält man mit den folgenden Gleichungen:

$$k_v = \sin\theta + \frac{R}{2l} \cdot \frac{\sin 2\theta}{\cos\beta} \qquad (2.45)$$

$$k_a = \cos\theta + \frac{R}{l} \cdot \frac{\cos 2\theta}{\cos\beta} + \left(\frac{R}{l}\right)^3 \cdot \frac{\sin^2 2\theta}{4\cos^3\beta} \qquad (2.46)$$

Bei der Herleitung der Gleichungen 2.45 und 2.46 wird die trigonometrische Beziehung zwischen den beiden Winkeln θ und β verwendet:

$$R\sin\theta = l\sin\beta \qquad (2.47)$$

Außerdem erhalten wir β aus Gleichung 2.47 und können somit den $\cos\beta$ in den obigen Gleichungen bestimmen:

$$\beta = \sin^{-1}\left(\frac{R}{l} \cdot \sin\theta\right) \qquad (2.48)$$

Die Gleichungen 2.45 und 2.46 lassen sich in guter Näherung zu folgenden Ausdrücken vereinfachen. Die Ergebnisse besitzen die folgende Form [3]:

$$k_v = \sin\theta + \frac{R}{2l}\sin 2\theta \qquad (2.49)$$

$$k_a = \cos\theta + \frac{R}{l}\cos 2\theta \qquad (2.50)$$

In Gleichung 2.42 ist die Motorbeschleunigung zwar als Ausdruck enthalten (erster Ausdruck), dieser verschwindet aber bei konstanten Motordrehzahlen. Gleichwohl ist dieser Ausdruck normalerweise insbesondere bei hohen Drehzahlen vernachlässigbar klein, verglichen mit dem Ausdruck, der sich mit dem Quadrat der Motordrehzahl erhöht. Um einen Eindruck von den relativen Beträgen der Kolbenbeschleunigungen im Vergleich zur Tangentialbeschleunigung $R\alpha_e$ und Zentripetalbeschleunigung $R\omega_e^2$ zu bekommen, betrachten Sie einen Extremfall. Wir nehmen an, dass der Motor innerhalb von 1 s von 1000/min auf 6000/min beschleunigt. Während dieser Phase ist die rotatorische Beschleunigung konstant gleich 523,6 rad/s^2 und die Rotationsgeschwindigkeit nimmt zu. Bei sehr niedrigen Motordrehzahlen ist das Verhältnis von ω_e^2 zu α_e in der Größenordnung von 1, bei 2000/min in der Größenordnung von 2 und bei rund 6000/min in der Größenordnung 3. Das wird in der nächsten Übung genauer untersucht. Darum ist es sinnvoll, den zweiten Ausdruck in Gleichung 2.42 für die Kolbenbeschleunigung immer zu verwenden, selbst wenn der Motor beschleunigt. Somit:

$$a_P = k_a R \omega_e^2 \qquad (2.51)$$

Übung 2.5

Der Radius der Kurbelwelle beträgt 50 mm und die Länge der Pleuelstange ist 200 mm:

a) Plotten Sie die Variation von Kolbengeschwindigkeit und Kolbenbeschleunigung über dem Kurbelwinkel für die Motordrehzahlen 1000/min, 2000/min und 3000/min für eine ganze Kurbelumdrehung.

b) Nehmen Sie an, dass die Beschleunigung von 1000/min auf 6000/min innerhalb von 1 s erfolgt, und stellen Sie die Kurven beider Ausdrücke aus Gleichung 2.42 für 1000/min grafisch dar.

Lösung:

a) Die Anwendung der Gleichung 2.41 und 2.42 zusammen mit den Gleichungen 2.45, 2.46 und 2.48 kann die Ergebnisse liefern. Ein MATLAB-Programm mit den beiden Schleifen für Motordrehzahl (äußere Schleife) und Kurbelwinkel (innere Schleife) bringt die Lösung (s. Abb. 2.22).

Die Ergebnisse für Kolbengeschwindigkeit und -beschleunigung sind in den Abb. 2.23 und 2.24 grafisch dargestellt. Positive Werte beziehen sich auf die Abwärtsbewegung und negative Werte auf die Aufwärtsbewegung. Interessant sind die sehr großen Beschleunigungswerte bei OT, die die Kurbeldrehzahl erhöhen. Bei 3000/min ist der Beschleunigungswert die 600-fache Erdbeschleunigung, bei 5000/min beträgt der entsprechende Wert mehr das 1700-fache von G.

```
% Übung 2.5 – Kolbengeschwindigkeit und -beschleunigung
clear all, close all, clc

% Daten
R=50/1000;
l=200/1000;
Rl=R/l; % definiere

for j=1:3
    omega(j)=1000*j;      % Motordrehzahl (min^-1)
    omeg=omega(j)*pi/30; % (rad/s)

for i=1: 360
    theta(i)=i;          % Kurbelwinkel (Grad)
    ang=i*pi/180;        % (rad)
    beta=asin(Rl*sin(ang));
    kv=sin(ang)+Rl*sin(2*ang)/cos(beta)/2;
    ka=cos(ang)+Rl*cos(2*ang)/cos(beta)+Rl^3*(sin(2*ang))^2/cos(beta)/4;
    v(i)=R*kv*omeg;
    a(i)=R*ka*omeg^2;
end
    figure(1), plot(theta, v), hold on
    figure(2), plot(theta, a), hold on
end

figure(1), grid
xlabel('Kurbelwinkel (Grad)')
ylabel('Kolbengeschwindigkeit (m/s)')

figure(2), grid
xlabel('Kurbelwinkel (Grad)')
ylabel('Kolbenbeschleunigung (m/s^2)')
```

Abb. 2.22 MATLAB-Programm-Listing für Übung 2.5.

b) Es wurde bereits erwähnt, dass die Motorbeschleunigung 523,6 rad/s^2 beträgt. Die Variationen der beiden Ausdrücke in Gleichung 2.42 ($k_v R \alpha_e$ und $k_a R \omega_e^2$) über den Kurbelwinkelbereich von 0–360° wurden vom MATLAB-Programm berechnet und die Ergebnisse sind in den Abb. 2.23 und 2.24 abgebildet. Aus Abb. 2.25 wird ersichtlich, dass der Ausdruck $k_v R \alpha_e$ sehr klein im Vergleich zu dem Ausdruck für die Zentripetalbeschleunigung ist, selbst bei sehr niedrigen Drehzahlen. Sein Einfluss besteht darin, dass er die Kurve leicht nach rechts verschiebt.

Sobald die Kolbenkinematik bekannt ist, können Gleichungen für die Kinematik der Pleuelstange einschließlich ihrer Rotationsgeschwindigkeit und -beschleunigung sowie die Geschwindigkeit und Beschleunigung von dessen Gravitationszentrum aufgestellt werden. Beginnend mit den Geschwindigkeits- und Beschleunigungsvektoren bei Punkt *B*, können wir entsprechend der klassischen Dynamik

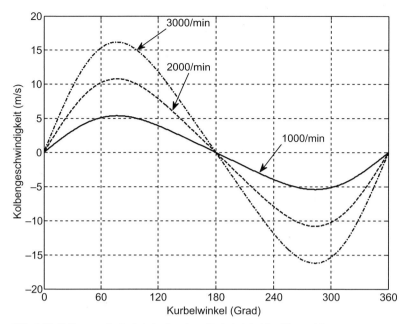

Abb. 2.23 Kolbengeschwindigkeit über dem Kurbelwinkel für Übung 2.5.

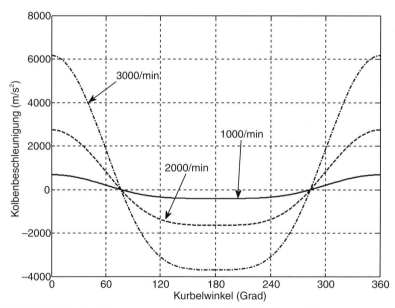

Abb. 2.24 Kolbenbeschleunigung über dem Kurbelwinkel für Übung 2.5.

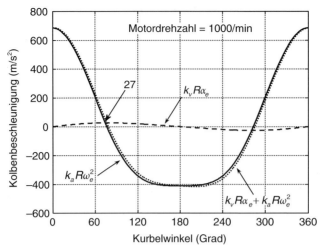

Abb. 2.25 Ausdrücke für die Kolbenbeschleunigung aus Gleichung 2.42 für Übung 2.5.

schreiben:

$$V_B = \boldsymbol{\omega}_e \times \boldsymbol{R} \tag{2.52}$$

$$\boldsymbol{a}_B = \boldsymbol{\alpha}_e \times \boldsymbol{R} + \boldsymbol{\omega}_e \times (\boldsymbol{\omega}_e \times \boldsymbol{R}) \tag{2.53}$$

Der Radiusvektor $\boldsymbol{R}$ ist in Abb. 2.26 dargestellt, und es gilt:

$$\boldsymbol{\omega}_e = -\omega_e \hat{\boldsymbol{k}} \tag{2.54}$$

$$\boldsymbol{\alpha}_e = -\alpha_e \hat{\boldsymbol{k}} \tag{2.55}$$

$\hat{\boldsymbol{i}}, \hat{\boldsymbol{j}}$ und $\hat{\boldsymbol{k}}$ sind eine Reihe orthogonaler Einheitsvektoren, die fest am Kurbelgehäuse sind. $\hat{\boldsymbol{i}}$ und $\hat{\boldsymbol{j}}$ zeigen, wie in Abb. 2.26 zu sehen, in horizontale und vertikale Richtung und $\hat{\boldsymbol{k}}$ gibt die dritte Richtung vor. Die Lösungen für die Gleichungen 2.52 und 2.53 lauten wie folgt:

$$V_B = R\omega_e \left(\cos\theta \, \hat{\boldsymbol{i}} - \sin\theta \, \hat{\boldsymbol{j}} \right) \tag{2.56}$$

$$\boldsymbol{a}_B = R \left(\alpha_e \cos\theta - \omega_e^2 \sin\theta \right) \hat{\boldsymbol{i}} - R \left(\alpha_e \sin\theta + \omega_e^2 \cos\theta \right) \hat{\boldsymbol{j}} \tag{2.57}$$

Wir erhalten die Winkelgeschwindigkeit und -beschleunigung der Pleuelstange über die Beziehung zwischen Geschwindigkeit und Beschleunigung der beiden Enden der Pleuelstange:

$$V_B = V_A + \boldsymbol{\omega}_c \times \boldsymbol{l} \tag{2.58}$$

$$\boldsymbol{a}_B = \boldsymbol{a}_A + \boldsymbol{\alpha}_c \times \boldsymbol{l} + \boldsymbol{\omega}_c \times (\boldsymbol{\omega}_c \times \boldsymbol{l}) \tag{2.59}$$

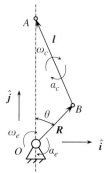

Abb. 2.26 Bezeichnungen für die rotatorische Kinematik der Pleuelstange.

wobei:

$$\boldsymbol{\omega}_c = -\omega_c \hat{\boldsymbol{k}} \tag{2.60}$$

$$\boldsymbol{\alpha}_c = -\alpha_c \hat{\boldsymbol{k}} \tag{2.61}$$

und Vektor l ist in Abb. 2.26 dargestellt. Wenn wir $V_A = -v_P \hat{\boldsymbol{j}}$ und $\boldsymbol{a}_A = -a_P \hat{\boldsymbol{j}}$ in den Gleichungen 2.58 und 2.59 ersetzen und die Gleichungen 2.56 und 2.57 nutzen, finden wir ω_c und α_c nach einigen Umstellungen:

$$\omega_c = -\frac{R}{l} \cdot \frac{\cos\theta}{\cos\beta} \omega_e \tag{2.62}$$

$$\alpha_c = -\frac{R}{l} \cdot \frac{\cos\theta}{\cos\beta} \alpha_e + \frac{R}{l} \cdot \frac{\sin\theta}{\cos\beta} \omega_e^2 \tag{2.63}$$

In der Herleitung von Gleichung 2.63 erhalten wir einen dritten Ausdruck, der nicht vernachlässigbar ist. Überdies ist der erste Ausdruck in Gleichung 2.63 im Vergleich zum zweiten sehr klein und kann ignoriert werden. Dies bedeutet, dass die rotatorische Beschleunigung des Pleuels primär vom Quadrat der Motordrehzahl und nicht von der Motorbeschleunigung herrührt.

Bezug nehmend auf Abb. 2.27 ergibt sich für Geschwindigkeit und Beschleunigung am Massenmittelpunkt G des Pleuels:

$$V_G = V_A + \boldsymbol{\omega}_c \times l_A \tag{2.64}$$

$$\boldsymbol{a}_G = \boldsymbol{a}_A + \boldsymbol{\alpha}_c \times l_A + \boldsymbol{\omega}_c \times (\boldsymbol{\omega}_c \times l_A) \tag{2.65}$$

Die rechten Teile der Gleichungen 2.64 und 2.65 sind bekannt und nach einigen Schritten erhalten wir die Lösungen in ihrer finalen Form:

$$V_G = R\omega_e \left(k_1 \hat{\boldsymbol{i}} + k_2 \hat{\boldsymbol{j}} \right) \tag{2.66}$$

$$\boldsymbol{a}_G = R\alpha_e \left(k_1 \hat{\boldsymbol{i}} + k_2 \hat{\boldsymbol{j}} \right) - R\omega_e^2 \left(k_3 \hat{\boldsymbol{i}} + k_4 \hat{\boldsymbol{j}} \right) \tag{2.67}$$

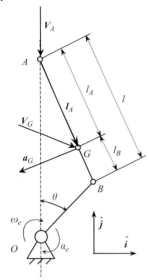

Abb. 2.27 Kinematik des Massenmittelpunkts der Pleuelstange.

mit:

$$k_1 = \frac{l_A}{l} \cos \theta \tag{2.68}$$

$$k_2 = -\left(1 + \frac{R}{l} \cdot \frac{\cos \theta}{\cos \beta} \cdot \frac{l_B}{l}\right) \sin \theta \tag{2.69}$$

$$k_3 = \frac{l_A}{l} \sin \theta \tag{2.70}$$

$$k_4 = \cos \theta + \frac{R}{l} \cdot \frac{\cos 2\theta}{\cos \beta} \cdot \frac{l_B}{l} \tag{2.71}$$

In Gleichung 2.67 wurde ein vernachlässigbarer Ausdruck weggelassen. l_A und l_B in den Gleichungen 2.68–2.71 sind, wie in Abb. 2.27 dargestellt, die Strecken vom Massenmittelpunkt der Pleuelstange bis zu den Punkten A bzw. B.

Übung 2.6
Die Pleuelstange des Motors aus Übung 2.5 hat eine Länge von $l_A = 140\,\text{mm}$. Berechnen Sie:

a) für die konstanten Motordrehzahlen von 1000/min, 3000/min und 5000/min die Winkelgeschwindigkeit und -beschleunigung des Pleuels über dem Kurbelwinkel;

b) für eine Motordrehzahl von 3000/min die Geschwindigkeit und Beschleunigung des Massenmittelpunkts der Pleuelstange (horizontale Komponenten, vertikale Komponenten sowie die resultierenden Werte).

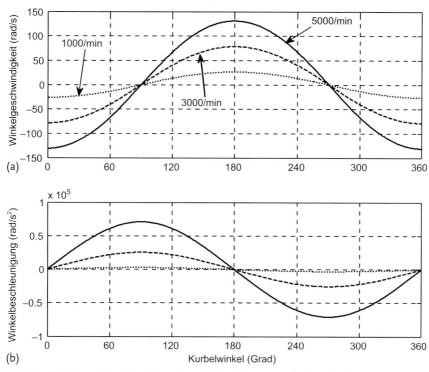

Abb. 2.28 Winkelgeschwindigkeit (a) und Winkelbeschleunigung (b) der Pleuelstange.

Lösung:

a) Aus den Gleichungen 2.62 und 2.63 erhalten wir die Winkelgeschwindigkeit und -beschleunigung des Pleuels. Das MATLAB-Programm aus Abb. 2.22 kann hier auch verwendet werden, wenn die für diese Übung erforderlichen Gleichungen eingefügt werden. Die Ergebnisse sind im unteren Teil von Abb. 2.28 dargestellt. Beachten Sie die riesigen resultierenden Winkelbeschleunigungen, die insbesondere bei hohen Drehzahlen auftreten. Dies führt zu großen Massenträgheitsmomenten um den Massenmittelpunkt des Pleuels herum.

b) Nach Auswertung der Koeffizienten k_1–k_4 können die Geschwindigkeit und Beschleunigung des Massenmittelpunkts des Pleuels mit den Gleichungen 2.66 und 2.67 ermittelt werden. Die Ergebnisse sind in den Abb. 2.29 und 2.30 grafisch dargestellt. Die resultierende Geschwindigkeit und Beschleunigung erhält man durch Berechnen der Quadratwurzel der x- und y-Komponenten. Auch hier sind hohe Beschleunigungswerte für den Massenmittelpunkt des Pleuels festzustellen. Diese Werte werden mit der Masse der Pleuelstange multipliziert. Damit wirken am Massenmittelpunkt der Pleuelstange große Massenträgheitskräfte.

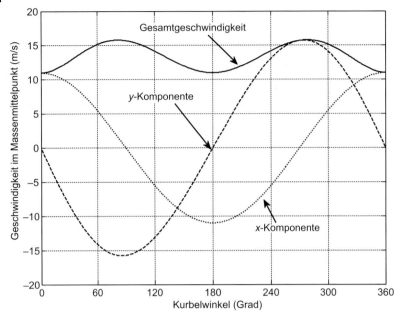

Abb. 2.29 Geschwindigkeit im Massenmittelpunkt der Pleuelstange.

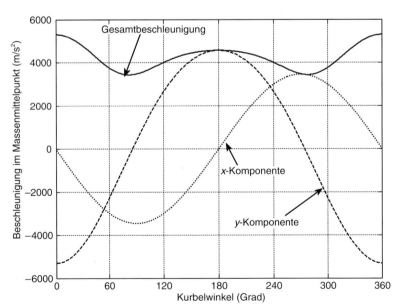

Abb. 2.30 Beschleunigung im Massenmittelpunkt der Pleuelstange.

2.3.2
Motordrehmoment

Der in der Brennkammer aufgebaute Druck (Abschn. 2.2.5) übt eine Kraft auf die Kolbenbodenfläche aus. Diese drückt ihn nach unten und zwingt die Pleuelstange, das Motordrehmoment T_e zu entwickeln. Obwohl dieses ein einfaches Phänomen zu sein scheint, gibt es keine einfache Beziehung zwischen Drehmoment und Kolbenkraft, da die Wirkungslinie dieser Kraft, wie in Abb. 2.31 zu sehen, durch Punkt O verläuft. O ist die Rotationsachse der Kurbelwelle. Die Komplexität ergibt sich einerseits aufgrund der trigonometrischen Beziehungen und andererseits aufgrund der Trägheitskräfte und -drehmomente, die auf die Pleuelstange wirken. Dies erklären wir in diesem Abschnitt.

In den folgenden Analysen wenden wir das d'Alembert'sche Prinzip an. So haben wir es mit einem statischen statt mit einem dynamischen Problem zu tun. Bis hier genügt es, die Trägheitskräfte und -momente in die Freikörperbilder der untersuchten Teile einzutragen. Die auf einen Körper B wirkende Trägheitskraft $\boldsymbol{F}_I$ und das Trägheitsmoment $\boldsymbol{T}_I$ sind wie folgt definiert:

$$\boldsymbol{F}_I = -m_B \boldsymbol{a}_B \tag{2.72a}$$

$$\boldsymbol{T}_I = -I_B \boldsymbol{\alpha}_B \tag{2.72b}$$

wobei gilt: m_B ist die Masse des Körpers, I_B das Massenträgheitsmoment des Körpers um seinen Massenmittelpunkt, $\boldsymbol{a}_B$ ist der Beschleunigungsvektor des Massenmittelpunkts und $\boldsymbol{\alpha}_B$ der Vektor der Winkelbeschleunigung des Körpers in der planaren Bewegung. Bei räumlichen Bewegungen besitzt das Trägheitsmoment eine komplexere Form [4].

Die Kolbenkraft F_P entsteht aus dem Druckaufbau in der Brennkammer. Die Kolbenkraft ergibt sich aus dem Druck p und der Kolbenfläche A_P:

$$F_P = p A_P \tag{2.73}$$

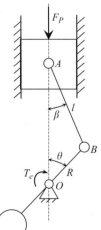

Abb. 2.31 Kolbenkraft und resultierendes Motordrehmoment.

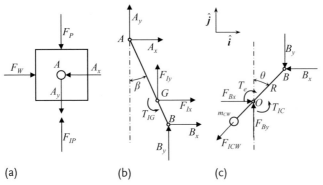

(a) (b) (c)

Abb. 2.32 Freikörperbilder der Motorkomponenten.

wobei die Einheit für Druck Pascal und für Fläche Quadratmeter ist. Die Kolbenkraft wird in Newton angegeben. Wird der Druck in MPa (Megapascal) angegeben,
so bleibt die Einheit für die Kraft Newton, vorausgesetzt, die Fläche ist in Quadrat-
millimetern angegeben.

Die in Abb. 2.32a gezeigten, auf den Kolben wirkenden Kräfte bestehen, abgesehen von der Kolbenkraft F_P aus vier Komponenten. Die Kräfte A_x und A_y sind
die horizontalen und vertikalen Komponenten der Hauptlagerinnenkräfte, die von
der Pleuelstange aus auf den Kolben wirken. F_W ist Normalanpresskraft, die die
Zylinderwand auf den Kolben ausübt. In der Praxis hat die Anpresskraft auch eine in Kolbenbewegungsrichtung wirkende Komponente infolge von Reibung. Diese Komponente wurde unter der Annahme, dass die Bewegung zwischen Kolben
und Zylinder reibungsfrei abläuft, ignoriert. Die letzte auf den Kolben einwirkende
Kraft ist die Trägheitskraft F_{IP}:

$$F_{IP} = m_P a_P \qquad (2.74)$$

wobei m_P die Masse aller mit dem Kolben bewegten Teile (Kolbenbolzen und
-sicherungsringe) und a_P die Kolbenbeschleunigung ist (Gleichung 2.42). Beachten Sie, dass die (positive) Kolbenbeschleunigung abwärtsgerichtet ist, somit
ist die (positive) Trägheitskraft nach oben gerichtet. Bedenken Sie auch, dass
die Gravitationskraft vernachlässigt wurde, da sie im Vergleich zu den hier auftretenden Kräften sehr klein ist. Darüber hinaus wurde angenommen, dass der
Kolben eine rein lineare Bewegung, somit keinerlei Kippbewegungen ausführt.
Dennoch gibt es diese Rotationsbewegungen in der Realität infolge des Spiels. Neben dem produzierten Trägheitsmoment verursacht diese Rotation Anpresskräfte,
die gleichzeitig auf beiden Seiten des Kolbens wirken. Weiter wurde angenommen, dass die Wirkungslinie der Wandkraft direkt durch Punkt A geht, um die
rotatorische Unwucht des Kolbens einzuschränken.

Das Freikörperbild (FBD, Free Body Diagram) der Pleuelstange ist in Abb. 2.32b
dargestellt. Zwei der Schubstangenkräfte sind die (den Kolbenkräften entgegenge-
richteten) Reaktionskräfte A_x und A_y. Ebenso wirken die Lagerkräfte bei Punkt B
als B_x und B_y. Die beiden übrigen Kräfte sind Komponenten der Trägheitskraft F_{IG},
die im Massenmittelpunkt der Pleuelstange G wirken. Die beiden Komponenten

haben die folgenden Beträge:

$$F_{Ix} = m_C a_{Gx} \tag{2.75}$$

$$F_{Iy} = m_C a_{Gy} \tag{2.76}$$

wobei m_C die Masse der Schubstange (Pleuel, Pleuelstange) und a_{Gx} und a_{Gy} die horizontale und vertikale Komponente von a_G in Gleichung 2.67 sind. Beachten Sie, dass beide Komponenten der Beschleunigung negativ sind (die Komponenten der Winkelbeschleunigung werden ignoriert). Damit sind die Trägheitskräfte in Abb. 2.32b positiv. T_{IG} ist das Trägheitsmoment, das auf die Schubstange wirkt und aus dessen rotatorischer Beschleunigung resultiert. Der Betrag dieses Drehmoments ist:

$$T_{IG} = I_G \alpha_C \tag{2.77}$$

wobei I_G das Massenmoment der Trägheit der Schubstange entlang ihrer durch den Massenmittelpunkt verlaufenden Hauptachse und α_C die Winkelbeschleunigung des Pleuels sind (Gleichung 2.63). Beachten Sie, dass die Beschleunigung der Schubstange im Uhrzeigersinn als positiv angenommen wurde, somit ist die Richtung des Trägheitsmoments gegen den Uhrzeigersinn gerichtet.

Abbildung 2.32c zeigt das Freikörperbild der Kurbelwelle. Neben den Auflagerkräften B_x und B_y wirken die Komponenten der Hauptlagerkraft F_B (d. h. F_{Bx} und F_{By}) in Punkt O. Infolge der rotatorischen Beschleunigung der Kurbelwelle wirkt ein Trägheitsmoment T_{IC} um O mit dem Betrag:

$$T_{IC} = I_C \alpha_e \tag{2.78}$$

wobei I_C das Massenträgheitsmoment der Kurbelwelle um deren Rotationsachse und α_e die Winkelbeschleunigung des Motors sind. Beachten Sie, dass der Massenmittelpunkt der Kurbelwelle und der Ausgleichsgewichte der Kurbelwelle in Punkt O null ist. Das wird durch Auswahl der passenden Gegengewichte erreicht. Es wird angenommen, dass die Rotationsachse der Kurbelwelle auch deren Hauptträgheitsachse ist. Beachten Sie, dass alle Lager keine Reibung haben, sonst würde die Erläuterung noch komplizierter werden.

Das Motordrehmoment errechnet sich nach Abb. 2.32c durch Summieren der Momente bei O:

$$T_e = R \left(B_y \sin \theta - B_x \cos \theta \right) - T_{IC} \tag{2.79}$$

B_x und B_y müssen wir aus dem Freikörperbild in Abb. 2.32b bestimmen, indem wir die folgenden Gleichungen für das Kräftegleichgewicht und das Moment aufstellen:

$$B_x + A_x + F_{Ix} = 0 \tag{2.80}$$

$$B_y + A_y + F_{Iy} = 0 \tag{2.81}$$

$$B_x l \cos \beta + B_y l \sin \beta + T_{IG} + F_{Ix} l_A \cos \beta + F_{Iy} l_A \sin \beta = 0 \tag{2.82}$$

In den obigen drei Gleichungen gibt es drei Unbekannte, darum müssen wir auch noch eine Gleichung für das Kräftegleichgewicht für Abb. 2.32a aufstellen. Für die Vertikale gilt:

$$F_{IP} - A_y - F_P = 0 \tag{2.83}$$

Aus den Gleichungen 2.81–2.83 bestimmen wir die beiden Unbekannten B_x und B_y:

$$B_x = \left(F_{IP} - F_P + \frac{l_B}{l} F_{Iy} \right) \tan\beta - \frac{l_A}{l} F_{Ix} - \frac{T_{IG}}{l \cos\beta} \tag{2.84}$$

$$B_y = F_P - F_{IP} - F_{Iy} \tag{2.85}$$

Das Motordrehmoment (Gleichung 2.79) können wir mit den Gleichungen 2.84 und 2.85 berechnen. Bei diesem Vorgehen werden die anderen Gleichungen für Kolbenkraft und alle Trägheitskräfte und -momente auch benötigt. Nun ist klar, dass bei der Berechnung des Motordrehmoments aus der Kolbenkraft F_P verschiedene andere Unbekannte erforderlich sind. Die daraus resultierende Gleichung ist hochgradig nicht linear. Da der Druck in der Brennkammer selbst eine Funktion von verschiedenen Betriebsparametern des Motors ist, wird die Bestimmung des Motordrehmoments noch komplizierter. Aus der obigen Analyse können auch zusätzliche Informationen hinsichtlich der externen Lasten ermittelt werden. Die Wandkraft F_W erhalten wir, indem wir Gleichung 2.80 zusammen mit einer zusätzlichen Gleichung für die Horizontale in Abb. 2.32b nutzen. Das Ergebnis ist:

$$F_W = -F_{Ix} - B_x \tag{2.86}$$

Die Hauptlagerkräfte werden mit dem Kräftegleichgewicht aus Abb. 2.32a bestimmt:

$$F_{Bx} = B_x + F_{ICW} \sin\theta \tag{2.87}$$

$$F_{By} = B_y + F_{ICW} \cos\theta \tag{2.88}$$

wobei F_{ICW} die resultierende Trägheitskraft ist, die aus der Zentripetalbeschleunigung des Gegengewichts mit der Masse m_{CW} und dem Radius R_{CW} von der Kurbelachse resultiert:

$$F_{ICW} = m_{CW} R_{CW} \omega_e^2 \tag{2.89}$$

Eine andere Möglichkeit zur Bestimmung des Motordrehmoments ist, die gesamte Motorbaugruppe zu betrachten. Nun untersuchen wir die darauf wirkenden externen Kräfte und Momente, die in Abb. 2.33 dargestellt sind. Hauptvorteil dieses Ansatzes ist, dass keine inneren Kräfte vorhanden sind. Beachten Sie, dass die Trägheitskräfte und -momente berücksichtigt werden. Die Abnahme der Momente um die Kurbelwellenrotationsachse führt zu folgender Gleichung:

$$T_e = F_W h + F_{Ix}(h - l_A \cos\beta) - F_{Iy} l_A \sin\beta - T_{IG} - T_{IC} \tag{2.90}$$

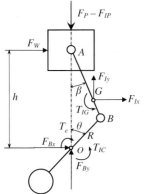

Abb. 2.33 Motordrehmoment resultiert aus externen Kräften.

wobei:

$$h = R \cos \theta + l \cos \beta \qquad (2.91)$$

Übung 2.7

Wir betrachten den Einzylinder-Viertaktmotor, dessen Daten Sie in Tab. 2.5 finden. Die Variation des Brennkammerdrucks mit dem Kurbelwinkel bei 3000/min Motordrehzahl entnehmen Sie Tab. 2.6. Bestimmen und plotten Sie die Variation der folgenden Parameter über der Variation des Kurbelwinkels für einen Motorzyklus:

a) Kolbendruckkraft, Trägheitskraft und resultierende Kraft in einem einzelnen Diagramm;
b) Trägheitskräfte der Pleuelstange;
c) Trägheitsmoment der Pleuelstange;
d) Lagerkräfte des Kurbelzapfens;
e) Motordrehmoment.

Lösung:

Mit dem in Abb. 2.34 dargestellten MATLAB-Programm kann das Problem gelöst werden. Beim Viertaktmotor umfasst ein Zyklus 720°, somit zwei Kurbelwellenumdrehungen. Die Daten, die für den Druck vorliegen, sind nicht gleichmä-

Tab. 2.5 Motordaten von Übung 2.7.

1	Kolbenmasse	430 g
2	Pleuelstangenmasse	440 g
3	Länge l der Pleuelstange von Bolzen zu Bolzen	140 mm
4	Länge l_B der Pleuelstange B bis Massenmittelpunkt	37 mm
5	Kurbelradius	49 mm
6	Kolbenfläche	5800 mm^2
7	Trägheit der Pleuelstange	0,0015 kg m^2

```
% Übung 2.7 – Einzylinder-Viertaktmotor - Motordrehmoment
clc, clear all, close all

% Eingangsgrößen:
mP=430/1000;  % Kolbenmasse in kg
mC=440/1000;  % Pleuelmasse in kg
l=140/1000;       % Länge l Pleuelfußmitte bis Kolbenbolzenmitte in m
lB=37/1000;       % Länge lB Pleuelfußmitte bis Massenmittelpunkt Pleuel (B-CG) lB in m
R=49/1000;        % Kurbelradius in m
Ap=5800;          % Kolbenfläche in mm^2
IC=0.0015;        % Trägheit Pleuel in kgm^2

% Druck in Brennkammer
pr=[18 32 32.5 32 20 15 10 8 6 5 3 1.2 0.6 0 0 1.0 2.0 4 9 15 18];

% Entsprechende Kurbelwinkel (in Grad)
ca=[0 20 23 26 50 60 70 80 100 110 150 190 200 220 540 600
630 660 690 710 720];

% Erzeuge gleichförmig verteilte Daten für Druck
theta=0: 2: 720; % Kurbelwinkel für zwei Umdrehungen
p=interp1(ca, pr, theta);

% Kolbendruckkraft
Fp=p*Ap/10;

omega=3000;  % Motor-Drehzahl (1/min)
omeg=omega*pi/30;
Rl=R/l;        % definiere Verhältnis R zu l
lA=l-lB

% Schleife zum Lösen der kinematischen Gleichungen für den Motor
for i=1: 361
    ang=2*(i-1)*pi/180;
    sa=sin(ang); ca=cos(ang); s2a=sin(2*ang); c2a=cos(2*ang);  % definiere
    beta=asin(Rl*sin(ang));
    ka=ca+Rl*c2a/cos(beta)+Rl^3*s2a^2/cos(beta)^3/4;
    aP(i)=R*ka*omeg^2;                          % Kolbenbeschleunigung
    alpha_c(i)=Rl*omeg^2*sa/cos(beta);  % Winkelbeschleunigung Pleuel
    k3=lA*sa/l;
    k4=ca+Rl*c2a*lB/cos(beta)/l;
    agx(i)=-R*omeg^2*k3;                       % x-Komponente
    agy(i)=-R*omeg^2*k4;                       % y-Komponente
    ag(i)=sqrt(agx(i)^2+agy(i)^2);            % Resultierende Beschleunigung
end

% Kolben-Trägheitskraft
FIP=-mP*aP;
FPt=Fp+FIP; % Resultierende Kolbenkraft
plot (theta, Fp, '--')
hold on
plot (theta, FIP, '-.', theta, FPt)
xlabel('Kurbelwinkel (Grad)')
ylabel('Kolbenkräfte (N)')
grid
```

Abb. 2.34 MATLAB-Programm für Übung 2.7 (erster Teil).

```
% Übung 2.7 (Fortsetzung)

% Pleuelträgheitskräfte
FIx=-mC*agx; FIy=-mC*agy;
figure
plot (theta, FIx)
hold on
plot (theta, FIy, '--')
xlabel('Kurbelwinkel (Grad)')
ylabel('Pleuelträgheitskräfte (N)')
grid

% Pleuelträgheitsmoment
TIG=IC*alpha_c;
figure
plot (theta, TIG)
xlabel('Kurbelwinkel (Grad)')
ylabel('Pleuelträgheitsmoment (Nm)')
grid

% Lagerkräfte Kurbelzapfen
for i=1: 361
    beta=asin(Rl*sin(theta(i)*pi/180));
    Bx(i)=(-FIP(i)-Fp(i)+lB*FIy(i)/l)*tan(beta)-lA*FIx(i)/l-TIG(i)/l/cos(beta);
end

    By=Fp+FIP-FIy;
figure
plot (theta, Bx)
hold on
plot (theta, By, '--')
xlabel('Kurbelwinkel (Grad)')
ylabel('Kurbelzapfen-Lagerkräfte (N)')
grid

% Motordrehmoment
for i=1: 361
    thetai=theta(i)*pi/180;  beta=asin(Rl*sin(thetai));
    Te(i)=R*(By(i)*sin(thetai)-Bx(i)*cos(thetai));
end
Teav=mean(Te)*ones(1,361); % Mittl. Drehmoment
figure
plot (theta, Te)
hold on
plot(theta, Teav)
grid
xlabel('Kurbelwinkel (Grad)')
ylabel('Motordrehmoment (Nm)')
```

Abb. 2.35 Fortsetzung: MATLAB-Programm für Übung 2.7.

ßig verteilt und können so nicht im Programm verwendet werden. Mit der im Programm eingefügten kleinen Schleife lassen sich die Druckdaten gleichmäßig über die 720° Kurbelwinkel in 2°-Schritten umrechnen. Zum besseren Verständnis wurden Kommentare eingearbeitet. Die Ergebnisse des Programms sind in den Abb. 2.35–2.39 zu sehen. Es muss gesagt werden, dass die mit dieser Lösung er-

Tab. 2.6 Brennkammerdruck für Übung 2.7.

θ (Grad)	0	20	23	26	50	60	70	80	100	110	150
P (bar)	18	32	32,5	32	20	15	10	8	6	5	3
θ (Grad)	190	200	220	540	600	630	660	690	710	720	
P (bar)	1,2	0,6	0	0	1,0	2,0	4	9	15	18	

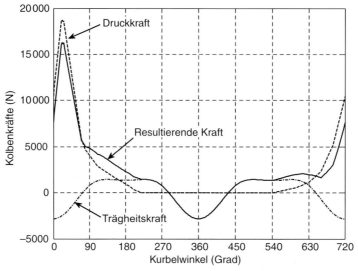

Abb. 2.35 Kolbenkräfte von Übung 2.7, Teil (a).

haltenen Ergebnisse auf den hier verwendeten Daten basieren, sodass daraus nur allgemeine Rückschlüsse möglich sind.

Abbildung 2.35 zeigt, dass die aus dem Druck und der Trägheit resultierende Kolbenkraft zumeist nach unten gerichtet (also positiv) ist. Sie ist nur ca. 20 % des gesamten Zyklus nach oben gerichtet (somit negativ). Abbildung 2.36 zeigt, dass die Trägheitskraft des Pleuels in der vertikalen Richtung größer ist. Das mittlere Trägheitsmoment des Pleuels in Abb. 2.37 ist null. Verglichen mit dem Abtriebsmoment des Motors sind die Werte für das Trägheitsmoment recht groß. Abbildung 2.38 zeigt, dass die vertikale Kraftkomponente des Kurbelzapfens größer als die horizontale Komponente ist. Diese vertikale Kraft erzeugt den Großteil des Motordrehmoments. Das Motordrehmoment ist in Abb. 2.39 zu sehen. Obwohl die Momentanwerte des Motordrehmoments an manchen Punkten sehr groß sind, beträgt der Durchschnittswert des Abtriebsmoments dennoch nur 10 % seines Maximalwerts. Es nützt uns nichts, dass das in Abb. 2.39 dargestellte Motordrehmoment nur für die Durchschnittsdrehzahl von 3000/min gilt. Es stellt sich die Frage, wie der Motor eine konstante Drehzahl (etwa 3000/min) erreichen kann, wenn das Abtriebsmoment variiert. Dieses Thema behandeln wir in Abschn. 2.3.4.

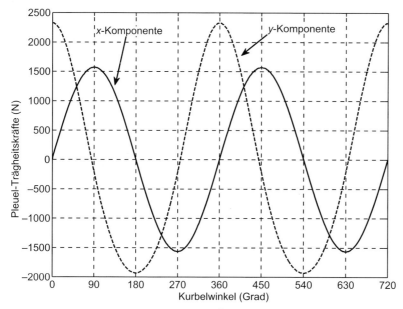

Abb. 2.36 Trägheitskräfte der Pleuelstange aus Übung 2.7, Teil (b).

2.3.3
Ein vereinfachtes Modell

In Abb. 2.33 wurden die inneren Kräfte aus der Analyse ausgeklammert und Gleichung 2.90 wurde abgeleitet. Dennoch setzt die Berechnung von Gleichung 2.90 die Bekanntheit der Komponenten voraus, die wir durch das bereits dargestellte Vorgehen der vollständigen Herausnahme der inneren Kräfte und Momente erhalten haben. Demnach ist diese Vorgehensweise nur sinnvoll, wenn wir alle Komponenten innerhalb der Methode selbst erhalten.

Wir betrachten Abb. 2.33 erneut und analysieren das Problem mit dem Ziel, eine eigenständige Ermittlung aller unbekannten Lasten in der Motoreinheit zu erhalten. Dieses System hat die vier Unbekannten F_{Bx}, F_{By}, F_W und T_e, und es ist statisch unbestimmt. Somit ist eine zusätzliche Gleichung erforderlich, damit sich die vier Unbekannten bestimmen lassen. Es lässt sich eine Näherungslösung finden, bei der wir die Pleuelstange durch einen Tragwerkstab ersetzen. So werden die Trägheitskräfte und das Trägheitsmoment der Pleuelstange aus dem Modell entfernt. Zudem liefert uns dies die Zusatzbeziehung zwischen den unbekannten äußeren Kräften. Um zu sehen, wie die zusätzliche Beziehung gebildet wird, betrachten wir das Modell eines Motors mit dem in Abb. 2.40 dargestellten Pleuelstangentragwerkstab. Das Pleuelstangenelement nimmt die Kraft F in Längsrichtung auf. Die Auflösung der Kräfte in Stabrichtung γ, senkrecht zur Richtung der Kraft F, führt uns zum Kräftegleichgewicht im oberen Teil:

$$F_W = (F_P - F_{IP}) \tan \beta \qquad (2.92)$$

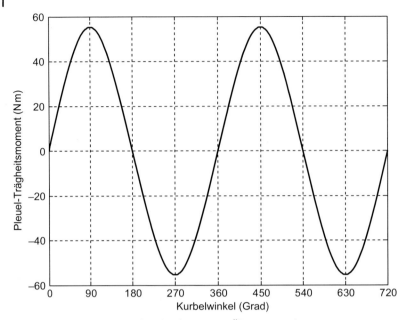

Abb. 2.37 Trägheitsmoment der Pleuelstange aus Übung 2.7, Teil (c).

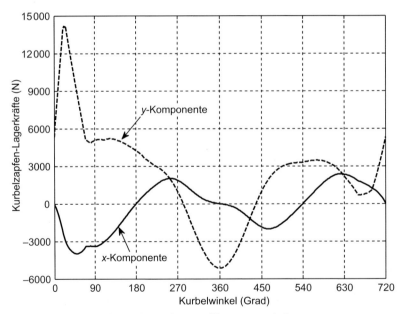

Abb. 2.38 Lagerkräfte des Kurbelzapfens von Übung 2.7, Teil (d).

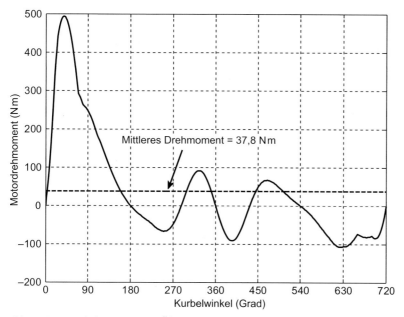

Abb. 2.39 Motordrehmoment von Übung 2.7, Teil (e).

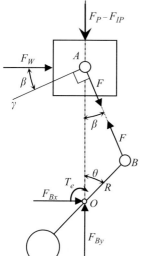

Abb. 2.40 Motormodell mit einer als Zweigelenkstab gezeichneten Pleuelstange.

Dies ist unsere zusätzliche Gleichung.

Es stellt sich allerdings die Frage, welche Rechtfertigung wir für das Ersetzen der tatsächlichen Pleuelstange durch einen masselosen Stab haben? Offensichtlich ändern sich dadurch die dynamischen Eigenschaften des Systems, es sei denn, der Ersatzstab hat dieselben dynamischen Eigenschaften wie das Originalpleuel.

Das in Abb. 2.41a gezeigte Pleuel besitzt die Masse m, die Länge l, das Trägheitsmoment I_C und sein Massenmittelpunkt CG (CG, Centre of Gravity) hat den Abstand l_A von Punkt A (Kolbenbolzen) und l_B von Punkt B (Kurbelzapfenmitte). Lassen Sie uns prüfen, ob es möglich ist, diese Pleuelstange durch das massenlose Gelenk L aus Abb. 2.41b zu ersetzen, das zwei, an seinen Endpunkten A und B angebrachte Punktmassen m_A und m_B besitzt Damit die dynamischen Eigenschaften des vorgeschlagenen Systems mit Originalpleuel übereinstimmen, müssen folgende Bedingungen erfüllt sein:

$$m_A + m_B = m \tag{2.93}$$

$$m_A l_A = m_B l_B \tag{2.94}$$

$$m_A l_A^2 + m_B l_B^2 = I_C \tag{2.95}$$

Die Gleichungen 2.93–2.95 stehen für die Gleichheit der Masse, des Massenmittelpunkts sowie des Trägheitsmoments der beiden Systeme. Da die beiden Punktmassen so angeordnet sind, dass sie mit den Punkten A und B zusammenfallen, können wir lediglich zwei der drei Gleichungen verwenden, um die beiden Massen m_A und m_B zu bestimmen. Freilich gibt es keine Garantie, dass die beiden Systeme dynamisch äquivalent sind, solange die dritte Gleichung nicht erfüllt ist. Beispielsweise erhalten wir aus Gleichung 2.93 und 2.94 die beiden Massen wie folgt:

$$m_A = \frac{l_B}{l} m \tag{2.96}$$

$$m_B = \frac{l_A}{l} m \tag{2.97}$$

Durch Einsetzen in Gleichung 2.95 ergibt sich:

$$m l_A l_B = I_C \tag{2.98}$$

In der Praxis würde für eine reale Pleuelstange das resultierende Trägheitsmoment aus Gleichung 2.98 normalerweise $I_C < m l_A l_B$, somit größer als der tatsächliche Wert sein, wenn die beiden Massen bei A und B angebracht sind. Anders ausgedrückt, wenn eine exakte dynamische Äquivalenz gefordert ist, darf nur eine der beiden Massen fest angebracht sein, beispielsweise m_B. Den Ort der anderen Masse und die Werte der beiden Massen müssen aus den Gleichungen 2.93–2.95 bestimmt werden. Mit der ersten Masse, hier m_D, und der zweiten Masse m_E berechnen wir die Unbekannten l_E, m_D und m_E wie folgt:

$$l_E = \frac{I_C}{m l_B} \tag{2.99}$$

$$m_D = \frac{l_E}{l_B + l_E} m \tag{2.100}$$

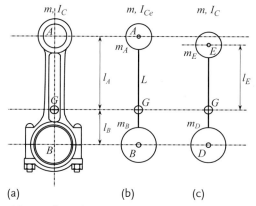

(a) (b) (c)

Abb. 2.41 Äquivalenzmassen der Pleuelstange.

$$m_E = \frac{l_B}{l_B + l_E}\, m \tag{2.101}$$

Wie in Abb. 2.41c zu sehen, da $I_C < m l_A l_B$ ist, ist l_E kleiner l_A, und die Masse m_E ist unterhalb von Punkt A angebracht.

Die vorstehende Erläuterung zeigt, dass eine der beiden Endmassen außerhalb der Rotationspunkte A oder B angebracht sein muss, wenn das Massensystem für das Pleuel dynamisch äquivalent sein soll. Dieses System ist daher kinematisch gesehen nicht mit den Motorbewegungen kompatibel und somit trotz seiner Genauigkeit nicht verwertbar. Andererseits wird das Massensystem kompatibel, wenn die beiden Massen über den benötigten Gelenken A und B angeordnet sind. Trotzdem unterscheidet es sich letztlich dynamisch vom Originalsystem, primär aufgrund der Änderung des Trägheitsmoments der Pleuelstange. Der resultierende Fehler bei der Zunahme des Pleuelträgheitsmoments kann von Motor zu Motor unterschiedlich sein, ist aber nicht größer als rund 30 %. Diese Differenz führt nicht zu erheblichen Abweichungen hinsichtlich der Ausgangswerte des Systems. Daher kann dieses vereinfachte Massensystem allgemein bei der Analyse der Erzeugung des Motormoments verwendet werden.

Mit dieser Substitution lässt sich das vereinfachte Modell wie in Abb. 2.42 darstellten. Hier sind zwei Punktmassen m_A und m_B an den Kolbenbolzen- und Kurbelzapfenpunkten angebracht. Die Pleuelstange ist durch eine starre Verbindung L ersetzt. Nach den obigen Erläuterungen hat die Winkelbeschleunigung der Kurbel keinen Einfluss die Trägheitskraft und Trägheitsmomente der anderen Komponenten. Darum werden die Trägheitskräfte für die mit Winkelbeschleunigung der Kurbel rotierenden Massen nur in radialen Richtungen berücksichtigt. Dazu zählen die Trägheitskräfte, wobei F_{IB} zur Masse m_B und F_{ICW} zur Masse m_{CW} gehören. Die Masse der Gegengewichte kann so gewählt werden, dass die Trägheitskraft F_{IB} ausgeglichen werden kann. Dadurch kann das Hauptlager von den zugehörigen Beanspruchungen befreit werden. Auf der anderen Seite kann die Masse m_A als Teil der Kolbenmasse betrachtet werden, da sie mit dem Kolben bewegt wird. Dar-

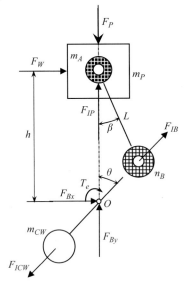

Abb. 2.42 Vereinfachtes Motormodell.

um beträgt die Trägheitskraft F_{IP}:

$$F_{IP} = (m_P + m_A)\, a_P \tag{2.102}$$

Entsprechend dem vereinfachten Motormodell verlaufen nun alle äußeren Kräfte mit Ausnahme von F_W durch Punkt O. F_W ist die Kraft, die auf die Zylinderwand wirkt. Damit ergibt sich das Motordrehmoment wie folgt:

$$T_e = F_W h \tag{2.103}$$

wobei h und F_W aus den Gleichungen 2.91 und 2.92 berechnet werden. Die Hauptlagerkräfte des vereinfachten Modells lassen sich nun ganz einfach bestimmen:

$$F_{Bx} = -F_W \tag{2.104}$$

$$F_{By} = F_P - F_{IP} \tag{2.105}$$

Übung 2.8
Verwenden Sie die Daten aus Übung 2.7 für die Pleuelstange und berechnen Sie:

a) das exakte dynamische Äquivalenzsystem;

b) die an A und B befindlichen Massen m_A und m_B sowie die zugehörige Trägheit I. Errechnen Sie, um wie viel Prozent I den tatsächlichen Wert übersteigt.

Lösung:

a) Die Lösung für diesen Teil können Sie mithilfe der Gleichungen 2.98–2.100 bestimmen. Die Ergebnisse lauten wie folgt:

$$l_E = \frac{0{,}0015}{0{,}440 \times 0{,}037} = 0{,}0921 \, \text{m} \, (92{,}1 \, \text{mm})$$

$$m_D = \frac{92{,}1}{37 + 92{,}1} \times 440 = 313{,}9 \, \text{g}$$

$$m_E = \frac{37}{37 + 92{,}1} \times 440 = 126{,}1 \, \text{g}$$

b) Um die Antworten für diesen Teil zu erhalten müssen die Gleichungen 2.95–2.97 verwendet werden. Die Ergebnisse für m_A, m_B und I lauten:

$$m_A = \frac{37}{140} \times 440 = 116{,}3 \, \text{g}$$

$$m_B = 440 - 116{,}3 = 323{,}7 \, \text{g}$$

$$I = m l_A l_B = 0{,}44 \times 0{,}103 \times 0{,}037 = 0{,}0017 \, \text{kg} \, \text{m}^2$$

I übersteigt I_C um (in Prozent):

$$\frac{I - I_C}{I_C} \times 100 = \frac{17 - 15}{15} \times 100 = 13{,}3 \, \%$$

Übung 2.9

Verwenden Sie die Motordaten aus Übung 2.7 zusammen mit dem vereinfachten Motormodell, und plotten Sie die Änderung der folgenden Parameter über der Variation des Kurbelwinkels während eines kompletten Zyklus für:

a) die auf den Kolben wirkenden Kräfte;
b) das Motordrehmoment verglichen mit dem des exakten Modells.

Lösung:

Das MATLAB-Programm aus Übung 2.7 kann so modifiziert werden, dass es die Ergebnisse für diese Übung liefert. Die Änderungen finden Sie in Abb. 2.43. Die Ergebnisse des ausgeführten Programms gleichen denen in den Abb. 2.44 und 2.45.

Die in Abb. 2.44 dargestellte, den Kolben beanspruchende Trägheitskraft weist höhere Werte im Vergleich zu den Werten aus Übung 2.7 auf, offensichtlich, da m_A zur Kolbenmasse hinzugekommen ist. Die resultierende Kraft weist deshalb für dieses Modell geringere Amplitudenwerte auf.

Die Variation des Motordrehmoments in Abb. 2.45 zeigt, dass die Ausgangswerte des vereinfachten Modells nahe am exakten Modell liegen. Beachten Sie, dass das mittlere Drehmoment des Motors unverändert bleibt.

```
% Übung 2.9 – Einzylinder-Motordrehmoment (vereinfachtes Modell)

% Eingangsgrößen: siehe Übung 2.7
% Erzeugen gleichmäßig verteilter Druckwerte: siehe Übung 2.7
% Kolben-Druckkraft: siehe Übung 2.7

% Pleuelstangen-Punktmassen
mA=lB*mC/l;
mB=mC-mA;
lA=l-lB;
IC=mC*lA*lB;

% kinematische Berechnungen: siehe Übung 2.7

% Kolben und mA Trägheitskraft
FIP=-(mP+mA)*aP;

% Plotten der Kolbenkräfte: siehe Übung 2.7

% Motordrehmoment
for i=1: 361
    thetai=theta(i)*pi/180;
    beta=asin(Rl*sin(thetai));
    h=R*cos(thetai)+l*cos(beta);
    FW(i)=FPt(i)*tan(beta);
    Te(i)=h*FW(i);
end

% Plotten des Motordrehmoments: siehe Übung 2.7
```

Abb. 2.43 MATLAB-Programmänderungen für Übung 2.9.

Übung 2.10

Mit $F_{ICW} = F_{IB}$ des vereinfachten Modells lässt sich die Hauptlagerkraft des exakten Modells berechnen. Vergleichen Sie die Wandkraft F_W sowie die Hauptlagerkraft F_B der beiden Modelle für die Maschinendaten aus Übung 2.7.

Lösung:

In den Gleichungen 2.87 und 2.88 wird F_{ICW} benötigt, um die Komponenten von F_B bestimmen zu können. F_{IB} ist die Trägheitskraft der Äquivalenzmasse bei Punkt B bzw. $F_{IB} = m_B R \omega_e^2$. In dem Programm, das wir für das exakte Modell geschrieben haben, sollte die Berechnung von F_{IB} enthalten sein. Damit können die Komponenten der Hauptlagerkraft bestimmt werden. Die Zylinderwandkraft F_W wurde im Programm bereits für das einfache Modell bestimmt und kann in die letzte Schleife von Abb. 2.43 für das exakte Modell eingebaut werden. Die damit erzielten Ergebnisse sind in den Abb. 2.46 und 2.47 dargestellt.

Wie Sie sehen, sind die Unterschiede bei den Wandkräften gering, aber die Unterschiede bei den Hauptlagerkräften zwischen vereinfachtem und exaktem Modell sind beträchtlich. Der Mittelwert von F_W ist in beiden Fällen exakt gleich, aber der Mittelwert der Hauptlagerkraft ist unterschiedlich, wie aus Abb. 2.47 ersichtlich.

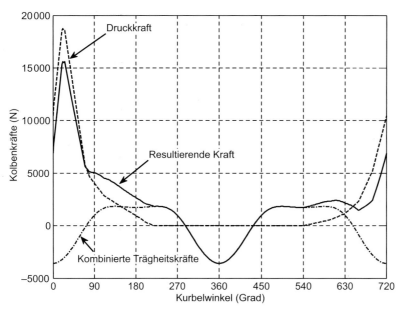

Abb. 2.44 Auf den Kolben wirkende Kräfte für Übung 2.9.

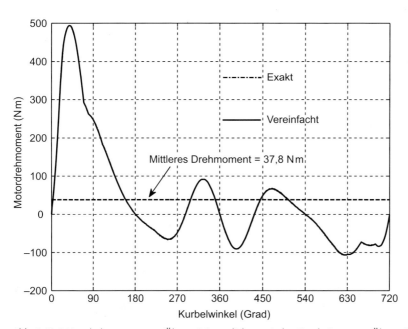

Abb. 2.45 Motordrehmoment von Übung 2.9 verglichen mit den Ergebnissen aus Übung 2.7.

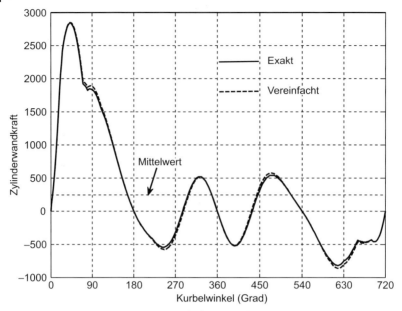

Abb. 2.46 Vergleich der Zylinderwandkräfte für das exakte und das vereinfachte Modell.

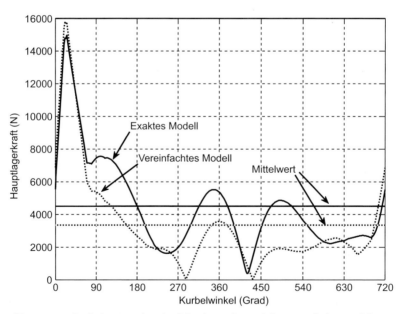

Abb. 2.47 Vergleich der Hauptlagerkraft für das exakte und das vereinfachte Modell.

2.3.4
Das Schwungrad

Da die Variation des Drucks der Brennkammer drehzahlabhängig ist, wird jedes Motordrehmomentdiagramm für eine bestimmte Drehzahl ermittelt. Im vorherigen Abschnitt wurde die Variation des Motordrehmoments über dem Kurbelwinkel untersucht und typische Diagramme wurden vorgestellt. Andererseits bewirkt die Variation des Drehmoments auch eine Variation der Drehzahl des Motors. Dies widerspricht der ersten Annahme, dass die Variation des Drehmoments zu einer bestimmten (konstanten) Motordrehzahl gehört. In diesem Abschnitt wollen wir klären, ob ein Schwungrad diesen Widerspruch lösen kann.

Wir betrachten eine Motorabtriebswelle mit einer daran befestigten Schwungmasse, die zusammen (mit der Trägheit der Kurbelwelle sowie der zugehörigen Massen) die Trägheit I_e besitzen und die Last L antreiben (Abb. 2.48). Nach dem zweiten Newton'schen Bewegungsgesetz bewirkt das Nettodrehmoment einer mit der Geschwindigkeit ω_e rotierenden Masse, dass diese mit der Beschleunigung a_e beschleunigt wird:

$$T_e(t) - T_L = I_e a_e = I_e \frac{d\omega}{dt} \tag{2.106}$$

Wenn wir annehmen, dass das Lastmoment T_L konstant ist, dann muss, will man eine konstante Rotationsgeschwindigkeit des Motors erreichen, der Momentanwert des Motordrehmoments $T_e(t)$ gleich dem Lastmoment sein. Das bedeutet, der Motor muss ein Nettodrehmoment erzeugen, das nicht mit der Zeit variiert. Das widerspricht unserer bisherigen Erkenntnis, dass das Motordrehmoment sich mit dem Kurbelwinkel ändert. Nach Gleichung 2.106 sind daher die Drehzahlschwankungen unvermeidbar. Das Beste, was erwartet werden kann, ist eine mittlere Motordrehzahl anzunehmen, die nur geringe Schwankungen aufweist. Der erste Schritt besteht also darin, das mittlere Motordrehmoment T_{av} dem Lastmoment gleichzusetzen:

$$T_{av} = T_L \tag{2.107}$$

Durch Anwendung der Kettenregel der Differenzialrechnung auf Gleichung 2.106 kann der Zusammenhang zu den Variationen des Kurbelwinkels hergestellt wer-

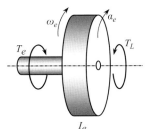

Abb. 2.48 Motorabtriebswelle am Schwungrad.

den:

$$T_e - T_{av} = I_e \omega \frac{d\omega}{d\theta} \tag{2.108}$$

Nun lässt sich das Integral zwischen zwei beliebigen Punkten 1 und 2 bilden:

$$\int\limits_1^2 (T_e - T_{av}) \, d\theta = \frac{1}{2} I_e \left(\omega_2^2 - \omega_1^2 \right) \tag{2.109}$$

Auf der rechten Seite finden wir die kinetische Nettoenergie der rotierenden Trägheit, während deren Geschwindigkeit sich von ω_1 zu ω_2 ändert. Auf der rechten Seite finden wir die kinetische Nettoenergie der rotierenden Trägheit zwischen ω_1 und ω_2. Auf der linken Seite der Gleichung finden wir die Arbeit, die vom äußeren Nettomoment an der rotierenden Masse zwischen θ_1 und θ_2 verrichtet wird. Die Geschwindigkeiten ω_1 und ω_2 entsprechen den Kurbelwinkeln θ_1 und θ_2. Die Geschwindigkeiten ω_1 und ω_2 entsprechen den Kurbelwinkeln θ_1 und θ_2. Einfacher ausgedrückt, die Geschwindigkeit ω_i wird beim Kurbelwinkel θ_i erreicht.

Aus Gleichung 2.109 ist ersichtlich: Wenn die Arbeit von Punkt 1 zu Punkt 2 positiv ist, dann ist die Drehzahl ω_2 größer als ω_1 und umgekehrt. Es ist logisch, dass die kinetische Energie zunimmt, wenn die von den äußeren Drehmomenten geleistete Arbeit positiv ist. Nach Gleichung 2.109 entspricht diese Arbeit der Fläche unter der Kurve $T(\theta)$ und relativ zu T_{av}. In der grafischen Darstellung in Abb. 2.49 entspricht der schraffierte Bereich oberhalb der Linie mittleren Drehmoments dem positiven und der unterhalb dem negativen Bereich. Links vom positiven schraffierten Bereich sind Kurbelwinkel θ_0 und Drehzahl ω_0 sowie auf der rechten Seite θ_1 und ω_1. Somit ist $\omega_1 > \omega_0$, da die Fläche unter der Drehmoment-Kurbelwinkelkurve von θ_0 bis θ_1 positiv ist. Eine ähnliche Erklärung führt zu $\omega_2 < \omega_1$, $\omega_3 > \omega_2$ etc.

Unter all den individuellen Winkelgeschwindigkeiten ω_i ist ω_{max} die größte und ω_{min} die kleinste. Es ist wünschenswert, diese beiden extremen Geschwindigkeiten möglichst dicht nebeneinander zu halten, damit die Drehzahlschwankungen möglichst gering sind. Ideal wäre es, wenn ω_{max} gleich ω_{min} und beide gleich der mittleren Motordrehzahl ω_{av} wären. Wir können einen Schwankungsfaktor i_F definieren, um die Drehzahlschwankungen eines Motors zu quantifizieren:

$$i_F = \frac{\omega_{max} - \omega_{min}}{\omega_{av}} \tag{2.110}$$

wobei:

$$\omega_{av} = \frac{\omega_{max} + \omega_{min}}{2} \tag{2.111}$$

Es ist wünschenswert, kleine Werte für den dimensionslosen Faktor i_F anzustreben, damit die Schwankungen relativ zur mittleren Drehzahl klein sind. Wenn ω_1 und ω_2 in Gleichung 2.109 durch ω_{min} und ω_{max} ersetzt werden, ändert sich der rechte Teil der Gleichung zu:

$$\frac{1}{2} I_e \left(\omega_{max}^2 - \omega_{min}^2 \right) = i_F I_e \omega_{av}^2 \tag{2.112}$$

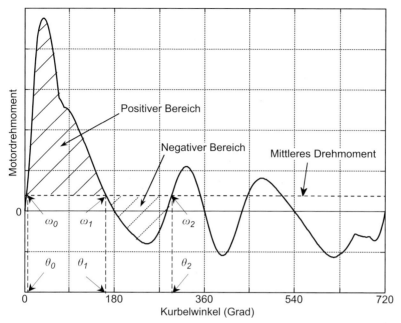

Abb. 2.49 Positive und negative Flächen in einem typischen Motordrehmomentdiagramm.

Durch diese Substitution wird der linke Teil der Gleichung 2.109 zur Nettoarbeit unter der Drehmomentkurve des Motors im Winkelbereich von θ_{min} und θ_{max} und entspricht den Geschwindigkeiten ω_{min} und ω_{max}. Wir bezeichnen diese als Nettofläche A^* und erhalten mit Gleichung 2.112:

$$I_e = \frac{A^*}{i_F \omega_{av}^2} \tag{2.113}$$

Das ist unsere Gleichung zur Bestimmung der Trägheit der Schwungmasse, setzt aber voraus, dass die Fläche A^* und der Schwankungsfaktor i_F bekannt sind. Den Schwankungsfaktor wählen wir erfahrungsgemäß, und die Nettofläche kann über das Drehmomentdiagramm des Motors bestimmt werden.

Wir nehmen an, es gibt k Einzelflächen unter der Drehmomentkurve über θ. Um die Nettofläche A^* bestimmen zu können, benötigen wir die Kurbelwinkel θ_{min} und θ_{max}. Wir erstellen eine Tabelle wie Tab. 2.7. Die Einzelflächen sind in der zweiten Zeile aufgeführt. In der dritten Zeile wird die kumulative Summe der Flächen bis zu diesem Punkt festgehalten. Da einige der Flächen positiv und andere negativ sind, enthält eine der Zellen in der Zeile für ΣA den Minimalwert und eine andere den Maximalwert.

Die Zellen mit den minimalen und maximalen kumulierten Flächen A_{min} und A_{max} enthalten auch die Punkte θ_{min} und θ_{max}. Die Nettofläche unter der Kurve zwischen den Punkten für die Minimal- und Maximalgeschwindigkeit berechnet sich wie folgt:

$$A^* = A_{max} - A_{min} \tag{2.114}$$

Tab. 2.7 Flächen unter der Motordrehmomentkurve.

	1	2	3	4	...	...	k
A_i	A_1	A_2	A_3	...	...	...	A_k
ΣA	A_1	$A_1 + A_2$	$A_1 + A_2 + A_3$	...	...	...	...
$min\Sigma A$		A_{min}					
$max\Sigma A$				A_{max}			

Beachten Sie, dass der Motor mit dem Antriebsstrang des Fahrzeugs verbunden ist, die Trägheit der rotierenden Massen und der Fahrzeugmasse selbst (s. Abschn. 3.9) größer ist als die Trägheit, die erforderlich ist, um die Motordrehzahl konstant zu halten. Eigentlich ist das Schwungrad ein Bauteil, das Energie verbraucht, wenn es zusammen mit dem Motor beschleunigt wird. Diese Energie geht meist unwiederbringlich verloren, insbesondere, wenn das Fahrzeug stoppt. Daher ist die beste Lösung, die Schwungmasse möglichst klein zu dimensionieren.

Übung 2.11

Wir betrachten einen Motor mit dem in Abb. 2.50 abgebildeten Drehmoment-θ-Diagramm für 3000/min. Legen Sie das Schwungrad so aus, dass die maximale Schwankung der Motordrehzahl bei 2 % der mittleren Drehzahl liegt.

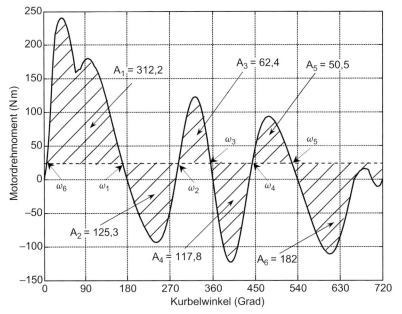

Abb. 2.50 Motordrehmomentkurve von Übung 2.11.

Tab. 2.8 Flächen unter der Motordrehmomentkurve von Übung 2.11.

Element	1	2	3	4	5	6
A_i (Joule)	312,2	−125,3	62,4	−117,8	50,5	−182
ΣA (Joule)	312,2	186,9	249,3	131,5	182	0
$min \Sigma A$						A_{min}
$max \Sigma A$	A_{max}					

Lösung:
Die Daten aus Abb. 2.50 sind in Tab. 2.7 zu finden und die Ergebnisse in Tab. 2.8 aufgelistet. Nach den Werten für ΣA ist ω_1 die maximale Drehzahl und ω_6 die minimale Drehzahl. A^* kann daher mit Gleichung 2.114 berechnet werden. Das Ergebnis ist $A^* = 312,2$. Mit den gegebenen Daten ergibt sich die maximale Drehzahlschwankung zu 2 % relativ zur mittleren Drehzahl. Der Schwankungsfaktor ist 0,02 und mit Gleichung 2.113 können wir die Trägheit des Schwungrades wie folgt berechnen:

$$I_e = \frac{312,2}{0,02 \times (3000 \times \pi/30)^2} = 0,158 \, \text{kg}\,\text{m}^2$$

2.4
Mehrzylindermotoren

In der Praxis werden bei automobiltechnischen Anwendungen überwiegend Mehrzylindermotoren verwendet. Einzylindermotoren sind extrem selten. Man findet sie aber noch in kleinen Bodenbearbeitungsmaschinen. Ein Mehrzylindermotor kann als eine Kombination aus mehreren Einzelzylindermotoren mit einer gemeinsamen Kurbelwelle betrachtet werden. Bei Mehrzylindermotoren sind verschiedene Kurbelanordnungen und Zündfolgen möglich. Beide haben bedeutende Auswirkungen auf die Laufruhe und Leistungsentfaltung.

2.4.1
Zündfolge

Bei einem Mehrzylindermotor muss die Abfolge der Arbeitstakte der einzelnen Zylinder festgelegt werden. Der Arbeitstakt ist stets der Takt nach dem Verdichtungstakt. Daher spielt die Kurbelwellenanordnung eine bedeutende Rolle bei der Festlegung der Motorleistung oder der Zündfolge im Motor. Die Zündfolge ist ebenfalls von der Zylinderzahl abhängig. Mit steigender Zylinderzahl steigt auch die Zahl der möglichen Zündfolgen.

Vor der Bestimmung der Zündfolge eines Motors muss die Form der Kurbelwelle festgelegt werden. Dann kann der Status jedes einzelnen Zylinders relativ zum

Status des ersten Zylinders bestimmt werden. Es ist zweckmäßig, wenn man davon ausgeht, dass der erste Zylinder sich im Arbeitstakt befindet. Dann kann der Status jedes anderen Zylinders mithilfe des relativen Kurbelwinkels zum ersten Zylinder angegeben werden. Sobald Zylinder 1 zum nächsten Takt (Ausstoßtakt) übergegangen ist, muss einer der Zylinder, der sich zuvor im Verdichtungstakt befunden hat, nun zünden. Diese Abfolge wird fortgesetzt, bis der erste Zylinder wieder an der Reihe ist.

In Abb. 2.51 ist der Prozess grafisch mit den obigen Angaben für einen Vierzylinder-Viertaktreihenmotor dargestellt. Links sehen Sie die Kurbelwellenanordnung (Kröpfung) mit der Zylindernummer. Vor jeder Kurbelkröpfung sind rechts vom Zylinder vier Kästchen mit den Takten des jeweiligen Zylinders eingezeichnet. Beispielsweise beginnt Zylinder 1 mit dem Arbeitstakt, gefolgt von Ausstoß-, Ansaug- und Verdichtungstakt. Bewegen wir uns weiter zu Zylinder 2, so muss entschieden werden, ob dieser sich im Ausstoß- oder Verdichtungstakt befinden soll. Da Zylinder 2 und Zylinder 3 denselben Status besitzen, könnten beide im Ausstoß- als auch im Verdichtungstakt sein. Durch die Festlegung, dass Zylinder 2 im Ausstoßtakt sein soll, ergeben sich zwangsläufig die Stati der anderen Zylinder, wie in Abb. 2.51 dargestellt. Tatsächlich werden in der Zeile die Taktfolge für den jeweiligen Zylinder und in den Spalten der Zylinderstatus relativ zu den anderen gezeigt. Sobald der Eintrag in der linken Spalte gemacht ist, sind die Inhalte aller Zeilen bekannt. Sie können durch Permutation der Takte des jeweiligen Zylinders bestimmt werden. Notiert man jeweils die Nummer des Zylinders, der sich im Arbeitstakt befindet, (von links nach rechts) über der Tabelle, so kann daraus die Zündfolge abgelesen werden. So ergibt sich beispielsweise für den Motor in Abb. 2.51 die Zündfolge 1–3–4–2.

Es wäre auch möglich, den Verdichtungstakt des zweiten Zylinders nach Zylinder 1 anzuordnen. In diesem Falle wären die Zeilen zwei und drei vertauscht und

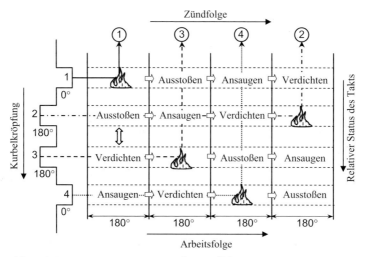

Abb. 2.51 Diagramm zur Bestimmung der Zündfolge.

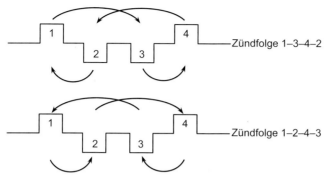

Abb. 2.52 Symmetrie der Arbeitstakte für beide Zündreihenfolgen.

die Zündfolge wäre 1–2–4–3. Die Wahl zwischen diesen Optionen muss anhand weiterer Kriterien erfolgen, denn beide Zündfolgen sind beim Betrieb dieses Motors möglich.

Weitere Faktoren, die bei der Wahl der Zündfolge eine Rolle spielen, sind die Torsionsbeanspruchung der Kurbelwelle und die gleichmäßige Verteilung der Gaswechsel von Ansaugluft und Abgas in Saugrohr und Abgaskrümmer. Bei einem Vierzylinder-Reihenmotor sind diese Faktoren für beide möglichen Zündfolgen ähnlich. Abbildung 2.52 zeigt, dass die Zirkulation der Arbeitstakte zwischen den Zylindern in beiden Fällen symmetrisch ist.

Übung 2.12
Betrachten Sie den Zweizylinder-Viertaktmotor mit der in Abb. 2.53 dargestellten Kurbelwellenanordnung. Analysieren Sie die Zündfolge des Motors, indem Sie die grafische Darstellung von Abb. 2.51 erstellen.

Lösung:
Nach Abb. 2.51 kann die grafische Darstellung der Arbeitsfolgen des Zweizylindermotors aus den beiden obersten Zeilen von Abb. 2.54a betrachtet werden. Danach findet die Zündung von Zylinder 2 nach eineinhalb Kurbelwellenumdrehungen (540°) nach Zylinder 1 statt. Alternativ könnte auch angenommen werden, dass sich Zylinder 2 nicht im Ausstoß-, sondern im Verdichtungstakt befindet, wenn Zylinder 1 zündet. Diese Situation ist in Abb. 2.54b dargestellt.
In den vorstehenden Übungen waren die Kurbelwinkel immer Vielfache von 180°. Es gibt aber Motoren, bei denen die Kurbelkröpfung davon abweicht. So hat beispielsweise ein Sechszylinder-Reihenmotor Kröpfung von 120° zwischen den Zylindern. Auch in diesem Fall wird die Zündfolge ähnlich wie oben bestimmt. Allerdings muss man bei der Festlegung Kurbelwellenform und des Taktversatzes

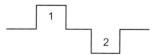

Abb. 2.53 Kurbelwellenanordnung eines Zweizylindermotors.

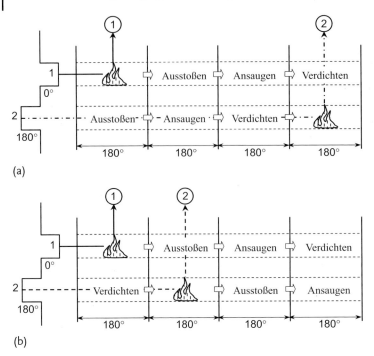

Abb. 2.54 Zündfolgediagramme eines Zweizylindermotors: (a) Zylinder 2 beginnt mit dem Ausstoßtakt; (b) Zylinder 2 beginnt mit dem Verdichtungstakt.

vorsichtig vorgehen. Die Kurbelwinkel können in der Grafik für jeden einzelnen Zylinder angegeben werden. Dazu haben wir dazu den Kurbelwinkel unter die jeweilige Kröpfung geschrieben. Bei 180° Taktverschiebung bzw. Kurbelkröpfung ist die Kurbelwelle eben. Bei anderen Motorarten, wie beispielsweise dem Reihen-Sechszylinder sind die Takte bzw. die Kurbelwellenkröpfungen Vielfache von 120°. Lassen Sie uns die Zündfolge für diesen Sechszylindermotor bestimmen. Die Kurbelkröpfung beträgt hier 0-240-120-120-240-0°. Um diese Anordnung klarer darzustellen ist es sinnvoll, die Kurbelwelle von der Seite zu betrachten. In Abb. 2.55 finden Sie eine solche Darstellung. Wir beginnen wieder mit Zylinder 1 und legen die erste Zeile fest. Bei Zylinder 2 bemerken wir entsprechend der Kurbelwellenkröpfung einen Versatz von 120° gegenüber Zylinder 1. Wir müssen also den Takt für Zylinder 2 entsprechend versetzen. Die Taktfolge kann sowohl mit dem Ansaug- als auch mit dem Arbeitstakt beginnen. Damit bleiben uns zwei Möglichkeiten für die Zündfolge (in Abb. 2.55 haben wir den Ansaugtakt gewählt). Zylinder 3 hat einen Versatz von 240° gegenüber Zylinder 1. Wir legen die Taktfolge für diesen Fall fest, indem wir den Winkelüberschuss über 180° (d. h. 60°) für den Starttakt nehmen. Die Taktfolge kann entweder mit dem Arbeits- (oder Verbrennungs-) oder dem Ausstoßtakt beginnen. Wir wählen hier den Arbeitstakt. Das Vorgehen für die verbleibenden Zylinder ist ähnlich wie oben bei Zylinder 2 und 3.

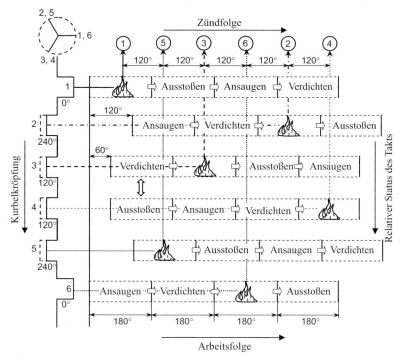

Abb. 2.55 Zündfolgediagramm für einen Sechszylinder-Reihenmotor.

Wie Abb. 2.55 zeigt, ist die Zündfolge für diesen Motor 1–5–3–6–2–4. Allerdings wären, wenn andere Taktfolgen für Zylinder 2 und 3 betrachtet worden wären, auch andere Zündfolgen möglich gewesen. Andere mögliche Zündfolgen: 1–6–5–4–3–2, 1–2–3–4–5–6, 1–4–2–5–3–6 und 1–4–5–2–3–6.

2.4.2
Motordrehmoment

Aufeinanderfolgende Zündungen führen zu kontinuierlicher Drehmomentabgabe an die Kurbelwelle. Da das von den einzelnen Zylindern erzeugte Drehmoment vom Kurbelwinkel abhängig ist, ergibt sich das resultierende Motordrehmoment aus der Kombination aller individuellen Drehmomente der Zylinder. Um das Nettomotordrehmoment bestimmen zu können, muss die Zündfolge bekannt sein.

Es wird angenommen, alle Zylinder besitzen identische Druckverläufe. Ansonsten wäre das Motordrehmoment von Zylinder zu Zylinder unterschiedlich. Die Variation des Drehmoments eines einzelnen Zylinders wird anhand der Variation des Kurbelwinkels des jeweiligen Zylinders berechnet. Um die Drehmomente aller Zylinder addieren zu können, müssen sie relativ in Abhängigkeit zu einem bestimmten Zylinder ausgedrückt werden. Es ist üblich, den Kurbelwinkel des ersten Zylinders als Bezugsgröße für alle anderen Zylinder zu verwenden. Darum kann der Kurbelwinkel θ_i für einen beliebigen Zylinder wie folgt bezogen auf den ersten

Kurbelwinkel von Zylinder θ_1 ausgedrückt werden:

$$\theta_i = \theta_1 - \Delta_{Ci} \tag{2.115}$$

dabei ist Δ_{Ci} der Kurbelwinkel des i-ten Zylinders relativ zur Kurbelkröpfung von Zylinder 1. Um das Drehmoment jedes einzelnen Zylinders in eine Form zu bringen, die ein Addieren der übrigen Drehmomente erlaubt, muss der Druck im Zylinder entsprechend dem korrekten Status dieses Zylinders ausgedrückt werden. Wenn der Druck von Zylinder 1 mit $P(\theta_1)$ bezeichnet wird, kann der Druck der anderen Zylinder in folgender Form ausgedrückt werden:

$$P_i = P(\theta_1 + \Delta_{Si}) \tag{2.116}$$

wobei der Statuswinkel Δ_{Si} (si steht für State Angle) der Rotationswinkel der Kurbelwelle für den aktuellen Status des i-ten Zylinders ist. Einfacher ausgedrückt, die Statuswinkel Δ_{Si} für Verbrennen, Ausstoßen, Ansaugen und Verdichten sind $0°$, $180°$, $360°$ und $540°$.

Sobald die Korrekturwinkel Δ_{Ci} und Δ_{Si} für alle Zylinder bekannt sind, lässt sich das Motordrehmoment durch Summieren aller Einzeldrehmomente der n Zylinder in folgender Form bestimmen:

$$T_e = \sum_{i=1}^{n} T_i(\theta_1, \Delta_{Ci}, \Delta_{Si}) \tag{2.117}$$

Ein alternativer Ansatz besteht darin, „Versatzsummen"-Prozesse zu verwenden, um die Momente der einzelnen Zylinder zu addieren und so die Variation des Gesamtdrehmoments eines Mehrzylindermotors zu berechnen. Entsprechend den Takten des Motors (s. Abb. 2.56) lässt sich der Drehmomentverlauf für einen Einzylindermotor in vier Abschnitte unterteilen. Die Drehmomentschwankung für den ersten Zylinder eines Mehrzylindermotors wird als Basis für alle weiteren Zylinder des Motors verwendet. Somit ist die Permutation der Drehmomentsegmente für diesen Zylinder nach Abb. 2.56 einfach $T_1 + T_2 + T_3 + T_4$. Die Drehmoment-Variation von anderen Zylindern lässt sich entsprechend ihrem Statuswinkel bestimmen. Um die Drehmoment-Variation eines anderen Zylinders mit dem Statuswinkel Δ_{Si} zu ermitteln, muss das Basis-Drehmomentdiagramm um den Betrag von Δ_{Si} zurückverschoben werden. Alles, was links herausfällt, wird rechts wieder an das resultierende Diagramm angefügt. Wenn also beispielsweise Zylinder i ein $\Delta_{Si} = \pi$ hat, dann ist die Drehmoment-Permutation für diesen Zylinder $T_2 + T_3 + T_4 + T_1$. Sobald die Drehmoment-Variation für jeden Zylinder bekannt ist, ergibt die Summierung aller Drehmomente das Gesamtdrehmoment des Motors.

Übung 2.13

Betrachten Sie den Zylindermotor aus Übung 2.12, und nehmen Sie an, die Druckverteilung aus Übung 2.7 ist auf diesen Motor anwendbar. Auch die Motordaten sollen mit Übung 2.7 bis auf die Kolbenfläche identisch sein. Sie soll so berechnet werden, dass beide Motoren denselben Hubraum haben. Verwenden Sie die Zündfolge aus Abb. 2.54b.

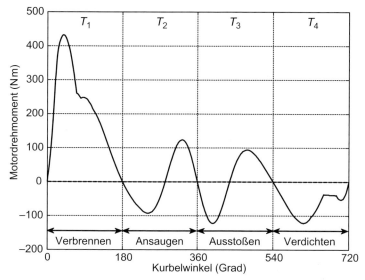

Abb. 2.56 Drehmomentverlauf in verschiedenen Takten.

a) Berechnen Sie die Korrekturwinkel Δ_{Ci} und Δ_{Si} für Zylinder 2.
b) Schreiben Sie ein MATLAB-Programm, das das Gesamtdrehmoment nach dem vereinfachten Motormodell berechnet, und plotten Sie die Drehmoment-Variation für 3000/min.
c) Plotten Sie die Variation der auf die Kolben wirkenden Kräfte.

Lösung:

a) Nach der Kurbelwellenform von Abb. 2.53 ist $\Delta_{Ci} = 180°$ (oder π). Δ_{Si} ist nach einer Analyse von Abb. 2.54b $3 \times 180°$ (oder 3π), denn Zylinder 2 beginnt mit dem Verdichtungstakt.
b) Für das vereinfachte Motormodell kann das Gesamtdrehmoment für einen Zweizylindermotor wie folgt ausgedrückt werden:

$$T_e = \sum_{i=1}^{2} F_{W_i} h_i$$

wobei:

$$F_{W_i} = \left(F_{P_i} - F_{I P_i} \right) \tan \beta_i$$
$$h_i = R \cos \theta_i + l \cos \beta_i$$

Da der Hubraum des Zweizylinder- gleich dem des Einzylindermotors aus Übung 2.9 sein soll, muss die Kolbenfläche lediglich halbiert werden.
In Abb. 2.57 finden Sie ein MATLAB-Programm, mit dem die Lösung für die oben stehenden Aufgaben realisiert werden kann. Der Motordrehmomentverlauf ist in Abb. 2.58 dargestellt. Man erkennt, dass die Drehmomentkurven beider Zylinder ähnlich aber versetzt sind.

```
% Übung 2.13 – Zweizylinder-Motordrehmoment (vereinfachtes Modell)

% Mehrzylinderinformationen
N=2;                    % Zylinderzahl
DC=[0 pi];              % Kurbelwinkelversatz der Zylinder
DF=[0 3*pi];            % Statuswinkel der Zylinder
Tet=zeros(1,361);       % Gesamt-Motordrehmoment-Vektor

% Eingangsgrößen: (s. Übung 2.7)
Ap=5800/N;              % Kolbenfläche mm^2

% Pleuelstangen-Punktmassen (s. Übung 2.9)

omega=3000;             % Motordrehzahl (1/min)
omeg=omega*pi/30;
Rl=R/l;

for j=1:N
for i=1: 361
    ang=(2*(i-1)*pi/180+DC(j));     % Kurbelwinkel
    sa=sin(ang); ca=cos(ang);       % definiere
    s2a=sin(2*ang); c2a=cos(2*ang); % definiere
    beta=asin(Rl*sa);
    ka=ca+Rl*c2a/cos(beta)+Rl^3*s2a^2/cos(beta)^3/4;
    aP(i)=R*ka*omeg^2;              % Kolbenbeschleunigung

    % Kolbendruckkraft
    n=i+DF(j)*360/4/pi;             % n: Variable zur Druckverschiebung
    if n>=361 n=n-360; end
    Fp(j,i)=p(n)*Ap/10;            % Verschiebe Druck
    FIP(j,i)=-(mP+mA)*aP(i);       % Kolben und mA Trägheitskraft
    FPt(j,i)=Fp(j,i)+FIP(j,i);     % Resultierende Kraft

    % Motordrehmoment
    h=R*ca+l*cos(beta);
    FW(j,i)=FPt(j,i)*tan(beta);
    Te(j,i)=h*FW(j,i);
end
Tet=Tet+Te(j,:);        % Summe Drehmoment
end
Teav=mean(Tet)*ones(1,361); % Mittleres Drehmoment
% Plot-Ausgaben:
```

Abb. 2.57 MATLAB-Programm-Listing für Übung 2.13.

c) Die Variation der Kolbenkräfte beider Zylinder ist in Abb. 2.59 gezeigt. Die Kolbenkräfte sind ebenfalls bei beiden Zylindern ähnlich und werden entsprechend der Zündfolge für jeden Zylinder erzeugt.

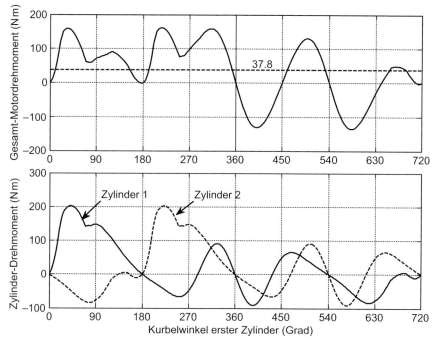

Abb. 2.58 Motordrehmomente von Übung 2.13.

Übung 2.14

Nutzen Sie die Motordaten aus Übung 2.13 für einen Vierzylindermotor mit gleichem Hubraum und nehmen Sie an, die Zündfolge ist 1–3–4–2:

a) Plotten Sie die Drehmoment-Variation über dem Kurbelwinkel des ersten Zylinders für 3000/min.

b) Bestimmen Sie die Trägheit des Schwungrades für eine Schwankung von 2 % gegenüber der mittleren Drehzahl.

Lösung:

a) Nach dem Zündfolgediagramm eines Vierzylindermotors mit der Zündfolge 1–3–4–2 (Abb. 2.51) sind die Stati aller Zylinder jeweils nacheinander „Verbrennen", „Ausstoßen", „Verdichten" und „Ansaugen". Somit sind die Kurbelwinkel der Stati der Zylinder 0°, 180°, 540° und 360°. Das MATLAB-Programmbeispiel aus Abb. 2.60 löst das Problem mit der „Versatzsummen-Methode". Das Ergebnis ist in Abb. 2.61 dargestellt.

b) Die Drehmoment-Variation von (a) setzt sich aus insgesamt 8 Schleifen zusammen, 4 positive und 4 negative. Da alle positiven Schleifen identisch und alle negative Schleifen ebenfalls gleich sind, bedeutet dies, dass die Fläche einer positiven Schleife gleich der Fläche einer negative Schleife ist. Darum ist jede der Flächen im Drehmomentdiagramm gleich der Fläche A^* aus Gleichung 2.113.

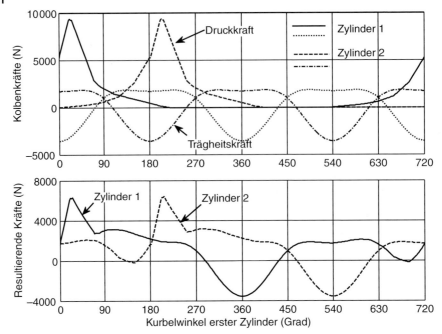

Abb. 2.59 Kolbenkräfte von Übung 2.13.

Bei näherungsweise 160 Nm Drehmoment für jede der Flächen ergibt sich:

$$I_e = \frac{A^*}{i_F \omega_{av}^2} = \frac{160}{0{,}02 \times (3000 \times \pi/30)^2} = 0{,}08 \, \text{kg m}^2$$

Wenn wir diesen Wert mit dem des Einzylindermotors vergleichen, stellen wir fest, dass bei identischem mittleren Drehmoment ein kleineres Schwungrad eingesetzt werden kann, da der Drehmomentverlauf beim Zweizylindermotor gleichmäßiger wird.

2.4.3
Annähernd gleichförmiges Motordrehmoment

Das mittlere Drehmoment des Motors entspricht dem Mittelwert der Drehmomentschwankungen über einen kompletten Zyklus, der für jede beliebige stabile Motordrehzahl untersucht werden kann. Allerdings hatten wir festgestellt, dass auch die Drehzahl um einen Mittelwert herum schwankte. In der Praxis wird die Motordrehzahl als stabil betrachtet. Genau genommen, kann sie als quasistationär angesehen werden. Somit ist auch das zur quasistationären Drehzahl zugehörige mittlere Motordrehmoment ein quasistationäres Moment.

Der Mittelwert des Motordrehmoments für eine bestimmte Drehzahl wurde in den vorstehenden Beispielen dadurch bestimmt, dass die Drehmomentwerte für

```
% Übung 2.14 – Vierzylinder-Motordrehmoment (vereinfachtes Modell),
% „Versatzsummen"-Verfahren

% Mehrzylinderinformationen
N=4;                        % Zylinderzahl
DF=[0 pi 3*pi 2*pi];        % Statuswinkel der Zylinder
Tet=zeros(1,361);           % Gesamt-Motordrehmoment-Vektor

% Eingangsgrößen: (s. Übung 2.7)
Ap=5800/N;                  % Kolbenfläche  mm^2
% Pleuelstangen-Punktmassen (s. Übung 2.9)

omega=3000;                 % Motordrehzahl (1/min)
omeg=omega*pi/30;
Rl=R/l;

% Basisdrehmoment Einzylindermotor
for i=1: 361
    ang=2*(i-1)*pi/180;        % Kurbelwinkel
    sa=sin(ang); ca=cos(ang); % definiere
    s2a=sin(2*ang); c2a=cos(2*ang); % definiere
    beta=asin(Rl*sa);
    ka=ca+Rl*c2a/cos(beta)+Rl^3*s2a^2/cos(beta)^3/4;
    aP(i)=R*ka*omeg^2;         % Kolbenbeschleunigung
    Fp(i)=p(i)*Ap/10;          % Kolbendruckkraft
    FIP(i)=-(mP+mA)*aP(i);     % Kolben und mA Trägheitskraft
    FPt(i)=Fp(i)+FIP(i);       % Resultierende Kraft
    % Motordrehmoment
    h=R*ca+l*cos(beta);
    FW(i)=FPt(i)*tan(beta);
    Te(i)=h*FW(i);
end

for j=1:N                   % Dremoment-Summenschleife
for i=1: 361                % Verschiebeschleife
    n=i+(DF(j)*360/4/pi);
    if n>=361 n=n-360; end
    Tei(i)=Te(n);
    end
Tet=Tet+Tei;
end
Teav=mean(Tet)*ones(1,361); % Mittleres Drehmoment
plot (theta, Tet)
hold on
plot(theta, Teav)
grid
xlabel('Kurbelwinkel Zylinder 1 (deg)')
ylabel('Gesamt-Motordrehmoment (Nm)')
```

Abb. 2.60 MATLAB-Programm-Listing für Übung 2.14.

verschiedene Kurbelwinkel gemittelt wurden. Bei dieser Vorgehensweise mussten die Druck-Variationen des Zylinders bzw. der Zylinder über dem Kurbelwinkel für die angegebene Drehzahl sowie die dynamischen Eigenschaften der Motorelemen-

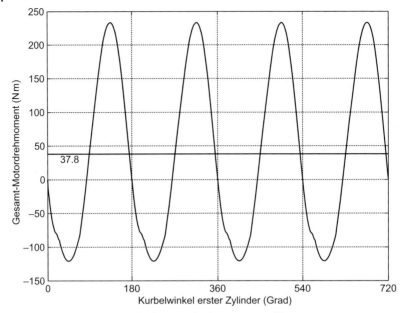

Abb. 2.61 Drehmomentabgabe des Vierzylindermotors aus Übung 2.14.

te bekannt sein. Wenn wir lediglich das quasistationäre Drehmoment des Motors benötigen, statt die Druckverteilung bei einer bestimmten Drehzahl zu verwenden, können wir anders vorgehen und mit dem effektiven Mitteldruck p_{bme} (BMEP, Brake Mean Effective Pressure, auch BEMP, Brake Effective Mean Pressure) arbeiten, ein Wert, der dem in Abschn. 2.2.3 definierten indizierten Mitteldruck p_{ime} ähnlich ist. Tatsächlich bezieht sich p_{bme} auf die real (gemessene) abgegebene Arbeit des Motors, wogegen sich p_{ime} auf die indizierte Arbeit (innere Arbeit) bezieht, die sich aus den idealisierten Kreisprozessen für Motoren berechnen lässt.

Die durch die Druckkraft in Zylinder i während einer Kurbelwellenumdrehung eines Motors geleistete Arbeit beträgt:

$$W_i = \frac{2}{s} p_{bme} A_P L \tag{2.118}$$

wobei A_P die Kolbenfläche und L die Hublänge sind. s ist die Anzahl der Takte im vollständigen Motorzyklus (somit ist s beim Zweitaktmotor 2 und beim Viertaktmotor 4). Bei der Motordrehzahl n (in 1/min) ist die Motorleistung (Arbeit pro Sekunde) für Zylinder i:

$$P_i = p_{bme} A_P L \cdot \frac{n}{30\,s} \tag{2.119}$$

Für einen Motor mit N Zylindern ergibt sich die Motorleistung zu:

$$P_e = p_{bme} A_P L \cdot \frac{n\,N}{30\,s} \tag{2.120}$$

Der Hubraum V_e eines Motors ist definiert als das Volumen, das von allen Kolben zusammen verdrängt wird:

$$V_e = N A_p L \tag{2.121}$$

Darum kann die Motorleistung wie folgt ausgedrückt werden:

$$P_e = p_{bme} V_e \cdot \frac{n}{30\,\text{s}} \tag{2.122}$$

Die Motorleistung lässt sich gleichzeitig in Bezug auf das durchschnittliche Motordrehmoment T_{av} ausdrücken:

$$P_e = \frac{\pi}{30} T_{av} \cdot n \tag{2.123}$$

Kombinieren der Gleichungen 2.122 und 2.123 ergibt:

$$T_{av} = \frac{V_e}{\pi s} p_{bme} \tag{2.124}$$

Diese Gleichung zeigt uns die direkte Beziehung zwischen mittlerem Motordrehmoment und effektivem Mitteldruck bei einer gegebenen Drehzahl.

Übung 2.15
Bestimmen Sie für den Motor aus Übung 2.7 den effektiven Mitteldruck und vergleichen Sie ihn mit den mittleren Druckwerten während eines Zyklus.

Lösung:
Hublänge und Hubvolumen (Hubraum) sind wie folgt:

$$L = R + l = 189\,\text{mm}$$

$$V_e = A_p L = 5800 \times 10^{-6} \times 189 \times 10^{-3} = 0{,}0011\,\text{m}^3$$

Der Viertaktmotor aus Übung 2.7 hatte ein mittleres Drehmoment von 37,8 Nm. Mit Gleichung 2.87 ergibt sich p_{bme} zu:

$$p_{bme} = \frac{\pi s}{V_e} T_{av} = \frac{4\pi}{0{,}0011} \times 37{,}8 = 431{,}826\,\text{Pa}$$

Die mittlere Druckverteilung während eines Zyklus wird mit dem Befehl „mean(p)" (Mittelwert von p) berechnet. Das Ergebnis ist 4,10 MPa, was fast dem Zehnfachen des Werts entspricht, den wir oben für p_{bme} berechnet haben.

2.5
Drehmomentkennfelder

Die Erläuterungen in den Abschn. 2.3 und 2.4 drehten sich allesamt um die Bestimmung eines Motordrehmoments bei bestimmten Drehzahlen, und zwar für

Ein- und Mehrzylindermotoren. In der Praxis arbeiten Motoren aber unter einer unendlichen Zahl von verschiedenen Bedingungen, die von den Eingangs- und Ausgangsparametern abhängig sind. Jede Arbeitsbedingung eines Motors entspricht einem Drehmoment und einer Drehzahl (und somit einer Leistung).

Bei der Analyse von Fahrzeugtriebsträngen werden mit den technischen Eigenschaften des Verbrennungsmotors kritische Eingangsgrößen verarbeitet. Daher führen ungenaue Informationen für die Motorleistung zu unrealistischen Fahrverhaltenswerten auf der Ausgangsseite. Für eine vollständige Performance-Analyse für ein Fahrzeug müssen alle erdenklichen Betriebsbedingungen bekannt sein. Diese Daten erhält man entweder aus Experimenten oder mithilfe von analytischen Modellen des Verbrennungsmotors. Diese Modelle liefern die Lösungen für die mathematischen Gleichungen hinsichtlich Fluidstrom, Verbrennung und Dynamik des Verbrennungsmotors. Aufgrund der Komplexität, die mit der Modellierung der gesamten Betriebsbedingungen eines Motors verbunden ist und des Fehlens dementsprechender Software, geht man bis heute meist den Weg über den Motorenprüfstand, bei dem umfangreiche Performance-Daten in Prüfstandsläufen erfasst werden.

2.5.1
Motorenprüfstände

Allgemein ist ein Dynamometer (oder Motorenprüfstand) eine Vorrichtung zur Leistungsmessung von drehenden Maschinen, bei dem gleichzeitig das abgegebene Drehmoment und die zugehörige Rotationsgeschwindigkeit gemessen werden. Man unterscheidet allgemein zwischen passiven und aktiven Dynamometern. Die erste Kategorie von Dynamometern wird als Bremsvorrichtung für leistungserzeugende Maschinen wie Verbrennungsmotoren verwendet. Die zweite Art von Dynamometern wird eingesetzt, um Maschinen wie Pumpen in Rotation zu versetzen. Ein Prüfstand kann auch so konstruiert werden, dass eine Maschine angetrieben und abgebremst werden kann. Diese werden universelle Dynamometer genannt.

Beim Dynamometer wird ein Motor mit variablen Bremslasten belastet. Dabei wird dessen Fähigkeit, einer Drehzahländerung zu widerstehen, gemessen. Hauptzweck eines Leistungsprüfstands ist das Messen von Drehzahl- und Drehmomentdaten. Er kann aber auch in der Motorenentwicklung genutzt werden, um Verbrennungsverhaltensanalysen, Motorabstimmungen und simulierte Fahrwiderstände zu messen. Neben den zur Prüfung des Motors und seiner Komponenten genutzten Motorenprüfständen gibt es auch Prüfstände, mit denen ganze Antriebsstränge geprüft werden. Mit diesen Rollenprüfständen werden Fahrwiderstände an den Antriebsrädern gemessen.

Ein Motorenprüfstand belastet den Motor mit einer variablen Last. Alle Drehzahlen und Drehmomente, die der Motor liefern kann, müssen im Betrieb möglich sein. Hauptaufgabe des Prüfstands ist die Aufnahme der vom Verbrennungsmotor abgegebenen Leistung in Form von Wärmeenergie, die dann an die Umgebung abgegeben wird, oder in Form von elektrischer Energie. Der schematische Aufbau eines Motorenprüfstands ist in Abb. 2.62 dargestellt.

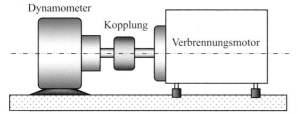

Abb. 2.62 Schematische Darstellung einer Motorenprüfstandsanlage.

Ein Laborprüfstand benötigt Messvorrichtungen für Betriebsdrehmoment und Drehzahl. Prüfstände brauchen auch Steuerungssysteme, die für gleichbleibende Betriebsbedingungen und damit vernünftige Messbedingungen sorgen. Prüfstände lassen sich anhand einer Lastdrehzahl oder eines Lastmoments steuern. Prüfstände mit Drehmomentreglern werden mit einem voreingestellten Sollmoment gefahren. Der Motor durchläuft den gesamten Drehzahlbereich und erzeugt das beim Prüfstand voreingestellte Sollmoment. Umgekehrt entwickeln Prüfstände mit Drehzahlreglern den gesamten Lastmomentbereich, während der Motor auf der voreingestellten Drehzahl gehalten wird. Darüber hinaus müssen Motorenprüfungen unter genormten Bedingungen oder vorgeschriebenen atmosphärischen Bedingungen erfolgen. Dazu verfügen die Prüfstände über periphere Systeme zur Steuerung der Luftqualität.

Lastmomente können mit verschiedenen Energieabsorptionssystemen produziert werden. Dieses Konzept ist die Grundlage für die Entwicklung von verschiedenen Prüfstandstypen. Einige Prüfstände verfügen über Absorber-/Antriebseinheiten, die sowohl Last- als auch Antriebsmomente produzieren können. In Abb. 2.63 sind verschiedene Arten von Dynamometern aufgeführt.

Wirbelstromprüfstände sind derzeit die beliebteste Art unter den modernen Dynamometern. Mit Wirbelstrombremsen lassen sich schnelle Laständerungen für schnelle Lastregelungen realisieren. In Wirbelstromprüfständen werden gusseiserne Fahrzeugbremsscheiben und variable Elektromagnete eingesetzt, um die Stärke des magnetischen Feldes zu und damit auch die Stärke des Bremsmoments zu steuern. Wirbelstromsysteme ermöglichen neben stationären Zuständen auch kontrollierte Beschleunigungswerte.

Die Leistungsberechnung der Prüfstandswerte erfolgt indirekt über die gemessenen Drehmoment- und Winkelgeschwindigkeitswerte. Die Messung des Lastmoments kann elektrisch und mechanisch auf verschiedene Weisen erfolgen. Bei der rein mechanischen Messung wird das Gehäuse des Dynamometers von einer Drehmomentstütze an der Rotation gehindert. Das interne Reaktionsmoment, das auf das Gehäuse wirkt und von der Drehmomentstütze erzeugt wird, kann durch Messen der vom Gehäuse auf die Stütze ausgeübten Kraft berechnet werden. Dazu wird die Kraft mit der Hebellänge der Drehmomentstütze multipliziert (Mittellinie des Prüfstands). Ein Kraftaufnehmer kann ein dem Lastmoment direkt proportionales elektrisches Signal erzeugen. Alternativ können Drehmomentsensoren oder -aufnehmer, die ein dem Lastmoment proportionales Signal erzeugen, verwendet werden.

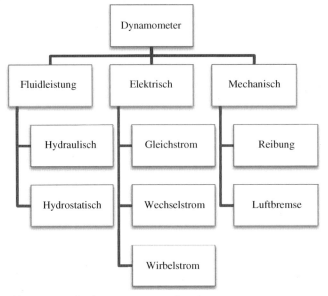

Abb. 2.63 Verschiedene Arten von Prüfständen.

Die Drehzahlmessung ist eine einfachere Aufgabe. Für diesen Zweck steht eine Vielzahl von Drehzahlmessgeräten zur Verfügung, die ein der Drehzahl proportionales elektrisches Ausgangssignal liefern. Sobald die Signale für Drehmoment und Drehzahl zur Verfügung stehen und an das Datenerfassungssystem des Prüfstands übermittelt werden, kann die Leistungsabgabe des Motors durch Multiplikation der beiden Größen (in den korrekten Einheiten) errechnet werden.

Bei stationären Prüfungen wird die Motordrehzahl (innerhalb der erlaubten Grenzen) konstant gehalten. Durch Aufbringen variabler Lastmomente wird das notwendige anliegende Drehmoment gemessen. Motoren werden generell vom Leerlauf bis zur höchsten erreichbaren Drehzahl geprüft. Das Prüfergebnis ist die grafische Darstellung des Drehmomentverlaufs über der Drehzahl. Wenn die Nennleistung des Motors ermittelt werden soll, müssen auch Korrekturfaktoren berechnet und mit der gemessenen Leistung multipliziert werden (s. Abschn. 2.5.3). Bei Sweep-Prüfungen wird die Motordrehzahl kontinuierlich gesteigert, während ein gegebenes Lastmoment aufgebracht wird. Der Beschleunigungsverlauf des Motors ist ein Indiz für Ausgangsleistung des Motors bei der anliegenden Last und Trägheit. Abbildung 2.64 zeigt eine moderne Motorenprüfstandsanlage. Tabelle 2.9 listet einige typische Elemente eines Prüfstandsprotokolls auf.

2.5.2
Rollenprüfstände

Bei einem Motorenprüfstand werden die Drehzahl und das Drehmoment direkt an der Kurbelwelle oder am Schwungrad abgenommen. Die Leistungsverluste im

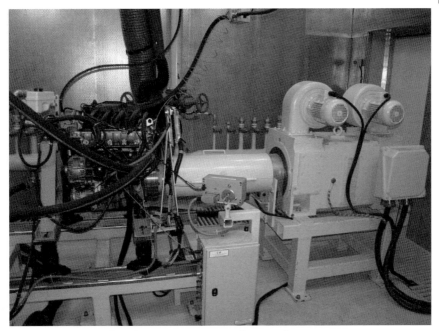

Abb. 2.64 Motorenprüfstand im Automotive Research Centre der IUST.

Tab. 2.9 Typische Elemente eines Prüfstandsprotokolls.

Gemessene Größen	Korrekturen	Referenzwerte
Motordrehzahl	Korrekturfaktor	Drehmomentbereich
Drehmoment (Nm)	korrigierte Leistung	Leistungsbereich
Leistung (kW)	korrigiertes Drehmoment	
Öldruck (bar)		
Öltemperatur (°C)		
Abgastemperatur (°C)		
Ansauglufttemperatur (°C)		
Saugrohrdruck (bar)		

Antriebsstrang vom Getriebe bis zu den Rädern werden hier nicht berücksichtigt. Ein Rollenprüfstand ist eine Anlage, bei der die über den Antriebsstrang an die Antriebsräder abgegebene Leistung gemessen wird. Daher wird hier die effektive Fahrzeugleistung gemessen. Das Fahrzeug wird mit den Antriebsrädern auf die Rollen des Prüfstands gefahren. Über die Rollen werden die Fahrwiderstandslasten auf die Reifen der Antriebsräder aufgebracht. Um ein Schlupf zwischen Rollen und Reifen zu verhindern, ist die Radnabe manchmal direkt an den Rollenprüfstand gekoppelt, sodass das Lastmoment direkt an der Radnabe aufgebracht wird.

Aufgrund der Reibungsverluste und der mechanischen Verluste in den Antriebskomponenten ist die am Rad gemessene Bremsleistung erheblich niedriger als die an der Kurbelwelle oder am Schwungrad gemessene Bremsleistung eines Motorenprüfstands. Der Gesamtwirkungsgrad des Triebstrangs – einschließlich Getriebe, Differenzialgetriebe und Reibungsverlusten im Triebstrang – beträgt typischerweise rund 87–91 % bei manuellen Schaltgetrieben und rund 80 % bei Automatikgetrieben. Dennoch können diese Zahlen nur als Richtwerte gelten, da die tatsächlichen Wirkungsgrade vom Fahrzyklus abhängig sind. So sind die Verluste im Drehmomentwandler eines Automatikgetriebes im Start-Stopp-Betrieb eher hoch, während sie bei durchgeschaltetem Gang bei Überlandfahrt drastisch reduziert sind.

Wie auch immer, die Prüfbedingungen sind sehr wichtig und auch Änderungen der Umgebungsbedingungen haben großen Einfluss auf die Ergebnisse. Bei der Bewegung des Fahrzeugs auf der Straße kommen zu den Verlusten im Antriebsstrang noch andere Fahrwiderstände wie Rollwiderstand, Luftwiderstand und Steigung (s. Kapitel 3) hinzu. Neben der Messung von Drehzahl, Drehmoment und effektiver Leistung des Fahrzeugs ist einer der wichtigen Einsatzzwecke von Rollenprüfständen die Bestimmung des Kraftstoffverbrauchs (s. Kapitel 5) und der Emissionen. Zu diesem Zweck müssen die zugehörigen Fahrwiderstände an den Rädern simuliert und vom Prüfstand aufgebracht werden. Prüfstände werden auch verwendet, um den Leistungsfluss an verschiedenen Punkten des Fahrzeugtriebstrangs zu messen und zu vergleichen. Dies wird insbesondere bei der Entwicklung und Verbesserung von Antriebskomponenten getan, meist in Fahrzeug-Forschungszentren.

2.5.3
Drehmoment-Drehzahl-Kennlinien

Bei der Analyse des gesamten Antriebsstrangs spielen die Wirkungen und Wechselwirkungen innerhalb des Verbrennungsmotors keine entscheidende Rolle. Wichtig ist lediglich, wie der Verbrennungsmotor die Abtriebsleistung erzeugt, die für die Bewegung des Fahrzeugs verwendet wird. Drehmoment-Drehzahl-Kennlinien zeigen die Ausgangsleistung in einer für die Analyse des Triebstrangs geeigneten Weise. Drehmoment-Drehzahl-Kennlinien für Volllast liefern einiges an Informationen hinsichtlich der Analyse der Motorleistung. Teillastkennlinien hingegen werden für die vollständige Leistungsanalyse benötigt.

2.5.3.1 Volllastkennlinien
Vollgas-, Volllast- oder WOT-Kennlinien (WOT, Wide-Open-Throttle) geben Hinweise auf das Spitzenleistungverhalten des Motors. Mit Volllastkennlinien lassen sich das maximale Drehmoment und die maximale Leistung des Motors bestimmen. Eine typische Volllastkennlinie für einen Ottomotor wurde schon in Abb. 2.15 gezeigt. Eine ähnliche Kennlinie für einen Dieselmotor ist in Abb. 2.65 abgebildet.

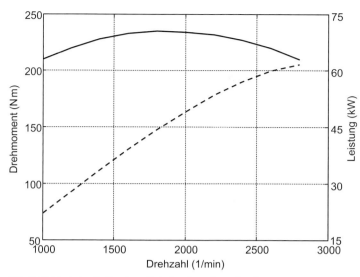

Abb. 2.65 Typische Volllastkennlinie für einen Saugdieselmotor.

Wichtige Punkte einer typischen Vollastleistungskennlinie eines Verbrennungsmotors sind in Abb. 2.66 angegeben. Sie wird wie folgt definiert:

P_m maximale Motorleistung;

P_T Leistung beim maximalen Drehmoment des Motors;

T_m maximales Drehmoment des Motors;

T_P Drehmoment bei maximaler Motorleistung;

n_P Motordrehzahl bei maximaler Motorleistung;

n_T Motordrehzahl bei maximalem Motordrehmoment.

Drehmomentelastizität F_T und Drehzahlelastizität F_n des Motors sind wie folgt
definiert:

$$F_T = \frac{T_m}{T_P} \tag{2.125}$$

$$F_n = \frac{n_P}{n_T} \tag{2.126}$$

Die Motorelastizität F_e ist das Produkt der beiden oben stehenden Ausdrücke:

$$F_e = F_T F_n = \frac{T_m n_P}{T_P n_T} \tag{2.127}$$

Gute Elastizität bedeutet, dass das maximale Drehmoment bei niedrigen Drehzahlen anliegt. Generell geben Dieselmotoren die Leistung bei niedrigeren Drehzahlen als Ottomotoren ab. Das bedeutet, dass sie höhere Drehmomente bei niedrigeren Drehzahlen bieten. Saugdieselmotoren haben die Eigenschaften, die man als
hohe Motorelastizität interpretieren kann. Es wird behauptet, dass größere Motorelastizität dazu führt, dass weniger geschaltet wird [5].

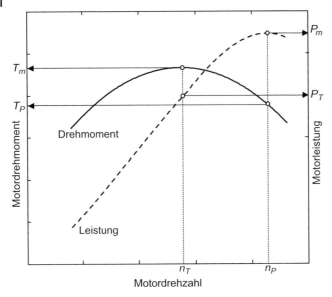

Abb. 2.66 Wichtige Punkte in der Volllastkennlinie.

Die folgende Übung soll den Begriff Motorelastizität verständlich machen.

Übung 2.16
Wir betrachten drei Verbrennungsmotoren mit identischem maximalen Drehmoment von 150 Nm. Die allgemeine Gleichung für die Beziehungen zwischen Drehmoment und Drehzahl von Motoren hat folgende Grundform:

$$T_e = 120 + a\,(\omega_e - 1000) - b\,(\omega_e - 1000)^2$$

wobei die Motordrehzahl ω_e in 1/min ist. Die Koeffizienten a und b sind zwei Konstanten, die in Tab. 2.10 angegeben sind. Die maximal zulässige Drehzahl aller Motoren beträgt 6000/min.

a) Plotten Sie den Drehmoment- und Leistungsverlauf über der Drehzahl zwischen 1000/min und Maximaldrehzahl.
b) Berechnen Sie die Elastizitäten und vergleichen Sie die Ergebnisse in tabellarischer Form.

Tab. 2.10 Koeffizienten a und b für Übung 2.16.

Motor	1	2	3
ax	0,030	0,020	0,015
b	$7,50 \times 10^{-6}$	$3,333 \times 10^{-6}$	$1,875 \times 10^{-6}$

Lösung:

a) Die Variation von Motordrehmoment und -leistung über der Drehzahl ist nicht schwer zu errechnen. Die Ergebnisse sind in Abb. 2.67 grafisch dargestellt. Es ist ersichtlich, dass die maximalen Drehmomente der Motoren jeweils bei 3000/min, 4000/min und 5000/min anliegen.

b) Alle benötigten Größen erhält man aus Abb. 2.67 und die Ergebnisse sind in Tab. 2.11 zusammengefasst.

Die Ergebnisse zeigen, dass Motor 1 eine höhere Elastizität besitzt. Aus Abb. 2.67 wird auch ersichtlich, dass Motor 1 im Vergleich zu den beiden anderen Motoren höhere Drehmomentwerte bei niedrigeren Drehzahlen liefert. Andererseits weisen die Leistungen aller Motoren keine signifikanten Unterschiede bei diesen niedri-

Tab. 2.11 Elastizitätsparameter für Übung 2.16.

Motor	T_m	T_P	n_T	n_P	F_T	F_n	F_e
1	150	127	3000	4760	1,183	1,59	1,88
2	150	137	4000	6000	1,095	1,50	1,64
3	150	144	5000	6000	1,042	1,20	1,25

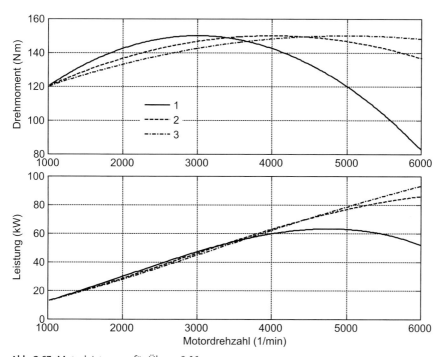

Abb. 2.67 Motorleistungen für Übung 2.16.

gen Drehzahlen auf. Daher kann Motor 1 höhere Traktionskräfte bei vergleichbaren Ausgangsleistungen erzeugen und ist bei niedrigeren Drehzahlen im Vorteil. Allerdings hat Motor 1 weniger Leistung bei höheren Drehzahlen als die anderen beiden Motoren. Damit ist die erzielbare Höchstgeschwindigkeit mit einem vergleichbaren Fahrzeug geringer.

In dieser Übung wird nur die Motorelastizität untersucht. In späteren Kapiteln werden wir auch die Auswirkungen von Übersetzungen auf das Gesamtbetriebsverhalten von Fahrzeugen untersuchen.

2.5.3.2 Teillastkennlinien

Der Volllastbetrieb stellt nur einen kleinen Teilbereich des gesamten Motorbetriebs während des normalen Fahrens dar. Anders ausgedrückt sind Volllastkennlinien nur für den oberen Motorleistungsbereich repräsentativ. Daher haben die Volllastdaten nur begrenzte Aussagekraft für die Analyse des Antriebsstrangs. Die Drosselung hat bei Otto- und Dieselmotoren unterschiedliche Bedeutung. Bei Ottomotoren verengt die Drosselklappe je nach Drosselklappenstellung den Luftstrom im Saugrohr des Motors (s. Abb. 2.68). Sie steuert damit die ins Saugrohr angesaugte Luftmenge. Bei Dieselmotoren ist der Luftstrom im Saugrohr nicht durch eine Drosselklappe vor dem Saugrohr verengt. Drosselungseffekt wird über die Kraftstoffeinspritzung erzielt. Sie erfolgt entsprechend den Leistungsanforderungen durch den Fahrer bzw. durch Betätigen des Gaspedals.

Die Definition der Drosselklappenöffnung ist leider unklar und irreführend. Dies erklärt sich durch die Tatsache, dass der Begriff für den Gaspedalweg (-hub), die Drehung des Drosselventils (Butterfly-Ventils) und für den Quotienten zwischen tatsächlichem und voll geöffnetem Querschnitt des Ansaugrohrs verwendet wird. Wenn das Gaspedal betätigt wird, bewirkt ein Seilzug die Drehung der Drosselklappe (Abb. 2.69). Wird das Pedal losgelassen, wird die Drosselklappe durch Federkraft in ihre (geschlossene) Ausgangsposition gebracht.

Nach der schematischen Darstellung in Abb. 2.69 lassen sich die Größen „Pedal-Rotationswinkel" θ_P, „Drosselklappen-Rotationswinkel" θ und „Drosselklappen-Öffnungsverhältnis" r_A (der Quotient aus Öffnungsfläche und vollständiger Querschnittsfläche des Saugrohrs) durch folgende Gleichung in Beziehung setzen:

$$\theta = k_T \theta_P \tag{2.128}$$

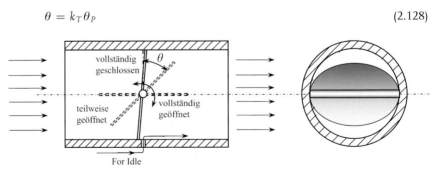

Abb. 2.68 Drosselklappenbewegung beim Ottomotor.

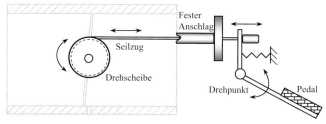

Abb. 2.69 Pedalbewegung und Drosselklappenrotation.

$$r_A \approx 1 - \frac{\cos\theta}{\cos\theta_0} \tag{2.129}$$

wobei k_T eine Konstante ist und θ_0 der Anfangswert des Drosselklappenwinkels in der Ruhestellung, somit der geschlossenen Position ist. Das Ähnlichkeitsrelationssymbol in Gleichung 2.129 muss verwendet werden, um die Wirkung bei großen Drosselklappenwinkeln auf den Drosselklappenwellendurchmesser zu berücksichtigen. Gleichung 2.128 zeigt, dass der Drosselklappenwinkel proportional zum Gaspedalwinkel ist (falls nicht ein nicht linearer Mechanismus verwendet wurde). Daher wird das Durchtreten des Gaspedals auch entsprechend an die Drosselklappe des Motors weitergegeben. Die Gleichung 2.129 für die Drosselklappenöffnung ist dennoch nicht linear zum Drosselklappenwinkel (bzw. Pedalwinkel). Wie aus Abb. 2.70 ersichtlich ist, ist eine Änderung des Drosselklappenwinkels θ_0 um 5° bei geringem Pedalwinkel hochgradig nicht linear. Um zu einer ähnlichen Definition bei der Diskussion der Teillastkurven für Otto- und Dieselmotoren zu kommen, ist es besser, den Gaspedalweg (Hub) oder den Gaspedalwinkel (Rotation) zu verwenden. Schließlich haben Dieselmotoren keine Drosselklappe, das Saugrohr hat immer den vollen Querschnitt.

Bei Ottomotoren verläuft die Variation des Motordrehmoments über der Drehzahl durch die Drosselung und dem damit veränderten Luftmassenstrom anders. Bei Dieselmotoren erfolgt die eingespritzte Kraftstoffmasse proportional zum Pedalwert, das resultierende Drehmoment ändert sich entsprechend. Die Teillast-Performance von Motoren wird auf Motorenprüfständen mittels spezieller Prozeduren gemessen. Das Ergebnis wird manchmal grafisch als dreidimensionales Kennfeld mit den Achsen Drehmoment, Drehzahl und Drosselwert dargestellt. Ein solches, mit einem Motorenprüfstand erstelltes Kennfeld finden Sie in Abb. 2.71.

Nützlicher ist allerdings die zweidimensionale Darstellung mittels Kennlinien. Wird die zweidimensionale Projektion des dreidimensionalen Kennfeldes in der Drehmoment-Drehzahl-Ebene genommen, so erhalten wir eine Reihe von Kurven für verschiedene Drosselwerte. Für denselben Motor ist ein solcher Plot in Abb. 2.72 abgebildet.

Bei Leerlaufdrehzahl (Drosselwert 0 %) gibt es nur einen Arbeitspunkt in der Grafik. Bei größeren Drosselwerten nehmen Arbeitspunkte auf der Drehzahl- und Drehmomentachse zu. Teillastkennlinien werden für spezifische Drosselwerte dargestellt. Die dazwischenliegenden Arbeitspunkte können durch Interpolation der

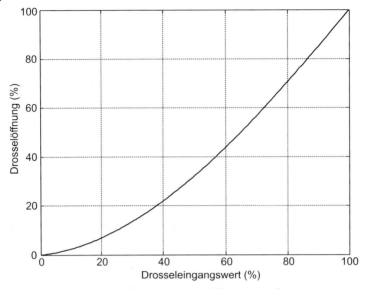

Abb. 2.70 Drosselklappenöffnung und Drosselklappenquerschnitt.

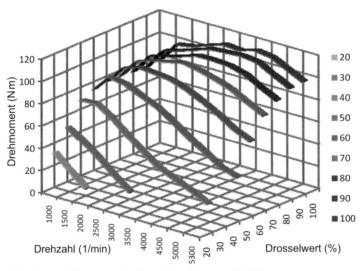

Abb. 2.71 Dreidimensionales Kennliniendiagramm für Teillast.

angrenzenden Punkte bestimmt werden. Zur Interpolation ist es oft einfacher, Look-up-Tabellen statt Kennlinien zu verwenden.

Übung 2.17

Berechnen Sie für die Teillastkennlinien aus Abb. 2.72 das Drehmoment bei einem Drosselwert von 57 % und 4200/min.

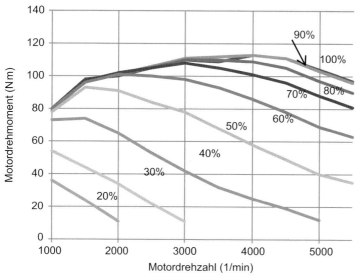

Abb. 2.72 Zweidimensionales Kennliniendiagramm des Motors.

Lösung:

Mit Abb. 2.72 lassen sich die Werte in Tab. 2.12 herleiten. Nun lässt sich das Drehmoment mit drei lineareren Interpolationen berechnen. Bei einer Drehzahl von 4000/min und einem Drosselwert von 57 % ist das Drehmoment 77,6 Nm. Bei 5000/min und 57 % Drosselwert ist es 60,3 Nm. Bei 4200/min und 57 % Drosselwert liegt das Ergebnis der Interpolation zwischen 77,6 und 60,3 Nm, somit bei 74,14 Nm.

Tab. 2.12 Motordrehmomente (Nm).

Drehzahl (1/min)	Drosselwert (%)	50	60
4000		58	86
5000		40	69

2.6
Zauberformel des Motordrehmoments

Wie bereits erwähnt, wird der Drehmoment-Drehzahl-Verlauf eines Verbrennungsmotors über den gesamten Betriebsbereich üblicherweise in Teillast-Lookup-Tabellen oder Kennfeldern festgehalten. Diese Daten werden bei der Analyse von Antriebssträngen eingesetzt, um die Ausgangswerte von Motoren über den gesamten Betriebsbereich zu bestimmen. Die Zwischenpunkte zwischen den in den Look-up-Tabellen verfügbaren Daten werden durch lineare Interpolationen berechnet.

Wenn eine universelle Formel für die Abhängigkeit zwischen Drosselwert, Drehmoment und Drehzahl bereitstünde, hätte dies verschiedene Vorteile für die Forscher. Sie würde die Prozesse vereinfachen und eine mathematische Beziehung liefern, die sich vielfältig in den Analysen nutzen ließe. Am Department of Automotive Engineering der IUST in Teheran wurden Forschungsarbeiten durchgeführt, in deren Rahmen das Teillastverhalten von Ottomotoren untersucht wurde. Dazu wurden drei Motoren auf Motorenprüfständen umfassend durchgemessen und die Teillastdaten aufgezeichnet. Anschließend wurden die Daten analysiert, wobei Ähnlichkeiten beim Drehmoment-Drehzahl-Verhalten der geprüften Motoren festgestellt werden konnten. Diese Arbeit führte zu einer universellen mathematischen Beziehung für die Drehmoment-Drehzahl-Eigenschaften von Ottomotoren. Diese Beziehung wurde mit den gemessenen Prüfergebnissen verglichen.

2.6.1
Konvertierung von Teillastkurven

Wie aus den Abb. 2.71 und 2.72 ersichtlich ist, folgen die Teillastkurven keiner einfachen Regel. Teillastkennlinien von anderen Motoren zeigten eine ähnliche Tendenz. Um die spezifischen Eigenschaften der Drehmoment-Drehzahl-Daten zu untersuchen, wurden verschiedene Darstellungen geprüft. Der Plot einer zweidimensionalen Teillast-Look-up-Tabelle kann auf drei verschiedene Arten realisiert werden: (1) Drehmoment-Drehzahl-Variationen bei verschiedenen Drosselwerten, was häufig verwendet wird und sehr beliebt ist; (2) Drehmoment-Drosselwert-Variationen bei verschiedenen Drehzahlen; (3) Drosselwert-Drehzahl-Variationen bei unterschiedlichen Drehmomenten. Als diese Plots für alle Motoren generiert wurden, konnte keine einheitliche Tendenz festgestellt werden, obwohl eine bessere Übereinstimmung zwischen den Kurven erkannt wurde. Die Variation der Drehmoment-Drosselwert-Kurve bei unterschiedlichen Drehzahlen brachte allerdings eine einheitliche Tendenz für alle Motoren zutage. Das Ergebnis ist für einen der Motoren in Abb. 2.73 gezeigt.

Das Ergebnis ist insofern natürlich erklärlich, als das Drehmoment bei steigendem Drosselwert bei einer bestimmten Drehzahl zunimmt, da die Vergrößerung der Drosselklappenöffnung die angesaugte Kraftstoff-Luft-Gemisch-Menge erhöht und damit steigt auch das Drehmoment. Das konsistente Verhalten von Motoren beim Drehmoment-Drosselwert-Kennfeld ermöglicht die Untersuchung von verschiedenen Funktionen zur Beschreibung dieser Beziehung. Nach Anwendung von Regressionsverfahren konnte eine universelle Gleichung für Ottomotoren mit dem Namen MT-Formel (MT, Magic Torque) entwickelt werden. Nebenbei steht MT auch sinnbildlich für den Beitrag der Herren Mashadi und Tajalli an der Entwicklung der Formel.

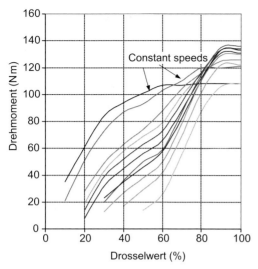

Abb. 2.73 Teillastdiagramm für verschiedene Drehzahlen.

2.6.2
Die MT-Formel

Die MT-Formel besitzt die folgende Grundform:

$$T(\omega, \theta) = \frac{T_{F.L}(\omega)}{[1 + \exp(A - B\theta)]^{C\omega^D}} \qquad (2.130)$$

Dabei ist $T_{F.L}(\omega)$ die Volllast- oder WOT-Kurve (WOT, Wide-Open-Throttle) des Motors. A, B, C und D sind vier konstante Koeffizienten für einen bestimmten Motor. Sie konnten aus den Teillasttests ermittelt werden. Die Koeffizienten werden berechnet, indem das Drehmoment in Nm, die Drehzahl in 1/min und der Drosselwert in % eingesetzt werden.

Übung 2.18
Die Koeffizienten der MT-Formel für einen V8-Motor sind in Tab. 2.13 aufgeführt. Die Daten für Drehmoment und Drehzahl des Motors sind in Inkrementen von 250/min in Tab. 2.14 angegeben.

a) Plotten Sie die Variation des Drehmoments über der Drehzahl für Drosselwerte von 20, 30, 40, 60 und 100 %.
b) Plotten Sie die Variation des Drehmoments über dem Drosselwert für den Drehzahlbereich zwischen 2000 und 6000/min.

Lösung:
Um die beiden Plots zu erstellen, kann ein MATLAB-Programm erstellt werden. Die Ergebnisse sind in Abb. 2.74 dargestellt.

Tab. 2.13 Koeffizienten der MT-Formel für einen Achtzylindermotor.

Koeffizient	A	B	C	D
Wert	−10,07	0,1348	2,083	1,363

Tab. 2.14 Volllastdaten Motor.

Drehzahl (1/min)	Drehmoment (Nm)										
750–3250	115	128	140	145	149	152	154	158	163	167	170
3500–6000	172	173	175	181	188	190	188	188	186	183	178

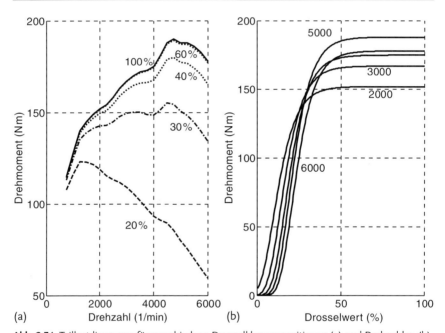

(a) Drehzahl (1/min) (b) Drosselwert (%)

Abb. 2.74 Teillastdiagramm für verschiedene Drosselklappenpositionen (a) und Drehzahlen (b).

2.6.3
Auswertung

Jeder der Koeffizienten *A*, *B*, *C* und *D* in der MT-Formel beeinflusst die Variation des Ausgangsdrehmoments in der Formel. In diesem Abschnitt gehen wir kurz auf die Bedeutung der Koeffizienten ein. Beachten Sie zunächst, dass die MT-Formel auch wie folgt geschrieben werden kann:

$$T(\omega, \theta) = k(\omega, \theta) \cdot T_{F.L}(\omega) \tag{2.131}$$

wobei $k(\omega, \theta)$ ein Korrekturfaktor ist, der stets kleiner eins ist und $T_{F.L}(\omega)$ die WOT-Kurve (Volllastkurve) des Motors ist. Mit anderen Worten, die Form der Teillastkurve eines Motors wird von der Volllastkurve vorgegeben. Die Annäherung der Volllastkurve bei großen Drosseleingangswerten kann mit Gleichung 2.130 geprüft werden, wobei zu beachten ist:

$$\lim_{\theta \to 100} \exp(A - B\theta) \approx 0 \tag{2.132}$$

Alle diese Koeffizienten wirken sich nur auf die Teillast aus. Bei Volllast wird mit der MT-Formel die WOT-Kurve (Volllastkurve) generiert. Der Einfluss der einzelnen Faktoren in der MT-Formel kann wie folgt erklärt werden:

- *Faktor A*: Koeffizient A wird *Größenfaktor* genannt, da er den Wert des Drehmoments an einem gegebenen Punkt beeinflusst. Die Verringerung der Größe von A verringert die Drehmomentwerte einer Teillastkurve. Die Größenänderungen sind bei unterschiedlichen Drosselwerten und Drehzahlen unterschiedlich.
- *Faktor B*: Dieser Koeffizient wird *Drosselwert-Intervall-Faktor* genannt, da er das Intervall zwischen jeweils zwei Teillastkurven beeinflusst. Tatsächlich werden durch die Verringerung des Koeffizienten B die Teillastkurven voneinander entfernt und gleichmäßiger verteilt.
- *Faktor C*: Koeffizient C wird *Niedrigdrehzahl-Größenfaktor* genannt, da er die Drehmomentwerte insbesondere bei niedrigen Drehzahlen beeinflusst. Die Verringerung des Betrages von C vergrößert die Drehmomentwerte einer Teillastkurve insbesondere in niedrigen Drehzahlregionen.
- *Faktor D*: Koeffizient D wird auch *Hochdrehzahl-Größenfaktor* genannt, da er die Drehmomentwerte insbesondere bei hohen Drehzahlen beeinflusst. Die Erhöhung der Größe C verringert die Drehmomentwerte einer Teillastkurve insbesondere in den hohen Drehzahlregionen.

2.7
Motormanagementsystem

In der Vergangenheit wurden Motorfunktionen wie Kraftstoff-Luft-Gemisch und Steuerung der Zündung (Voreilung) mit mechanischen Mitteln realisiert, etwa mit Vergasern und Frühverstellmechanismen (z. B. Fliehgewichtfrühverstellung). Eine Engine Control Unit (ECU) ist eine elektronische Steuereinheit, die Überwachung und Steuerung der Motorfunktionen übernimmt. Sie übernimmt die früher mechanisch ausgeführten Funktionen. In den vergangenen Jahrzehnten hat sich die Motorsteuerung von der Steuerung einiger weniger Parameter für die Zündung des Motors hin zum komplexen Motormanagement mit verschiedenen Variablen, die die Motor-Performance regeln, entwickelt. Aus diesem Grund wird nun eher der Begriff Motormanagementsystem (MMS) verwendet. Ein MMS ist für die Überwachung und Regelung zusätzlicher Parameter zuständig, etwa Abgasrück-

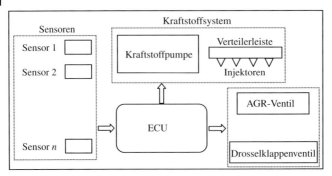

Abb. 2.75 Wichtige Komponenten eines Motormanagementsystems (MMS).

führung (AGR) und Emissionen durch Kraftstoffverdunstung. So lassen sich Kraft-stoffeffizienz, Emissionen, Leistung, Kaltstartverhalten, Leerlauf und Leistungs-verhalten unter allen Bedingungen verbessern. Das elektronische Motormanage-ment hat auch intelligente Motorüberwachungsfunktionen möglich gemacht. Zu-dem stellt es Diagnose- und Warninformationen bereit.

Moderne Motormanagementsysteme verarbeiten auch Daten von den anderen Systemen im Fahrzeug, indem Sie deren Signale als Eingangsgrößen zur Steue-rung der Motor-Performance nutzen. Beispiele solcher Systeme sind variable Ven-tilsteuerung, Kommunikation mit Getriebesteuereinheiten oder Traktionskontroll-systeme. Für Wartungs- und Reparaturzwecke speichert das Motorsteuergerät (En-gine Control Unit) Diagnosecodes, die auf Sensordaten basieren. Wenn ein Motor-problem vorliegt, aktiviert das ECU Warnleuchten, die den Fahrer auf das Problem aufmerksam machen.

2.7.1
Aufbau

Im Motormanagementsystem ist generell eine Motorsteuereinheit (ECU, Engine Control Unit) integriert, die Daten von verschiedenen Sensoren empfängt und den Zündvorgang des Motors steuert. Die Kraftstoffversorgung sorgt mit ECU für aus-reichend Kraftstoff für den Motor. Die Zündanlage empfängt vom ECU Befehle zur genauen Steuerung der Verbrennung. Die Sensoren liefern der ECU Rückmeldung darüber, wie der Motor läuft. So kann die ECU die erforderlichen Anpassungen für den Betrieb der Kraftstoffversorgung und/oder des Zündsystems vornehmen, um Emissionen, Kraftstoffeffizienz und Fahrverhalten zu optimieren. Abbildung 2.75 zeigt die wichtigsten Komponenten eines Motormanagementsystems (MMS) (s. auch [6, 7]).

Zur Echtzeitverarbeitung der Eingangssignale von den Motorsensoren und zur Berechnung der erforderlichen Anweisungen verfügt die ECU über einen Mikro-prozessor. Die Hardware besteht aus elektronischen Komponenten, die auf ei-nem Mikrocontroller-Chip (CPU) basieren. Zudem braucht das System zur Spei-cherung der Referenzinformationen und ECU-Software einen Speicher. Die Ein-

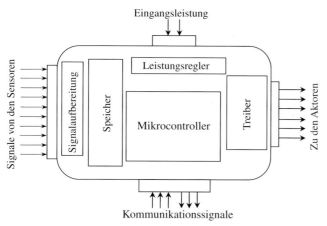

Abb. 2.76 Wichtige Teile einer elektronischen Steuereinheit (ECU, Electronic Control Unit).

gangsdaten von den Sensoren werden verarbeitet, um Störungen zu entfernen und analoge werden in digitale Signale verwandelt (falls erforderlich). Die schwachen Steuersignale der ECU müssen von Ausgangssignaltreibern verstärkt werden, damit Aktoren damit betätigt werden können. Abbildung 2.76 zeigt schematisch die wichtigsten Teile einer Engine Control Unit (ECU, Motorsteuergerät).

2.7.2
Sensoren

Ein Sensor ist eine Vorrichtung, die eine physikalische Größe misst und ein elektronisches Signal ausgibt, das proportional zur gemessenen Größe ist. Motorsensoren messen und senden verschiedene wichtige Größen an die ECU. Zu diesen Sensoren gehören Drosselklappenpositionssensor, Luftmassenstromsensor, Temperatursensor, Saugrohrdrucksensor, Kurbelwinkelsensor, Lambdasonde und Klopfsensor. Es folgt eine kurze Erläuterung dieser Sensoren (s. auch [8, 9]).

- *Drosselklappenpositionssensor*: Wie der Name vermuten lässt, liefert der Sensor der ECU die Daten zur Rotation der Drosselklappe. Der Sensor liefert Drosselklappenwinkel. Anhand der Winkeländerung kann die Absicht des Fahrers, das Fahrzeug zu beschleunigen erkannt werden. Die ECU nutzt diese Informationen, um die Kraftstoffzufuhr und die Zündung zu steuern. Drei Beispiele sind Leerlauf, starker Drosseleingangswert und Bremsen. Im Leerlauf ist die Drosselklappe eine Zeit lang geschlossen, die ECU erkennt den Leerlauf. Bei plötzlichem Beschleunigen wird das Gaspedal schnell durchgetreten. Die ECU empfängt zwei Signale: Drosselklappenwinkel und Drosselklappenwinkeländerung. Daher interpretiert sie dies als Beschleunigung und der Zündzeitpunkt wird normalerweise weiter nach früh verstellt, als bei geringem Drosseleingangswert. Bei Bremssituationen wird das Gaspedal plötzlich losgelassen. Es wird die geschlossene Drosselklappe signalisiert und die ECU gibt den Befehl zur Kraftstoffabschaltung aus.

- *Luftmassenstromsensor*: Die für eine perfekte Verbrennung benötigte Kraftstoffmenge ist proportional zur in den Motor angesaugten Luftmenge. Daher muss der Massenstrom der angesaugten Luft gemessen werden, damit der Motorbetrieb optimiert werden kann. Es gibt drei verschiedene Verfahren, die in das Ansaugrohr eintretende Luftmenge zu messen. Hitzdrahtsensoren halten durch Änderung des elektrischen Stroms die Temperatur des Hitzdrahtes konstant. Zu den übrigen Methoden gehören Stauklappe und Heißfilm.
- *Temperatursensoren*: Die optimale Zündzeitpunkt-Voreilung ist von der Saugrohrtemperatur abhängig. Der Lufttemperatursensor misst die Temperatur der Luft und die ECU ändert den Kraftstofffluss entsprechend der Temperatur der Umgebungsluft. Bei einigen Motoren werden die Informationen von Temperatursensor und Drucksensor kombiniert, um den Luftmassenstrom auf der Ansaugseite zu berechnen. Der Kühlmitteltemperatursensor übermittelt der ECU die Betriebstemperatur des Motors. Damit kann die ECU den Kraftstoffstrom entsprechend der Motortemperatur oder beim Warmlaufen des Motors anpassen und so für maximale Kraftstoffeffizienz bei normalen Betriebstemperaturen sorgen.
- *Saugrohrdrucksensor*: Der Druckabfall im Ansaugrohr ist ein Indiz für den Luftstromwert. Der Druckabfall ist bei geringeren Drosselklappenöffnungen größer. Diese Information wird von der ECU genutzt, um die Kraftstoffzufuhr und Verbrennung an verschiedene Betriebsbedingungen anzupassen. Der Saugrohr-Absolutdruck-Sensor (MAP, Manifold Absolute Pressure) (auch Vakuumsensor genannt) misst den Unterdruck im Saugrohr. Dieser Sensortyp wird bei einigen Kraftstoffeinspritzanlagen verwendet.
- *Winkel-/Drehzahlsensoren*: Diese Sensoren liefern Informationen zur Kurbelwellenposition und -drehzahl an die ECU. Auch die Nockenwellenrotation kann zur Berechnung des Zündzeitpunkts gemessen werden. Diese Information wird von der ECU zur Steuerung von Kraftstoffstrom und Zündung verwendet.
- *Lambdasonde*: In der Abgasanlage ist eine Lambdasonde verbaut, die den Sauerstoffgehalt im Abgas misst. Diese Größe wird als Rückkopplungsschleife von der ECU ausgewertet. Damit kann die Kraftstoffförderung angepasst werden und das korrekte Kraftstoff-Luft-Mischungsverhältnis eingestellt werden. Mit diesem Signal korrigiert die ECU sich ständig selbst in kleinen Schritten.
- *Klopfsensor*: Der Klopfsensor entdeckt eine „klopfende Verbrennung" und sendet der ECU ein Signal, mit dem die Zündvoreilung schrittweise zurückgenommen und das Kraftstoff-Luft-Mischungsverhältnis angereichert wird.

2.7.3
Kennfelder und Look-up-Tabellen

Bei langsamen Systemen mit wenigen Einflussgrößen kann der Mikroprozessor mit einer mathematischen Steuerfunktion die optimalen Bedingungen für die jeweiligen Eingangsdatensätze berechnen. Er generiert dann das passende Signal zum Ansteuern des Aktors. Bei komplexen, schnelllaufenden Systemen wie Ver-

brennungsmotoren funktioniert das allerdings nicht. Bei solchen Systemen benötigt die Motorsteuerung verschiedene, komplexe, nicht lineare Gleichungen mit
jeweils einer großen Zahl von Variablen.

Um dieses Problem zu lösen, werden Motorkennfelder verwendet. Diese Kennfelder bestehen aus einer Reihe vorher berechneter Ergebnisse, in denen alle
erdenklichen Betriebsbedingungen des Motors abgebildet sind. Beim Motorbetrieb empfängt die ECU Sensorsignale, berechnet die bevorzugten Ausgangswerte
und sendet diese Signale an die Treiber-Schaltkreise auf der Ausgangsseite. Zwei
grundlegende Beispiele sind die in den Abb. 2.77 und 2.78 dargestellten Kennfelder für die Zündung und Einspritzung des Motors mit ihren typischen Formen.
Das Kennfeld von Abb. 2.77 bezieht sich auf die Zündzeitpunkt-Voreilung entsprechend der Motordrehzahl und -last. Sie wird anhand der im Speicher definierten
Werte bestimmt. Das Kennfeld aus Abb. 2.78 bezieht sich auf den Einspritzzeitpunkt für dieselben beiden Parameter.

Die Erfassung dieser Motorkennfelddaten wird Mapping genannt. Dazu wird ein
vollständig instrumentierter Versuchsmotor auf einem Motorenprüfstand durch
seinen gesamten Drehzahl- und Lastbereich „gefahren". Die Einspritz- und Zün-
dungsdaten für maximale Leistung und minimale Emissionen werden bestimmt,
indem Größen wie Kraftstoff-Luft-Gemisch und Funkensteuerung auf systematische Weise variiert werden. Sobald die vorläufigen Kennfelddaten bekannt sind,
wird der Motor in ein Testfahrzeug eingebaut. Mit dem Fahrzeug werden die Kennfelddaten optimiert, um den Wirkungsgrad und die Performance für viele unterschiedliche Betriebsbedingungen zu kalibrieren.

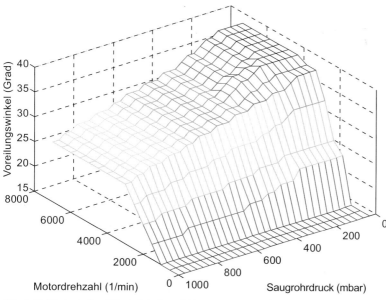

Abb. 2.77 Ein typisches Zündwinkelkennfeld.

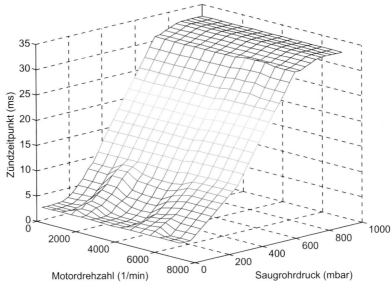

Abb. 2.78 Ein typisches Einspritzkennfeld.

Anschließend werden die Kennfelder in die Speicher geschrieben, die schließlich in die Serien-ECUs eingebaut werden. Um sehr schnelle Berechnungen zu ermöglichen, werden die Mapping-Ergebnisse in Look-up-Tabellen abgelegt. Der Mikroprozessor der ECU führt einfache Anweisungen aus, um die Ausgabebefehle auszuwerten. In modernen ECUs werden zahlreiche detaillierte Kennfelder vorgehalten. Damit ist für jede Ausgangsvariable der Zusammenhang zu verschiedenen Eingangsvariablen (Sensorausgänge) hergestellt.

2.7.4
Kalibrierung

Während der Entwicklungsphase des Motors werden die Kennfelddaten der ECU mithilfe von Motorenprüfständen unter Laborbedingungen ermittelt. In diesem Stadium werden die Zusammenhänge zwischen Eingangs- und Ausgangsgrößen in Form von typischen Funktionen bestimmt. Bei einem im Fahrzeug verbauten Motor sind die Betriebsbedingungen andere als während der Prüfstandstests. Die im Speicher der ECU abgelegten Daten müssen durch Verändern der Betriebsbedingungen, etwa der klimatischen Bedingungen oder der Höhe, angepasst werden.

Mit strengeren Emissionsgesetzgebungen und gestiegenen Kundenerwartungen an die Kraftstoffeffizienz werden die Algorithmen in der ECU zunehmend komplexer und das Software- und Datenvolumen nimmt rapide zu. Daher hat sich das Motormanagementsystem (EMS, Engine Management System) von der einfachen Kraftstoffmessvorrichtung zu einem multifunktionalen Regelsystem mit Diagnose- und Fehlermanagementfunktionen weiterentwickelt. Auch die Kalibrierungsparameter in ECUs haben sich mit zunehmender Softwarekomplexität vervielfacht.

Die Kalibrierung einer ECU erfordert multidisziplinäres Fachwissen aus den Bereichen Elektrotechnik, Elektronik, Computerwissenschaften, Maschinenbau sowie Regeltechnik und Verbrennungstheorie.

2.8
Ausgangsleistung

Ein Verbrennungsmotor ist eine Vorrichtung, die chemische Energie in mechanische Energie überführt. Bei diesem Prozess geht ein Großteil der Energie verloren. Nur ein kleiner Teil kann an der Abtriebswelle abgegriffen werden. Die chemische Energie im Kraftstoff (Brennenergie) wird bei der Verbrennung nicht vollständig freigesetzt. Auch unverbrannter Kraftstoff verlässt das System mit den Verbrennungsprodukten, die ihrerseits Energie mit abführen. Die durch Verbrennung des Kraftstoffs freigesetzte Energie wird in Wärme- und Fluidenergie und dann teilweise in mechanische Energie umgewandelt. Im Motor verbaute Komponenten, wie die Ölpumpe oder die Nockenwelle, verbrauchen einen Teil der am Abtrieb verfügbaren Leistung. Reibung zwischen Kontaktflächen erzeugt Kräfte, die der Rotation des Motors entgegenwirken. Darüber hinaus wird auch Energie für den Gaswechsel benötigt, d. h., um die Luft in den Motor hineinzusaugen und die verbrannten Gase auszustoßen. Nebenaggregate wie die Klimaanlage oder die Servopumpe der Lenkunterstützung greifen ebenfalls Leistung auf der Vorderseite des Motors ab. Die übrige am Schwungrad des Motors abgreifbare Leistung kann für die Traktionskräfte zur Fahrzeugbewegung genutzt werden. Abbildung 2.79 zeigt den Energiefluss im Motor. Typische Werte für die Energiebilanzen finden Sie in [10].

Die in einen Motor induzierte Energie variiert mit der Menge an Kraftstoff-Luft-Gemisch in der Brennkammer des Motors. Sie wird bei Ottomotoren durch Dros-

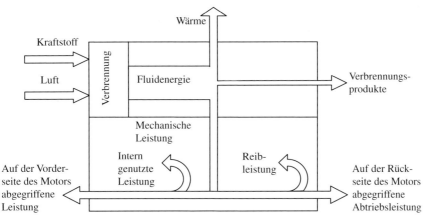

Abb. 2.79 Leistungsfluss im Motor.

selung und bei Dieselmotoren durch die Kraftstoffeinspritzung gesteuert. Auch die atmosphärischen Bedingungen haben bedeutenden Einfluss auf die angesaugte Luftmasse und die aus dem Kraftstoff freigesetzte Energie.

Üblicherweise wird mit nur drei Leistungsbezeichnungen zu gearbeitet: indizierte Leistung P_i, Bremsleistung P_b und Reibleistung P_F. Die indizierte Leistung ist die gesamte vom Motor erzeugte mechanische Leistung. Sie kann mit Gleichung 2.133 (s. Abschn. 2.2.4) bestimmt werden:

$$P_i = \eta_v \eta_T \eta_c \frac{\rho_a V_d Q_{HV}}{120 A F} n \tag{2.133}$$

Die gesamte indizierte Leistung wird in zwei Teile unterteilt: nutzbare mechanische Leistung an der Abtriebswelle (Bremsleistung) und die Reibleistung (Verlustleistung):

$$P_i = P_b + P_F \tag{2.134}$$

Bei dieser Definition ist in der Reibleistung jede negative Leistung, also auch die Pumpleistung und intern verbrauchte Leistung, enthalten.

2.8.1
Mechanischer Wirkungsgrad des Motors

Mechanische Verluste in einem Motor werden durch die Reibleistung eines Motors beschrieben und haben verschiedene Ursachen:

- Pumpverluste sind die Verluste, die für Gaswechselvorgänge benötigt werden, d. h. die Energie, die verbraucht wird, um Frisch- und Abgase in bzw. aus den Zylindern zu pumpen;
- Reibungsverluste entstehen durch Reibung von Kolbenhemd, Kolbenringen sowie Reibung der Lager und Ventile;
- Leistungsverluste der Ölpumpe für die Schmierung des Motors;
- Leistungsverluste durch die Ventilsteuerung.

Der Quotient aus Bremsleistung oder mechanischer Nutzleistung und gesamter indizierter Leistung wird mechanischer Wirkungsgrad η_m genannt:

$$\eta_m = \frac{P_b}{P_i} = 1 - \frac{P_F}{P_i} \tag{2.135}$$

Die Reibleistung kann in drei Hauptteile unterteilt werden: Reibleistung durch Reibkräfte zwischen bewegten Teilen (Zylinder-Kolben, Lager, Ventile), intern verbrauchte Leistung (Ölpumpe, Nockenwelle etc.) sowie die durch Gaswechsel verbrauchte Leistung. Die ersten beiden sind von der Drehzahl und die dritte vom Drosselwert (Last) abhängig. Die indizierte Leistung ist auch sowohl vom Drosselwert (Füllungsgrad) als auch von der Drehzahl (Gleichung 2.133) abhängig. Daher ist der mechanische Wirkungsgrad ebenfalls von der Drosselposition und der Motordrehzahl abhängig.

2.8.2
Antriebe von Nebenaggregaten

Die zur Beschleunigung des Fahrzeugs benötigte mechanische Leistung des Verbrennungsmotors muss an der Kurbelwelle bzw. am Schwungrad anliegen. Die Nettoausgangsleistung des Motors liegt aber nicht zu 100 % an der Abtriebswelle an, da diverse Nebenaggregate Leistung an der Kurbelwelle abgreifen. Die wichtigsten Nebenaggregate sind Wechselstromgenerator (Drehstromgenerator), Klimaanlagenkompressor und die Pumpe der Servolenkung. Sie sind üblicherweise (zahn-/multi-V-)riemenbetrieben. Auch die Wasserpumpe wird normalerweise von einem Nebenaggregateriemen angetrieben. In Automobilen ist dieser Aggregatetrieb typischerweise auf der Vorderseite des Motors montiert. Daher nennt man ihn im Englischen auch „Front Engine Accessory Drive" oder FEAD. Ein typischer Aggregatetrieb ist in Abb. 2.80 dargestellt.

Da jedes Aggregat Motorleistung abgreift, reduziert sich die für die Bewegung des Fahrzeugs verfügbare Nettoleistung. Abbildung 2.81 zeigt typische Drehmoment- und Leistungsbedarfe verschiedener Aggregate.

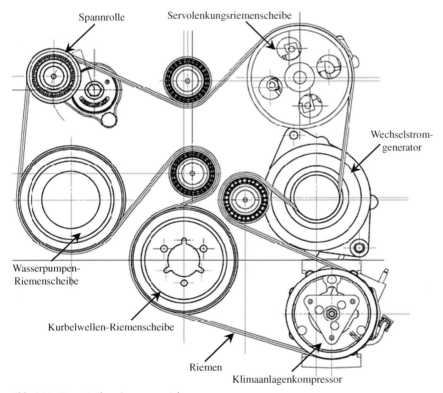

Abb. 2.80 Ein typisches Aggregatetriebsystem.

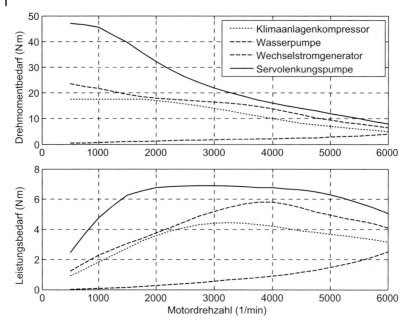

Abb. 2.81 Typische Nebenaggregatlasten.

2.8.3
Auswirkung durch Umgebungsbedingungen

Die Motorleistung ist hochgradig von den Umgebungsbedingungen abhängig, insbesondere von Luftdruck und Lufttemperatur. Diese atmosphärischen Wirkungen können unter zwei unterschiedlichen Blickwinkeln betrachtet werden. Einerseits geht es um die Performance-Unterschiede verschiedener Motoren unter ähnlichen Betriebsbedingungen. Mit anderen Worten, es werden verschiedene Motorkonstruktionen bezüglich ihrer Gesamt-Performance unter ähnlichen Betriebsbedingungen verglichen. Andererseits geht es um den Vergleich der Performance eines bestimmten Motors unter unterschiedlichen klimatischen Bedingungen. Exemplarisch sind die Leistungsschwankungen eines bestimmten Fahrzeugs zu unterschiedlichen Jahreszeiten und in unterschiedlichen geografischen Regionen. Um eine genauere Vergleichsgrundlage der Performance verschiedener Motoren zu haben, müssen Tests unter standardisierten Prüfbedingungen durchgeführt werden. Tests von Motoren, die unter Standardumgebungsbedingungen durchgeführt werden, sind vergleichbar. Ansonsten zeigt ein Motor abweichendes Leistungsverhalten unter verschiedenen atmosphärischen Bedingungen.

Für beide Blickwinkel hat sich die Einführung von Korrekturfaktoren bewährt. Zunächst einmal werden die Vergleiche durch Korrekturfaktoren verlässlicher. Korrekturfaktoren geben zudem auch Hinweise darauf, wie unterschiedlich die Performance eines Motors unter Bedingungen ist, die von den Standardbedingungen abweichen.

2.8.3.1 Atmosphärische Eigenschaften

Die atmosphärischen Eigenschaften der Luft sind temperatur-, druck- und feuchtigkeitsabhängig. Die atmosphärischen Lufteigenschaften ändern sich nicht nur mit der Jahreszeit, sondern auch mit der Höhe. Grundlegende Beziehungen zur Bestimmung der Lufteigenschaften können durch Verwendung der idealen Gasgesetze beschrieben werden. Typische Gleichungen sind [11]:

$$\frac{T}{T_0} = \left(1 - 9{,}21 \times 10^{-5}\, H\right)^{0{,}286} \tag{2.136}$$

$$\frac{p}{p_0} = 1 - 9{,}21 \times 10^{-5}\, H \tag{2.137}$$

$$\frac{\rho}{\rho_0} = \left(1 - 9{,}21 \times 10^{-5}\, H\right)^{0{,}714} \tag{2.138}$$

In den oben stehenden Gleichungen sind T die Temperatur (in K), p der Druck (in kPa), ρ die Luftdichte (in kg/m^3) sowie die Höhe H (in m) über NN angegeben. Die tiefgestellte $_0$ bedeutet Meereshöhe ($H = 0\,$m). Die Standardwerte oder Bezugswerte für die drei Parameter sind unterschiedlich definiert. Ein Bezugspunkt wird mit $T_0 = 25\,°$C und $P_0 = 100\,$kPa angegeben. Die Variationen der drei Parameter bei Höhen bis 3000 m sind in Abb. 2.82 dargestellt.

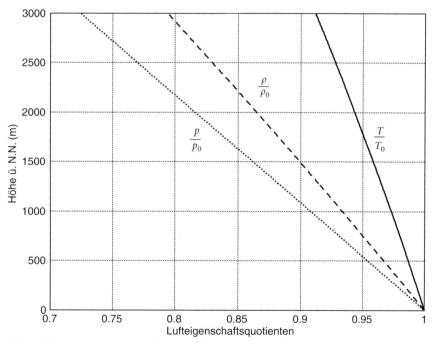

Abb. 2.82 Änderung der Standardlufteigenschaften mit der Höhe.

2.8.3.2 **Normen für die Motorenprüfung**

Motorenhersteller führen genormte Motorenprüfungen für die Typgenehmigung oder Conformity of Production (COP) durch. Bei der Typgenehmigung wird bestätigt, dass die Produktionsmuster einer Konstruktion die angegebenen Performance-Standards erfüllen. Conformity of Production (COP) ist ein Mittel zum Nachweis der Fähigkeit zur Serienfertigung von Produkten, die exakt die Anforderungen hinsichtlich Spezifikationen, Performance und Kennzeichnung erfüllen, die in der Dokumentation zur Typgenehmigung aufgeführt sind. Die Standardbedingungen werden von den Normungsorganisationen definiert, etwa ISO, SAE, JIS, DIN und andere. Typische Standardumgebungsluftbedingungen für Motorenprüfungen sind in Tab. 2.15 wiedergegeben. Die exakte Einhaltung der Standardbedingungen bei der Motorenprüfung ist schwierig und kostspielig. Es kann sein, dass nur die Ansauglufttemperatur oder zugleich die Luftfeuchte und der Druck kontrolliert (eingehalten) werden müssen. Wenn es zu Abweichungen von den Standardbedingungen innerhalb eines von der Norm begrenzten Toleranzbereichs kommt, müssen Korrekturen zur Anpassung der gemessenen Leistungswerte vorgenommen werden. Die Anwendung derartiger Korrekturfaktoren auf die in Motorenprüfständen gemessenen Leistungen schafft eine Referenzmotorleistung, die mit anderen Standardwerten vergleichbar ist.

Die Prüfverfahren für die Ermittlung und Korrektur der Motorleistungen werden von den verschiedenen Normungsorganisationen genau festgelegt. Die Prüfungen müssen in Übereinstimmung mit den in der jeweiligen Norm festgelegten Richtlinien stattfinden. In den Prüfverfahren ist auch festgelegt, welche Aggregate am Motor montiert und welche entfernt sein müssen. Zudem werden die Einstellungsbedingungen für den Motor und die Prüfungen, die Kraftstoffspezifikationen, die Kühlung des Motors sowie die Toleranzen die atmosphärischen Referenzbedingungen festgelegt. Nach den unterschiedlichen Normen besitzt die Korrekturformel für die Motorleistung folgende Grundform:

$$P_S = C_F P_m \qquad (2.139)$$

In der Gleichung ist P_S die korrigierte Motorleistung für Standardumgebungsluftbedingungen und P_m das Prüfergebnis unter Laborbedingungen vor der Korrektur. C_F ist der Korrekturfaktor für die Leistung, der für Ottomotoren in der folgenden allgemeinen Form geschrieben werden kann:

$$C_F = \left(\frac{99}{p_m}\right)^\alpha \left(\frac{T_m}{298}\right)^\beta \qquad (2.140)$$

Tab. 2.15 Standard- oder Referenzumgebungsluftbedingungen für Motorenprüfungen.

Element	SAE	ISO	EEC	DIN
Druck der Luftversorgung (trocken)	99 kPa	99 kPa	990 mbar	993 mbar
Temperatur der Luftversorgung (K)	298	298	298	293

Tab. 2.16 Koeffizienten für Korrekturfaktoren.

Koeffizient	SAE	ISO	EEC
α	1	1,2	1
β	0,5	0,6	0,5

wobei T_m (in K) die Standardlufttemperatur und p_m (in kPa) der Luftdruck der trockenen Luft unter den tatsächlichen Prüfbedingungen ist. Die Werte 99 und 298 sind die Standardwerte für den Druck und die Temperatur und können je nach Norm unterschiedlich sein (s. Tab. 2.15). Die Exponenten α und β sind zwei Konstanten, die von den Normungsgremien (Tab. 2.16 zeigt die verschiedenen Werte der jeweiligen Normen) definiert werden.

Die in den Korrekturgleichungen verwendeten Leistungsdefinitionen sind auch je nach Norm unterschiedlich, einige verwenden die Bremsleistung und wieder andere indizierte Leistung. Theoretisch gesagt basiert die allgemeine Form des Korrekturfaktors C_F (aus Gleichung 2.139) auf dem eindimensionalen, gleichförmig kompressiblen Luftstrom durch eine Verengung. Aus diesem Grund sollte sie auf die indizierte Leistung eines Motors angewendet werden. Dennoch können die Werte für α und β verwendet werden, um die Formel auf verschiedene Weise anzupassen.

Die Gesamtbremsleistung P_b des Motors wird durch Subtraktion der Reibleistung P_F von der indizierten Leistung P_i (Gleichung 2.135) berechnet:

$$P_b = P_i - P_F \tag{2.141}$$

Unter der Annahme, dass Gleichung 2.139 für indizierte Leistungen gilt, und durch Ersetzen von Gleichung 2.141 erhalten wir:

$$P_{Sb} = C_F P_{mb} + (C_F - 1) P_F \tag{2.142}$$

wobei das tiefgestellte *Sb* die korrigierte Standardleistung und *mb* die gemessene Bremsleistung bezeichnen. Es wird angenommen, dass die Reibleistung des Motors unabhängig von geringen klimatischen Unterschieden ist (diese sind auch während des Tests in Bezug auf die Referenzwerte vorhanden). Es wird auch angenommen, dass die Reibleistung unter Prüf- und Standardbedingungen gleich ist. Wenn k_p als Quotient aus Reibleistung und Bremsleistung definiert ist, dann gilt:

$$k_p = \frac{P_F}{P_{mb}} \tag{2.143}$$

Nun kann Gleichung 2.142 in die folgende Form gebracht werden:

$$\frac{P_{Sb}}{P_{mb}} = \left(1 + k_p\right) C_F - k_p = C_{Fb} \tag{2.144}$$

Dies ist eine alternative Form für das Korrigieren der gemessenen Leistung. Diesmal wird die Bremsleistung durch Berechnung und Anwendung des Korrekturfaktors C_{Fb} direkt korrigiert. Bei dieser Form der Korrektur wird angenommen, dass die Reibleistung bei der Motorenprüfung ebenfalls gemessen wird. Wenn die Reibleistung des Motors nicht gemessen wird, lautet die Korrekturformel unter der Annahme, dass der mechanische Wirkungsgrad für den Motor 85 % beträgt [12]:

$$C_{Fb} = 1{,}177\,C_F - 0{,}177 \tag{2.145}$$

Der in den Berechnungen verwendete Luftdruck der trockenen Luft p_m ist der atmosphärische Gesamtdruck p_b abzüglich des Wasserdampfdrucks p_v:

$$p_m = p_b - p_v = p_b - \Phi\,p_{vs} \tag{2.146}$$

wobei Φ die Feuchte und p_{vs} der Sättigungsdampfdruck sind. Φ wird in Prozent angegeben und p_{vs} kann mit der folgenden Näherungsgleichung (in mbar) berechnet werden:

$$p_{vs} = 6{,}11 \times 10^m \tag{2.147}$$

wobei mit T in K gilt:

$$m = \frac{7{,}5\,T - 2049}{T - 35{,}85} \tag{2.148}$$

und mit T in °C gilt:

$$m = \frac{7{,}5\,T}{T + 237{,}3} \tag{2.149}$$

Die verschiedenen Normen schlagen abweichende Korrekturformeln für Dieselmotoren vor. Die EEC-Formel für Saugdiesel ist ähnlich Gleichung 2.140 für Ottomotoren, wobei $\beta = 0{,}7$ ist. Die SAE führt auch einen Motorfaktor ein, der die Korrekturformel abweichend und zudem komplizierter macht. Es ist festzuhalten, dass die Korrekturformeln nur verwendet werden können, wenn der aus der Berechnung resultierende Korrekturfaktor sehr nahe eins ist, mit einer von der Norm vorgegebenen Toleranz (typischerweise $\pm 5\,\%$). Mit anderen Worten, wenn der für eine Motorenprüfung berechnete Korrekturfaktor außerhalb der zulässigen Grenzen liegt, ist der Test ungültig und muss wiederholt werden.

Übung 2.19

Ein Ottomotor wurde auf einem Prüfstand getestet. Bei 2500/min wurde im stationären Zustand ein Abtriebsmoment von 140 Nm gemessen. Die Prüfung wurde unter den in Tab. 2.17 angegebenen Bedingungen durchgeführt. Bestimmen Sie die Standardbremsleistung des Motors bei 2500/min.

a) Vergleichen Sie die Ergebnisse aus den Gleichungen 2.140 und 2.144 für $\alpha = 1$ und $\beta = 0{,}5$.

b) Vergleichen Sie die vorherigen Ergebnisse mit den Ergebnissen bei $\alpha = 1{,}2$ und $\beta = 0{,}6$.

Tab. 2.17 Testbedingungen von Übung 2.19.

1	Ansauglufttemperatur	30 °C
2	Raumdruck	740 mmHg
3	relative Feuchte	60 %

Lösung:

Der Umrechnungsfaktor von mmHg zu kPa beträgt 133,32. Somit beträgt der Raumdruck $740 \times 133{,}32 = 98\,657$ Pa bzw. 98,657 kPa. Der Sättigungsdampfdruck p_{vs} kann mit Gleichung 2.146 bestimmt werden. Das Ergebnis ist 42,33 mbar. Der Luftdruck der trockenen Luft beträgt:

$$p_m = p_b - \Phi\, p_{vs} = 98{,}657 - 60 \times 42{,}33/1000 = 96{,}119 \text{ kPa}$$

Die gemessene Leistung beträgt:

$$P_{mb} = 140 \times 2500 \times \pi/30 = 36\,652 \text{ W } (49{,}131 \text{ PS})$$

a) Aus Gleichung (2.140) ergibt sich:

$$C_F = \left(\frac{99}{96{,}119}\right)\left(\frac{30 + 273{,}16}{298}\right)^{0{,}5} = 1{,}0389$$

Die korrigierte Standardleistung ist daher:

$$P_S = 1{,}0389 \times 36\,652 = 38\,078 \text{ W } (51{,}77 \text{ PS})$$

und aus Gleichung 2.144 ergibt sich:

$$C_{Fb} = 1{,}177 \times 1{,}0389 - 0{,}177 = 1{,}0458$$

und die korrigierte Standardleistung ist:

$$P_{Sb} = 1{,}0458 \times 36\,652 = 38\,331 \text{ W } (52{,}12 \text{ PS})$$

Die Differenz zwischen beiden Ergebnissen beträgt 254 W, wobei dies 0,67 % der Leistung entspricht.

b) Der Korrekturfaktor aus Gleichung 2.140 für $\alpha = 1{,}2$ und $\beta = 0{,}6$ beträgt:

$$C_F = \left(\frac{99}{96{,}119}\right)^{1{,}2}\left(\frac{30 + 273{,}16}{298}\right)^{0{,}6} = 1{,}0468$$

Die korrigierte Standardleistung ist in diesem Fall:

$$P_S = 1{,}0468 \times 36\,652 = 38\,367 \text{ W } (52{,}17 \text{ PS})$$

Die größte Differenz zwischen den Ergebnissen beträgt 291 W (0,4 PS) und die kleinste 37 W (0,05 PS). Daher sind die nach den Formeln der SAE und ISO berechneten Ergebnisse nahezu identisch, obwohl die Formeln offensichtlich unterschiedlich sind.

2.8.3.3 **Motorleistung unter realen Bedingungen**

Normalerweise werden die von den Herstellern bereitgestellten Nennleistungen von Motoren als korrigierte Standardbremsleistung angegeben. Die Werte werden mit den genormten Dynamometerprüfungen ermittelt. Die tatsächliche Leistung weicht von der Nennleistung ab. Die Ansaugluftdichte ist eine Funktion der Umgebungstemperatur und des Umgebungsdrucks. Die Luftdichte schwankt je nach Außentemperatur und der Höhe über dem Meeresspiegel. Dies beeinflusst die Motorleistung. Wenn also die Ergebnisse der Motorentests für die Standardbedingung bekannt sind, müssen Korrekturen mit den Motordaten für die Fahrzeug-Performance-Analysen unter normalen Bedingungen vorgenommen werden. Diese Korrekturen sind nicht mit den zuvor erläuterten Korrekturfaktoren für die Motorenprüfung identisch, denn diese Faktoren sind für geringe Abweichungen bei Standardprüfbedingungen gedacht. Bei realen Fahrbedingungen können die klimatischen Bedingungen extrem von den Bedingungen der Standardtests abweichen.

Infolge der analytischen Komplexität der Zusammenhänge zwischen Motorleistung und Umgebungsbedingungen konnte noch kein genaues Modell für diesen Zweck entwickelt werden. Allerdings wurden aus den vereinfachten Modellen für den eindimensionalen, gleichförmig kompressiblen Luftstrom durch eine Verengung Gleichungen für den Luftmassenstrom abgeleitet. Derartige Gleichungen basieren auch auf der Annahme, dass Luft ein ideales Gas mit konstanten Eigenschaften ist. Unter der Annahme, dass der Luftmassenstrom nahezu proportional zur indizierten Leistung ist, dann erhalten wir damit für den Luftmassenstrom des Motors bei Vollgas einen Korrekturfaktor für die indizierte Leistung P_i der folgenden Form [2]:

$$P_S = C_F P_i - P_F \tag{2.150}$$

wobei P_S die Standardbremsleistung, P_F die Reibleistung (vorausgesetzt, diese ist unabhängig von den Änderungen der Umgebungsbedingungen). Der Korrekturfaktor C_F ergibt sich wie folgt:

$$C_F = \left(\frac{p_s}{p_m} \right) \left(\frac{T_m}{T_s} \right)^{\frac{1}{2}} \tag{2.151}$$

wobei s für Standardwert und m für Messwert stehen. Es bleibt festzuhalten, dass die Drücke in der oben stehenden Gleichung für trockene Luft (absoluter Luftdruck p_b abzüglich Wasserdampfdruck p_v) gelten und die Temperaturen in Grad Kelvin angegeben sind.

Gleichung 2.149 kann in eine sinnvollere Form gebracht und wie folgt ausgedrückt werden:

$$\frac{P_b}{P_{Sb}} = \frac{1 + k_p (C_F - 1)}{C_F} \tag{2.152}$$

wobei P_b die tatsächliche und P_{Sb} die Bremsleistung des Motors sind und k_p der Quotient von Reibleistung zu Bremsleistung ist. Der Ausdruck $k_p (C_F - 1)$ ist normalerweise sehr klein im Vergleich zu eins und kann ignoriert werden. Die vereinfachte Form der Gleichung 2.151 lautet wie folgt:

$$\frac{P_b}{P_{Sb}} = \left(\frac{p_m}{p_s}\right)\left(\frac{T_s}{T_m}\right)^{\frac{1}{2}} \tag{2.153}$$

Beachten Sie, dass die Temperaturwerte in K anzugeben sind und die Druckwerte für trockene Luft (damit ist der Wasserdampfdruck sehr gering) gelten. Gleichung 2.152 zeigt, dass ein Druckabfall die Motorleistung verringert und dass in die Zylinder eintretende überhitzte Luft die gleiche Wirkung hat wie ein Abfall des Luftdrucks. Genauso bewirken schwankende Temperaturen über Tag/Nacht bzw. über die Jahreszeiten für eine gegebene Höhe Schwankungen der Motorleistung. Bei einer gegebenen Temperatur reduziert eine Zunahme der Höhe den Luftdruck und folglich auch die Motorleistung.

Übung 2.20

Um die Auswirkungen von Höhe und Temperatur auf die Motorleistung in der Praxis zu bestimmen, gibt es eine Reihe von Faustregeln. Zwei Beispiele:

a) 300 Höhenmeter (1000 Fuß) bewirken 2,5 % Motorleistungsverlust.
b) 10 °F Temperaturanstieg über die „Normaltemperatur" von 70 °F bewirken 1 % Motorleistungsverlust.

Vergleichen Sie diese Faustregeln mit den Regeln, die in diesem Abschnitt erörtert wurden, und finden Sie heraus, wie genau sie sind.

c) Erstellen Sie eine ähnliche Faustregel für die Verringerung der Motorleistung mit der Höhe und Temperatur mit den SI-Einheiten.

Lösung:

a) Mit den bereits verwendeten atmosphärischen Eigenschaften (Gleichung 2.136–2.138) erhalten Sie die Temperatur- und Druckabweichung mit der Höhe. Anschließend ergibt Gleichung 2.152 den Leistungsabfall des Motors bei dieser Höhe. Das MATLAB-Programm in Abb. 2.83 kann diesen Prozess für verschiedene Höhen vereinfachen. Das Ergebnis ist in Abb. 2.84 abgebildet. Man sieht, dass die einfache Faustregel sehr genau ist. Beachten Sie, dass die verwendete Bezugstemperatur 21 °C (70 °F) für Meereshöhe gilt.

b) Vorausgesetzt, dass der Atmosphärendruck auf Meereshöhe keinerlei Änderung aufgrund von Temperaturänderungen ausgesetzt ist, vereinfacht sich die Gleichung für das Leistungsverhältnis zur reinen Gleichung für das Temperaturverhältnis. Eine einfache Schleife, in der die Temperatur variiert, ergibt das in Abb. 2.85 abgebildete Ergebnis. Die Verringerung der Leistung pro 5 °C (10 °F) Temperaturzunahme der Ansaugluft liegt knapp unter 1 %.

c) Aus den Ergebnissen, die wir in (a) und (b) erhalten haben, können ähnliche Faustregeln für SI-Einheiten aufgestellt werden:

- pro 500 m Höhenzunahme sinkt die Motorleistung um rund 4 %,
- pro 10 °C Temperaturanstieg über die „Normaltemperatur" von 20 °C verringert sich die Motorleistung um 1,5 %.

```
% Übung 2.20 - Teil (a)
close all, clear all

% Atmosphärische Referenzbedingungen

t0=21;      % Referenztemperatur (Grad Celsius)
T0=273.16+t0;
P0=1.0133;  % Referenzdruck (bar)

% Variation von Temperatur und Druck mit der Höhe
for i=1: 300
   H=10*i;   h(i)=H;
   slope=1-92.1e-6*H;
   Tm(i)=T0*slope^0.286;      % Lokale Temperatur
   Pm(i)=P0*slope;            % Lokaler Luftdruck
   Cf(i)=(slope)*(T0/Tm(i))^0.5; % Leistungsverhältnis
   pl(i)=100-Cf(i)*100;       % Leistungsverlust (%)
end
plot(pl, h*3.2808)
grid
xlabel('Leistungsverlust (%)')
ylabel('Höhe (ft)')
```

Abb. 2.83 MATLAB-Programm-Listing für Übung 2.20.

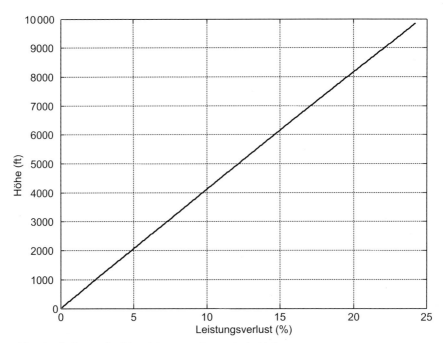

Abb. 2.84 Änderung des Motorleistungsverlusts mit der Höhe.

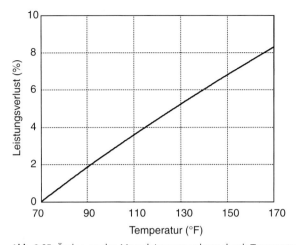

Abb. 2.85 Änderung des Motorleistungsverlusts durch Temperaturerhöhung.

Übung 2.21

In einem Fahrzeug ist ein Verbrennungsmotor mit 120 PS Nennleistung eingebaut. Wie hoch ist die tatsächliche Motorleistung in einer Stadt in den Bergen auf 1000 m über Meereshöhe im Sommer bei 40 °C und im Winter bei 0 °C?

Lösung:

Die Druckänderung wird mit Gleichung 2.137 bestimmt. Ignoriert man die Abweichungen der Basisbedingungen von den Standardwerten, so ergibt sich für die vorgegebene Höhe:

$$p = 1 - 9{,}21 \times 10^{-5} \times 1000 = 0{,}9079 \, \text{bar}$$

Bei 40 °C ist die Leistung also:

$$P = \left(\frac{0{,}9079}{1}\right)\left(\frac{298}{273 + 40}\right)^{\frac{1}{2}} \times 120 = 106{,}3 \, \text{PS}$$

Analog ergibt sich für 0 °C eine Leistung von 113,8 PS.

2.9
Fazit

Der Leistungsentstehungsprozess in einer Verbrennungskraftmaschine beinhaltet den Massenstrom der Arbeitsmedien durch den Verbrennungsmotor sowie die zugehörigen Verbrennungsprozesse und thermodynamischen Prozesse. Um das Motorverhalten unter zahlreichen Betriebsbedingungen zu kennen, ist profundes Fachwissen aus verschiedenen natur- bzw. ingenieurwissenschaftlichen Bereichen erforderlich. Unter anderen der Chemie der Kraftstoffe und der chemischen Reaktionsvorgänge, der Physik, Thermodynamik, Strömungsdynamik und Maschinendynamik. Moderne Verbrennungsmotoren werden von elektronischen Managementsystemen gesteuert, die sehr weitreichenden Einfluss auf das Gesamtverhalten des Motors haben. Damit wird das Verständnis noch weiter erschwert.

Ziel dieses Kapitels war es, die Studierenden mit den Prinzipien der Leistungserzeugung in Verbrennungskraftmaschinen vertraut zu machen. Dazu wurden die Funktionsprinzipien eines Verbrennungsmotors vereinfacht dargestellt und in handhabbaren Abschnitten erläutert. Die in diesem Kapitel behandelten Themen müssen im Kontext gesehen werden. So betrachten wir im Abschn. 2.2 und insbesondere in 2.2.2 und 2.2.3 lediglich die Grundregeln der Theorie des Verbrennungsmotors. Dies darf nicht mit Konstruktionsmethoden für reale Motoren verwechselt werden, da die Ergebnisse völlig andere wären. Auch die in den Abschn. 2.3 und 2.4 vorgestellten Drehmomentberechnungen sind nur dann korrekt, wenn die Eingangsgrößen, insbesondere Druckverteilung über Kurbelwinkel, genau sind.

Die neue, in Abschn. 2.6 vorgestellte MT-Formel ist sehr hilfreich für Antriebsstranganalysen, da sie kontinuierliche Ausgangswerte für alle Betriebsbedingungen ausgibt. Daher ist eine mathematische Darstellung einer Motorkennlinie bei der Berechnung der Gesamt-Performance eines Fahrzeugs sinnvoll. Abschnitt 2.8 ist insofern sehr wichtig, als hier herausgearbeitet wird, dass die Ergebnisse von Motorenprüfstandstests korrigiert werden müssen. Bevor man Prüfstandsergebnisse bei Antriebsstranganalysen einsetzen kann, müssen sie um den Leistungsverbrauch der Nebenaggregate und die wetterbedingten Einflüsse auf die Motorleistung bereinigt werden.

2.10
Wiederholungsfragen

2.1   Erläutern Sie die wichtigsten Unterschiede zwischen Viertakt- und Zweitaktmotoren bezüglich der einzelnen Takte, der Konstruktion und Leistungsabgabe.

2.2   Die in Tab. 2.1 angegebenen Ventilöffnungswinkel sind theoretische Werte. In der Praxis verwendet man abweichende Werte. Beschreiben Sie, warum.

2.3   Worin besteht der Hauptunterschied zwischen Saugrohreinspritz- und Mehrpunkteinspritzsystemen bei Ottomotoren?

2.4   Beschreiben Sie die Funktionsweise und die wichtigsten Vorteile von Benzin-Direkteinspritzsystemen.

2.5   Erläutern Sie, warum Selbstzündermotoren höher verdichtet sind.

2.6   Vergleichen Sie die theoretischen thermischen Wirkungsgrade von Fremdzündungs- und Selbstzündungsmotoren.

2.7   Welcher der idealisierten Kreisprozesse beschreibt den Kreisprozess eines realen Verbrennungsmotors genauer, der idealisierte Kreisprozess des Ottomotors oder der des Dieselmotors?

2.8   Beschreiben Sie, welchen Einfluss der Füllungsgrad auf Abtriebsleistung und -drehmoment des Motors hat.

2.9 Erläutern Sie das Konzept des dynamischen Äquivalents des Pleuels und inwieweit es die Modellierung des Motors vereinfacht.

2.10 Beschreiben Sie, wie das Schwungrad die Schwankungen der Motordrehzahl verringert.

2.11 Mit welcher Vorgehensweise kann das Schwungrad dimensioniert werden?

2.12 Beschreiben Sie die Elastizitätseigenschaften eines Motors.

2.13 Benennen Sie die Sensoren für die Motorsteuerung und erläutern Sie ihre Funktionen.

2.14 Erläutern Sie, wieso eine ECU kalibriert werden muss.

2.15 Beschreiben Sie den Prozess, mit dem die Motorleistung für unterschiedliche Umgebungsbedingungen korrigiert wird.

2.11
Aufgaben

Aufgabe 2.1
Nutzen Sie das MATLAB-Programm von Übung 2.7, um die Auswirkungen von veränderten Motorparametern auf die Drehmomententfaltung zu untersuchen:

a) Bestimmen Sie die Wirkung einer um 10 % verringerten Kolben- und Pleuelmasse auf das Motordrehmoment.

b) Bestimmen Sie die Wirkung eines um 10 % verkürzten Pleuels.

c) Bestimmen Sie die Wirkung einer um 10 % verringerten Pleuelträgheit.

Aufgabe 2.2
Verwenden Sie die Daten aus Aufgabe 2.1, um die Auswirkungen von veränderten Motorparametern auf die Lagerbeanspruchungen zu untersuchen.

Aufgabe 2.3
Leiten Sie die Ausdrücke für die Lagerkräfte A und B in Kolbenbolzen und Kurbelzapfen des vereinfachten Modells mit den in Abb. 2.32 dargestellten Richtungen her.
Ergebnisse:

$$A_x = -A_y \tan\beta, \quad A_y = -F_P - (m_P + m_A)\, a_P,$$
$$B_x = -A_x \quad \text{und} \quad B_y = -A_y\,.$$

Aufgabe 2.4
Vergleichen Sie für den Motor aus Übung 2.7 die resultierenden Kräfte an Kolbenbolzen und Kurbelzapfen für das exakte und das vereinfachte Modell, jeweils für 3000/min.
Hinweis: Um die Kolbenbolzenkräfte des exakten Modells zu bestimmen, verwenden Sie die Gleichungen 2.80, 2.81, 2.84 und 2.85.

Aufgabe 2.5

Zeigen Sie, dass der Mittelwert des Ausdrucks $T_e - F_W h$ für das exakte Modell über einen vollständigen Zyklus null ist.

Aufgabe 2.6

Stellen Sie die Zündfolge eines Dreizylinder-Reihenmotors mit den Kurbelwellen-kröpfungen 0-120-240° tabellarisch dar.

Aufgabe 2.7

Stellen Sie die Zündfolge eines Vierzylinder-V-Motors mit den Kurbelwellenkröp-fungen 0-0-60-60° tabellarisch dar.

Aufgabe 2.8

Stellen Sie die Zündfolge eines Sechszylinder-Reihenmotors mit den Kurbelwel-lenkröpfungen 0-240-120-0-240-120° tabellarisch dar.

Aufgabe 2.9

Bei einem Vierzylinder-Reihenmotor ist die Zündfolge 1–4–3–2:

a) Stellen Sie die Zündfolge tabellarisch dar.
b) Bestimmen Sie Kurbelwinkel und Statuswinkel für jeden Zylinder.

Aufgabe 2.10

Vergleichen Sie anhand der Daten aus Übung 2.14 die Drehmomentabgabe eines Reihenvierzylinder-Viertaktmotors für die Zündfolgen 1–3–4–2 und 1–2–4–3.

Aufgabe 2.11

Verwenden Sie die Daten aus Übung 2.14 zum Plotten der Drehmomentschwan-kung des Dreizylindermotors aus Aufgabe 2.6, und berechnen Sie die Trägheit des Schwungrades.

Aufgabe 2.12

Vergleichen Sie die Variation des Drehmoments des Vierzylinder-V-Motors aus Aufgabe 2.7 mit dem des Reihenmotors. Verwenden Sie die Daten aus Übung 2.7.

Aufgabe 2.13

Plotten Sie die Variationen der Motorleistungsverluste bei Höhen- und Tempera-turänderung für Übung 2.20 in SI-Einheiten.

Aufgabe 2.14

In Abb. 2.86 ist die Variation des Gasdrucks eines Einzylinder-Viertaktmotors für zwei komplette Kurbelwellenumdrehungen und eine Drehzahl von 2000/min in vereinfachter Form wiedergegeben. Die übrigen Parameter für den Motor sind in Tab. 2.18 aufgeführt.

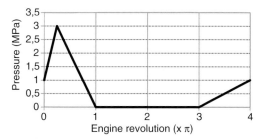

Abb. 2.86 Zylinderdruck.

Tab. 2.18 Motorparameter.

Parameter	Wert
Zylinderdurchmesser	10 cm
Kurbelradius	10 cm
Pleuelstange-Mitte bis Mitte	25 cm
Pleuel Massenmittelpunkt bis Kurbelachse	7 cm
Pleuelmasse	1,0 kg
Kolbenmasse	1,0 kg

Verwenden Sie das vereinfachte Motormodell.

a) Bestimmen Sie die Äquivalenzmasse m_A für die Pleuelstange.
b) Berechnen Sie die Trägheitskraft F_{IP} als Funktion von Kurbelwinkel und Motordrehzahl.
c) Schreiben Sie eine Gleichung für die gesamte vertikal in Punkt A wirkende Kraft F_{BY}.
d) Plotten Sie die Variation von F_{BY} und F_W über dem Kurbelwinkel.
e) Plotten Sie die Variation des Drehmoments über dem Kurbelwinkel.
f) Bestimmen Sie das mittlere Motordrehmoment und vergleichen Sie es mit dem quasistatischen Drehmoment, das aus dem Mitteldruck während der Verbrennungsphase resultiert.
g) Bestimmten Sie den effektiven Mitteldruck für den Motor.

Aufgabe 2.15

Die Drehmoment-Winkel-Beziehung für einen Vierzylindermotor hat bei Leerlaufdrehzahl (also 1000/min) folgende Form:

$$T = T_0 + T_a \cos 2 \left(\theta + \theta_0 \right)$$

a) Bestimmen Sie die Fläche A^* der relativen Drehmomentschwankungen im Vergleich zum mittleren Motordrehmoment.

b) Zeigen Sie, dass der Wert für die benötigte Schwungradträgheit auch als $I = k\,T_a$ ausgedrückt werden kann.

c) Bestimmen Sie für eine zulässige Drehzahlschwankung von 2 % den Wert für k.

Ergebnisse: (a) T_a, (c) 0,0046.

2.12
Weiterführende Literatur

Bei den Themen in der Kraftfahrzeugtechnik sind Lehrbücher über Motoren das dominante Thema. Aufgrund seiner fundamentalen Bedeutung als Kraftquelle wurde die Verbrennungskraftmaschine (ICE, Internal Combustion Engine) als Herzstück des Fahrzeugs betrachtet. Obgleich seine Bedeutung unzweifelhaft ist, scheint sein Anteil in den Lehrbüchern überbewertet zu sein. Hier führen wir nur eine kleine Auswahl dieser Bücher auf. Diejenigen, die wir auflisten, bieten dem interessierten Leser eine Fülle von exzellenten Hintergrundinformationen zur Motorenauslegung.

Der Klassiker für die Grundlagen der Thermodynamik von Motoren ist Heywood [2]. Es wurde weltweit in der universitären Lehre genutzt. Es beginnt mit den Grundsätzen der Thermochemie und nutzt diese zur Analyse der Verbrennungsprozesse von Fremdzündungs- und Selbstzündungsmotoren. Alle Aspekte der thermodynamischen Auslegung werden behandelt – einschließlich der Analyse der Takte des Verbrennungsmotors, der Gasströme und der Wärmeübertragung. Das Buch von Stone [13] wurde in der Lehre ebenfalls extensiv als Nachschlagewerk verwendet. Es beleuchtet nicht nur die thermodynamischen Aspekte der Verbrennungsprozesse innerhalb von Motoren. Es liefert auch einleitende Ausführungen zu Modellierung, mechanischer Auslegung und experimenteller Prüfung von Verbrennungsmotoren. Im letzten Kapitel wird dieser Wissensstoff anhand von drei praktischen Fallstudien verschiedener Motorenkonstruktionen zusammengetragen.

Die maßgebliche Referenzquelle für detaillierte Informationen zur mechanischen Auslegung von Motoren ist Hoag [14]. Er konzentriert sich auf die Auslegung aller Motorkomponenten – Motorblock, Zylinderkopf, Kolben, Lager, Nockenwellen etc. – und erläutert, wie diese in einer integrierten Motorkonstruktion zusammengeführt werden können. Er beleuchtet auch Probleme beim Betrieb, wie Lastverteilung, Lebensdauer, sowie den gesamten Entwicklungsprozess.

Von besonderem Interesse ist beim Antriebsstrangentwurf die Frage, wie man das Verhalten eines Verbrennungsmotors darstellen kann – anders ausgedrückt, wie man die Eigenschaften wiedergeben kann, ohne unbedingt alle Details der thermodynamischen Prozesse zu auszuleuchten. Beispielsweise ist die einfachste Methode, Kennfelddaten für Motoren zu erhalten, die Verwendung der empirischen Daten, die mit einem Motorenprüfstand gemessen wurden. Diese Methode wird oft als empirisches Modell bezeichnet. Hierbei werden Look-up-Tabellen genutzt, um die Performance-Eigenschaften des Motors unter verschiedenen Betriebsbedingungen zu bestimmen. Obwohl das Interesse an der Modellierung von Motoren riesig geworden ist, sind viele der Modellierungsinformationen lediglich in Fachzeitschriften und Konferenzunterlagen zu finden. Allerdings hat ein kürzlich erschienenes Buch von Guzzella und Onder [15] einiges an verfügbaren Informationen in einem nützlichen Lehrbuch zusammengestellt. Die Autoren erläutern insbesondere relativ detailliert zwei Arten von Modellen für Verbrennungsmotoren – die Mittelwert- und die Ereignis-orientierte Simulation. Dann erklärt das Buch, wie Motorsteuerungssysteme arbeiten und bietet einen exzellenten Überblick über Motormanagementsysteme.

Literatur

1 Pulkrabek, W.W. (2004) *Engineering Fundamentals of the Internal Combustion Engine*, Prentice Hall, ISBN 0131405705.

2 Heywood, J.B. (1989) *Internal Combustion Engine Fundamentals*, McGraw-Hill Higher Education, ISBN 978-0070286375.

3 Mabie, H.H. und Ocvirk, F.W. (1978) *Mechanisms and Dynamics of Machinery*, 3. Aufl., John Wiley & Sons, Inc., ISBN 0-471-02380-9.

4 Kane, T.R. und Levinson, D.A. (1985) *Dynamics: Theory and Applications*, McGraw-Hill, ISBN 0-07-037846-0.

5 Lechner, G. und Naunheimer, H. (1999) *Automotive Transmissions: Fundamentals, Selection, Design and Application*, Springer, ISBN 3-540-65903-X.

6 Chowanietz, E. (1995) *Automobile Electronics*, SAE, ISBN 1-56091-739-3.

7 Ribbens, W.B. (2003) *Understanding Automotive Electronics*, 6. Aufl., Elsevier Science, ISBN 0-7506-7599-3.

8 Denton, T. (2004) *Automobile Electrical and Electronic Systems*, 3. Aufl., Butterworth-Heinemann, ISBN 0-7506-62190.

9 Bonnick, A.W.M. (2001) *Automotive Computer Controlled Systems: Diagnostic Tools and Techniques*, Butterworth-Heinemann, ISBN 0-7506-5089-3.

10 Martyr, A.J. und Plint, M.A. (2007) *Engine Testing: Theory and Practice*, 3. Aufl., Butterworth-Heinemann, ISBN-13: 978-0-7506-8439-2.

11 Begamudre, R. D. (2000) *Energy Conversion Systems*, New Age International, Abschn. 5.2, ISBN 81-224-1266-1.

12 SAE J1349 (2004) Engine Power Test Code, REV.AUG.

13 Stone, R. (1999) *Introduction to Internal Combustion Engines*, 3. Aufl., SAE International, ISBN 978-0-7680-0495-3.

14 Hoag, K.L. (2005) *Vehicular Engine Design*, SAE International, ISBN 978-0-7680-1661-1.

15 Guzzella, L. und Onder, C. (2009) *Introduction to Modelling and Control of Internal Combustion Engine Systems*, 2. Aufl., Springer, ISBN-13: 978-3642107740.

3
Dynamik der longitudinalen Bewegung von Fahrzeugen

3.1
Einleitung

Zu den longitudinalen Fahrzeugbewegungen gehören Bewegungen der Beschleunigung/Verzögerung, des Gleitens (engl. „Cruising") sowie der Bergauf- und Bergabbewegung. Hauptthemen in diesem Kapitel sind die Performance (Gesamtleistungsverhalten) und Fahrbarkeit (Fahrverhalten) eines Fahrzeugs, insbesondere in Hinblick auf die Beschleunigungen unter verschiedenen Beladungen und Fahrsituationen. Seit langem kennen Kraftfahrzeugingenieure die Bedeutung der Fahrbarkeit für den kommerziellen Erfolg eines Fahrzeugs. Wenn wir die longitudinale Dynamik des Fahrzeugs untersuchen wollen, müssen wir das Motorverhalten, die Erzeugung der Reifenantriebskraft, die auf das Fahrzeug wirkenden Widerstandskräfte und die Schaltgewohnheiten des Fahrers berücksichtigen.

In diesem Kapitel werden zunächst einfache Modelle entwickelt. Diese helfen bei der ersten Schätzung der longitudinalen Fahrzeug-Performance. Detailliertere Analysen und eine verlässlichere Auslegung erfordern aufwändigere Modelle, die auch Motoreigenschaften, Reifenschlupf, Schaltverzögerungen, rotierende Massen sowie Triebstrangverluste berücksichtigen. In diesem Kapitel entwickeln wir solche zunehmend umfangreichere Modelle. Wir stellen viele Beispiele vor, in denen wir mit typischen Fahrzeugdaten und MATLAB-Programmen die Berechnungen der Fahrzeug-Performance zeigen.

3.2
Drehmomenterzeuger

Das Fahrzeug wird von einer Traktionskraft an den Antriebsrädern beschleunigt. Sie ist von dem an den Rädern anliegenden Drehmoment abhängig. Bei der Analyse der longitudinalen Fahrzeug-Performance spielt die Kraftquelle, die das Drehmoment liefert – normalerweise ein Verbrennungsmotor (ICE, Internal Combustion Engine) – eine entscheidende Rolle. Unterschiedliche Kraftquellen besitzen ein

Antriebssysteme in Kraftfahrzeugen, Erste Auflage. Behrooz Mashadi, David Crolla.
©2014 WILEY-VCH Verlag GmbH & Co. KGaA. Published 2014 by WILEY-VCH Verlag GmbH & Co. KGaA.

unterschiedliches Verhalten bei der Drehmomenterzeugung. Bei Untersuchungen der Fahrzeug-Performance kann davon ausgegangen werden, dass die Kraftquelle die Kraft in einer vordefinierten Weise (s. Abschn. 2.4.3), quasistationär abgibt.

Traditionell sind Verbrennungsmotoren die vorherrschende Kraftquelle in Fahrzeugen. Dennoch sind trotz der jahrelangen Erfahrung beim Einsatz von Verbrennungsmotoren in Fahrzeugen die Drehmomenteigenschaften und zugehörigen Effekte auf die Fahrzeug-Performance noch immer diskussionswürdig. Die Merkmale der Drehmomenterzeugung bei Verbrennungsmotoren wurden in Kapitel 2 detailliert beleuchtet. Die wichtigsten Gegenspieler der Verbrennungsmotoren in hybridelektrischen Fahrzeugen (HEVs, Hybrid Electrical Vehicles), die Elektromotoren, verfügen über ein stark abweichendes Verhalten bei der Drehmomenterzeugung. In einem späteren Abschnitt werden wir die Performance der Elektromotoren, die in automobiltechnischen Anwendungen eingesetzt werden, kurz besprechen.

3.2.1
Verbrennungskraftmaschinen

Drehmoment-Drehzahl-Eigenschaften von Verbrennungsmotoren wurden in Kapitel 2 detailliert besprochen. Im aktuellen Kapitel kommen nur die wichtigsten Eigenschaften zur Sprache, die wir hier brauchen. Das quasigleichförmige oder quasistationäre Drehmoment eines Verbrennungsmotors ist von der Rotationsgeschwindigkeit ω_e und der Drosselklappenöffnung θ abhängig:

$$T_e = f(\omega_e, \theta) \tag{3.1}$$

Betrachten Sie Abb. 3.1. Hier ist ein typischer Teil der Performance-Kurve eines Verbrennungsmotors für verschiedene Drosselklappenöffnungen, wie sie Gleichung 3.1 beschreibt, für einen Ottomotor dargestellt. Der Plot basiert auf den Messergebnissen eines Motorenprüfstandtests.

Mithilfe der MT-Formel (s. Abschn. 2.6) können die Leistungskurven mathematisch mit einer Formel der folgenden Form beschrieben werden:

$$T(\theta, \omega) = \frac{T_{F.L}(\omega)}{[1 + \exp(A - B\theta)]^{C\omega^D}} \tag{3.2}$$

wobei $T_{F.L}(\omega)$ die Volllastkurve oder die WOT-Kurve (WOT, Wide Open Throttle) darstellt und die Koeffizienten A, B, C und D die vier Konstanten für einen spezifischen Motor sind. Diese Koeffizienten lassen sich mittels Teillastprüfungen ermitteln. Die Teillastkurven für einen Motor mit den Koeffizienten aus Tab. 3.1 und den Volllastdaten aus Tab. 3.2 sind in Abb. 3.2 dargestellt. Weiche Kurven können durch Anwendung der Polynomrechnung auf die WOT-Daten erzeugt werden.

Die Volllast- und Teillastkurven von Verbrennungsmotoren sind unterschiedlich. Dieselmotoren bieten typischerweise mehr Drehmoment bei niedrigeren Drehzahlen. Bei Dieselmotoren mit Common-Rail-Einspritzanlagen besitzt die Volllastdrehmomentkurve typischerweise einen flachen Bereich mit konstantem Dreh-

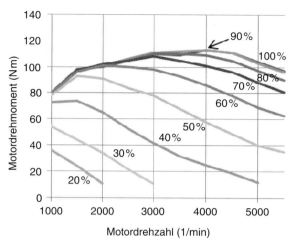

Abb. 3.1 Typische Teillastkurve eines Ottomotors.

Tab. 3.1 Koeffizienten der MT-Formel eines bestimmten Motors.

Element	A	B	C	D
Wert	−11,12	0,0888	1,003	1,824

Tab. 3.2 Volllastdaten des Motors.

Drehzahl (1/min)	1000	1500	2000	2500	3000	3500	4000	4500	5000	5300
Drehmoment (Nm)	80	98	100	105	110	109	113	111	104	97

moment. Abbildung 3.3 zeigt die Leistungskurve eines Dieselmotors mit einem Common-Rail-System.

3.2.2
Elektromotoren

Elektromotoren spielen eine entscheidende Rolle in Hybridantriebskonzepten (s. Kapitel 7). Ihre Fähigkeit, sowohl als Motor oder Generator zu funktionieren, liefert die Möglichkeit, sie für die Erzeugung von Traktions- und Bremskräften einzusetzen, je nachdem, welche gebraucht werden. Es gibt verschiedene Arten von Elektromotoren, die für den Einsatz in Hybridfahrzeugen geeignet sind. Bei fremderregten Gleichstrommotoren ist eine Drehzahlregelung relativ einfach und ohne aufwändige Elektronik möglich. Ihre Bürsten müssen von Zeit zu Zeit gewechselt werden. Der Wartungsbedarf ist recht hoch. Zu den Wechselstrommotorarten (AC, Alternating Current) gehören Permanentmagnet-Synchronmotoren, Asynchronmotoren und geschaltete Reluktanzmotoren. Im Allgemeinen sind

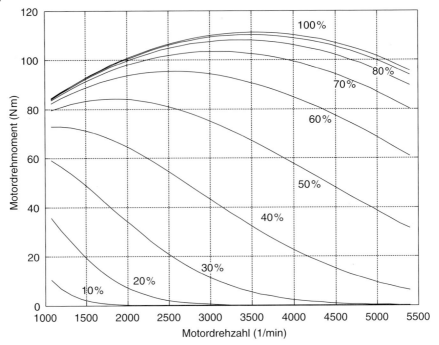

Abb. 3.2 Mit der MT-Formel erzeugtes Teillastdiagramm.

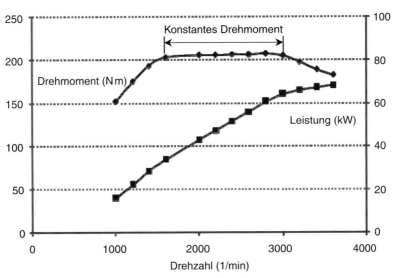

Abb. 3.3 Leistungskurven eines Dieselmotors mit einem Common-Rail-System.

Wechselstrommotoren weniger teuer, sie benötigen aber eine intelligentere und aufwändigere Steuerelektronik. Allerdings sind Leistungsdichte und Wirkungsgrad bei AC-Motoren höher. In Fahrzeugen kommen überwiegend AC-Motoren

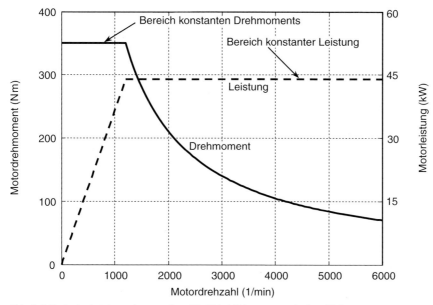

Abb. 3.4 Typische Leistungskurven eines für Hybridfahrzeuge typischen Elektromotors.

zum Einsatz. Die Asynchronmotoren besitzen höhere spezifische Leistungen als Permanentmagnetmotoren. Eine der konstruktiv bedingten Eigenschaften von Elektromotoren ist die Erzeugung von Drehmoment bei stehendem Motor. Im Vergleich zum Verbrennungsmotor ist dies ein Vorteil, da keine Kupplung benötigt wird, um das Fahrzeug aus dem Stillstand zu beschleunigen. Leistungselektronik liefert die zur Steuerung der Drehmoment-Drehzahl-Eigenschaften von Elektromotoren benötigten Werkzeuge. So können diese elektrischen Maschinen in automobiltechnischen Anwendungen verwendet werden. Ein konstant hohes Drehmoment bei niedrigen Drehzahlen und somit die Bereitstellung der maximalen Leistung können nur erreicht werden, wenn Spannung, Feld, Fluss und Frequenz optimal für den Motortyp eingestellt werden. Betrachten Sie Abb. 3.4. Sie zeigt die Leistungskurve eines für Hybridfahrzeuge typischen Elektromotors.

3.3
Traktionskraft

Das Fahrzeug wird durch Anwendung der Traktionskräfte beschleunigt. Die Traktionskraft eines Fahrzeugs entsteht an der Schnittstelle zwischen Reifen und Straßenbelag. Daher ist sie eine Funktion der Eigenschaften von Reifen und Straße. Unterschiedliche Reifen produzieren unterschiedliche Traktionskräfte auf einem gegebenen Straßenbelag. Ein gegebener Reifen produziert unterschiedliche Traktionskräfte auf unterschiedlichen Straßenbelägen. Die Traktionskraft entsteht durch das von der Drehmomentquelle stammende, an der Achse anliegende Drehmoment. Daher ist die Traktionskraft einerseits eine Funktion der Eigenschaften der Drehmomentquelle und andererseits des Zusammenspiels zwischen Reifen und Straße.

3.3.1
Entstehung der Reifenkraft

Der Reifen erzeugt eine Traktionskraft aufgrund der Reibung an der Schnittstelle zur Straße. Die Entstehung der Reibkraft durch den Reifen ist allerdings aufgrund der Abrollbewegung ziemlich kompliziert. Um den Unterschied zwischen einfacher Gleitreibung und der Reibung eines rollenden Reifens zu untersuchen, betrachten wir ein Reifensegment, das aus der Reifenaufstandsfläche herausgeschnitten ist und in Abb. 3.5 zu sehen ist. Eine Last W, die gleich der Radlast ist, wird als vertikal auf das Reifensegment wirkend angenommen. Sobald eine Kraft F auf das Segment wirkt, um es entlang der Straßenoberfläche zu bewegen, sind drei Fälle denkbar:

1. F ist klein, es findet keine Relativbewegung statt. Für diesen Fall ist die Berechnung der Kraft F_f einfach:

$$F_f = F \tag{3.3}$$

2. F ist groß genug, um das Segment gerade zum Rutschen zu bringen (Schlupfbeginn). Die Reibkraft ist in diesem Fall:

$$F_f = \mu_S N = \mu_S W \tag{3.4}$$

   wobei μ_S der statische Reibungskoeffizient ist.

3. Jetzt rutscht das Segment über die Oberfläche (Gleiten). In diesem Fall rutschen theoretisch alle Partikel der Kontaktfläche mit ähnlicher relativer Geschwindigkeit über den Boden. Die Reibkraft kann wie folgt ausgedrückt werden:

$$F_f = \mu_k N = \mu_k W \tag{3.5}$$

   wobei μ_k der dynamische (oder kinematische) Reibungskoeffizient ist. Er ist üblicherweise kleiner als μ_S. Wenn F größer F_f ist, wird das Segment beschleunigt. In der Praxis variiert die Reibkraft durch Erhöhen der Kraft F wie folgt:

$$0 \leq F_f \leq \mu_S N \tag{3.6}$$

Betrachten Sie Abb. 3.6. Hier untersuchen wir einen Reifen mit der gleichen Achslast W, der auf der Fahrbahnoberfläche steht. Solange der Reifen nicht rotiert, ist die Reibkraft F_f ähnlich der Reibkraft des zuvor betrachteten Segments.

Wenn nun, wie in Abb. 3.7 gezeigt, statt der Kraft F ein Drehmoment T an der Radachse anliegt, kehrt sich die Richtung der Reibkraft an der Aufstandsfläche um, da die Schlupfrichtung an der Kontaktfläche sich ändert. Sobald am zunächst stehenden Rad das Drehmoment anliegt, beginnt das Rad, sich um die eigene Achse

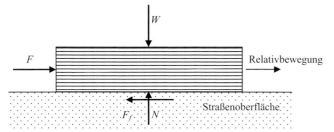

Abb. 3.5 Ein Reifensegment auf der Straßenoberfläche.

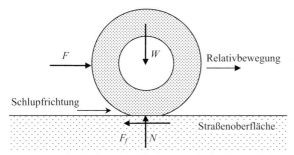

Abb. 3.6 Rutschen eines nicht rollenden Reifens.

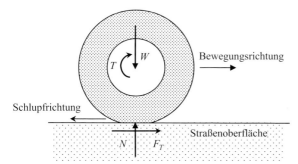

Abb. 3.7 Traktionskraft durch Aufbringen eines Drehmoments an der Radachse.

zu drehen. Dies ist nur möglich, wenn die Reifenaufstandsfläche in die der Vorwärtsbewegung entgegengesetzten Richtung Schlupf entwickeln kann. Die Relativbewegung führt durch die Reibung an der Aufstandsfläche zu einer Reibkraft, die der Schlupfrichtung entgegengesetzt ist. Diese Kraft wirkt in Richtung der Bewegung der Radmitte und wird Traktionskraft F_T genannt.

Ein wesentlicher Unterschied zwischen dem einfachen Schlupf des Reifensegments oder dem ähnlichen Fall des nicht rollenden Reifens besteht in dem in der Aufstandsfläche vorhandenen Schlupf. In den beiden ersten Fällen rutscht die gesamte Kontaktfläche über die Bodenfläche. Alle Berührpunkte befinden sich daher in einer ähnlichen Lage. Jeder Punkt im Kontaktbereich erzeugt einen Teil der zur Druckverteilung proportionalen Gesamtkraft. Im Fall des Reifensegments ist die

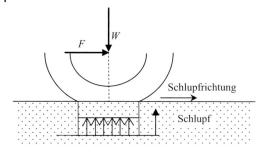

Abb. 3.8 Verteilung des Schlupfes bei einem nicht abrollenden Reifen.

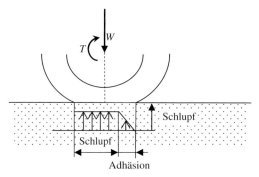

Abb. 3.9 Verteilung des Schlupfes bei einem abrollenden Reifen.

Druckverteilung gleichförmig. Damit hat jeder Punkt einen gleichen Anteil. Beim nicht rotierenden Reifen ist die Druckverteilung in der Kontaktfläche nicht gleichförmig, aber der Schlupf ist gleichförmig, wie Abb. 3.8 zeigt.

Sobald ein Drehmoment an der Radachse anliegt, sind die in den Kontaktbereich gelangenden Segmente gezwungen, mit dem Untergrund in Kontakt zu bleiben und sie bewegen sich langsam vorwärts in Richtung des Schlupfes. Die nahe am vorderen Ende befindlichen Elemente können sich nicht so schnell wie die Elemente bewegen, die sich nahe am hinteren Ende befinden. Das führt zu keinerlei Schlupf am vorderen Rand und maximalem Schlupf am hinteren Ende. Die Schlupfverteilung über der Kontaktlänge hat keine einfache Form. Eine näherungsweise Darstellung des Schlupfes wird in Abb. 3.9 gegeben. Nach diesem Modell existiert linearer Schlupf im vorderen Bereich. Dieser Bereich wird „Kraftschlussbereich" genannt. Im hinteren Bereich, der „Schlupfbereich" genannt wird, existiert gleichförmiger Schlupf.

Aber auch mit diesem vereinfachten Modell zu arbeiten, ist nicht einfach. Schließlich benötigt man Informationen zu der relativen Breite Haft- und Schlupflänge. Diese ist von vielen Faktoren abhängig und nur schwer zu bestimmen. Dennoch wird in der Praxis gleichförmiger Schlupf in der Aufstandsfläche eines Reifens angenommen. Das heißt, alle Berührpunkte besitzen die gleichförmige Geschwindigkeit V_s, die der Wegstrecke des Rades entgegengesetzt ist. Wenn die Geschwindigkeit V_w ist, dann kann der Vektor der Geschwindigkeit nach Abb. 3.10

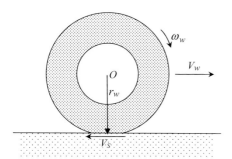

Abb. 3.10 Radkinematik bei Schlupf.

wie folgt geschrieben werden:

$$V_W = V_S + \omega \times r_W \qquad (3.7)$$

Oder in einer algebraischen Form:

$$V_W = r_W \omega_W - V_S \qquad (3.8)$$

wobei r_W der wirksame Radius des Reifens ist. Bei reiner Rollbewegung ist die Geschwindigkeit der Radmitte gleich $r_W \omega_W$, d. h., es findet kein Schlupf bei $V_S = 0$ statt. Für den Schlupf gilt:

$$V_S = r_W \omega_W - V_W \qquad (3.9)$$

Der longitudinale Schlupf S_x des Reifens ist als der Quotient aus Schlupfgeschwindigkeit zu Rollgeschwindigkeit $r_W \omega_W$ definiert:

$$S_x = \frac{V_S}{r_W \omega_W} \qquad (3.10)$$

Aus Gleichung 3.9 folgt:

$$S_x = 1 - \frac{V_W}{r_W \omega_W} \qquad (3.11)$$

S_x wird mitunter in Prozent angegeben. Die Traktionskraft des Reifens ist vom Schlupf innerhalb des Kontaktbereichs abhängig. Es gibt aber auch andere Faktoren, die die Traktionskraft beeinflussen, z. B. die Normalbeanspruchung F_Z am Reifen und der Reifendruck p. Somit kann die Traktionskraft als Funktion f der Einflussgrößen ausgedrückt werden:

$$F_T = f(S_x, F_Z, p, \ldots) \qquad (3.12)$$

Bei einem gegebenen Reifendruck ist die Traktionskraft hauptsächlich vom longitudinalen Schlupf und der Normalbeanspruchung abhängig.

Bisher wurde nur der reine Schlupf des Reifens longitudinaler Richtung betrachtet. In der Praxis ist der Reifen Schlupfkräften ausgesetzt, die Komponenten in

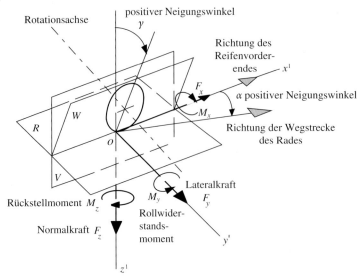

Abb. 3.11 Reifenkoordinatensystem nach SAE [1].

longitudinaler und lateraler Richtung besitzen. Bei diesen kombinierten Schlupfbedingungen ist der Schlupf im Kontaktbereich sehr kompliziert zu bestimmen, zumal die Aufstandsfläche durch die Beanspruchungen in verschiedene Richtungen verformt wird. Daher produziert der Reifen eine Kraft, die nicht auf die Mitte der Aufstandsfläche wirkt. Zudem werden neben den in drei Richtungen wirkenden Kräften auch noch entsprechende Drehmomente erzeugt.

Das Reifenkräftesystem kann auf verschiedene Arten definiert werden. Nach der Definition der SAE [1] ist der Ursprung O des Achsensystems (s. Abb. 3.11) in der Mitte der Reifenaufstandsebene (dem Schnittpunkt aus Reifenebene W und Projektion der Rotationsachse auf die Fahrbahnebene R) zu finden. Die x'-Achse ist die Schnittlinie zwischen Rad- und Fahrbahnebene. Die z'-Achse liegt in der vertikalen Ebene V und ist senkrecht zur Fahrbahnebene und zeigt nach unten. Daher liegt die y'-Achse in der Fahrbahnebene und zeigt in der positiven Richtung nach rechts. In diesem Kapitel werden nur die Größen F_x (Traktions-/Bremskraft) und M_y (Rollwiderstandsmoment) benötigt. Sie werden in den nächsten Abschnitten näher erklärt.

3.3.2
Mathematische Beziehungen für die Traktionskraft

Es gibt sehr viele Bücher, die sich mit der Modellierung und Vorhersage der Merkmale der Krafterzeugung von Reifen befassen. Im Allgemeinen findet die Modellierung entweder physikalisch oder experimentell statt. Bei der physikalischen Modellierung wird ein vereinfachtes Modell erstellt, das die wesentlichen physikalischen Eigenschaften abbildet, die für den Mechanismus der Krafterzeugung im Reifen verantwortlich sind. Durch Anwendung der mechanischen Gesetzmäßigkeiten, die für die Verformung der Reifenelemente und Reibungseffekte in der Aufstandsfläche gelten, können mathematische Gleichungen aufgestellt werden. Die Genauigkeit derartiger Modelle hängt von der Qualität der Annahmen für das physikalische Modell ab. Der Vorteil derartiger Modelle besteht darin, dass sie einfach sind. Für die prognostizierten Reifenkräfte sind keine komplizierten Messungen erforderlich.

Es gibt auch Software-basierte physikalische Modelle, die eine beachtliche Komplexität mitbringen. Bei diesen Modellen werden die Berechnungen normalerweise mit Finite-Elemente-Methoden (FEM) angestellt. Obschon diese komplizierten Modelle angeblich genauere Ergebnisse als einfache physikalische Modelle bieten, sind sie für die Vorausberechnung der longitudinalen Fahrzeug-Performance unnötig komplex. Ein weiterer Ansatz ist die experimentelle Messung der Krafterzeugungseigenschaften der Reifen. Experimentelle Ergebnisse helfen, die Physik des Reifenverhaltens zu erklären, wenn verschiedene Beanspruchungssituationen geprüft werden. So lassen sich weitere Reifenmodelle entwickeln. Die normale Vorgehensweise besteht darin, die Kurven an die gemessenen Reifendaten anzugleichen.

Für die Automobilindustrie war es eine große Herausforderung, eine allgemeingültige mathematische Beziehung für alle Reifen zu finden. Die „magische Formel" des Reifenmodells ist das Ergebnis von Arbeiten, die an der Universität von Delft durchgeführt wurden. Das Elegante an diesem Ansatz ist, dass lediglich die Lateralkraft- und Rückstellmomentdaten sowie die longitudinalen Reifenkraftwerte eingesetzt werden müssen. Die Gleichungen dieses Reifenmodells besitzen folgende Grundform [2]:

$$Y(X) = D \, \sin \left[C \arctan \left(B \, \Phi \right) \right] + S_v \tag{3.13}$$

wobei:

$$B \, \Phi = G \, (1 - E) + E \arctan (G) \tag{3.14}$$

$$G = B \, (X + S_h) \tag{3.15}$$

X steht entweder für den longitudinalen Schlupf S_x oder für den Winkel α des seitlichen Schlupfes (s. Abb. 3.11). Y steht für die longitudinale Kraft F_x, die Seitenkraft F_y oder das Rückstellmoment M_z. Die Koeffizienten B, C, D, E sowie die Horizontal- und Vertikalverschiebungen S_h und S_v sind nicht lineare Funktionen der vertikalen Reifenbeanspruchung F_z (und des Kammerwinkels γ für F_y und M_z). Für jeden Reifen muss eine Reihe von Tests durchgeführt werden, damit die Abhängigkeiten der Koeffizienten von den Variablen (z. B. F_z) berechnet werden können. Es folgen typische Zusammenhänge für die Longitudinalkraft eines

Tab. 3.3 Koeffizienten der „magischen Formel" für einen gegebenen Reifen [2].

Koeffizient	a_1	a_2	a_3	a_4	a_5	a_6	a_7	a_8	a_9	a_{10}
Wert	$-2{,}13$e-5	$1{,}144$	$4{,}96$e-5	$0{,}226$	$6{,}9$e-5	$-6{,}0$e-9	$5{,}6$e-5	$0{,}486$	0	0

gegebenen Reifens [2]:

$$C_x = 1{,}65$$
$$D_x = a_1 F_z^2 + a_2 F_z$$
$$bcd_x = \left(a_3 F_z^2 + a_4 F_z\right) e^{-a_5 F_z}$$
$$B_x = \frac{bcd_x}{C_x \times D_x}$$
$$E_x = a_6 F_z^2 + a_7 F_z + a_8$$
$$S_h = a_9 F_z + a_{10}$$
$$S_v = 0 \tag{3.16}$$

Die numerischen Werte der Koeffizienten a_1–a_{10} dieses Reifens sind in Tab. 3.3 aufgeführt. Die Werte von F_z werden in N angegeben.

Der Vorteil der „magischen Formel" besteht darin, dass sie für alle Beanspruchungsfälle und für einen breiten Parameterbereich gilt, wenn die Reifenparameter bekannt sind.

Übung 3.1

Verwenden Sie die „magische Formel" mit den Daten aus Tab. 3.3 und plotten Sie die Variation der Longitudinalkraft des Reifens für den gesamten Reifenschlupfbereich mit Normalkräften von $F_z = 1000$–3500 N.

Lösung:

Der gesamte Reifenschlupfwertebereich reicht von 0 % bis 100 % Schlupf. Mit einem einfachen MATLAB-Programm erhalten wir die Kurven. Das MATLAB-Programm besteht aus zwei Programmteilen, dem Hauptprogramm und dem Funktionsteil. Beide sind in Abb. 3.12 dargestellt. Das Ergebnis ist in Abb. 3.13 zu sehen.

Aus den Ergebnissen aus Übung 3.1 ist ersichtlich, dass der Verlauf der longitudinalen Reifenkraft bei Schlupf einen linearen und einen nicht linearen Bereich aufweist, wie in Abb. 3.14 gezeigt. Der lineare Bereich beginnt bei 0 % Schlupf und reicht bis zu Schlupfwerten von ca. 5–10 %. Die maximalen Schlupfwerte werden bei rund 10–20 % erreicht. Bei 100 % Schlupf, somit komplettem Durchrutschen der Reifen, ist die Reifenkraft erheblich niedriger als die maximale Reifenkraft. Dieses Phänomen ist typisch für rollende Reifen. Trockene Reibung vorausgesetzt, sind Longitudinalkraft und Normalkraft durch den Kraftschlussbeiwert

```
% MATLAB-Programm (main) zum Plotten
% der Longitudinalkraft des Reifens
% Longitudinalschlupf variiert zwischen 0 und 100 %
for fz=1000: 500: 3500;   % Normalkraft in N
for i=1:200
   sx(i)=(i-1)/2;
   Fx(i)=fx(fz,sx(i));
end
plot(sx, Fx)   % Fx in N
hold on
end
grid
xlabel('Longitudinalschlupf (%)')
ylabel('Longitudinalkraft (N)')
```

```
% MATLAB-Funktion, wird vom
% Hauptprogramm aufgerufen

function  f = fx (fz,sx)
%
c=1.65;
d=-21.3e-6*fz*fz+1144.e-3*fz;
e=-.006e-6*fz*fz+.056e-3*fz+0.486;
bcd=(49.6e-6*fz*fz+226.e-3*fz)*exp(-.069e-3*fz);
b=bcd/c/d;
phai=(1.0-e)*sx+e*atan(b*sx)/b;
%
f=d*sin(c*atan(b*phai));
```

Abb. 3.12 MATLAB-Programme aus Übung 3.1.

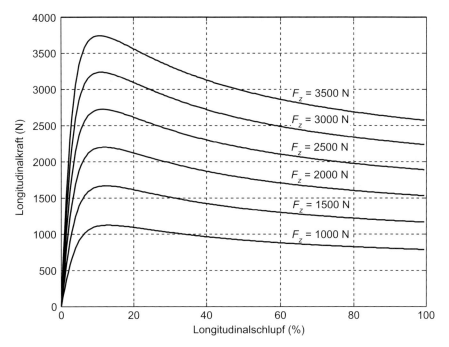

Abb. 3.13 Plot der longitudinalen Reifenkraft über dem Schlupf bei verschiedenen Normalbeanspruchungen.

verbunden:

$$F_x = \mu F_z \qquad (3.17)$$

Bei einer bestimmten Normalkraft F_z^* ist der Kraftschlussbeiwert μ lediglich eine Funktion von F_x, die wiederum eine Funktion von S_x ist. Das heißt:

$$\mu = \mu(S_x) \qquad (3.18)$$

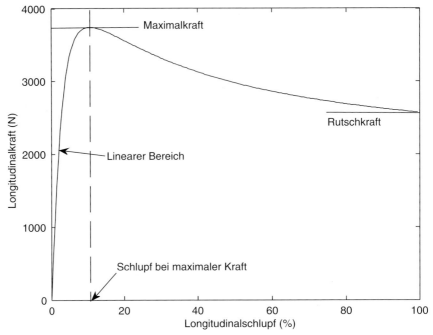

Abb. 3.14 Die Eigenschaften der Reifenkraft.

Durch Division der Werte von F_x durch die Normalkraft F_z^* ist der Kurvenverlauf des Kraftschlussbeiwerts μ über dem Schlupf ähnlich wie die Variation von F_x mit S_x.

Übung 3.2

Verwenden Sie die Daten aus Übung 3.1 und plotten Sie die Variation des Kraftschlussbeiwerts des Reifens über dem Schlupf des Reifens bei verschiedenen Normalbeanspruchungen.

Lösung:

Die in Abb. 3.15 gezeigten Ergebnisse werden durch Division der Werte von F_x durch die Normalbeanspruchung in der äußeren Schleife von Übung 3.1 berechnet. Da die Kurven eng beieinanderliegen, sind nur zwei in der Abbildung dargestellt: die Kurven für $F_z = 1000\,\text{N}$ und für $F_z = 4000\,\text{N}$. Wir stellen fest, dass der Haftreibungskoeffizient nur in geringem Maße von der Normalkraft abhängig ist. Zudem ist er umgekehrt proportional zu ihr.

Bei der Variation des Kraftschlussbeiwerts erkennen wir zwei weitere Probleme. Erstens kann der Spitzenwert des Kraftschlussbeiwerts μ_p (Abb. 3.15) bei niedrigen Schlupfwerten unter 20 % sogar größer eins werden. Zweitens ist der Kraftschlussbeiwert beim Rutschen, das heißt bei 100 % Schlupf, der niedrigste Wert im nicht linearen Bereich – beim Beispielreifen in Abb. 3.14 ist er rund 30 % kleiner als μ_p. Somit verhält sich der Kraftschlussbeiwert bei rollenden Reifen ziemlich

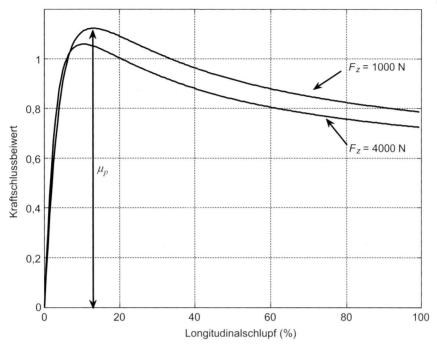

Abb. 3.15 Haftreibungskoeffizient (Übung 3.2).

anders als der Reibungskoeffizient zwischen zwei Flächen. Damit sind folgende Rückschlüsse zulässig:

1. Damit eine Traktionskraft vom rollenden Reifen erzeugt werden kann, muss es im Kontaktbereich Schlupf geben, ansonsten wird keine Kraft entfaltet.
2. Um eine möglichst große Traktionskraft zu erhalten, muss der Reifenschlupf auf einen bestimmten Wert, der vom Reifen und vom Straßenbelag abhängig ist, eingepegelt werden. Größere Schlupfwerte reduzieren die Traktionskraft erheblich.

Beachten Sie, dass der Kraftschlussbeiwert nicht nur vom Reifen, sondern auch vom Straßenbelag abhängig ist. Bei nassen Oberflächen reduzieren sich die Werte für μ_p. Andere Faktoren, wie Reifenprofil (Form und Tiefe), beeinflussen den Kraftschlussbeiwert ebenfalls. Im Übrigen ist das Verhalten des Reifens beim Bremsen und bei der Traktion sehr ähnlich. Auch für das Entstehen der Bremskraft muss es Schlupf im Kontaktbereich geben. In diesem Fall ist die Rotationsgeschwindigkeit geringer als die entsprechende Geschwindigkeit des Rades in der Geradeausrichtung. Somit ist der Schlupfwert negativ. Die Bremskraft kann auch bestimmt werden, indem in der „magischen Formel" einfach negative Schlupfwerte eingesetzt werden. Die Form der Bremskraft insgesamt ist daher auch der Traktionskraft sehr ähnlich. Allerdings ist sie nicht spiegelverkehrt in Bezug auf den Ursprung.

3.3.3
Traktionskurven

Die Traktionskraft entsteht an der Schnittstelle zwischen Reifen und Straßenbelag, sofern die beiden folgenden Voraussetzungen erfüllt sind:

1. es liegt ein Drehmoment T_w an der Radachse an,
2. im Kontaktbereich wird Schlupf erzeugt.

Mit Bezug auf Abb. 3.16 gilt in einem quasistationären Zustand:

$$F_T = \frac{T_w}{r_w} \qquad (3.19)$$

Entsprechend den Straßenverhältnissen ist die Kraft im Kontaktbereich allerdings begrenzt. Gleichung 3.20 gilt bis zur Traktionskraftgrenze:

$$F_T \leq F_{max} \qquad (3.20)$$

Solange das Drehmoment am Rad kleiner $r_w F_{max}$ ist, sind die Schlupfwerte begrenzt. Bei größeren Drehmomentwerten drehen die Räder durch.

Übung 3.3

An der Radachse mit einem wirksamen Radius von 35 cm liegt ein Drehmoment von 500 Nm an. Das Gewicht am Rad ist 360 kg. Verwenden Sie die „magische Formel" des Reifens mit den in Tab. 3.3 vorgegebenen Werten und bestimmen Sie:

a) die verfügbare Traktionskraft;
b) die max. mögliche Traktionskraft sowie das zugehörige Drehmoment am Rad;
c) den Wert des longitudinalen Schlupfes (in Prozent).

Lösung:

Die Beanspruchung am Rad in Newton beträgt: $F_z = 360 \times 9{,}81 = 3531{,}6$ N.

a) Aus Gleichung 3.16 ergibt sich: $F_T = \frac{500}{0{,}35} = 1428{,}6$ (N).

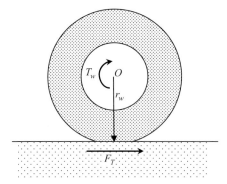

Abb. 3.16 Traktionskraft in quasistationärem Zustand.

b) Die maximale Traktionskraft soll mit der Reifen-Zauberformel bei einer Normalbeanspruchung von 3531,6 N bestimmt werden. Eine Beziehung zur Maximalkraft steht uns nicht zur Verfügung, so können wir das Programm in Übung 3.1 verwenden, um die gesamten Kraft-Schlupf-Daten (ohne zu plotten) zu berechnen. Dann können wir im MATLAB-Befehlsfenster schreiben: „Fmax = max(Fx)" und „Enter". Das Ergebnis ist: Fmax = 3774,4 N.
Damit diese Kraft an der Kontaktfläche entfaltet werden kann, muss ein Drehmoment von $T_{max} = 3774,4 \times 0,35 = 1321$ (Nm) an der Radachse anliegen.

c) Eine geschlossene Lösung für den Schlupf bei einer gegebenen Kraft zu finden, ist nicht möglich. Eine Methode besteht darin, die Änderung der Reifenkraft über den Schlupf zu plotten, und bei einer bestimmten Reifenkraft den Schlupfwert abzulesen. Auch eine Trial-and-Error-Lösung kann man verfolgen, indem man einen Schlupfwert wählt und die Reifenkraft hierfür bestimmt. Der Schlupfwert muss so geändert werden, dass sich die Kraft dem spezifischen Wert annähert. Die MATLAB-Funktion „fsolve" ist dafür auch geeignet. Geben Sie den folgenden Befehl in MATLAB ein:

```
sx=fsolve(inline('1428.6-fx(3531.6,x)'),5,
        optimset('Display','off'))
```

dabei definiert die Funktion „inline" die zu lösende Gleichung, d. h. $F_T - F_x(S_x, F_z) = 0$, wobei die Werte $F_T = 1428,6$ (N) und $F_z = 3531,6$ (N) vorgegeben sind. In der Kommandozeile ist „fx" unsere zuvor definierte Zauberformel-Reifenfunktion in Übung 3.1. Der Wert „5" ist unser erster Versuchswert für S_x. Die Antwort erscheint wie folgt:

$$sx = 1,36 \, (\%)$$

Das bedeutet, dass die benötigte Traktionskraft bei sehr geringem Schlupf entsteht.

Vorausgesetzt, das Raddrehmoment ist kleiner als der Grenzwert, dann besagt Gleichung 3.19, dass die Traktionskraft auch von der Art des Drehmoments am Rad abhängig ist. Generell ist das Drehmoment am Rad letztlich nur eine Verstärkung des Drehmoments, das vom Drehmomenterzeuger ausgeht (s. Abschn. 3.2). Wenn wir den Verstärkungsfaktor mit n angeben (d. h. die Gesamtübersetzung zwischen Drehmomenterzeuger und Rad), dann gilt:

$$T_w = n T_g \leq r_w F_{max} \tag{3.21}$$

und aus Gleichung 3.19:

$$F_T = \frac{n T_g}{r_w} \tag{3.22}$$

Damit gleicht die Traktionskraft den Drehmomenteigenschaften des Drehmomenterzeugers (T_g), der mit einem Verstärkungsfaktor multipliziert wurde.

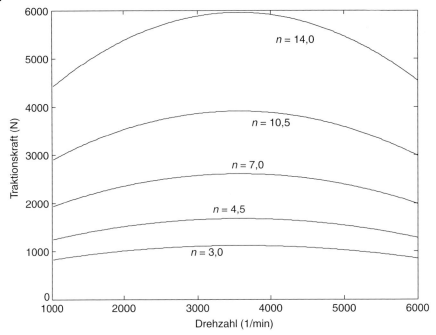

Abb. 3.17 Traktionskraft über Motordrehzahl für Übung 3.4 (Verbrennungsmotor).

Übung 3.4

Mit der folgenden Gleichung wird das Motordrehmoment für Volllast näherungsweise bestimmt:

$$T_e = -4{,}46{\times}10^{-6}\,\omega_e^2 + 3{,}17{\times}10^{-2}\,\omega_e + 55{,}24\ , \quad 1000/\text{min} \leq \omega_e \leq 6000/\text{min}$$

Plotten Sie die Variation der Traktionskraft über der Motordrehzahl in einer Grafik,
jeweils für die Gesamtübersetzungen: 16,0, 10,5, 7,0, 4,5 und 3,0. Der wirksame
Radius des Rades ist 30 cm.

Lösung:

Mit Gleichung 3.22 kann ein einfaches MATLAB-Programm geschrieben werden,
das die geforderten Zahlen plottet. Das Ergebnis ist in Abb. 3.17 dargestellt.

3.4
Widerstandskräfte

Es gibt Fahrwiderstandskräfte, die der Fahrzeugbewegung entgegenwirken. Einige wirken ab dem Beginn der Bewegung, andere entstehen erst mit der Geschwindigkeit. Fahrwiderstandskräfte verbrauchen einen Teil der Leistung des
Verbrennungsmotors und reduzieren Geschwindigkeit und Beschleunigung des
Fahrzeugs. Um die geradlinige Performance des Fahrzeugs zu analysieren, müssen die am bewegten Fahrzeug wirkenden Widerstandskräfte bestimmt werden.

Bei den Fahrwiderstandskräften können drei Kategorien unterschieden werden: reibungs-, luftwiderstands- und gravitationsbedingte Kräfte. Die Reibungskräfte werden üblicherweise als „Rollwiderstandskraft" bezeichnet. Luftwiderstandskräfte werden auch als „aerodynamische Kraft" und die Gravitationskraft wird auch als „Gefällekraft" bezeichnet.

3.4.1
Rollwiderstand

Wie der Name schon sagt, summiert sich der Widerstand rotierender Teile gegen die Bewegung zur Gesamtfahrwiderstandskraft und verlangsamt das Fahrzeug. Es gibt rotierende Teile, die Drehmoment übertragen, und solche, die kein Drehmoment übertragen. Die erstgenannten können aus der aktuellen Diskussion ausgeschlossen werden, da es sich hierbei um Leistungsverluste im Antriebsstrang bei der Übertragung von Drehmoment handelt. Dieses Thema wird in Abschn. 3.13 separat behandelt. Der Begriff Rollwiderstand bezieht sich somit lediglich auf die der Fahrzeugbewegung entgegenwirkenden Momente bei frei rollendem Antriebsstrang. Dies schließt alle rotierenden Komponenten des Antriebsstrangs ein. Die Antriebsräder sind permanent mit dem Antriebsstrang verbunden, und ihre Verbindung zum Verbrennungsmotor wird von der Kupplung gesteuert. Daher drehen die Antriebsräder die Antriebsstrangkomponenten auch dann, wenn das Getriebe nicht aktiv eingreift und in der Neutralposition ist. Ausgenommen hiervon sind die Zahnräder im Getriebe. Die Summe der Gegenmomente der frei rotierenden Teile kann in zwei Hauptkategorien unterteilt werden: Gegenmomente aufgrund von Reibung und Gegenmomente aufgrund von Widerstand gegen Reifendeformation.

3.4.1.1   Reibmomente
Die Reibmomente im Fahrzeugtriebstrang bestehen aus drei Teilen:

1. *Lagermomente*: Der Lagerreibungsanteil ist normalerweise, verglichen mit anderen Widerstandsfaktoren, gering und nimmt mit der Lagerlast zu.
2. *Verzahnungsreibung*: Reibkräfte zwischen den Zahnflanken erzeugen Gegenmomente. Diese sind lastabhängig und dementsprechend gering, wenn keine Last anliegt.
3. *Bremsbeläge*: Das Drehmoment aufgrund des Kontakts zwischen Bremsbelägen und Bremsscheiben oder -trommeln ist ebenfalls ein Widerstandsfaktor. Auch bei nicht betätigter Bremse gibt es oft etwas Reibung zwischen Belägen und Scheiben/Trommeln. Dies verursacht ein Gegenmoment. Die Werte für diese Momente sind von vielen konstruktiven Faktoren der Bremsanlage abhängig.

3.4.1.2 **Deformationen der Reifen**

Beim nicht rollenden Reifen verursacht die Last *W* eine symmetrische Druckverteilung um die Mitte der Aufstandsflächen herum. Wie in Abb. 3.18 dargestellt, wirkt die resultierende Kraft *N* in der Mitte der Kontaktfläche.

Beim rollenden Reifen erfahren die in den Kontaktbereich kommenden Elemente eine Kompression, während die Elemente, die den Kontaktbereich verlassen, eine Dekompression erfahren. Der Druck auf die Materialien im Kontaktbereich steigt daher am vorderen Ende tendenziell an, während er am hinteren Ende abnimmt. Die Druckverteilung ist dann ähnlich der in Abb. 3.19 gezeigten Verteilung. Die resultierende Reaktionskraft wirkt außermittig näher am vorderen Ende.

Bei vorwärtsbewegender resultierender Reaktionskraft ist sie gleich dem an der Radachse anliegenden Gegenmoment. Dieses in Abb. 3.20a gezeigte Drehmoment wird Widerstandsmoment (T_{RR}) genannt. Da die Wirkung des Rollwiderstandsmoments darin besteht, die Radbewegung (bzw. das Fahrzeug) zu verlangsamen, wird in der Praxis angenommen, dass auf Bodenebene eine Gegenkraft mit derselben Wirkung (s. Abb. 3.20b) wirkt. Diese Kraft wird Rollwiderstandskraft (F_{RR}) genannt.

Aus energetischer Sicht entsteht der Rollwiderstand durch die Deformation des Reifens. Zur Deformation benötigen die Reifenelemente Energie, wenn sie in die

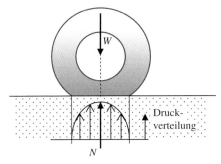

Abb. 3.18 Druckverteilung für einen nicht rollenden Reifen.

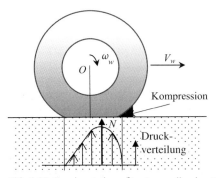

Abb. 3.19 Druckverteilung für einen rollenden Reifen.

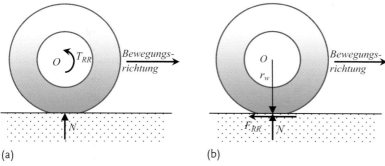

Abb. 3.20 Rollwiderstandsmoment (a) und -kraft (b).

Kontaktzone kommen. Aufgrund der viskoelastischen Eigenschaften von Gummi sind die Reifenelemente nicht in der Lage, die Energie vollständig zurückzugewinnen, wenn sie die Kontaktzone verlassen. Dieses Phänomen wird Hystereseeffekt genannt. Darum geht ein Teil der Energie des rollenden Reifens in Wärme verloren. Diese Energiemenge entspricht der vom Rollwiderstandsmoment oder der Rollwiderstandskraft geleisteten Arbeit.

3.4.1.3 Sonstige Faktoren

Neben Rollreibungen und Reifendeformation gibt es weitere Faktoren, die einen geringen Einfluss auf die Gesamtfahrwiderstandskraft besitzen:

- *Verluste aufgrund der Reibung zwischen Reifen und Straßenbelag* – aufgrund des Schlupfes der Laufflächengummimischung auf der Straßenoberfläche wird Wärme erzeugt.
- *Aerodynamischer Widerstand aufgrund der Eigendrehung des Rades.* Im aerodynamischen Widerstand für das ganze Fahrzeug ist üblicherweise eine Gegenkraft für ein nicht drehendes Rad enthalten. Allerdings wird zur Drehung des Rades in Luft eine geringe Menge an Energie benötigt, die zu den Energieverlusten hinzugerechnet werden muss.
- *Propellerwirkung der Felge bei der Raddrehung.* Auch die durch die Felgenöffnungen hindurchtretende Luft trägt zu den Energieverlusten bei.

3.4.1.4 Einflussgrößen

Verschiedene Parameter beeinflussen die Rollwiderstandskraft. Folgende Parameter sind die wesentlichen, in Reifen oder Kontaktfläche wirkenden Einflussgrößen:

- Konstruktion:
    - Reifenart (Radial- oder Diagonalreifen);
    - Reifenmaterialien;
    - Profilaufbau;
    - Reifendurchmesser.

Tab. 3.4 Wirkung der Erhöhung von Reifenparameterwerten auf die Rollwiderstandskraft.

Parameter	Durchmesser	Druck	Drehzahl	Temperatur	Last
Wirkung	↓	↓	↑	↓	↑

Tab. 3.5 Wirkung von Reifen- und Straßenarten auf die Rollwiderstandskraft.

Parameter	Radial	Diagonal	Weicher Straßenbelag	Glatter Straßenbelag
Wirkung	↓	↑	↑	↓

- Betriebsbedingungen:
  - Reifendruck;
  - Reifendrehzahl;
  - Reifentemperatur;
  - vertikale Last;
  - seitlicher Schlupf des Reifens;
  - Alter des Reifens.

- Straßenbelag: Beachten Sie, dass auch für die Deformationen des Straßenbelags, z. B. auf weichem, verformbarem Untergrund, Energie benötigt wird. Diese Energieverluste werden ebenfalls als Rollwiderstandsverluste betrachtet. Zu den Einflussgrößen zählen:
  - Beschaffenheit des Fahrbahnbelags;
  - Steifigkeit;
  - Trockenheit.

Inwieweit die genannten Parameter den Rollwiderstand beeinflussen, wurde in der Fachliteratur hinreichend untersucht (z. B. [3]). Eine Übersicht über den qualitativen Einfluss von zahlreichen Parametern ist in den Tab. 3.4 und 3.5 zu finden.

3.4.1.5 Mathematische Darstellung

Eine mathematische Formel für die Rollwiderstandskraft ist für die Analyse der Fahrzeugbewegung hilfreich. Dazu kann die Reifenwiderstandskraft als Funktion der Einflussgrößen p_1, p_2 etc. formuliert werden:

$$F_{RR} = f(p_1, p_2, p_3, \ldots) \tag{3.23}$$

Die unbekannte Funktion f zu bestimmen, ist allerdings keine einfache Aufgabe. Von den erwähnten Parametern stehen einige, etwa Durchmesser und Konstruktion, für einen gegebenen Reifen fest. Andere haben geringe Bedeutung, etwa die Temperatur. Wieder andere haben feste Werte, wie beispielsweise der Druck. Die verbleibenden Parameter sind Drehzahl, Last und Straßenart. Art und Qualität von

Straßenbelägen lassen sich nur schwer formulieren, es ist also für jeden Straßenbelag ein eigener Ansatz erforderlich. Die Abhängigkeit der Rollwiderstandskraft
von der Radlast ist linearer Natur, somit ist der Quotient aus Rollwiderstandskraft
und Radlast, der Rollwiderstandskoeffizient f_R, eine lastunabhängige Größe:

$$f_R = \frac{F_{RR}}{W} \tag{3.24}$$

Der Rollwiderstandskoeffizient ist generell eine Funktion von allen oben erwähnten Parametern. Daher ist der einzig wichtige Parameter die Vorwärtsbewegung
der Radmitte, d. h. die Fahrzeuggeschwindigkeit:

$$f_R = f(v) \tag{3.25}$$

Die Änderung des Rollwiderstandskoeffizienten über der Geschwindigkeit wird in
der Literatur unterschiedlich dargestellt. Generell scheint zu gelten, dass der Rollwiderstandskoeffizient mit der Geschwindigkeit zunimmt. Aus energetischer Sicht
kann dies akzeptiert werden. Denn wenn eine bestimmte Energiemenge pro Umdrehung verloren geht, dann muss der Energieverlust zunehmen, wenn die Zahl
der Umdrehungen pro Zeitintervall zunimmt. Die Variation des Rollwiderstandskoeffizienten über der Geschwindigkeit kann im Allgemeinen näherungsweise in
Form eines Polynoms zweiten Grades geschrieben werden:

$$f_R = f_0 + f_1 v + f_2 v^2 \tag{3.26}$$

wobei die Koeffizienten f_0, f_1 und f_2 drei Konstanten sind. Der quadratische Ausdruck kann allerdings entfernt werden, da eine ähnliche Geschwindigkeitsab-
hängigkeit durch den aerodynamischen Widerstand zur Verfügung steht (s. Abschn. 3.4.2). Tatsächlich wird durch Eliminieren dieses Ausdrucks nicht dessen
Wirkung vernachlässigt. Sie wird lediglich in den Ausdruck für die aerodynamische Kraft verlagert. Damit lässt sich der Rollwiderstandskoeffizient in ein
Polynom erster Ordnung vereinfachen:

$$f_R = f_0 + f_1 v \tag{3.27}$$

Oft wird die Abhängigkeit des Rollwiderstands von der Geschwindigkeit auch ignoriert (d. h. $f_1 = 0$), und für den Rollwiderstandskoeffizienten wird lediglich ein
konstanter Koeffizient f_0 betrachtet. In Tab. 3.6 finden Sie typische Werte für den
Rollwiderstandskoeffizienten f_0 (weiterführende Informationen finden Sie in [3]).

3.4.2
Aerodynamik des Fahrzeugs

Die Bewegung eines Fahrzeugs findet in der Luft statt und die Kräfte, die von der
Luft auf das Fahrzeug ausgeübt werden, beeinflussen dessen Bewegung. Aerodynamik ist die Lehre von der Bewegung von Fahrzeugen in der Luft. Zu den Effekten
der Luft auf die Fahrzeugbewegung gehören die folgenden:

Tab. 3.6 Wertebereiche für den Rollwiderstandskoeffizienten f_0 bei niedrigen Geschwindigkeiten.

Art des Fahrzeugs	Asphalt/Beton	Nicht befestigter Weg	
		Hart-Mittel	Weich
Auto	0,010–0,015	0,05–0,15	0,15–0,3
Lastwagen	0,005–0,010	–	–

Abb. 3.21 Strömungslinien um die Karosserie.

- *Interne Luftströme*: Zur Belüftung und Kühlung strömt Luft durch die Öffnungen auf der Fahrzeugfrontseite. Die Luftströmung durch Fenster und Schiebedach sind andere Beispiele.
- *Bodenfreiheit*: Bei Bodenfahrzeugen ist die Bodenfreiheit gering und führt zu Bodeneffekten.
- *Stromlinienform*: Die dem Luftstrom angepasste, stromlinienförmige Gestaltung der Karosserie ist bei der Reduzierung des Luftwiderstands von großer Bedeutung. Bei Bodenfahrzeugen ist die äußere Form der Karosserie allerdings von verschiedenen Faktoren abhängig. Die Stromlinienform ist nur einer der Faktoren (Abb. 3.21).

3.4.2.1 Luftwiderstand

Drei wesentliche Effekte sind für das Entstehen der Luftwiderstandskräfte verantwortlich:

1. *Formwiderstand, auch Druckwiderstand:* Die Basis für diese Gegenkraft ist die Druckdifferenz vor und hinter dem Fahrzeug infolge der Trennung des Luftstroms und der Wirbelbildung hinter dem Fahrzeug. Der Druck auf der Fahrzeugvorderseite ist höher. Es wirkt eine der Luftgeschwindigkeit entgegengerichtete Kraft auf das Fahrzeug. Die Querschnittsfläche des Fahrzeugs gegenüber dem Luftstrom spielt deshalb eine bedeutende Rolle.
2. *Oberflächenreibung:* Die auf die Fahrzeugoberfläche mit einer relativen Geschwindigkeit auftreffende Luft verursacht Reibungskräfte, die der Bewegungsrichtung entgegengerichtet sind. Die Oberflächenrauigkeit der Fahrzeugkarosserie ist ein wichtiger Faktor bei diesem Teil der aerodynamischen Kraft.

3. *Interner Luftstrom*: Luft, die durch interne Komponenten des Fahrzeugs strömt, verlangsamt sich und entnimmt dem Fahrzeug demnach Energie. Dies wiederum verursacht eine weitere Gegenkraft am Fahrzeug.

Der Formwiderstand ist mit rund 80 % für den Hauptteil der aerodynamischen Kraft verantwortlich. Die beiden übrigen Kräfte hingegen schlagen mit ca. jeweils 10 % zu Buche.

3.4.2.2 Aerodynamische Kräfte und Momente

Die aerodynamischen Gegenkräfte sind in der Realität keine diskreten Kräfte, die an bestimmten Stellen wirken, sondern eigentlich die Summierung von infinitesimalen Kräften, die an allen Punkten der Karosserie wirken. Das Resultat ist eine einzelne Kraft R_A, die am Mittelpunkt der aerodynamischen Kraft bzw. am Druckmittelpunkt C_P (*p* für „pressure", Druck) angreift. Generell werden aerodynamische Kräfte durch ein dreidimensionales Kräftesystem mit drei in den Achsenrichtungen des Fahrzeugs aufgelösten Komponenten beschrieben. Der Druckmittelpunkt ist nicht mit dem Schwerpunkt C_G (Massenmittelpunkt) des Fahrzeugs identisch. Daher übt die aerodynamische Kraft um die Fahrzeugachsen Drehmomente aus. Abbildung 3.22 zeigt die aerodynamischen Kräfte und Momente.

In der Aerodynamik für Luftfahrzeuge ist es üblich, andere Achsensysteme zu definieren, etwa Windachsen, die von den Körperachsen getrennt betrachtet werden. Aerodynamische Kräfte – Luftwiderstand, Auftrieb und Seitenkraft – werden als Komponenten der aerodynamischen Kraft der Windachsen definiert. Im Falle von Bodenfahrzeugen wird oft angenommen, dass Zweiachsensysteme ausreichende Übereinstimmung liefern, da die aerodynamischen Winkel (wenn kein Seitenwind herrscht) klein sind. Mit dieser Annahme sind die Komponenten der Kraft in die negativen Richtungen der *x*-, *y*- und *z*-Achse Luftwiderstand, Seitenkraft und

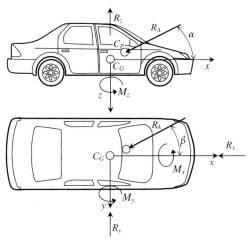

Abb. 3.22 Auf das Fahrzeug einwirkende aerodynamische Kräfte und Momente.

Auftrieb. Solange wir von einer longitudinalen Fahrzeugbewegung reden, ist die wichtigste aerodynamische Kraft die der Fahrzeugbewegung entgegengerichtete Luftwiderstandskraft. Die Auftriebskomponente kann die Normalbeanspruchung der Reifen verändern und hat somit indirekten Einfluss.

3.4.2.3 Mathematische Darstellung

Es ist üblich, die aerodynamischen Kräfte und Momente in Form von dimensionslosen Koeffizienten auszudrücken. Generell wird jede aerodynamische Kraft in der folgenden grundsätzlichen Form geschrieben:

$$F_A = q\,C_F\,A^* \tag{3.28}$$

wobei C_F der Koeffizient der aerodynamischen Kraft ist. Er steht für die Koeffizienten von Luftwiderstand C_D, Seitenkraft C_S und Auftrieb C_L. A^* ist die fahrzeugspezifische Frontalfläche A_F (Projektionsfläche). q ist der dynamische Druck, für den gilt:

$$q = \frac{1}{2}\rho_A v_A^2 \tag{3.29}$$

wobei ρ_A die von den Umgebungsbedingungen abhängige Luftdichte ist. Unter Normbedingungen – 1013 mbar bzw. 101 325 Pa auf Meereshöhe und einer Temperatur von 15 °C (288,15 K) – ist die Luftdichte 1,225 kg/m³. Die Luftdichte lässt sich näherungsweise wie folgt berechnen:

$$\rho_A = 0{,}0348\frac{p}{T} \tag{3.30}$$

wobei p in Pascal und T in Kelvin (273,15 + °C) anzugeben sind.

Die Geschwindigkeit v_A in Gleichung 3.29 wird Luftgeschwindigkeit genannt. Sie entspricht größenordnungsmäßig der Relativgeschwindigkeit der Luft zur Fahrzeugkarosserie. Um die Luftgeschwindigkeit berechnen zu können, muss die Windgeschwindigkeit bekannt sein. Nehmen wir an, die Windgeschwindigkeit v_W wirkt in einem Winkel ψ_W relativ zum geografischen Norden (s. Abb. 3.23). Ein Fahrzeug fährt mit einer Geschwindigkeit v_V in Richtung ψ_V. Der Vektor v_A ist die Luftgeschwindigkeit und kann wie folgt ermittelt werden:

$$v_A = v_W - v_V \tag{3.31}$$

v_A Wie in Abb. 3.23 gezeigt, lässt er sich auch grafisch bestimmen.

Die aerodynamischen Momente lassen sich wie folgt ausdrücken:

$$M_A = q\,l\,C_M\,A^* \tag{3.32}$$

wobei l die fahrzeugspezifische Länge, üblicherweise der Radstand, ist. C_M ist der Momentenkoeffizient und setzt sich aus den Momenten C_l (Rollmoment), C_m (Nickmoment) und C_n (Giermoment) zusammen.

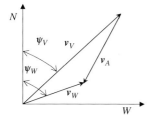

Abb. 3.23 Definition des Vektors der Luftgeschwindigkeit v_A.

Übung 3.5

Ein Fahrzeug bewegt sich mit einer konstanten Geschwindigkeit von 100 km/h. Berechnen Sie die Luftgeschwindigkeit für eine Windgeschwindigkeit von 30 km/h für: (a) Gegenwind, (b) Rückenwind.

Lösung:

Es darf angenommen werden, dass der Winkel des Vektors der Fahrzeuggeschwindigkeit null ($\psi_V = 0$) ist, somit ist für (a) Gegenwind $\psi_W = 180$, und es ergibt sich aus Gleichung 3.31:

$$v_A = -30 - 100 = -130\,\text{km/h} \quad \text{(gegen Bewegungsrichtung)}$$

Für Rückenwind (b) ist $\psi_W = 0$, und dementsprechend ergibt sich:

$$v_A = 30 - 100 = -70\,\text{km/h} \quad \text{(gegen Bewegungsrichtung)}$$

Die grafischen Darstellungen sind in Abb. 3.24 zu sehen.

Aerodynamische Kräfte sind von verschiedenen Parametern abhängig, beispielsweise von der Geometrie der Karosserie, den Umgebungsbedingungen und den Luftstromeigenschaften. Zur Geometrie des Fahrzeugs zählen Form und Abmessungen des Fahrzeugs. Letztere sind bereits in die Projektionsfläche eingegangen, und der Radstand wurde bei der Betrachtung der aerodynamischen Momente als spezifische Fahrzeuglänge berücksichtigt. Die wichtigste Einflussgröße der Umgebungsbedingungen ist die Lufttemperatur (Umgebungstemperatur). Sie beeinflusst die Luftdichte und hat damit auch direkten Einfluss auf die aerodynamischen Kräfte.

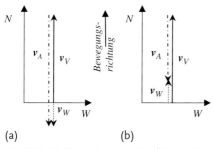

Abb. 3.24 Grafische Lösungen für Übung 3.5.

Zu den Eigenschaften des Luftstroms gehören Luftgeschwindigkeiten und deren relative Richtung zu den Karosseriekoordinaten. Wenn der Luftstrom von vorne auf die Fahrzeugachse trifft, spricht man vom Anströmwinkel. Dieser Winkel beeinflusst den Betrag der aerodynamischen Kraft. Um diese Einflussgrößen berechnen zu können, werden dimensionslose Parameter wie die Reynoldszahl (Re) und die Machzahl (M) verwendet. Allgemein sind die Koeffizienten für die Kraft C_F (bzw. das Moment C_M) eine Funktion dieser Parameter sowie des Anströmwinkels α und des seitlichen Schlupfes β (s. Abb. 3.22), d. h.:

$$C_F = f(Re, M, \alpha, \beta) \tag{3.33}$$

Bei der Fahrzeugbewegung ist die Machzahl stets klein und im Bereich von kleiner 0,2, und auch die Variation der Reynoldszahl ist sehr klein. Im Fall des longitudinalen und horizontalen Windes sind die beiden Winkel α und β klein, und unter diesen Umständen ist der Kraftkoeffizient praktisch konstant. Daher können in der Praxis konstante Kraft- bzw. Momentkoeffizienten angenommen werden.

Übung 3.6

Ein Fahrzeug mit einer Projektionsfläche von $2,0\,\mathrm{m^2}$ hat einen Luftwiderstandsbeiwert von 0,38. Plotten Sie die Änderung der Luftwiderstandskraft bei Standardumgebungsbedingungen und Windstille für bis zu 200 km/h.

Lösung:

Die Luftdichte bei Standardumgebungsbedingungen beträgt $1,225\,\mathrm{kg/m^3}$ und die aerodynamische Kraft beträgt:

$$F_A = 0,5 \times 1,225 \times 0,38 \times 2,0 \times v^2 = 0,4655 v^2$$

Die Variation dieser Kraft über der Geschwindigkeit kann mithilfe eines MATLAB-Programms geplottet werden. Das Ergebnis ist in Abb. 3.25 abgebildet.

Übung 3.7

Berechnen Sie die aerodynamische Kraft bei einer Geschwindigkeit von 100 km/h für das Fahrzeug aus Übung 3.6, und prüfen Sie die Änderungen der Luftwiderstandskraft für Gegenwind und Rückenwind mit jeweils 20, 30 und 40 km/h.

Lösung:

Mit der Gleichung für die Luftwiderstandskraft aus der vorherigen Übung ergibt sich die Kraft bei 100 km/h zu 359,2 N. Bei Gegenwind berechnet sich die Luftwiderstandskraft zu $0,4655 \times (100/3,6 + v_W)^2$ und bei Rückenwind zu $0,4655 \times (100/3,6 - v_W)^2$. In Tab. 3.7 werden die Ergebnisse verglichen.

3.4.3
Steigungen/Gefälle

Die Gravitationskräfte an Hängen wirken der Bergab- bzw. Bergaufbewegung des Fahrzeugs entgegen. In Bezug auf Abb. 3.26 ergibt sich die Gravitationskraft bei

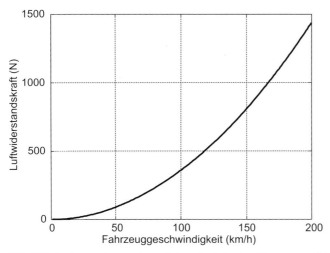

Abb. 3.25 Änderung der aerodynamischen Kraft für das Fahrzeug aus Übung 3.6.

Tab. 3.7 Luftwiderstandskräfte (in N) für Übung 3.7.

Windgeschwindigkeit (km/h)	0	20	30	40
Gegenwind	359,2	517,2	607,0	704,0
Zunahme (%)	0	44	69	96
Rückenwind	359,2	229,9	176,0	129,3
Abnahme (%)	0	36	51	64

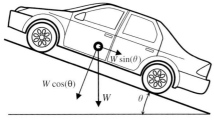

Abb. 3.26 Gravitationskraft.

einem Hangwinkel θ zur Horizontalen zu:

$$F_G = \pm W \sin \theta \tag{3.34}$$

Das positive bzw. negative Vorzeichen steht für die Bergab- bzw. Bergaufbewegung. Die Gravitationskraft ist eine konstante Kraft, solange der Neigungswinkel des Hangs konstant ist.

Die Steigung (Neigung) wird häufig in Prozent statt in einem Winkel angegeben. Das entspricht dem Tangens des (Neigungs-)Winkels multipliziert mit 100:

$$Neigung\,(\%) = 100 \times \tan\theta \tag{3.35}$$

Beachten Sie, dass sich die Normalreaktionskraft ebenfalls ändert bei einem auf einer geneigten Fläche bewegten Fahrzeug. Dementsprechend ändert sich die Rollwiderstandskraft:

$$F_{RR} = f_R\,W\cos\theta \tag{3.36}$$

3.4.4
Gegenkraftdiagramme

Die Gesamtgegenkraft ist die Summe der Rollwiderstands-, Aerodynamik- und Gravitationskräfte:

$$F_R = F_{RR} + F_A + F_G \tag{3.37}$$

Von diesen Kräften ist lediglich die Gravitationskraft konstant. Die beiden anderen sind geschwindigkeitsabhängig.

Übung 3.8
Verwenden Sie die Daten aus Übung 3.6. Betrachten Sie ein Fahrzeug mit einer Masse von 1200 kg, das einen Rollwiderstandskoeffizienten von 0,02 besitzt.

a) Plotten Sie die Summe der Gegenkräfte für Geschwindigkeiten bis zu 200 km/h bei einer Neigung von 10 %, und geben sie die Komponenten einzeln an.
b) Plotten Sie die Gesamtgegenkraft für Neigungen von 0, 10, 20, 30, 40 und 50 % in einer einzigen Abbildung.

Lösung:
Sie erhalten die Resultate durch Verwendung der Gleichungen 3.28, 3.34, 3.36 und 3.37. Die Plots für (a) und (b) sind in den Abb. 3.27 und 3.28 zu finden.

3.4.5
Ausrolltest

Ein Ausrolltest dient der experimentellen Bestimmung der Gegenkräfte und des Luftwiderstands eines Fahrzeugs (s. Abschn. 3.4.1). Beim Ausrollexperiment wird das Fahrzeug auf eine hohe Geschwindigkeit beschleunigt und Anschließend im Leerlauf unter Wirkung der Gegenkräfte ausrollen gelassen. Gegenkräfte sind im Allgemeinen von Umgebungs- und Straßenbedingungen abhängig (z. B. Temperatur, Wind, Straßenoberfläche und Art des Straßenbelags). Darum können unter Standardbedingungen, üblicherweise bei Windstille und auf ebenem Untergrund ausreichender Länge, nützliche Informationen zur Variation der Fahrzeuggeschwindigkeit über die Zeit gewonnen werden. Diese Informationen werden anschließend verarbeitet, um die Kräfte für Roll- und Luftwiderstand zu ermitteln.

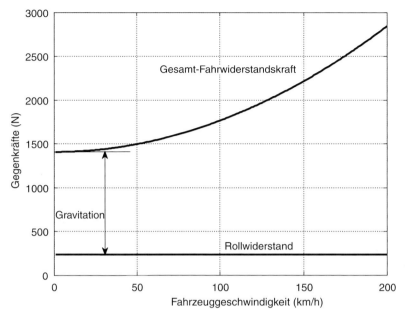

Abb. 3.27 Gegenkräfte auf ebener Straße.

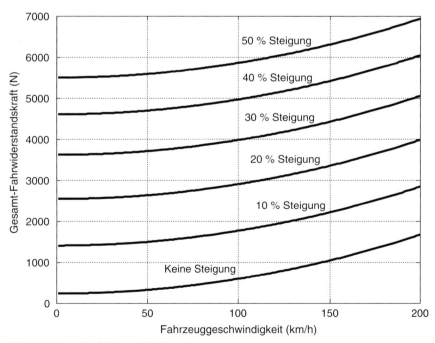

Abb. 3.28 Gegenkraft bei verschiedenen Neigungen.

Einfache Verfahren zur Schätzung der Gegenkräfte aus den Geschwindigkeit-Zeit-Daten werden in Abschn. 3.12 erläutert.

3.5
Fahrzeug-Performance bei konstanter Leistung (CPP)

Die Modellierung der longitudinalen Performance eines Fahrzeugs ist unter realen Betriebsbedingungen schwierig, da sowohl der Drosselwert des Verbrennungsmotors als auch die Übersetzungsverhältnisse sich während der Bewegung ändern. In erster Näherung werden einfache Modelle verwendet, die die Analyse und das Verständnis der Fahrzeug-Performance erleichtern. Ein sinnvoller Ansatz besteht darin, anzunehmen, dass eine konstante Leistung genutzt wird, um das Fahrzeug bis zu seiner Maximalgeschwindigkeit zu beschleunigen, was in der Praxis der Beschleunigung mit Volllast (Drosselwert 100 %) entspricht. Später werden wir noch zeigen, dass eine derartige Beschleunigung keine Bewegung mit konstanter Leistung ist. Dennoch sorgt die Annahme einer Konstantleistung zunächst für eine Vereinfachung der Bewegungsgleichungen und liefert uns ein einfaches und praktikables Modell für Überschlagsrechnungen.

3.5.1
Maximale Leistungsabgabe

Es wurde darüber gestritten, wie eine Leistungsquelle maximale Leistung als Funktion der Drehzahl abgibt. Wir prüfen dies durch das folgende mathematische Vorgehen:

Wir betrachten eine Kraftquelle mit einer Drehzahl ω, die eine Funktion der Zeit t ist. Wie aus Abb. 3.29 ersichtlich, ist das abgegebene Drehmoment T eine Funktion der Drehzahl. Darum gilt:

$$P(\omega) = \omega\, T(\omega) \tag{3.38}$$

Um die maximal abgegebene Leistung zu erhalten, müssen wir die Drehzahl finden, bei der die Leistung maximal ist. Daher kann Gleichung 3.38 einfach nach der Drehzahl ω differenziert werden:

$$\frac{dP}{d\omega} = T(\omega) + \omega\,\frac{dT}{d\omega} = 0 \tag{3.39}$$

oder:

$$\frac{dT}{T(\omega)} = -\frac{d\omega}{\omega} \tag{3.40}$$

Dies ist eine Differenzialgleichung, die den Zusammenhang zwischen dem abgegebenen Drehmoment und der Drehzahl herstellt. Die Integration der Gleichung 3.40 führt zu:

$$\ln T = C - \ln \omega \tag{3.41}$$

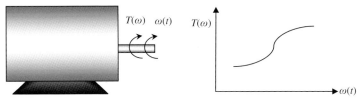

Abb. 3.29 Eine Leistungsquelle mit dem Verlauf des abgegebenen Drehmoments.

wobei C die Integrationskonstante ist. Wenn wir annehmen, dass $C = \ln P_0$, können wir Gleichung 3.41 wie folgt schreiben:

$$\ln T = \ln \frac{P_0}{\omega} \tag{3.42}$$

oder

$$P_0 = \omega\, T(\omega) = P(\omega) \tag{3.43}$$

Gleichung 3.43 impliziert augenscheinlich, dass die Leistung P_0 konstant sein muss, um eine maximale Leistung aus einer Leistungsquelle zu erhalten. Diese Aussage selbst ist falsch, da die Leistung P_0 nicht zwangsläufig maximal sein muss, sondern abweichende Werte haben kann. Es bleibt also die Frage, was an dem mathematischen Ansatz für die Analyse falsch ist. Man muss sich darüber im Klaren sein, dass die in Gleichung 3.39 vorgenommene Differenziation nur erforderlich war, um das Maximum zu erhalten und dessen Existenz sicherzustellen. Zudem gibt es eine hinreichende Bedingung, und zwar:

$$\frac{d^2 P}{d\omega^2} < 0 \tag{3.44}$$

Für diesen Fall unseres Problems kann einfach gezeigt werden, dass unter Verwendung der Gleichungen 3.39 und 3.40 gilt:

$$\frac{d^2 P}{d\omega^2} = 0 \tag{3.45}$$

Das bedeutet, dieser Punkt stellt weder das Maximum noch das Minimum, sondern einen kritischen Punkt dar. Somit führt dieser analytische Ansatz zu keiner brauchbaren Schlussfolgerung beim Ermitteln der maximalen Leistung einer Leistungsquelle. Die Erläuterung in diesem Abschnitt soll zeigen, dass die Idee der Abgabe einer konstanten Leistung nicht mit der Abgabe der maximalen Leistung einer Kraftquelle zusammenhängt, wie manchmal behauptet wird. Die konstante Leistung, die wir in den folgenden Abschnitten untersuchen, kann jeden gewünschten Wert an Leistung haben.

3.5.2
Annahme einer stufenlosen Übersetzung

Ein Zahnradgetriebe mit kupplungsbedingten Schaltvorgängen bewirkt einen diskontinuierlichen Drehmomentfluss an die Räder und führt wiederum zu diskonti-

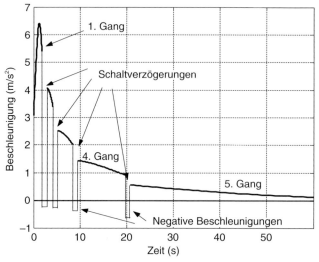

Abb. 3.30 Typischer Beschleunigungsverlauf eines Fahrzeugs.

nuierlichen Traktionskräften und entsprechender Beschleunigung. Abbildung 3.30 zeigt einen typischen Beschleunigungsvorgang eines Fahrzeugs mit einem manuellen Schaltgetriebe. Mit eingelegtem erstem Gang wird das das Fahrzeug bis zu einer Geschwindigkeit beschleunigt, bei der die Motordrehzahl zu hoch ist, sodass hochgeschaltet werden muss. Beim Gangwechsel in den zweiten Gang unterbricht die Kupplung zunächst die Kraftübertragung, dann erfolgt der Gangwechsel, und die Kupplung greift erneut und ermöglicht die Kraftübertragung im zweiten Gang. Der Schaltvorgang dauert eine gewisse Zeit, während der keine Traktionskraft zur Verfügung steht. Währenddessen wirken die Fahrwiderstandskräfte aber weiter auf das Fahrzeug. Diese Situation führt zu einer zeitweilig negativen Beschleunigung, wie aus Abb. 3.30 ersichtlich. Auch während anderer Schaltvorgänge führt das gleiche Phänomen zu diskontinuierlichem Beschleunigen des Fahrzeugs.

Möglicherweise sehen die Performance-Kurven des Fahrzeugs ähnlich wie in Abb. 3.30 aus. Zunächst ist es aber zielführender, mit einfacheren Modellen zu beginnen. Die Komplexität in dem allgemeinen Fall entsteht durch die Schaltvorgänge bzw. durch das Wechseln der Gangstufen. Eine einfache und sinnvolle Annahme besteht daher in der Betrachtung eines stufenlosen Getriebes. Bei einem solchen Getriebe kann das Übersetzungsverhältnis unbegrenzt und kontinuierlich (stufenlos) geändert werden. Diese Annahme führt dazu, dass wir einen kontinuierlichen Drehmomentfluss haben. Folglich haben wir auch eine ununterbrochene Fahrzeugbeschleunigung.

Die Annahme einer konstanten Leistung kann als ein einzelner Drehmoment-Drehzahl-Punkt für den Motor angesehen werden. Tatsächlich lässt sich bei unveränderter Leistung der optimale Betriebspunkt für den Motor bei dieser bestimmten Leistung wählen. Dies bedeutet, der Motor arbeitet mit dem Drehmomentwert ω^*

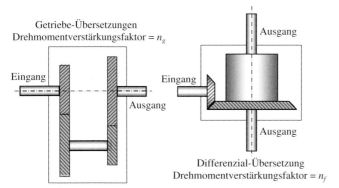

Abb. 3.31 Übersetzungsverhältnisse des Getriebes und des Achsantriebs.

und dem Drehzahlwert T_e^*. An diesem Betriebspunkt beträgt die Motorleistung P_e:

$$P_e = T_e \omega_e = T_e^* \omega^* = P^* = \text{konst.} \tag{3.46}$$

wobei T_e^* das Drehmoment in Nm, und die Leistung P_e in Watt sowie die Drehzahl ω^* in rad/s anzugeben sind.

Bei dieser Motordrehzahl bewegt sich das Fahrzeug ohne Schaltverzögerungen vorwärts, wenn es mit einem Getriebe mit unbegrenzt variablem Übersetzungsverhältnis versehen ist. Eine einfache kinematische Relation stellt den Zusammenhang zwischen Raddrehzahl ω_w und Motordrehzahl $\omega_e = \omega^*$ her:

$$\omega_w = \frac{\omega^*}{n} \tag{3.47}$$

Dabei ist n die Gesamtübersetzung des Fahrzeugs. Die Gesamtübersetzung ist die Getriebeübersetzung n_g multipliziert mit dem Übersetzungsverhältnis des Differenzialgetriebes (Achsantriebs) n_f, d. h. (s. Abb. 3.31):

$$n = n_g n_f \tag{3.48}$$

Bezug nehmend auf Abb. 3.32 wird ersichtlich, dass die Fahrzeuggeschwindigkeit, vorausgesetzt, dass kein Schlupf zwischen rollendem Reifen und Straßenbelag auftritt, wie folgt ausgedrückt werden kann:

$$v = \omega_w r_w = \frac{\omega^* r_w}{n_g n_f} \tag{3.49}$$

wobei r_w der wirksame Reifenrollradius ist. Gleichung 3.49 zeigt auf einfache Weise, dass die Fahrzeuggeschwindigkeit umgekehrt proportional zum Getriebeübersetzungsverhältnis ist.

Es bleibt anzumerken, dass die Annahme, dass kein Schlupf stattfindet, streng genommen im Widerspruch zum Mechanismus der Krafterzeugung steht, da er von der Existenz von Schlupf abhängig ist (s. Abschn. 3.3.1). Allerdings würde die Hinzunahme des Schlupfes Schwierigkeiten verursachen, die wir hier vermeiden wollen.

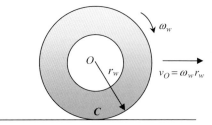

Reines Rollen: $v_C = 0$

Abb. 3.32 Das reine Abrollen des Reifens.

3.5.3
Geltende Gleichungen

Zur mathematischen Darstellung der Fahrzeugbewegung müssen wir die Newton'schen Gesetze auf das Fahrzeug anwenden. In unserem Fall interessieren wir uns für die longitudinalen Bewegungseigenschaften einschließlich Beschleunigung, Geschwindigkeit und zurückgelegter Strecke. Für dieses Problem einer unidirektionalen Bewegung des Massenmittelpunkts des Fahrzeugs eignet sich das zweite Newton'sche Axiom der Bewegung. In den Abschn. 3.3 und 3.4 wurden die Traktionskräfte erläutert, die am Fahrzeug wirken. Die Fahrzeugbewegung ist das Ergebnis der Wechselwirkung zwischen diesen Kräften. Die longitudinale Fahrzeugbewegung beinhaltet eine Vielzahl von verschiedenen Antriebs- und Gegenkräften. Die Traktionskräfte eines bewegten Fahrzeugs werden an der Reifenaufstandsfläche erzeugt. Die Gesamttraktionskraft F_T ist die Summe der einzelnen Kräfte der angetriebenen Reifen. Die gesamte aufgrund der Vorwärtsbewegung des Fahrzeugs mit der Geschwindigkeit v verbrauchte Leistung beträgt:

$$P_v = F_T v \tag{3.50}$$

Die an den Antriebsrädern verfügbare Leistung beträgt:

$$P_w = T_w \omega_w \tag{3.51}$$

Aufgrund der Verluste im Antriebsstrang gilt:

$$P_v < P_w < P_e = P^* \tag{3.52}$$

wobei P_e die Motorleistung ist und angenommen wird, dass diese einen konstanten Wert P^* hat. Gleichung 3.52 zeigt, dass die vom Motor erzeugte Leistung nicht vollständig genutzt wird. Ein Teil der Leistung geht durch Reibung im Antriebsstrang des Fahrzeugs verloren. Um diesen Effekt zu berücksichtigen, müssen wir den Wirkungsgrad des Antriebsstrangs in unsere Gleichungen einbeziehen. Zur Vereinfachung der Bewegungsgleichungen ignorieren wir diesen Effekt einstweilen. In Abschn. 3.13 werden wir ihn in den Gleichungen berücksichtigen. Beim idealen Antriebsstrang mit 100 % Wirkungsgrad sind die Werte der drei Leistungen gleich:

$$P_v = P_w = P_e = P^* \tag{3.53}$$

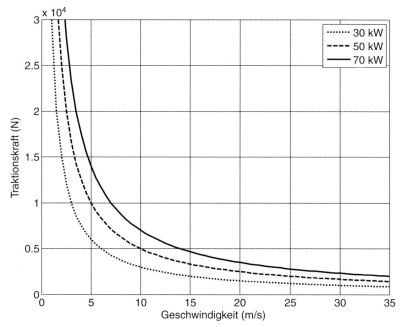

Abb. 3.33 Änderung der Gesamttraktionskraft über die Fahrzeuggeschwindigkeit.

Daher ist P^* die konstante Leistung, die an den Antriebsrädern zur Verfügung steht. Aus Gleichung 3.50 folgt:

$$F_T = \frac{P^*}{v} = f(v) \tag{3.54}$$

Die Gleichung zeigt, dass die Traktionskraft lediglich von der Vorwärtsgeschwindigkeit abhängig ist, und zwar umgekehrt proportional. Die Variation von F_T über der Geschwindigkeit (nach Gleichung 3.54) ist für verschiedene Ausgangsleistungen in Abb. 3.33 dargestellt.

Beachten Sie, dass Gleichung 3.54 impliziert, dass die Traktionskraft bei niedriger Geschwindigkeit mathematisch gegen unendlich strebt. In der Praxis ist die Reifenkraft jedoch von den Reibungskoeffizienten zwischen Reifen und Straße sowie dem Schlupfwert abhängig. Zudem gibt es eine maximale Traktionskraft, die am Rad zur Verfügung steht. Mit diesen Einschränkungen sieht die Kurve der Gesamttraktionskraft ähnlich wie in Abb. 3.34 aus.

Mit dieser Randbedingung für die Kraft ist die Traktionskraft nicht mehr gleichförmig. Wir müssen also zwei Bereiche unterscheiden: den Bereich mit Haftbegrenzung und den Bereich mit konstanter Leistung. Aus Gründen der Vereinfachung ignorieren wir diese Einschränkung einstweilen und analysieren den aufgrund dieser Vereinfachung verursachten Fehler später in diesem Kapitel.

Nun bringen wir Newtons zweites Axiom der Bewegung bei der longitudinalen Bewegung des Fahrzeugs zur Anwendung und beziehen uns dabei auf das Freikörperbild (FBD, Free Body Diagram) des in Abb. 3.35 gezeigten Fahrzeugs. Die

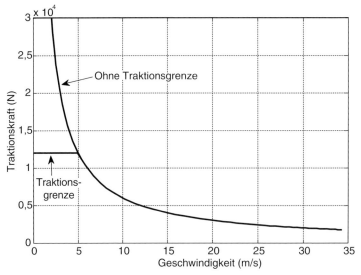

Abb. 3.34 Traktionskraft und Fahrzeuggeschwindigkeit mit Reifentraktionsgrenze.

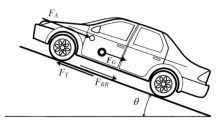

Abb. 3.35 Freikörperbild eines Fahrzeugs.

Gleichung für die longitudinale Bewegung ergibt sich wie folgt:

$$F_T - F_R = m\frac{dv}{dt} \tag{3.55}$$

wobei gilt:

$$F_R = F_{RR} + F_A + F_G \tag{3.56}$$

Ersetzen der Fahrwiderstandskräfte F_{RR} (Abschn. 3.4.1), F_A (Abschn. 3.4.2) und F_G (Abschn. 3.4.3) führt zu:

$$F_T - W\left(f_R\cos\theta + \sin\theta\right) - 0{,}5\rho_A C_D A_F v_A^2 = m\frac{dv}{dt} \tag{3.57}$$

Bei den meisten elementaren Performance-Analysen wird der Rollwiderstandskoeffizient als konstant betrachtet. Mit dieser Annahme sowie unter Verwendung von Gleichung 3.54 erhalten wir die endgültige Form der longitudinalen Bewegungsgleichung für das Fahrzeug:

$$m\frac{dv}{dt} = \frac{P^*}{v} - F_0 - cv^2 \tag{3.58}$$

Tab. 3.8 Liste der für die Herleitung von Gleichung 3.58 geltende Annahmen.

Während der gesamten Bewegung wird dem Verbrennungsmotor eine konstante Leistung entnommen

Die Übersetzung des Fahrzeuggetriebes verfügt über unbegrenzte Übersetzungsverhältnisse, die sich kontinuierlich während der Bewegung des Fahrzeugs ändern

Die Antriebsräder rollen, und es findet kein Schlupf an der Fahrbahnoberfläche statt

Der Antriebsstrang des Fahrzeugs ist verlustfrei

Die Reifen sind in der Lage, sehr große Traktionskräfte zu erzeugen

Die Rollwiderstandskraft ist bei allen Geschwindigkeiten konstant

Es herrscht Windstille während der Bewegung des Fahrzeugs

wobei c und F_0 die beiden wie folgt definierten Konstanten sind:

$$c = 0{,}5 \rho_A C_D A_F \tag{3.59}$$

$$F_0 = W \left(f_R \cos \theta + \sin \theta \right) \tag{3.60}$$

Beachten Sie, dass die Luftgeschwindigkeit v_A in Gleichung 3.58 für Windstille durch die Fahrzeuggeschwindigkeit v ersetzt wird.

Gleichung 3.58 ist eine gewöhnliche Differenzialgleichung hinsichtlich der Geschwindigkeit v des Fahrzeugs in Vorwärtsrichtung. Den zeitlichen Verlauf der Fahrzeuggeschwindigkeit erhalten wir durch Integration der Gleichung.

Bitte beachten Sie, dass Gleichung 3.58 unter den in Tab. 3.8 zusammengefassten Annahmen zustande gekommen ist.

3.5.4
Lösung der geschlossener Form

Gleichung 3.58 kann wie folgt ausgedrückt werden:

$$dt = \frac{m \, dv}{(P^*/v) - F_0 - c v^2} \tag{3.61}$$

Integration durch Trennung der Variablen führt zu:

$$t = \int \frac{m \, dv}{(P^*/v) - F_0 - c v^2} \tag{3.62}$$

Es kann gezeigt werden, dass die geltende Gleichung für die longitudinale Fahrzeugbewegung folgende Form hat:

$$t = k_1 \ln \frac{v_m - v}{\sqrt{v^2 + v v_m + a}} + k_2 \arctan \frac{2v + v_m}{\sqrt{4a - v_m^2}} + C_t \tag{3.63}$$

wobei v_m die reelle Wurzel des Polynoms der dritten Ordnung ist:

$$c v^3 + F_0 v - P^* = 0 \tag{3.64}$$

In Gleichung 3.63 ist C_t die Integrationskonstante. Sie muss durch Einführung einer Anfangsbedingung (z. B. bei $t = 0$, $v = 0$) berechnet werden. Die drei Konstanten a, k_1 und k_2 sind:

$$a = \frac{P^*}{c v_m} \tag{3.65}$$

$$k_1 = -\frac{m}{c} \cdot \frac{v_m}{2 v_m^2 + a} \tag{3.66}$$

$$k_2 = -\frac{m}{c \sqrt{4a - v_m^2}} \cdot \frac{2a + v_m^2}{2 v_m^2 + a} \tag{3.67}$$

Gleichung 3.63 liefert zwar eine mathematische Lösung der Longitudinalbewegung des Fahrzeugs, allerdings in der unüblichen Form $t = f(v)$. Nützlicher wäre $v = f(t)$. Um also die Geschwindigkeit über die Zeit aufzulösen, muss diese nicht lineare Gleichung durch Iterationsverfahren gelöst werden.

Übung 3.9
Ein Fahrzeug mit der Masse 1000 kg hat einen Rollwiderstandskoeffizienten von 0,02. Es besitzt einen Gesamtluftwiderstandsbeiwert von 0,4 (Gleichung 3.59) und verfügt über eine Motorleistung von 60 kW. Ermitteln Sie den zeitlichen Verlauf der Geschwindigkeit für eine ebene Strecke ab dem Fahrzeugstillstand.

Lösung:
Mit der vorgegebenen Anfangsbedingung „ab Stillstand" kann die Integrationskonstante bestimmt werden. Um Iteration zu vermeiden, können wir statt der Geschwindigkeitswerte für eine jeweils gegebene Zeit zwischen null und Maximalgeschwindigkeit die zu den jeweiligen Geschwindigkeiten gehörenden Zeitwerte berechnen. Die Maximalgeschwindigkeit ist v_m. Sie kann durch Lösen von Gleichung 3.64 bestimmt werden. Ein zum leichteren Verständnis mit Kommentaren versehenes MATLAB-Programm für diese Übung finden Sie in Abb. 3.36. Das Ergebnis ist in Abb. 3.37 wiedergegeben.

3.5.5
Numerische Lösungen

Auch wenn eine Geschlossene-Form-Lösung des Problems möglich ist, sind numerische Lösungen oft vorteilhaft. Heutzutage ist es durch die allgemeine Verfügbarkeit von Software nicht schwierig, ein Programm einzurichten und das Problem numerisch zu lösen. Gleichung 3.58 für die Fahrzeugbeschleunigung kann in folgende Form gebracht werden:

$$\frac{dv}{dt} = \frac{1}{m}\left(\frac{P^*}{v} - F_0 - cv^2\right) \tag{3.68}$$

Dies ist eine gewöhnliche Differenzialgleichung erster Ordnung für die Geschwindigkeit v. Sie kann unter Verwendung bekannter numerischer Verfahren, wie dem

```
% Übung 3.9
% Analytische Lösung der Fahrzeug-Longitudinalbewegung
clc                        % Schafft Platz auf dem Bildschirm
close all                  % Schließt zuvor geöffnete (Abbildungs-)Fenster
clear all                  % Löscht Speicher für Variablen

% Fahrzeugdaten:
m=1000;                    % Fahrzeugmasse (kg)
c=0.4;                     % Gesamt-Luftwiderstandskoeffizient
fr=0.02;                   % Rollwiderstandskoeffizient
Ps=60000;                  % Eingangsleistung (Watt)
theta=0;                   % Steigungswinkel (rad)

% Bestimmen der Gesamt-Fahrwiderstandskraft:
F0=(fr*cos(theta)+sin(theta))*m*9.81;

% Lösung des Polynoms 3. Ordnung c*v^3+F0*v-p=0 (Gleichung 3.64)
r=Ps/c/2;
q=F0/c/3;
d=sqrt(q^3+r^2);
s1=(r+d)^(1/3);
t1=sign(r-d)*abs(r-d)^(1/3);
vm=s1+t1;                  % vm ist die reelle Wurzel

% Vorabrechnungen:
c1=c/m;
a=Ps/c/vm;                 % auch a=s1^2+t1^2-s1*t1
c2=vm/(2*vm^2+a);
c3=sqrt(4*a-vm^2);
c4=(vm+2*a/vm)/c3;
k1=-c2/c1;  k2=k1*c4;      % Koeffizienten der Gleichung 3.63

% Anfangsbedingung setzen:    @t=0, v=0
t0=0; v0=0;

% Bestimmen der Integrationstante:
C=t0-k1*log((vm-v0)/sqrt(v0^2+vm*v0+a))-k2*atan((2*v0+vm)/c3);
for i=1: 200
    v(i)=vm*i/200;
    sq1=sqrt(v(i)^2+vm*v(i)+a);
    t(i)=k1*log((vm-v(i))/sq1)+k2*atan((2*v(i)+vm)/c3)+C;
end

% Plotten der Änderung der Geschwindigkeit über die Zeit
plot(t,v)
xlabel('Zeit (s)')                    % Achsenbezeichnung für Zeit (Horizontale Achse)
ylabel('Geschwindigkeit (m/s)')       % Achsenbezeichnung für Geschw. (Vertikale Achse)
grid                                  % Horizontale und vertikale Raster
```

Abb. 3.36 MATLAB-Programm-Listing für Übung 3.9.

Runge-Kutta-Verfahren, numerisch integriert werden. Verschiedene Softwarepakete, wie beispielsweise MATLAB, stellen diese Routinen für Programmierer bereit. Im Funktionsumfang von MATLAB ist eine Reihe von gewöhnlichen Differenzialgleichungen enthalten und werden mit „ode" (ODE, Ordinary Differential Equations) bezeichnet. Hinter der Funktion mit dem Kürzel „ode45" verbirgt sich ein

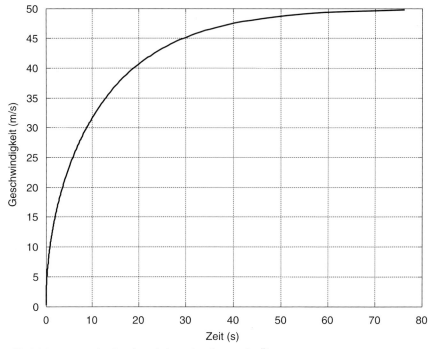

Abb. 3.37 Variation der Geschwindigkeit über die Zeit für Übung 3.9.

Verfahren mittlerer Ordnung, das sich für die Lösung von nicht steifen Differenzialgleichungen eignet. Die Verwendung dieser Routine ist recht einfach und reicht für unseren Fall völlig aus. Um uns mit der Verwendung dieser Funktion vertraut zu machen, sind in Abb. 3.38 zwei „*m*"-Dateien abgebildet. Eine stellt das Hauptprogramm dar, die andere den Funktionsteil, der vom Hauptprogramm aufgerufen wird. Wie aus Abb. 3.38 ersichtlich, besteht das Hauptprogramm aus fünf Teilen. Der Funktionsteil setzt sich aus drei Teilen zusammen. Das Hauptprogramm definiert die Werte für die Hauptparameter und gibt die Anfangswerte (z. B. für den Zeitpunkt $t = 0$) der Hauptvariablen vor. MATLAB beginnt die Integration der Differenzialgleichung, die im separaten Funktionsteil für die Zeitwerte „t0" bis „tf" durchlaufen werden. Die MATLAB-interne Funktion „ode" ruft die im Funktionsteil verfügbare Differenzialgleichung mit den Eingabeargumenten auf und gibt das Ergebnis nach Abschluss des Integrationsprozesses zurück. Mit anderen Worten, der Anwender hat zu den Zwischenschritten des Integrationsprozesses keinen Zugang.

Ein detailliertes Programm-Listing zur Lösung der Differenzialgleichung 3.68 ist in Abb. 3.39 zu sehen. Es bleibt anzumerken, dass die Werte für die Parameter auch im Funktionsteil gebraucht werden. Damit besteht eine Möglichkeit darin, die Fahrzeuginformationen im Funktionsteil selbst bereitzustellen. Eine andere Möglichkeit besteht darin, die Informationen im Hauptprogramm unterzubringen und sie dem Funktionsteil durch Verwendung der Anweisung „global" bekannt

Hauptprogramm
Teil 1: Initialisieren und Bekanntgabe der Daten an zugehörige Funktion
Teil 2: Eingabe der Fahrzeugdaten
Teil 3: Definition der Anfangsbedingungen und Integration der Zeitspanne
Teil 4: Aufrufen der 'ode45'-Routine, zur Lösung der Geschwindigkeit über die Zeit (mit dieser Zeile wird die Funktion intern aufgerufen)
Teil 5: Plotten der Ergebnisse

Funktionsteil
Teil 1: Definition von 'function' und der Eingänge und Ausgänge
Teil 2: Bekanntgabe der Daten an Hauptprogramm
Teil 3: Schreiben der zu lösenden Differenzialgleichung

(a)   (b)

Abb. 3.38 Programmierstruktur für numerische Integration mittels MATLAB: (a) Hauptprogramm und (b) Funktionsteil.

zu machen. Beachten Sie weiter, dass der Wert von dv/dt aufgrund der Division durch null im Ausdruck p/v für $v = 0$ gegen unendlich läuft. Um dies zu vermeiden, können wir als Anfangswert der Geschwindigkeit einen sehr kleinen Wert nahe null festlegen. MATLAB nutzt die „eps" genannte Variable für diesen Zweck ($eps = 2{,}2204\,e^{-016}$).

Übung 3.10
Verwenden Sie das Programm aus Abb. 3.39 für das Fahrzeug aus Übung 3.9 und ermitteln Sie die Fahrzeuggeschwindigkeit für die ersten 80 s.

Lösung:
Die Lösung findet man durch Eingabe der Fahrzeugdaten in das MATLAB-Programm. Die Änderung der Geschwindigkeit über die Zeit, die sich aus diesem Programm ergibt, wird in Abb. 3.40 gezeigt. Es wird ersichtlich, das Ergebnis gleicht der Lösung in geschlossener Form aus Abb. 3.37.

3.5.6
Leistungsanforderungen

Der Wert für die Leistung des Verbrennungsmotors ist eine der ersten Anforderungen im frühen Stadium der Entwicklung bzw. des Entwurfs. Mit der Annahme einer konstanten Leistung lässt sich die für eine gegebene Performance-Anforderung benötigte Leistung einfach schätzen. Sehr grobe Schätzungen lassen mit dem „fahrwiderstandslosen" Modell (NRF-Modell, für No Resistive Force) (s. Aufgabe 3.3) oder mit dem „langsamen" Modell (LS-Modell, für Low Speed) (s. Auf-

```
% Hauptprogramm (Dateiname main.m)
% Ein Beispielprogramm zur Lösung der Funktion const_pow
% (steht für Constant Power Performance
%  – Performance mit konstanter Leistung)
% für Fahrzeuge in longitudinaler Bewegung

clc , close all , clear all

global P c F0 m   % Teilt die Daten const_pow mit

% Fahrzeugdaten:
(s. Übung 3.9)

% Bestimmen der Gesamt-Fahrwiderstandskraft:
F0=(fr*cos(theta)+sin(theta))*m*9.81;

% Anfangsbedingung:
% Anfangsgeschwindigkeit darf nicht 'null' sein
% aufgrund von 'Division durch Null' im Ausdruck P/v
v0=eps;

% definiere Differentiationsintervall t0-tf:
t0=0; tf=10;

% Rufe nun ode45 auf:
[t,v]=ode45(@const_pow, [t0 tf], v0);
% Aufruf der Funktion 'const_pow'
% Plotten der Variation der Geschwindigkeit über die Zeit
plot(t,v)
xlabel('Zeit (s)')
ylabel('Geschwindigkeit (m/s)')
grid
```

(a)

```
% Vom Hauptprogramm 'main.m' aufgerufene Funktion
function f=const_pow(t,v)

global P c F0 m % diese Daten dem Hauptprogramm
% bekannt machen

% definiere zu lösende Differenzialgleichung
% (f=dv/dt)
f=(P/v-F0-c*v^2)/m;
```

(b)

Abb. 3.39 MATLAB-Programme; (a) Hauptprogramm „`main.m`" und (b) Funktionsteil „`const_pow.m`".

gabe 3.5) machen. Für eine genauere Leistungsberechnung muss die allgemeine Form der Gleichung für die longitudinale Bewegung gelöst werden.

Im allgemeinen Fall lassen sich zwei Lösungsansätze verfolgen. Die geschlossene Form oder die numerische Integration. Bei der ersten Lösung wird Gleichung 3.63 verwendet, um die Leistung P für gegebene Werte von t und v zu erhalten. Offensichtlich muss dies durch Anwenden des Trial-and-Error-Verfahrens geschehen. Die MATLAB-Funktion „*fsolve*" kann für diesen Zweck verwendet werden. Sie findet die Lösung P^*, die Gleichung 3.63 für gegebene Werte von t und v erfüllt. Es bleibt anzumerken, dass zur Initialisierung der Funktion „*fsolve*" ein Anfangswert benötigt wird. Ein geeigneter Anfangswert muss die Gleichung $P_s > (kW + cv^2) v$ erfüllen (s. Gleichung 3.64). Die folgende Übung zeigt, wie man „*fsolve*" einsetzt, um das Problem zu lösen.

Übung 3.11

Berechnen Sie für ein Fahrzeug mit einer Masse von 1000 kg, das einen Gesamtrollwiderstandskraft von $F_0 = 200$ N sowie einen Gesamtluftwiderstandsbeiwert von 0,4 besitzt, die Leistung, die benötigt wird, um das Fahrzeug aus dem Stand heraus innerhalb von 10 s auf eine Geschwindigkeit von 100 km/h zu beschleunigen.

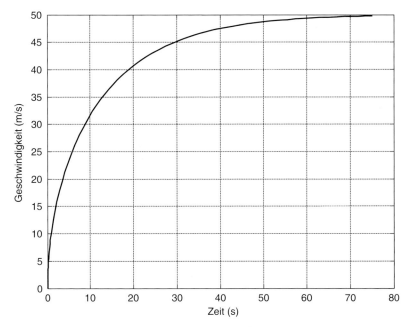

Abb. 3.40 Das Ergebnis der numerischen Lösung für Übung 3.10 unter Verwendung von MAT-LAB.

Lösung:
Die zur Lösung dieses Beispiels verwendeten MATLAB-Programm-Listings finden Sie in Abb. 3.41. Abbildung 3.41a stellt das Hauptprogramm dar. Abbildung 3.41b ist der Funktionsteil, in dem auch die Gleichung $f(P, t, v) = 0$ enthalten ist. Das Ergebnis, das man mit dem Programm erhält, ist P_star $= 46\,097$ W.

Alternativ kann die Bewegungsgleichung (Gleichung 3.68) durch numerische Integration gelöst werden. Diese Lösung benötigt aber, wie in Abschn. 3.5.6 beobachtet, die Leistung als Eingangsgröße. Tatsächlich wurden in dem oben untersuchten Prozess Geschwindigkeitswerte für einen gegebenen Leistungswert bestimmt. Hier wird der Prozess umgekehrt, denn die Leistung P wird für eine gegebene Geschwindigkeit v^* für eine gegebene Zeit t^* benötigt. Um die Leistung zu berechnen, muss also eine Iterationsschleife im Rahmen des numerischen Integrationsprozesses durchlaufen werden. Das Ergebnis in einer Iteration ist ein Wert v_1 für die Geschwindigkeit zur Zeit t^*. Wenn v_1 die angegebene Geschwindigkeit v^* durchläuft, ist die gegebene Leistung P die Antwort. Ansonsten muss P modifiziert werden, bis die aus dem Iterationsverfahren erhaltene Geschwindigkeit gleich v^* ist.

Übung 3.12
Wiederholen Sie Übung 3.11 unter Verwendung des numerischen Integrationsverfahrens aus Abschn. 3.5.5.

```
% Übung 3.11
% Bestimmen einer Leistung P, die zum Erreichen der
% gegebenen Geschwindigkeit v* in der gegebenen Zeit t*
% erforderlich ist

clc, clear all, close all

global c k m t0 v0 td vd

% Fahrzeugdaten:
m=1000;        % Fahrzeugmasse (kg)
c=0.4;         % Gesamt-Luftwiderstandskoeffizient
F0=200;        % Rollwiderstandskraft
theta=0;       % Steigungswinkel (rad)
td=10;         % Vorgegebene (gewünschte) Zeit (s)
vd=100;        % Vorgegebene (gewünschte) Geschwindigkeit (km/h)
% Anfangsbedingungen:   @t=0, v=0
t0=0; v0=0;
vd=vd/3.6;

% Definiere konstanten Fahrwiderstandskoeffizienten:
fr=F0/m/9.81;
k=(fr*cos(theta)+sin(theta))*m*9.81;

% Anfangsschätzwert P_star:
Ps=(F0+c*vd^2)*vd+1;
% Aufruf von 'fsolve' für Funktion 'f_353'
P_star=fsolve(@f_353, Ps, optimset('Display','off'))
```

```
% Übung 3.11 – Funktionsteil

function f=f_353(Ps)

global c k m t0 v0 td vd

% Lösung des Polynoms 3. Ordnung c*v^3+k*W*v-p=0
% s. Übung 3.9

% Vorabrechnungen:
% s. Übung 3.9

% Bestimmen der Integrationskonstanten:
sq1=sqrt(v0^2+vm*v0+a);
C=t0-k1*log((vm-v0)/sq1)-k2*atan((2*v0+vm)/c3);
sq1=sqrt(vd^2+vm*vd+a);
f=k1*log((vm-vd)/sq1)+k2*atan((2*vd+vm)/c3)+C-td;
```

(a)   (b)

Abb. 3.41 MATLAB-Programme; (a) Hauptprogramm (main) und (b) Funktionsteil (function) für Übung 3.11.

Lösung:

Das MATLAB-Programm von Abschn. 3.5.5 kann so modifiziert werden, dass es die Iterationsschleife enthält. Für diesen Zweck lässt sich der MATLAB-Befehl „while" verwenden. Das Programm wiederholt die Anweisungen in der Schleife, bis die Bedingung in der „while"-Anweisung nicht erfüllt ist.

Das modifizierte Programm ist in Abb. 3.42 dargestellt. Das Ergebnis dieses Programms wird wie folgt ausgegeben:

$$maxv = 27{,}7768 \,(100 \,\text{km/h})$$
$$P = 4{,}6022e + 004 \,(46{,}022 \,\text{w})$$

3.5.7
Fahrzeit und Fahrstrecke

Die beiden entscheidenden Parameter bei der Fahrzeugbewegung sind die Zeitdauer (Fahrzeit) und die während dieser Zeit vom Fahrzeug zurückgelegte Strecke (Fahrstrecke). In diesem Abschnitt nutzen wir die Bewegungsgleichungen, um diese beiden Parameter herauszufinden. Die zum Erreichen einer bestimmten Geschwindigkeit erforderliche Zeit kann ermittelt werden, indem wir das Ergebnis der Geschlossene-Form-Lösung aus Gleichung 3.63 direkt einsetzen. Alternativ kann auch das numerische Integrationsverfahren verwendet werden, um den

```
% Übung 3.12
% Leistungsschätzung mittels numerischer Integration
% basierend auf Abb. 3.39

% Fahrzeugdaten:
% s. Übung 3.11
v0=eps;                % Anfangsbedingung
t0=0; tf=10;           % definiere Differentiationsintervall t0-tf

% Anfangswert für Leistung:
Ps=(F0+c*vd^2)*vd+1;

% Iterationsschleife:
maxv=0;
% Iteration fortsetzen bis Geschwindigkeit sehr nahe Wunschwert 'vd'

while abs(maxv-vd) > 0.001 % Antwort mit geringer Toleranz ist akzeptabel
% Nun Aufruf von ode45:
    [t,v]=ode45(@const_pow, [t0 tf], v0);    % Aufruf der Funktion 'const_pow'
    maxv=max(v);
% Prüfen der Geschwindigkeit:
    if maxv < vd        % dann Leistung erhöhen, um Geschwindigkeit zu steigern
      P=P*vd/maxv;
    else % Leistung verringern (mit abweichendem Faktor), um Geschwindigk. zu verringern
      P=0.9*P*maxv/vd;
    end
end
% An diesem Punkt sind die Ergebnisse akzeptabel, also Ergebnisse ausgeben:
maxv, P
```

Abb. 3.42 MATLAB-Programm für die Leistungsberechnung aus Übung 3.12.

Zeitwert zu erhalten. Dabei wird aber eine „`while`"-Schleife benötigt. Tatsächlich haben wir die Fahrzeit bereits durch numerische Integration der Bewegungsgleichung erhalten. Beim Integrationsverfahren wird die Zeit inkrementell bis zum Endwert der Integration t_f durchlaufen. Dieser Wert entspricht der gesamten Fahrzeit des Fahrzeugs am Ende des Integrationsprozesses. Mit anderen Worten, in diesen Prozessen wird die Zeit vorgegeben und die Geschwindigkeit am Ende dieses Intervalls berechnet. Darum kann beim numerischen Verfahren die Fahrzeit bei der gewünschten Geschwindigkeit aus dem zeitlichen Verlauf der Bewegung ermittelt werden, die in Form der Fahrzeuggeschwindigkeit über die Zeit vorliegt. Alternativ kann die Zeit direkt durch Verwendung der „`while`"-Anweisung ermittelt werden. Zur Bestimmung der zurückgelegten Strecke S kann die folgende Beziehung genutzt werden:

$$v\,dv = a\,dS \tag{3.69}$$

Nach Ersetzen mit Gleichung 3.58 erhält man:

$$dS = \frac{m\,v\,dv}{(P^*/v) - F_0 - cv^2} \tag{3.70}$$

Diese Gleichung hat Ähnlichkeit mit Gleichung 3.61. Sie lässt sich auf ähnliche Weise integrieren. Das Ergebnis lautet:

$$S = v_m k_1 \ln (v_m - v) \sqrt{v^2 + v v_m + a} + \frac{a}{v_m} k_1 \ln \sqrt{v^2 + v v_m + a}$$

$$+ k_3 \arctan \frac{2v + v_m}{\sqrt{4a - v_m^2}} + C_S \tag{3.71}$$

wobei gilt:

$$k_3 = -\frac{v_m^2 - a}{\sqrt{4a - v_m^2}} \cdot k_1 \tag{3.72}$$

C_S ist die Integrationskonstante. Statt die Lösung aus Gleichung 3.69 zu verwenden, bei der die Fahrstrecke durch numerische Integration berechnet wurde, sei daran erinnert, dass die Geschwindigkeit die Ableitung nach der Fahrstrecke ist:

$$\frac{ds}{dt} = v(t) \tag{3.73}$$

Damit haben wir, abgesehen von der bereits für die Geschwindigkeit betrachteten Differenzialgleichung (d. h. Gleichung 3.68) eine weitere gewöhnliche Differenzialgleichung. Bei der numerischen Integration ist die Anzahl der Differenzialgleichungen unerheblich. Tatsächlich gleicht die Prozedur der numerischen Lösung, wenn ein System von Differenzialgleichungen vorhanden ist. Im MATLAB-Programm aus Abschn. 3.5.5 müssen nur einige wenige Änderungen vorgenommen werden. Sie werden im Folgenden beschrieben:

1. Die beiden Variablen müssen in einer Rohmatrix (einem Array) zusammengefasst werden. Nennen wir dieses Array x. Dann enthält x die beiden Variablen v und S:

$$x = [v \, S] \tag{3.74}$$

Im gesamten Programm muss v durch x ersetzt werden.

2. Für den Vektor x muss ein Anfangswert vorgegeben werden. Wenn beispielsweise die Bewegung vom Stillstand aus beim Ursprung beginnt, dann gilt:

$$x_0 = [\text{eps} 0] \tag{3.75}$$

3. In der separaten Funktion „`file`" muss die zusätzliche Differenzialgleichung (d. h. Gleichung 3.73) enthalten sein.

4. Der Befehl „`plot(t,x)`" plottet beide Variablen in einer einzigen Abbildung. Wenn die beiden Plots getrennt ausgegeben werden sollen, dann muss angegeben werden, wie dies erfolgen soll.

Die erforderlichen Programmänderungen für das Programm aus Abschn. 3.5.5 finden Sie in Abb. 3.43.

```
% Übung 3.12

% Änderungen am Hauptprogramm (main.m)
% um die 'Fahrstrecke' zu bestimmen

% Anfangsbedingung:
x0=[eps 0];

% Nun ode45 aufrufen:
[t,x]=ode45(@const_pow, [t0 tf], x0);    % Beachten Sie, x ersetzt v

% Zum Plotten der Variation der Geschwindigkeit über die Zeit:
% Zunächst festlegen, welcher Teil von x die Geschwindigkeit ist:
v=x(:, 1);
plot(t,v)
% Oder alternativ: plot(t, x(:, 1))

% Zum Plotten der Variation der Fahrstrecke über die Zeit:
s=x(:, 2);
plot(t,s)
% Oder alternativ: plot(t, x(:,2))
```

```
% Übung 3.12

% Änderungen am Funktionsteil
function f=const_pow(t,x)   % x ersetzt v

% Definiere zu lösende Differenzialgleichungen (f=dx/dt).
% x ist ein Vektor, folglich ist f auch ein Vektor
% Definiere v:
v=x(1);
f1=(p/v-f0-c*v^2)/m;
f2=v;
% f muss Spaltenvektor sein, somit:
f=[f1
    f2];
```

Abb. 3.43 Für das MATLAB-Programm von Abb. 3.39 erforderliche Änderungen.

Übung 3.13

Berechnen Sie für das Fahrzeug aus Übung 3.9 folgende Parameter für das Beschleunigen ab Stillstand:

a) die Fahrzeit;
b) die Fahrstrecke beim Erreichen einer Geschwindigkeit von 100 km/h.

Verwenden Sie sowohl die Geschlossene-Form-Lösung als auch die Lösung mittels numerischer Integration.

Lösung:

a) Durch direktes Schätzen mit den Daten aus Übung 3.9 von Gleichung 3.63 erhalten wir den Zeitwert 7,326 bei der Geschlossene-Form-Lösung. Beim numerischen Verfahren kann das Ergebnis von Übung 3.10 genutzt werden. Bei einer Geschwindigkeit von 27,78 m/s kann die Zeit aus Abb. 3.40 abgelesen werden. In der MATLAB-Umgebung können wir die Funktion „zooming in" um die vorgegebene Geschwindigkeit herum nutzen, um den Wert von 7,328 s zu erhalten (alternativ kann der Datencursor im Abbildungsfenster verwendet werden). Für eine direkte Lösung mittels numerischer Integration kann die „while"-Anweisung genutzt werden, wie in Übung 3.12 geschehen, aber dieses Mal, um „t" statt „P" zu ermitteln. Das Programmsegment „Prüfen der Geschwindigkeit" wird wie folgt modifiziert:

```
if maxv < vd % dann Zeit für die Integration erhöhen,
             % um Geschwindigkeit zu erhöhen
tf=tf*vd/maxv;
else % Zeit verringern (mit anderem Faktor) zum Verringern der
     % Geschwindigkeit
tf=0.8*tf*maxv/vd;
end
```

So erhalten wir das Ergebnis wie folgt:

$$\texttt{tf} = 7,326\,\text{s} \quad \text{bei} \quad \texttt{maxv} = 27,7771\,(100\,\text{km/h})$$

b) Ein ähnlicher Ansatz wie für die Zeit in (a) kann auch auf die Strecke angewendet werden. Bei der Geschlossene-Form-Lösung erhalten wir mit Gleichung 3.71 eine Fahrstrecke von 139,02 m.

Die numerische Lösung mit den Programm-Listings aus Abb. 3.43 erzeugt die Zeit- und Streckenverläufe, die in Abb. 3.44 abgebildet sind. Die bei einer Geschwindigkeit von 100 km/h zurückgelegte Fahrstrecke kann näherungsweise abgelesen werden. Durch Hereinzoomen in die Abbildung (oder durch Verwenden des Datencursors im Abbildungsfenster) bestimmen wir den Wert 139 m. Alternativ kann die oben angegebene „while"-Schleife verwendet werden, um die Fahrstrecke zu bestimmen. Tatsächlich werden die Strecke und die Zeit gleichzeitig erzeugt. Das Ergebnis ist 139,01 m.

3.5.8
Höchstgeschwindigkeit

Die Höchstgeschwindigkeit eines Fahrzeugs ist einer der wichtigen Faktoren bei der Performance-Analyse. Die Beschleunigung des Fahrzeugs zeigt die Zunahme der Fahrzeuggeschwindigkeit mit der Zeit. Die Höchstgeschwindigkeit ist erreicht, wenn die Fahrwiderstandskräfte und die verfügbare Traktionskraft gleich sind. Mathematisch bedeutet dies:

$$\frac{dv}{dt} = 0 \tag{3.76}$$

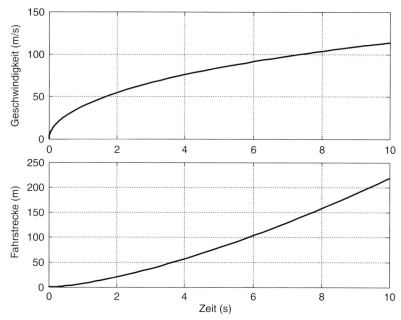

Abb. 3.44 Ergebnisse des MATLAB-Programms mit den Änderungen aus Abb. 3.43.

Dies bedeutet auch, dass es sich bei der Fahrzeugbewegung um einen stabilen Zustand handelt. Mit der Bewegungsgleichung des Fahrzeugs gilt für eine solche Bedingung:

$$F_T(t^*) - F_R(t^*) = 0 \tag{3.77}$$

Da die Traktionskraft F_T und die Gegenkraft F_R (Fahrwiderstandskraft) sich mit der Zeit ändern, gibt es einen Zeitpunkt t^*, zu dem beide Kräfte gleiche Werte erreichen. Zu diesem Zeitpunkt erreicht die Fahrzeuggeschwindigkeit ihr Maximum. Wenn man die Änderung der Traktions- und Gegenkraft in einer Abbildung übereinander darstellt, stellt der Schnittpunkt beider Kurven den Zeitpunkt t^* dar. Traktions- und Gegenkraft sind Funktionen der Geschwindigkeit v. Damit kann man ein Diagramm für die Änderung der Kräfte über der Geschwindigkeit aufstellen. Die Traktionskraft für CPP (Constant Power Performance, Performance bei konstanter Leistung) wurde in Gleichung 3.54 angegeben:

$$F_T(v) = \frac{P^*}{v} \tag{3.78}$$

wobei die Gegenkraft $F_R(v)$ von den Annahmen abhängig ist, die für die Rollwiderstandskraft gemacht wurden. Für eine konstante Rollwiderstandskraft $f_0 W$ (s. Abschn. 3.4.1.5) zeigt Abb. 3.45 die Änderung der Traktions- und der Gegenkraft in einem Diagramm. Die Höchstgeschwindigkeit des Fahrzeugs wird erreicht, wenn sich beide Kräfte ausgleichen. Dieser Punkt ist der Schnittpunkt von $F_T(v)$ und

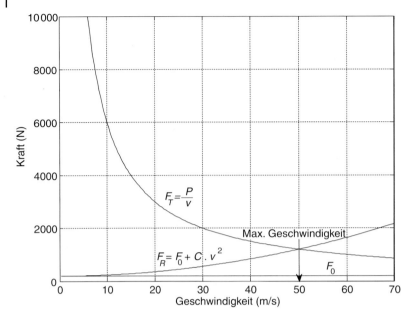

Abb. 3.45 Der Schnittpunkt zwischen Traktions- und Gegenkraft ergibt die Höchstgeschwindigkeit.

$F_R(v)$. Für die in Abb. 3.45 gezeigte spezifische Bedingung wird die Maximalgeschwindigkeit genau bei 50 m/s (180 km/h) erreicht.

Nachdem die relevanten Ausdrücke für die Traktions- und Gegenkraft ersetzt sind, lässt sich die Höchstgeschwindigkeit des Fahrzeugs durch eine mathematische Lösung aus Gleichung 3.77 bestimmen:

$$\frac{P^*}{v} = F_0 + cv^2 \tag{3.79}$$

Eine Geschlossene-Form-Lösung für Gleichung 3.79 hat folgende Form:

$$v_{max} = e + h \tag{3.80}$$

wobei:

$$e = (a + d)^{\frac{1}{3}} \tag{3.81}$$

$$h = \mathrm{sgn}\,(a - d)\,|a - d|^{\frac{1}{3}} \tag{3.82}$$

$$a = \frac{P^*}{2c} \tag{3.83}$$

$$b = \frac{F_0}{3c} \tag{3.84}$$

$$d = \left(a^2 + b^3\right)^{0{,}5} \tag{3.85}$$

```
% MATLAB-Programm zur Bestimmung der Maximalgeschwindigkeit
% für CPP (Constant Power Performance,
% Performance mit konstanter Leistung)

Ps=60000;        % Leistung in Watt
f0=200;          % Rollwiderstanskraft (N)
c=0.4            % Gesamt-Luftwiderstandkoeffizient

% Fall (a): Verwende Gleichung 10:
a=Ps/c/2;
b=f0/c/3;
d=sqrt(b^3+a^2);
e=(a+d)^(1/3)
amd=a-d;
h=sign(amd)*abs(amd)^(1/3)
vmax1=e+h

% Fall (b): Verwende MATLAB-Funktion 'fsolve'
% Definiere in-line-Funktion:
fun=inline('60000-200*v-0.4*v^3', 'v');
%  Anfangsschätzwert 'v', v0
v0=20;
vmax2=fsolve(fun, v0, optimset('Display','off'))
```

Abb. 3.46 MATLAB-Programm zur Berechnung der Höchstgeschwindigkeit des Fahrzeugs.

Alternativ kann Gleichung 3.79 numerisch mit den MATLAB-Funktionen „`fsolve`"
oder „`roots`" gelöst werden. In der folgenden Übung werden beide Verfahren verwendet.

Übung 3.14
Berechnen Sie die Höchstgeschwindigkeit für ein Fahrzeug mit einer Motorleistung von 60 kW, einer konstanten Rollwiderstandskraft von 200 N und einem Gesamtluftwiderstandsbeiwert von 0,4:

a) Verwenden Sie Gleichung 3.80.
b) Verwenden Sie die MATLAB-Funktion „`fsolve`".

Lösung:
In dem in Abb. 3.46 abgebildeten MATLAB-Programm werden beide Methoden
nacheinander verwendet. In beiden Fällen wird 50 m/s als Höchstgeschwindigkeit
angezeigt.

3.6
Performance bei konstantem Drehmoment (CTP)

Im vorherigen Abschnitt haben wir die vereinfachte longitudinale Beschleunigungs-Performance des Fahrzeugs erklärt. Hier bestand die wesentliche Annahme
darin, von einem konstanten Leistungsbedarf während der gesamten Fahrzeugbe-

wegung auszugehen. Damit ließ sich eine Beschleunigung mit einer konstanten Last (einschließlich Volllast) simulieren, während der angenommen wird, dass vom Fahrzeug eine fest vorgegebene, konstante Leistung abgerufen wird. Dennoch ist der Leistungsbedarf eines Fahrzeugs während der Beschleunigung in der Realität von der Kombination aus Drehmoment und Drehzahl abhängig. Daher müssen die Eigenschaften des Drehmomenterzeugers sowie die Fahrzeugparameter beachtet werden.

Es gibt Fälle, bei denen das Drehmoment der Leistungsquelle annähernd konstant ist. Beispiele hierfür sind elektrische Antriebsmotoren in der Betriebsphase mit konstantem Drehmoment (s. Abb. 3.4) und moderne Dieselmotoren (s. Abb. 3.3) im Bereich mit flachem Drehmomentverlauf. In diesen Fällen ist nicht die Leistung konstant, sondern das Drehmoment. Daher können die vorherigen Betrachtungen nicht genutzt werden. Ein anderer Unterschied für den Fall des Konstantmoments zeigt sich bei den Schaltvorgängen beim Beschleunigen. Bei konstantem Drehmoment T aus einer Leistungsquelle ist die Traktionskraft F_{Ti} eines Fahrzeugs für ein gegebenes Übersetzungsverhältnis n_i eine Konstante:

$$F_{Ti} = \frac{n_i}{r_w} T = \text{konst.} \tag{3.86}$$

wobei n_i die Gesamtübersetzung und r_w der wirksame Radius des Rades sind. Die Gegenkraft ist für jede Geschwindigkeit bekannt und die Differenz zwischen Traktions- und Gegenkraft erzeugt die Beschleunigung $a(v)$:

$$a(v) = \frac{dv}{dt} = \frac{1}{m}\left(F_{Ti} - F_0 - cv^2\right) \tag{3.87}$$

Der Zusammenhang zu Gleichung 3.87 besteht darin, dass jeder Schaltvorgang F_{Ti} ändert und sich damit auch die Beschleunigung ändert.

3.6.1
Lösung der geschlossener Form

Um die Geschwindigkeit zu erhalten, muss Gleichung 3.87 über die Zeit integriert werden. In Form der Differenzialgleichung:

$$\frac{dv}{F_{Ti} - F_0 - cv^2} = \frac{dt}{m} \tag{3.88}$$

Dies ist eine Differenzialgleichung, die durch Trennung der Variablen integriert werden kann. Die Geschlossene-Form-Lösung von Gleichung 3.88 hat die Form:

$$v(t) = \beta \tanh\left(\frac{\beta c}{m}(t - t_0) + \phi_0\right), \quad \beta > 0 \tag{3.89}$$

wobei:

$$\beta = \sqrt{\frac{F_{Ti} - F_0}{c}} \tag{3.90}$$

$$\phi_0 = \tanh^{-1}\left(\frac{v_0}{\beta}\right) \tag{3.91}$$

Die Zeit zum Erreichen einer gegebenen Geschwindigkeit v kann mit der folgenden Beziehung ermittelt werden:

$$t = t_0 + \frac{m}{\beta c}\left(\tanh^{-1}\left(\frac{v}{\beta}\right) - \phi_0\right) \tag{3.92}$$

Die Fahrstrecke S erhalten wir mit Bezug auf die Fahrzeuggeschwindigkeit wie folgt:

$$S = S_0 + \frac{m}{c}\left(\ln\sqrt{\frac{\beta^2 - v_0^2}{\beta^2 - v^2}}\right) \tag{3.93}$$

Bevor wir die Ergebnisse auf die Bewegung eines Fahrzeugs mit einer bestimmten Gangzahl anwenden, bedenken Sie, dass die Drehmoment-Drehzahl-Kurve einer Leistungsquelle die Form hat, die in Abb. 3.47 dargestellt ist. Wir nehmen an, dass das Fahrzeug in jedem Gang bis zur Drehzahl ω_m beschleunigt. Mit anderen Worten, sobald die Drehzahl ω_m im ersten Gang erreicht ist, wird in den zweiten Gang geschaltet. Dasselbe gilt für den Gangwechsel vom zweiten in den dritten Gang usw.

Die Höchstgeschwindigkeit in den niederen und mittleren Gängen wird erreicht, wenn die Motordrehzahl ω_m beträgt:

$$v_{max_i} = \frac{r_w}{n_i}\omega_m \tag{3.94}$$

Diese Voraussetzung ist bei den hohen Gängen allerdings nur gegeben, wenn Kräftegleichgewicht herrscht. Kräftegleichgewicht für einen hohen Gang n_H ist gegeben, wenn gilt:

$$F_T - F_R(v) = \frac{n_H}{r_w}T - F_0 - cv^2 = 0 \tag{3.95}$$

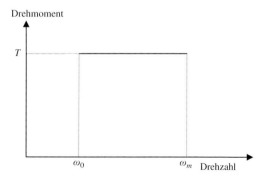

Abb. 3.47 Drehmoment-Drehzahl-Diagramm einer Leistungsquelle mit konstantem Drehmoment.

Das ergibt:

$$v_{max} = \left[\frac{1}{c} \left(\frac{n_H}{r_w} T - F_0 \right) \right]^{0,5} \tag{3.96}$$

Nach Gleichung 3.90 ist das Ergebnis gleich β und ist nur gültig, wenn die zugehörige Motordrehzahl kleiner der Maximaldrehzahl ist. Daher muss der kleinere Wert der Ergebnisse aus Gleichung 3.94 sowie des Werts für β verwendet werden. Die Fahrzeit für jede Gangstufe wird mithilfe von Gleichung 3.92 berechnet, wobei gilt:

$$t_0 = t_{i-1} \tag{3.97}$$

Die Gesamtfahrzeit am Ende von Gangstufe N (also bei Erreichen von ω_m) berechnet sich aus:

$$t = \sum_{i=1}^{N} t_i \tag{3.98}$$

Für die Fahrzeuggeschwindigkeit und die Fahrstrecke am Ende von Gangstufe N muss ein ähnlicher Ansatz verfolgt werden.

Die maximale Leistung für jeden Gang ergibt sich aus:

$$P_{maxi} = F_{Ti} v_{maxi} \tag{3.99}$$

Unter der Annahme, dass im Antriebsstrang keine Verluste auftreten, ist die Maximalleistung für alle Gänge bei Maximaldrehzahl gleich, denn für die Leistung bei den Punkten mit Höchstdrehzahl gilt:

$$P_{max} = T\omega_m \tag{3.100}$$

Wenn die Maximaldrehzahl in einem gegebenen Gang geringer als die Höchstdrehzahl ω_m ist, muss in Gleichung 3.100 die tatsächliche Drehzahl eingesetzt werden.

Übung 3.15

Ein Dieselmotor erzeugt zwischen 1200 und 2800/min ein konstantes Drehmoment von 220 Nm. Das Fahrzeug hat eine Masse von 2000 kg, einen Reifenrollradius von 0,3 m, einen Rollwiderstandskoeffizienten von 0,02 und einen Gesamtluftwiderstandsbeiwert von 0,5. Im niedrigsten Gang ist die Gesamtübersetzung 20, im vierten Gang 5. Das Fahrzeug wird auf ebener Strecke aus dem Stillstand beschleunigt, dabei wird sukzessive bis in den vierten Gang hochgeschaltet. Jeder dem ersten Gang folgende Gang hat ein Übersetzungsverhältnis, das sich um den Faktor 0,63 vom vorherigen Übersetzungsverhältnis unterscheidet. Aufgrund des Kupplungsschlupfes beim Anfahren im ersten Gang können (bzw. müssen) Fahrzeuggeschwindigkeit und Motordrehzahl von dem durch das Übersetzungsverhältnis vorgegebenen Wert abweichen. Nehmen Sie der Einfachheit halber an, dass im ersten Gang die Anfangsdrehzahl des Verbrennungsmotors null sein darf.

a) Berechnen Sie die Geschwindigkeiten und Fahrstrecken am Ende der Konstantmomentkurve und die Zeiten, nach der diese Geschwindigkeiten erreicht werden.

b) Plotten Sie die Änderung von Motordrehzahl, Fahrzeugbeschleunigung, Fahrzeuggeschwindigkeit und Fahrstrecke über die Zeit.

Lösung:
Ein MATLAB-Programm vereinfacht die Lösung. Die Ergebnisse lassen sich mit wenigen Schritten erzielen. In Abb. 3.48 ist das Programm-Listing zu sehen.

a) Die Lösung für diesen Teil wird für jeden Gang in der ersten Schleife des Programms ermittelt. Zunächst wird die maximale Geschwindigkeit des Fahrzeugs für jeden Gang als Minimum aus der kinematischen Relation (Gleichung 3.94) und β berechnet. Diese Werte werden dann eingesetzt, um die Zeitwerte und die Fahrstrecken am Ende jeder Gangstufe zu ermitteln. Die Ergebnisse für die Zeit, Geschwindigkeit und Strecke am Ende jeder Gangstufe lauten wie folgt:

Zeit (s):	0,6164	1,2014	2,7221	6,8327
Geschwindigkeit (m/s):	4,3982	6,9813	11,0787	17,5929
Strecke (m):	1,3557	4,6844	18,4198	77,4139

b) Sobald Minimum und Maximum aller Variablen bekannt sind, können die Zwischenpunkte in einer zweiten Schleife ermittelt werden. Die Schleife berechnet 100 Punkte für jede Variable. Die Ergebnisplots sind in den Abb. 3.49–3.52 zu sehen.

Aus Abb. 3.50 ist ersichtlich, dass die Beschleunigung in allen Gängen nahezu konstant ist und die Änderung der Geschwindigkeit nahezu perfekt linear ist. Das liegt daran, dass in den niedrigen Geschwindigkeitsbereichen die aerodynamische Kraft keine entscheidende Rolle spielt.

3.6.2
Numerische Lösungen

Im vorangegangenen Abschnitt wurde für das konstante Drehmoment aus der Bewegungsgleichung 3.87 eine Lösung in geschlossener Form vorgestellt. Eine numerische Lösung lässt sich mit dem Vorgehen aus Abschn. 3.5.5 finden. Dazu müssen wir ein paar Modifikationen vornehmen. Der wesentliche Unterschied besteht in diesem Fall darin, dass die Integration für jeden Gang einzeln erfolgen muss. Dazu muss der Prozess für jede Gangstufe wiederholt werden, die Schleife muss also für jeden Gang einmal abgearbeitet werden. Die Anfangsbedingungen für jeden Gang sind die Endergebnisse des vorherigen Gangs. Das gilt nicht für den ersten Gang. Ein anderes Problem ist in diesem Fall, dass der Zeitpunkt, an

```
% Übung 3.15

clc, close all, clear all

% Fahrzeugdaten:
m=2000;          % Fahrzeugmasse (kg)
fR=0.02;         % Rollwiderstandskoeffizient
Ca=0.5;          % Gesamt-Luftwiderstandskoeffizient
rW=0.3;          % Wirksamer Radradius (m)
nf=4.0;          % Achsübersetzung
Tm=220;          % Konstantmoment (N m)
wm=1200;         % Minimale Motordrehzahl (1/min)
wM=2800;         % Maximale Motordrehzahl (1/min)

n_g=[5.0 3.15 1.985 1.25];   % Getriebeübersetzungen Gangstufen 1–4
n=n_g*nf;                     % Gesamtübersetzungsverhältnis
F0=m*9.81*fR;
t0=0; v0=0; s0=0;             % Anfangsbedingungen
wmin(1)=0;  % Annahme: Verbrennungsmotor verkraftet Anfangsdrehzahl Null im 1. Gang

for i=1: 4                    % Schleife für die Gangstufen
    FT(i)=n(i)*Tm/rW;         % Traktionskraft für jeden Gang
    b=sqrt((FT(i)-F0)/Ca);    % Gleichung 3.90
    phi0=atanh(v0/b);         % Gleichung 3.91
    vmax(i)=min(wM*rW*pi/n(i)/30, b);           % Maximaldrehzahl für jeden Gang
    tmax(i)=t0+m*(atanh(vmax(i)/b)-phi0)/b/Ca;  % Maximale Zeit für jeden Gang
    smax(i)=s0+m*log(sqrt((b^2-v0^2)/(b^2-vmax(i)^2)))/Ca;    % Max. Strecke für jeden Gang
    if i<4, wmin(i+1)=30*vmax(i)*n(i+1)/rW/pi; end   % Minimale Drehzahl im nächsten Gang

for j=1: 100 % Beginne Schleife für 100 Zwischenpunkte in jedem Gang
    w(j, i)=wmin(i)+(j-1)*(wM-wmin(i))/99;      % Teile Drehzahlbereich in 100 Segmente
    t(j, i)=t0+(j-1)*(tmax(i)-t0)/99;           % Teile Zeitspanne in 100 Segmente
    v(j, i)=min(b*tanh(b*Ca*(t(j, i)-t0)/m+phi0), b); % Fzggeschw.-Werte in jedem Gang
    a(j, i)=(FT(i)-F0-Ca*v(j,i)^2)/m;           % Beschleunigungswerte in jedem Gang
    s(j, i)=s0+m*log(sqrt((b^2-v0^2)/(b^2-v(j, i)^2)))/Ca; % Fahrstreckenwerte für jeden Gang
end
    t0=tmax(i);  v0=vmax(i);  s0=smax(i); % Setze Anfangsbedingungen für nächsten Gang
    % Um kontinuierliche Plots für Beschleunigung und Motordrehzahl zu erhalten:
    if i>1, a(1, i)=a(100, i-1); w(1, i)=w(100, i-1); end


    % Plotten der Ergebnisse:
    figure (1)
    plot(t(:,i), w(:,i))
    hold on
    grid on
    xlabel('Zeit (s)')
    ylabel('Motordrehzahl (1/min)')
    % Wiederhole Plot-Anweisungen für die anderen Variablen
end
```

Abb. 3.48 Das MATLAB-Programm von Übung 3.15.

dem ein Gang eingelegt wird, mittels Iteration ermittelt werden muss. Dies liegt darin begründet, dass die Integration für jede Gangstufe zwischen den Zeitpunkten t_0 und t_f stattfindet. Allerdings ist die finale Integrationszeit t_f mit der maximalen Drehzahl von der Konstantmomentphase abhängig.

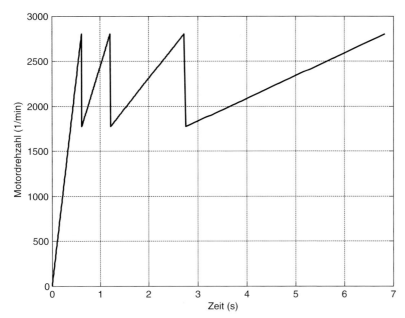

Abb. 3.49 Variation der Motordrehzahl.

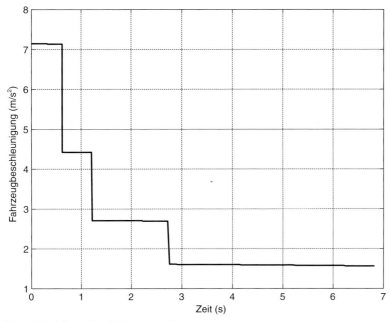

Abb. 3.50 Variation der Fahrzeugbeschleunigung.

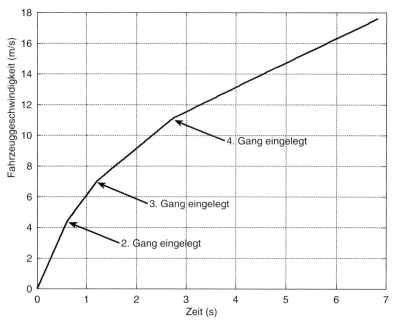

Abb. 3.51 Variation der Fahrzeuggeschwindigkeit.

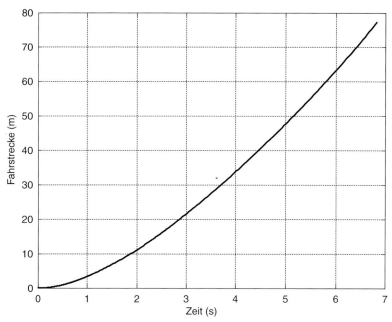

Abb. 3.52 Variation der Fahrstrecke des Fahrzeugs.

In Abb. 3.53 wird ein einfaches MATLAB-Programm bereitgestellt, in dem eine Schleife für vier Gänge durchlaufen wird ($i = 1 : 4$). Die Iterationsschleife befindet sich innerhalb der „`while-end`" Anweisung. Diese zum Hauptprogramm gehörende Funktion enthält die Differenzialgleichung 3.87. In der Praxis vergeht bei jedem

```
% Hauptprogramm (main_t.m)
% Beispielprogramm zum Lösen der longitudinalen Bewegung des Fahrzeugs
% für den CTP-Fall (Performance mit konstantem Drehmoment
% oder Constant Torque Performance)
% Das Programm plottet die Fahrzeuggeschwindigkeit über die Fahrstrecke
clc
close all
clear all
global Fti c f0 m    % Fti ist die Traktionskraft für Gangstufe i
% Fahrzeugdaten: siehe Übung 3.15
f0=fr*m*9.81;
% Anfangsbedingung:
v0=eps;
t0=0; tf=10;
we=3000;     % Ein Eingangswert größer wM (für 'while'-Anweisung)
for i=1: 4     % Für 4 Gangstufen
    ni=n(i);
    Fti=Trq*ni/rw;  % Traktionskraft in Gangstufe n(i)
    while abs(we - wM) > 0.001
        [t,v]=ode45(@const_trq, [t0 tf], v0);   % Aufrufen der Funktion const_trq
        % Drehzahl am Ende der Integration abprüfen
        we=30*ni*max(v)/rw/pi;
        if we>wM   % Not allowed
            tf=tf*wM/we;  % Integrationszeit verringern
        end
    end
    % An diesem Punkt ist 'we' annähernd gleich 'wM'
    plot(t,v)
    hold on
% Schleife für die anderen Gangstufen mit folgenden Anfangsbedingungen durchlaufen:
we=3000;
t0=max(t);
tf=20;
v0=v(end);
end

xlabel('Zeit (s)')
ylabel('Fahrzeuggeschwindigkeit (m/s)')
grid
```

```
% Funktionsteil (const_trq.m), Wird vom Hauptprogramm (main_t.m) aufgerufen
function f=const_trq(t,v)

global Fti c f0 m

f=(Fti-f0-c*v^2)/m;
```

Abb. 3.53 Die MATLAB-Programme `main_t.m` und `const_trq.m`.

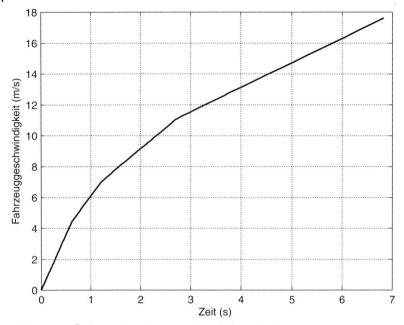

Abb. 3.54 Die Änderung der Fahrzeuggeschwindigkeit über die Zeit.

Gangwechsel eine gewisse Zeit. Im Programm wurde allerdings keine Schaltverzögerung vorgesehen. Mit einer geringfügigen Modifikation wäre dies aber schnell möglich.

Übung 3.16
Verwenden Sie das numerische Iterationsverfahren und plotten Sie für das Fahrzeug aus Übung 3.15 die Variation der Geschwindigkeit über die Zeit mit sukzessiven Gangwechseln.

Lösung:
Nach Einbindung der Fahrzeugdaten gibt das Programm Abb. 3.54 aus. Das Ergebnis stimmt mit Abb. 3.51 überein, obwohl dieses Ergebnis mithilfe der Formeln in der geschlossenen Form erzielt wurde.

3.7
Performance mit fest vorgegebener Last (FTP, Fixed Throttle Performance)

Voraussetzung für die longitudinale Bewegung eines Fahrzeugs ist normalerweise, dass ein Fahrer Gas gibt und schaltet. Beide Eingangsparameter, Drosselwerte und Schaltvorgänge, haben maßgeblichen Einfluss auf die Gesamt-Performance des Fahrzeugs. Wenn die verschiedenen Eingaben seitens des Fahrers berücksichtigt werden sollen, ist eine detailliertere Analyse erforderlich. Ein Spezialfall beim

Fahren, den wir bereits betrachtet haben, ist die Volllastbeschleunigung. Für diesen Spezialfall sind die Drehmoment-Drehzahl-Eigenschaften normalerweise bekannt und können bei der Analyse genutzt werden. Eine Erweiterung dieses Falles stellt die Beschleunigung mit fest vorgegebenem Drosselwert dar. Hier ist der Drosselwert nicht 100 % (Vollgas), sondern ein unveränderlicher Wert unter 100 %, Mit anderen Worten, der Fahrer tritt das Gaspedal nicht ganz, sondern nur teilweise durch (Teillastfall).

3.7.1
Schaltvorgang und Traktionskraft

Bei festem Drosselwert ist das quasistationäre Drehmoment-Drehzahl-Diagramm bekannt. Mithilfe der MT-Motorformel (Abschn. 2.6) kann die Drehmoment-Drehzahl-Relation für Teillast bestimmt werden. Beschleunigung mit Volllast (Drosselwert 100 %) ist ein Spezialfall für die Analyse. Da die Volllastkurve für die meisten Motoren bekannt ist, lässt sich die Analyse für diesen Fall einfacher durchführen. Das Motordrehmoment kann bei unveränderlichem Drosselwert wie folgt beschrieben werden:

$$T_e = T_e(\omega_e) \tag{3.101}$$

Einen verlustfreien Antriebsstrang vorausgesetzt (s. Abschn. 3.13), erhalten wir das Drehmoment an den Antriebsrädern mit der folgenden Gleichung:

$$T_w = n_g n_f T_e(\omega_e) \tag{3.102}$$

wobei n_g die Getriebeübersetzung und n_f die Übersetzung des Achsantriebs sind. Nach dem Freikörperbild (FBD, Free Body Diagram) des in Abb. 3.55 gezeigten Antriebsrades ist die Traktionskraft eine Funktion des Raddrehmoments (Abschn. 3.10), vorausgesetzt, die Dynamik der Radrotation wird ignoriert:

$$F_T = \frac{T_w}{r_w} = \frac{n T_e(\omega_e)}{r_w} \tag{3.103}$$

Diese Traktionskraft muss vom Reifen erzeugt werden, indem Schlupf zwischen Reifen und Straße erzeugt wird. Das setzt voraus, dass ausreichend Reibung an der Oberfläche vorhanden ist. Vorerst nehmen wir an, dass der Reifen in der Lage ist, die erforderliche Traktionskraft zu erzeugen.

In einem bestimmten Gang ändert sich die Traktionskraft nach Gleichung 3.105 mit der Motordrehzahl. Mit der kinematischen Beziehung zwischen Motordrehzahl und Raddrehzahl erhalten wir die Traktionskraft für jeden Gang über der Raddrehzahl. Für die Reifenrotation betrachten wir eine Näherung ohne Schlupf, um den direkten Zusammenhang zwischen Vorwärtsgeschwindigkeit v der Radmitte und Raddrehzahl mithilfe einer einfachen Beziehung herzustellen:

$$v = r_w \omega_w = r_w \frac{\omega_e}{n} \tag{3.104}$$

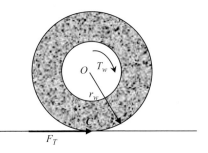

Abb. 3.55 Drehendes Rad.

oder

$$\omega_e = \frac{n}{r_w} v \tag{3.105}$$

Die Traktionskraft für jeden Gang steht somit in direkter Beziehung zur Vorwärts-geschwindigkeit des Rades und damit zur Fahrzeuggeschwindigkeit, Schlupf-freiheit vorausgesetzt. Mit den Gleichungen 3.103 und 3.104 lassen sich für unterschiedliche Übersetzungen verschiedene Traktionskraft-Geschwindigkeits-diagramme erstellen.

Übung 3.17

Ein Fünfganggetriebe besitzt folgende Übersetzungsverhältnisse: erster Gang 4, zweiter Gang 2,6, dritter Gang 1,7, vierter Gang 1,1 und fünfter Gang 0,72 auf. Die Übersetzung des Achsantriebs ist 4. Der wirksame Radius der Antriebsräder ist 27 cm.

Die Drehmoment-Drehzahl-Beziehung für Volllast wird durch folgende Gleichung beschrieben:

$$T_e = -4,45 \times 10^{-6} \omega_e^2 + 0,0317 \omega_e + 55,24 \,, \quad 1000/\text{min} < \omega_e < 6000/\text{min}$$

Lösung:

a) Es ist eine einfache Aufgabe, die Motordrehzahl ω_e zu variieren und die entsprechenden Werte für T_e zu bestimmen. Das Ergebnis ist in Abb. 3.56 dargestellt.

b) Die Traktionskraft $F_T(\omega_e)$ und die Fahrzeuggeschwindigkeit $v(\omega_e)$ lassen sich mit den Gleichungen 3.103 und 3.104 für jedes Übersetzungsverhältnis und verschiedene Motordrehzahlwerte ω_e bestimmen. Die Änderung der Traktionskraft F_T über der Geschwindigkeit v lässt sich für jede Gangstufe abbilden. Die Ergebnisse aller Gangstufen sind in Abb. 3.57 dargestellt. In allen Gangstufen folgt die Traktionskraft dem Muster des Drehmoment-Drehzahl-Verlaufs des Motors. Beim Hochschalten fällt die Traktionskraft stark ab, und die Kurve wird flacher.

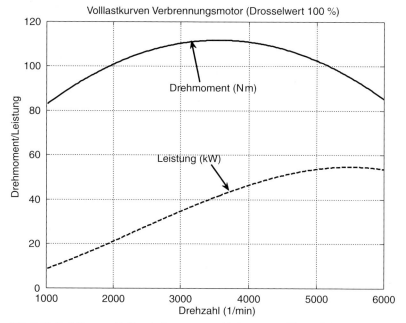

Abb. 3.56 Variation von Volllastdrehmoment und Leistung von Übung 3.17.

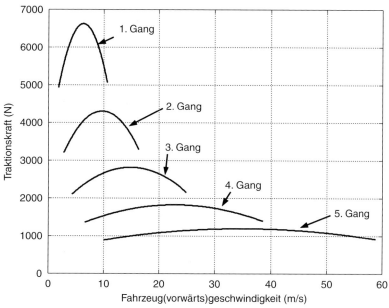

Abb. 3.57 Traktionskraft über Drehzahl bei verschiedenen Gangstufen.

3.7.2
Beschleunigung, Geschwindigkeit und Fahrstrecke

Die Differenz zwischen Traktionskraft F_{Ti} und Gegenkraft F_R des Fahrzeugs in einer typischen Gangstufe i bei einer bestimmten Geschwindigkeit v ergibt die Beschleunigung:

$$a(v) = \frac{F_{Ti}(v) - F_R(v)}{m} \tag{3.106}$$

Diese Gleichung kann durch Abb. 3.58 für ein bestimmtes Übersetzungsverhältnis dargestellt werden. Es ist klar, dass der Kraftüberschuss in jedem Gang sich mit der Fahrzeuggeschwindigkeit ändert. Damit ändert sich ebenfalls die resultierende Beschleunigung mit der Geschwindigkeit. Beachten Sie auch, dass der Kraftüberschuss in den niedrigen Gangstufen größer ist (s. Abb. 3.57), somit werden größere Beschleunigungen erzeugt.

Um die Geschwindigkeit zu ermitteln, kann Gleichung 3.106 über die Zeit integriert werden. In der Differenzialform liest sie sich wie folgt:

$$\frac{dv}{F_{Ti}(v) - F_R(v)} = \frac{1}{m} dt \tag{3.107}$$

Theoretisch ist dies eine Differenzialgleichung, die durch Trennung von Variablen integriert werden kann. Aufgrund der Erfahrung, dass in den vorangegangenen Fällen die Traktionskraft zwar einfachere Formen hatte, Drehmoment-Drehzahl-Änderung üblicherweise aber eine komplexe Form aufwies, ist es eher

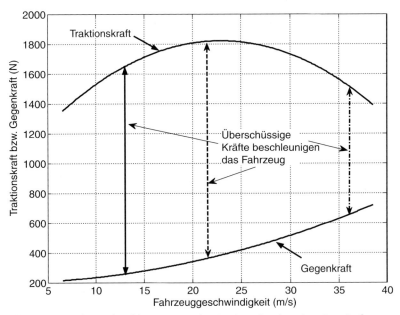

Abb. 3.58 Die Fahrzeugbeschleunigung ist das Ergebnis der überschüssigen Kraft.

unwahrscheinlich, dass wir eine Lösung der geschlossenen Form finden. Dennoch gibt es Fälle, in denen die Änderung des Drehmoments mit der Motordrehzahl eine relativ einfache Form hat, sodass die Integration von Gleichung 3.107 möglich ist. Im Allgemeinen würde aber einer numerischen Lösung der Vorzug gegeben.

Um Gleichung 3.107 numerisch zu lösen, kann sie als zeitbasierte Differenzialgleichung der folgenden Form formuliert werden:

$$\frac{dv(t)}{dt} = \frac{1}{m}\left[F_{Ti}(t) - F_R(t)\right] \tag{3.108}$$

Da wir $v(t)$ durch numerische Integration erhalten, sind $F_{Ti}(v)$ und $F_R(v)$ aus Gleichung 3.106 für jeden Zeitpunkt bekannt. Das MATLAB-Hauptprogramm ist dem Hauptprogramm aus Abschn. 3.6.2 ähnlich, die zugehörige Funktion hingegen weist einige Unterschiede auf. Im Hauptprogramm befindet sich eine ähnliche innere Schleife für die Beschleunigung bis zu einer bestimmten Motordrehzahl (ω_{em}). Wie in Abb. 3.59 gezeigt, gibt es auch eine äußere Schleife für die Gangwahl. Es wird angenommen, dass die Gangwechsel augenblicklich und verzögerungsfrei erfolgen.

Die Berechnungen der Momentanwerte von Motordrehmoment und Traktionskraft müssen im Funktionsteil enthalten sein. Daher wird die Drehmoment-Drehzahl-Formel in den Anweisungen des Funktionsteils benötigt. Mithilfe der „global"-Anweisung wird sie dem Funktionsteil bekannt gemacht. Im Programm in Abb. 3.60 wird für die Drehmoment-Drehzahlbeziehung des Verbrennungsmotors ein Polynom der zweiten Ordnung angenommen (s. Übung 3.17). Die Koeffizienten hierzu liefert der Vektor „p", der dem Hauptprogramm und Funktionsteil bekannt ist.

Übung 3.18

Verwenden Sie die Kraftübertragungs- und Motordaten aus Übung 3.17. Das Fahrzeug hat eine Masse von 1000 kg, einen Rollwiderstandskoeffizienten von 0,02 und einen Gesamtluftwiderstandsbeiwert von 0,35.

a) Plotten Sie die Änderung der Fahrzeuggeschwindigkeit und Fahrstrecke über die Zeit.
b) Plotten Sie die Änderung der Beschleunigung über die Zeit.

Lösung:

Geben Sie die benötigten Daten, beispielsweise p, n_f, m, f_R, c und r_w ein, damit das Programm gestartet werden kann. Für den Funktionsteil ist keinerlei Änderung erforderlich. In Abb. 3.61 sind die Ergebnisse für Geschwindigkeit und Fahrstrecke dargestellt.

Beachten Sie, dass die Beschleunigung im höchsten (fünften) Gang gegen null geht, da die Werte für Gegenkraft und Traktionskraft sich annähern. Daher wird die theoretische Endgeschwindigkeit erst nach einer einiger Zeit erreicht. Aus diesem Grund muss für die Integrationszeit „tf" ein hinreichend großer Wert gewählt werden. Dies wiederum vergrößert die Integrationszeit. Somit wird in diesem Beispiel eine Zeit von tf = 60 s gewählt, sodass die Endgeschwindigkeit (von etwas mehr als 50 m/s) nicht erreicht wird.

```
% Programm zur Bestimmung des FTP-Falls (FTP, Fixed Throttle Performance)
% Hauptprogramm (main_ft.m)
clc; clear all; close all;
global m c f0 rw ni p        % Daten dem Funktionsteil bekannt machen

% Motordrehmoment-Formel: te=p1*we^2+p2*we+p3
% Polynom-Koeffizienten sind in 'p'
p=[p1 p2  p3];

% Geeignete Fahrzeugparameter eingeben:
m=m; rw=rw; fr=fr; c=c;
f0=m*9.81*fr;

% Übersetzungsverhältnisse Getriebe und Achsantrieb:
ng=[n1, n2, n3, n4, n5]; nf=nf;

x0=[eps  0]; t0=0; tf=20;    % Anfangsbedingungen
wem=5500;                    % Motordrehzahl beim Schalten
we=6500;                     % Wert für unten stehende 'while'-Anweisung vorgeben
for i=1: length(ng)          % Schleife für die Gangstufen
   ni=ng(i)*nf;              % Gesamtübersetzung für jeden Gang
   while we > wem            % Anweisungen wiederholen bis we=wem

   [t,x]=ode45(@Fixed_thrt, [t0 tf], x0);   % Aufruf der Funktion Fixed_thrt
   v=x(:,1);
   s=x(:,2);
   we=30*ni*v(end)/rw/pi;
     if we>=wem
       tf=tf*wem/we;
     end
   end

% An dieser Stelle stehen die Ergebnisse für Gangstufe 'ni' zum Plotten bereit
   subplot(2,1,1),  plot(t,v),  hold on
   subplot(2,1,2),  plot(t,s),  hold on

% Nun muss der Gang gewechselt werden
% Die Anfangsbedingungen für den nächsten Gang müssen festgelegt werden
   t0=max(t);
   tf=60;                    % Auf große Werte setzen
   x0=[v(end) s(end)];
   we=6500;
end
subplot(2,1,1)
xlabel('Zeit (s)')
ylabel('Fahrgeschwindigkeit (m/s)')
grid
subplot(2,1,2)
xlabel('Zeit (s)')
ylabel('Fahrstrecke (m)')
grid
```

Abb. 3.59 MATLAB-Hauptprogramm für den FTP-Fall (Performance mit unveränderlichem Drosselwert).

Die Werte für die Fahrzeugbeschleunigung werden im Funktionsteil und nicht im Hauptprogramm berechnet. Daher gehen die Daten bei der Rückkehr ins Hauptprogramm verloren. Um die Beschleunigung zu berechnen, ist es das Beste, sie im Hauptprogramm aus den bekannten Werten für die Geschwindigkeit erneut zu erzeugen. Das folgende Unterprogramm zeigt, wie eine innere Schleife, die am Ende jeder Gangstufenschleife die Beschleunigungswerte ermittelt, aufgebaut sein kann:

```
% Vom Hauptprogramm (main_ft.m) aufgerufene Funktion (Fixed_thrt)

function f=Fixed_thrt(t,x)
global m c f0 rw ni p
v=x(1);                    % Momentanwert Fahrzeuggeschwindigkeit
omega=ni*v*30/rw/pi;       % Momentanwert Motordrehzahl (1/min)
Trq=polyval(p, omega);     % Motordrehmoment zu diesem Moment
Fti=Trq*ni/rw;             % Momentanwert Traktionskraft in Gangstufe n(i)
f1=(Fti-f0-c*v^2)/m;       % Differentialgleichung für Geschwindigkeit
f2=v;                      % Differentialgleichung für Fahrstrecke
f=[f1
   f2];
```

Abb. 3.60 MATLAB-Funktionsteil für den FTP-Fall.

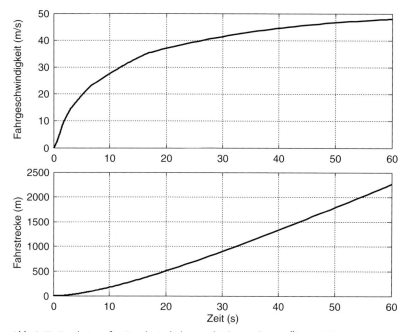

Abb. 3.61 Ergebnisse für Geschwindigkeit und Fahrstrecke aus Übung 3.18.

```
v=x (:,1);
  omega=ni*v*30/rw/pi;
  Trq=polyval(p,omega);
  Fti=Trq*ni/rw;
  acc=(Fti-f0-c*v.\^{}2)/m;
  figure(2)
  plot(t, acc')
  hold on
```

Das im Hauptprogramm aufgerufene Unterprogramm erzeugt die Kurve von Abb. 3.62.

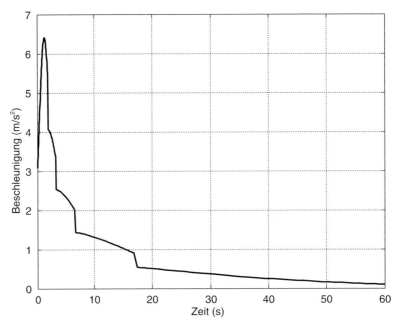

Abb. 3.62 Beschleunigungsleistung aus Übung 3.18.

3.7.3
Schaltzeitpunkte

Wann ein Gang gewechselt werden sollte, hängt von verschiedenen Faktoren ab. Bei Automatikgetrieben entscheidet das Steuergerät und bei manuellen Schaltgetrieben der Fahrer. Im letzteren Fall erfolgt der Schaltvorgang entsprechend der individuellen Fahrweise, und die Motordrehzahl, bei der geschaltet wird, unterscheidet sich von Fahrer zur Fahrer. In der Theorie kann das Fahrzeug bis zur Höchstdrehzahl des Motors beschleunigt werden, bevor der nächste Gang eingelegt wird. In der Praxis ist dies aber nicht der Fall. Jeder Fahrer wechselt den Gang entsprechend dem eigenen Fahrstil zumeist bei Drehzahlen, die unter der Höchstdrehzahl liegen. Die Probleme im Zusammenhang mit Schaltvorgängen werden in Kapitel 4 genauer untersucht.

Bei den meisten Getrieben, insbesondere bei handgeschalteten Getrieben, kommt es zu einer Unterbrechung des Drehmoments während des Schaltvorgangs. Dies eliminiert die Traktionskraft. Bei fehlender Traktionskraft F_T wirkt während des Schaltens nur die Gegenkraft (Fahrwiderstandskraft) auf das Fahrzeug. Negative Beschleunigungen sind die Folge (s. Abb. 3.30). Die Dauer des Schaltvorgangs ist von Fahrer zu Fahrer und auch von Gang zu Gang unterschiedlich. In der vorstehenden Analyse sind wir von verzögerungslosen, augenblicklichen Gangwechseln ohne Drehmomentunterbrechung ausgegangen. Zur Berücksichtigung der mit den Schaltvorgängen einhergehenden Drehmomentunterbrechungen müssen wir ein Unterprogramm in das bestehende MATLAB-

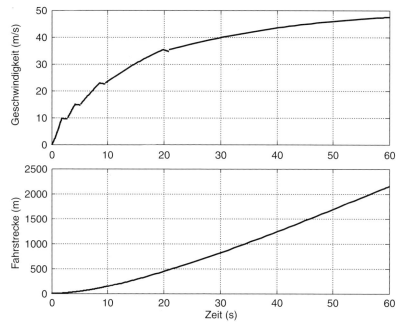

Abb. 3.63 Effekt der Berücksichtigung von Schaltverzögerungen.

Programm einbauen. Der Hauptgedanke dabei besteht darin, die Traktionskraft während der Dauer des Schaltvorgangs, im Programm „tdelay" genannt, gleich null zu setzen. Wir überlassen es interessierten Leser, die erforderlichen Änderungen am MATLAB-Programm durchzuführen und die Ergebnisse, die in den Abb. 3.30 und 3.63 für Fahrzeugbeschleunigung, -geschwindigkeit und Fahrstrecke dargestellt sind (s. Aufgabe 3.15), selbst übungshalber zu erzeugen.

3.7.4
Maximaldrehzahl in jedem Gang

Die maximale Drehzahl kann unter zwei verschiedenen Situationen in jeder Gangstufe erreicht werden: an der kinematischen Grenze oder am Punkt des dynamischen Gleichgewichts. Die kinematische Grenze wird erreicht, wenn die Traktionskraft die Gegenkraft übersteigt und das Fahrzeug noch immer beschleunigen kann, der Motor aber nicht mehr höher drehen kann. Ein gutes Beispiel hierfür ist die Beschleunigung in niedrigen Gängen. Hier ist die Traktionskraft sehr groß, die Fahrwiderstandskräfte hingegen sehr klein. Die überschüssige Kraft wird zur Fahrzeugbeschleunigung genutzt, aber die Motordrehzahl kann nahe am Abschaltpunkt sehr hohe Werte erreichen. An diesem Punkt muss hochgeschaltet werden, denn die Vorwärtsgeschwindigkeit ist noch sehr klein. Andererseits ist die Steigerung der Fahrgeschwindigkeit durch die Kinematik des Antriebsstrangs eingeschränkt bzw. ohne Hochschalten nicht möglich. Durch das Hochschalten

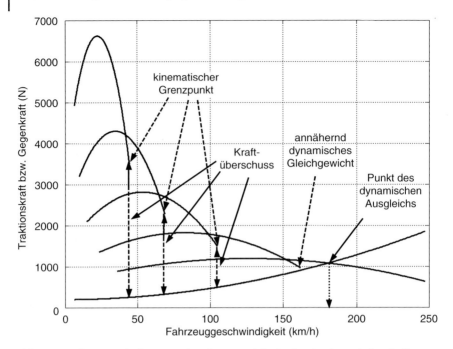

Abb. 3.64 Definitionen der kinematischen Grenze und der Punkte des dynamischen Kräftegleichgewichts.

sind höhere Fahrzeuggeschwindigkeiten kinematisch möglich, gleichzeitig sind Traktionskräfte und Beschleunigungen reduziert. In den hohen Gangstufen gibt es Punkte, an denen sich Fahrwiderstands- und Traktionskraft aufgrund der hohen Geschwindigkeiten und niedrigen Traktionskräfte ausgleichen können. Diese Punkte sind die Punkte des dynamischen Gleichgewichts und stellen stationäre (stabile) Zustände für die Fahrzeugbewegung dar – allerdings dauert dieser stabile Zustand nicht lange an.

Abbildung 3.64 zeigt diese Probleme für ein Beispielfahrzeug auf ebener Strecke. Wie man sieht, gibt es in den niedrigen Gängen (erster, zweiter und dritter Gang) an den Punkten der maximalen Motordrehzahl jeweils einen Traktionskraftüberschuss. Diese Punkte werden kinematische Grenzpunkte genannt und stellen die Punkte dar, bei denen geschaltet werden muss. Im höchsten Gang (fünfter Gang) steigt die Fahrwiderstandskraft mit der Geschwindigkeit und erreicht an einem bestimmten Punkt den Wert der Traktionskraft. An diesem Punkt gleichen sich die dynamischen Kräfte aus, und das Fahrzeug erreicht seine Endgeschwindigkeit. Unter Umständen wird der Punkt des dynamischen Kräftegleichgewichts auch im vierten Gang erreicht, beispielsweise an einer leichten Steigung. Auch wäre im vierten Gang ein Schnittpunkt in Abb. 3.64 möglich, wenn eine etwas höhere Motordrehzahl möglich wäre.

Bei den Punkten des dynamischen Kräftegleichgewichts lautet die Bewegungsgleichung einfach wie folgt:

$$F_T(v) - F_R(v) = 0 \tag{3.109}$$

Diese Gleichung ist bei der Vorwärtsgeschwindigkeit v^* und der entsprechenden Motordrehzahl ω^* erfüllt. Für jede Gangstufe n_i muss die Gleichung 3.109 nach v^* so aufgelöst werden, dass der stationäre Zustand erreicht werden kann (z. B. in hohen Gängen), aber die Drehzahl des Motors muss bei v^* kleiner als die Drehzahlgrenze ω_{em} des Motors sein. Es muss also gelten:

$$\omega^* = \frac{n_i v^*}{r_w} < \omega_{em} \tag{3.110}$$

Dieser Prozess sollte durch Modifikation des bestehenden MATLAB-Programms numerisch durchgeführt werden. In einigen Fällen, für die die Drehmoment-Drehzahl-Relation bei gegebenem Drosselwert bekannt ist, kann dennoch eine mathematische Lösung gefunden werden. Lassen Sie uns die Drehmoment-Drehzahl-Relation in die folgende Form bringen:

$$T_e(\omega_e) = f(\omega_e) \tag{3.111}$$

Dann erhalten wir die Lösung mit:

$$\frac{n_i}{r_w} f\left(\frac{n_i}{r_w} v^*\right) - F_R(v^*) = 0 \tag{3.112}$$

Übung 3.19

Untersuchen Sie für das Fahrzeug aus Übung 3.18 die Existenz der Punkte des dynamischen Kräfteausgleichs auf einer ebenen Straße für die Gangstufen 3 und 5.

Lösung:

Die Formel für die Drehmoment-Drehzahl-Beziehung lautet:

$$T_e = -4{,}45 \times 10^{-6} \omega_e^2 + 0{,}0317 \omega_e + 55{,}24$$

wobei ω_e in 1/min angegeben wird. Diese Beziehung lässt sich generell wie folgt ausdrücken (wobei ω_e in rad/s anzugeben ist):

$$T_e(\omega_e) = t_1 \omega_e^2 + t_2 \omega_e + t_3 = f(\omega_e)$$

Durch Substitution in Gleichung 3.112 und nach einigen Umstellungen erhalten wir:

$$\left(v^*\right)^2 + k_1 v^* + k_2 = 0$$

wobei:

$$k_1 = -\frac{(n_i/r_w)^2 \, t_2}{c - (n_i/r_w)^3 \, t_1}$$

$$k_2 = F_0 - n_i \frac{t_3}{r_w}$$

Nach Konvertierung in rad/s erhalten wir folgende Werte: $t_1 = 4.1 \times 10^{-4}$, $t_2 = 0.3027$ und $t_3 = 55.24$. Im dritten Gang beträgt die Gesamtübersetzung $n_3 = 1.7 \times 4 = 6.8$ und k_1 und k_2 ergeben sich zu:

$$k_1 = -28.103 \quad \text{und} \quad k_2 = -1195$$

Lösen der quadratischen Gleichung nach v^* führt zu:

$$v^* = 51.367 \quad \text{und/oder} \quad -23.265$$

Bei positivem Ergebnis muss die Motordrehzahl überprüft werden:

$$\omega* = \frac{n_3}{r_w}v^* = \frac{6.8 \times 51.367}{0.27} = 1293.7 \,\text{rad/s} \; (12\,354/\text{min!})$$

Diese Drehzahl ist viel zu hoch! Für den fünften Gang führt dasselbe Vorgehen zu folgendem Ergebnis:

$$n_5 = 2.88, \, k_1 = -40.882, \, k_2 = -393.03, \, v^* = 48.92\,\text{m/s} \; (176.1\,\text{km/h})$$
$$\text{und} \quad \omega^* = 4983/\text{min}$$

Dies ist hingegen plausibel.

3.7.5
Optimale Beschleunigungs-Performance

Oft wird die Frage gestellt, mit welchem Schaltverhalten die bestmögliche Beschleunigungs-Performance erzielt wird. Um höhere Geschwindigkeiten in kürzerer Zeit praktisch zu erreichen, werden größere mittlere Beschleunigungen benötigt. Mathematisch ist Geschwindigkeit das Integral der Beschleunigung über die Zeit:

$$v(t) = \int a(t)\,dt \tag{3.113}$$

In einer grafischen Darstellung ergibt die Fläche unter der Beschleunigungskurve über die Zeit die Geschwindigkeit. Für die Performance mit festem Drosselwert (FTP, Fixed Throttle Performance) – beispielsweise bei 100 % Drosselwert (WOT, Wide Open Throttle) – wird das Beschleunigungsverhalten des Fahrzeugs von den Schaltvorgängen bestimmt. Um die Wirkung der Wahl des Schaltzeitpunkts zu betrachten, untersuchen wir die Beschleunigungs-Performance eines typischen Fahrzeugs bei zwei unterschiedlichen Schaltdrehzahlen (in Abb. 3.65) anhand eines Beschleunigung-Geschwindigkeit-Diagramms. Bei den durchgezogenen Linien wurde der Schaltvorgang bei einer bestimmten Motordrehzahl ausgeführt. Bei dieser Drehzahl war die die Traktionskraft bei zwei aufeinanderfolgenden Gängen gleich (und entsprach damit dem Schnittpunkt der Traktionskurven der beiden Gänge). Bei den gestrichelten Linien wurde der Schaltvorgang bei niedrigeren Drehzahlen durchgeführt.

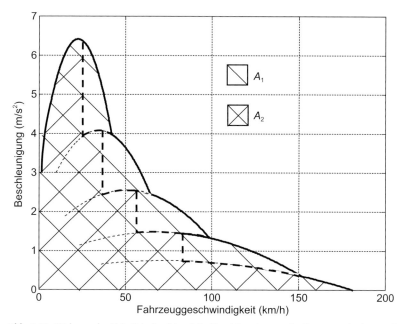

Abb. 3.65 Wirkung der Schaltdrehzahl auf die Beschleunigungs-Performance in der *a-v*-Kurve.

Es ist klar, dass die Fläche (A_1) unter den durchgezogenen Linien größer als die unter der Fläche (A_2) unter den gestrichelten Linien ist. Auch klar ist, dass die Fläche A_2 kleiner wird, wenn die Schaltdrehzahlen weiter verringert werden. Da die maximale Fläche A_1 ist, kann gefolgert werden, dass das Hochschalten an den Schnittpunkten mit den nachfolgenden Traktionskurven höhere Beschleunigungen hervorruft. Nach Gleichung 3.113 ist die Fläche unter der Beschleunigung über die Zeit gleich der Geschwindigkeit am Ende der Beschleunigungsphase, womit die Geschwindigkeit für die Fläche A_1 maximal ist.

In der Beschleunigung-Zeit-Kurve bleibt die Beschleunigungskurve nicht für jeden Gang identisch, wenn die Schaltdrehzahl variiert wird. Das kann man aus der grafischen Darstellung in Abb. 3.66 für zwei unterschiedliche Schaltdrehzahlen erkennen (5500/min – durchgezogene Linien und 4000/min – gestrichelte Linien). Allerdings ist die Fläche unter den Beschleunigung-Zeit-Kurven insgesamt noch größer, wenn die Schaltdrehzahl erhöht ist. Die Wirkung der Schaltdrehzahl lässt sich besser mit der Zeit zum Erreichen einer gegebenen Geschwindigkeit erklären, da sie ein Indiz für die Gesamt-Beschleunigungs-Performance ist. Abbildung 3.67 zeigt die Geschwindigkeit-Zeit-Kurven für vier verschiedene Schaltdrehzahlen: 4000, 4500, 5000 und 5500/min. Klar ist, bei einer höheren Geschwindigkeit (eine beliebige horizontale Linie) verkürzt sich die Zeit zum Erreichen dieser Geschwindigkeit durch höhere Schaltdrehzahlen. Die horizontale Linie entspricht einer Geschwindigkeit von 30 m/s (108 km/h). Die Zeit zum Erreichen einer bestimmten Geschwindigkeit reduziert sich auf nicht lineare Weise. Zum Beispiel verkürzt sich die Zeit um rund 3 s durch Erhöhung der Schaltdrehzahl von 4000

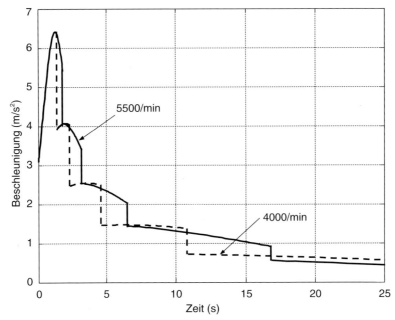

Abb. 3.66 Wirkung der Schaltdrehzahl auf die Beschleunigungs-Performance in der *a-t*-Kurve.

auf 4500/min, wogegen sie sich bei der Erhöhung der Schaltdrehzahl von 5000 auf 5500/min um rund 1 s verkürzt.

Beachten Sie, dass das Aussehen von Beschleunigungs- und Geschwindigkeits-kurven insgesamt von den Übersetzungsverhältnissen sowie von den physikali-schen Eigenschaften des Fahrzeugs abhängig ist. Durch Ändern eines Parameters ändern sich die oben dargestellten Kurven grundlegend, obgleich das Gesamtver-halten bei unterschiedlichen Konfigurationen ähnlich ist.

3.7.6
Leistungsaufnahme

Der Leistungsbedarf während der Fahrzeugbewegung beinhaltet zwei Teile: Leis-tung zum Beschleunigen; Leistung zum Überwinden der Fahrwiderstandskräfte. Die für die Bewegung des Fahrzeugs mit der Geschwindigkeit $v(t)$ verbrauchte Gesamtleistung ergibt sich wie folgt:

$$P(t) = F_T v(t) \tag{3.114}$$

Die Traktionskraft F_T kann wie folgt ausgedrückt werden:

$$F_T = ma(t) + F_R \tag{3.115}$$

Darum gilt:

$$P(t) = ma(t)v(t) + F_R v(t) = P_a(t) + P_R(t) \tag{3.116}$$

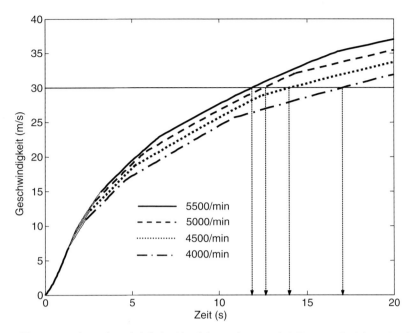

Abb. 3.67 Wirkung der Schaltdrehzahl auf die (Verkürzung der) Zeit zum Erreichen einer bestimmten Geschwindigkeit.

Der erste Ausdruck ist die Leistung P_a, die zur Beschleunigung des Fahrzeugs erforderlich ist. Der zweite Ausdruck P_R ist die Leistung zum Überwinden der Fahrwiderstandskräfte. Gleichung 3.116 zeigt, dass die Leistung ein Momentanwert ist, der sich während der Fahrzeugbewegung mit der Änderung der Beschleunigung bzw. Geschwindigkeit verändert. Sie zeigt auch, dass für größere Beschleunigungen mehr Leistung gebraucht wird.

In Abb. 3.68 wird die Änderung der Leistung mit der Geschwindigkeit bei verschiedenen Gängen für die Fahrzeugbewegung mit festen Drosselwerten (zum Beispiel für Volllast – Drosselwert 100 %) dargestellt. Da die Beschleunigung bei kleinen Gängen und niedriger Geschwindigkeit (dank geringer Fahrwiderstandskräfte) größer ist, wird der größte Teil der Leistung für die Beschleunigung gebraucht und nur ein geringer Teil für die Fahrwiderstandskräfte (Gegenkräfte) verbraucht. Hochschalten verringert die Beschleunigung bei hoher Geschwindigkeit und die Fahrwiderstandskräfte spielen eine größere Rolle. Infolgedessen ist der Leistungsanteil zur Überwindung der Fahrwiderstandskräfte in höheren Gängen größer. Bei der Endgeschwindigkeit (die Beschleunigung ist null) wird die gesamte Leistung für das Überwinden der Fahrwiderstandskräfte aufgebracht.

Der zeitliche Verlauf der Änderung der Leistung ist in Abb. 3.69 für die verschiedenen Gänge für Beschleunigung mit 100 % Drosselwert und den Schaltvorgängen jeweils am Punkt der maximalen Leistung dargestellt. Wenn hochgeschaltet wird, fällt die Beschleunigung ab, da die Fahrwiderstandskräfte bei einer gegebenen Geschwindigkeit unverändert bleiben. Der Leistungsbedarf wird reduziert.

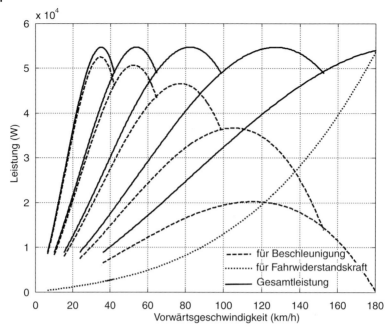

Abb. 3.68 Leistung-Geschwindigkeit-Diagramm für Volllastbeschleunigung.

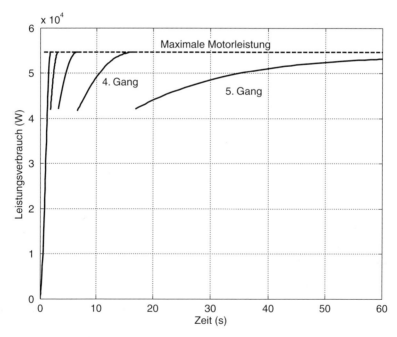

Abb. 3.69 Typisches Leistung-Zeit-Diagramm für den FTP-Fall (Fixed Throttle Performance – Performance mit festem Drosselwert).

Bei weniger aggressivem Fahrstil endet die Beschleunigung in den kleinen Gängen oft bei niedrigeren Motordrehzahlen. Folglich ist der Leistungsbedarf in den kleinen Gängen normalerweise viel geringer als die maximale Motorleistung. Beachten Sie, dass die Wahl der Getriebe- bzw. Gesamtübersetzung die Ergebnisse insofern verändern kann, dass die Punkte in den Kurven verschoben werden. In Kapitel 4 werden wir die Wirkung der Übersetzungsverhältnisse auf die Leistungskurven, insbesondere für die höheren Gangstufen, genauer untersuchen.

3.8
Gaspedalzyklusleistung (PCP, Pedal Cycle Performance)

In der Realität wird das Gaspedal vom Fahrer entsprechend den Fahrsituationen betätigt. In einem Fahrzeug mit manuellem Schaltgetriebe kann die Pedaleingabe auch bei einer hohen Beschleunigungsleistung nicht konstant gehalten werden, da das Pedal mindestens beim Schalten losgelassen und wieder getreten werden muss. Unter normalen Fahrbedingungen variiert die Pedaleingabe in unterschiedlichen Fahrsituationen. Somit besteht eine Problemkategorie bei der Untersuchung der longitudinalen Performance eines Fahrzeugs darin, dass der Drosselwert des Motors die Eingangsvariable und die resultierende Fahrzeugbewegung die Ausgangsvariable ist.

Die Pedaleingaben des Fahrers können aufgrund von Fahrsituationen und Fahrgewohnheiten sehr unterschiedlich ausfallen. Der Verlauf der Pedaländerungen über die Zeit könnte wie in Abb. 3.70 aussehen, bei der die Pedaleingaben (Drosselwerte) zwischen 0 (geschlossen) und 100 % (vollständig geöffnet) variieren.

Für die Simulation einer Fahrsituation anhand der Pedaleingaben werden die Drehmoment-Drehzahl-Drosselwert-Daten benötigt. Diese können in Form von Look-up-Tabellen vorliegen oder mit der MT-Motorformel, die in Kapitel 2 vorgestellt wurde, berechnet werden.

Darüber hinaus werden beim Fahren auch die Schaltvorgänge entsprechend der Fahrgeschwindigkeit und Motordrehzahl sowie nach Wahl des Fahrers durchgeführt. Um die Pedaleingaben in die MATLAB-Programme einzubinden, müssen diese in den Funktionsteil – nicht in das Hauptprogramm – eingefügt werden. Der Grund dafür ist, dass die Pedaleingaben zeitabhängig sind. Beim Aufruf von „ode" im Hauptprogramm werden alle Integrationsschritte im Funktionsteil durchgeführt und die Endergebnisse werden an das Hauptprogramm zurückgegeben. Die folgende Übung soll das Konzept klar machen.

Übung 3.20
Verwenden Sie die MT-Motorformel für einen Pkw aus Gleichung 3.2 und die zugehörigen Daten aus den Tab. 3.1 und 3.2. Verwenden Sie den in Abb. 3.71 gezeigten Gaspedalzyklus sowie die Fahrzeugdaten aus Übung 3.18, und plotten Sie die Änderung der Fahrgeschwindigkeit über die Zeit. Ignorieren Sie die Zeitverzögerungen während der Schaltvorgänge.

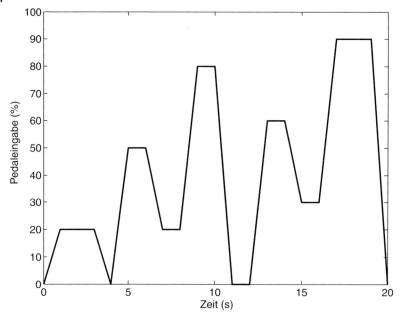

Abb. 3.70 Typischer Verlauf für Gaspedaleingaben (ein Pedalzyklus).

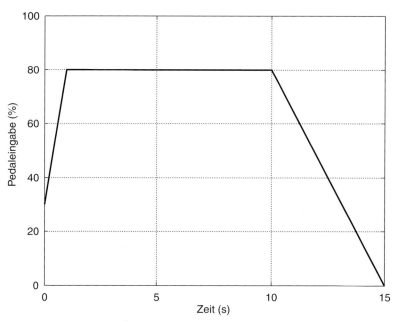

Abb. 3.71 Pedalzyklus aus Übung 3.20.

Lösung:

Die in Abb. 3.72 gezeigten Programme liefern die Anweisungen für diesen Fall. Im Hauptprogramm werden die Eingaben vorgegeben und die Informationen werden durch die Anweisung „global" an den Funktionsteil weitergereicht. Das schwierigste daran ist die Angabe des eingelegten Gangs. Es wird angenommen, dass jeder Gang so lange eingelegt ist, bis die maximale Motordrehzahl erreicht ist. Erst dann wird hochgeschaltet. Beachten Sie, dass das Programm Herunterschalten nicht vorsieht. Dazu müsste eine weitere Schleife definiert werden, die die untere Drehzahlgrenze des Motors prüft und die Herunterschaltvorgänge bestimmt. Die Ausgaben sind in Abb. 3.73a,b dargestellt. Aus dem zeitlichen Verlauf der Fahrzeugbeschleunigung ergeben sich die Schaltpunkte für die Gangstufen 2, 3 und 4. Beachten Sie, dass die Berechnungen der Beschleunigung ähnlich wie die in Übung 3.18 erfolgen.

3.9
Wirkung rotierender Massen

Wenn das Fahrzeug beschleunigt, werden die Räder, die rotierenden Wellen und sogar der Motor beschleunigt. Mit anderen Worten, zusätzlich zur Fahrzeugkarosserie (Fahrzeugmasse), die eine Traktionskraft für das Erzeugen ihrer kinetischen Energie benötigt, brauchen die Rotationsträgheiten auch Drehmomente, damit ihre kinetische Energie erzeugt werden kann. Die vom Fahrzeugmotor erzeugte angeforderte Leistung wird daher in zwei Teile „aufgeteilt". Der Teil der Leistung, den die rotierenden Massen aufnehmen, reduziert die Leistung, die die Fahrzeugkarosserie vorwärts treibt. Dies reduziert die Fahrzeugbeschleunigung im Vergleich zu dem Fall ohne rotierende Massen. In Abb. 3.74 betrachten wir die Drehmomentbilanz vom Motor bis zu den Antriebsrädern durch alle drehmomentverbrauchenden Komponenten des Antriebsstrangs.

Die Anwendung des zweiten Newton'schen Gesetzes auf die Rotationsbewegung der Motorabtriebsseite ergibt nach Abb. 3.74a:

$$T_c = T_e - I_e \alpha_e \tag{3.117}$$

Dies bedeutet, das Kupplungsdrehmoment T_c ist das Moment, das von dem vom Motor abgegebenen Drehmoment T_e verbleibt, nachdem die relevanten Trägheiten I_e, die um die Motorabtriebswelle gruppiert sind, mit der Winkelbeschleunigung α_e beschleunigt wurden. Zu diesen Trägheiten I_e zählen die der rotierenden Massen des Motors, des Schwungrades, der Kupplungseinheit etc. In Abb. 3.74b setzen wir voraus, dass die einzelnen Trägheiten all der rotierenden Massen rund um Getriebeeingang und -ausgang zu einer Trägheit I_g an der Getriebeabtriebswelle zusammengefasst werden können. Bevor wir dies tun, müssen wir zunächst das Moment an der Abtriebswelle durch Multiplikation des Eingangsmoments mit der Getriebeübersetzung n_g berechnen:

$$T_T = n_g T_c \tag{3.118}$$

```
% MATLAB-Hauptprogramm (main.m) für Übung 3.20
global m c f0 rw n p theta t_t wem

m=1000; rw=0.27; fr=0.02; c=0.35;
f0=m*9.81*fr;

% Formel für Drosselwert 100% (Volllast) ist ein Polynom 2. Ordnung:
p=[-0.00000445 0.0317 55.24];

% Definiere den Pedalzyklus:
theta=[30 80 80 0];        % Drosselwerte (%)
t_t=[0 1 10 15];           % Zugehörige Zeiten (s)

x0=[eps 0]; t0=0; tf=15;
wem=5500;                        % Obere Drehzahlgrenze des Verbrennungsmotors

[t,x]=ode45(@pedal_cyc, [t0 tf], x0)    % Aufruf der Funktion pedal_cyc

% Plotte Ergebnisse
```

(a)

```
% Vom Hauptprogramm (main.m) aufgerufene Funktion (pedal_cyc)
function f=pedal_cyc(t,x)

global m c f0 rw n  p theta t_t wem

v=x(1);
s=x(2);
% Schleife zum Angeben der Gangstufenzahl:
for i = 5: -1: 1               % Anzahl der Gangstufen
   omeg=n(i)*v*30/rw/pi; % Motordrehzahl bei der Geschwindigkeit 'v'
  if omeg <= wem               % Wenn Motordrehzahl kleiner als zul. Höchstdrehzahl,
   ni=n(i);                    % Gangzahl 'i' beibehalten
  end
end
omeg=ni*v*30/rw/pi;        % Motordrehzahl in gewählter Gangstufe

% Bestimme Drosselwert 'th':
th=interp1(t_t, theta, t);

% Berechne nun das Teillast-Drehmoment:
  pow=(1.003*omeg)^1.824;
  den=(1+exp(-11.12-0.0888*th))^pow;
  Trq=polyval(p, omeg)/den;
% Traktionskraft in Gangstufe 'i'
Fti=Trq*ni/rw;
f=[(Fti-f0-c*v^2)/m
   v];
```

(b)

Abb. 3.72 MATLAB-Programme für Übung 3.20: (a) Hauptprogramm, (b) Funktionsteil.

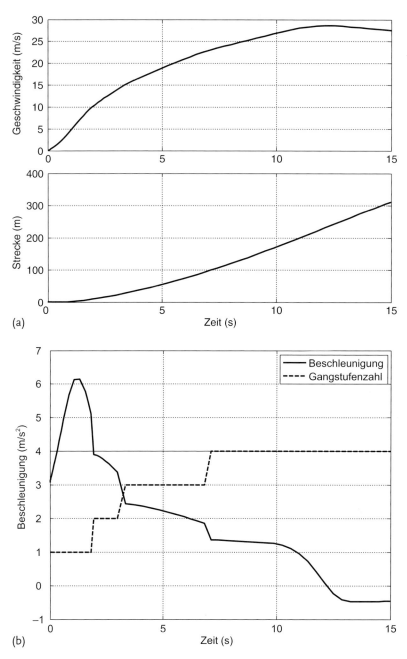

Abb. 3.73 (a) Zeitliche Verläufe von Geschwindigkeit und Strecke für Übung 3.20. (b) Zeitlicher Verlauf der Beschleunigung für Übung 3.20.

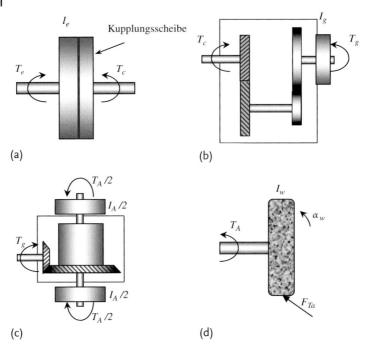

Abb. 3.74 Hauptkomponenten des Fahrzeugantriebsstrangs: (a) Schwungrad des Motors, (b) Getriebe, (c) Achsenantrieb, (d) Achse und Rad.

Das Ausgangsdrehmoment nach der Trägheit I_g ist daher:

$$T_g = T_T - I_g \alpha_T \tag{3.119}$$

wobei α_T die Winkelbeschleunigung der Getriebeabtriebswelle ist. In Abb. 3.74c nehmen wir für den Achsantrieb an, dass es nur eine einzige Antriebsachse gibt und dass alle zugehörigen Rotationsträgheiten zu einer Trägheit I_A auf der Ausgangsseite des Differenzials zusammengefasst werden. Für diesen Fall gilt folgende Gleichung:

$$T_A = n_f T_g - I_A \alpha_A \tag{3.120}$$

α_A ist dabei die Winkelbeschleunigung der Abtriebswelle des Achsantriebs. Schließlich kommt das Achsantrieb-Abtriebsmoment am mit der Raddrehzahl ω_w rotierenden Rad mit der Gesamtträgheit I_W an und beschleunigt es. Nach Abb. 3.74d führt das Momentengleichgewicht um die Radmitte zu folgender Gleichung:

$$T_A - F_{Ta} r_w = I_w \alpha_w \tag{3.121}$$

wobei F_{Ta} die an der Schnittstelle zwischen Reifen und Straße verfügbare Traktionskraft ist. Da alle Wellen miteinander verbunden sind, sind ihre Drehzahlen (bzw. Beschleunigungen) von der Motordrehzahl (bzw. -beschleunigung) abhängig, d. h.:

$$\alpha_e = n_g \alpha_g \tag{3.122}$$

$$\alpha_g = n_f \alpha_A \tag{3.123}$$

Die Kombination aller Gleichungen führt zu:

$$F_{Ta} = \frac{n}{r_w} T_e - \frac{1}{r_w} \left(n I_e + \frac{n_f}{n_g} I_g + \frac{I_w + I_A}{n} \right) \alpha_e \tag{3.124}$$

Dies ist die Kraft, die das Fahrzeug voranbringt. In den bisherigen Erläuterungen hatten wir die Traktionskraft wie folgt vereinfacht:

$$F_T = \frac{n}{r_w} T_e \tag{3.125}$$

Nun lautet die Bewegungsgleichung für die longitudinale Bewegung des Fahrzeugs unter Einwirkung der Traktions- und Fahrwiderstandskräfte:

$$F_{Ta} - F_R = ma \tag{3.126}$$

wobei a die longitudinale Beschleunigung des Fahrzeugs ist. F_{Ta} wird vom Reifen durch den an der Aufstandsfläche erzeugten Schlupf produziert. Unter Berücksichtigung des Schlupfes an der Schnittstelle zwischen Reifen und Straße unterscheidet sich die Rotationsgeschwindigkeit des Reifens geringfügig von der Drehzahl der Radmitte dividiert durch den Reifenrollradius (s. Abschn. 3.10). Wenn wir diesen kleinen Fehler akzeptieren, kann der Reifen als schlupflos angenommen werden. Das ermöglicht uns, die Rotationsbeschleunigung α_w des Rades direkt in Beziehung zur Fahrzeugbeschleunigung a zu setzen:

$$a = r_w \alpha_w \tag{3.127}$$

Ersetzen der Gleichungen 3.124, 3.125 und 3.127 in Gleichung 3.126 führt zu:

$$F_T - F_R = m \left[1 + \frac{1}{m r_w^2} \left(I_w + I_A + n_f^2 I_g + n^2 I_e \right) \right] a \tag{3.128}$$

was wie folgt ausgedrückt werden kann:

$$F_T - F_R = m_{eq} a \tag{3.129}$$

wobei gilt:

$$m_{eq} = m \left[1 + \frac{1}{m r_w^2} \left(I_w + I_A + n_f^2 I_g + n^2 I_e \right) \right] \tag{3.130}$$

Große rotierende (Äquivalenz-)Masse   Antriebsrad

Abb. 3.75 Konzept der rotierenden Massen.

Aus Gleichung 3.130 geht klar hervor, dass m_{eq} stets größer m ist. Darum ist die Fahrzeugbeschleunigung in der Realität geringer als diejenige, die wir in den vorstehenden Analysen ohne Berücksichtigung der rotierenden Massen erhalten haben. Mit anderen Worten, wenn wir die Wirkung rotierender Massen berücksichtigen, ist dies so, als ob wir eine zusätzliche Masse im Fahrzeug mitführten. Ersatzweise steht eine größere Traktionskraft zur Verfügung, wenn wir rotierende Massen nicht berücksichtigen. Abbildung 3.75 überträgt dieses Konzept. Hier wird angenommen, dass es eine einzelne, allen rotierenden Einzelmassen äquivalente Schwungmasse gibt.

Allgemein lässt sich m_{eq} wie folgt ausdrücken:

$$m_{eq} = m + m_r \tag{3.131}$$

wobei m_r als Äquivalenzmasse der Rotationsträgheiten betrachtet wird:

$$m_r = \frac{1}{r_w^2} \left[I(\omega_w) + n_f^2\, I(\omega_g) + n^2\, I(\omega_e) \right] \tag{3.132}$$

In Gleichung 3.132 werden die Trägheiten wie folgt definiert:

$I(\omega_w)$ ist die Summe aller Trägheiten, die mit der Drehzahl der Antriebsräder rotieren.

$I(\omega_g)$ ist die Summe aller Trägheiten, die mit der Drehzahl der Getriebeabtriebswelle rotieren.

$I(\omega_e)$ ist die Summe aller Trägheiten, die mit der Motordrehzahl rotieren.

Beachten Sie, dass m_{eq} in unterschiedlichen Gängen unterschiedliche Werte annimmt, da $n = n_g n_f$ sich mit der Getriebeübersetzung n_g ändert. Größere Getriebeübersetzungen erhöhen m_{eq} (um den Exponenten 2 von n_g). Das bedeutet, dass m_{eq} im niedrigsten Gang (d. h. im ersten Gang) am größten und im höchsten Gang (z. B. im fünften Gang) am kleinsten ist. Dies wirkt den Anforderungen für hohe Beschleunigungen in niedrigen Gängen entgegen.

Übung 3.21
Vergleichen Sie die Ausdrücke von Gleichung 3.132 für ein Fahrzeug mit den Fahrzeugdaten aus Tab. 3.9 und den Getriebedaten aus Übung 3.18. Prüfen Sie auch den Quotienten m_{eq}/m für unterschiedliche Gangstufen.

Tab. 3.9 Daten für Übung 3.21.

Fahrzeugdaten		Wert	Einheit
1	Fahrzeugmasse	m	1200	kg
2	mit dem Motor verbundene Trägheit	I_e	0,25	kg m²
3	mit dem Getriebe verbundene Trägheit	I_g	0,1	kg m²
4	mit dem Rad verbundene Trägheit	I_w	4	kg m²
5	Radrollradius	r_w	27	cm

Tab. 3.10 Äquivalenzmassen aus Übung 3.21.

Parameter		1. Gang	2. Gang	3. Gang	4. Gang	5. Gang
1	Ausdruck 1	kg	54,8697	54,8697	54,8697	54,8697	54,8697
2	Ausdruck 2	kg	21,9479	21,9479	21,9479	21,9479	21,9479
3	Ausdruck 3	kg	877,9150	370,9191	158,5734	66,3923	28,4444
4	Summe m_r	kg	954,7325	447,7366	235,3909	143,2099	105,2620
5	m_{eq}	kg	2154,7	1647,7	1435,4	1343,2	1305,3
6	m_{eq}/m		1,7956	1,3731	1,1962	1,1193	1,0877

Lösung:

Die Berechnung der individuellen Ausdrücke in Gleichung 3.132 ist einfach. Wir definieren die bestehenden Ausdrücke wie folgt:

$$Term1 = I_w \left(\frac{1}{r_w} \right)^2, \; Term2 = I_g \left(\frac{n_f}{r_w} \right)^2 \; \text{und} \; Term3 = I_e \left(\frac{n}{r_w} \right)^2$$

Die Maßangaben für jeden Ausdruck sind in kg, somit stellen diese tatsächlich Zusatzmassen, die beschleunigt werden, dar. Die Ergebnisse sind in Tab. 3.10 zusammengefasst.

Wie aus Tab. 3.10 ersichtlich, beträgt die Wirkung von Ausdruck 1 und 2 zusammengenommen rund 6–7 % der Fahrzeugmasse, wogegen die Wirkung von Ausdruck 3 rund 70 % der Fahrzeugmasse im ersten Gang und rund 2 % der Fahrzeugmasse im fünften Gang ausmacht. Die Gesamtwirkung im ersten Gang beträgt fast 80 % der Fahrzeugmasse. Daher ist offensichtlich, dass der Effekt der rotierenden Massen in niedrigen Gängen recht groß im Vergleich zur Fahrzeugmasse selbst ist.

3.9.1
Korrekturen an den vorherigen Analysen

Wenn wir m_{eq} in der Gleichung für die longitudinale Fahrzeugbewegung ersetzen, tun wir dies in der folgenden allgemeinen Form:

$$F_T(v) - F_R(v) = m_{eq}(n)\frac{dv}{dt} \tag{3.133}$$

Das Übersetzungsverhältnis n für ein (Stufen-)Getriebe mit einzelnen Übersetzungsverhältnissen stellt einen für eine gegebene Gangstufe unveränderlichen Wert dar. Für stufenlose Getriebe (CVT, Continuously Variable Transmission) ist sein Wert variabel und zudem noch geschwindigkeitsabhängig. Somit müssen für die beiden Analysefälle folgende Korrekturen vorgenommen werden, um die Wirkung rotierender Massen zu berücksichtigen.

3.9.1.1 Diskrete Übersetzungsverhältnisse

Für alle bisher untersuchten Fälle, d. h. CPP (konstantes Drehmoment), FTP (fester Drosselwert) und PCP (Gaspedalzyklus) wurde die Situation des Wechsels des Übersetzungsverhältnisses während der Fahrzeugbewegung erläutert. Um die Wirkung rotierender Massen zu berücksichtigen, ist es lediglich erforderlich, die äquivalente Masse für jeden eingelegten Gang zu berechnen, da für ein bestimmtes Übersetzungsverhältnis n die äquivalente Masse $m_{eq}(n)$ eine unveränderliche Größe ist. Die Lösungsmethode ist für alle Fälle ähnlich, wenn das Übersetzungsverhältnis erst einmal feststeht.

Übung 3.22

Untersuchen Sie für das Fahrzeug aus Übung 3.18 die Wirkung rotierender Massen auf die Beschleunigung des Fahrzeugs. Verwenden Sie die Daten für die rotierenden Massen aus Übung 3.21.

Lösung:

Die äquivalente Masse kann in die Hauptschleife des MATLAB-Programms für die Gangstufen in Abb. 3.59 eingefügt werden:

```
Mr1=Iw/(rw^2);
Mr2=Ig*(nf^2)/(rw^2);
for i=1: length(ng)      % Schleife für die Gangstufen
ni=ng(i)*nf;             % Gesamtübersetzung für jede Gangstufe
Mr3=Ie*(ni/rw)^2;
m=Mr1+Mr2+Mr3+m0;
f0=m0*9.81*fr;
```

In Abb. 3.76 ist Ergebnis für rotierende und nicht rotierende Massen dargestellt. Im ersten Gang ist der Unterschied in der Beschleunigung sehr groß. Er nimmt mit steigender Gangstufenzahl ab. Beachten Sie, dass auch die Zeit des Schaltvorgangs verzögert wird, wenn die rotierenden Massen berücksichtigt werden, da der

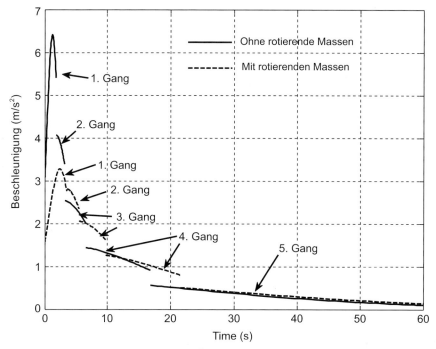

Abb. 3.76 Beschleunigungsergebnisse aus Übung 3.22.

Motor die Drehzahl zum Hochschalten aufgrund der geringeren Beschleunigungen später erreicht.

3.9.1.2 Stufenlose Übersetzungsverhältnisse

Die kontinuierliche Veränderung des Übersetzungsverhältnisses wurde bei der Analyse der Performance mit konstanter Leistung, im CPP-Fall, betrachtet. Die Bewegungsgleichung für den CPP-Fall lautet bei Berücksichtigung der rotierenden Massen wie folgt:

$$\frac{dv}{dt} = \frac{1}{m_{eq}(n)}\left[\frac{P}{v} - F_{RR}(v) - F_A(v)\right] \tag{3.134}$$

Nach der kinematischen Relation (ohne Schlupf) gilt:

$$n = \frac{\omega_e}{v}r_w \tag{3.135}$$

Da die Leistung aber konstant gehalten wird, gibt es zwei unterschiedliche Fälle:

1. Wenn das Drehmoment auch konstant ist, muss auch die Motordrehzahl einen festen Wert haben, da Drehmoment mal Drehzahl gleich Leistung ist. Wenn die Motordrehzahl eine Konstante ω_e^* ist, gilt für jede Fahrzeuggeschwindigkeit v^*:

$$n = \frac{\omega_e^*}{v^*}r_w \tag{3.136}$$

Die Geschwindigkeitswerte lassen sich für jeden Zeitpunkt durch die Integration von Gleichung 3.134 bestimmen, und das Übersetzungsverhältnis n kann aus Gleichung 3.136 berechnet werden. Beachten Sie, dass diese Gleichung für sehr niedrige Geschwindigkeiten zu sehr großen Werten für n führt. Daher sollte im Programm eine Obergrenze für n vorgegeben werden.

2. Wenn das Motordrehmoment variabel ist bei konstanter Motorleistung, bedeutet dies, dass die Motordrehzahl sich ändern muss, um die Leistung konstant zu halten. In diesem Fall kann Gleichung 3.135 kein Ergebnis für n liefern, es sei denn die Änderung der Motordrehzahl ist bekannt. Damit brauchen wir ein zusätzliches Kriterium, um die Motordrehzahl in einer gewünschten Weise zu ändern (z. B. um Kraftstoff zu sparen).

Übung 3.23

Bestimmen Sie die Wirkung rotierender Massen auf den zeitlichen Verlauf der Fahrgeschwindigkeit für das Fahrzeug aus Übung 3.12. Verwenden Sie die Daten aus Übung 3.21 für die rotierenden Massen. Nehmen Sie an, dass die Motordrehzahl konstant 500 rad/s beträgt und dass die maximale Gesamtübersetzung 16 ist.

Lösung:

Die Momentanwerte für das Übersetzungsverhältnis n können mithilfe von Gleichung 3.136 berechnet werden. Die Berechnungen der Äquivalenzmasse lassen sich mit den Programmanweisungen aus Übung 3.22 durchführen. Beachten Sie, dass der beschriebene Prozess im Funktions- und nicht im Hauptprogrammteil eingefügt werden muss.

In Abb. 3.77 wird die Wirkung rotierender Massen mit dem Basisfall ohne rotierende Massen verglichen. Es ist offensichtlich, dass die Fahrzeuggeschwindigkeit wesentlich niedriger ist, wenn die rotierenden Massen berücksichtigt werden.

3.10
Reifenschlupf

In den vorstehenden Erläuterungen wurde angenommen, dass die Räder ohne Reifenschlupf abrollen. Das vereinfachte den Zusammenhang von Fahrzeuggeschwindigkeit und Raddrehzahl erheblich. Dennoch ist dies in der Realität nicht der Fall, da, wie wir in Abschn. 3.3 gesehen haben, die Traktionskraft vom Reifen nur erzeugt werden kann, wenn longitudinaler Schlupf zwischen Reifen und Straßenbelag entwickelt wird. In der Tat kann der reale Prozess, durch den das Fahrzeug in Bewegung gesetzt wird, durch die schematische Darstellung in Abb. 3.78 beschrieben werden. Nach diesem Prozess erfolgt die Umwandlung des Drehmoments des Rades in die Traktionskraft des Reifens durch die Erzeugung von Reifenschlupf. An diesem Prozess ist, abgesehen von der longitudinalen Dynamik des Fahrzeugs, auch die Dynamik des rotierenden Rades beteiligt, bei der das Eingangsmoment die Rotationsgeschwindigkeit des Rades erzeugt. Die Rotationsbe-

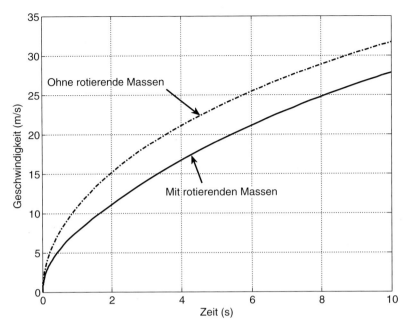

Abb. 3.77 Wirkung rotierender Massen auf die Beschleunigungsleistung für den CPP-Fall (CPP, Constant Power Performance, konstante Leistung).

Abb. 3.78 Prozess der Entstehung der Fahrzeugbewegung aus dem Motordrehmoment.

wegung eines Antriebsrades kann anhand des Freikörperbilds (FBD, Free Body Diagram) von Abb. 3.79 modelliert werden.

Die Anwendung des zweiten Newton'schen Gesetzes auf die Rotation eines Rades führt uns zu:

$$T_w - F_x r_w = I_w \frac{d\omega_w}{dt} \tag{3.137}$$

wobei T_w das Raddrehmoment, ω_w die Rotationgeschwindigkeit des Rades und I_w das polare Trägheitsmoment des Rades einschließlich der übrigen rotierenden

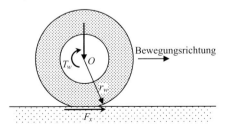

Abb. 3.79 Freikörperbild eines Antriebsrades.

Teile (s. Abschn. 3.9) sind. Nach Gleichung 3.11 gilt für den Reifenschlupf:

$$S_x = 1 - \frac{v}{r_w \omega_w} \tag{3.138}$$

Die Gleichungen 3.137 und 3.138 zeigen die Wechselwirkung zwischen Raddrehzahl ω_w und Schlupf S_x. Tatsächlich ist Gleichung 3.137 eine Differenzialgleichung, mit der sich durch Integration Werte für die Raddrehzahl ω_w finden lassen. Dazu muss S_x allerdings vorher bekannt sein, ist aber andererseits abhängig von der Raddrehzahl (Gleichung 3.138). Mit einer numerischen Lösung kann das Problem gelöst werden, indem eine Anfangsbedingung für die Fahrzeugbewegung angegeben wird, beispielsweise beginnend ab Stillstand. Die Raddrehzahl und die Fahrzeuggeschwindigkeit erhalten wir anschließend durch simultane numerische Integration nach ω_w und v des Fahrzeugs. Die Lösung der Differenzialgleichung 3.137 hat zusammen mit Gleichung 3.138 schnelle Schwankungen der Werte für den Reifenschlupf und die Rotationsgeschwindigkeit zur Folge. Zur Lösung dieses Typs von Differenzialgleichung müssen wir in MATLAB statt der Funktion „ode15s" die Funktion „ode45" aufrufen. Es gibt aber noch andere Punkte, die beachtet werden müssen:

1. In der Gleichung für die longitudinale Bewegung ist die Reifentraktionskraft F_x eine Funktion der Normalbeanspruchung am Reifen und des Reifenschlupfes S_x (s. Abschn. 3.3):

$$F_x = F_x (F_z, S_x) \tag{3.139}$$

   Dafür könnte beispielsweise die „magische Formel" verwendet werden (s. Abschn. 3.3).

2. Das Problem ist hinsichtlich der Anfangsbedingung für die Raddrehzahl heikel. Unterschiedliche Anfangsbedingungen für ω_w können, insbesondere bei niedrigen Geschwindigkeiten, zu unterschiedlichen Ergebnissen für die Rad-Rotationsgeschwindigkeit führen. Für ein Rad, das sich aus dem Stillstand zu drehen beginnt, ist 100*eps ein brauchbarer Raddrehzahl-Anfangswert, da dies ein sehr kleiner Wert ($2{,}22 \times 10^{-14}$) ist.

3. In der Praxis befindet sich der Wert für S_x während der longitudinalen Beschleunigungsleistung im Bereich $1 \geq S_x \geq 0$. Mathematisch sind für Gleichung 3.138 allerdings auch Ergebnisse außerhalb dieses Bereichs möglich, z. B. $S_x > 1$ (auch sehr große Werte) oder $S_x < 0$. Bei der Programmierung müssen daher die notwendigen Einschränkungen für S_x vorgesehen werden, um die Werte innerhalb der plausiblen Grenzen zu halten.

Die Programmierung für dieses Problem ist dem Leser überlassen. Typische Ergebnisse für Geschwindigkeit und Beschleunigung dienen als Referenzbeispiele. Der zeitliche Verlauf der Fahrzeuggeschwindigkeit ist in Abb. 3.80 dargestellt. Diese Abbildung zeigt auch die äquivalente Geschwindigkeit der Radmitte. Diese Rad-Äquivalenzgeschwindigkeit entspricht der Rotationsgeschwindigkeit des Rades multipliziert mit seinem Radius. Es wird klar, dass die Rad-

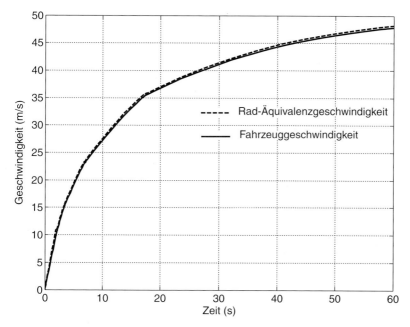

Abb. 3.80 Fahrzeuggeschwindigkeit und Rad-Äquivalenzgeschwindigkeit unter Berücksichtigung der Raddynamik.

Äquivalenzgeschwindigkeit aufgrund des Radschlupfes größer als die Fahrzeuggeschwindigkeit sein muss. Der zeitliche Verlauf der Fahrzeugbeschleunigung ist in Abb. 3.81 zusammen mit dem gleichen Ergebnis ohne Radschlupf abgebildet. Beachten Sie, dass es eine kurze Verzögerung in der Fahrzeugreaktion aufgrund der Raddynamik gibt. Wird die Dynamik des Rades berücksichtigt, so werden die Traktionskräfte am Reifen erst gebildet, nachdem Reifenschlupf erzeugt wird.

3.11
Performance an Steigungen

Aus Gründen der Einfachheit wurde bisher immer angenommen, dass die Fahrzeugbewegung auf ebener Straße stattfindet. In diesem Abschnitt werden wir den Effekt der Bewegung an einer Steigung untersuchen. Wir wollen damit herausfinden, wie sich das Befahren einer Steigung auf die Fahrzeug-Performance auswirkt (z. B. auf die Geschwindigkeit oder Beschleunigung). Ein Bereich, der uns auch interessiert, ist die Untersuchung der Steigfähigkeit des Fahrzeugs – ein Thema, das wir in Kapitel 4 erläutern.

Die Fahrzeugbewegung an einem Hang kann aus zwei Perspektiven betrachtet werden:

- Wie beschleunigt ein Fahrzeug?
- Wie hoch ist die Höchstgeschwindigkeit in jedem Gang?

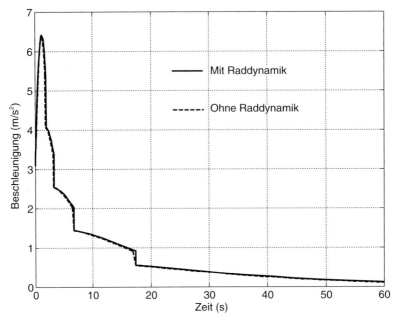

Abb. 3.81 Fahrzeugbeschleunigung mit und ohne Raddynamik.

- Welche maximale Steigung kann ein Fahrzeug mit einer vorgegebenen Geschwindigkeit bewältigen?
- Wie verhält es sich mit der Fahrzeug-Performance auf einer Straße mit variabler Steigung?

In Abb. 3.36 ist das Freikörperbild (FBD, Free Body Diagram) eines Fahrzeugs auf einer geneigten Straße mit allen darauf einwirkenden Kräften gezeigt. Die geltende Bewegungsgleichung wurde in der folgenden Form dargestellt:

$$m\frac{dv}{dt} = F_T - W\left(f_R\cos\theta + \sin\theta\right) - cv^2 \tag{3.140}$$

Wie in den vorstehenden Abschnitten erläutert wurde, ist die Lösungsmethode je nach Art der Traktionskraft F_T unterschiedlich.

3.11.1
Fahrzeug-Performance bei konstanter Leistung (CPP)

Für den CPP-Fall (CPP, Constant Power Performance) gibt es keine Bedenken hinsichtlich der Übersetzungsverhältnisse. Unter Berücksichtigung des Winkels θ in der Bewegungsgleichung, kann die Performance während der Fahrzeugbeschleunigung analysiert werden. Die Fahrzeug-Performance hinsichtlich Beschleunigung und Höchstgeschwindigkeit ist an einer Steigung offensichtlich reduziert, da die Fahrwiderstandskräfte größer sind. Das MATLAB-Programm aus Abb. 3.39 berücksichtigt bereits die Ausdrücke für die Steigung und kann ohne Änderung

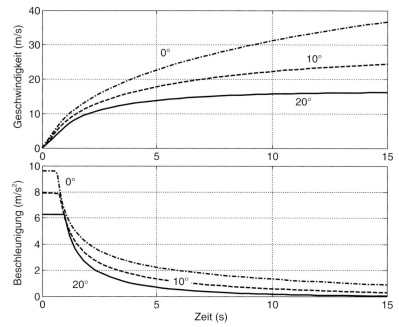

Abb. 3.82 Ergebnisse von Übung 3.24.

verwendet werden. Das gleiche MATLAB-Programm kann zum Berechnen der Maximalgeschwindigkeit verwendet werden, um die maximale Steigung, die ein Fahrzeug mit einer vorgegebenen Geschwindigkeit befahren kann, zu ermitteln. Bei einem Iterationsverfahren kann der Eingangsparameter Steigung tatsächlich variiert werden, bis die gegebene Maximalgeschwindigkeit erreicht ist.

Übung 3.24
Ermitteln Sie die zeitlichen Verläufe von Geschwindigkeit und Beschleunigung für das Fahrzeug aus Übung 3.10 für Steigungswinkel von 0°, 10° und 20°.

Lösung:
Wenn Sie das MATLAB-Programm aus Abb. 3.39 für die vorgegebenen Steigungen verwenden, erhalten Sie die in Abb. 3.82 dargestellten Ergebnisse.

3.11.2
Performance bei konstantem Drehmoment (CTP)

Im CTP-Fall kommt es zu Schaltvorgängen, und es muss geprüft werden, ob das Fahrzeug eine Steigung in einem bestimmten Gang bewältigen kann. Für jeden Gang gibt es somit eine maximale Steigung, die das Fahrzeug mit konstanter Geschwindigkeit befahren kann. Damit das Fahrzeug eine Geschwindigkeit für einen gegebenen Gang n_i direkt nach dem Hochschaltvorgang halten kann, muss die

Kräftebilanz zum Zeitpunkt des Gangwechsels positiv sein:

$$\frac{n_i}{r_w} T - F_0 - c \left[v_{max}(i-1) \right]^2 > 0 \tag{3.141}$$

wobei:

$$F_0 = W \left(f_R \cos \theta + \sin \theta \right) \tag{3.142}$$

und $v_{max}(i-1)$ ist die maximale Geschwindigkeit in der vorherigen Gangstufe, somit vor dem Schaltvorgang. Wenn Gleichung 3.141 für Gang i nicht erfüllt ist, kann die Endgeschwindigkeit, die das Fahrzeug in der vorherigen Gangstufe erreichen konnte, nicht halten. Daher wird entweder eine Fahrgeschwindigkeit erreicht, die unter der Maximalgeschwindigkeit liegt, oder es muss heruntergeschaltet werden. Für maximal erreichbare Fahrzeuggeschwindigkeit für jeden Gang n_i gilt (Gleichung 3.96):

$$v_{max}(i) = \left[\frac{1}{c} \left(\frac{n_i}{r_w} T - F_0 \right) \right]^{0,5} \tag{3.143}$$

vorausgesetzt, der Ausdruck in den runden Klammern ist positiv – sonst kann Gang n_i nicht beibehalten, und es muss heruntergeschaltet werden. Darüber hinaus muss der aus Gleichung 3.143 resultierende Wert kleiner gleich der kinematischen Geschwindigkeitsgrenze sein:

$$v_{max}(i) \leq \frac{r_w}{n_i} \omega_m \tag{3.144}$$

Tatsächlich entspricht das Minimum der beiden Ergebnisse aus den Gleichungen 3.143 und 3.144 der Höchstgeschwindigkeit in diesem Gang. Die zur Berücksichtigung der Steigungen erforderlichen Änderungen im MATLAB-Programm sind einfach durchzuführen.

Übung 3.25

Plotten Sie für das Fahrzeug in Übung 3.16 die zeitliche Veränderung der Geschwindigkeit für aufeinanderfolgende Schaltvorgänge bei 0°, 5° und 10° Steigung.

Lösung:

Die Hereinnahme der Steigung in die Berechnungen erfolgt einfach dadurch, dass der Ausdruck für „f0" aus Abb. 3.53 durch den folgenden Ausdruck ersetzt wird:

```
f0 = m * 9,81 * (fr * cos(theta) + sin(theta))
```

Das Ergebnis des ausgeführten Programms ist in Abb. 3.83 dargestellt. Es ist klar, dass das Fahrzeug selbst im vierten Gang bei einer Steigung von 0° und 5° noch beschleunigt werden kann. Dagegen führt ein Hochschalten vom dritten in den vierten Gang an einer 10°-Steigung zu einer negativen Beschleunigung, die ein Zurückschalten in den dritten Gang erforderlich machen kann. Durch Prüfen von Gleichung 3.141 finden wir die in Tab. 3.11 angegebenen Ergebnisse. Diese zeigen, dass an einer 10°-Steigung ein Hochschalten in den vierten Gang zu einer negativen Kräftebilanz führt. Das Fahrzeug wird langsamer.

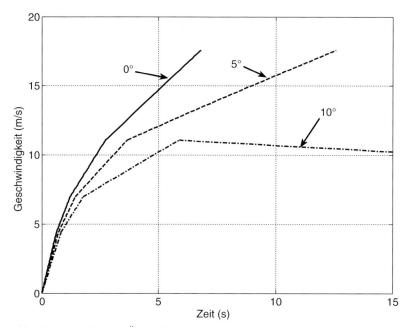

Abb. 3.83 Ergebnisse aus Übung 3.25.

Tab. 3.11 Kräftebilanz (Gleichung 3.141) bei Steigungen (N) .

Gangstufe	1	2	3	4
5° Steigung	12 566	7125	3686	1475
10° Steigung	10 873	5432	1993	−217

3.11.3
Performance bei unveränderlichem Drosselwert (FTP)

Auch in diesem Fall gleicht das Konzept dem der vorherigen Abschnitte. Um nach dem Hochschalten an einer Steigung für einen beliebigen Gang eine positive Beschleunigung beibehalten zu können, muss für das Kräftegleichgewicht folgende Bedingung erfüllt sein:

$$\frac{n_i}{r_w} T_e(\omega_i, \theta) - F_0 - c\left[v_{max}(i-1)\right]^2 > 0 \tag{3.145}$$

wobei $T_e(\omega_i, \theta)$ das Motordrehmoment für den gegebenen Drosselwert θ und die Motordrehzahl ω_i sind, unmittelbar nach dem Schalten in Gangstufe n_i. Ist die Bedingung für eine Gangstufe n_i nicht erfüllt, dann ist die resultierende Kraft in der Bewegungsrichtung nach dem Hochschalten negativ. Das kann ein Herunterschalten erforderlich machen, wenn die Motordrehzahl auf den niedrigen Wert ω_L sinkt. Eine stabile Maximalgeschwindigkeit des Fahrzeugs ist auch in den Gangstufen erzielbar, für die die Bedingung in Gleichung 3.145 nicht erfüllt ist, dann ist ihr Wert allerdings niedriger als im vorherigen Gang. In jedem Fall muss die Randbedingung für die Motordrehzahl (Gleichung 3.144) erfüllt sein.

Übung 3.26

Wiederholen Sie Übung 3.18 für Steigungen von 5° und 10°. Prüfen Sie auch die Kräftebilanz von Gleichung 3.145, um zu zeigen, in welchen Gangstufen eine positive Beschleunigung beibehalten werden kann.

Lösung:

Die Aufnahme der Steigungen in das MATLAB-Programm erfolgt ähnlich wie in der vorstehenden Übung. Die zeitlichen Verläufe von Geschwindigkeit und Fahrstrecke für die drei Fälle sind in Abb. 3.84 dargestellt. Auf ebener Straße werden positive Beschleunigungen in allen Gangstufen erreicht. Auf einer 5°-Steigung ist es im fünften Gang nicht möglich, eine positive Beschleunigung beizubehalten. Auf einer 10°-Steigung treten sogar im vierten Gang ähnliche Probleme auf, so-dass der fünfte Gang nicht eingelegt wird. Die Ergebnisse von Gleichung 3.145, die in Tab. 3.12 zusammengefasst sind, werden bei maximalem Motordrehmoment erzielt und stützen die Ergebnisse von Abb. 3.84.

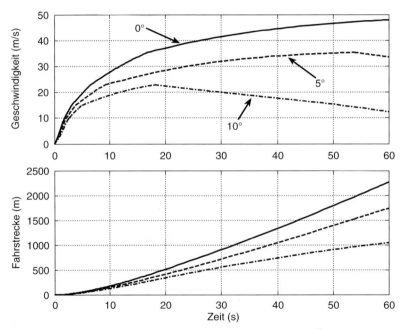

Abb. 3.84 Zeitliche Verläufe von Geschwindigkeit und Fahrstrecke für Übung 3.26.

Tab. 3.12 Kräftebilanz (Gleichung 3.145) bei Steigungen (N) .

Gangstufe	1	2	3	4	5
5° Steigung	5569	3219	1684	587	−296
10° Steigung	4722	2373	838	−260	−629

3.11.4
Variable Steigungen

Wenn die Fahrzeugbewegung auf verschiedenen, stückweise konstanten Steigungen stattfindet, lässt sich die Lösung in verschiedene Teillösungen für die jeweilige Steigung aufteilen. Die Anfangsbedingungen für jede Steigung sind die Endergebnisse der vorherigen Steigung. Allgemein kann eine Steigung als eine mit der Höhe (über dem Meeresspiegel) und der Strecke variierende Funktion ausgedrückt werden, die wir im MATLAB-Programm im Funktionsteil einbauen müssen.

Übung 3.27

Das Fahrzeug aus Übung 3.26 beschleunigt aus dem Stillstand. Kurz vor Erreichen des fünften Gangs beginnt eine Steigung mit einem Gefälle von $10°$, weswegen der vierte Gang weiter eingelegt bleibt. Mit der Vorgabe, dass ein Herunterschalten erfolgen muss, wenn die Motordrehzahl auf 2000/min sinkt, berechnen Sie die bis zu diesem Zeitpunkt an der Steigung zurückgelegte Strecke, zu dem das Herunterschalten in den dritten Gang erforderlich wird.

Lösung:

Das Problem kann in zwei Teilen gelöst werden. Im ersten Teil wird die Fahrzeugbewegung auf ebener Strecke betrachtet. Die Fahrgeschwindigkeit, die hier vor Erreichen des fünften Gangs erzielt werden kann, erhalten wir einfache Weise (s. Übung 3.18). Das Ergebnis ist 35,343 m/s. Im zweiten Teil wird die Fahrzeugbewegung auf einer $10°$-Steigung im vierten Gang mit dieser Geschwindigkeit als Eingangsgröße betrachtet. Die Fahrstrecke, die zu dem Zeitpunkt, an dem die Motordrehzahl auf 2000/min abfällt, erreicht wurde, ist die Antwort. Das MATLAB-Programm von Abb. 3.59 wird so modifiziert, dass die Steigung berücksichtigt wird. Dazu ist eine geringfügige Änderung in der Integrationsschleife erforderlich. Diese ist in Abb. 3.85 zu sehen. Die nach 70 s an der Steigung zurückgelegte Strecke beträgt 1555 m. Dabei sinkt die Fahrzeuggeschwindigkeit auf 46,3 km/h und die Motordrehzahl auf 2000/min.

3.12
Ausrollversuche

Ausrollversuche finden im ausgekuppelten Zustand (im Leerlauf bzw. in Neutralstellung) statt. Das Ausrollen des Fahrzeugs beginnt mit einer vorgegebenen Ge-

```
% Änderungen für das MATLAB-Programm für Übung 3.27

wlow=2000;                    % Setze niedrige Drehzahl für Motor
we=1500;                      % Wert (kleiner 'wlow') für 'while'-Anweisung
t0=0; tf=80;
x0=[35.3429 0];               % Geschwindigkeit beim Erreichen der Steigung
for i=4: 4                    % Nur Gangstufe 4
   while we – wlow <  0.001   % Anweisungen wiederholen bis we≅wlow

   [t,x]=ode45(@Fixed_thrt, [t0 tf], x0);
   v=x(:,1);
   we=30*ni*v(end)/rw/pi;     % Motordrehzahl am Ende des Integrationprozesses
    if we < wlow
    tf=tf*we/wlow;            % Integrationszeit sollte verringert werden
    elseif we-wlow>=0.01      % Eine kleine Spanne für schnelle Konvergenz
     tf=tf*we/wlow;
   we=1500;
 end
end
end
s=x(:,2);
```

Abb. 3.85 Änderungen für das MATLAB-Programm für Übung 3.27.

schwindigkeit und endet mit dem Stillstand des Fahrzeugs infolge der Einwirkung der Fahrwiderstandskräfte. Ein Ausrollversuch ist sehr nützlich bei der Messung der Eigenschaften der während der Fahrzeugbewegung wirkenden Fahrwiderstandskräfte. Auf ebener Strecke beinhalten die Fahrwiderstandskräfte auch die rotationsbedingten Reibungsverluste des Triebstrangs, den Rollwiderstand und die Luftwiderstandskraft. Mit einem Ausrollversuch lässt sich der zeitliche Verlauf der Fahrzeuggeschwindigkeit ermitteln. Diese Versuche werden normalerweise bei Windstille ausgeführt, um die Einflüsse von Luftbewegungen auf die Ergebnisse auszuschließen. Das bereits entwickelte mathematische Modell der Fahrzeugbewegung kann auf diesen Typ von Fahrzeugbewegung angewendet werden. Dazu wird angenommen, dass die Kraftmaschine keine Antriebskraft liefert und eine allmähliche Verzögerung des Fahrzeugs aufgrund der (alleinigen) Einwirkung der Fahrwiderstandskräfte stattfindet. Die Gleichung der longitudinalen Bewegung in einer Ausrollsituation ist aufgrund der fehlenden Traktionskraft einfacher:

$$m\frac{dv}{dt} = -F_{RR} - cv^2 \tag{3.146}$$

Darin sind F_{RR} die Rollwiderstandskraft und cv^2 ist die aerodynamische Kraft. Wenn der zeitliche Verlauf der Fahrzeuggeschwindigkeit bekannt ist, können die beiden Unbekannten berechnet werden. Allerdings hängt die Lösung von der Art der Fahrwiderstandskräfte ab, insbesondere vom Rollwiderstand, der als konstant oder als eine Funktion der Geschwindigkeit betrachtet werden kann. Diese untersuchen wir in den folgenden Abschnitten.

3.12.1
Konstanter Rollwiderstand

In der Praxis ist die Annahme einer konstanten Rollwiderstandskraft vielfach üblich, es gilt:

$$F_{RR} = f_R \, W = F_0 \tag{3.147}$$

Aus dem zeitlichen Verlauf der Fahrzeuggeschwindigkeit lassen sich der Rollwiderstandsbeiwert f_R und der aerodynamische Koeffizient c bestimmen.

3.12.1.1 Einfaches Modell

Die Werte für „F_0" und „c" können wir bereits mit einem einfachen Modell schätzen. Dieser Versuch setzt sich aus zwei Teilen zusammen, einem für die hohe und einem für die niedrige Geschwindigkeit. Es werden zwei Datensätze, einer für die hohe und einer für die niedrige Geschwindigkeit, aufgezeichnet. Jede Datensatz besteht aus einer inkrementellen Geschwindigkeitsänderung, die als v_{H1} und v_{H2} für die hohe und v_{L1} und v_{L2} für die niedrige Geschwindigkeit definiert sind. Die inkrementelle Geschwindigkeit kann den geringen Wert von 5 km/h haben. Die Zeitinkremente, über die die Geschwindigkeitsinkremente stattfinden, nennen wir Δt_H und Δt_L. Die Mittelwerte der Geschwindigkeiten sind für jeden Fall definiert als:

$$v_H = \frac{v_{H1} + v_{H2}}{2} \tag{3.148}$$

$$v_L = \frac{v_{L1} + v_{L2}}{2} \tag{3.149}$$

Die mittleren Verzögerungen für jede Geschwindigkeit sind definiert als:

$$a_H = \frac{v_{H2} - v_{H1}}{\Delta t_H} \tag{3.150}$$

$$a_L = \frac{v_{L2} - v_{L1}}{\Delta t_L} \tag{3.151}$$

Die Bewegungsgleichungen (Gleichung 3.146) für die niedrigen und hohen Geschwindigkeiten lassen sich mit den obigen Definitionen wie folgt ausdrücken:

$$m a_H = -F_0 - c v_H^2 \tag{3.152}$$

$$m a_L = -F_0 - c v_L^2 \tag{3.153}$$

Bei niedrigen Geschwindigkeiten ist es vernünftig, die aerodynamische Kraft zu ignorieren, sodass sich Gleichung 3.153 wie folgt vereinfachen lässt:

$$F_0 = m \frac{v_{L1} - v_{L2}}{\Delta t_L} \tag{3.154}$$

Tab. 3.13 Ergebnisse Fahrzeugausrollprüfung.

	Geschwindigkeit (km/h)	Zeit (s)
1	110	0
2	100	4,1
3	30	54,5
4	20	64,0

Diese Gleichung eignet sich zur Berechnung der Rollwiderstandskraft. Durch Ersetzen der Gleichung 3.154 in Gleichung 3.152 und Verwenden der Gleichungen 3.149 und 3.151 erhalten wir:

$$c = \frac{4m}{\Delta t_L \Delta t_h} \cdot \frac{\Delta t_L (v_{H1} - v_{H2}) - \Delta t_H (v_{L1} - v_{L2})}{(v_{H1} + v_{H2})^2} \tag{3.155}$$

Wenn die inkrementellen Geschwindigkeiten für die niedrige und hohe Geschwindigkeit gleichgesetzt werden, dann gilt:

$$\Delta v = v_{H1} - v_{H2} = v_{L1} - v_{L2} \tag{3.156}$$

Damit vereinfachen sich die Ergebnisse für F_0 und c zu:

$$F_0 = m \frac{\Delta v}{\Delta t_L} \tag{3.157}$$

$$c = \frac{4m}{\Delta t_L \Delta t_h} \cdot \frac{(\Delta t_L - \Delta t_H) \Delta v}{(v_{H1} + v_{H2})^2} \tag{3.158}$$

Übung 3.28

Das Ergebnis eines Ausrollversuchs für ein Fahrzeug mit einer Masse von 1600 kg finden Sie in Tab. 3.13. Berechnen Sie die Rollwiderstandskraft F_0 und den Koeffizient der aerodynamischen Kraft c.

Lösung:

Die inkrementellen Geschwindigkeiten für niedrige und hohe Geschwindigkeiten sind gleich 10 km/h. Die Berechnungen sind einfach, rechnen Sie die Geschwindigkeiten in m/s um, und sie erhalten folgende Ergebnisse:

$$F_0 = 1084 \, \text{N} \, (f_R = 0{,}0691) \quad c = 0{,}7243$$

3.12.1.2 Analytisches Modell

Für den allgemeinen Ausrollfall kann die Bewegungsgleichung analytisch integriert werden. Gleichung 3.146 lässt sich wie folgt ausdrücken:

$$c_m dt = -\frac{dv}{v^2 + 1/f^2} \tag{3.159}$$

wobei:

$$c_m = \frac{c}{m} \tag{3.160}$$

$$f = \sqrt{\frac{c}{F_0}} \tag{3.161}$$

Die Integration von Gleichung 3.159 führt zu:

$$\arctan(v\,f) = \frac{c_m}{f}\,(t_0 - t) + \arctan(v_0\,f) \tag{3.162}$$

Im Allgemeinen ist zum Zeitpunkt t_0 die Geschwindigkeit v_0, aber es ist immer möglich, $t_0 = 0$ zu setzen, daher gilt:

$$\arctan(v\,f) = -\frac{e}{m}\,t + \arctan(v_0\,f) \tag{3.163}$$

wobei:

$$e = \sqrt{c\,F_0} \tag{3.164}$$

Wenn Testdaten für die beiden Punkte 1 und 2 bekannt sind, dann gilt:

$$\arctan(v_1\,f) = -\frac{e}{m}\,t_1 + \arctan(v_0\,f) \tag{3.165}$$

$$\arctan(v_2\,f) = -\frac{e}{m}\,t_2 + \arctan(v_0\,f) \tag{3.166}$$

Die Gleichungen 3.165 und 3.166 bilden einen Satz von zwei nicht linearen Gleichungen für die beiden Unbekannten e und f. Mit Iterationsverfahren, wie „fsolve" in MATLAB, lassen sich die Gleichungen lösen. Nachdem e und f bekannt sind, lassen sich der aerodynamische Koeffizient c und der Rollwiderstandskoeffizient f_R auf einfache Weise wie folgt berechnen:

$$c = e\,f \tag{3.167}$$

$$f_R = \frac{e}{f\,mg} \tag{3.168}$$

Ein interessantes Ergebnis bei diesem Vorgehen ist die Berechnung der Fahrzeugmasse anhand des Ausrollversuchs. Damit lassen sich auch drei Gleichungen mit den Unbekannten e, f und m lösen, wenn ein weiter Datenpunkt bekannt ist.

Übung 3.29
In Tab. 3.14 finden Sie eine Auswahl an Daten, die während eines Ausrollversuchs mit einem leichten Nutzfahrzeug aufgezeichnet wurden. Verwenden Sie die vier Tabellenzeilen, um den Rollwiderstandskoeffizienten f_R, die Koeffizienten der aerodynamischen Kraft c und die Fahrzeugmasse m zu berechnen. Die Frontfläche (Projektionsfläche) des Fahrzeugs beträgt $2{,}5\,\mathrm{m}^2$ und die Luftdichte beträgt $1{,}2\,\mathrm{kg/m}^3$. Berechnen Sie den Luftwiderstandsbeiwert.

Tab. 3.14 Ergebnisse Ausrollversuch.

Geschwindigkeit (km/h)	110	100	90	80	70	60
Zeit (s)		0	4	9	14,3	20,7	28
Datensatz		1	2	3	4	5	6

Tab. 3.15 Ergebnisse für Übung 3.29.

Fall	c	f_R	m	c_D
a	0,99	0,020	1767	0,66
b	0,94	0,0199	1672	0,627
c	0,98	0,020	1752	0,653
d	0,98	0,020	1752	0,653

Lösung:

Das aus Hauptprogramm (main) und Unterprogramm (function) bestehende MATLAB-Programm in Abb. 3.86 ist für die Lösung des Problems geeignet. Es werden vier Datensätze für die Berechnung der Unbekannten benötigt. Folgende Datensätze werden gewählt:

a) Datensätze: 1, 3, 5 und 6;
b) Datensätze: 1, 2, 4 und 6;
c) Datensätze: 1, 2, 3 und 5;
d) Datensätze: 1, 3, 4 und 5.

Die Ergebnisse für alle Fälle sind in Tab. 3.15 zusammengefasst.

3.12.2
Rollwiderstand als Funktion der Geschwindigkeit

Allgemein kann die Fahrwiderstandskraft wie folgt ausgedrückt werden (s. Abschn. 3.4.1.5):

$$F_R = F_0 + f_v v + c v^2 \tag{3.169}$$

Die ersten beiden Ausdrücke auf der rechten Seite stellen die Rollwiderstandskraft dar, die als lineare Funktion der Fahrzeuggeschwindigkeit betrachtet wird. Bitte beachten Sie, dass der Rollwiderstand auch als quadratische Größe mit in die Gleichung eingehen kann, allerdings ist dieser Teil der aerodynamischen Kraft zuzurechnen. Um die Unbekannten F_0, f_v und c berechnen zu können, muss der Geschwindigkeit-Zeit-Verlauf aus dem Versuch verwendet werden, um die Änderung der Gesamtfahrwiderstandskraft über der Geschwindigkeit zu berechnen. Bis jetzt

```
% MATLAB-Hauptprogramm ('maincdfr.m')
% Programm zur Berechnung von Cd und Frr aus den Ausrollversuchsdaten
% Daten liegen in Form einer zweispaltigen Tabelle von t und v
% Verschuchsmesswerten vor

clear all, close all, clc

global v t i j k

% In der Lösung werden vier Datenreihen (Datensätze) gleichzeitig verwendet:
% Reihe 1 und Reihen i, j und k
% Eingabe der Werte für i, j und k:
i=?; j=?; k=?;

% Eingangsdaten
v=[110 100 90 80 70 60].';
t=[0 9 14.3 20.7 28].';

% Anfangsschätzwert für Variablen:
% Für die Lösung ist ein Schätzwert für die drei Variablen x(1), x(2) und x(3) erforderlich
% Beachten, dass C=x(1)*x(2), fR=x(2)/x(1) und m=x(3)
x0=[7  0.05  1750];

% Optionen für 'fsolve' einstellen
options=optimset('TolFun',1.e-10, 'MaxFunEvals', 1.e+6);

x=fsolve(@cdfrr, x0, optimset('fsolve'))
c=x(1)*x(2)
fR=x(2)/x(1)
m=x(3)
```

(a)

```
% Unterprogramm (cdfrr.m) – wird vom MATLAB-Hauptprogramm ('maincdfr.m') aufgerufen

function f=f(x)
global v t i j k

c=x(1);
d=x(2);
m=x(3);
a=1/sqrt(m*9.81);
b=1/m/a;
f(1)=atan(v(i)*a*c/3.6)-atan(v(1)*a*c/3.6)+b*d*t(i);
f(2)=atan(v(j)*a*c/3.6)-atan(v(1)*a*c/3.6)+b*d*t(j);
f(3)=atan(v(k)*a*c/3.6)-atan(v(1)*a*c/3.6)+b*d*t(k);
```

(b)

Abb. 3.86 MATLAB-Programme; (a) Hauptprogramm (maincdfr.m) und (b) Unterprogramm (cdfrr.m) für Übung 3.29.

lautet die Grundform der Bewegungsgleichung in einem Ausrollversuch:

$$m \frac{dv}{dt} = -F_R \qquad (3.170)$$

Somit erhalten wir durch Differenziation des zeitlichen Verlaufs der Fahrzeugge-schwindigkeit über die Zeit die Fahrwiderstandskraft über die Zeit. Wenn wir eine quadratische Kurve auf die F_R-v-Daten anlegen, dann hat sie folgende Form:

$$F_R = a + bv + cv^2 \tag{3.171}$$

womit die Unbekannten F_0, f_v und c sich durch einfachen Vergleich der Gleichun-gen 3.169 und 3.171 bestimmen lassen. Beachten Sie, dass sich diese Methode auch auf Potenzen der Geschwindigkeit größer 2 anwenden lässt. Zum Beispiel ist es möglich, einen zusätzlichen Ausdruck mit der Potenz 3 für die Geschwin-digkeit v aufzunehmen und diesen zu nutzen, um mit demselben Verfahren die unbekannten Koeffizienten zu bestimmen. Der Nachteil dieser Methode besteht darin, dass sie aufgrund des mit der Differenziation verbundenen Prozesses sehr empfindlich hinsichtlich der Genauigkeit der Versuchsdaten ist. Um derartige Feh-ler zu vermeiden, müssen komplexere nicht lineare Kurvenglättungsverfahren ver-wendet werden.

3.12.3
Trägheit rotierender Massen

Zu Beginn des Ausrollversuchs hat das Fahrzeug eine bestimmte Ausgangsge-schwindigkeit, und alle rotierenden Teile des Antriebsstrangs drehen mit ihrer jeweiligen Drehzahl. Die gesamte mechanische Energie E des Systems zum Start-zeitpunkt setzt sich daher aus der kinetischen Energie der Karosserie und der Ener-gie der Rotationsträgheiten zusammen:

$$E = \frac{1}{2}mv^2 + \frac{1}{2}\sum I_i \omega_i^2 \tag{3.172}$$

Wenn das Getriebe sich in der Neutralstellung befindet und die Kupplung aus-gekuppelt ist (sodass die Getriebeeingangswelle und -zahnräder nicht rotieren), dann lässt sich der Summenausdruck für die rotierenden Komponenten – ein-schließlich der Räder, Achsen, Antriebswellen und Getriebeausgangswelle – wie folgt ausdrücken. Somit:

$$\sum I_i \omega_i^2 = I_{wA} \omega_w^2 + n_f^2 I_p \omega_w^2 = I_{eq} \omega_w^2 \tag{3.173}$$

wobei I_{wA} die Summe aller mit der Raddrehzahl drehenden Rotationsträgheiten und Ip die Summe der Rotationsträgheiten mit Drehzahl der Differenzialeingangs-welle (bzw. Getriebeausgangswelle) sind:

$$I_{eq} = I_{wA} + n_f^2 I_p \tag{3.174}$$

Unter der Annahme, dass die Reifen keinen Schlupf haben, kann geschrieben wer-den:

$$\omega_w = \frac{v}{r_w} \tag{3.175}$$

Somit lässt sich Gleichung 3.172 vereinfachen zu:

$$E = \frac{1}{2}mv^2 + \frac{1}{2}I_{eq}\left(\frac{v}{r_w}\right)^2 = \frac{1}{2}\left(m + \frac{I_{eq}}{r_w^2}\right)v^2 \tag{3.176}$$

Diese Energie wird durch die Arbeit verbraucht, die die Fahrwiderstandskräfte am Fahrzeug leisten, bis das Fahrzeug komplett zum Stillstand kommt. Die Arbeit der Fahrwiderstandskräfte lässt sich wie folgt berechnen:

$$U = \int F_R\,ds = \int F_{RR}\,ds + \int F_A\,ds \tag{3.177}$$

wobei s die Fahrstrecke ist. Für den Fall einer konstanten Rollwiderstandskraft zwischen zwei beliebigen Punkten 1 und 2 kann man schreiben:

$$\Delta U = U_2 - U_1 = \int_1^2 f_R\,W\,ds + \int_1^2 cv^2\,ds \tag{3.178}$$

Das erste Integral führt zu:

$$\int_1^2 f_R\,W\,ds = f_R\,W\int_1^2 ds = f_R\,W\,A_1 \tag{3.179}$$

wobei A_1 die Fläche unter dem v-t-Diagramm ist:

$$A_1 = s_2 - s_1 = \Delta s = \int_1^2 ds = \int_1^2 v\,dt \tag{3.180}$$

Diese lässt sich durch Summierung der Fläche zwischen den Zeitpunkten t_1 und t_2 ermitteln. Das zweite Integral in Gleichung 3.178 kann als Integral über die Zeit ausgedrückt werden:

$$A_2 = \int_1^2 v^2\,ds = \int_1^2 v^3\,dt \tag{3.181}$$

Dies entspricht der Fläche unter dem v^3-t-Diagramm. Sie lässt sich durch Verarbeiten der Originaldaten berechnen. Die Gesamtarbeit von Gleichung 3.178 beträgt also:

$$\Delta U = U_2 - U_1 = A_1 f_R\,W + A_2 c \tag{3.182}$$

Die Änderung der Energie zwischen zwei beliebigen Zeitpunkten beträgt:

$$\Delta E = \frac{1}{2}\left(m + \frac{I_{eq}}{r_w^2}\right)(v_2^2 - v_1^2) \tag{3.183}$$

Tab. 3.16 Lösung mit zwei beliebigen benachbarten Punkten.

Geschwindigkeit (km/h)	110	100	90	80	70	60
Zeit (s)	0	4	9	14,3	20,7	28
A_1 (Gleichung 3.180)	0	116,7	132,0	125,1	133,3	131,8
A_2 (Gleichung 3.181)	0	99 923	92 646	70 487	58 642	43 732
I_{eq} (Gleichung 3.185)	–	−7	15,2	−6,2	4,8	0,85

Dies muss gleich der innerhalb dieser Zeitspanne von den Fahrwiderstandskräften geleisteten Arbeit sein:

$$\frac{1}{2}\left(m + \frac{I_{eq}}{r_w^2}\right)\left|v_2^2 - v_1^2\right| = A_1 f_R W + A_2 c \tag{3.184}$$

In Gleichung 3.184 sind bis auf I_{eq} alle Parameter bekannt, daher gilt:

$$I_{eq} = \left(2\frac{A_1 f_R W + A_2 c}{\left|v_2^2 - v_1^2\right|} - m\right) r_w^2 \tag{3.185}$$

Auch für den Fall, dass der Rollwiderstand als geschwindigkeitsabhängig angenommen wird, kann ähnlich vorgegangen werden. Beachten Sie auch, dass die äquivalente Rotationsträgheit aus Gleichung 3.174 die mit Motordrehzahl rotierenden Massen (Getriebeeingangswelle) nicht enthält. Mit der in diesem Abschnitt erläuterten lässt sich der volle Wert für die Rotationsträgheiten, die an den Antriebsrädern ankommen, berechnen. Allerdings muss dazu ein spezieller Ausrollversuch durchgeführt werden, bei dem ein beliebiger Gang eingelegt ist und das Kupplungspedal gedrückt gehalten wird. Dann lässt sich mithilfe der daraus resultierenden Ergebnisse der Wert bestimmen.

Übung 3.30

Verwenden Sie Daten aus Übung 3.29, und berechnen Sie die äquivalente Trägheit der rotierenden Massen an den Antriebsrädern. Der Reifenrollradius beträgt 38 cm.

Lösung:

Nach Gleichung 3.185 lassen sich die Daten für zwei beliebige Punkte nutzen, um die äquivalente Trägheit für die rotierenden Massen zu bestimmen. Wenn die Daten für zwei beliebige, benachbarte Punkte verwendet werden, entspricht das Ergebnis dem in Tab. 3.16 enthaltenen Resultat. Darin finden sich negative Werte für die Trägheit. Dies kann nicht hingenommen werden, da dies auf einen Fehler bei den Daten oder eine Ungenauigkeit bei den Berechnungen zwischen den beiden benachbarten Punkten hinweist. Der Durchschnittswert aus der Tabelle beträgt rund 1,5 kg m². Ein ähnliches Ergebnis wird auch erzielt, wenn A_1 und A_2 die Summen aller Flächen von $t = 0$ bis $t = 28$ sind. Die Ergebnisse lauten wie folgt:

$$A_1 = 639, \quad A_2 = 365\,430 \quad \text{und} \quad I_{eq} = 1,41\,\text{kg m}^2.$$

3.13
Verluste im Antriebsstrang

In den bisherigen Erläuterungen wurde angenommen, dass der Antriebsstrang ein ideales System ist, das die gesamte Leistung ohne Verluste an die Räder überträgt. In der Praxis hat allerdings jede Komponente im Antriebsstrang aufgrund innerer Reibung Verluste. Das zur Überwindung der Reibung erforderliche Drehmoment multipliziert mit der Drehzahl der Komponente entspricht dem Leistungsverlust, der durch Reibung der Komponente entsteht.

3.13.1
Wirkungsgrade der Komponenten

Betrachten wir die in Abb. 3.87 dargestellte Drehmoment-übertragende Komponente. Die Eingangs- und Ausgangsleistungen ergeben sich wie folgt:

$$P_i = T_i \omega_i \,, \quad P_o = T_o \omega_o \tag{3.186}$$

Aufgrund der starren Verbindungen zwischen Eingang und Ausgang (Elastizitäten werden ignoriert) besteht zwischen Ein- und Ausgangsdrehzahl folgender Zusammenhang:

$$\omega_o = \frac{1}{n} \omega_i \tag{3.187}$$

Die Energie auf der Eingangsseite beträgt:

$$E_i = \int P_i \, dt = \int T_i \omega_i \, dt = n \int T_i \omega_o \, dt \tag{3.188}$$

Der Wirkungsgrad der Drehmomentübertragung ist definiert als der Quotient der Energie auf der Ausgangsseite und der Energie auf der Eingangsseite:

$$\eta = \frac{E_0}{E_i} = \frac{\int T_o \omega_o \, dt}{n \int T_i \omega_o \, dt} \tag{3.189}$$

Bei konstanter Eingangsdrehzahl und konstantem Eingangsmoment kann dies vereinfacht werden:

$$\eta = \frac{T_o}{n T_i} = \frac{T_o}{T_o^*} \tag{3.190}$$

Abb. 3.87 Eine Drehmoment-übertragende Komponente.

wobei T_o^* das Ausgangsmoment für den Idealfall (d. h. ohne Leistungsverlust) ist. Somit kann geschlossen werden, dass bei Energieverlust in einer Komponente, das Ausgangsmoment im Vergleich zum Idealfall um einen Faktor kleiner 1 reduziert wird. Das entspricht der Definition des Wirkungsgrads dieser Komponente, somit:

$$T_o = \eta \, T_o^* \tag{3.191}$$

das führt auch zu:

$$P_o = \eta \, P_i \tag{3.192}$$

Drehmomentverlust T_L und Leistungsverlust P_L für die Komponente ergeben sich zu:

$$T_L = T_o^* - T_o = n \, (1 - \eta) \, T_i = \frac{1 - \eta}{\eta} \, T_o \tag{3.193}$$

$$P_L = P_i - P_o = (1 - \eta) \, P_i = \frac{1 - \eta}{\eta} \, P_o \tag{3.194}$$

Abbildung 3.88 zeigt das Verhältnis des Drehmomentverlusts T_L zum Ausgangsdrehmoment T_o mit Änderung des Wirkungsgrads. Für Wirkungsgrade kleiner 0,5 ist das Ausgangsmoment kleiner als der Drehmomentverlust (s. Gleichung 3.193).

In den oben stehenden Erläuterungen wurde eine konstante Drehzahl zum Zeitpunkt einer konstanten Drehmomentabgabe betrachtet. Die Abhängigkeit des

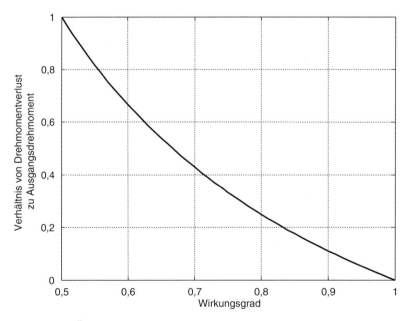

Abb. 3.88 Die Änderung des Verhältnisses Drehmomentverlust zu Ausgangsdrehmoment über den Wirkungsgrad.

Leistungsverlustes oder des Drehmomentwerts von der Rotationsgeschwindigkeit wurden nicht betrachtet. Tatsächlich treten bei bewegten Teilen zwei unterschiedliche Arten von Reibung auf: trockene und viskose Reibung. Die trockene Reibung ist von der Relativgeschwindigkeit zwischen den bewegten Teilen unabhängig und verhält sich nach Beginn der Bewegung proportional zur Last (kinetische Reibung). Die viskose Reibung hingegen ist geschwindigkeitsabhängig und nimmt mit steigender Relativgeschwindigkeit zwischen den bewegten Teilen zu.

Oft wird angenommen, dass die Trockenreibung linear von der Last abhängig ist ($F = \mu N$). Beispiele dieser Art Reibung für einen Antriebsstrang sind die Kontaktreibung zwischen Zahnrädern und die Reibung in Lagern. Wenn größere Drehmomente übertragen werden, nehmen die Kontaktkräfte an der Zahnflanke zu und bewirken größere Reibkräfte. Gleiches gilt für die Lagerlasten. Geschwindigkeitsabhängige Reibung entsteht typischerweise durch die Wirbel- und Pumpverluste des Schmiermittels. Sie nimmt mit der Rotationsgeschwindigkeit zu. Diese Verluste werden normalerweise nicht vom übertragenen Drehmomentwert beeinflusst. Es gibt auch noch einen weiteren Verlust, der annähernd konstant und unabhängig von der Drehzahl oder vom übertragenen Drehmoment ist – das ist für die Gleitreibung in Dichtungen typisch.

Daher muss der Wirkungsgrad einer Komponente im Allgemeinen als geschwindigkeits- und lastabhängig betrachtet werden, somit gilt:

$$\eta = \eta(T, \omega) \tag{3.195}$$

In der Praxis ist es allerdings üblich, den Wirkungsgrad als einen konstanten Wert anzunehmen. Eigentlich handelt es sich aber um eine Näherung für die realen Verluste im Antriebssystem. Diese Annahme bedeutet, dass die Drehzahlerhöhung mit einem gegebenen Drehmoment (Leistung nimmt zu) nur zu mehr Leistungsverlust in der Komponente (Gleichung 3.194) führt, nicht aber zu mehr Drehmomentverlust (Gleichung 3.193). Umgekehrt steigert eine Erhöhung des Drehmoments bei einer gegebenen Drehzahl sowohl den Drehmomentverlust als auch den Leistungsverlust. Wie aus Abb. 3.89 ersichtlich, ist der Drehmomentverlust entlang einer Drehmomentlinie T_i konstant, aber der Leistungsverlust nimmt mit der Drehzahl zu.

Für ein Fahrzeug mit verschiedenen Antriebsstrangkomponenten beträgt das Raddrehmoment:

$$T_w = \eta_c \eta_g \eta_j \eta_d \eta_a \eta_w T_w^* = \eta_{ov} T_w^* \tag{3.196}$$

wobei η_{ov} der Gesamtwirkungsgrad und die Indizes folgende Bedeutung haben: c für Kupplung (c, clutch = Kupplung, g für Getriebe), j für Stoßstelle (Geschwindigkeit allgemein und konstant – j für joint = Dichtung), d für Differenzial, a für Achsen und w für Räder (w, wheels = Räder). T_w^* ist das ideale Raddrehmoment:

$$T_w^* = n_g n_f T_e = n T_e \tag{3.197}$$

Beachten Sie, dass der Wirkungsgrad der Kupplung in der Übergangsphase ein anderer Fall ist, der hier nicht betrachtet wird, obgleich er auf ähnliche Weise bestimmt wird (s. Abschn. 3.18).

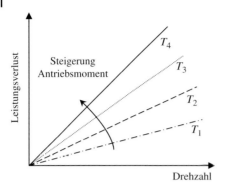

Abb. 3.89 Änderungen des Leistungsverlusts mit Drehzahl und Drehmoment

Übung 3.31

Wiederholen Sie Übung 3.18 mit der Annahme, der Wirkungsgrad des Getriebes betrage 97 %, für den Achsantrieb 94 % und für die übrigen Antriebskomponenten 90 % betragen.

Lösung:

Die Hinzunahme der Gleichungen 3.196 und 3.197 in das MATLAB-Programm ist eine einfache Aufgabe. Die Wirkungsgrade der Komponenten müssen im Hauptprogramm definiert werden. Der Gesamtwirkungsgrad (im Programm mit „etov" bezeichnet) wird dem Funktionsteil mithilfe der Anweisung „global" bekannt gemacht. Die Traktionskraft wird einfach modifiziert zu Fti = etov * Trq * ni/rw. In Abb. 3.90 wird das Ergebnis des modifizierten Programms mit dem Ergebnis aus Übung 3.18 verglichen.

Übung 3.32

Ein Fahrzeugtest zeigt, dass bei einem Motordrehmoment von 100 Nm bei einer gegebenen Motordrehzahl ein Raddrehmoment von 1200 Nm erzeugt wird. Berechnen Sie bei einer Gesamtübersetzung von 15 den Wirkungsgrad des Antriebsstrangs sowie den Drehmomentverlust.

Lösung:

Aus den Gleichungen 3.196 und 3.197 ergibt sich:

$$\eta_{ov} = \frac{T_w}{n\,T_e} = \frac{1200}{15 \times 100} = 0{,}8$$

Der Drehmomentverlust beträgt:

$$T_L = n\,T_e - T_w = 1500 - 1200 = 300\,\text{Nm}$$

Alternativ:

$$T_L = \frac{1 - 0{,}8}{0{,}8} \times 1200 = 300$$

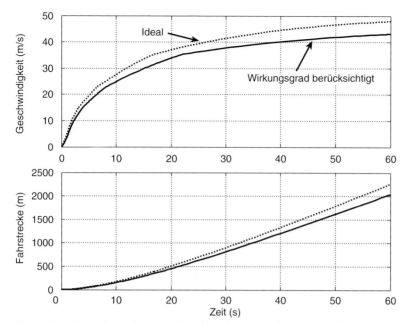

Abb. 3.90 Einflüsse der Wirkungsgrade auf die Fahrzeug-Performance aus Übung 3.18.

3.13.2
Umkehrung des Drehmomentflusses

Der Wirkungsgrad des Antriebsstrangs hängt von der Flussrichtung des Drehmoments ab. Bei den bisherigen Erläuterungen sind wir davon ausgegangen, dass das Motordrehmoment vom Antriebsstrang übertragen wird, um die Räder anzutreiben. Wenn das Gaspedal aber plötzlich auf ebener Straße losgelassen oder das Fahrzeug bei schiebendem Fahrzeug bergab bewegt wird, dann ist der Energiefluss umgekehrt. Im ersten Fall wird die kinetische Energie des Fahrzeugs und der drehenden Teile genutzt, um die Fahrwiderstandskräfte zu überwinden. Im zweiten Fall unterstützt die Gravitationskraft die Fahrzeugbewegung. In beiden Fällen bremst der Motor das Fahrzeug bei eingelegtem Gang und losgelassenem Gaspedal ab. Für diese Fälle muss die Gleichung für den Wirkungsgrad andersherum geschrieben werden:

$$T_e = \eta'_a \eta'_d \eta'_j \eta'_g \eta'_c T_e^* = \eta'_{ov} T_e^* \tag{3.198}$$

wobei gilt:

$$T_e^* = \frac{T_w}{n_g n_f} = \frac{r_w F_T}{n} \tag{3.199}$$

Die Schreibweise mit Hochkommata in Gleichung 3.198 unterstreicht, dass der Wirkungsgrad in der Gegenrichtung nicht zwangsläufig gleich ist. In diesem Fall beträgt der Drehmomentverlust im Antriebsstrang:

$$T_L = T_w - n\,T_e = \left(1 - \eta'_{ov}\right) T_w \tag{3.200}$$

3.13.3
Wirkung des Rollwiderstands

Um das Fahrzeug aus dem Stillstand heraus zu bewegen, muss zunächst die Reibung im Antriebsstrang überwunden werden, bevor es sich in Bewegung setzen kann. Nehmen Sie an, das Fahrzeug wird mit ausgekuppeltem Getriebe angeschoben, bis es zu rollen beginnt. Die Frage ist, ob dieser Betrag der Kraft mit dem Drehmomentverlust oder Leistungsverlust im Antriebsstrang zusammenhängt oder nicht. Tatsächlich handelt es sich bei dieser Kraft nicht allein um die Rollwiderstandskraft inklusive der nicht enthaltenen Rollreibungsanteile des Antriebsstrangs. Daher darf diese Kraft nicht mit den Verlusten im Antriebsstrang verwechselt werden, die bei der Drehmomentabgabe entstehen.

Das Ziel des Motordrehmoments besteht darin, das Fahrzeug zu bewegen. Es dient aber auch dazu, die Reibung im gesamten Antriebsstrang zu überwinden und möglicherweise auch dazu, das Rollwiderstandsmoment zu überwinden. Mit anderen Worten, der gesamte Drehmomentverlust im Antriebsstrang ist die Summe aus den Drehmomentverlusten T_{CL} der Komponenten und dem Rollwiderstandsmoment T_{RR}:

$$T_L = T_{CL} + T_{RR} \tag{3.201}$$

Das für die Bewegung des Fahrzeugs genutzte Drehmoment ergibt sich somit zu:

$$T_w = T_o^* - T_L \tag{3.202}$$

Da der Rollwiderstand bereits in den Fahrwiderstandskräften berücksichtigt ist, die der Fahrzeugbewegung entgegenwirken, darf der Rollwiderstand aus Gleichung 3.201 nicht in 3.202 eingesetzt werden. Der Ausdruck für den Rollwiderstand muss herausgenommen werden. Somit ergibt sich das an den Rädern abgegebene Drehmoment zu:

$$T_w = T_o^* - T_{CL} \tag{3.203}$$

Für einen gegebenen Gesamtwirkungsgrad η_{ov} können die Drehmomentverluste der Komponenten wie folgt bestimmt werden:

$$T_{CL} = n\,T_e\left(1 - \eta_{ov}\right) \tag{3.204}$$

Dies entspricht dem, was zuvor als Gesamtdrehmomentverlust betrachtet wurde. Bitte beachten Sie, dass die unbelasteten Drehmomentverluste bereits im Rollwiderstand berücksichtigt sind und dass der oben definierte Radwirkungsgrad η_w zusätzlich zum Rollwiderstandsmoment (z. B. Reifenschlupf) nur die Drehmomentverluste im Reifen beinhaltet.

Übung 3.33

In Übung 3.32 wurde die Wirkung des Rollwiderstands bei der Berechnung des Wirkungsgrads des Antriebsstrangs ignoriert. Berechnen Sie für eine Rollwiderstandskraft von 200 N und einen Reifenrollradius von 30 cm den tatsächlichen Wirkungsgrad.

Lösung:

Auch die Verluste der Komponenten sollen berechnet werden. Der Gesamtdrehmomentverlust beträgt:

$$T_L = 1500 - 1200 = 300 \, \text{Nm}$$

Aus Gleichung 3.201 gilt:

$$T_{CL} = T_L - T_{RR} = 300 - 0{,}3 \times 200 = 240 \, \text{Nm}$$

Aus Gleichung 3.204 gilt:

$$\eta_{ov} = 1 - \frac{T_{CL}}{T_w^*} = 1 - \frac{240}{1500} = 0{,}84$$

Das sind 4 % mehr als zuvor.

3.14
Fazit

In diesem Kapitel wurden die Grundlagen der longitudinalen Dynamik eines Fahrzeugs erläutert und zahlreiche Formen der Fahrzeugbewegung untersucht. Die Erzeugung der Traktionskraft durch die Reifen wurde untersucht und deren Abhängigkeit vom Reifenschlupf erläutert. Die Arten der Fahrwiderstandskräfte, die der Fahrzeugbewegung entgegenwirken, wurden ebenfalls beschrieben und charakterisiert. Die Gleichungen für die Fahrzeugbewegung wurden in unterschiedlichen Formen aufgestellt, von den einfachsten bis hin zu den nach und nach komplexeren Formen.

Es wurden analytische Lösungen der geschlossenen Form für Fälle, in denen sie anwendbar sind, vorgestellt. Diese Formen sind für schnelle Schätzungen der Performance hilfreich. Für detailliertere Untersuchungen werden numerische Integrationen bevorzugt. Hierfür wurden verschiedene MATLAB-Programme vorgestellt. Es wurden unterschiedliche Übungen durchgearbeitet, um die Physik der Fahrzeugbewegung für verschiedene Fälle verständlich zu machen. Wir möchten Studierende ermutigen, sich mit den Details vertraut zu machen, indem sie die Beispielprobleme erneut durcharbeiten und selbst MATLAB-Programme schreiben. Die in Abschn. 3.16 beschriebenen Probleme helfen Ihnen, dieses Wissen weiter zu vertiefen.

3.15
Wiederholungsfragen

3.1 Beschreiben Sie die Drehmoment-erzeugenden Eigenschaften von im Automobilbau eingesetzten Verbrennungs- und Elektromotoren.

3.2 Erläutern Sie die Traktionskrafterzeugung eines Reifens anhand der Gleitreibungskraft eines Radiergummis auf einer Fläche.

3.3 Erklären Sie, warum sich die Darstellung der Reifentraktionskraft mit der „magischen Formel" und die einfache Kurvenangleichung von Reifendaten unterscheiden.

3.4 Schlagen Sie eine Methode vor, mit der die Traktionskraft des Reifens während der Fahrzeugbewegung maximal gehalten werden kann.

3.5 Was sind Reifenrollwiderstandsmoment und -kraft? Welcher Zusammenhang besteht?

3.6 Beschreiben Sie die Einflussfaktoren bei der Erzeugung des Reifenrollwiderstands.

3.7 Erläutern Sie die Hauptquellen der aerodynamischen Kraft.

3.8 Was sind aerodynamische Momente?

3.9 Die Leistungsabgabe einer Kraftmaschine an die Räder lässt sich auf verschiedene Arten bewerkstelligen. Beschreiben Sie die Fälle für konstante Leistung, konstantes Drehmoment und konstanten Drosselwert (Last) und wie sie zu rechtfertigen sind.

3.10 Nennen Sie die bei der CPP-Methode (CPP, Constant Power Performance) gemachten Annahmen, und erläutern Sie, warum sie erforderlich sind.

3.11 Erläutern Sie, wie die Endgeschwindigkeit eines Fahrzeugs erreicht wird, und erklären Sie mathematisch, wie lange das Fahrzeug braucht, um die Höchstgeschwindigkeit zu erreichen.

3.12 Die Höchstgeschwindigkeit eines Fahrzeugs wird in jeder Gangstufe von kinematischen und dynamischen Faktoren beeinflusst. Erklären Sie, wie.

3.13 Welche Schaltzeitpunkte würden Sie vorschlagen, um eine bessere Performance hinsichtlich der Beschleunigung zu erreichen?

3.14 Erläutern Sie, warum rotierende Massen im Antriebsstrang die Beschleunigung des Fahrzeugs verlangsamen würden.

3.15 Beschreiben Sie, warum Reifenschlupf für die Fahrzeugbewegung benötigt wird, und erläutern Sie den Kausalzusammenhang zwischen Reifenmoment und Traktionskraft.

3.16 Warum ist ein Fahrzeugausrollversuch sinnvoll? Schätzen Sie die für eine Geschwindigkeit von 150 km/h benötigte Fahrstrecke für einen Ausrollversuch.

3.17 Welche grundlegenden Eigenschaften haben die Drehmoment- und Leistungsverluste von Antriebskomponenten? Erklären Sie die Abhängigkeit dieser Verluste von der Geschwindigkeit und Last.

3.16
Aufgaben

Aufgabe 3.1

Die Rollwiderstandskraft wird an einer Steigung um den Faktor (cos θ) reduziert. Andererseits erhöht die Gravitationskraft die Fahrwiderstandskräfte. Nehmen Sie an, dass die Rollwiderstandskraft eine konstante Größe ist und schreiben Sie die parametrischen Formen der Gesamtfahrwiderstandskraft für die Fälle ebene Fahrbahn und Steigung auf. Formulieren Sie für eine gegebene Geschwindigkeit v_0:

a) einen Ausdruck, der für beide Fälle eine gleiche Gegenkraft sicherstellt.
b) Lösen Sie den in (a) erhaltenen Ausdruck nach den parametrischen Werten der zugehörigen Steigungen auf.
c) Berechnen Sie für einen Rollwiderstandskoeffizienten von 0,02 die Werte für die Steigungen aus (b) und erläutern Sie das Ergebnis.

Ergebnis:

$$(1) \quad f_R \left(1 - \cos \theta\right) = \sin \theta$$

Aufgabe 3.2

Führen Sie für das Fahrzeug aus Übung 3.6 folgende Berechnungen durch:

a) Berechnen Sie den Gesamtluftwiderstandsbeiwert für dieselbe Temperatur auf 1000 m Höhe.
b) Wiederholen Sie (a) für dieselbe Höhe mit einer Temperatur von 30 °C.
c) Bei welcher Temperatur nimmt bei gleicher Höhe wie in (a) die Luftwiderstandskraft um 20 % zu?
d) Bei welcher Höhe nimmt die Luftwiderstandskraft bei der gleichen Temperatur wie in (a) um 20 % ab?

Aufgabe 3.3

Um die Leistung eines Fahrzeugs grob zu berechnen, wurde empfohlen, die Gegenkräfte zu ignorieren. Damit erhält man die fahrwiderstandskraftfreie (NRF, No Resistive Force) Performance.

a) Leiten Sie die geltenden Gleichungen für die longitudinale Fahrzeugbewegung nach der Geschwindigkeit $v(t)$ und der Fahrstrecke $S(t)$ ab, und ignorieren Sie alle Gegenkräfte für den CPP-Fall (s. Abschn. 3.5).
b) Bestimmen Sie die Leistung P, die benötigt wird, um ein Fahrzeug mit einer Masse von 1,2 t in 10, 8 oder 6 s von 0 auf 100 km/h zu beschleunigen.
c) Berechnen Sie die Faktoren für die Leistungszunahme von $t = 10$ s auf t^* Sekunden für $t^* = 8$ und $t^* = 6$, entsprechend der Definition $[P/P_{10} = [P(t^*) - P(10)]/P(10)]$.

Ergebnisse:

a) $v = \sqrt{v_0^2 + \frac{2Pt}{m}}$, $\quad S = \frac{m(v^3 - v_0^3)}{3P}$.

b) 46,3, 57,9 und 77,2 kW.

c) 0,25 und 0,67.

Aufgabe 3.4

Verwenden Sie die Ergebnisse aus Aufgabe 3.3:

a) Ein Fahrzeug soll in einer gegebenen Beschleunigungszeit t die gegebene Geschwindigkeit v (in km/h) erreichen. Schreiben Sie den Ausdruck für die dafür erforderliche spezifische Leistung P_s (in W/kg).

b) Plotten Sie die Änderung der Leistung P_s über die Zeit t zwischen 6 und 10 s. Wiederholen Sie das Ergebnis für die Geschwindigkeiten 80, 90 und 100 km/h.

c) Sind die Ergebnisse von den Eigenschaften des Fahrzeugs abhängig?

Aufgabe 3.5

Bei sehr geringen Geschwindigkeiten ist die aerodynamische Kraft gering und kann ignoriert werden. Beispielsweise ist die aerodynamische Kraft bei Geschwindigkeiten unter 30 km/h eine Größenordnung kleiner als die Rollwiderstandskraft. Ignorieren Sie für die sogenannten LS-Fälle (LS, Low-Speed) die aerodynamische Kraft, und gehen Sie davon aus, dass für den CPP-Fall (CPP, Constant Power Performance) die Rollwiderstandskraft F_0 als konstant angenommen werden kann.

a) Integrieren Sie die Bewegungsgleichung (Gleichung 60 mit $c = 0$), und verwenden Sie die Anfangsbedingung $v = v_0$ bei $t = t_0$, um einen Ausdruck für die Fahrzeit über der Geschwindigkeit zu erhalten.

b) Plotten Sie für ein Fahrzeug mit einer Masse von 1000 kg und einer Gesamtrollwiderstandskraft von 200 N, für den Fall dass das Fahrzeug aus dem Stillstand heraus bewegt wird, die Änderung der Fahrzeuggeschwindigkeit über die ersten 10 s, und vergleichen Sie dies mit den Ergebnissen des NRF-Modells (Aufgabe 3.3, NRF – No Resistive Force). Die Motorleistung beträgt 50 kW.

Ergebnisse:

$$(a) \quad t = t_0 + \frac{m(v_0 - v)}{F_0} + m\frac{P}{F_0^2} \ln\frac{P - F_0 v_0}{P - F_0 v}$$

Aufgabe 3.6

Finden Sie für das Fahrzeug aus Aufgabe 3.5 mithilfe der LS-Methode (LS, Low Speed) die Leistung, die benötigt wird, um das Fahrzeug in 7 s von 0–100 km/h zu beschleunigen.

Ergebnis: 58,849 kW.

Hinweis: Die folgenden Anweisungen können in MATLAB genutzt werden, wenn Sie geeignete Anfangswerte für x0 einsetzen.

```
fun=inline('7-1000*x*log(x/(x-(100/3.6/200)))+1000*(100/3.6/200)');
x=fsolve(fun,x0,optimset('Display','off'));
(x=P/F0^2)
```

Aufgabe 3.7

Ermitteln Sie für das Fahrzeug aus Aufgabe 3.5 mit der LS-Methode (LS, Low Speed) die Leistungsanforderungen für das Fahrzeug, das aus dem Stillstand in der Zeit t auf eine Geschwindigkeit v beschleunigt werden soll. Berechnen Sie drei Geschwindigkeiten, $v = 80$ km/h, $v = 90$ km/h und $v = 100$ km/h für Beschleunigungszeiten zwischen $t = 6$ und $t = 10$ s. Plotten Sie die Ergebnisse in eine Abbildung.

Aufgabe 3.8

Die Leistungsberechnung für den NRF-Fall (Aufgabe 3.3, NRF, No Resistive Force) ist eine einfache Lösung in der geschlossenen Form, die aber nicht genau ist. Die LS-Methode (Aufgaben 3.5–3.7, LS, Low Speed) erzeugt genauere Ergebnisse, insbesondere in den niedrigen Geschwindigkeitsbereichen. Zeigen Sie durch Erzeugen von ähnlichen Plots wie in Aufgabe 3.7, dass sich mit der Näherungsgleichung $P = P_{NRF} + 0{,}75 F_0 v$ Ergebnisse erzielen lassen, die sehr nahe an denen der LS-Methode liegen.

Aufgabe 3.9

Verwenden Sie für den LS-Fall die Gleichung $v \, dv = a \, dS$ für Zusammenhang zwischen Beschleunigung und Fahrstrecke, ersetzen Sie die Beschleunigung durch Werte für die Geschwindigkeit.

a) Finden Sie durch Integration einen Ausdruck für die Fahrstrecke S über der Geschwindigkeit v.
b) Bilden Sie die Ableitung der Gleichung für die Bewegung, die bei der Entfernung S_0 vom Ursprung mit der Geschwindigkeit v_0 beginnt.
c) Vereinfachen Sie den Ausdruck für eine Bewegung, die mit Stillstand am Ursprung beginnt.

Ergebnisse:

$$(a) \quad S = C - m F_0 \left[p_1^2 \ln \left(P - F_0 v \right) + 0{,}5 v_1^2 + p_1 v_1 \right]$$

$$(c) \quad S = m F_0 \left(p_1^2 \ln \frac{p_1}{p_1 - v_1} - 0{,}5 v_1^2 - p_1 v_1 \right)$$

Mit

$$p_1 = \frac{P}{F_0^2} \quad \text{und} \quad v_1 = \frac{v}{F_0} \, .$$

Aufgabe 3.10

Ein Fahrzeug mit einer Masse von 1200 kg beginnt am Ursprung mit der Beschleunigung aus dem Stillstand heraus. Berechnen Sie für eine konstante Leistung von

60 kW mit dem LS-Modell (LS, Low Speed) mit $F_0 = 200$ N die Zeit und Strecke zum Erreichen der Geschwindigkeit 100 km/h. Vergleichen Sie die Ergebnisse mit den Ergebnissen, die Sie mit dem NRF-Modell (NRF, No Resistive Force) erhalten. Ergebnisse:

$$t = 8{,}23\,\text{s}\,, \quad S = 153{,}65\,\text{m} \quad \text{für LS und} \quad t = 7{,}72\,\text{s}$$

$$\text{und} \quad S = 142{,}9\,\text{m} \quad \text{für NRF}\,.$$

Aufgabe 3.11

In Aufgabe 3.8 wurde eine gute Annäherung für die Leistungsberechnung nach der LS-Methode (LS, Low Speed) verwendet. Für den allgemeinen Fall einschließlich der aerodynamischen Kraft hat sich die Faustformel $P = P_{NRF} + 0{,}5F_R v$ als brauchbar erwiesen.

Plotten Sie für das Fahrzeug aus Übung 3.11 die Änderungen der Leistung über den Beschleunigungszeiten ähnlich wie in Aufgabe 3.8. Vergleichen Sie die exakten Lösungen mit den Ergebnissen der hier vorgeschlagenen Methode.

Aufgabe 3.12

Nach den für den CTP-Fall gefundenen Lösungen (CTP, Constant Torque Performance, s. Abschn. 3.6) konnte festgestellt werden, dass die Beschleunigung in jeder Gangstufe näherungsweise konstant ist (s. Abb. 3.50). Somit lässt sich eine einfachere Lösung finden, indem die effektive Gegenkraft für jeden Gang betrachtet wird, die das Problem auf eine Näherungsrechnung mit konstantem Drehmoment (CAA, Constant Acceleration Approximation) reduziert. Nehmen Sie für alle Gangstufen an, dass die auf das Fahrzeug wirkende Gegenkraft dem Mittelwert der Kraft entspricht, die an beiden Enden des konstanten Drehmomentbereichs herrscht. Schreiben Sie für die mittlere Geschwindigkeit in jedem Gang v_{av} die Ausdrücke für die mittlere Gegenkraft R_{av}.

a) Zeigen Sie, dass in jedem Gang die Beschleunigung $a_i = \frac{1}{m}(F_{Ti} - R_{av})$, die Geschwindigkeit $v_i(t) = a_i(t - t_0) + v_{0_i}$ und Strecke $S_i = 0{,}5 a_i(t - t_0)^2 + v_{0_i}(t - t_0) + S_{O_i}$ sind, wobei $v_{0_i} = v_{max}(i - 1)$ die Anfangsgeschwindigkeit und $S_{0_i} = S_{max}(i - 1)$ die Distanz vom Ursprung für jede Gangstufe für $i > 1$ und v_0 und S_0 für $i = 1$ sind.

b) Wiederholen Sie Übung 3.15 unter Anwendung der CAA-Methode (CAA, Constant Acceleration Approximation).

Aufgabe 3.13

Betrachten Sie das Fahrzeug aus Aufgabe 3.12 mit einem Fünfganggetriebe (Overdrive) mit einer Gesamtübersetzung von 3,15 und einem auf 3400/min erweiterten Drehmoment. Berechnen Sie die zeitlichen Verläufe von Beschleunigung, Geschwindigkeit und Fahrstrecke, indem Sie sowohl die CAA-Methode als auch numerische Verfahren anwenden, und plotten Sie die Ergebnisse.

Aufgabe 3.14

Legen Sie in Übung 3.10 die Traktionskraftgrenze auf $F_T < 0,5$ W fest, und vergleichen Sie die Ergebnisse.

Aufgabe 3.15

Rechnen Sie für ein Fahrzeug mit den Getriebe- und Motordaten aus Übung 3.18 für jeden Schaltvorgang eine Drehmomentunterbrechung von einer Sekunde ein, und plotten Sie ähnliche Ergebnisse. Fügen Sie dazu das folgende Unterprogramm am Ende der Schleife für jede Gangstufe ein:

```
% Innere Schleife für Schaltverzögerung:
if i<5              % keine Verzögerung nach Gangstufe 5!
t0=max(t);
tf=t0+tdelay;
x 0=[v(end)s(end)];
p=[000];           % Keine Traktionskraft
[t,x]=ode45(@Fixed_thrt,[t0 tf],x0);
v=x(:,1);
s=x(:,2);
end

%Nun die Ergebnisse plotten
p=[p1 p2 p3 p4]; % Motordrehmoment zurücksetzen
```

Aufgabe 3.16

Wiederholen Sie Aufgabe 3.15 mit einer Schaltverzögerung von 1,5 s für den Schaltvorgang von 1–2, von 1,25 s für den Schaltvorgang von 2–3, von 1,0 für den Schaltvorgang von 3–4 und von 0,75 s für den Schaltvorgang von 4–5. (Hinweis: Dafür müssen Sie das Programm ändern.)

Aufgabe 3.17

Wiederholen Sie Übung 3.18 für unterschiedliche Schaltdrehzahlen.

a) Schalten Sie immer erst, wenn die Motordrehzahl 4500/min erreicht wird.
b) Der Schaltvorgang von 1–2 soll bei 4500/min, von 2–3 bei 4000/min, von 3–4 bei 3500/min und von 4–5 bei 3000/min erfolgen. (Hinweis: Für diesen Teil müssen Sie das Programm ändern.)

Aufgabe 3.18

Untersuchen Sie für Übung 3.19, ob es im vierten Gang einen Punkt gibt, an dem sich die dynamischen Kräfte ausgleichen. Wenn kein stabiler Zustand möglich ist, finden Sie ein neues Übersetzungsverhältnis, mit dem ein stabiler Zustand möglich ist.

Aufgabe 3.19

Wiederholen Sie Übung 3.18 mit den Übersetzungsverhältnissen 3,25, 1,772, 1,194, 0,926 und 0,711.

Aufgabe 3.20

Im Programm-Listing für Übung 3.18 wurde keine Untergrenze für die Motordrehzahl vorgegeben. Bei niedrigen Fahrzeuggeschwindigkeiten erreicht die Motordrehzahl Werte, die unterhalb der zulässigen Betriebsdrehzahl von 1000/min liegen.

a) Versuchen Sie mit dem bestehenden Programm herauszufinden, zu welchen Zeiten und Fahrzeuggeschwindigkeiten die Motordrehzahl unter 1000/min liegt.

b) Modifizieren Sie das Programm so, dass sichergestellt ist, dass die Motordrehzahl mindestens 1000/min beträgt. Welche Faktoren beeinflussen die Ergebnisse?

Aufgabe 3.21

Ein Ausrollversuch auf ebener Strecke liefert die Änderung der Vorwärtsgeschwindigkeit über die Zeit nach der folgenden Gleichung:

$$v = a \tan{(b - d\,t)}$$

wobei a, b und d Konstanten sind.

a) Nehmen Sie eine aerodynamische Gegenkraft der Form $F_A = c v^2$ an, und leiten Sie den Ausdruck für die Rollwiderstandskraft F_{RR} ab.

b) Formulieren Sie den Ausdruck für die gesamte am Fahrzeug wirkende Fahrwiderstandskraft.

Ergebnis:

$$\text{(b)} \quad F_R = m d \left(a + \frac{v^2}{a} \right)$$

Aufgabe 3.22

Zur Bestimmung der Fahrwiderstandskräfte wird ein Fahrzeug mit einer Masse von 1300 kg zwei speziellen Tests unterzogen. Beim ersten Test erreicht das Fahrzeug im fünften Gang eine Höchstgeschwindigkeit von 195 km/h auf ebener Strecke und bei Windstille. Beim zweiten Test erreicht das Fahrzeug im vierten Gang eine maximale Geschwindigkeit von 115 km/h auf einer Steigung von 10 %. In beiden Fällen arbeitet der Motor unter Volllast (WOT, Wide Open Throttle) mit 5000/min, wobei das Drehmoment dabei 120 Nm ist.

a) Berechnen Sie den Gesamtwert für den aerodynamischen Koeffizienten und den Rollwiderstandskoeffizienten für einen Wirkungsgrad im Antriebsstrang von 90 % im vierten Gang und von 95 % im fünften Gang.

Tab. 3.17 Fahrzeugdaten.

Fahrzeugmasse	1200 kg
Rollwiderstandsbeiwert	0,02
Reifenrollradius	0,35 m
Übersetzung des Achsantriebs	3,5
Getriebeübersetzungsverhältnis erster Gang	4,00
Übersetzungsverhältnis zweiter Gang	2,63
Übersetzungsverhältnis dritter Gang	1,73
Übersetzungsverhältnis vierter Gang	1,14
Übersetzungsverhältnis fünfter Gang	0,75
aerodynamischer Koeffizient (C_D)	0,4
Querschnittsfläche der Fahrzeugfront (A_f)	2,0 m^2
Luftdichte (ρ_A)	1,2 kg/m^3

b) Nehmen Sie an, dass bei einer Getriebeübersetzung im fünften Gang von 0,711 und einem wirksamen Radradius von 320 mm der Schlupf im ersten Test 2,5 % beträgt und ermitteln Sie das Übersetzungsverhältnis des Achsantriebs.

c) Berechnen Sie die Übersetzung im vierten Gang (ignorieren Sie den Schlupf am Rad).

Ergebnisse:

$$(a) \quad c = 0,314, \ f_R = 0,014 \ , \quad (b) \quad n_f = 4,24 \ , \quad (c) \quad n_4 = 1,206$$

Aufgabe 3.23

Für das Fahrzeug mit den Fahrzeugdaten aus Tab. 3.17 kann das Motordrehmoment bei Volllast (WOT, Wide Open Throttle) in folgende Form gebracht werden:

$$T_e = 100 + a\,(\omega_e - 1000) - b\,(\omega_e - 1000)^2 \ ,$$
$$a = 0,04 \ , \quad b = 8 \times 10^{-5}, \quad \omega_e < 6000/\text{min}$$

Der Wirkungsgrad des Antriebsstrangs wird näherungsweise mit $0,85 + i/100$ angegeben, wobei i die Gangstufe darstellt.

a) Berechnen Sie die maximale Motorleistung.

b) Wie hoch ist die Höchstgeschwindigkeit des Fahrzeugs?

c) Berechnen Sie die maximale Fahrzeuggeschwindigkeit für den vierten und fünften Gang.

Ergebnisse:

$$(a) \quad 69,173 \,\text{W} \ , \quad (b) \quad 170,6 \,\text{km/h}, \quad (c) \quad 169,9 \quad \text{und} \quad 142,6 \,\text{km/h}$$

Aufgabe 3.24

Berechnen Sie für das Fahrzeug aus Aufgabe 3.23 Folgendes:

a) Welche Gänge sind bei 60 km/h und einer Steigung von 10 % nutzbar?
b) Welche minimale Eingangsleistung ist für Fall (a) erforderlich?
c) Wie hoch ist für diese Steigung die maximale Geschwindigkeit des Fahrzeugs in jedem Gang?

Hinweis: Die folgende Tabelle hilft bei der Lösung des Problems.

Parameter		1. Gang	2. Gang	3. Gang	4. Gang	5. Gang	
1	Motordrehzahl						1/min
2	Motordrehmoment						Nm
3	maximale Fahrzeuggeschwindigkeit						km/h

Aufgabe 3.25

Das Fahrzeug aus Aufgabe 3.23 wird auf einer ebenen Straße bewegt. Dabei herrscht eine Windgeschwindigkeit von 40 km/h. Nehmen Sie an, dass $C_D = C_{D0} + 0{,}1|\sin \alpha|$ ist, wobei α die relative Windrichtung zur Bewegungsrichtung des Fahrzeugs ist. Bestimmen Sie die maximal mögliche Fahrzeuggeschwindigkeit im vierten Gang für:

a) Gegenwind ($\alpha = 180$);
b) Rückenwind ($\alpha = 0$);
c) Wind mit $\alpha = 135$.

Ergebnisse:

(a)   142,5,   (b)   192,0,   (c)   140,5 km/h .

Aufgabe 3.26

Zwei ähnliche Fahrzeuge mit exakt gleichen Eigenschaften fahren auf ebener Strecke, aber in entgegengesetzter Richtung. Die Grenzgeschwindigkeiten v_1 und v_2 der beiden Fahrzeuge werden gemessen. Das Motordrehmoment bei Volllast (WOT, Wide Open Throttle) kann näherungsweise mit der folgenden Gleichung berechnet werden:

$$T_e = 150 - 1{,}14 \times 10^{-3} (\omega - 314{,}16)^2$$

Berechnen Sie den Luftwiderstandsbeiwert C_D und die Windgeschwindigkeit für die Bewegungsrichtung v_w:

a) indem Sie die parametrische Traktionskraftgleichung in Bezug auf die Fahrzeuggeschwindigkeit für beide Fahrzeuge formulieren.
b) Schreiben Sie anschließend diese parametrische Fahrwiderstandskraftgleichung in Bezug auf die Geschwindigkeit für beide Fahrzeuge.
c) Setzen Sie die Gleichungen für jedes Fahrzeug gleich, und nutzen Sie die numerischen Werte aus Aufgabe 3.23 für m, f_R, A_f, ρ_A, r_W sowie die Zusatzinformationen aus folgender Tabelle.

Ergebnisse:

0,25   und   19,32 km/h.

Getriebeübersetzungsverhältnis	0,9
v_1	180
v_2	200

Aufgabe 3.27

Bei Bergauffahrt im vierten Gang auf einer Straße mit der konstanten Steigung θ erreicht das Fahrzeug aus Aufgabe 3.23 seine Geschwindigkeitsgrenze v_U bei der Motordrehzahl Ω, wenn Windstille herrscht. Das gleiche Fahrzeug wird anschließend auf der gleichen Straße im fünften Gang bei gleicher Motordrehzahl wie zuvor bergab bewegt. Die Motorleistung für die Bergauffahrt beträgt P_U und für die Bergabfahrt P_D. Der Reifenschlupf wird mit der Gleichung $S_x = S_0 + P \times 10^{-2}$ (%) grob geschätzt, wobei S_0 eine Konstante ist und P eine Leistung in PS.
Nehmen Sie einen geringen Steigungswinkel, und nutzen Sie die unten in der Tabelle angegebenen Daten, um folgende Berechnungen anzustellen:

a) Fahrgeschwindigkeiten für Bergauf- und Bergabfahrt,
b) Steigung der Straße.

Ergebnisse:

(a)   116,9   und   165,1 km/h ,   (b)   9,4 %

Aufgabe 3.28

Berechnen für das Fahrzeug aus Aufgabe 3.23 Folgendes:

a) Leiten Sie einen allgemeinen parametrischen Ausdruck für den Wert der Geschwindigkeit v^* bei der maximal erreichbaren Beschleunigung her.
b) Nutzen Sie die numerischen Werte und berechnen Sie die Werte von v^* für jeden Gang.
c) Berechnen Sie die maximalen Beschleunigungen für jede Gangstufe.

Ergebnisse:

(a) $$v^* = \frac{30\,n_i^2}{\pi\,r_W^2}\,\frac{\eta_d\,(a + 2000b)}{2\left(c + \eta_d b \frac{30^2}{\pi^2}\frac{n_i^3}{r_W^3}\right)}$$

(b) 9,06, 13,38 ,   18,51 ,   21,45   und   17,88 m/s

(c) 4,07 ,   2,59 ,   1,55 ,   0,796   und   0,298 m/s^2

Leistung Bergauffahrt	P_U	90	PS
Leistung Bergabfahrt	P_D	10	PS
Basisschlupf des Reifens	S_0	2,0	%
Getriebeprogressionsverhältnis n_4/n_5	C_4	1,4	

Aufgabe 3.29

In Abschn. 3.9 wurde die Wirkung rotierender Massen erläutert. Es wurden Gleichungen entwickelt, die diese Wirkung auf die Beschleunigungsleistung eines Fahrzeugs berücksichtigen. Im Hinblick auf den Energieverbrauch ist zu sagen, dass bei einem auf die Geschwindigkeit v beschleunigten Fahrzeug die Rotationsträgheiten mit den Drehzahlen rotieren, die der Geschwindigkeit v entsprechen (ignorieren Sie den Reifenschlupf).

a) Formulieren Sie die Gleichungen für die kinetische Energie der Karosserie mit der Masse m und die Energie der rotierenden Massen I_e, I_g und I_w.
b) Stellen Sie aus den kinematischen Relationen die Beziehung zur Fahrzeuggeschwindigkeit her.
c) Formulieren Sie die Ausdrücke für die Energie in Bezug auf die Fahrzeuggeschwindigkeit v.
d) Schreiben Sie die Gesamtenergie des Fahrzeugs wie folgt: $E_t = 0{,}5\,m_{eq}v^2$.
e) Bestimmen Sie die äquivalente Masse m_{eq}, und vergleichen Sie sie mit Gleichung 3.130.

Aufgabe 3.30

Berechnen Sie für einen Reifen mit den in Tab. 3.3 aufgeführten Daten für die „magische Formel" Folgendes:

a) Plotten Sie die longitudinale Kraft (F) über dem Schlupf (s) für den Traktions- und Bremsbereich für die Normalkraftwerte 1,0, 2,0, 3,0 und 4,0 kN (in einem Diagramm).
b) Plotten Sie die Koeffizienten für die Reibung zwischen Reifen und Straße für Fall (a).
c) Plotten Sie für die Schlupfwerte 5, 10, 20 und 50 % die Änderung von F_x über F_z (max. $F_z = 5$ kN).
d) Differenzieren Sie die „magische Formel" in Bezug auf den Schlupf, um die Schlupfwerte zu bestimmen, bei denen die Kraft maximal ist. Prüfen Sie die Ergebnisse durch Vergleich mit den Ergebnissen aus Fall (a).

e) Versuchen Sie Folgendes bei einer Normalkraft von 3,0 kN für den oben in (a) angegebenen Reifen, um sich einen Eindruck von den verschiedenen Einflussfaktoren für das Reifenmodell der „magischen Formel" zu bekommen:

(i) Multiplizieren Sie den Koeffizienten B mit dem Faktor 0,8, dem Faktor 1,0 sowie 1,2, und lassen Sie die übrigen Faktoren unverändert. Plotten Sie alle drei Ergebnisse in eine einzige Abbildung.
(ii) Wiederholen Sie (i) für den Koeffizienten C.
(iii) Wiederholen Sie (i) für den Koeffizienten D.
(iv) Wiederholen Sie (i) für den Koeffizienten E.

Aufgabe 3.31

Das Fahrzeug aus Aufgabe 3.23 wird mit einer konstanten Geschwindigkeit von 100 km/h bewegt. Setzen Sie die Reifendaten aus Tab. 3.3 für jedes der beiden Antriebsräder und eine Gewichtsverteilung Vorder-/Hinterachse von 60 : 40 ein, und berechnen Sie:

a) den longitudinalen Schlupf (in Prozent) der Reifen für Vorderrad- und Hinterradantrieb.
b) Wiederholen Sie (a) für eine Steigung von $5°$.
c) Wiederholen Sie (a) für eine ebene Straße mit einem Kraftschlussbeiwert von 0,4 (ignorieren Sie die Lastverlagerung).

3.17
Weiterführende Literatur

Die Analyse der Performance von Fahrzeugen in der longitudinalen Richtung hinsichtlich der Beschleunigungen und Geschwindigkeiten war Gegenstand zahlreicher automobiltechnischer Abhandlungen. Das ist nicht überraschend, denn in der Praxis war dies stets einer der meist diskutierten Bereiche beim Vergleich von Fahrzeugen – in der Tat scheinen technische Zeitschriften und Automobilzeitschriften von den Beschleunigungszeiten von 0 auf 60 mph bzw. 0 auf 100 km/h sowie von den Höchstgeschwindigkeiten von Fahrzeugen besessen zu sein, obwohl diese Aspekte der Performance im Straßenverkehr mit Sicherheit wenig hilfreich sind.

Eine gute Einführung in das Thema, wenn auch mit einem gegenüber diesem Buch geringfügig abweichenden Ansatz, gibt Gillespie [4]. In Kapitel 2 leitet er die Grundgleichungen ab und erläutert die durch Leistung und Traktion begrenzte Beschleunigungs-Performance. In Kapitel 4 erläutert er in detaillierter Weise die Fahrwiderstände (Rollwiderstand und aerodynamischen Widerstand), die die longitudinale Performance beeinträchtigen. Das Buch von Gillespie, das 1992 in den USA geschrieben wurde, liefert gut verständliche Erklärungen für die Grundlagen der Fahrzeug-Performance – das einzige Problem für Studierende dürfte heutzutage in der Verwendung der nicht SI-konformen Einheiten bestehen, wodurch das Verständnis für die Zahlenbeispiele erschwert ist.

Das Buch von Lucas mit dem Titel *Road Vehicle Performance* [5] ist aus Vorlesungen an der Loughborough University of Technology entstanden. Es ist interessant, da es eine umfassende Analyse der Fahrzeug-Performance bietet und es auf die praktischen Probleme verweist, sowohl bei Straßenmessungen als auch bei Prüfstandsmessungen. Obwohl es eher veraltet scheint – es wurde bereits 1986 geschrieben – sind die Grundzüge der Vorlesung noch immer relevant. Zudem gibt es nützliche Informationen bzgl. des Vergleichs von manuellen und Automatikschaltgetrieben sowie zu Kraftstoffverbrauchsberechnungen. Es richtet sich an Studierende niedrigen oder höheren Semesters, hat aber wieder den Nachteil der nicht SI-konformen Einheiten.

Das Buch von Guzzella und Sciaretta über Fahrzeugantriebssysteme [6] bietet ebenfalls eine exzellente Einführung zur Fahrzeug-Perfomance in den Kapiteln 2 und 3. Es ist ein modernes Buch, das 2007 überarbeitet wurde und basiert auf Vorlesungen an der Eidgenössischen Technischen Hochschule (ETH) Zürich. Es eignet sich gut als Begleitwerk zu diesem Buch, da die Autoren Beispiele in MATLAB und Simulink und zudem einige interessante Fallbeispiele im Anhang bereitstellen. Sie sind auch Herausgeber der QSS Toolbox, die an der ETH entwickelt wurde und unter http://www.idsc.ethz.ch/Downloads/qss heruntergeladen werden kann.

Literatur

1 SAE (1978) *Vehicle Dynamics Terminology*, SAE J670e, Society of Automotive Engineers.

2 Bakker, E., Nyborg, L. und Pacejka, H.B. (1987) Tyre Modelling for Use in Vehicle Dynamics Studies, SAE Paper 870421.

3 Wong, J.Y. (2001) *Theory of Ground Vehicles*, 3. Aufl., John Wiley & Sons, Inc., ISBN 0-470-17038-7.

4 Gillespie, T.D. (1992) *Fundamentals of Vehicle Dynamics*, SAE, ISBN 1-56091-199-9.

5 Lucas, G.G. (1986) *Road Vehicle Performance*, Gordon and Breach, ISBN 0-677-21400-6.

6 Guzzella, L. und Sciarretta, A. (2005) *Vehicle Propulsion Systems: Introduction to Modelling and Optimisation*, Springer, ISBN 978-3-549-25195.

4
Kraftübertragung

4.1
Einleitung

Die Funktion der Kraftübertragung im Fahrzeug besteht darin, die Motorleistung an die Antriebsräder zu übertragen. Der Wechsel der Gangstufen im Getriebeinneren sorgt dafür, dass Motordrehzahl und -drehmoment auf die Last- und Geschwindigkeitssituation des Fahrzeugs abgestimmt werden können. Bei manuellen Schaltgetrieben muss der Fahrer die Schaltvorgänge selbst vornehmen, bei Automatikgetrieben wird das Schalten von einem Steuerungssystem erledigt. In den vergangenen Jahrzehnten wurden die Getriebekonstruktionen stetig verbessert. Auch ist eine Tendenz zu einer größeren Anzahl von Gangstufen festzustellen, womit Performance und Wirkungsgrad der Fahrzeuge insgesamt verbessert werden können.

Das Kapitel beginnt mit der Analyse herkömmlicher Getriebe – manuelle Schaltgetriebe, Kupplungen sowie Berechnungen von Übersetzungsverhältnissen. Anschließend werden die neueren Entwicklungen an Getrieben besprochen und analysiert – unter anderem automatisierte manuelle Schaltgetriebe (AMT, Automated Manual Transmissions), Doppelkupplungsgetriebe (DCT, Dual Clutch Transmissions) und stufenlose Getriebe (CVT, Continuously Variable Transmissions). Wir werden die technischen Vorzüge den kommerziellen Problemen gegenüberstellen, die ihren Einsatz in heutigen Fahrzeugen erschweren. Zwei wesentliche Entwicklungen haben die vermehrte Verwendung von intelligenteren Getrieben beeinflusst: die Nachfrage nach der Verbesserung des Fahrverhalten und des Kraftstoffverbrauchs.

4.2
Notwendigkeit eines Getriebes

Traditionell sind Fahrzeuge mit Getrieben und Differenzialen ausgestattet. Die Zahl der Gänge reicht von Dreiganggetrieben in älteren Fahrzeugen bis hin zu

Fünfgang-, Sechsgang-, demnächst sogar Neunganggetrieben in neueren Fahrzeugen. Das Differenzial liefert einen konstanten Verstärkungsfaktor (Übersetzungsverhältnis des Achsantriebs) und fungiert als Leistungsverzweigung zum rechten und linken Antriebsrad. Die Rolle des Getriebes besteht darin, die verschiedenen Drehmomentverstärkungen vom Motor an die Räder weiterzureichen, sobald es die Fahrsituation erfordert. Die Eigenschaften von Verbrennungsmotoren wurden detailliert in Kapitel 2 besprochen, und die Merkmale der Drehmomenterzeugung in Elektromotoren wurden ausführlich in Kapitel 3 erläutert. Eine der Fragen, die in diesem Abschnitt beantwortet wird, ist, ob es möglich ist, einen dieser Drehmomenterzeuger ohne Getriebe zu verwenden.

Betrachten wir den Fall, in dem die Drehmomentquelle direkt mit einem Antriebsrad verbunden ist. Nach Abb. 4.1 und ohne Berücksichtigung der Wirkung rotierender Massen (s. Abschn. 3.9) sowie unter der Annahme, dass im Kontaktbereich zwischen Reifen und Straße genügend Reibung vorhanden ist (s. Abschn. 3.3), ist die verfügbare Traktionskraft:

$$F_T = \frac{T_S}{r_w} \tag{4.1}$$

wobei T_S die Drehmomentquelle und r_w der wirksame Reifenradius sind. Für eine Fahrzeugmasse m ergibt sich die aus der Traktionskraft resultierende Beschleunigung zu:

$$a = \frac{F_T}{m} = \frac{T_S}{m r_w} \tag{4.2}$$

Ein anerkanntes Maß für die Gesamt-Performance eines Fahrzeugs ist die Beschleunigungszeit von 0–100 km/h. Ein guter Richtwert für diese Kenngröße ist 10 s. Damit ist die durchschnittliche Beschleunigung des Fahrzeugs während dieses Zeitraums:

$$a_{av} = \frac{\Delta v}{\Delta t} = \frac{100/3{,}6}{10} \approx 2{,}7\,\text{m/s}^2 \tag{4.3}$$

Für ein typisches Fahrzeug mit einer Masse von 1000 kg und einem Radradius von 30 cm beträgt das mittlere Drehmoment, das an der Radmitte benötigt wird:

$$T_{av} = m a_{av} r_w = 710\,\text{Nm} \tag{4.4}$$

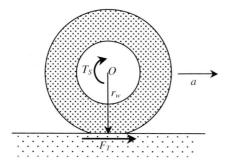

Abb. 4.1 Die aus dem an der Radmitte wirkenden Drehmoment resultierende Traktionskraft.

Aus den Erläuterungen aus Kapitel 3 (z. B. in Abschn. 3.7) wissen wir, dass die maximale Beschleunigung zu Beginn der Bewegung stattfindet und dass diese die mittlere Beschleunigung um das Zwei- bis Dreifache übersteigen kann. Mit einer maximalen Beschleunigung von $2{,}5\,a_{av}$ beläuft sich das maximale Drehmoment am Rad auf:

$$T_{max} = 2{,}5\,T_{av} = 1775\,\text{Nm} \tag{4.5}$$

Für ein Fahrzeug mit den hier betrachteten Daten wäre eine durchschnittliche Leistung von 60 kW (80 PS) angemessen. In Tab. 4.1 werden die maximalen Drehmomente von zwei typischen Verbrennungsmotoren und einem Elektromotor mit jeweils 60 kW Leistung verglichen. Offensichtlich verfügen alle diese Drehmomentquellen nicht über ausreichend Drehmoment, um die Beschleunigung die unser Beispielfahrzeug benötigt, zu erzeugen. Sie können also nicht direkt mit den Antriebsrädern verbunden werden. Aus dem Gesamtübersetzungsverhältnis n von der Drehmomentquelle zu den Antriebsrädern resultiert eine Verstärkung des Drehmoments. Mit den in der dritten Spalte von Tab. 4.1 gezeigten Werten für n ist die benötigte Beschleunigung für die jeweilige Drehmomentquelle möglich. Mit einem Achsantriebübersetzungsverhältnis n_f von 3,5 ist das Übersetzungsverhältnis des Getriebes n_g in der letzten Spalte der Tabelle bekannt. Tatsächlich ist die Gesamtübersetzung nichts anderes als die Getriebeübersetzung multipliziert mit der Achsantriebübersetzung:

$$n = n_g \times n_f \tag{4.6}$$

Mit dieser Übersetzung ist es möglich, die maximale Beschleunigung zu erzeugen. Dies ist aber nicht sinnvoll, da die Fahrzeuggeschwindigkeit zunimmt. Die Fahrzeuggeschwindigkeit ergibt sich aus dem kinematischen Zusammenhang (wenn Reifenschlupf ignoriert wird, s. Abschn. 3.10):

$$v = \frac{\omega_S}{n}\,r_w \tag{4.7}$$

wobei ω_S die Drehzahl der Leistungsquelle ist. Für unser Beispielfahrzeug mit Ottomotor mit einer Höchstdrehzahl von 6000/min beträgt bei einer Gesamtübersetzung von 15 : 1 die Höchstgeschwindigkeit des Fahrzeugs 45 km/h. Somit muss das Übersetzungsverhältnis verringert werden, wenn höhere Geschwindigkeiten

Tab. 4.1 Übersetzungsverhältnisse für verschiedene Leistungsquellen.

Leistungsquelle (60 kW)	Max. Drehmoment (Nm)	Gesamtübersetzung (n)	Getriebeübersetzung (n_g)
Ottomotor (Benziner)	100–120	15–18	4,3–5,1
Dieselmotor	170–200	9–10	2,6–2,9
Elektromotor	250–500	3,5–7	1–2

im Betrieb erzielt werden sollen. Die oben erläuterte kinematische Einschränkung bewirkt, dass während der Beschleunigung auf Endgeschwindigkeit verschiedene Übersetzungen benötigt werden. Daher ist ein Getriebe notwendig. Bei Elektromotoren ist es möglich, auf zusätzliche Übersetzungsverhältnisse zu verzichten. Hier reicht eine Übersetzung aus. So kann beispielsweise bei einer Höchstdrehzahl von 8000/min und einer Übersetzung von 5 : 1 eine Geschwindigkeit von 180 km/h erzielt werden.

4.3
Auslegung der Getriebeübersetzungen

Die Fahrzeugbewegung unter verschiedenen Bedingungen wird von der Art und Weise bestimmt, wie die Leistung von der Quelle bis zu den Rädern übertragen wird. Getriebeübersetzungen müssen so ausgelegt werden, dass Fahrzeugbewegung und die Eigenschaften des Drehmomenterzeugers aufeinander abgestimmt sind. Beim Verbrennungsmotor sind geeignete Getriebeübersetzungen äußerst wichtig, um eine gute Performance des Fahrzeugs insgesamt unter allen Einsatzbedingungen zu erzielen. Bei geringen Geschwindigkeiten und bei Bergauffahrt werden die niedrigen Gänge verwendet, um hohe Traktionskräfte für Beschleunigung und Bergauffahrt bereitzustellen. Die hohen Gänge wiederum werden bei größeren Geschwindigkeiten verwendet. Sie ermöglichen eine geeignete Anpassung zwischen den Drehmoment-Drehzahl-Eigenschaften des Motors und der Beschleunigung sowie Geschwindigkeit des Fahrzeugs. Da die Anforderungen für die niedrigste und höchste Gangstufe völlig unterschiedlich sind, müssen sie jeweils getrennt betrachtet werden.

4.3.1
Niedrigste Gangstufe

Der erste Gang bzw. niedrigste Gang wird verwendet, wenn die größte Beschleunigung gebraucht wird bzw. wenn der Fahrwiderstand hoch ist, etwa an einer Steigung. Das Übersetzungsverhältnis vervielfacht das Drehmoment des Motors, ein großes Übersetzungsverhältnis erzeugt große Raddrehmomente. Den Erläuterungen in Abschn. 3.3 zufolge ist die vom Reifen erzeugte Traktionskraft allerdings begrenzt. Somit ist das Übersetzungsverhältnis von den Reibungseigenschaften zwischen Reifen und Straße eingeschränkt. Nach Gleichung 3.22 für die Traktionskraft und unter Berücksichtigung des Wirkungsgrads η_d des Antriebsstrangs gilt:

$$F_T = \frac{n \eta_d T_e}{r_w} \tag{4.8}$$

Wenn wir den oberen Grenzwert für die Traktionskraft $F_{T_{max}}$ nennen, dann kann die Gesamtübersetzung n_L für die niedrigste Gangstufe wie folgt formuliert werden:

$$n_L = \frac{r_w\, F_{T_{max}}}{\eta_d\, T_e} \qquad (4.9)$$

Bezugnehmend auf die Abb. 3.14 und 3.15 kann die maximale Traktionskraft wie folgt ausgedrückt werden:

$$F_{T_{max}} = \mu_p\, W_{Axle} \qquad (4.10)$$

wobei μ_p der maximale Kraftschlussbeiwert an der Schnittstelle zwischen Reifen und Straße und W_{Axle} die Last an der Antriebsachse sind. Somit:

$$n_L = \frac{r_w \mu_p}{\eta_d\, T_e}\, W_{Axle} \qquad (4.11)$$

Um die Achslast zu bestimmen, betrachten wir das in Abb. 4.2 gezeigte Freikörperbild (FBD, Free Body Diagram) eines Fahrzeugs an der Steigung θ. Die Bewegungsgleichungen für die longitudinale und vertikale Richtung lauten wie folgt:

$$F_f + F_r - F_A - F_{RR} - W \sin\theta = m a_G \qquad (4.12)$$

$$W \cos\theta - N_f - N_r = 0 \qquad (4.13)$$

Hier sind F_f und F_r die Traktionskräfte an Vorder- und Hinterachse, F_A die aerodynamische Kraft, F_{RR} die Rollwiderstandskraft und W (für Weight, Gewicht) die Gravitationskraft. Die aerodynamische Kraft wirkt auf Höhe h_A, der Massenmittelpunkt des Fahrzeugs hingegen befindet sich auf der Höhe h. Nimmt man die Momente über dem Berührpunkt des Hinterrades (Punkt C), führt dies zu:

$$l N_f + h\,(m a_G + W \sin\theta) + h_A F_A = b\, W \cos\theta \qquad (4.14)$$

Die Kombination der Gleichungen 4.12– 4.14 führt zu:

$$N_f = \frac{b}{l}\, W \cos\theta - \frac{h}{l}\,(F_T - F_{RR}) - \frac{\Delta h}{l}\, F_A \qquad (4.15)$$

$$N_r = \frac{a}{l}\, W \cos\theta + \frac{h}{l}\,(F_T - F_{RR}) + \frac{\Delta h}{l}\, F_A \qquad (4.16)$$

wobei:

$$\Delta h = h_A - h \qquad (4.17)$$

$$F_T = F_f + F_r \qquad (4.18)$$

Da Δh normalerweise klein und bei niedrigen Geschwindigkeiten auch die aerodynamische Kraft klein ist, können die beiden letzten Ausdrücke in den Gleichungen 4.15 und 4.16 ignoriert werden. N_f und N_r sind die Achslasten an Vorder- und Hinterachse. Für ein Fahrzeug mit Frontantrieb ist nur F_f vorhanden und für ein

Fahrzeug mit Heckantrieb nur F_r. Bei einem Fahrzeug mit Vierradantrieb wirken beide Traktionskräfte (F_f und F_r) an der Vorder- und Hinterachse. Augenscheinlich sind die Achslasten in den Gleichungen 4.15 und 4.16 immer von der Gesamttraktionskraft F_T abhängig. Wenn wir annehmen, dass der Maximalwert der Traktionskraft proportional zur Achslast ist und wir Gleichung 4.10 in den Gleichungen 4.15 und 4.16 einsetzen, erhalten wir für die Achslasten an Vorder- (für Vorderradantrieb – FWD, Front Wheel Drive) und Hinterachse (für Hinterradantrieb – RWD, Rear Wheel Drive):

$$N_f = \frac{b + h f_R}{l + \mu_p h} W \cos \theta \quad \text{(nur Vorderradantrieb)} \tag{4.19}$$

$$N_r = \frac{a - h f_R}{l - \mu_p h} W \cos \theta \quad \text{(nur Hinterradantrieb)} \tag{4.20}$$

Der Koeffizient des Rollwiderstands ergibt sich zu:

$$f_R = \frac{F_{RR}}{W \cos \theta} \tag{4.21}$$

Wir ersetzen die Gleichungen 4.19 und 4.20 in Gleichung 4.11 und erhalten:

$$n_L (FWD) = \mu_p \frac{b + h f_R}{l + \mu_p h} \cdot \frac{r_w}{\eta_d T_e} W \cos \theta \tag{4.22}$$

$$n_L (RWD) = \mu_p \frac{a - h f_R}{l - \mu_p h} \cdot \frac{r_w}{\eta_d T_e} W \cos \theta \tag{4.23}$$

n_L ist das größte Übersetzungsverhältnis und dessen Maximum finden wir bei null Steigung, somit bei $\theta = 0$. Die Gleichungen 4.22 und 4.23 können nun umgeschrieben werden:

$$n_{L_{F/R}} = k_{F/R} \frac{r_w}{\eta_d T_e} \mu_p W \tag{4.24}$$

wobei F/R für F (Front) bzw. R (Rear) für Vorderrad- bzw. Hinterradantrieb stehen, und es gilt:

$$k_F = \frac{b + h f_R}{l + \mu_p h}, \quad k_R = \frac{a - h f_R}{l - \mu_p h} \tag{4.25}$$

Gleichung 4.24 kann zwar zur Berechnung des größten Übersetzungsverhältnisses genutzt werden, allerdings muss der Wert von T_e bekannt sein. Tatsächlich ist das Motordrehmoment nicht konstant und zudem von der Motordrehzahl und der Drosselposition (s. Abschn. 3.2.1) abhängig. Um einen geeigneten Wert für das Motordrehmoment zu finden, stellen wir Gleichung 4.24 um:

$$\frac{n_{L_{F/R}} \eta_d T_e}{r_w} = k_{F/R} \mu_p W \tag{4.26}$$

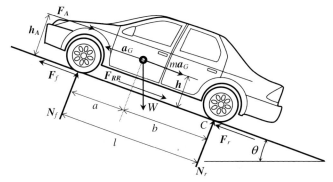

Abb. 4.2 Freikörperbild des Fahrzeugs.

Auf der linken Seite befindet sich die Traktionskraft, die aus dem Motordrehmoment resultiert. Der Ausdruck auf der rechten Seite ist der Grenzwert der Traktionskraft durch Reibung zwischen Reifen und Straße. Da die maximale Traktionskraft auf der linken Seite beim maximalen Drehmoment des Motors erzeugt wird, verwenden wir in Gleichung 4.24 das Maximum des Motordrehmoments. Wenn ein größeres Übersetzungsverhältnis als die aus Gleichung 4.24 erhaltene Übersetzung verwendet wird, rutschen die Reifen beim maximalen Motordrehmoment durch. Dennoch ist es üblich, einen um 10–20 % höheren Wert zu verwenden. Damit kann das Reifentraktionsmaximum bei niedrigeren Motordrehmomenten erzeugt werden. Das ist praktischer, da die maximale Traktion nicht erst bei Vollgas erzielt wird.

Übung 4.1
Verwenden Sie die Fahrzeugdaten aus Tab. 4.2.

a) Berechnen Sie das Übersetzungsverhältnis für die niedrige Gangstufe für Vorder- (FWD) und Hinterradantrieb (RWD).
b) Variieren Sie für Gewichtsverteilungen zwischen Vorder- und Hinterachse von 60 : 40, 55 : 45 und 50 : 50 den Kraftschlussbeiwert für die Straße von 0,5–1,0 und plotten Sie den Quotienten k_R/k_F.

Tab. 4.2 Fahrzeugdaten aus Übung 4.1.

Reifenrollradius	0,30 m
Rollwiderstandskoeffizient	0,02
maximales Drehmoment des Motors bei 2800/min	120 Nm
Fahrzeugmasse	1200 kg
maximaler Haftreibungskoeffizient	0,9
Gewichtsverteilung V/H	58/42 %
Verhältnis Höhe des Schwerpunkts zu Radstand h/l	0,30
Wirkungsgrad Antriebsstrang	85 %

c) Plotten Sie für die Gewichtsverteilung aus (b) die Änderung der Übersetzungsverhältnisse für μ_p zwischen 0,7 und 1,0.

Lösung:
Für (a) ergibt sich aus Zeile 6 von Tab. 4.2 $a/l = 0,42$ und $b/l = 0,58$. Nach Gleichung 4.25 gilt:

$$k_F = \frac{b/l + f_R h/l}{1 + \mu_p h/l} = \frac{0,58 + 0,02 \times 0,3}{1 + 0,9 \times 0,3} = 0,461$$

$$k_R = \frac{a/l - f_R h/l}{1 - \mu_p h/l} = \frac{0,42 - 0,02 \times 0,3}{1 - 0,9 \times 0,3} = 0,567$$

$$n_L(FWD) = k_F \frac{r_w}{\eta_d T_e} \mu_p W = 0,461 \times \frac{0,3}{0,85 \times 120} \times 0,9 \times 1200 \times 9,81 = 14,37$$

$$n_L(RWD) = k_R \frac{r_w}{\eta_d T_e} \mu_p W = 17,67$$

Für (b) kann ein einfaches MATLAB-Programm die Ergebnisse erzeugen. Die Plots dieses Programms sind in Abb. 4.3 dargestellt. Es ist klar, dass k_R für die meisten praktischen Fälle größer k_F ist.
Die Plots für (c) sind in Abb. 4.4 dargestellt. Augenscheinlich sind die Übersetzungen beim Hinterradantrieb größer. Dies impliziert, dass unter ähnlichen Straßenbedingungen größere Traktionskräfte an den Hinterrädern erzeugt werden können. Beachten Sie, dass dies das Ergebnis der dynamischen Bedingungen ist, da

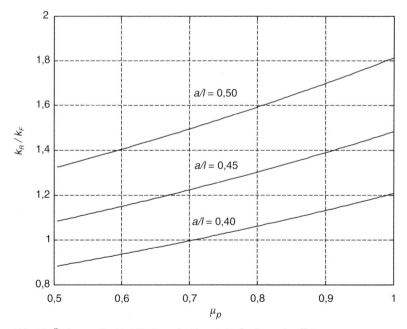

Abb. 4.3 Änderung des Verhältnisses k_R/k_F mit Haftreibungskoeffizient μ_p.

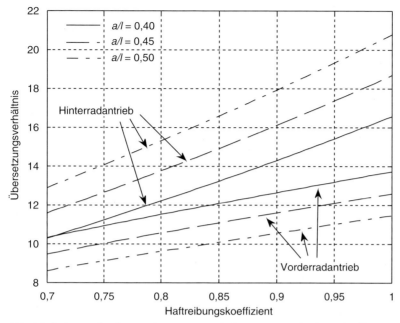

Abb. 4.4 Änderung des Gesamtübersetzungsverhältnisses mit Haftreibungskoeffizient μ_p.

beim Beschleunigen des Fahrzeugs oder an einer Steigung eine Lastverlagerung von vorne nach hinten stattfindet. Der Unterschied zwischen Vorderrad- und Hinterradantrieb nimmt mit steigendem a/l-Wert zu.

4.3.1.1 Steigfähigkeit

Die maximale Steigung, die ein Fahrzeug überwinden kann, hängt von zwei Faktoren ab: erstens von der Begrenzung der Haftreibung auf der Straße und zweitens von der Begrenzung des Drehmoments des Motors. Bei der Begrenzung der Straßenreibung bestimmt die rechte Seite von Gleichung 4.26 unter Hinzunahme des Steigungswinkels die maximale Traktionskraft:

$$F_{T_{max}} = k_{F/R} \mu_p \, W \cos \theta \tag{4.27}$$

und diese muss die Gegenkräfte F_R überwinden:

$$F_R = F_A + F_{RR} + W \sin \theta \tag{4.28}$$

Wenn wir annehmen, dass sich das Fahrzeug mit geringer Geschwindigkeit bewegt, kann die aerodynamische Kraft vernachlässigt werden. Somit ergibt sich für eine konstante Geschwindigkeit beim Befahren einer Steigung θ:

$$F_{T_{max}} - F_R = k_{F/R} \mu_p \, W \cos \theta - (f_R \cos \theta + \sin \theta) \, W = 0 \tag{4.29}$$

oder die maximale vom Fahrzeug überwindbare Steigung:

$$\tan \theta = k_{F/R} \mu_p - f_R \tag{4.30}$$

Bei der Steigfähigkeit ist das Motordrehmoment im Allgemeinen nicht kritisch, da es immer möglich ist, das Übersetzungsverhältnis zu erhöhen, um die Traktionskraft zu vergrößern. Wenn das Drehmoment begrenzt ist, bestimmt die linke Seite von Gleichung 4.26 die maximale Traktionskraft. Bei geringen Geschwindigkeiten gilt:

$$F_{T_{max}} = \frac{n_{L_{F/R}} \eta_d T_e}{r_w} = (f_R \cos \theta + \sin \theta) \, W \tag{4.31}$$

dies kann nach θ aufgelöst werden. Das Minimum der aus den Gleichungen 4.30 und 4.31 erhaltenen Werte ist die Steigfähigkeit des Fahrzeugs bei geringen Geschwindigkeiten.

Übung 4.2

Für das Fahrzeug aus Übung 4.1:

a) Bestimmen die überwindbare Steigung für Vorderradantrieb (FWD, Front Wheel Drive) und Hinterradantrieb (RWD, Rear Wheel Drive).
b) Plotten Sie die Variation der überwindbaren Steigungen über der Variation von μ_p bei unterschiedlichen a/l-Werten (beachten Sie die begrenzte Reibung der Straße).

Lösung:

a) Für das Fahrzeug mit Frontantrieb aus Gleichung 4.30 lässt sich der Steigungswinkel mit den in der vorherigen Übung gewonnenen Informationen bestimmen:

$$\tan \theta = 0{,}461 \times 0{,}9 - 0{,}02 = 0{,}3949 \quad \text{oder} \quad \theta = 21{,}55°$$

Wenn eine Begrenzung des Drehmoments existiert, ist das Ergebnis aus Gleichung 4.31:

$$\frac{n_{L_F} \eta_d T_e}{r_w \, W} = 0{,}415 = 0{,}02 \cos \theta + \sin \theta \quad \text{liefert die Antwort}$$
$$\theta = 23{,}37°$$

Für den Heckantrieb (RWD, Rear Wheel Drive) lautet das Ergebnis: $\tan \theta = 0{,}4903$, der reibungsbedingte Grenzwert der Steigung liegt bei $\theta = 26{,}12°$. Für die drehmomentbedingte Steigungsgrenze gilt: $0{,}510 = 0{,}02 \cos \theta + \sin \theta$, das ergibt eine Steigung von $\theta = 29{,}5°$. Daher betragen die Steigungswinkel für FWD 21,55° und für RWD 26,12°.

b) Die in Abb. 4.5 dargestellten Plots der befahrbaren Steigungen zeigen, dass das Fahrzeug mit Heckantrieb (RWD) bei verschiedenen Konfigurationen eine bessere Steigfähigkeit bei gegebenem Reibungskoeffizienten hat.

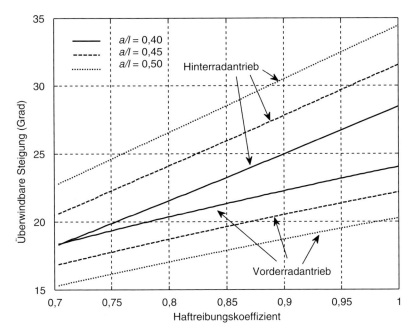

Abb. 4.5 Befahrbare Steigungen über Haftreibungskoeffizient bei verschiedenen Gewichtsverteilungen.

4.3.2
Höchste Gangstufe

Die höchste Gangstufe wird üblicherweise für das Fahren mit hohen Geschwindigkeiten verwendet. Die Höchstgeschwindigkeit eines Fahrzeugs wird im höchsten Gang durch das dynamische Gleichgewicht zwischen Traktionskraft und den Fahrwiderstandskräften (s. Abschn. 3.7.4) erreicht. Kinematisch gesehen tritt die maximale Geschwindigkeit eines Fahrzeugs im höchsten Gang n bei der gegebenen Motordrehzahl ω_e^* auf, somit gilt:

$$n_H = \omega_e^* \frac{r_w}{v_{max}} \tag{4.32}$$

Geht auch der Reifenschlupf S_x mit in die Gleichung ein (s. Abschn. 3.3), dann lautet die modifizierte Gleichung:

$$n_H = \omega_e^* \frac{r_w}{v_{max}} (1 - S_x) \tag{4.33}$$

Für eine gezielte Höchstgeschwindigkeit v_{max} ließe sich das Übersetzungsverhältnis n_H einfach berechnen, wenn ω_e^* bekannt wäre. Allerdings ist ω_e^* das Ergebnis des dynamischen Kräftegleichgewichts zwischen Motor- und Fahrwiderstandskräften. Diese sind von konstruktiven Parametern abhängig, darunter das Übersetzungsverhältnis.

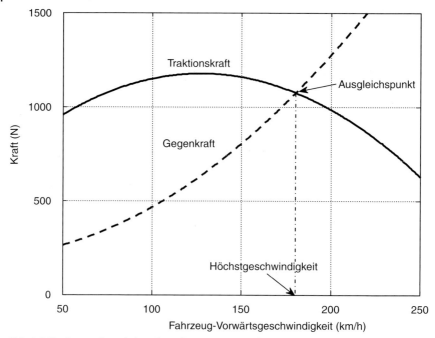

Abb. 4.6 Höchstgeschwindigkeit des Fahrzeugs am Ausgleichspunkt.

Die höchste Gangstufe im Getriebe (z. B. der fünfte Gang) wird mitunter so ausgelegt, dass ω_e^* am Punkt der maximalen Motorleistung rund 10 % höher als die Motordrehzahl ist. Anschließend wird die Übersetzung des Achsantriebs so ausgelegt, dass sich ein Overdrive von bis zu 30 % daraus ergibt (s. Abschn. 4.3.2.2) [1]. Für die Auslegung des höchsten Gangs ist es sinnvoll, den Volllastfall (Full Throttle Condition, Drosselwert 100 %) bei der Höchstgeschwindigkeit des Fahrzeugs zu untersuchen. Damit kann die Volllastkurve oder WOT-Kurve (WOT, Wide-Open-Throttle) des Motors verwendet werden, um den Punkt des dynamischen Kräfteausgleichs zu finden. Wie aus Abb. 4.6 ersichtlich, bestimmt der Schnittpunkt der Kurven von Traktionskraft und Gegenkraft den Ausgleichspunkt (Punkt des dynamischen Kräftegleichgewichts). Hier ist ein stabiler (stationärer) Zustand erreicht, und die Fahrzeuggeschwindigkeit bleibt konstant.

Die Änderung der Traktionskraft (Gleichung 4.8) kann wie folgt formuliert werden:

$$F_T(\omega_e) = \frac{n_H \eta_d T_e(\omega_e)}{r_w} \tag{4.34}$$

Darin stellt $T_e(\omega_e)$ die Volllastkurve (WOT-Kurve) des Motors dar. Da die Fahrzeuggeschwindigkeit mit der Motordrehzahl über die kinematische Relation (Gleichung 4.32 oder 4.33) zusammenhängt, lässt sich die Traktionskraft über der Geschwindigkeit ermitteln. Gleichung 4.34 zeigt, dass die Traktionskraft vom Übersetzungsverhältnis n_H abhängig ist. Somit kann die Traktionskraft ohne das Übersetzungsverhältnis nicht bestimmt werden. Wenn der konstruktiv vorge-

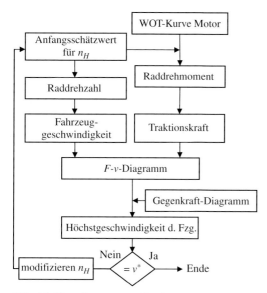

Abb. 4.7 Flussdiagramm zur Bestimmung von n_H.

sehene Wert der Höchstgeschwindigkeit v^* bekannt ist, lassen sich mit einem iterativen Verfahren mit einem Anfangswert für n_H die Traktionskraft und die Gegenkraft ermitteln. Der Schnittpunkt beider Kräfte ergibt die Höchstgeschwindigkeit. Wenn dieser Wert gleich v^* ist, ist die Anfangsannahme für n_H korrekt. Ansonsten muss der Wert modifiziert und der Prozess wiederholt werden. Das Flussdiagramm in Abb. 4.7 illustriert das Verfahren.

Zur Berechnung der höchsten Gangstufe existiert auch eine alternative und etwas einfachere Vorgehensweise. Nach dem Gegenkraftdiagramm in Abb. 4.8 hat die Gegenkraft bei einer gegebenen Geschwindigkeit v^* den Wert F^* und ist zudem an diesem Punkt auch gleich der Traktionskraft. Wenn also Traktionskraft und Höchstgeschwindigkeit bekannt sind, ist auch die benötigte Leistung P^* bekannt:

$$P^* = \frac{F^* v^*}{\eta_d} \tag{4.35}$$

Diese Leistung berücksichtigt die Antriebsstrangverluste (s. Abschn. 3.13), und der Motor liefert die Gesamtleistung sum P^*. In der Leistung-Drehzahl-Volllastkurve in Abb. 4.9 schneidet eine horizontale Linie mit dem Wert von P^* die Kurve. Dieser Schnittpunkt liefert uns die Motordrehzahl ω_e^*. Damit ist es einfach, mit Gleichung 4.32 (oder 4.33) das Übersetzungsverhältnis n_H für den höchsten Gang zu berechnen.

Übung 4.3

Ein Fahrzeug hat eine Masse von 1000 kg, einen Gesamtluftwiderstandsbeiwert von 0,35 und einen Reifenrollradius von 30 cm. Die Gleichung für die Volllastkurve für Drehmoment über Drehzahl des Motors hat die folgende Form:

$$T_e = -4,45 \times 10^{-6} \omega_e^2 + 0,0317 \omega_e + 55,24$$

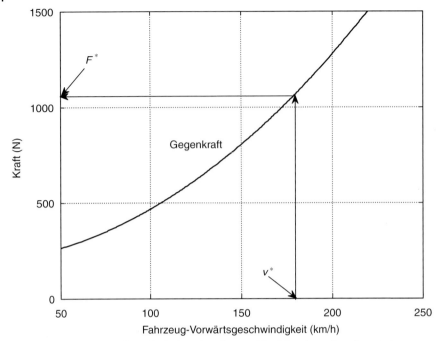

Abb. 4.8 Die Traktionskraft ist gleich der Fahrwiderstandskraft bei der Endgeschwindigkeit.

wobei ω_e in 1/min angegeben wird. Das Fahrzeug soll eine Höchstgeschwindigkeit von 180 km/h erreichen. Legen Sie das Übersetzungsverhältnis für den höchsten Gang fest. Der Rollwiderstandskoeffizient beträgt 0,02. Ignorieren Sie Antriebsstrangverluste sowie Reifenschlupf.

Lösung:
Die Gesamtfahrwiderstandskraft (-gegenkraft) und die Leistung bei Höchstgeschwindigkeit betragen:

$$F^* = f_R W + c v_{max}^2 = 0,02 \times 1000 \times 9,81 + 0,35 \times 50^2 = 1071,2 \, \text{N}$$
$$P^* = 1071,2 \times 50 = 53\,560 \, \text{W}$$

Die Motordrehzahl für diese Leistung erhalten wir durch Lösen der folgenden Gleichung:

$$53\,560 = \left(-4{,}45 \times 10^{-6} \omega_e^2 + 0{,}0317 \omega_e + 55{,}24\right) \omega_e \times \frac{\pi}{30}$$

Der Term $\pi/30$ wird zum Umrechnen des Ausdrucks ω_e in rad/s gebraucht. Die Lösung finden wir nach dem Trial-and-Error-Verfahren oder mithilfe der MATLAB-Funktion „fsolve". Das Ergebnis ist $\omega_e = 4975/\text{min}$. Anschließend lässt sich das Gesamtübersetzungsverhältnis mit Gleichung 4.32 ermitteln.

$$n_H = \omega_e^* \frac{r_w}{v_{max}} = 4975 \times \frac{0{,}3\pi}{50 \times 30} = 3{,}13$$

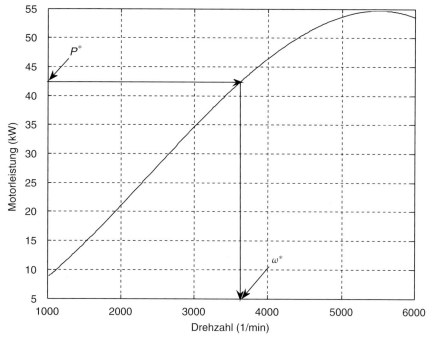

Abb. 4.9 Bestimmung der Betriebsdrehzahl des Motors bei Fahrzeughöchstgeschwindigkeit.

4.3.2.1 Auslegung der Maximalgeschwindigkeit

Die Standardkurven für Gegenkraft/Leistung werden für ein gegebenes Fahrzeug durch die Beziehungen $F - v$ oder $P - v$ bestimmt. Allerdings variieren die Kurven für Traktionskraft/Leistung mit dem Übersetzungsverhältnis (Gleichung 4.8). Somit variieren auch die Punkte des dynamischen Kräfteausgleichs, wenn sich das Übersetzungsverhältnis ändert. Abbildung 4.10 zeigt die Änderung der Traktion/Leistung und der daraus resultierenden Punkte für die Höchstgeschwindigkeit bei variierenden Übersetzungsverhältnissen. Es zeigt, dass das Maximum der Höchstgeschwindigkeiten am Punkt der maximalen Leistung erreicht wird. In den Diagrammen in Abb. 4.10 liegen andere Höchstgeschwindigkeiten an den Schnittpunkten von Traktions- und Fahrwiderstandskraftkurven respektive -leistungskurven darunter. Mit anderen Worten, es gibt genau ein Übersetzungsverhältnis, bei dem die Höchstgeschwindigkeit mit maximaler Motorleistung erzielt wird, und dabei handelt es sich um die maximal erzielbare Geschwindigkeit.

Mathematisch gilt nach Gleichung 4.35 für diesen Ausgleichspunkt:

$$\eta_d P^* = \left(f_R\, W + c v_{top}^2 \right) v_{top} \tag{4.36}$$

was einfach nur zeigt, dass die Höchstgeschwindigkeit v_{top} dort ihr Maximum hat, wo die Leistung P^* maximal ist. Dieses gehört zu einem bestimmten Übersetzungsverhältnis n_H^*. Wird dieses Verhältnis größer oder kleiner, dann reduziert

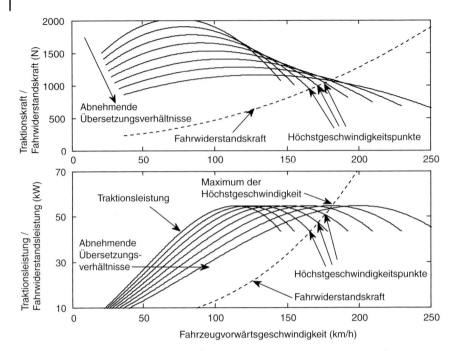

Abb. 4.10 Traktion-Leistung-Diagramm, Änderung der Höchstgeschwindigkeit mit Änderung des Übersetzungsverhältnisses.

sich die Höchstgeschwindigkeit. Abbildung 4.11 zeigt die Wirkung eines erhöhten bzw. verringerten Übersetzungsverhältnisses für zwei Beispielwerte mit ähnlichen Endgeschwindigkeiten.

Übung 4.4

Bestimmen Sie das Übersetzungsverhältnis für das Fahrzeug in Übung 4.3, mit dem die maximal mögliche Geschwindigkeit erzielt wird.

Lösung:

Mit der Gleichung für die Drehmoment-Drehzahl-Kurve für Volllast (WOT, Wide Open Throttle) bestimmen Sie den Punkt der maximalen Leistung des Motors. Mathematisch erhält man aus

$$\frac{dP}{d\omega_e} = \frac{d}{d\omega_e}\left[\left(-4{,}45\times10^{-6}\omega_e^2 + 0{,}0317\omega_e + 55{,}24\right)\omega_e \times \frac{\pi}{30}\right] = 0$$

oder mittels numerischer Lösungen:

$$P_{max} = 54{,}7\,\text{kW}\,,\quad \omega_{P_{max}} = 5500/\text{min}$$

Aus Gleichung 4.36 gilt:

$$54\,700 = \left(0{,}02\times1000\times9{,}81 + 0{,}35\times v_{top}^2\right)v_{top}$$

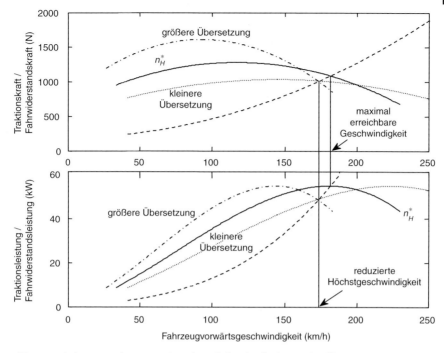

Abb. 4.11 Reduzierung der Maximalgeschwindigkeit bei Änderung des Übersetzungsverhältnisses n_H^*.

Die konstante Geschwindigkeit im stationären Zustand beträgt:

$$v_{top} = 50{,}4 \, \text{m/s} \, (181{,}4 \, \text{km/h})$$

Schließlich ergibt sich Gleichung 4.32 zu:

$$n_H = \omega_e^* \frac{r_w}{v_{max}} = 5500 \times \frac{0{,}3\pi}{50{,}4 \times 30} = 3{,}43$$

4.3.2.2 **Overdrive**

Aus Abb. 4.11 ist ersichtlich, dass die Höchstgeschwindigkeit sowohl für kleinere als auch für größere Übersetzungsverhältnisse als n_H^* reduziert wird. Wenn n_H größer n_H^* ist (Strich-Punkt-Linie), wird die Höchstgeschwindigkeit mit einer höheren Motordrehzahl erzielt. Damit arbeitet der Motor an Betriebspunkten, bei denen der Kraftstoffverbrauch ungünstiger ist (s. Kapitel 5). Andererseits ist die Motordrehzahl geringer, wenn n_H kleiner n_H^* ist (gepunktete Linie), und die maximal erreichbare Höchstgeschwindigkeit ist noch in einem ähnlichen Bereich wie im Fall von Abb. 4.11. Die Verwendung dieser *Overdrive* genannten „überlangen Übersetzungen" bewegt die Arbeitspunkte des Motors in kraftstoffsparendere Bereiche und reduziert die Motorgeräusche für die Insassen. Der Begriff „Overdrive" impliziert, dass die Getriebeabtriebswelle schneller dreht als der Motor (Anm. d. Übersetzers: Overdrive bedeutet wörtlich „überdrehen"). Die Auslegung des Overdrive ist unterschiedlich. Sie richtet sich nach sonstigen konstruktiven Bedingungen bzw. nach den für das Fahrzeug vorgesehenen Einsatz- und Betriebsbedingungen. In der Praxis sind Werte zwischen 10 und 20 % Overdrive üblich [2]. Ein Overdrive von 10 % drückt sich mathematisch wie folgt aus:

$$n_H = 0{,}9 \times n_H^* \tag{4.37}$$

Übung 4.5
Legen Sie für das Fahrzeug aus Übung 4.4 den hohen Gang mit einem 10 %igen Overdrive aus.

Lösung:
Nach Gleichung 4.47 ergibt sich:

$$n_H = 0{,}9 \times n_H^* = 0{,}9 \times 3{,}43 = 3{,}1$$

Durch Vergleich mit dem Ergebnis aus Übung 4.3 (wo $nH = 3{,}13$ ist) lässt sich feststellen, dass die Höchstgeschwindigkeit mit einem Overdrive von 10 % kaum reduziert wird (aus 181 km/h werden 180 km/h). Die Motordrehzahl hingegen ließ sich deutlich reduzieren. Sie sank von 5500/min auf etwas unter 5000/min (somit um rund 10 %).

4.3.2.3 Reserveleistung

Bei einem Overdrive steht die maximale Leistung des Motors nicht im höchsten Gang zur Verfügung, da sich der Punkt des dynamischen Kräfteausgleichs unterhalb der maximalen Leistung befindet. Um bessere Fahrleistungen zu erzielen, wenn das Fahrzeug stärker beansprucht wird, etwa bei Gegenwind oder an Steigungen, ist es sinnvoll, eine gewisse Reserveleistung vorzusehen. Eine offensichtliche Lösung besteht darin, eine installierte Motorleistung vorzusehen, die größer als die konzipierte Leistung ist. Mit einer höheren installierten Leistung erhöhen sich auch Reserveleistung und Traktionskraft, aber auch die maximale Geschwindigkeit des Fahrzeugs.

Praktisch sind zusätzliche Traktion und Leistung bei einer größeren Übersetzung für alle Geschwindigkeiten verfügbar. Beispielsweise stellt die gepunktete Linie in Abb. 4.12 ein Übersetzungsverhältnis A dar, das größer als das mit der durchgezogenen Linie dargestellte Übersetzungsverhältnis B ist, aber beide Übersetzungen führen zur gleichen Höchstgeschwindigkeit. Bei einer vorgegebenen Geschwindigkeit (z. B. 120 km/h) sind Reserveleistung und Traktionskraft größer für das Übersetzungsverhältnis A. Wenn das Fahrzeug auch im höchsten Gang eine größere Beschleunigungsfähigkeit haben soll (etwa bei einem Sportwagen), ist diese kürzere Übersetzung zu bevorzugen. Bei Personenwagen hingegen ist ein Overdrive (z. B. Übersetzung B) besser geeignet. In der Praxis kann bei bewegtem Fahrzeug und hoher Last die Reserveleistung und -traktionskraft durch Herunterschalten erreicht werden. In diesem Fall kann Übersetzung A als der vierte Gang und Übersetzung B als fünfter Gang betrachtet werden. Es müssen aber noch weitere Punkte bei der Auslegung der hohen Gangstufe beachtet werden. Ein guter

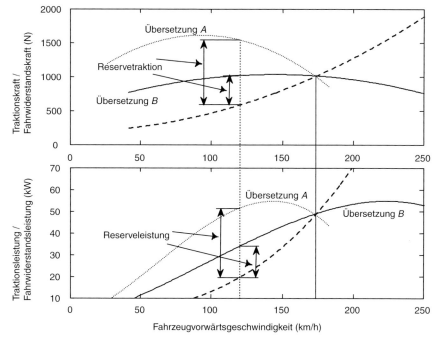

Abb. 4.12 Leistungs- und Traktionskraftreserven.

Ansatz ist beispielsweise, genügend Drehmoment und Traktion im hohen Gang vorzusehen, um beides auch bei niedrigeren Geschwindigkeiten zur Verfügung zu haben. Mit anderen Worten, wenn man den größtmöglichen Geschwindigkeitsbereich in den höchsten Gang legt, ist das Fahren komfortabler und angenehmer.

4.3.3
Gangabstufungen

Das Übersetzungsverhältnis des Getriebes ist der Mechanismus, über den Fahrzeuggeschwindigkeit und Motordrehzahl kinematisch zusammenhängen. Bei Kraftübertragungen mit abgestuften Übersetzungen muss Wechseln der Gänge bzw. Übersetzungen über Zwischenübersetzungen stattfinden. Wenn Reifenschlupf ignoriert wird (Gleichung 4.7), gilt:

$$\omega_e = \frac{n}{r_w} v \tag{4.38}$$

Wie in Abb. 4.13 dargestellt, werden die unterschiedlichen Übersetzungsverhältnisse durch Linien mit unterschiedlichen Steigungen dargestellt, wobei die Steigungen gleich n/r_w sind. Für jede Gangstufe bzw. jedes Übersetzungsverhältnis wird jeweilige Änderung der Motordrehzahl mit der Fahrzeuggeschwindigkeit durch eine Linie dargestellt. Wenn der Gang gewechselt wird, bewegt sich der Ar-

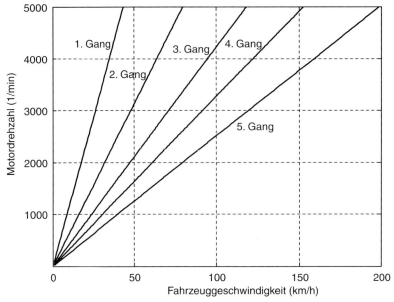

Abb. 4.13 Kinematische Relation zwischen Motordrehzahl und Fahrzeuggeschwindigkeit.

beitspunkt zu einem anderen Punkt auf einer anderen Linie bei gleicher Fahrzeuggeschwindigkeit.

Beim Schaltvorgang ist die Drehmomentübertragung durch die Kupplungsbetätigung unterbrochen, und die Motordrehzahl beginnt zu sinken. Nachdem ein neuer Gang eingelegt ist, hat die Motordrehzahl einen neuen Wert (beim Hochschalten einen niedrigeren, beim Herunterschalten einen höheren Wert). Praktisch sinkt die Fahrzeuggeschwindigkeit sogar beim Schalten durch die Einwirkung der Widerstandskräfte und das Fehlen der Traktionskraft. Wie Abb. 4.14 zeigt, müssen daher die Motordrehzahl und die Fahrzeuggeschwindigkeit jeweils von Punkt 1 nach Punkt 2 bewegt werden. Die Position von Punkt 2 hängt von der Schaltgeschwindigkeit ab. Wird der Schaltvorgang langsam ausgeführt, sinken Motordrehzahl und auch die Fahrzeuggeschwindigkeit weiter.

Für normale Fahrbedingungen wird für einen normalen Schaltvorgang eine gewisse Zeit benötigt. Wenn diese Zeitdauer bekannt ist, kann Punkt 2 bestimmt werden, und das Übersetzungsverhältnis kann durch die Steigung der jeweiligen Linie zwischen dem Ursprung und diesem Punkt berechnet werden. Mit dem gewählten Übersetzungsverhältnis und dem normalen Schaltvorgang wird der kinematische Zusammenhang wiederhergestellt. Nun stimmen Motordrehzahl und Fahrzeuggeschwindigkeit wieder exakt überein. Wenn der Schaltvorgang anders verläuft, entfernt sich Punkt 2 von der berechneten Position und Motordrehzahl und Fahrzeuggeschwindigkeit stimmen nicht mehr überein. Dies ist auf das Durchrutschen der Kupplung zurückzuführen, und die Motordrehzahl nimmt allmählich die relevante Drehzahl an. Zur Ermittlung der ersten überschlägigen Übersetzungsabstu-

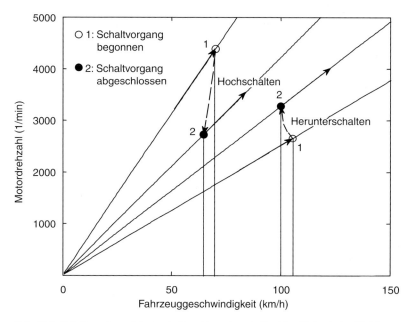

Abb. 4.14 Schaltvorgänge (Hochschalten, Herunterschalten) im Motordrehzahl-Fahrzeugge-schwindigkeit-Diagramm.

fungen gibt es Standardverfahren, die in den kommenden Abschnitten besprochen werden.

4.3.3.1 Verfahren der geometrischen Progression

Diese Methode stellt einen idealen Fall dar, bei dem der Schaltvorgang mit konstanter Geschwindigkeit stattfindet. Darüber hinaus wird angenommen, dass der Betriebsbereich des Motors zwischen der hohen Drehzahl ω_H und niedrigen Drehzahl ω_L liegt, wie in Abb. 4.15 dargestellt. Für ein Fünfganggetriebe lassen sich die kinematischen Beziehungen an den Punkten 1 und 2 wie folgt ausdrücken:

$$\omega_H = \frac{n_1}{r_w} V_{12} \tag{4.39}$$

$$\omega_L = \frac{n_2}{r_w} V_{12} \tag{4.40}$$

Daraus folgt:

$$\frac{\omega_H}{\omega_L} = \frac{n_1}{n_2} \tag{4.41}$$

Die Wiederholung dieses Vorgehens für die Punkte 3 und 4 führt zu:

$$\frac{\omega_H}{\omega_L} = \frac{n_2}{n_3} \tag{4.42}$$

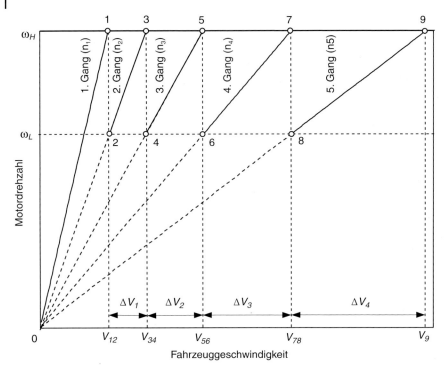

Abb. 4.15 Drehzahldiagramm für geometrische Progression.

Für alle Übersetzungen gilt:

$$\frac{n_1}{n_2} = \frac{n_2}{n_3} = \frac{n_3}{n_4} = \frac{n_4}{n_5} = \frac{\omega_H}{\omega_L} = C_{gp} \tag{4.43}$$

wobei C_{gp} die Konstante der geometrischen Progression ist, deren Wert typischerweise um 1,5 beträgt. Multiplizieren der gleichen Terme in Gleichung 4.43 ergibt:

$$\frac{n_1}{n_2} \times \frac{n_2}{n_3} \times \frac{n_3}{n_4} \times \frac{n_4}{n_5} = \frac{n_1}{n_5} = C_{gp}^4 \tag{4.44}$$

beziehungsweise:

$$C_{gp} = \sqrt[4]{\frac{n_1}{n_5}} \tag{4.45}$$

Generell gilt also für ein Getriebe mit N Gangstufen:

$$C_{gp} = \sqrt[N-1]{\frac{n_L}{n_H}} \tag{4.46}$$

und aus Gleichung 4.43 ergibt sich:

$$n_i = n_{i+1} C_{gp} , \quad i = 1, 2, \ldots, N-1 \tag{4.47}$$

Beachten Sie, dass ω_H und ω_L nur Platzhalter-Variablen sind, die in den Endergebnissen nicht auftauchen.

Übung 4.6

Verwenden Sie für das Fahrzeug aus Übung 4.3 die Übersetzungen für die niedrige Gangstufe von Übung 4.1, und bestimmen Sie die Übersetzungen der Zwischengänge für ein Fünfganggetriebe.

Lösung:

Aus den Ergebnissen der Übungen 4.1 und 4.3 wissen wir:

Für ein Fahrzeug mit Vorderradantrieb (FWD, Front Wheel Drive) sind $n_H = 3{,}13$ und $n_L = 12{,}21$, daher gilt:

$$C_{gp} = \sqrt[4]{\frac{12{,}21}{3{,}13}} = 1{,}405$$

$$\text{und} \quad n_4 = n_5\, C_{gp} = 3{,}13 \times 1{,}405 = 4{,}40,\ n_3 = 6{,}18 \text{ und } n_2 = 8{,}69$$

Für ein Fahrzeug mit Hinterradantrieb (RWD, Rear Wheel Drive) sind $n_H = 3{,}13$ und $n_L = 15{,}02$, daher gilt:

$$C_{gp} = \sqrt[4]{\frac{15{,}02}{3{,}13}} = 1{,}480$$

$$\text{und} \quad n_4 = n_5\, C_{gp} = 4{,}63,\ n_3 = 6{,}86 \text{ und } n_2 = 10{,}15$$

4.3.3.2 Progressive Auslegung

Wie man in Abb. 4.15 erkennen kann, erzeugt das Verfahren der geometrischen Progression breitere Geschwindigkeitsbereiche (ΔVs) für die höheren Gänge und schmalere Geschwindigkeitsbereiche für die niedrigeren Gänge. In mathematischer Form lässt sich das Verhältnis des Geschwindigkeitsbereichs wie folgt ausdrücken:

$$\frac{\Delta V_{i+1}}{\Delta V_i} = C_{gp} \tag{4.48}$$

Auch bei den Traktion-Geschwindigkeit-Kurven folgt das Verhältnis der Traktionskraftunterschiede bei drei konsekutiven Gangstufen einem ähnlichen Schema:

$$\frac{\Delta F_i}{\Delta F_{i+1}} = C_{gp} \tag{4.49}$$

Bei Personenwagen ist es vorteilhaft, in den niedrigeren Gängen die größeren Traktionskraftunterschiede und in den höheren Gängen die kleineren Traktionskraftunterschiede bereitzustellen. Im Geschwindigkeitsdiagramm hat dies den gegenteiligen Effekt wie die Verringerung der Geschwindigkeitsbereiche.

Im Schema für die geometrische Progression von Gleichung 4.43 ist das Verhältnis zweier konsekutiver Gangstufen stets konstant. Wenn das Verhältnis der Traktionskraftunterschiede von Gleichung 4.49 für unterschiedliche Gangstufen unterschiedlich ist, ist auch das Verhältnis für zwei beliebige konsekutive Gänge unterschiedlich:

$$\frac{n_i}{n_{i+1}} = C_i \tag{4.50}$$

Bei der progressiven Auslegung stellt der konstante Faktor k den Zusammenhang zwischen den konsekutiven Verhältnissen C_i her:

$$C_{i+1} = k\,C_i \tag{4.51}$$

Die Multiplikation der Verhältnisse C_i führt dazu, dass das Verhältnis des ersten zum letzten Gang gleich ist, d. h.:

$$\frac{n_1}{n_2} \times \frac{n_2}{n_3} \times \frac{n_3}{n_4} \times \cdots = \frac{n_L}{n_H} \equiv C_1 C_2 C_3 \cdots C_{N-1} \tag{4.52}$$

Durch Ersetzen mit Gleichung 4.51 und Vereinfachung ergibt sich:

$$C_{gp}^{N-1} = C_1^{N-1} k^{(1+2+\cdots+N-2)} \tag{4.53}$$

Dies kann nun nach C_1 aufgelöst werden:

$$C_1 = C_{gp} k^{1-N/2}, \quad N > 2 \tag{4.54}$$

Für ein Fünfganggetriebe lässt sich dies wie folgt vereinfachen:

$$C_1 = C_{gp} k^{-1,5} \tag{4.55}$$

Andere Werte für C_i lassen sich mit Gleichung 4.51 berechnen. Die Übersetzungsverhältnisse für die höchste und niedrigste Gangstufe sind bekannt und andere Übersetzungsverhältnisse lassen sich bestimmen, sobald die Werte von C_i berechnet sind. Die Ausdrücke für den niedrigsten Gang:

$$n_2 = \frac{n_1}{C_1}, \quad n_3 = \frac{n_2}{C_2} = \frac{n_1}{C_1 C_2}, \quad n_{i+1} = \frac{n_i}{C_i} = \frac{n_1}{C_1 C_2 \cdots C_i} \tag{4.56}$$

oder den höchsten Gang:

$$n_i = \prod_{j=i}^{N-1} C_j\, n_N, \quad i = 1, 2, \ldots, N-1 \tag{4.57}$$

Wenn der Faktor k nun bekannt ist, kann die Auslegung abgeschlossen werden. Ein Wert von $k = 1$ liefert eine geometrische Progression und Werte kleiner eins liefern eine progressive Auslegung. Kleine Änderungen von k haben große Auswirkungen auf die Breite der Geschwindigkeitsbereiche der einzelnen Gangstufen, wie Abb. 4.16 für ein Fünfganggetriebe zeigt. Die Verringerung des Wertes von k führt zu einer nicht linearen Reduzierung der Übersetzungen (d. h. der Steigungen der geneigten Linien). Zum Beispiel ist das letzte ΔV für $k = 0{,}8$ bereits sehr schmal.

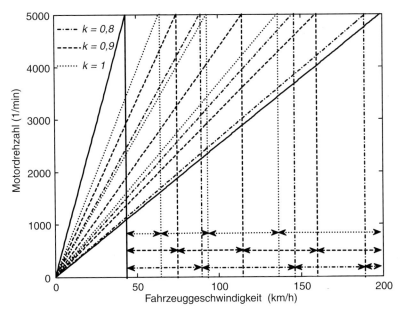

Abb. 4.16 Drehzahl für verschiedene Werte von k.

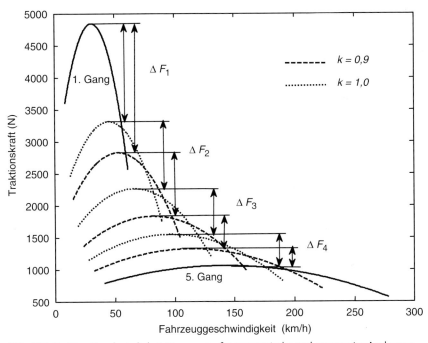

Abb. 4.17 Traktion-Geschwindigkeit-Diagramme für geometrische und progressive Auslegung.

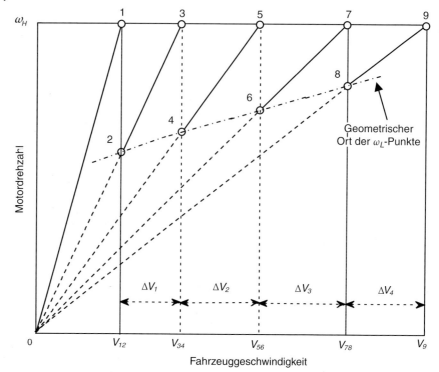

Abb. 4.18 Geschwindigkeitsdiagramm für progressive Übersetzungsverhältnisse.

Im Traktion-Geschwindigkeit-Diagramm in Abb. 4.17 werden die beiden Werte $k = 1{,}0$ (geometrisch) und $k = 0{,}9$ (progressiv) hinsichtlich der Traktionskraftverteilung für ein Fünfganggetriebe verglichen. Es ist klar, dass die Differenzen zwischen den ΔF der beiden Methoden bei den Gangstufen 1–2 und 4–5 groß sind, den Gangstufen 2–3 und 3–4 aber eng beieinanderliegen.

In einem Fünfganggetriebe bringen Werte für k, die unter 0,8 liegen, den vierten Gang sehr nahe an den fünften Gang, wie man in Abb. 4.16 sieht. Daher ergibt sich der praktische Wertebereich für k wie folgt:

$$0{,}8 < k < 1{,}0 \tag{4.58}$$

Abb. 4.18 zeigt, dass jeder Gang einen eigenen unteren Drehzahlpunkt aufweist. Bei der geometrischen Progression war dieser Punkt in allen Gangstufen gleich und ist durch eine Gerade verbunden. Der geometrische Ort der Punkte ω_L befindet sich auf einer ansteigenden Kurve (einer nahezu geraden Linie). Sie zeigt, dass die Schaltdauer mit steigender Gangzahl zunimmt.

Übung 4.7

Bestimmen Sie die progressiven Übersetzungsverhältnisse der Zwischengänge für das Fahrzeug aus der vorherigen Übung mit $k = 0{,}9$.

Lösung:

Für ein Fahrzeug mit Vorderradantrieb erhalten wir: $n_H = 3,13$, $n_L = 12,21$ und $C_{gp} = 1,405$. Aus Gleichung 4.55 gilt: $C_1 = 1,405 \times 0,9^{-1,5} = 1,646$.

Die übrigen Verhältnisse für C werden mit Gleichung 4.51 berechnet:

$$C_2 = 1,646 \times 0,9 = 1,481, \quad C_3 = 1,333, \quad C_4 = 1,200$$

Gleichung 4.57 wird verwendet, um die Übersetzungsverhältnisse der Zwischengänge zu bestimmen:

$$n_i = 3,13 \times \prod_{j=i}^{N-1} C_j \,,$$

$$n_2 = 3,13 \times C_2 C_3 C_4 = 7,42 \,, \quad n_3 = 5,01 \,, \quad n_4 = 3,76$$

Für ein Fahrzeug mit Hinterradantrieb erhalten wir: $n_H = 3,13$, $n_L = 15,02$ und $C_{gp} = 1,480$ und damit:

$$C_1 = 1,733 \,, \quad C_2 = 1,560, \quad C_3 = 1,404 \,, \quad C_4 = 1,264$$

$$\text{und} \quad n_2 = 8,67 \,, \quad n_3 = 5,56 \,, \quad n_4 = 3,96$$

4.3.3.3 Gleichheit von ΔVs

Ein Spezialfall der progressiven Auslegung der Übersetzungsverhältnisse besteht darin, alle Werte ΔVs gleichzusetzen. Bezugnehmend auf Abb. 4.18 gilt:

$$\Delta V = V_{i+2} - V_i \,, \quad i = 1, 3, 5, \dots \tag{4.59}$$

Die Geschwindigkeiten V_i der Punkte i ergeben mit einer kinematische Relation zu:

$$V_1 = \frac{\omega_H}{n_1} r_w, \quad V_3 = \frac{\omega_H}{n_2} r_w, \dots \tag{4.60}$$

Gleichsetzen der ersten beiden Ergebnisse von ΔVs ergibt:

$$\frac{1}{n_2} - \frac{1}{n_1} = \frac{1}{n_3} - \frac{1}{n_2} \tag{4.61}$$

oder

$$n_2 = \frac{2 n_1 n_3}{n_1 + n_3} \tag{4.62}$$

und aus der nächsten Gleichsetzung erhalten wir:

$$n_3 = \frac{2 n_2 n_4}{n_2 + n_4} \tag{4.63}$$

Es kann bewiesen werden, dass die allgemeine Gleichung wie folgt lautet:

$$n_i = \frac{2 n_{i-1} n_{i+1}}{n_{i-1} + n_{i+1}} \tag{4.64}$$

Daher ergibt sich das Verhältnis C_i zu:

$$C_i = \frac{n_i}{n_{i+1}} = \frac{2n_{i-1}}{n_{i-1} + n_{i+1}} \tag{4.65}$$

Es ist einfach, zu zeigen, dass gilt:

$$C_i = 2 - \frac{1}{C_{i-1}} \tag{4.66}$$

Durch weiteres Umformen ergibt sich:

$$C_i = \frac{i\,C_1 + 1 - i}{(i-1)\,C_1 + 2 - i} \tag{4.67}$$

Die Anwendung von Gleichung 4.52 und Ersetzen aus Gleichung 4.67 führt zur folgenden Gleichung für C_1:

$$C_1 = 1 + \frac{C_{gp}^{N-1} - 1}{N - 1} \tag{4.68}$$

Damit lässt sich eine Gleichung für n_2 aufstellen:

$$n_2 = \frac{N - 1}{N - 2 + C_{gp}^{N-1}}\, n_1 \tag{4.69}$$

Dann lassen sich im Allgemeinen mithilfe der folgenden Gleichung alle Übersetzungsverhältnisse berechnen:

$$n_i = \frac{N - 1}{N - i + (i-1)\, C_{gp}^{N-1}}\, n_1 \tag{4.70}$$

Mit $C_{gp}^{N-1} = n_L/n_H$ lassen sich die Übersetzungsverhältnisse der Zwischengänge für ein Fünfganggetriebe wie folgt ermitteln:

$$n_i = \frac{4 n_L n_H}{(5 - i)\, n_H + (i-1)\, n_L} \tag{4.71}$$

Übung 4.8

Bestimmen Sie die Übersetzungsverhältnisse der Zwischengänge für das Fahrzeug aus der vorherigen Übung, und gehen Sie dabei nach der progressiven Methode der Gleichheit von ΔV vor.

Lösung:

Für ein Fahrzeug mit Vorderradantrieb erhalten wir: $n_H = 3{,}13$ und $n_L = 12{,}21$. Aus Gleichung 4.71 gilt:

$$n_2 = \frac{4 \times 3{,}13 \times 12{,}21}{(5 - 2) \times 3{,}13 + (2 - 1) \times 12{,}21} = 7{,}08$$

Tab. 4.3 Einige Fahrzeug-Performance-Werte.

Messwert	Metrische Einheiten	US-Einheiten	Typischer Bereich
Zeit zum Beschleunigen von Stillstand auf Geschwindigkeit V	0–100 km/h	0–60 mph	6–10 s
Zeit zum Beschleunigen von Geschwindigkeit V_1 auf V_2	80–120 km/h	60–90 mph	6–10 s
Zeit zum Zurücklegen der Strecke x	200 m	660 Fuß	10–14 s
Zeit zum Zurücklegen der Strecke y	400 m	1/4 Meile	15–20 s

Die anderen Übersetzungsverhältnisse werden auf ähnliche Weise berechnet:

$$n_3 = 4,98 , \quad n_4 = 3,85$$

Für ein Fahrzeug mit Hinterradantrieb erhalten wir: $n_H = 3,13$ und $n_L = 15,02$. Die Übersetzungsverhältnisse der Zwischengänge ergeben sich wie folgt:

$$n_2 = 7,70 , \quad n_3 = 5,18 , \quad n_4 = 3,90$$

4.3.4
Sonstige Einflussfaktoren

Die anfänglich berechneten Werte müssen mitunter an die unterschiedlichen Fahrbedingungen und Fahrzeugkonzepte angepasst werden. Bei der Verbesserung der Performance eines Fahrzeugs durch weitere Verfeinerung der Getriebeauslegung sind Testfahrten durch erfahrene Testfahrer hilfreich. Eine einfache Maßnahme sind Beschleunigungsversuche von 0–100 km/h (oder 0–60 mph). Diese Beschleunigungswerte sind als Maß für die Beschreibung der maximalen Beschleunigungsleistung von Fahrzeugen anerkannt. Ein weiteres Maß für die Beschleunigungsleistung eines Fahrzeugs ist die Zeit zum Beschleunigen von 80 auf 120 km/h. Sie ist ein Maß für die Fahrleistung beim Überholen. Die Zeiten, die für 400 m oder die Viertelmeile benötigt werden, sind ähnliche Kennwerte für die Performance von Fahrzeugen. Tabelle 4.3 fasst einige dieser Leistungsangaben zusammen.

Übung 4.9
Für das Fahrzeug in Übung 4.3 wurden die Getriebeabstufungen für die Zwischengänge nach drei verschiedenen Verfahren in den Übungen 4.6–4.8 bestimmt. Vergleichen Sie für alle drei Getriebeabstufungen die Beschleunigungszeiten für 80–120 km/h, sowohl für Fahrzeuge mit Vorderrad- als auch mit Hinterradantrieb.

Lösung:
Für diese Übung lässt sich das MATLAB-Programm aus Übung 3.18 aus Kapitel 3 in modifizierter Form verwenden. Zuerst muss es eine kleine Schleife enthalten, mit der geprüft wird, in welchen Gängen die geforderte Geschwindigkeit

```
% MATLAB-Programm für Übung 4.9
% Modifikationen für das MATLAB-Programm aus Übung 3.18

Vsp=120/3.6;                    % Vorgegebene Fahrzeuggeschwindigkeit

Trq=max(te);                    % Max. Motordrehmoment
eta=1.0;                        % Wirkungsgrad des Antriebsstrangs

% Prüfen, mit welchem Gang das Fahrzeug auf Vsp beschleunigt werden kann
for i=5: -1: 1
    ni=ng(i)*nf;
    Ft(i)=eta*Trq*ni/rw;        % Traktionskraft in Gangstufe n(i)
    vmaxi=[sqrt((Ft(i)-f0)/c),  % Aus Kräftegleichgewicht
    wem*rw*pi/ni/30];           % Kinematisch
    vmax(i)=min(vmaxi);         % Minimum von beiden
    if vmax(i) > Vsp, ig=i; end
end
for i=ig: 5    % Für alle Gänge, in denen Vsp erreicht werden kann, wiederholen
    ni=ng(i)*nf;
    wvmax=30*ni*Vsp/rw/pi;      % Motordrehzahl bei Vsp
while we>wem
    [t,x]=ode45(@Fixed_trt, [t0 tf], x0);  % Aufruf der Funktion Fixed_thrt
        v=x(:,1);
        s=x(:,2);
        we=30*ni*max(v)/rw/pi;
        if we>=wvmax
    tf=tf*wvmax/we;
        end
    end
end
```

Abb. 4.19 MATLAB-Programm von Übung 4.9.

von 120 km/h innerhalb des zulässigen Drehzahlbereichs liegt. In der „while"-Anweisung muss dann die maximale Motordrehzahl durch die Motordrehzahl bei 120 km/h ersetzt werden. Die erforderlichen Änderungen sind in Abb. 4.19 zu sehen. Mit diesem Programm lässt sich die Performance für die Geschwindigkeit über die Zeit für jede der drei Gangstufen und Vorderrad- und Hinterradantrieb berechnen. In Tab. 4.4 sind die Ergebnisse zusammengefasst. N/P steht für nicht möglich oder „not possible".

Tab. 4.4 Beschleunigungszeiten 80–120 km/h (s) für Übung 4.9.

Gangstufe	Geometrisch		Progressiv		Gleichheit von ΔV	
	FWD	RWD	FWD	RWD	FWD	RWD
3	N/P	N/P	8,50	N/P	8,55	8,29
4	9,73	9,18	12,14	11,21	11,70	11,47
5	16,86	16,86	16,86	16,86	16,86	16,86

4.4
Getriebekinematik und Zähnezahlen

Nachdem die Getriebeübersetzungen bekannt sind, muss der nächste Schritt bei der Auslegung von Getrieben erfolgen. Dazu muss die Zähnezahl der Zahnräder anhand der Quotienten r_s und r_T für Drehzahl bzw. Drehmoment bestimmt werden:

$$r_s = \frac{\omega_o}{\omega_i} \tag{4.72}$$

$$r_T = \frac{T_o}{T_i} \tag{4.73}$$

Die Indizes i und o stehen dabei für input (Eingang) und output (Ausgang). Beachten Sie, dass das vorstehend mit n bezeichnete Übersetzungsverhältnis exakt gleich r_T ist. In einem idealisierten Getriebe ohne Leistungsverlust sind Eingangs- und Ausgangsleistung gleich:

$$P_i = T_i \omega_i = P_o = T_o \omega_o \tag{4.74}$$

Darum gilt:

$$r_s \cdot r_T = 1 \tag{4.75}$$

Damit sind die Quotienten für Drehzahl und Drehmoment beim idealen Getriebe jeweils der Kehrwert des anderen. Nach Abb. 4.20 berechnet sich die Drehmomentübersetzung für zwei miteinander verzahnte Räder:

$$r_T = \frac{T_o}{T_i} = \frac{\omega_i}{\omega_o} = \frac{v/d_i}{v/d_o} = \frac{d_o}{d_i} \tag{4.76}$$

Der Teilkreisdurchmesser eines Zahnrades lässt sich in Abhängigkeit zur Zähnezahl N wie folgt ausdrücken:

$$d = mN \tag{4.77}$$

wobei m der Modul des Zahnrades ist. Das gleiche Ergebnis erhält man mit dem Ausdruck für den „Diametral Pitch" (Anm. d. Übersetzers: Der im angloamerikanischen Sprachraum übliche „Diametral Pitch" (DP) ist der Quotient aus Zähnezahl und Teilkreisdurchmesser). Somit:

$$r_T = \frac{N_o}{N_i} \tag{4.78}$$

Für ein Getriebe mit einer Reihe von miteinander verzahnten Rädern ergibt sich das Gesamtdrehmomentverhältnis zu:

$$r_T = \frac{\omega_i}{\omega_2} \times \frac{\omega_2}{\omega_3} \times \cdots \times \frac{\omega_{n-1}}{\omega_o} = \frac{\omega_i}{\omega_o} = r_1 r_2 \cdots r_{n-1} r_n \tag{4.79}$$

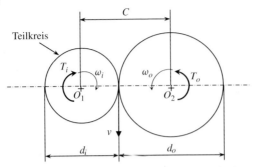

Abb. 4.20 Verwendete Terminologie für zwei laufende Zahnräder.

Tab. 4.5 N_P und N_G für geradverzahnte Stirnräder.

Eingriffswinkel ϕ			20°					25°		
Minimum von N_P	13	14	15	16	17	18	9	10	11	12
Maximum von N_G	16	26	46	101	1310	∞	13	32	250	∞

Es ist zu beachten, dass einige der Quotienten eins ergeben, da sie zu zwei Zahnrädern gehören, die auf einer zusammengesetzten Welle sitzen und mit gleicher Winkelgeschwindigkeit rotieren. Gleichung 4.79 kann als Term der Zähnezahl der Zahnräder formuliert werden, indem die individuellen Zahnpaarungen aus Gleichung 4.78 eingesetzt werden.

Bei der Festlegung der Zähnezahl für ein Getriebe müssen die Zähnezahlen von Ritzel (engl.: Pinion) und Zahnrad (engl.: Gear) so gewählt werden, dass Störungen beim Eingriff vermieden werden. Die minimale Zähnezahl für das Ritzel N_P und maximale Zahl an Zähnen N_G für das Zahnrad ergeben sich durch die folgenden Gleichungen (wobei die Indizes P und G für Pinion und Gear stehen) [3, 4]:

$$N_P = \frac{2\cos\psi}{(1+2n)\sin^2\phi_t}\left[n + \sqrt{n^2 + (1+2n)\sin^2\phi_t}\right] \tag{4.80}$$

$$N_G = \frac{N_P^2 \sin^2\phi_t - 4\cos^2\psi}{4\cos\psi - 2N_P\sin^2\phi_t} \tag{4.81}$$

$$\phi_t = \arctan\left[\frac{\tan\phi_n}{\cos\psi}\right] \tag{4.82}$$

wobei ψ der Schrägungswinkel, ϕ_n der Normaleingriffswinkel und ϕ_t der tangentiale Eingriffswinkel der Schrägverzahnung sind (s. Abb. 4.21). Und n ist der Quotient N_G/N_P. Für geradverzahnte Stirnräder müssen $\psi = 0$ und der Eingriffswinkel ϕ verwendet werden. Mit diesen Gleichungen erhält man die in den Tab. 4.5 und 4.6 zusammengestellten Ergebnisse für gerad- und schrägverzahnte Stirnräder.

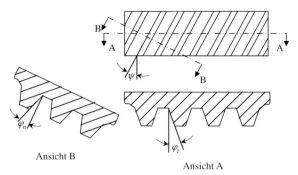

Abb. 4.21 Terminologie der Zahnräder.

Tab. 4.6 N_P und N_G für schrägverzahnte Stirnräder mit Eingriffswinkeln von 20° und 25°.

	20°					**25°**				
Minimum von N_P	11	12	13	14	15	10	11	12	13	14
Maximum von N_G	14	15	51	208	∞	13	24	57	1410	∞

In dem Beispiel für geradverzahnte Stirnräder darf die Zähnezahl des Zahnrades N_G nicht größer als 45 sein, wenn ein Eingriffswinkel von 20° und eine Zähnezahl N_P für das Ritzel von 15 gewählt wurden. Des Weiteren gilt, für Eingriffswinkel von 20° bzw. 25° ist die kleinste Zähnezahl für das Zahnrad, die unabhängig von der Zähnezahl des Ritzels gewählt werden kann, 18 bzw. 12.

4.4.1
Standardverzahnung

Die heute in manuellen Schaltgetrieben verwendeten Zahnräder sind ständig im Eingriff (s. Abschn. 4.5). Anhand der Zahl der Wellen werden zwei Arten von Getriebekonstruktionen unterschieden. Bei der ersten werden nur eine Eingangs- und eine Ausgangswelle verwendet. Ein solches Getriebe ist in Abb. 4.22a schematisch dargestellt. Jede der im Eingriff befindlichen, mit 1, 2 etc. bezeichneten Zahnradpaarungen stellt einen Kraftübertragungsweg im Getriebe für das jeweils gewählte Übersetzungsverhältnis dar. Mit einem Schaltmechanismus werden die im Eingriff befindlichen Zahnradpaarungen gewählt. Bei dieser Art Getriebe befinden sich die Eingangs- und Ausgangswelle nicht in einer Achsenlinie. Sie ist also nur für Fahrzeuge mit Vorderradantrieb mit Achsenversatz geeignet. Bei der zweiten Getriebeart werden drei Wellen verwendet: eine Eingangs-, eine Vorgelege- und eine Ausgangswelle. Abbildung 4.22b zeigt einen Radsatz eines Fünfganggetriebes dieser Art. Der Kraftübertragungsweg ist für den dritten Gang eingezeichnet. In diesem Fall greifen für ein gegebenes Übersetzungsverhältnis zwei Radpaarungen ineinander. Die Eingangspaarung ist mit „0" bezeichnet. Die übrigen Radpaarun-

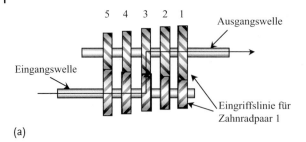

(a)

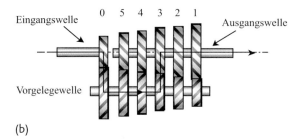

(b)

Abb. 4.22 Anordnungen von Handschaltgetrieben: (a) Radsatz mit Achsversatz, (b) Radsatz mit Vorgelegewelle.

gen sind mit 1, 2 etc. bezeichnet. Dieser Radsatz ist auch für Heckantriebe geeignet, da Eingangs- und Ausgangswelle keinen Achsenversatz aufweisen.

Die Berechnung der Zähnezahlen von Getrieben mit Achslinienversatz erfolgt durch Berechnung der individuellen Paarungen mit einer Nebenbedingung für die Mittellinien der Radsätze:

$$C_1 = C_2 = \cdots = C \tag{4.83}$$

In Bezug auf die Zähnezahl gilt:

$$C_i = \frac{m}{2}\left(N_{P_i} + N_{G_i}\right) \tag{4.84}$$

Gleichheit der Moduln in Gleichung 4.83 führt zu:

$$N_{P_1} + N_{G_1} = N_{P_2} + N_{G_2} = \cdots \tag{4.85}$$

Gleichung 4.85 gilt auch für Vorgelege-Radsätze. Allerdings gilt hier zusätzlich, dass jede Gangstufe eine Kombination von zwei Übersetzungsverhältnissen darstellt:

$$n_i = n_0 n_i^* \tag{4.86}$$

wobei gilt (s. Abb. 4.23):

$$n_0 = \frac{N_2}{N_1} \tag{4.87}$$

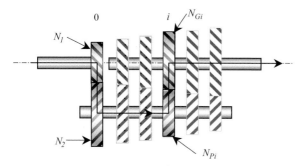

Abb. 4.23 Zähnezahlen in der gewählten Gangstufe i.

$$n_i^* = \frac{N_{Gi}}{N_{Pi}} \tag{4.88}$$

Darum gilt:

$$n_i = \frac{N_2}{N_1} \cdot \frac{N_{Gi}}{N_{Pi}} \tag{4.89}$$

Die folgenden Übungen zeigen, wie die obigen Gleichungen für die Berechnung der Rad-Zähnezahlen eingesetzt werden.

Übung 4.10
Berechnung der Zähnezahlen für ein Vorgelege-Getriebe mit einem Übersetzungsverhältnis von 4 für den niedrigen Gang. Es werden schrägverzahnte Zahnräder verwendet, die einen Schrägungswinkel von 25° und einen Normaleingriffswinkel von 20° aufweisen.

Lösung:
Aus den Gleichungen 4.89 und 4.85 ergibt sich:

$$n_1 = \frac{N_2}{N_1} \cdot \frac{N_{G1}}{N_{P1}} = 4 \quad \text{und} \quad N_1 + N_2 = N_{P1} + N_{G1}$$

Wir können eine Tabelle mit möglichen Werten für die beiden in Tab. 4.7 gelisteten Quotienten N_2/N_1 und N_{G1}/N_{P1} aufstellen. Wir wählen die erste Reihe und erhalten:

$$N_2 = 1{,}25\,N_1, \quad N_{G1} = 3{,}2\,N_{P1} \quad \text{und} \quad N_1 + N_2 = N_{P1} + N_{G1} = N$$

Die Kombination beider ergibt:

$$\begin{cases} 2{,}25\,N_1 = N \\ 4{,}2\,N_{P1} = N \end{cases}$$

Da N, N_1 und N_{P1} ganze Zahlen sind, muss N auch ein ganzzahliges Minimum

Tab. 4.7 Einige alternative Übersetzungsverhältnisse für Übung 4.10.

	$\frac{N_2}{N_1}$	$\frac{N_{G1}}{N_{P1}}$	n_1
1	1,25	3,2	4
2	1,60	2,5	4
3	2	2	4

der Multiplikatoren 2,25 und 4,2, $N = 63k$, $k = 1, 2, \ldots$ sein.

$$\text{Für} \quad k = 1, \quad \begin{cases} N_1 = 28 \\ N_{P1} = 15 \end{cases}, \quad \begin{cases} N_2 = 35 \\ N_{G1} = 48 \end{cases}$$

Beachten Sie, dass für diesen Zahnradtyp eine Zähnezahl von 15 zulässig ist. Bei gleicher Vorgehensweise bei der Berechnung der Zähnezahlen für die zweite Tabellenzeile ergibt sich Folgendes:

$$\begin{cases} 2,6\,N_1 = N \\ 3,5\,N_{P1} = N \end{cases}, \quad N = 91k, \quad k = 1, 2, \ldots$$

Und die kleinsten Zahnräder sind:

$$\begin{cases} N_1 = 35 \\ N_{P1} = 26 \end{cases}, \quad \begin{cases} N_2 = 56 \\ N_{G1} = 65 \end{cases}$$

Die Ergebnisse der drei Alternativen sind in Tab. 4.8 zusammengefasst. Aus den Ergebnissen für den dritten Fall geht hervor, dass diese Zahnräder kleiner sind, damit auch das Getriebe kleiner gebaut werden kann. Die drei in der Übung vorgestellten Optionen waren nicht die einzig möglichen. Beispielsweise hätten wir auch 3 und 4/3, 2,4 und 5/3 etc. wählen können. Um die optimale Lösung für das Problem zu finden, müsste man eine ähnliche Tabelle wie Tab. 4.8 erstellen und jede mögliche Paarung untersuchen.

Im Allgemeinen lässt sich die gleiche Vorgehensweise auch zur Bestimmung der Zähnezahl der anderen Zahnradpaarungen verwenden. Allerdings muss beachtet werden, dass bei einem Vorgelege-Getriebe für alle im Eingriff befindlichen Zahnräder der erste Quotient N_2/N_1 der gleiche ist. Damit sind die Lösungen für alle

Tab. 4.8 Lösungen für die alternativen Übersetzungen von Übung 4.10.

	$\frac{N_2}{N_1}$	$\frac{N_{G1}}{N_{P1}}$	N_1	N_2	N_{P1}	N_{G1}	$\sum N$
1	1,25	3,2	28	35	15	48	126
2	1,60	2,5	35	56	26	65	182
3	2	2	11	22	11	22	66

Übersetzungsverhältnisse voneinander abhängig. Die Lösung muss also in einem wechselseitigen Verfahren gefunden werden. Hierzu muss gesagt werden, dass die in diesem Abschnitt erläuterte kinematische Lösung Teil einer allgemeinen Lösung ist. In diesem Rahmen müssen die Zahnräder auch auf ihre strukturelle Integrität und Haltbarkeit bei der Kraftübertragung ausgelegt werden.

4.4.2
Planetengetriebe

In Automatikgetrieben sind es Planetenradsätze, die die Übersetzungsverhältnisse herstellen. In Abb. 4.24 ist ein typisches Planetengetriebe schematisch dargestellt. Es setzt sich aus einem Sonnenrad *S*, einem Hohlrad *R* und einer Reihe von Planetenrädern *P* zusammen. Deren Rotationszentren befinden sich auf dem sogenannten Planetenradträger *C* (C steht für engl. Carrier, dt. Träger).

Das Hohlrad ist innenverzahnt, alle übrigen Zahnräder außen. Die Rotationen der Planetenräder sind nicht direkt von Bedeutung. Wichtig aber ist die Tatsache, dass die Bewegungen ihrer Rotationszentren die Rotation des Planetenradträgers bewirkt. Die drei Winkelgeschwindigkeiten im Planetenradsatz sind ω_S, ω_R und ω_C. Sie sind miteinander über die Rotationen der Planetenräder verbunden. Die

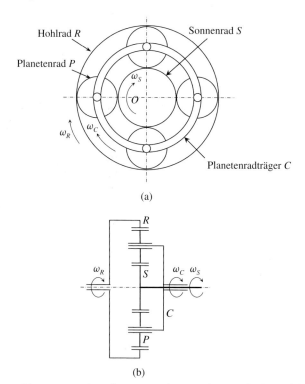

(a)

(b)

Abb. 4.24 Typisches Planetengetriebe; (a) schematisch, (b) Kraftflussdiagramm.

Definition der Winkelgeschwindigkeit ω_P eines Planeten ergibt sich (positive Richtung ist im Uhrzeigersinn) wie folgt:

$$\omega_P = \frac{R_R \omega_R - R_S \omega_S}{2R_P} \tag{4.90}$$

Dabei steht R für den Radius. Die relevanten Indizes sorgen für die weitere Unterscheidung. Die Trägergeschwindigkeit ω_C kann wie folgt ausgedrückt werden:

$$\omega_C = \frac{v_P}{R_C} \tag{4.91}$$

wobei v_p die Geschwindigkeit im Planetenmittelpunkt ist:

$$v_P = \frac{R_R \omega_R + R_S \omega_S}{2} \tag{4.92}$$

Somit:

$$\omega_C = \frac{R_R \omega_R + R_S \omega_S}{2(R_S + R_P)} \tag{4.93}$$

Wenn alle Radien in Bezug auf die Zahnradmoduln ausgedrückt sind, können die Gleichungen 4.93 und 4.90 in Bezug auf die Zähnezahlen geschrieben werden:

$$\omega_C = \frac{N_R \omega_R + N_S \omega_S}{2(N_S + N_P)} \tag{4.94}$$

$$\omega_P = \frac{N_R \omega_R - N_S \omega_S}{2N_P} \tag{4.95}$$

Beachten Sie, dass alle Winkelgeschwindigkeiten im Uhrzeigersinn positive Werte haben (s. Abb. 4.24).

Übung 4.11

Das Sonnenrad besitzt 30 Zähne, das Hohlrad 80 und die Planetenräder im Planetenradsatz besitzen 20 Zähne. Das Sonnenrad rotiert mit 100/min und das Hohlrad mit 50/min. Bestimmen Sie die Rotationsgeschwindigkeit des Planetenradträgers, wenn:

a) Sonnen- und Hohlrad beide im Uhrzeigersinn drehen;
b) das Sonnenrad im Uhrzeigersinn, das Hohlrad aber gegen den Uhrzeigersinn dreht.

Lösung:

Aus Gleichung 4.94 gilt für (a):

$$\omega_C = \frac{80 \times 50 + 30 \times 100}{2(30 + 20)} = 70/\text{min (d. h. im Uhrzeigersinn)}$$

und für (b):

$$\omega_C = \frac{80 \times (-50) + 30 \times 100}{2(30 + 20)} = -10/\text{min (d. h. gegen den Uhrzeigersinn)}$$

Tab. 4.9 Eingang-Ausgang-Alternativen für ein Planetenradsatz.

	Stationär	Eingang	Ausgang	Gesamtübersetzung n
1	R	S	C	$n_1 = 2\left(1 + \dfrac{N_P}{N_S}\right)$
2	S	C	R	$n_2 = \dfrac{N_R}{2\,(N_S + N_P)}$
3	C	S	R	$n_3 = -\dfrac{N_R}{N_S}$

Beachten Sie, dass ein Planetenradsatz eine Vorrichtung ist, die mit zwei Eingängen und einem Ausgang über zwei Freiheitsgrade verfügt. Anders ausgedrückt, wenn nur eine der drei Winkelgeschwindigkeiten ω_S, ω_R und ω_C bekannt wäre, befände sich das System in einem unbestimmten Zustand, in dem die beiden übrigen Geschwindigkeiten nicht bestimmbar wären. Wenn ein Planetenradsatz in einem Fahrzeuggetriebe verwendet wird, darf er aber zu jederzeit nur jeweils einen Eingang und einen Ausgang haben. Daher muss ein Freiheitsgrad entfernt werden, indem eines der drei rotierenden Hauptteile festgehalten wird. Beispielsweise wird der Planetenradträger, wenn das Hohlrad feststeht und der Eingang dem Sonnenrad überlassen wird, zum Ausgang des Systems. Für diese Konfiguration ist $\omega_R = 0$, und das Gesamtübersetzungsverhältnis ergibt sich zu:

$$n = \frac{\omega_i}{\omega_o} = \frac{\omega_S}{\omega_C} = \frac{2\,(N_S + N_P)}{N_S} = 2 + \frac{2N_P}{N_S} \tag{4.96}$$

Es sind auch noch zwei andere Optionen für Eingang und Ausgang möglich. Einen Überblick über alle drei Fälle und die relevanten Getriebeübersetzungen gibt Tab. 4.9.Der Zusammenhang zwischen den drei Übersetzungsverhältnissen von Tab. 4.7 besteht über die folgende Gleichung:

$$n_3 = -n_1 n_2 \tag{4.97}$$

Dies führt auch zu:

$$n_1 n_2 = \frac{N_R}{N_S} \tag{4.98}$$

Anhand der Geometrie des Planetensatzes gilt auch:

$$N_R = N_S + 2N_P \tag{4.99}$$

Das führt zu alternativen Relationen für die Übersetzungsverhältnisse:

$$n_1 = 1 + \frac{N_R}{N_S} \tag{4.100}$$

$$n_2 = \frac{N_R}{N_S + N_R} \tag{4.101}$$

$$n_1 = 1 - n_3 \qquad\qquad\qquad (4.102)$$

$$n_2 = \frac{n_3}{n_3 - 1} \qquad\qquad\qquad (4.103)$$

Der betrachtete Planetenradsatz besitzt nur eine begrenzte Zahl von Übersetzungen. Daher müssen im Automobilbau mehrere Planetenradsätze verwendet werden, damit 4, 5 oder mehr Übersetzungen realisiert werden (s. Abschn. 4.6.1).

Übung 4.12

Das Übersetzungsverhältnis für den ersten Gang eines Planetenradsatzes beträgt 4. Bestimmen Sie die übrigen Übersetzungen des Satzes.

Lösung:

Aus Gleichung 4.102 gilt:

$$n_3 = 1 - n_1 = 1 - 4 = -3$$

Anschließend gilt aus Gleichung 4.102:

$$n_2 = \frac{-3}{-3 - 1} = 0{,}75$$

Übung 4.13

Das Übersetzungsverhältnis des ersten Gangs eines Planetenradsatzes wurde auf 3,4 festgelegt. Berechnen Sie die Zähnezahlen aller Zahnräder des Satzes.

Lösung:

Die Übersetzung des dritten Gangs beträgt:

$$n_3 = 1 - n_1 = 1 - 3{,}4 = -2{,}4$$

Aus der dritten Zeile von Tab. 4.7 wissen wir:

$$n_3 = -\frac{N_R}{N_S} = -2{,}4$$

Nach Gleichung 4.92 gilt:

$$N_R = N_S + 2N_P = 2{,}4 N_S$$

Somit:

$$1{,}4 N_S = 2 N_P$$

Oder:

$$7 N_S = 10 N_P$$

Die erste Auswahlmöglichkeit wäre somit:

$$N_P = 14 , \quad N_S = 20 , \quad N_R = 48$$

4.5
Manuelle Schaltgetriebe

Manuelle Schaltgetriebe oder Handschaltgetriebe stellen die älteste Getriebeart im Automobilbau dar. Sie waren schon jahrzehntelang vor dem Erscheinen von Automatikgetrieben im Einsatz. Aufgrund ihrer Einfachheit, niedrigen Kosten und des hohen Wirkungsgrads sind sie noch immer sehr beliebt. Die Bezeichnung „manuell" impliziert, dass der Fahrer von Hand von Gang zu Gang muss. Obschon manuelle Schaltgetriebe grundsätzlich den höchsten Wirkungsgrad besitzen, hängt ihr Gebrauch von den Fähigkeiten des Fahrers ab. Zudem ist viel „Handarbeit" erforderlich, beispielsweise im Stadtverkehr.

4.5.1
Aufbau und Betrieb

Wie Abb. 4.25 zeigt, ist das Getriebegehäuse über die Kupplungsglocke direkt mit dem Motorgehäuse verschraubt. Sie bietet den Raum zur Aufnahme des Kupplungssystems. Die Kupplungseinheit ist mit dem Schwungrad des Verbrennungsmotors verschraubt. Die Eingangswelle des Getriebes nimmt die Leistung über die Kupplungsscheibe auf. Tatsächlich drehen Eingangswelle und Kupplung mit derselben Drehzahl, wenn die Kupplung eingekuppelt ist. Das Schalten erfolgt über einen Schiebemechanismus. Dabei ist der Getriebeeingang nicht mit dem Motor verbunden, das Kupplungspedal ist getreten. Der Gang wird mit dem Ganghebel gewählt.

Die Betriebsweise der Kupplung ist in Abb. 4.26 dargestellt. Durch Betätigen des Kupplungspedals wird die Kupplung aktiviert und der Ganghebel wird nach hinten gezogen, wodurch das Ausrücklager gegen die Membranfeder geschoben wird. Der Wippeneffekt der Feder zieht die Druckplatte nach hinten und löst die Kupp-

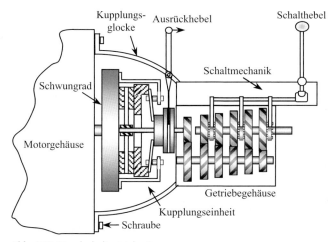

Abb. 4.25 Handschaltgetriebe-Baugruppe.

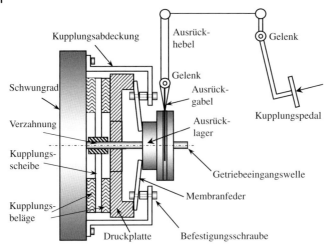

Abb. 4.26 Details eines Kupplungsmechanismus.

lungsscheibe. Die Kerbverzahnung der Getriebeeingangswelle steckt direkt in der Kupplungsscheibe. Dadurch drehen beide immer mit der gleichen Geschwindigkeit. Die Kupplungsscheibe ist also, obwohl sie im Kupplungssystem verbaut ist, kraftschlüssig mit dem Getriebe verbunden.

Es sind grundsätzlich zwei Schaltvorgänge zu unterscheiden: Erstens, das Zahnrad wird solange verschoben, bis es in das gegenüberliegende Zahnrad greift. Zweitens, ein Verbindungselement wird bewegt, sodass das Drehmoment an den bereits verzahnten Rädern anliegt. Die erste Art, der sogenannte „verschiebliche Eingriff", ist mittlerweile ein veraltetes Gangwechselverfahren. In Abb. 4.27a ist sie dargestellt. Die zweite Art wird in allen modernen manuellen Schaltgetrieben verwendet. Bei dieser Konstruktion sind die Zahnräder permanent im Eingriff. Sie ist in Abb. 4.27b schematisch dargestellt. Beide Abbildungen zeigen ein Getriebe mit Vorgelegewelle mit gemeinsamer Mittelachse für Eingangs- und Ausgangswellen. In beiden Fällen ist die Ausgangswelle (kerb)verzahnt. Beim verschieblichen Eingriff ist das Zahnrad auch innen verzahnt. Dadurch kann es auf der Welle verschoben werden. Wenn die Kupplung getrennt hat, wird das Zahnrad verschoben, um mit dem Gegenrad auf der Vorgelegewelle verzahnt werden zu können. Mit dem Loslassen der Kupplung wird die Kraft auf die Ausgangswelle übertragen. Bei diesem Getriebetyp sind die abwälzenden Zahnräder ständig im Eingriff. Für jede Übersetzung gibt es ein Radpaar. Das (getriebene) Schaltrad auf der Abtriebswelle besitzt eine mittige, nicht verzahnte Bohrung. Zwischen Schaltrad und Abtriebswelle findet keine Drehmomentübertragung statt. Die Kraftübertragung findet zwischen einer Schiebemuffe (vereinfacht) mit Innenverzahnung sowie ihren seitlichen Klauen (s. Abb. 4.27b) statt. Aufgrund ihrer Innenverzahnung dreht die Schiebemuffe mit Abtriebswellendrehzahl. Wird sie seitlich verschoben, so greifen die Klauen in die Sperrzähne seitlich am Schaltrad. Damit sind die drei Elemente (Abtriebswelle, Schiebemuffe und Schaltrad) kraftschlüssig verbunden.

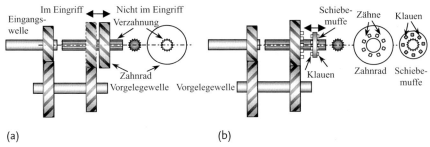

Abb. 4.27 (a) Verschieblicher Eingriff und (b) permanenter Eingriff.

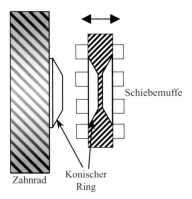

Abb. 4.28 Synchronisierungskonzept.

Da das Schaltrad und die Abtriebswelle beim Getriebe mit Permanenteingriff vor dem Kraftschluss mit unterschiedlichen Drehzahlen drehen, muss es eine Vorrichtung zum Synchronisieren der Drehzahlen geben. Sie wird Synchronisierungsvorrichtung genannt. In Abb. 4.28 sind Kontaktkegelflächen dargestellt, die sich beim Bewegen der Schiebemuffe in das Schaltrad mehr und mehr berühren. Wenn die beiden Elemente eng beieinander sind, sind die Drehzahlen schließlich synchron und die Klauen und Zähne können ineinandergreifen und den Kraftschluss herstellen.

In Abb. 4.29 sind Gangwahl- und Schaltmechanismus in drei Ansichten (Vorderansicht, Draufsicht, Seitenansicht von links) dargestellt. Bei einem typischen Fünfganggetriebe findet man normalerweise drei Schaltgabeln, die von drei Schaltmuffen bewegt werden. Mit jeder der Schaltmuffen werden zwei Gänge eingelegt. Den einen Gang, wenn sie nach links, den anderen, wenn sie nach rechts bewegt wird. Die Schaltgabeln sind auf drei Stangen befestigt. Diese lassen sich nach vorne und nach hinten verschieben. Die relevante Schaltstange wird durch die Links-rechts-Bewegung des Schalthebels gewählt. Mit der Vorwärts-rückwärts-Bewegung des Gang- oder Schalthebels wird entschieden, welcher der beiden der Schaltmuffe zugeordneten Gänge eingelegt wird.

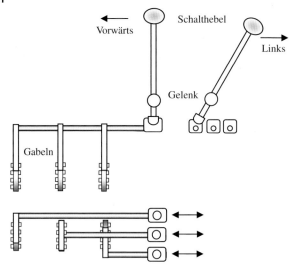

Abb. 4.29 Schaltmechanismus.

4.5.2
Trockenkupplungen

Um das Schalten zu ermöglichen werden bei manuellen Schaltgetrieben normalerweise Trockenkupplungen eingesetzt. Wie in Abb. 4.30 zu sehen ist, wird das
Motordrehmoment über die Kupplungsscheibe zur Getriebeeingangswelle übertragen. Die Kupplungsscheibe ist zwischen Schwungrad und Druckplatte einge-
klemmt. Die Kupplungseinheit ist mit dem Schwungrad verschraubt. Daher dreht
die Druckplatte stets mit der Motordrehzahl. Wenn die Kupplung eingekuppelt ist,
wirkt die Federkraft F auf die Druckplatte und presst sie gegen die Kupplungsscheibe. Die Reibflächen auf beiden Seiten der Kupplungsscheibe sind mit der gleichen
Kraft beaufschlagt und erzeugen jeweils die Hälfte des Drehmoments.

Der Mechanismus der Drehmomenterzeugung in der Kupplungsscheibe basiert
auf der Existenz einer Normalkraft und eines Schlupfes. Beide zusammen erzeugen Reibkräfte in einer bestimmten Entfernung von der Kupplungsscheibenmitte

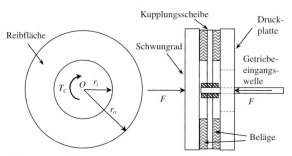

Abb. 4.30 Reibflächen einer Kupplungsscheibe.

und somit ein Drehmoment. Der Betrag des Moments der Kupplungsscheibe ist daher von den Werten der Normalkraft und des Schlupfes abhängig. Bei gelöster Kupplung variieren diese über die Zeit. Daher variiert auch der Betrag des übertragenen Drehmoments. Er reicht von null bis zum übertragbaren Moment der Kupplung. Das transiente Verhalten wird in Abschn. 4.5.4 erläutert. In den nächsten Abschnitten werden wir das Reibverhalten und das übertragbare Drehmoment der Kupplung betrachten.

4.5.2.1 Trockenreibung

Wie in Abb. 4.31 gezeigt, gibt es für einen Körper, auf den eine Kraft F wirkt, dessen Kontaktfläche mit der Last W (s. Abb. 4.31) beaufschlagt ist, drei mögliche Fälle:

1. F ist so klein, dass keine Relativbewegung stattfindet. Für diesen Fall ist die Berechnung der Kraft F_f einfach:

$$F_f = F \tag{4.104}$$

2. F ist groß genug, um die Haftreibung zu überwinden. Für die Reibkraft gilt in diesem Fall:

$$F_f = \mu_S N = \mu_S W \tag{4.105}$$

wobei μ_S der Haftreibungskoeffizient ist.

3. Der Körper gleitet (mit konstanter Geschwindigkeit) auf der Oberfläche. Die Reibkraft kann wie folgt ausgedrückt werden:

$$F_f = \mu_k N = \mu_k W \tag{4.106}$$

wobei μ_k der Gleitreibungskoeffizient ist, der normalerweise kleiner μ_S ist. Wenn F größer F_f ist, wird der Körper beschleunigt. Zusammenfassend lässt sich sagen, mit größer werdender Kraft F ändert sich die Reibkraft in folgendem Bereich:

$$0 \leq F_f \leq \mu_S N \tag{4.107}$$

Aber schon dieses einfache Modell der trockenen Reibung F_f verhält sich nicht linear, wenn eine Relativbewegung stattfindet. Denn bei Geschwindigkeiten nahe

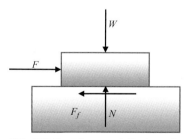

Abb. 4.31 Zwei Körper mit Trockenreibung zwischen beiden.

null ist der Wert des Reibungskoeffizienten nahe am Haftreibungskoeffizienten, und bei größeren Geschwindigkeiten bekommt er seinen kinematischen Wert. Der Reibwert wird von Parametern wie dem Material der Kontaktflächen, der relativen Geschwindigkeit der Fügeflächen und der Last beeinflusst. Bei der Betrachtung des einfachen Coulomb'schen Reibungsmodells muss auch der Übergang des Gleitreibungs- zum Haftreibungskoeffizienten nahe null enthalten sein. Bei dem in Abb. 4.32 gezeigten Kupplungssystem rotieren das Schwungrad vor und während des Einkuppelns mit der Motordrehzahl ω_e und die Kupplungsscheibe mit der Drehzahl ω_c. Die Relativgeschwindigkeit während des Einkuppelns ergibt sich wie folgt:

$$\omega_s = \omega_e - \omega_c \tag{4.108}$$

Damit kann der Reibungskoeffizient der Kupplung wie folgt ausgedrückt werden:

$$\mu = \mu(\omega_s) \tag{4.109}$$

Bei einfachen Modellen wird ein linearer Übergang vom Gleitreibungs- zum Haftreibungskoeffizienten in der folgenden Form angenommen [5]:

$$\mu = \mu_S - \alpha \omega_s \tag{4.110}$$

dabei ist α eine Konstante. Der exponentielle Übergang ist ein alternatives Modell in der folgenden Form [6]:

$$\mu = \mu_k + (\mu_S - \mu_k)\, e^{-\beta \omega_s} \tag{4.111}$$

dabei ist β eine Konstante. In Gleichung 4.112 wurde ein „glättender" Ansatz verwendet, damit dieselbe Gleichung für Fälle verwendet werden kann, bei denen ω_s sich von positiven zu negativen Werten und umgekehrt ändern kann [7]:

$$\mu = \left[\mu_k + (\mu_S - \mu_k)\, e^{-\beta |\omega_s|}\right] \cdot \tanh(\sigma \omega_s) \tag{4.112}$$

σ ist dabei ist eine Konstante. Abbildung 4.33 zeigt die Änderung des Reibungskoeffizienten anhand der Werte $\beta = 2$, $\sigma = 50$, $\mu_S = 0{,}4$ und $\mu_k = 0{,}25$ in Gleichung 4.112.

Das Modell erzeugt Werte des Gleitreibungskoeffizienten für die meisten Arbeitspunkte, und der Übergang zur Haftreibung erfolgt nach sehr kurzer Rutschzeit. Es gibt auch Modelle, die nicht dem Coulomb'schen Reibungsgesetz folgen. Das Kupplungsmoment T_c wird als Faktor des Motordrehmoments T_e und der Schlupfdrehzahl betrachtet [8]:

$$T_c = T_e \cdot \omega_s \cdot f(\delta_B, \omega_s) \tag{4.113}$$

Die Funktion f ist vom Weg δ_B des Ausrücklagers und der Schlupfdrehzahl abhängig und wird üblicherweise experimentell bestimmt.

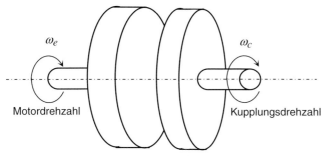

Abb. 4.32 Motor- und Kupplungdrehzahlen beim Aktivieren der Kupplung.

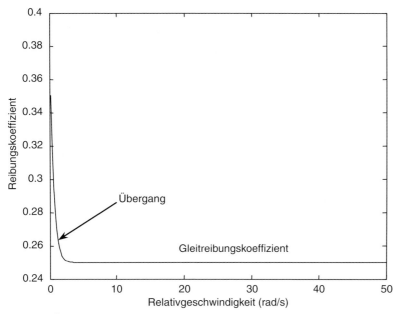

Abb. 4.33 Änderung des Reibungskoeffizienten mit der relativen Rotationsgeschwindigkeit.

4.5.2.2 Übertragbares Moment

Man kann das übertragbare Moment einer Trockenkupplung durch ein physikalisches Modell berechnen. Abbildung 4.34 zeigt ein umlaufendes Band der Dicke dr auf der Reibfläche der Kupplungsscheibe. Außerhalb dieses Bands betrachten wir ein infinitesimales Flächenelement dA zwischen zwei radialen Linien, das den Winkel $d\theta$ zurücklegt. Die vergrößerte Ansicht dieses Elements wird auch in Abb. 4.34 dargestellt. Die aufgebrachte axiale Kraft F (Abb. 4.30) schafft eine Druckverteilung auf den Kontaktelementen. Aufgrund der Umfangssymmetrie bezüglich des Winkels θ ist der Druck an allen Punkten eines gegebenen Radius identisch.

Daher ist die Druckverteilung nur vom Radius r abhängig:

$$p = p\,(r) \tag{4.114}$$

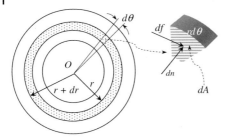

Abb. 4.34 Ein infinitesimales Element auf der Reibfläche.

Die auf das Element dA wirkende Normalkraft beträgt also:

$$dn = p(r)\,dA = r\,p(r)\,dr\,d\theta \tag{4.115}$$

Die resultierende Reibungskraft beträgt nach dem Coulomb'schen Reibungsgesetz (s. Abschn. 4.5.2.1):

$$df = \mu\,dn \tag{4.116}$$

wobei μ der Gleitreibungskoeffizient zwischen den Belägen und dem Schwungrad-bzw. den Druckplattenoberflächen ist. Zur Berechnung des übertragbaren Kupplungsmoments wird der kinetische Wert des Koeffizienten (Gleitreibungswert) eingesetzt, da die Kupplungsscheibe das Moment durch Rutschen überträgt. Verschiedene Reibbeläge erzeugen unterschiedliche Reibungskoeffizienten, dabei können Werte bis zu 0,5 erreicht werden. Für eine Fahrzeugkupplung ist 0,3 ein häufig verwendeter Wert [9]. Der Anteil am Kupplungsmoment für das Flächenelement ergibt sich aus:

$$dT = r\,df \tag{4.117}$$

Die gesamte auf die Kupplungsscheibenfläche wirkende Normalkraft finden wir durch Integration der infinitesimalen Normalkräfte über die gesamte Reibfläche, somit:

$$F = \int_r \int_\theta dn = \int_r r\,p(r) \int_\theta d\theta\,dr = 2\pi \int_{r_i}^{r_o} r\,p(r)\,dr \tag{4.118}$$

Das aus den Reibelementen einer Kupplungsscheibenseite resultierende Gesamtmoment ist gleich der Summe der infinitesimalen Momente dT. Das gesamte vom Kupplungssystem übertragbare Gesamtmoment entspricht dem Zweifachen des Moments einer Seite, somit:

$$T = 2 \int_r \int_\theta dT = 4\mu\pi \int_{r_i}^{r_o} r^2\,p(r)\,dr \tag{4.119}$$

Die Ergebnisse der Gleichungen 4.118 und 4.119 sind von der Druckverteilung $p(r)$ abhängig. Es gibt zwei unterschiedliche Kriterien bei der Modellierung der Druckänderung auf der Kupplungsscheibe: gleichförmiger Druck und gleichförmiger Verschleiß.

Gleichförmiger Druck   Wenn zwei Flächen gleichförmigen Kontakt haben, kann von einer gleichförmigen Druckverteilung an allen Punkten der Kontaktfläche ausgegangen werden. Beim Kontakt zwischen den Oberflächen von Kupplungsscheibe und Schwungrad sowie der Druckplatte kann der Kontakt als gleichförmig angesehen werden, insbesondere bei planen Oberflächen. Die von der Kupplungsfeder aufgebrachte axiale Last ist auch gleichförmig auf der Druckplatte verteilt. Daher kann eine gleichförmige Druckverteilung für die Reibflächen der Kupplungsscheibe angenommen werden. Mit der als gleichförmig definierten Druckverteilung p_u können wir die Gleichungen 4.118 und 4.119 anschließend integrieren, um die Gesamtaxialkraft F_{up} und das übertragene Moment T_{up} für den Fall der gleichförmigen Druckverteilung zu ermitteln:

$$F_{up} = 2\pi p_u \int_{r_i}^{r_o} r\, dr = \pi \left(r_o^2 - r_i^2 \right) p_u \tag{4.120}$$

$$T_{up} = 4\mu\pi p_u \int_{r_i}^{r_o} r^2\, dr = \frac{4}{3}\mu\pi \left(r_o^3 - r_i^3 \right) p_u \tag{4.121}$$

Für einen bestimmten Außendurchmesser ist das übertragbare Drehmoment maximal, wenn der Innendurchmesser null ist, d. h. für die ganze kreisförmige Scheibe. Das bedeutet, wenn eine gleichförmige Druckverteilung existiert, kann das übertragbare Drehmoment durch Ausdehnen der Reibfläche zur Mitte hin vergrößert werden. Da die Kraft der Kupplungsfeder der Hauptfaktor für das übertragbare Drehmoment ist, ist es sinnvoll, das Drehmoment in Abhängigkeit von der Federkraft ausdrücken. Die Kombination der Gleichungen 4.120 und 4.121 führt zu:

$$T_{up} = \mu F_{up} r_{eq} \tag{4.122}$$

wobei:

$$r_{eq} = \frac{8}{3} \left(r_{av} - \frac{r_i r_o}{4 r_{av}} \right) \tag{4.123}$$

oder anders ausgedrückt:

$$r_{eq} = \frac{4}{3} r_o \left(1 + \frac{k_r^2}{1 + k_r} \right) \tag{4.124}$$

wobei r_{av} der mittlere Radius der Reibfläche und k_r der Quotient aus innerem zu äußerem Radius sind:

$$k_r = \frac{r_i}{r_o} \tag{4.125}$$

Gleichförmiger Verschleiß Wenn abrasive Materialien auf einer Fläche reiben, ist die Zahl der vom Material abgeriebenen Partikel proportional zur Länge der Bahn. Auf einer Kupplungsscheibe verschleißen die weiter von der Mitte entfernten Materialien stärker als die innen liegenden. Andererseits hängt der Verschleiß von der aufgebrachten Normalkraft ab. Mathematisch kann der Betrag des Verschleißes w proportional zum Druck p und zur Bahnlänge s ausgedrückt werden:

$$w = k\,p\,s \tag{4.126}$$

wobei k die Proportionalitätskonstante ist. Die Bahnlänge für das auf dem Radius r der Kupplungsscheibe befindliche Reibmaterial bei einer Umdrehung beträgt $s = 2\pi r$. Somit ergibt sich der Verschleiß des Kupplungsreibmaterials für eine Umdrehung wie folgt:

$$w = 2\pi k\,p\,r \tag{4.127}$$

Wir wenden das Kriterium des gleichförmigen Verschleißes auf w in Gleichung 4.127 an, um einen konstanten Wert w^* für alle Radien zu bestimmen:

$$p(r) = \frac{w^*}{2\pi r k} \tag{4.128}$$

das zeigt, dass das Maximum des Drucks p_m beim Minimum des Radius r_i zu finden ist. Die Druckänderung in radialer Richtung ist in Abb. 4.35 dargestellt.

Eliminieren von w^* führt zur Druckverteilung für den Fall des gleichförmigen Verschleißes:

$$p(r) = \frac{r_i}{r}\,p_m \tag{4.129}$$

Wenn es gleichförmigen Verschleiß gibt, heißt das, dass alle Teile des Reibmaterials ortsunabhängig den gleichen Verschleiß aufweisen. Das ergibt eine gleichförmige und plane Oberfläche des Reibmaterials der Kupplung während der Nutzungsdauer. Beachten Sie, dass die Annahme des gleichförmigen Drucks

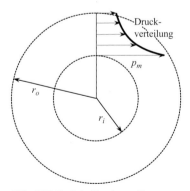

Abb. 4.35 Radiale Druckverteilung.

auch gültig ist, wenn eine ebene, parallele Reibfläche existiert. Ersetzen von Gleichung 4.129 in den Gleichungen 4.118 und 4.119 liefert die Axiallast und das übertragbare Drehmoment für den Fall des gleichförmigen Verschleißes:

$$F_{uw} = 2\pi\, r_i\, p_m \int\limits_{r_i}^{r_o} dr = 2\pi\, r_i\,(r_o - r_i)\, p_m \tag{4.130}$$

$$T_{uw} = 4\mu\,\pi\, r_i\, p_m \int\limits_{r_i}^{r_o} r\, dr = 2\mu\,\pi\, r_i\,(r_o^2 - r_i^2)\, p_m \tag{4.131}$$

Nach Gleichung 4.130 gilt, dass sich für einen gegebenen Außendurchmesser beim Aufbringen einer axialen Federkraft F der maximale Druck p_m mit der Änderung des Innenradius ändert. Einfache Differenziation nach r_i ergibt, dass beim Innenradius $r_i^* = 0{,}5 r_o$ der Druck p_m minimal ist:

$$p_m = \frac{2F}{\pi\, r_o^2} \tag{4.132}$$

Das übertragbare Drehmoment der Kupplung variiert für einen gegebenen Außendurchmesser mit der Änderung des Innenradius, wie Abb. 4.36 zeigt. Es hat zudem einen Maximalwert nahe $r_i = 0{,}6 r_o$. Der exakte Wert kann durch Differenziation von Gleichung 4.131 nach r_i berechnet werden und führt zu $r_i = \sqrt{3} r_o/3$.

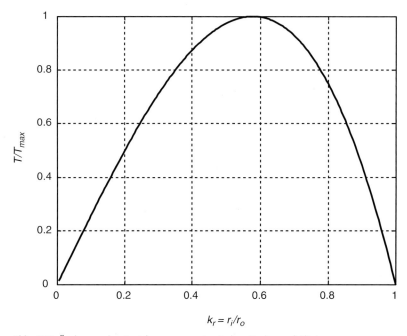

Abb. 4.36 Änderung des Kupplungsmoment mit dem Radienverhältnis.

Ähnlich wie beim Fall des gleichförmigen Drucks kann das Kupplungsmoment in Bezug auf die Federkraft formuliert werden:

$$T_{uw} = 2\mu\, F_{uw} r_{av} \tag{4.133}$$

Im Vergleich zu Gleichung 4.123 erhalten wir für diesen Fall:

$$r_{eq} = 2 r_{av} \tag{4.134}$$

4.5.2.3 Sonstige Überlegungen

In der Praxis sehen die Oberflächen von gebrauchten Kupplungsscheiben recht gleichförmig und plan aus. Heißt dies, dass die Druckverteilung für gleichmäßigen Verschleiß und gleichmäßigen Druck sorgt? Wenn sich der Druck gleichmäßig über die Oberfläche verteilt, verschleißen außen liegende Partikel stärker, als innen liegende. Infolgedessen ist die Druckverteilung nicht mehr gleichförmig, da die Verschleißpartikel mit ihrem Verschwinden für Druckentlastung sorgen. Damit wird der Druck von den verbleibenden Partikeln erzeugt, die größtenteils weiter innen zu finden sind. Dies führt zu höheren Drücken an den inneren Radien und niedrigeren an den Außenradien. Und das ist der Fall bei gleichförmigem Druck. Andererseits muss die Oberfläche planparallel bleiben, wenn der Verschleiß der Partikel der Kupplungsscheibe gleichförmig ist. Das ist die Voraussetzung für eine gleichförmige Druckverteilung. Daher kann hier nur einer der beiden Fälle vorliegen und von einem zum anderen übergehen.

Wichtig ist dabei, dass die Federkraft der Kupplungsfeder sowohl im Fall des gleichförmigen Drucks als auch im Fall des gleichförmigen Verschleißes gleich ist, unabhängig davon, welcher Druckverteilungsfall vorliegt. Aus diesem Grund muss die Federkraft so gewählt werden, dass sie für beide Fälle geeignet ist. Bei gleicher Federkraft kann das übertragbare Drehmoment beider Fälle verglichen werden. Das Verhältnis k_T beider Momente erhalten wir mit den Gleichungen 4.121 und 4.131:

$$k_T = \frac{T_{up}}{T_{uw}} = \frac{r_{eq}}{2 r_{av}} \tag{4.135}$$

Es ist einfach, zu zeigen, dass der Quotient der übertragbaren Drehmomente bei gleichförmigem Druck und bei gleichförmigem Verschleiß in Bezug auf das Radiusverhältnis k_r ausgedrückt werden kann.

$$k_T = \frac{4}{3}\left[1 - \frac{k_r}{(1 + k_r)^2}\right] \tag{4.136}$$

Diese Relation zeigt einfach, dass an beiden Extrema von k_r, d. h. für $k_r = 0$ und $k_r = 1$, das Drehmomentverhältnis 4/3 bzw. 1 ist. In Abb. 4.37 ist die Änderung des Drehmomentverhältnisses für den gesamten Änderungsbereich des Radiusverhältnisses dargestellt. Sie zeigt, dass das übertragbare Drehmoment für gleiche Federlasten bei gleichförmigem Druck stets größer als bei gleichförmigem Ver-

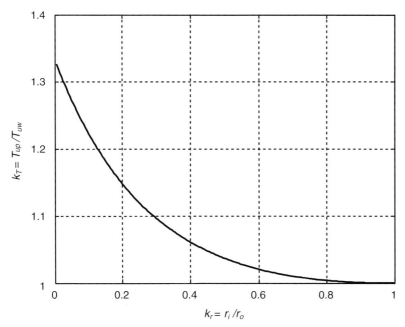

Abb. 4.37 Drehmomentverhältnis k_T über Radienverhältnis k_r (Gleichung 4.136).

schleiß ist. Es ist auch sinnvoll, die Unterschiede innerhalb des praktischen Bereichs von k_r, also zwischen 0,5 und 0,8 zu betrachten.

$$k_T = \begin{cases} 1{,}037 & \text{für} \quad k_r = 0{,}5 \\ 1{,}004 & \text{für} \quad k_r = 0{,}8 \end{cases} \tag{4.137}$$

Hier ist eine Differenz zwischen beiden Fällen (gleichförmiger Druck/Verschleiß) in der Größenordnung zwischen 0,4 und 3,7 % für das übertragbare Drehmoment zu sehen. Bei derart geringem Unterschied führen beide Berechnungen zu ähnlichen Ergebnissen. Bei einer gewissen Restunsicherheit hinsichtlich des Reibwerts ist es also sinnvoll, die Berechnung nach dem Kriterium des gleichförmigen Verschleißes vorzunehmen.

Bisher haben wir das übertragbare Drehmoment beim Einkuppeln betrachtet. Wenn die Kupplung Kraftschluss hat, muss der Haftreibwert μ_s angewendet werden. Daher ist das übertragbare Drehmoment bei Kraftschluss wesentlich höher, als bei rutschender Kupplung.

Übung 4.14

Eine Kupplung ist für ein übertragbares Drehmoment von 200 Nm ausgelegt. Der Reibwert ist 0,4 und der Kupplungsscheibendurchmesser darf maximal 200 mm betragen.

a) Berechnen Sie den Innenradius, der den kleinstmöglichen Durchmesser und größtmöglichen Druck ermöglicht.

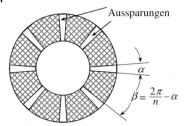

Abb. 4.38 Nuten auf einer Kupplungsscheibenoberfläche.

b) Bestimmen Sie den maximalen Druck.
c) Berechnen Sie die Federkraft.
d) Finden Sie das maximal übertragbare Drehmoment der Kupplung.

Lösung:
Es soll das Kriterium des gleichförmigen Verschleißes verwendet werden.

a) Um den Wert von p_m minimal zu halten, muss der Innendurchmesser die Hälfte des Außendurchmessers sein: $d_i = 1/2 d_o = 0{,}1\,\mathrm{m}$

b) Der Maximaldruck kann mit Gleichung 4.131 berechnet werden:

$$p_m = \frac{T_{uw}}{2\mu\pi r_i \left(r_o^2 - r_i^2\right)} = 212\,207\,\mathrm{Pa}$$

$$p_u = \frac{F}{\pi \left(r_o^2 - r_i^2\right)} = 141\,471\,\mathrm{Pa}$$

Das übertragbare Drehmoment aus Gleichung 4.123 ergibt sich zu:

$$T_{up} = \frac{4}{3}\mu\pi \left(r_o^3 - r_i^3\right) p_u = 207{,}4\,\mathrm{Nm}$$

Reibbelag-Aussparungen Die Aussparungen (Nuten) in den Kupplungsbelägen dienen sowohl der Kühlung als auch als Transportkanäle, über die abgeriebene Partikel nach außen abgeführt werden und die Belagoberfläche stets sauber bleibt. Allerdings stehen die ausgesparten Flächen nicht als Reibbelagfläche zur Verfügung. Dasselbe gilt für die Nietbohrungen der Beläge. Das wirft die Frage auf, ob diese Flächenreduktion nicht das übertragbare Drehmoment eines Kupplungssystems beeinträchtigt. Um dieses Frage zu beantworten, betrachten wir das in Abb. 4.38 dargestellte Modell. Der Einfachheit halber betrachten wir rein radial nach außen führende Aussparungen. In der Praxis sind diese Nuten oft abgewinkelt.

Wenn wir n Nuten in der Kupplungsscheibe haben, ändern sich die Gleichungen 4.118 und 4.119 zu:

$$F = (2\pi - n\alpha) \int_{r_i}^{r_o} r\,p(r)\,dr \tag{4.138}$$

$$T = 2\mu \left(2\pi - n\alpha\right) \int_{r_i}^{r_o} r^2 p(r)\, dr \tag{4.139}$$

Die Parameter der genuteten Oberfläche kennzeichnen wir mit einem Prime-Zeichen, die der vollen Fläche ohne Prime-Zeichen. Wenn wir annehmen, dass die Kupplungsfedern beider Modelle identisch sind, ergibt sich für den Fall des gleichförmigen Verschleißes:

$$F'_{up} = \frac{1}{2}\left(2\pi - n\alpha\right)\left(r_o^2 - r_i^2\right) p'_u \equiv F_{up} \tag{4.140}$$

Beim Vergleich mit Gleichung 4.120

$$p'_u = \frac{2\pi}{2\pi - n\alpha} p_u \tag{4.141}$$

zeigt sich, dass der Druck höher ist, da die gleiche Kraft auf eine kleinere Fläche wirkt. Für die Berechnung des übertragbaren Drehmoments ergibt sich:

$$T'_{up} = \frac{2}{3}\mu \left(2\pi - n\alpha\right)\left(r_o^3 - r_i^3\right) p'_u \tag{4.142}$$

Durch Ersetzen ergibt sich aus Gleichung 4.141:

$$T'_{up} = \frac{4}{3}\mu\pi \left(r_o^3 - r_i^3\right) p_u = T_{up} \tag{4.143}$$

Hinsichtlich des übertragbaren Drehmoments ergibt sich also keine Differenz. Der einzige Unterschied für Beläge mit Verschleißnuten und ohne ergibt sich insofern, als der Druck aufgrund der reduzierten Oberfläche höher ist. Es kann auch gezeigt werden, dass sich für den Fall des gleichförmigen Verschleißes ein ähnliches Ergebnis ergibt.

Energieverlust Aufgrund der Reibung geht in der Kupplung Energie verloren. Diese Energie entspricht der von den Reibkräften geleisteten Arbeit. Die (infinitesimale) Arbeit dW der Reibkräfte lässt sich wie folgt ausdrücken:

$$dW = T_c(t) \cdot d\theta \tag{4.144}$$

wobei

$$d\theta = \omega_s(t)\, dt \tag{4.145}$$

und ω_s die Geschwindigkeit des Schlupfes der Kupplungskontaktflächen sind. Somit gilt:

$$dW = T_c(t)\omega_s(t)dt \tag{4.146}$$

und

$$E_{loss} = \int dW = \int T_c(t)\omega_s(t)dt \tag{4.147}$$

Der Leistungsverlust aufgrund von Reibung ergibt sich zu:

$$P_{loss}(t) = T_c(t)\omega_s(t) \tag{4.148}$$

Der Energie- bzw. Leistungsverlust kann berechnet werden, wenn die Momentanwerte von Drehmoment und Drehzahl bekannt sind.

4.5.3
Membranfedern

Membranfedern werden in Trockenkupplungen eingesetzt und bringen die für die Erzeugung des Reibmoments erforderliche Kraft auf. Diese Federn besitzen eine kegelige Form mit einer Reihe von aus dem oberen Teil ausgestanzten Schlitzen, wie schematisch in Abb. 4.39 dargestellt. Verschiedene (nicht in Abb. 4.39 dargestellte) kreisförmige oder rechteckige Bohrungen im unteren Bereich der Schlitze nehmen die Zapfen und Befestigungsbolzen auf. Die Enden bzw. sogenannten Zungen kommen mit dem Ausrücker (Ausrücklager) in Berührung, wenn das Kupplungspedal getreten wird (s. Abb. 4.40). Bei kraftschlüssiger Kupplung wird das Ausrücklager von den Federzungen entfernt. Die Membranfeder kann als eine Kombination aus zwei getrennten Federn betrachtet werden. Der untere Teil der Feder von Abb. 4.39 ist eine Tellerfeder und der obere besteht aus verschiedenen Flachfedern (Federzungen). Die Klemmkraft der Kupplung wird ausschließlich von der Tellerfeder der Membranfeder erzeugt.

Abb. 4.39 Eine einfache Form einer Membranfeder.

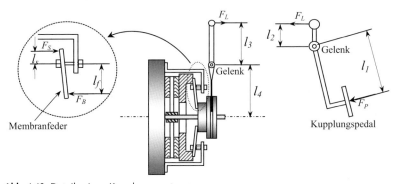

Abb. 4.40 Details eines Kupplungssystems.

4.5.3.1 **Funktionsweise**

Der untere Teil (äußere Rand) der Feder berührt die Druckplatte. Sobald die Kupplung betätigt wird, drückt das Ausrücklager auf die Zungen der Membranfeder. Durch diesen Wippeneffekt wird die Druckplatte von der Kupplungsscheibe wegbewegt (s. Abb. 4.40).

In einem Kupplungssystem sind drei Kräfte wichtig: die Pedalkraft, die Lagerkraft und die Federkraft. Die auf den Fuß des Fahrers wirkende Pedalkraft F_P wird durch einen Hebel verstärkt und die Kraft F_L wird erzeugt. Diese wird an den Kupplungshebel-Eingang übertragen (s. Abb. 4.40). Auch diese Kraft wird erneut verstärkt. Die sich daraus ergebende Kraft ist die Lagerkraft F_B. Die an die Feder übertragene Lagerkraft reduziert die Federkraft auf der Kupplungsscheibe. Zwischen Lagerkraft und Pedalkraft besteht nach Abb. 4.40 der folgende geometrische Zusammenhang:

$$F_B = \frac{l_1 \cdot l_3}{l_2 \cdot l_4} F_P \qquad (4.149)$$

4.5.3.2 **Federkräfte**

Wie in Abb. 4.41 dargestellt, wirken drei Gruppen von Kräften auf die Kupplungsfeder. Dazu zählen die auf die Federzungen wirkenden Kräfte des Ausrücklagers, die an den Federbohrungen auftretenden Auflagerkräfte sowie die Reaktionskräfte der Druckplatte.

Die auf die Druckplatte wirkenden Kräfte sind Reaktionskräfte von Feder und Kupplungsscheibe, die sich ausgleichen. Somit hat die Kraft, die die Kupplungsscheibe zwischen Druckplatte und Schwungrad einklemmt, tatsächlich den gleichen Betrag wie die Reaktionskraft an der Feder, die Vorspannkraft genannt wird. Im eingekuppelten Zustand ohne Lagerkraft wippt die Membranfeder über ihre Schlitzringe. Dank der Vorspannung presst der Außenring die Druckplatte mit der Kraft F_S fest gegen die Kupplungsscheibe. Wie in Abb. 4.42a dargestellt, liegt die Membranfeder vor der Verschraubung der Kupplungseinheit frei. Das Gehäuse hat das Abstandsmaß δ_0 zur Kontaktfläche des Schwungrades. Beim Verschrauben des Kupplungsgehäuses mit dem Schwungrad wird die Feder unter die in Abb. 4.42b dargestellte Vorspannung gesetzt.

Durch das Aufbringen der Lagerkraft wird das Lager zum Schwungrad bewegt, und die Federzungen werden verbogen. In Abb. 4.43 ist die nicht lineare Änderung

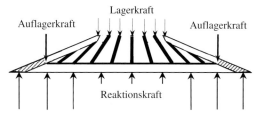

Abb. 4.41 Auf die Membranfeder einwirkende Kräfte.

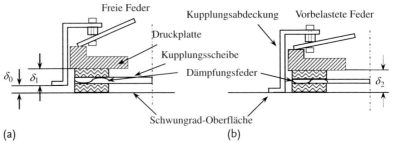

Abb. 4.42 Die aus der Vorspannung resultierende Anpresskraft.

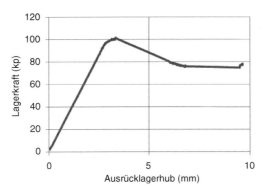

Abb. 4.43 Typische Änderung der Lagerkraft (Löselast).

der Lagerkraft F_B über dem Weg δ_B für einen Pkw dargestellt. Da die Lagerkraft die Kupplung freigibt, wird diese Kraft meist als „Freigabekraft" bezeichnet.

Die von der Druckplatte auf die Kupplungsscheibe ausgeübte Kraft, d. h. die Federkraft F_S, entsteht durch Spannen der Feder zwischen dem äußeren Rand und den Befestigungen. Tatsächlich sind die Federzungen nicht an der Entstehung dieser Kraft beteiligt. Um zu verstehen, wie die Federkraft entsteht, betrachten wir das Kupplungssystem aus Abb. 4.44. Das Gehäuse des Kupplungssystems ist starr auf der Planfläche befestigt, und die Kupplungsscheibe wird statt der Anpressplatte unter Druck gesetzt. Zu Beginn ist die relative Verschiebung δ zur Bezugslinie null. Es wird keine Kraft eingeleitet. Die Krafteinleitung verursacht eine Verschiebung δ.

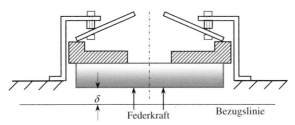

Abb. 4.44 Definition der Federkraft.

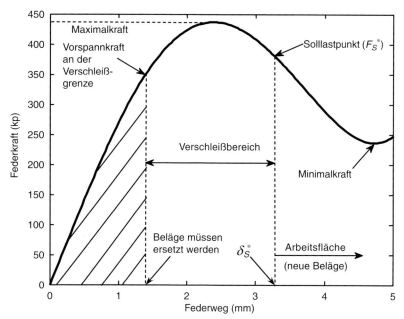

Abb. 4.45 Typische Kraft-Weg-Kurve einer Membranfeder.

Die Änderung der Federlast F_S über dem Federweg δ_S hat normalerweise den in Abb. 4.45 gezeigten Verlauf. Sie steigt bis zu einem Spitzenwert mit der Verschiebung an, nimmt dann bis zu einem Minimum ab, um danach exponentiell anzusteigen. Nach Abb. 4.42 wird die Anpressplatte beim Einklemmen der Kupplungsscheibe zwischen Anpressplatte und Schwungrad aufgrund der Kompression der Kupplungsplatten-Dämpfungsfedern um $\delta_S^* = \delta_2 - \delta_1$ verschoben. Im Diagramm der Vorspannkraft über dem Federweg (in Abb. 4.45) beschreibt die Kraft bei δ_S^* diese Situation. Die Dicke des Belags ist bei einer neuen Kupplungsscheibe maximal. Daher ist die Vorspannkraft am „Solllast"-Punkt, der sich im Diagramm am rechten Ende des Verschleißbereichs befindet, ebenfalls maximal. Mit dem Verschleißen der Beläge reduziert sich der Federweg nach und nach, der Betriebspunkt wird nach links verlagert. Wenn die Kupplungsscheibe bis auf die Belagnieten verschlissen ist, befindet sich der Betriebspunkt am linken Ende des Verschleißbereichs. Dieser Punkt in Abb. 4.45 entspricht der Vorspannkraft an der Verschleißgrenze. Der Bereich vom minimalen bis zum maximalen Federweg, typischerweise in der Größenordnung von 2 mm, wird Verschleißbereich genannt. Der schraffierte Bereich in Abb. 4.45 sollte daher nicht genutzt werden.

Um die Kupplungsscheibe freizugeben, muss die Anpressplatte vom Schwungrad wegbewegt werden. Damit muss die Verschiebung der Feder relativ zum Anfangswert δ_S^* zunehmen. In Abb. 4.45 bedeutet dies eine Bewegung nach rechts. Vom Innenteil kann keine Kraft eingeleitet werden, um die Druckplatte vom Schwungrad wegzubewegen und die Kupplungsscheibe freizugeben. Daher wirkt die auf das Lager einwirkende Lösekraft in der entgegengesetzten Richtung!

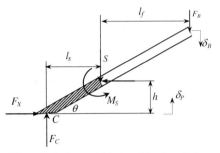

Abb. 4.46 Freikörperbild eines Membranfedersegments.

Wenn die Lagerkraft im ausgekuppelten Zustand aufgrund des Kippens auf die Zungen der Membranfeder wirkt, wird die Federkraft, somit die Anpresskraft F_C, verringert.

Wenn wir annehmen, dass die Belastung der Feder symmetrisch ist, kann Abb. 4.41 vereinfacht werden, indem wir lediglich das in Abb. 4.46 dargestellte Segment betrachten. Hierbei stellt der schraffierte Bereich den Federkörper und der nicht schraffierte Bereich die Zungenfeder dar. Der Einfachheit halber nehmen wir an, dass dieses Segment die gesamte Last der Membranfeder aufnimmt. Wenn sich das Segment im statischen Gleichgewicht befindet, wirken darauf verschiedene Kräfte. Die auf das Segment am Kipppunkt S wirkenden Stützkräfte sind nicht bekannt. Die Anpresskraft F_C und die Reibungskraft F_X wirken am Berührpunkt C der Druckplatte. Die Lagerkraft F_B drückt auf das Zungenfederende, und an den Ausschnitten (die schraffierten Bereiche) liegen Kräfte an (die hier nicht dargestellt sind), die allesamt mitsamt ihren resultierenden Momenten M_S um S zum Drehpunkt S geleitet werden.

Das Momentengleichgewicht um Punkt S ergibt sich (positiv im Uhrzeigersinn) zu:

$$F_C l_s + F_B l_f = M_S + F_X h \tag{4.150}$$

F_X ist die Reibungskraft an Punkt C, somit:

$$F_X = \mu F_C \tag{4.151}$$

Damit kann Gleichung 4.150 umformuliert werden:

$$F_C l_s \left(1 - \mu \frac{h}{l_s}\right) + F_B l_f = M_S \tag{4.152}$$

Der Ausdruck $\mu h / l_s$ ist im Vergleich zu eins relativ klein (etwa 2–5 %). Daher ist es vertretbar, ihn zu vernachlässigen. Andererseits entspricht das Moment M_S in der Tat dem Widerstand der Feder gegen die aufgebrachte Last. Es nimmt mit dem Federweg δ_S zu. Mit anderen Worten, es ist gleich dem Moment der Federkraft um Punkt S:

$$M_S = l_s F_S (\delta_S) \tag{4.153}$$

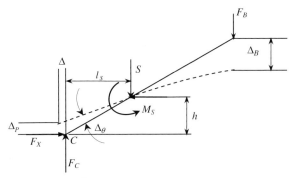

Abb. 4.47 Virtuelle Wege.

Damit lässt sich die Gleichung der Anpresskraft in der allgemeinen Form wie folgt schreiben:

$$F_C(\delta_P) = F_S(\delta_S) - k_s F_B(\delta_B) \qquad (4.154)$$

wobei k_s das Hebelverhältnis ist (s steht für „seesaw", Wippe)

$$k_s = \frac{l_f}{l_s} \qquad (4.155)$$

und δ_B der Weg (die Verschiebung) des Ausrücklagers, δ_P Abhebeverschiebung der Druckplatte und δ_S der Gesamtfederweg sind:

$$\delta_S = \delta_S^* + \delta_P \qquad (4.156)$$

Nach Abb. 4.42 ergibt sich der Anfangsfederweg δ_S^* zu:

$$\delta_S^* = \delta_2 - \delta_1 \qquad (4.157)$$

In den Abb. 4.43 und 4.45 sind typische Änderungen von F_B über δ_B und F_S über δ_S dargestellt. Um Gleichung 4.154 nutzen zu können, müssen die beiden Verschiebungen δ_B und δ_P in Zusammenhang gebracht werden und zu einer eindeutigen Arbeitsbedingung für die Feder gehören. Theoretisch können wir diese Beziehung durch Anwendung des Prinzips der virtuellen Arbeit auf die Feder von Abb. 4.46 erhalten. Wenn eine virtuelle Verschiebung Δ_B auf den Wirkpunkt von F_B angewendet wird, erfahren auch die übrigen Kräfte virtuelle Verschiebungen Δ für F_X, Δ_P für F_C und Δ_θ für M_S wie in Abb. 4.47 gezeigt.

Da sich das Gesamtsystem im Gleichgewicht befindet, muss die von allen Kräften und Momenten geleistete virtuelle (Netto-)Arbeit null sein. Oder in mathematischer Form:

$$F_C \Delta_P + F_B \Delta_B - M_S \Delta_\theta - F_X \Delta = 0 \qquad (4.158)$$

Nach Abb. 4.47 und unter der Annahme, dass Δ_θ vernachlässigbar klein ist, können die virtuellen Verschiebungen leicht miteinander verknüpft werden:

$$\Delta_\theta = \frac{1}{l_s} \Delta_P \qquad (4.159)$$

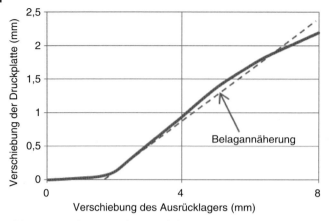

Abb. 4.48 Beziehung zwischen Druckplattenweg und Lagerweg.

$$\Delta = \frac{h}{l_s}\Delta_P \qquad (4.160)$$

Darum gilt:

$$F_B\Delta_B + \left(F_C - \frac{M_S}{l_s} - F_X\frac{h}{l_s}\right)\Delta_P = 0 \qquad (4.161)$$

Ersetzen der Klammerausdrücke aus Gleichung 4.150 ergibt:

$$\frac{\Delta_B}{\Delta_P} = \frac{l_f}{l_s} = k_s \qquad (4.162)$$

Wenn man annimmt, dass der Federweg, wie näherungsweise angenommen, klein ist, können die Verschiebungen δ_B und δ_P wie folgt verknüpft werden:

$$\delta_B = k_s\delta_P \qquad (4.163)$$

Aufgrund des nicht linearen Verhaltens der Feder ist die tatsächliche Relation allerdings ebenfalls nicht linear. In Abb. 4.48 ist eine typische Verschiebung der Druckplatte δ_P über dem Ausrückerweg δ_B für eine Pkw-Kupplung dargestellt. Auch eine lineare Näherung mit dem „toten Bereich", in dem die Druckplatte nicht auf die Verschiebung des Ausrücklagers reagiert, ist dargestellt.

Mit der linearen Beziehung von Gleichung 4.164 kann die Anpresskraft aus Gleichung 4.154 wie folgt umgeschrieben werden:

$$F_C(\delta_P) = F_S(\delta_S^* + \delta_P) - k_s F_B(k_s\delta_P) \qquad (4.164)$$

Andererseits wirkt die Anpresskraft gleichzeitig auf die Kupplungsscheibe und drückt deren Dämpfungsfedern (s. Abb. 4.42) zusammen. Somit hängt die Anpresskraft auch mit den Dämpfungsfedereigenschaften zusammen. Während des Einkuppelns gibt es zwei Phasen: In der ersten wird die Anpresslast verringert,

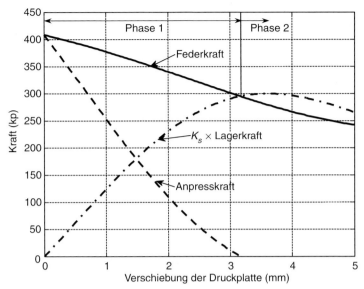

Abb. 4.49 Änderung der Anpresskraft über dem Druckplattenweg.

und in der zweiten werden Druckplatte und Kupplungsscheibe getrennt. In der ersten Phase reduziert sich die Anpresslast von ihrem Anfangswert F_S^* auf null. Dies führt dazu, dass sich die Dämpfungsfeder in der Druckplatte auf ihre ursprüngliche Federausdehnung δ_C^* ausdehnt (s. Abb. 4.42):

$$\delta_C^* = \delta_0 + \delta_1 - \delta_2 \tag{4.165}$$

Mit Gleichung 4.157 ergibt sich:

$$\delta_S^* + \delta_C^* = \delta_0 \tag{4.166}$$

In der ersten Phase, unmittelbar vor dem Einkuppeln, ist die gesamte Verschiebung der Druckplatte also δ_C^*. Am Ende der ersten Phase verschwindet die Anpresslast. In diesem Augenblick beginnt die zweite Phase. Genau hier beginnt die Trennung von Kupplungsscheibe und Druckplatte (Abheben der Druckplatte). In Abb. 4.49 ist ein typischer Anpresskraftverlauf in der Phase 1 nach Gleichung 4.164 dargestellt.

4.5.3.3 MG-Formel

Gleichung 4.164 ist sinnvoll, wenn die Änderungen der Federkraft und Lagerkraft mit den relevanten Verschiebungen bekannt sind. Solche Informationen können mithilfe von Kupplungstests ermittelt werden. Das Testgerät bringt unabhängige Kräfte auf Zungenenden und Druckplatte auf, damit die Lager- und Federkraft gemessen werden können. Abbildung 4.50 zeigt eine Kupplung in einer solchen Prüfvorrichtung. In Abb. 4.51 ist das Prüfergebnis abgebildet. Die Graphen zeigen das Hystereseverhalten der Feder, das durch die innere Reibung der Feder verursacht wird.

Abb. 4.50 Kupplungsprüfvorrichtung.

Da die Federkraft vom Tellerfederteil erzeugt wird, wird normalerweise die mathematische Gleichung für die Kraft-Weg-Kurve für solche Federn verwendet, um das Verhalten der Membranfeder auszudrücken. Am Department of Automotive Engineering der IUST wurden Forschungsarbeiten dazu durchgeführt. Es wurden verschiedene Kupplungsfedern eingesetzt, um eine genauere Beziehung zwischen Federkraft und Federweg zu finden. Das Endergebnis ließ sich auf allen getesteten Federn von Mittelklassefahrzeugen sowie leichten Nutzfahrzeugen anwenden. Wir nennen diese Federkraft-Weg-Gleichung *MG-Formel* wobei MG für Mashadi-Ghyasvand steht. Dabei wird die Gleichung für die Tellerfeder mit einigen Ände-

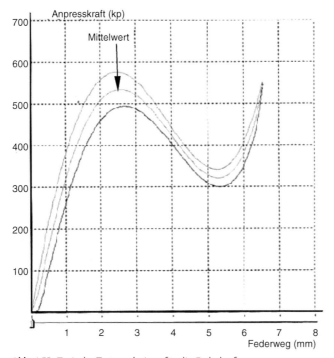

Abb. 4.51 Typische Testergebnisse für die Federkraft.

rungen in der folgenden Form verwendet:

$$F_S = \frac{4000\,E}{1 - \nu^2} \cdot \frac{t^3}{D_o^2} \cdot \frac{k_2}{k_1} \cdot (1 + 0{,}153 k_3) \cdot \delta_s \tag{4.167}$$

wobei δ_S der Federweg (in mm) ist und F_S in kp angegeben ist. Die übrigen Parameter sind:

$$k_1 = \frac{6}{\pi \times Ln\,R} \cdot \frac{(R - 1)^2}{R^2} \tag{4.168}$$

$$k_2 = \frac{D_o - D_{\text{eff}}}{D_o - D_i} \tag{4.169}$$

$$k_3 = \left(\frac{2\delta_s + t}{t}\right) \cdot \left(\frac{h - 1{,}45\delta_s}{t}\right) \cdot \left(\frac{h - k_4\delta_s}{t}\right) \tag{4.170}$$

$$k_4 = \frac{t}{5} \tag{4.171}$$

$$R = \frac{D_o}{D_{\text{eff}}} \tag{4.172}$$

$$D_{\text{eff}} = 0{,}98\,D_b \tag{4.173}$$

Die Definitionen der geometrischen Parameter sind Abb. 4.52 zu entnehmen. In Gleichung 4.167 sind E das Elastizitätsmodul (MPa) und ν die Poissonzahl des Federwerkstoffs. In Abb. 4.53 werden die Ergebnisse der MG-Formel mit den im Experiment gemessenen Ergebnissen verglichen. Im mittleren Teil der Abbildung, der den Betriebsbereich der Feder darstellt, ist die Übereinstimmung recht groß.

In der folgenden Form erhält man eine ähnliche Gleichung für die Last des Ausrücklagers (Lagerkraft F_B) über dessen Weg δ_B:

$$F_B = \frac{250\,E}{1 - \nu^2} \cdot \frac{t^3}{D_o^2 \cdot k_1} \cdot \left(1 + 0{,}133 k_3'\right) \cdot \delta_B \tag{4.174}$$

wobei:

$$k_3' = \left(\frac{\delta_B - 0{,}1t}{t}\right) \cdot \left(\frac{h - 2{,}2\delta_B}{t}\right) \cdot \left(\frac{h - k_4'\delta_B}{t}\right) \tag{4.175}$$

$$k_4' = \frac{t}{6} \tag{4.176}$$

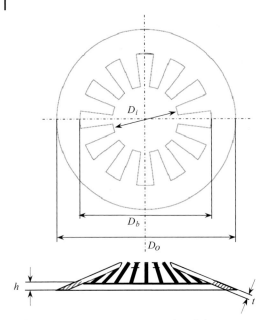

Abb. 4.52 Die Geometrie einer Membranfeder.

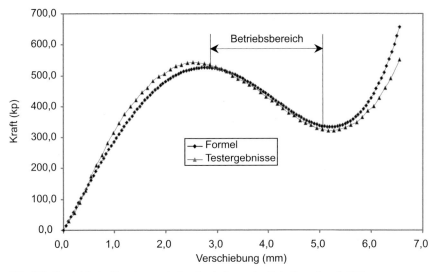

Abb. 4.53 Vergleich der Testdaten mit den Ergebnissen der Federformel nach MG.

Übung 4.15
In Tab. 4.10 finden Sie die Daten einer Pkw-Kupplung.

a) Plotten Sie die Kurven von F_S-δ_S und F_B-δ_B unter Verwendung der MG-Formel.

b) Berechnen Sie das Hebelverhältnis k_s.

Tab. 4.10 Kupplungsdaten für Übung 4.15.

Parameter	Wert	Einheit
Innendurchmesser D_i	62	mm
Außendurchmesser D_o	206	mm
Innendurchmesser Tellerfeder D_b	171,3	mm
Federdicke t	2,3	mm
Tellerfederhöhe h	3,47	mm
Sollwert Federweg δ_S^*	3,5	mm
Elastizitätsmodul	207	MPa
Poisson'sche Zahl	0,3	–

c) Plotten Sie die Änderung der Anpresskraft in einem ersten Diagramm für F_S-δ_S.

d) Berechnen Sie den anfänglichen Federweg δ_C^*.

Lösung:

a) Die geforderten Kurven lassen sich mit einem einfachen MATLAB-Programm plotten. Die Ergebnisse sind in Abb. 4.54 zu sehen.

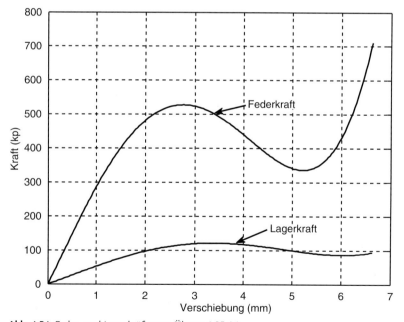

Abb. 4.54 Feder- und Lagerkräfte von Übung 4.15 (a).

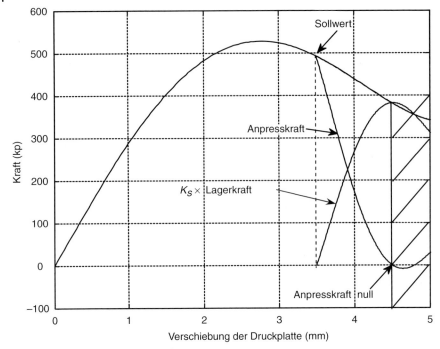

Abb. 4.55 Anpresskraft über Druckplattenweg.

b) Nach Abb. 4.52 gilt:

$$l_s = \frac{D_o - D_b}{2}\,, \quad l_f = \frac{D_b - D_i}{2} \quad \text{und} \quad k_s = \frac{l_f}{l_s} = \frac{D_b - D_i}{D_o - D_b} = 3{,}15$$

c) Unter Verwendung von Gleichung 4.164 erhalten wir den Anpresskraftverlauf. Wir plotten diesen über der Druckplattenverschiebung. Abbildung 4.55 zeigt das Ergebnis. Beachten Sie, dass in Abb. 4.49 ein ähnliches Ergebnis für die Verschiebung des Ausrücklagers gezeichnet wurde. Beachten Sie ebenso, dass die Graphen nach dem Verschwinden der Anpresskraft (im schraffierten Bereich) ungültig sind.

d) Nach Gleichung 4.166 gilt:

$$\delta_0 = \delta_S^* + \delta_C^* = 4{,}5\,\text{mm}$$

Darum gilt:

$$\delta_C^* = \delta_0 - \delta_S^* = 4{,}5 - 3{,}5 = 1\,\text{mm}$$

4.5.4
Dynamische Vorgänge beim Einkuppeln

Bei einem Fahrzeug mit einem normalen Handschaltgetriebe muss beim Schalten das Kupplungspedal zunächst betätigt und dann gedrückt gehalten werden,

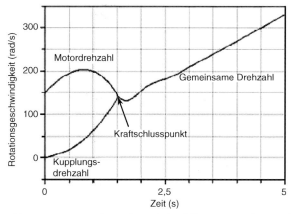

Abb. 4.56 Motor- und Kupplungsdrehzahl beim Lösen der Kupplung.

um den Motor vom Antriebsstrang zu trennen. Nachdem der Gang eingelegt ist, erreichen Schwungrad und Getriebeeingangswelle durch das Loslassen der Kupplung allmählich die gleiche Drehzahl. Während dieser Zeit entsteht durch Reibung ein Drehmoment zwischen den Fügeflächen. Die Reibung wird durch die Normalkraft gesteuert, mit der die Fügeflächen beaufschlagt werden. Die Änderungen der Drehzahl der beiden Fügeflächen sind von der Dynamik des Vorgangs abhängig. Sie werden von den Last- und Trägheitswerten der Eingangs- und Ausgangsgrößen beeinflusst. Abbildung 4.56 zeigt einen typischen Drehzahlverlauf beim Loslassen der Kupplung mit eingelegtem erstem Gang.

Das Loslassen der Kupplung erfolgt durch das allmähliche Anheben des Kupplungspedals, wodurch die Federkraft an den Oberflächen zunimmt. Das resultierende Drehmoment T_c ist proportional zur aufgebrachten Kraft F (s. Gleichungen 4.122 oder 4.133):

$$T = KF \tag{4.177}$$

K ist die Proportionalitätskonstante und gleich $\mu\, r_{eq}$ für den Fall gleichförmigen Drucks beziehungsweise gleich $2\mu\, r_{av}$ für den gleichförmigen Verschleiß. Dabei ist T_e das Eingangsmoment des Schwungrades, d. h., das vom Motor abgegebene Drehmoment. T_L ist das das Lastmoment an der Kupplung, somit das Drehmoment vom Triebstrang. Abbildung 4.57 zeigt das Freikörperbild (FBD, Free Body Diagram) von Schwungrad und Kupplungsscheibe mit dem Eingangsmoment T_e und dem Lastmoment T_L sowie dem Reibmoment T_c, das an den Fügeflächen wirkt. Die Trägheitseigenschaften werden durch die Gesamtträgheit I_e der Eingangswelle (mit allen verbundenen Teilen) und die Gesamtträgheit I_d der Abtriebswelle (mit allen verbundenen Teilen) beschrieben.

Die äquivalente Trägheit I_d des Triebstrangs, die auf die Kupplungsscheibe wirkt, kann wie folgt ausgedrückt werden (s. Abb. 4.58):

$$I_d = I_c + \frac{I_g}{n_g^2} + \frac{I_w + m r_w^2}{n^2} \tag{4.178}$$

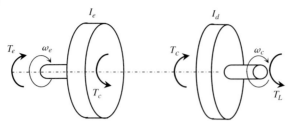

Abb. 4.57 Freikörperbilder der Kupplungsfügeflächen.

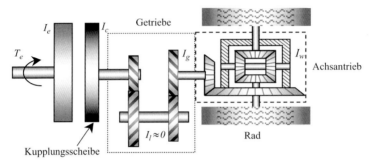

Abb. 4.58 Trägheiten in einem Fahrzeugantriebsstrang.

Dabei ist I_c die Trägheit der Kupplungswelle mit allen verbundenen Massen. I_g ist die äquivalente Trägheit der Getriebeabtriebswelle und Differenzialeingangswelle. I_w ist die Gesamtträgheit der Räder und Achsen. n_g ist die Getriebeübersetzung und n die Gesamtübersetzung der Kraftübertragung, m sind die Fahrzeugmasse und r_w der wirksame Radradius.

Die dynamischen Gleichungen beim Einkuppeln für die beiden Seiten lauten wie folgt (s. Abb. 4.57):

$$T_e - T_c = I_e \frac{d\omega_e}{dt} \tag{4.179}$$

$$T_c - T_L = I_d \frac{d\omega_c}{dt} \tag{4.180}$$

Beachten Sie, dass in diesen Gleichungen die Elastizität der Eingangs- und Abtriebswellen sowie die Dämpfungsmomente in den Lagern aus Einfachheitsgründen ignoriert wurden. Diese werden in Kapitel 6 behandelt. Die Eingangs- und Lastmomente ändern sich generell mit der Zeit. Die Eingangsmomentänderungen sind vom Drosseleingangswert abhängig. Das Lastmoment hingegen ist von den externen Lasten, die auf das Fahrzeug wirken, abhängig.

Der Leistungsfluss des Kupplungssystems ist auch von Bedeutung. Ein Teil der Motorleistung P_e wird an die Kupplung übertragen (P_c), und ein anderer Teil wird durch die Reibung der Reibflächen verbraucht (P_f). Im Einzelnen sind dies:

$$P_e = T_e \omega_e \tag{4.181}$$

$$P_c = T_c \omega_c \tag{4.182}$$

$$P_f = T_c \omega_s = T_c (\omega_e - \omega_c) \tag{4.183}$$

Um die Gleichungen für die Leistung aufzustellen, beginnen wir mit der Differenz $P_e - P_f$:

$$P_e - P_f = P_e - T_c \omega_s = T_e \omega_e - T_c (\omega_e - \omega_c) \tag{4.184}$$

Der Ausdruck lässt sich mit den Gleichungen 4.179 und 4.182 vereinfachen:

$$P_e - P_f = P_c + \frac{d}{dt} \left(\frac{1}{2} I_e \omega_e^2 \right) \tag{4.185}$$

Damit wissen wir, dass die Kupplungsleistung P_c *nicht* die Differenz zwischen Eingangsleistung und Reibleistung ist, da ein Teil der Eingangsleistung auch bei der Änderung der kinetischen Energie des Schwungrades verbraucht wird. Beachten Sie, dass der Leistungsfluss ein Momentanwert ist. Das geht aus dem Differenziationszeichen aus Gleichung 4.185 hervor. Daher kann eine Gleichung für das Leistungsgleichgewicht von der Eingangs- bis zur Ausgangsseite nur für den stationären Zustand formuliert werden. Bei anderen Zuständen ist der Term für die Energie von Bedeutung. In der Literatur findet man manchmal den missverständlichen Fall, dass die Leistung von Motor und Kupplung kurz vor dem Kraftschluss der Kupplung als gleich angenommen werden. Gleichung 4.185 zeigt eindeutig, dass diese Annahme alles andere als wahr ist, es sei denn die Motordrehzahl wird konstant gehalten. Beachten Sie, dass P_f mit dem Kraftschluss verschwindet.

Der Wirkungsgrad der Kupplung kann beim Einkuppeln wie folgt definiert werden:

$$\eta_c = \frac{E_i - E_{loss}}{E_i} = \frac{E_L}{E_i} \tag{4.186}$$

wobei E_i die induzierte Energie, E_L die Energie beim Kraftschluss und E_{loss} der Energieverlust sind:

$$E_i = \frac{1}{2} I_e \omega_e^2(0) + \frac{1}{2} I_d \omega_c^2(0) + \int_0^{t_L} P_e \, dt \tag{4.187}$$

$$E_L = \frac{1}{2} (I_e + I_d) \omega_e^2(t_L) \tag{4.188}$$

$$E_{loss} = \int_0^{t_L} P_f \, dt \tag{4.189}$$

Hierbei ist t_L der Zeitpunkt, zu dem die Drehzahlen von Schwungrad und Kupplungsscheibe gleich werden und der Kraftschluss hergestellt ist. Nach dem Kraftschluss können die Gleichungen 4.179 und 4.180 kombiniert werden, und wir erhalten:

$$T_e - T_L = (I_e + I_d) \frac{d\omega_e}{dt} \tag{4.190}$$

Gleichung 4.190 ist die nach dem Kraftschluss der Kupplung geltende Gleichung für die Motordynamik.

Um T_L zu berechnen müssen die auf das Fahrzeug wirkenden externen Kräfte betrachtet werden. Sie wurden in Kapitel 3 genauer untersucht. Zu den externen Lasten gehören Rollwiderstand, aerodynamische Kraft und Neigungskraft. Unter der Annahme, dass es keinen Schlupf gibt (s. Abschn. 3.10) kann das Lastmoment wie folgt ausgedrückt werden:

$$T_L = \frac{r_w}{n} (F_{RR} + F_A + F_G) \tag{4.191}$$

Die Änderung der Kupplungskraft mit der Zeit ist von zwei Faktoren abhängig: erstens, dem Kraft-Weg-Verhalten der Feder und zweitens von der Art und Weise, wie das Kupplungspedal losgelassen wird. Den ersten Faktor kann man aus den Eigenschaften der Membranfeder (Abschn. 4.5.3) bestimmen. Der zweite Faktor ist eine Eingangsgröße für das Modell. Um das dynamische Verhalten beim Einkuppeln detailliert beurteilen zu können, brauchen wir Informationen zu den Drosselwerteingaben und zum Ablauf des Auskuppelns. Diese Themen erläutern wir in den kommenden Abschnitten.

4.5.4.1 Gleichförmiges Auskuppeln

Wenn wir annehmen, dass die Anpresskraft der Kupplung linear mit dem Verschieben des Ausrücklagers abnimmt, dann kann bei gleichförmigem Lösen der Kupplung angenommen werden, dass die die Kupplungskraft linear mit der Zeit um den Faktor k_F zunimmt, somit

$$F(t) = k_F t \tag{4.192}$$

Gleichung 4.192 ist nur dann gültig, wenn die Kraft ihren Grenzwert F_{max} nicht überschreitet:

$$t \leq t_r = \frac{F_{max}}{k_F} \tag{4.193}$$

Auch das Ausgangsmoment steigt mit der Zeit um den Faktor Kk_F linear an (s. Gleichung 4.177):

$$T_c(t) = Kk_F t \tag{4.194}$$

In Abb. 4.59 sind die Änderungen von Kupplungskraft und Drehmoment für diese linearen Annahmen in grafischer Form dargestellt.

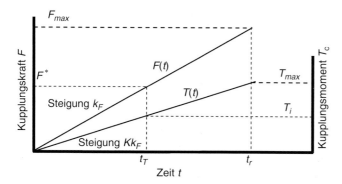

Abb. 4.59 Kupplungskraft und Kupplungsmomentänderungen über die Zeit (Annahme des linearen Verlaufs).

Wenn wir die Tatsache betrachten, dass das maximale Kupplungsmoment bei maximaler Kupplungskraft anliegt, dann gilt für Eingangsmomente kleiner als das maximale Moment, dass der Zeitpunkt t_T zu dem das Reibmoment gleich dem Eingangsmoment wird, stets kleiner t_r ist. t_r ist der Zeitpunkt, zu dem die Kraft maximal ist. Mit anderen Worten, wenn die Kupplung betätigt wird, erreicht das Kupplungsmoment den Eingangswert bevor die Kupplung komplett gelöst ist. Die Zeit t_T ist vom Wert des Eingangsmoments T_i abhängig:

$$t_T = \frac{T_i}{K k_F} \tag{4.195}$$

Am Ende dieser Phase ist die Kupplungskraft (s. Abb. 4.59):

$$F^* = F(t_T) = \frac{T_i}{K} \tag{4.196}$$

Zu diesem Zeitpunkt ist das Kupplungsmoment gleich dem Eingangsmoment, allerdings ist die Ausgangsdrehzahl noch kleiner als die Eingangsdrehzahl. Dies heißt, die Leistung wird nicht vollständig an die Abtriebsseite übertragen, denn es wird zwar das gleiche Eingangsmoment an die Abtriebsseite übertragen, jedoch mit einer geringeren Drehzahl. Beim weiteren Lösen der Kupplung steigt die Federkraft an, und dementsprechend steigt auch das Kupplungsmoment bis zur Höchstgrenze. Wenn die Eigenschaften für T_c und T_L bekannt sind, kann Gleichung 4.180 integriert werden und damit die Rotationsgeschwindigkeit der Kupplung vor dem Kraftschluss berechnet werden:

$$\omega_c(t) = \omega_c(0) - \frac{1}{I_d} T_L t + \frac{1}{2 I_d} K k_F t^2 \tag{4.197}$$

Die Fahrzeugbeschleunigung und -geschwindigkeit während dieses Zeitraums ergeben sich wie folgt:

$$a(t) = \frac{r_w}{n I_d} [K k_F t - T_L] \tag{4.198}$$

$$v(t) = v(0) + \frac{r_w}{n} \left[\omega_c(0) - \frac{1}{I_d} T_L t + \frac{1}{2 I_d} K k_F t^2 \right] \tag{4.199}$$

Auch die Fahrstrecke kann berechnet werden:

$$s(t) = s(0) + v(0)t + \frac{r_w}{n} \left[\omega_c(0)t - \frac{1}{2 I_d} T_L t^2 + \frac{1}{6 I_d} K k_F t^3 \right] \tag{4.200}$$

Aus Gleichung 4.179 wissen wir auch:

$$\int_0^t T_e(t)dt = T_L t + I_d \omega_c(t) - I_e \left[\omega_e(0) - \omega_e(t) \right] \tag{4.201}$$

Das Integral auf der linken Seite ist vom Drosseleingangswert und der Motordrehzahl abhängig und generell schwer zu berechnen. Nach dem Kraftschluss können Motordrehzahl und Kupplungsdrehzahl durch Integration von Gleichung 4.190 ermittelt werden:

$$\omega_e(t) = \omega_e(t_L) + \frac{1}{I_e + I_d} \int_{t_L}^t (T_e - T_L) \, dt \tag{4.202}$$

wobei t_L der Zeitpunkt des Kraftschlusses ist.

Bezüglich des Rollwiderstandanteils am Lastmoment gibt es ein Problem in den Gleichungen dieses Abschnitts. Es ist in der Tat so, dass bei ebener Strecke keine Last auf das Fahrzeug einwirkt, sofern keine Antriebskraft vorhanden ist. Damit darf für die Zeit ohne Kupplungsmoment kein Lastmoment berücksichtigt werden. So lange, wie das Kupplungsmoment kleiner als das Rollwiderstandsmoment ist, muss das Nettoantriebsmoment an der Kupplungsscheibe null sein. Mit anderen Worten, das Rollwiderstandsmoment alleine kann keine negative Beschleunigung hervorrufen.

Konstantes Motordrehmoment Wenn wir annehmen, dass beim Auskuppeln ein konstantes Motordrehmoment T^* anliegt, können wir das Integral von Gleichung 4.201 und die Motordrehzahl $\omega_e(t)$ auf einfache Weise aus den Gleichungen 4.179 und 4.194 bestimmen:

$$\int_0^t T_e(t)dt = T^* t \tag{4.203}$$

$$\omega_e(t) = \omega_e(0) + \frac{1}{I_e} T^* t - \frac{1}{2 I_e} K k_F t^2 \tag{4.204}$$

Der Zeitpunkt t_L, zu dem die beiden Drehzahlen den gleichen Wert annehmen (Zeitpunkt des Kraftschlusses), erhalten wir durch Gleichsetzen der Gleichungen 4.201 und 4.203:

$$t_L = \frac{\beta}{2\alpha} + \frac{1}{2\alpha} \sqrt{\beta^2 + 4\alpha\gamma} \tag{4.205}$$

wobei:

$$\alpha = \left(\frac{1}{2I_e} + \frac{1}{2I_d}\right) K k_F \tag{4.206}$$

$$\beta = \frac{1}{I_e} T^* + \frac{1}{I_d} T_L \tag{4.207}$$

$$\gamma = \omega_e(0) - \omega_c(0) \tag{4.208}$$

Die Drehwinkel (im Bogenmaß), die Motor und Kupplungsscheibe zurücklegen, berechnen wir durch Integration der Gleichungen 4.204 und 4.197:

$$\theta_e(t) = \omega_e(0)\, t + \frac{1}{2I_e} T^* t^2 - \frac{1}{6I_e} K k_F t^3 \tag{4.209}$$

$$\theta_c(t) = \omega_c(0)\, t + \frac{1}{6I_d} K k_F t^3 - \frac{1}{2I_d} T_L t^2 \tag{4.210}$$

Die Drehzahl des Schwungrades nach dem Kraftschluss berechnet sich aus:

$$\omega_e(t) = \omega_e(t_L) + \frac{1}{I_e + I_d} (T_e - T_L)(t - t_L) \tag{4.211}$$

Den Wirkungsgrad der Kupplung bei Kraftschluss ermitteln wir mithilfe der Gleichungen 4.187 und 4.189 und Ersetzen in Gleichung 4.186. Die induzierte Energie und der Energieverlust ergeben sich zu:

$$E_i = \frac{1}{2} I_e \omega_e^2(0) + \frac{1}{2} I_d \omega_c^2(0) + T^* t_L \left[\omega_e(0) + \frac{1}{2I_e} T^* t_L - \frac{1}{6I_e} K k_F t_L^2 \right] \tag{4.212}$$

$$E_{loss} = K k_F \left[\frac{1}{2}\gamma + \frac{1}{3}\beta t_L - \frac{1}{4}\alpha t_L^2 \right] t_L^2 \tag{4.213}$$

Übung 4.16

Betrachten Sie für eine Zeitspanne von 1 s das gleichförmige Loslassen des Kupplungspedals, und nehmen Sie an, dass das Motordrehmoment während dieser Zeitspanne konstant ist. Das Fahrzeug befindet sich im Stillstand, und ein langsames Anfahren auf ebener Strecke ist gefordert.

a) Berechnen Sie die Zeit bis zum vollständigen Kraftschluss der Kupplung.
b) Plotten Sie die Änderung der Drehzahlen von Motor und Kupplung bis zum Zeitpunkt des Kraftschlusses.
c) Plotten Sie die Änderungen der Drehmomente von Motor und Kupplung.
d) Plotten Sie die Änderungen der Komponenten der Leistungen.
e) Bestimmen Sie den Wirkungsgrad der Kupplung während des Einkuppelns.
f) Erläutern Sie die Ergebnisse.

Tab. 4.11 Daten für Übung 4.16.

Parameter	Wert	Einheit
Trägheit Eingang I_e	0,25	kg m^2
Trägheit Kupplung I_c	0,05	kg m^2
Trägheit Getriebeausgang I_g	0,1	kg m^2
Trägheit Räder und Achsen I_w	2,0	kg m^2
Fahrzeugmasse	1000	kg
Radradius	30	cm
Getriebeübersetzung	3,5	–
Übersetzung des Achsantriebs	4	–
Rollwiderstandsbeiwert	0,02	–
Eingangsmoment des Motors (konstant)	60	Nm
maximales Motordrehmoment	110	Nm
Anfangsdrehzahl Motor	1000	1/min

Die Daten für die Übung finden Sie in Tab. 4.11.

Lösung:

K und k_F sind unbekannt. Wir nehmen an, dass die Kupplung für das maximale Motordrehmoment ausgelegt wurde. Das führt uns zu: $K k_F = T_{max}/t_r = 110$

Zur Berechnung der Variablen schreiben wir ein einfaches MATLAB-Programm. Abbildung 4.60 liefert das Beispielprogramm für diesen Zweck. Die Antwort (a) finden wir mit diesem Programm, und sie lautet: $t^* = 1{,}067$ s.

Die Ergebnisse von (b) und (c) sind in Abb. 4.61 dargestellt. Die Ergebnisse von (d) sind in Abb. 4.62 abgebildet.

Das Ergebnis von (e), der Wirkungsgrad der Kupplung beim Einkuppeln, beträgt 44,7 %.

(f) Die Drehzahl des Motors steigt, während das Kupplungsmoment gering ist. Anschließend nimmt sie mit zunehmendem Kupplungsmoment ab. Andererseits steigt die Kupplungsdrehzahl stetig bis zur Motordrehzahl an. Das Kupplungsmoment steigt linear mit der Zeit an, aber aus dem unteren Teil des Diagramms aus Abb. 4.62 wird auch ersichtlich, dass dessen Maximum das maximale Motordrehmoment (110 Nm) übersteigt. Das ist darauf zurückzuführen, dass die (Löse-)Zeit von 1 s beim gleichförmigen Anstieg der Kupplungskraft nicht lang genug ist, als dass Gleichheit von Motor- und Kupplungsdrehzahl erreicht werden könnte. Nach 1 s erreicht das Drehmoment den Grenzwert von 110 Nm und darf nicht weiter steigen. Somit sind die Ergebnisse nach der 1 s nicht mehr gültig.

Die Änderungen der Leistungen zeigen andererseits, dass die Reibleistung ca. 0,65 s stetig ansteigt und danach mit fallender Schlupfgeschwindigkeit abnimmt. Die Fläche unter der Momentanleistung im unteren Teil der Abbildung zeigt die Nettoenergie, die vom Motor an das System übertragen wird. Daher geht die verbleibende Motorleistung durch Reibung oder externe Last am Fahrzeug verloren.

```
% MATLAB-Programm für Übung 4.16

close all, clear all, clc

% Eingangsgößen:
Ie=0.25; Ic=0.05; Ig=0.1; Iw=2; m=1000; rw=0.3;
ng=3.5; nf=4;
tr=1.0;                   % Zeit bis zum Lösen der Kupplung
frr=0.02;                 % Rollwiderstandskoefffizient
Temax=110;                % Maximales Motordrehmoment
Tstar=60;                 % Konstantes Motor-Eingangsdrehmoment
omegae0=1000;             % Motordrehzahl (1/min) zu Beginn
theta=0;                  % Steigung (Grad)

% Vorabrechnungen
Ig=Ig/ng^2; Iw=Iw/(nf*ng)^2; Iv=m*(rw/nf/ng)^2;
Id=Ic+Ig+Iw+Iv;
Ka=Temax/tr;
theta=theta*pi/180;
Tl=m*9.81*(frr*cos(theta)+sin(theta))*rw/nf/ng;

% Lösung für Teil (a) des Beispiels
alpha=Ka*(0.5/Ie+0.5/Id);
beta=Tstar/Ie+Tl/Id;
gama=omegae0*pi/30;
tlock=beta/2/alpha+sqrt(beta^2+4*alpha*gama)/2/alpha;

% Lösung für Teil (b) des Beispiels
for i=1: 200
    t(i)=i*tlock/200;
    temp=Ka*t(i)^2/2;
    omegae(i)=omegae0*pi/30-temp/Ie+Tstar*t(i)/Ie;
    omegac(i)=temp/Id-Tl*t(i)/Id;
end
subplot(2,1,1)
plot(t, omegae*30/pi)
hold on
plot(t, omegac*30/pi, '--')
ylabel('Drehzahl (1/min)')
grid
```

```
% MATLAB-Programm für Übung 4.16 (Fortsetzung)

% Lösung für Teil (c) des Beispiels
for i=1: 200
    Tc(i)=Ka*t(i);
end
Te=Tstar*ones(200,1);
subplot(2,1,2)
plot(t, Te)
hold on
plot(t, Tc ,'--')
xlabel('Lösezeit (s)')
ylabel('Drehmoment (Nm)')
grid

% Lösung für Teil (d) des Beispiels
for i=1: 200
    Pe(i)=Te(i)*omegae(i);
    Pc(i)=Tc(i)*omegac(i);
    Pf(i)=Tc(i)*omegae(i)-Pc(i);
    Pl(i)=Tl*omegac(i);
    P(i)=Pe(i)-Pl(i)-Pf(i);
end
figure
subplot(2,1,1)
plot(t, Pe/1000)
hold on
plot(t, Pc/1000 ,'--')
plot(t, Pl/1000 ,'-.')
plot(t, Pf/1000, '.')
ylabel('Leistung (kW)')
grid
subplot(2,1,2)
plot(t, P/1000)
xlabel('Lösezeit (s)')
ylabel('Leistung (kW)')
grid

% Lösung für Teil (e): Wirkungsgrad der Kupplung
Ei=0.5*Ie*(omegae0*pi/30)^2+...
Tstar*tlock*(omegae0*pi/30+Tstar*tlock/2/Ie-
Ka*tlock^2/6/Ie);
Eloss=Ka*(gama/2+beta*tlock/3-
alpha*tlock^2/4)*tlock^2;
etac=(Ei-Eloss)*100/Ei;
```

Abb. 4.60 MATLAB-Programm für Übung 4.16.

Der Leistungsverlust durch Reibung (P_f) ist im Vergleich zur durch externe Last verbrauchten Leistung (P_l) relativ groß.

Beachten Sie, dass die Kupplungsleistung kurz nach der 0,9 s-Marke größer als die vom Motor eingebrachte Leistung ist. Das ist darauf zurückzuführen, dass die Kupplungsscheibe nicht nur einen Teil der Motorleistung aufnimmt, sondern auch einen beachtlichen Teil der kinetischen Energie des Schwungrades (weswegen die Motordrehzahl ja auch sinkt). In Gleichung 4.185 nimmt die Kupplungsscheibe mit einer negativen Motorbeschleunigung und abnehmender Reibleistung zusätzlich Leistung auf, und der Wert dieser Leistung kann höher sein als die Motorleistung.

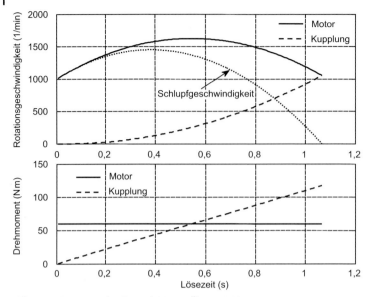

Abb. 4.61 Antworten für (b) und (c) aus Übung 4.16.

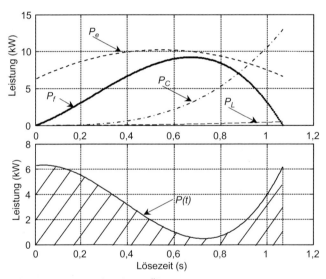

Abb. 4.62 Antworten für (d) aus Übung 4.16.

Drehmomentbegrenzung Wie wir gesehen haben, übersteigt das Drehmoment die Höchstgrenze, wenn wir es nicht beschränken:

$$
T_c = \begin{cases} K k_F & \text{für} \quad t \leq t_r \\ T_{max} & \text{für} \quad t > t_r \end{cases} \tag{4.214}
$$

Für den Bereich des konstanten Kupplungsmoments ergeben sich die Änderungen der Motordrehzahl und der Kupplungsdrehzahl wie folgt:

$$\omega_e(t) = \omega_e(t_r) + \frac{1}{I_e}\left(T^* - T_{max}\right)(t - t_r)\,, \quad t > t_r \tag{4.215}$$

$$\omega_c(t) = \omega_c(t_r) + \frac{1}{I_d}\left(T_{max} - T_L\right)(t - t_r)\,, \quad t > t_r \tag{4.216}$$

Während dieser Zeitspanne ergeben sich die Fahrzeugbeschleunigung, -geschwindigkeit und Fahrstrecke wie folgt:

$$a(t) = \frac{r_w}{n\,I_d}\left[T_{max} - T_L\right] \tag{4.217}$$

$$v(t) = v(t_r) + \frac{r_w}{n\,I_d}\left[T_{max} - T_L\right](t - t_r) \tag{4.218}$$

$$s(t) = s(t_r) + v(t_r)(t - t_r) + \frac{r_w}{2n\,I_d}\left[T_{max} - T_L\right](t - t_r)^2 \tag{4.219}$$

Der neue Kraftschlusszeitpunkt t_L^*, somit der Zeitpunkt, zu dem die beiden Geschwindigkeiten gleich werden, ergibt sich aus:

$$t_L^* = t_r + \frac{I_e I_d\left[\omega_e(t_r) - \omega_c(t_r)\right]}{(I_e + I_d)\,T_{max} - I_d\,T^* - I_e\,T_L} \tag{4.220}$$

Übung 4.17
Wiederholen Sie die vorstehende Übung mit der Einschränkung des Kupplungsmoments. Plotten Sie zusätzlich (a) Drehzahlkurven; (b) Drehmomentkurven; auch (c) die Änderungen von Fahrzeugbeschleunigung, -geschwindigkeit und Fahrstrecke über die Zeit.

Lösung:
Durch geringfügige Änderungen am vorstehenden Programm kann die Drehmomentbegrenzung eingebaut werden. In Abb. 4.63 finden Sie ein Beispielprogramm mit den erforderlichen Änderungen. Die damit erzielten Ergebnisse sind in den Abb. 4.64 und 4.65 zu sehen.
Die Kraftschlusszeit t_L^* wird nur geringfügig länger als t_L: $t_L^* = 1{,}071$ s.
Die Verläufe der Parameter sind insgesamt ähnlich wie bei den letzten Ergebnissen. Trotz der Begrenzung des Drehmoments sind in der kurzen Zeit keine signifikanten Änderungen zu erkennen.

Drosselwerteingaben   In der Praxis findet das Loslassen des Kupplungspedals gleichzeitig mit dem Betätigen des Gaspedals statt. Auf diese Weise wird das Motordrehmoment in Übereinstimmung mit den Leistungsanforderungen gesteuert. Dies beinhaltet die vom Kupplungsmoment an der Abtriebswelle erzeugte Leistung und die durch Reibung verloren gegangene Leistung.

```
% MATLAB-Programm für Übung 4.17

% Lösung für Teil (a) des Beispiels
    temp=Ka*tr^2/2;
    omegae_tr=omegae0*pi/30-temp/Ie+Tstar*tr/Ie;
    omegac_tr=(temp-Tl*tr)/Id;
tstar=tr+Id*Ie*(omegae_tr-omegac_tr)/(Temax*(Id+Ie)-
Tstar*Id-Tl*Ie);
if tstar < tr
alpha=Ka*(0.5/Ie+0.5/Id);
beta=Tstar/Ie+Tl/Id;
gama=omegae0*pi/30;
tstar=beta/2/alpha+sqrt(beta^2+4*alpha*gama)/2/alpha;
end

% Lösung für Teil (b) des Beispiels
for i=1: 200
   t(i)=i*tstar/200;
   if t(i) <= tr
      temp=Ka*t(i)^2/2;
      omegae(i)=omegae0*pi/30-temp/Ie+Tstar*t(i)/Ie;
      omegac(i)=temp/Id-Tl*t(i)/Id;
      Acc(i)=(2*temp/t(i)-Tl)*rwpn/Id;
      v(i)=omegac(i)*rwpn;
      s(i)=(temp*t(i)/3/Id-Tl*t(i)^2/2/Id)*rwpn;
      j=i;
   else
      omegae(i)=omegae(j)+(Tstar-Temax)*(t(i)-t(j))/Ie;
      omegac(i)=omegac(j)+(Temax-Tl)*(t(i)-t(j))/Id;
      Acc(i)=(Temax-Tl)*rwpn/Id;
      v(i)=v(j)+Acc(i)*(t(i)-t(j));
      s(i)=s(j)+(v(j)+v(i)/2)*(t(i)-t(j));
   end
end
```

Abb. 4.63 Geänderte Programmteile für Übung 4.17.

Wenn wir annehmen, dass das Lösen der Kupplung gleichförmig stattfindet, verlaufen die Änderungen des Kupplungsmoments ähnlich wie zuvor beschrieben. Für verschiedene Drosselwerteingaben können verschiedene Szenarien betrachtet werden:

- *Plötzlicher Drosselwert:* In diesem Fall wird sofort ein Drosselwert von θ_0 angewendet, während die Kupplung im Lösen begriffen ist.
- *Konstanter Drosselwert:* In diesem Fall wird angenommen, dass ein Drosselwert von θ_0 angewendet wird, bevor das Lösen stattfindet. Daher ist die Motordrehzahl vor dem Lösen höher als beim plötzlichen Drosselwert.
- *Variabler Drosselwert:* In diesem Fall wird angenommen, dass der Drosselwert sich entsprechend der Fahrzeuglast in exponentieller Form verändert und dass der Fahrer den Drossel-Endwert θ_f wählt. Damit ergeben sich folgende Gleichungen:

$$\theta_e(t) = \theta_i + \left(\theta_f - \theta_i\right) \cdot \left(1 - e^{bt}\right) \tag{4.221}$$

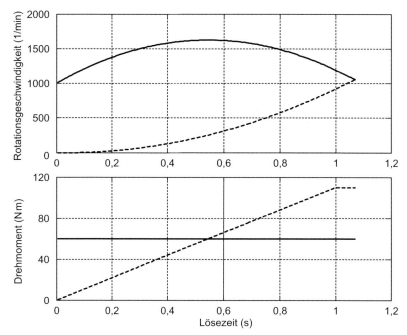

Abb. 4.64 Antworten für (a) und (b) aus Übung 4.17.

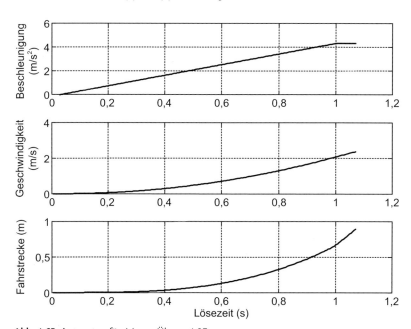

Abb. 4.65 Antworten für (c) aus Übung 4.17.

Tab. 4.12 Zusatzdaten für Übung 4.18.

Parameter	Wert	Einheit
Gleitreibungskoeffizient	0,20	
Anfangsdrehzahl Motor	1000	1/min
mittlerer Kupplungsradius	15	cm

$$b = a + c \cdot \frac{T_L}{T_{e_{max}}} - d \frac{\theta_i}{100} \tag{4.222}$$

wobei θ_i der Anfangswert des Drosselwerts ist und die Koeffizienten a, c und d drei Konstanten sind.

Aufgrund der komplexen Motorreaktionen auf Drosselwerteingaben kann für diesen Fall keine Lösung der geschlossenen Form gefunden werden. Die Lösung für die geltenden Differenzialgleichungen müssen mithilfe eines Computerprogramms gefunden werden. Ähnliche Probleme wurden in Kapitel 3 gelöst. Die dort verwendete Programmstruktur kann auch im vorliegenden Fall angewendet werden.

Übung 4.18

Betrachten Sie für das Fahrzeug in Übung 4.16 den Fall des plötzlichen Gasgebens mit einem Drosseleingabewert von 35 % zu Beginn, und wiederholen Sie die Berechnungen. Die Koeffizienten der MT-Motorformel und die Volllastmotordaten finden Sie in den Tab. 3.1 und 3.2.

Weitere Daten finden Sie in Tab. 4.12.

Lösung:

Zur Lösung der Differenzialgleichungen erstellen wir ein MATLAB-Hauptprogramm mit zwei Unterprogrammen. Die Struktur der Programme ist ähnlich wie in den vorherigen Beispielen. Die Kommentare in den Programm-Listings in den Abb. 4.66 und 4.67 sind selbsterklärend.

Die Ergebnisse der Berechnungen sind in den Abb. 4.68–4.70 zu finden. Durchgezogene Linien beziehen sich generell auf die Motorausgangswerte und gestrichelte Linien sind Kupplungsausgangswerte. Die Ausgangswerte für die Rotationsgeschwindigkeiten und Drehmomente von Kupplung und Motor in Abb. 4.68 zeigen Ähnlichkeit mit den vorstehenden Beispielen mit konstantem Drehmoment. Der Grund ist, dass das Drehmoment nur sehr geringe Schwankungen aufweist und die Amplitude nahe der aus Übung 4.17 ist.

Die Zeit bis zum Kraftschluss beträgt in diesem Fall 1,091 s und ist damit ebenfalls dem vorherigen Ergebnis ähnlich. Die in Abb. 4.69 abgebildeten Leistungselemente gleichen denjenigen aus Übung 4.17 ebenfalls. In diesem Fall wurde die Anzahl der Umdrehungen von Schwungrad und Kupplungsscheibe berechnet und ist in Abb. 4.70 dargestellt.

```
% MATLAB-Hauptprogramm für Übung 4.18

% Plötzliches Gasgeben

clc; clear all; close all;

global p Tcmax Tl Ie Id th0 thm ar b mud
global wer tet p

% Zusätzliche Eingaben:
rc_av=0.15;        % Mittlerer Kupplungsscheibendurchmesser
mus=0.3;           % Haftreibungskoeffizient
mud=0.2;           % Gleitreibungskoeffizient
thm=35;            % Drosselgrenzwert

% Volllastdaten des Verbrennungsmotors (für Drosselwert 100 %)
te=[80 98 100 105 107 109 110 109 104 97];
ome=[1000 1500 2000 2500 3000 3500 4000 4500 5000 5300];
Temax=max(te);

% Kurve an Volllastdaten angleichen
[p,s]=polyfit(ome,te,2);

% Vorabrechnungen
Ig=Ig/ng^2; Iw=Iw/(nf*ng)^2; Iv=m*(rw/nf/ng)^2;
Id=Ic+Ig+Iw+Iv;
% 2*mud*Raverage K=2*mud*rc_av;
% Drehmomentgrenze Kuplung Tcmax=Temax;
% Kupplungskraftgrenze Fcmax=Temax/K;
a=Fcmax/tr;
Ka=K*a;
ar=a*rc_av;
theta=theta*pi/180;
rwpn=rw/nf/ng;
Tl=m*9.81*(frr*cos(theta)+sin(theta))*rwpn;

% Sollwerte für plötzliches Gasgeben:
th0=thm; b=0;

% Anfangsbedingungen für die Integration:
x0=[w0*pi/30 0 0 0];   % [w_e w_c theta_e theta_c]
t0=0; tf=1.5;
```

```
% MATLAB-Hauptprogramm für Übung 4.18

% Hauptschleife zur Berechnung der Kraftschluss-Zeit
w_e=x0(1);
w_c=1.5*we;
while w_c – w_e > 0.05

[t,x]=ode45(@Example_455_f,[t0 tf], x0);

w1=x(:,1); w2=x(:,2);
i=length(w1);
w_e=w1(i); w_c=w2(i);
  if w_c >= w_e
    if w_e<0
      tf=tf*0.8;
    else
      tf=0.95*tf;
    end
  else
    tf=tf*1.05;
    w_c=600;
  end
end
% Abbildung 1.1: Rotationsgeschwindigkeit über die Zeit
subplot(2,1,1)
plot(t, x(:,1)*30/pi), hold on, plot(t, x(:,2)*30/pi,'--'), grid
xlabel('Zeit (s)')
ylabel('Rotationsgeschwindigkeit (1/min)')

% Regeneriere die Ergebnisse:
wei=x(:,1); wci=x(:,2);
for j=1: i
  thr=th+(thm-th)*(1-exp(-b*t(j))); if thr>100, thr=100; end
  % Berechne Motordrehmoment mit MT-Formel:
    wer=30*wei(j)/pi;
    pow=(1.003*wer)^1.824;
    den=(1+exp(-11.12-0.0888*thr))^pow;
    Te(j)=polyval(p,wer)/den;
    tet=Te(j);
  % Berechne Drosselöffnungswert des Motors
    thet(j)=fsolve(@partfind, thr ,optimset('Display','off',
'TolFun', 0.1));
    delomeg=abs(wei(j)-wci(j));
    torq(j)=Ka*t(j);
  % Begrenze das Drehmoment
    if torq(j)>Tcmax, torq(j)=Tcmax; end
    Pe(j)=wei(j)*tet;
    Pc(j)=wci(j)*torq(j);
    Pf(j)=torq(j)*wei(j)-Pc(j);
    Pl(j)=Tl*wci(j);
    P(j)=Pe(j)-Pl(j)-Pf(j);
end
% Plotte die anderen Abbildungen
```

Abb. 4.66 MATLAB-Hauptrogramm für Übung 4.18.

Der Wirkungsgrad der Kupplung bei Einkuppeln kann in diesem Fall berechnet werden, indem die folgenden zusätzlichen Integrale in den Funktionsteil eingebaut werden:

```
delomeg=abs(x(1)-x(2));
f(5)=Te*x (1);
```

sowie die folgenden Anweisungen im Hauptprogramm:

```
% Funktionsteil für das MATLAB-Hauptprogramm von Übung 4.18

function f=Example_455_f(t,x)

global p Tcmax Tl Ie Id th thm ar b mud

thr=th+(thm-th)*(1-exp(-b*t));
if thr>100, thr=100; end
% Berechne Motordrehmoment bei gegebenem w_e und Drosselwert
    wer=x(1)*30/pi; % engine speed
    pow=(1.003*wer)^1.824; % MT-Formula
    den=(1+exp(-11.12-0.0888*thr))^pow; % MT-Formel
Te=polyval(p,wer)/den; % MT-Formula
% Berechne Kupplungsmoment
Tc=2*mud*ar*t;
if Tc>Tcmax, Tc=Tcmax; end
f=[(Te-Tc)/Ie,
  (Tc-Tl)/Id,
  x(1),
  x(2)];

% Funktion zur Berechnung der Drosselklappenöffnung
% für ein gegebenes Drehmoment und eine gegebene Drehzahl

function f=partfind(x)
global wer tet p

    pow=(1.003*wer)^1.824;
    den=(1+exp(-11.12-0.0888*x))^pow;
    f=tet-polyval(p,wer)/den;
```

Abb. 4.67 MATLAB-Funktionen für Übung 4.18.

```
Ei=x (i,5)+0.5*Ie*(w0*pi/30)\^{}2;
Eloss=x (i,6);
```

Das Ergebnis ist 45,5 %.

Beachten Sie, dass die Ähnlichkeiten zwischen den Lösungen aus Übung 4.17 und der aktuellen Übung auch aufgrund der identischen Fahrzeugparameter sowie des identischen Drosselwerts von 35 % (somit aufgrund ähnlicher Drehmomentwerte) zustande kommen. Das maximale Drehmoment des MT-Motormodells beträgt 113 Nm. In Übung 4.17 waren es 110 Nm. Damit bestehen in beiden Fällen nur geringfügige Unterschiede. Diese Übung sollte zeigen, dass es vernünftig ist, von einem konstanten Motordrehmoment auszugehen.

Übung 4.19

Wiederholen Sie Übung 4.18 für eine exponentielle Drosseleingabe mit den Werten $a = 3$, $c = 3$ und $d = 2$. Das Fahrzeug befindet sich zunächst im Stillstand auf einer Strecke mit einer Steigung von $10°$. Betrachten Sie den Fall, dass das Kupplungspedal innerhalb von 1,5 s losgelassen wird und dass der Drosselwert am Ende einen Wert von 50 % hat.

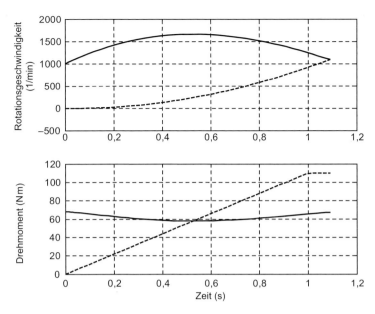

Abb. 4.68 Motor- und Kupplungsdrehzahlen sowie Motor- und Kupplungsdrehmomente von Übung 4.18.

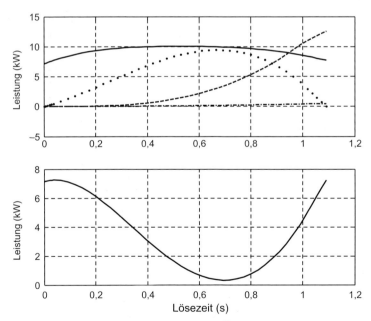

Abb. 4.69 Leistungselemente (s. Abb. 4.62) aus Übung 4.18.

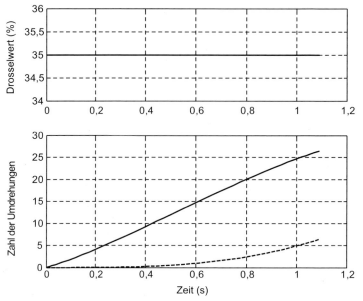

Abb. 4.70 Motorlast, Motor- und Kupplungsdrehzahlen aus Übung 4.18.

Lösung:

Mit geringfügigen Änderungen an den Programmen aus Übung 4.18 (nicht bereitgestellt), erhalten wir die in den Abb. 4.71–4.73 gezeigten Ergebnisse. Da das Fahrzeug bergauf steht, rollt das Fahrzeug rückwärts, was am negativen Drehzahlwert für die Kupplung in Abb. 4.71 ersichtlich ist. Ein Drosselwert von 50 % reicht aus, um zu verhindern, dass die Motordrehzahl beim Kraftschluss unter die Drehzahlgrenze von 1000/min fällt. Die Leistungskurven in Abb. 4.72 zeigen, dass die Momentanwerte der Leistung zeitweilig negativ werden.

4.5.4.2 Loslassen des Pedals

Der realistischste Fall für die dynamischen Vorgänge beim Einkuppeln bestünde darin, statt der Änderung der Kupplungskraft beim Betätigen der Kupplung den Kupplungspedalweg zu betrachten. Dazu ermittelt man den Zusammenhang zwischen dem Pedalweg und dem Weg des Ausrücklagers ähnlich wie in Gleichung 4.149 (s. Abb. 4.40). Wenn wir starre Hebel annehmen, ergibt sich der Weg δ_B des Ausrücklagers in Bezug zum Pedalweg x_P durch:

$$\delta_B = \frac{l_2 \cdot l_4}{l_1 \cdot l_3} x_P = k_{BP} x_P \tag{4.223}$$

Mit Gleichung 4.163 finden wir die Beziehung zwischen Druckplattenweg δ_P und Pedalweg x_P:

$$\delta_P = \frac{1}{k_s} \delta_B = \frac{k_{BP}}{k_s} x_P = k_{PP} x_P \tag{4.224}$$

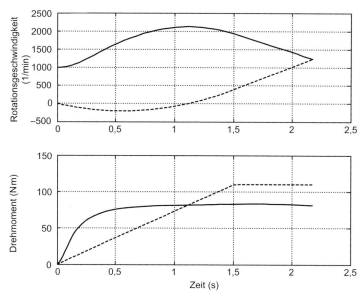

Abb. 4.71 Motor- und Kupplungsdrehzahlen aus Übung 4.19.

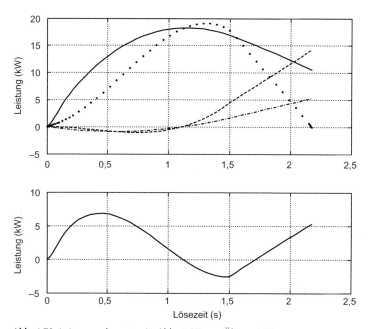

Abb. 4.72 Leistungselemente (s. Abb. 4.62) aus Übung 4.19.

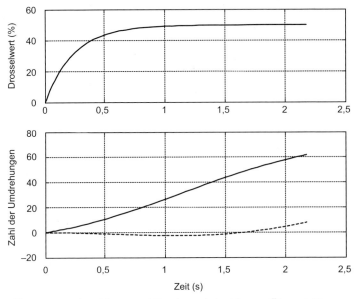

Abb. 4.73 Motorlast, Motor- und Kupplungsdrehzahlen aus Übung 4.19.

Nun lässt sich nach Gleichung 4.164 die Anpresskraft F_C aus dem Pedalweg x_P bestimmen. Somit hängt die Kupplungsdynamik vom zeitlichen Verlauf des Pedalwegs $x_P(t)$ während des Lösens der Kupplung ab. Um die Kupplungsdynamik anhand des Pedalwegs zu analysieren, betrachten wir folgende Übungen.

Übung 4.20
Die für ein Kupplungssystem gemessenen Hebelarme sind in Tab. 4.13 aufgelistet.

a) Berechnen Sie die Gesamtübersetzung vom Pedalweg bis zur Druckplattenverschiebung.
b) Bestimmen Sie die Druckplattenverschiebung für einen maximalen Kupplungspedalweg von 13 cm.

Lösung:
Die Antwort (a) finden Sie mit den Gleichungen 4.163, 4.223 und 4.224:

$$k_s = \frac{l_f}{l_s} = \frac{43}{14} = 3{,}071$$

$$k_{BP} = \frac{l_2 \cdot l_4}{l_1 \cdot l_3} = \frac{60 \times 30}{330 \times 130} = 0{,}042$$

$$k_{PP} = \frac{k_{BP}}{k_s} = \frac{0{,}042}{3{,}071} = 0{,}0137$$

Die Antwort (b) ist einfach:

$$\delta_P = k_{PP} x_P = 0{,}0137 \times 130 = 1{,}8\,\mathrm{mm}$$

Tab. 4.13 Kupplungssystemdaten für Übung 4.20.

Parameter	l_1	l_2	l_3	l_4	l_f	l_s
Wert (mm)	330	60	130	30	43	14

Tab. 4.14 Kupplungsdaten für Übung 4.21.

Parameter	Wert	Einheit
Innendurchmesser D_i	46	mm
Außendurchmesser D_o	164	mm
Innendurchmesser Tellerfeder D_b	134,5	mm
Federdicke t	2	mm
Tellerfederhöhe h	2,75	mm
Sollwert Federweg δ_S^*	3	mm
Elastizitätsmodul	207	MPa
Poisson'sche Zahl	0,3	–

Übung 4.21

Für die Kupplung von Übung 4.20 liefert Tab. 4.14 die Daten für die MG-Formel. Wir betrachten lineares Loslassen des Pedals innerhalb von 2 s:

a) Berechnen Sie den Leerweg δ_{BC} des Ausrücklagers, d. h. die Verschiebung des Ausrücklagers bis zur Berührung der Zungenfedern der Membranfeder.

b) Plotten Sie den zeitlichen Verlauf der Anpresskraft und der Verschiebungen.

Lösung:

Lineares Lösen des Pedals innerhalb von 2 s bedeutet, dass der maximale Weg von 13 cm linear zurückgelegt wurde:

$$x_P(t) = \frac{130}{2} t = 65\,t$$

Darum gilt: $\delta_B = k_{BP} x_P = 0{,}042 * 65\,t = 2{,}73\,t$.

Allerdings müssen wir für die Verschiebung der Druckplatte herausfinden, wann das Ausrücklager die Zungen berührt. Diese Berührung findet unmittelbar vor dem Anstieg der Anpresskraft auf einen Wert größer null statt. Aus Gleichung 4.164 ermitteln wir den Übergangspunkt mit:

$$F_S \left(\delta_S^* + \frac{\delta_B}{k_s} \right) - k_s F_B (\delta_B) = 0$$

Dies ist eine Funktion, die nicht linear ist und numerisch (oder durch Trial-and-Error) gelöst werden muss. So erhalten wir δ_B^*, die gesamte Verschiebung des Ausrücklagers vom Beginn der Berührung zwischen Kupplungsscheibe und Druckplatte bis zum Kraftschluss. Die übrige Strecke δ_{BC} die das Lager bewegt wird, dient dazu, die Druckplatte mit der Kupplungsscheibe in Kontakt zu bringen, es gilt

$$\delta_{BC} = 130 k_{BP} - \delta_B^*$$

Zeitlich ausgedrückt ergibt sich:

$$t_{BC} = 2 - \frac{\delta_B^*}{65 k_{BP}}$$

Die Verschiebung der Druckplatte ist bis zu diesem Zeitpunkt null. Danach gilt:

$$\delta_P(t) = k_{PP} x_P (t - t_{BC}) = 0{,}0161 \times 65 (t - t_{BC}) = 1{,}047 (t - t_{BC}) \ , \ t > t_{BC}$$

Sobald der zeitliche Verlauf der Verschiebungen bekannt ist, erhalten wir die Anpresskraft aus Gleichung 4.164.

Wir verwenden ein MATLAB-Programm zur Lösung der oben genannten Gleichungen. In Abb. 4.74 finden Sie ein Beispielprogramm. In Abb. 4.75 ist die zur Bestimmung von δ_B^* verwendete Funktion abgebildet.

Die vom Programm berechneten Parameter δ_B^*, δ_{BC} und t_{BC} ergeben sich wie folgt:

$$\delta_B^* = 2{,}49 \, \text{mm} \ , \quad \delta_{BC} = 2{,}97 \, \text{mm} \quad \text{und} \quad t_{BC} = 1{,}087 \, \text{s}$$

Daher ergibt sich die Verschiebung des Ausrücklagers bei vollständig durchgetretenem Kupplungspedal zu 5,456 mm. 1,087 s nach dem Loslassen des Pedals berührt die Druckplatte die Kupplungsscheibe. Hier beginnt das Einkuppeln der Kupplung. Bis hier wurden Lager um 3 mm und die Druckplatte um 0,943 mm Weg verschoben (Abb. 4.76). In den verbleibenden 0,9 s wird eingekuppelt, und die Anpresskraft steigt von null bis auf ein Maximum von 406 kp (Abb. 4.77). Damit ist sie gleich der Federkraft an dessen Grenzwert.

Übung 4.22

Verwenden Sie die Daten aus den Übungen 4.16, 4.20 und 4.21. Simulieren Sie die Kupplungsdynamik beim Loslassen des Kupplungspedals bei konstant gehaltenem Motordrehmoment.

Lösung:

Ein geeignetes Programm für diese Übung ist die Kombination der für die Übungen 4.18 und 4.21 geschriebenen Programme. Es sind allerdings einige Modifikationen vorzunehmen, denn das Programm aus Übung 4.18 war für die Drosselwerteingabe vorgesehen, während hier ein konstantes Drehmoment angenommen werden soll.

Das Schreiben dieses Programms wird dem Leser überlassen. Lediglich die Ergebnisse werden hier wiedergegeben. Die zeitlichen Verläufe der Rotationsgeschwindigkeiten und der Drehmomente von Motor und Kupplungsscheibe sind

```
% Übung 4.21

global Ds ks t k1 k2 kp3 De Nu E h

% Eingabewerte
Di=46; De=164; Dt=134.5; t=2; h=2.75;
Nu=0.3; E=207;              % Gigapascal
l1=330; l2=60; l3=130; l4=30;
Ds=3;                      % Grenzwert
tr=2.;                     % Pedallösezeit
pt=130;                    % Pedalweg

% Vorabrechnungen
Dteff=0.98*Dt; R=De/Dteff;
k1=6*((R-1)/R)^2/pi/log(R);
k2=(De-Dteff)/(De-Di);
lf=(Dt-Di-t)/2; ls=(De-Dt-t)/2;
ks=lf/ls; kbp=l2*l4/l1/l3; kpp=kbp/ks; kxp=pt/tr;

% Berechnen der Lager-Verschiebung 'dbstar' am Einkuppelpunkt
dbstar=fsolve(@Example_458_f, 1.5, optimset('Display','off'));
tstar=dbstar/kbp/kxp; % Gesamtzeit bis Kraftschluss

% Berechnen der Federkraft
dt=tstar/200;
for i=1:200
    time(i)=i*dt;
    db(i)=time(i)*kbp*kxp;
    ds(i)=Ds+time(i)*kpp*kxp;
    k3=(2*ds(i)+t)*(h-1.45*ds(i))*(h-0.4*ds(i))/t^3;
    k4=4000*E*k2*t^3/k1/(1-Nu^2)/De^2;
FS(i)=k4*ds(i)*(1+0.153*k3);
    kp3=(db(i)-0.1*t)*(h-2.2*db(i))*(h-t*db(i)/6)/t^3;
    k4=250*E*t^3/k1/(1-Nu^2)/De^2;
FB(i)=k4*db(i)*(1+0.133*kp3);
Fc(i)=FS(i)-ks*FB(i);
end
plot(tr-time, FS), hold on, plot(tr-time, ks*FB, '--'),
plot(tr-time, Fc, '-.'), grid
xlabel('Zeit (s)'), ylabel('Kraft (kp)')
figure
plot(tr-time, ds, '--')
hold on
dt=tr/200;
for i=1:200
    time(i)=i*dt;
    db(i)=time(i)*kbp*kxp;
end
plot(tr-time, db), grid
xlabel('Zeit (s)'), ylabel('Verschiebung (mm)')
```

Abb. 4.74 MATLAB-Programm für Übung 4.21.

in Abb. 4.78 gezeigt. Da die Einkuppelphase nach rund 1,1 s beginnt und das Drehmoment von Anfang an anliegt, steigt die Motordrehzahl auf fast 4000/min bis die Phase des Lösens beginnt und das Kupplungsmoment dem Eingangsmoment entgegenwirkt. Das Kupplungsmoment wird von der Anpresskraft und

```
% Funktionsteil von Übung 4.21
function f=Example_458_f(x)
global Ds ks t k1 k2 kp3 De Nu E h
    ds=Ds+x/ks;
    db=x;
    k3=(2*ds+t)*(h-1.45*ds)*(h-0.4*ds)/t^3;
    k4=4000*E*k2*t^3/k1/(1-Nu^2)/De^2;
FS=k4*ds*(1+0.153*k3);
    kp3=(db-0.1*t)*(h-2.2*db)*(h-t*db/6)/t^3;
    k4=250*E*t^3/k1/(1-Nu^2)/De^2;
FB=k4*db*(1+0.133*kp3);
f=FS-ks*FB;
```

Abb. 4.75 MATLAB-Funktion für Übung 4.21.

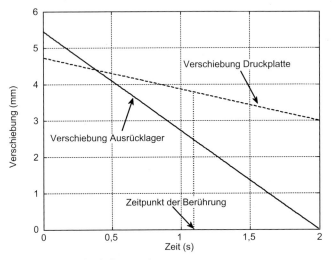

Abb. 4.76 Zeitverläufe der Kupplungswege.

dem Reibungskoeffizienten bestimmt. Infolgedessen steigt es auf hohe Werte, obwohl das Drehmoment auf 110 Nm (max. Motordrehmoment) begrenzt ist. Die Leistungskurven in Abb. 4.79 zeigen einen ähnlichen Verlauf in der Einkuppelphase, allerdings mit größeren Reibleistungswerten, die in dieser Phase negative Leistungsflüsse produzieren.

Der Wirkungsgrad während des Einkuppelns ergibt sich zu 40,1 %.

4.5.4.3 Anmerkungen

Die Kupplung steuert die Leistungsübertragung vom Motor zum Fahrzeug und umgekehrt. Die komplizierten Zusammenhänge zwischen Reibung und Federlast machen die Kupplungsmodellierung zu einer schwierigen Aufgabe. Zwei Probleme müssen unbedingt beachtet werden: Die Größenordnung von Kupplungsmomenten sowie die Richtung des Energieflusses. Sie werden im folgenden Abschnitt untersucht.

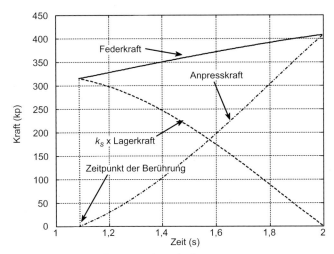

Abb. 4.77 Zeitverläufe der Kupplungskräfte.

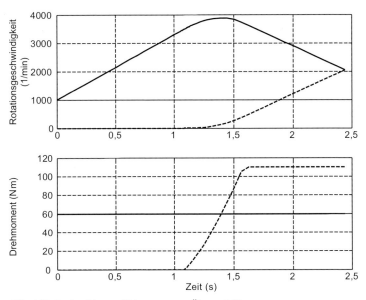

Abb. 4.78 Drehzahlen und Momente aus Übung 4.22.

Eingangs- und Ausgangsmomente der Kupplung Das auf der Coulomb'schen Reibung basierende Drehmomentmodell der Kupplung führt zu Kupplungsmomenten, die größer als das Motordrehmoment sind. Das Kupplungsmoment ist linear von der Normallast auf der Reibfläche abhängig. Sie kann erst nach dem Loslassen des Kupplungspedals wirken. Aus diesem Grund hat die Kupplungskraft dieses Modells nichts mit dem Motordrehmoment zu tun. Dennoch lässt sich das Phänomen, dass das Kupplungsmoment größer als das Motordrehmoment ist, mit dem

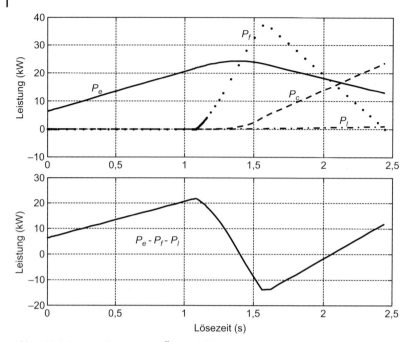

Abb. 4.79 Leistungselemente von Übung 4.22.

folgenden Beispiel erklären. Stellen Sie sich vor, ein großes Schwungrad ersetzt den Motor. Zum Zeitpunkt null ist das Schwungrad aufgeladen und die Kupplung beginnt zu greifen. Das Kupplungsmoment wird durch Reibung erzeugt während kein Eingangsmoment anliegt. Damit kann das Kupplungsmoment existieren, ohne dass ein Eingangsmoment anliegt. Das bedeutet, dass das Kupplungsmoment unabhängig vom Eingangsmoment ist. Tatsächlich nimmt die Kupplung die Energie auf, die das Schwungrad durch Ändern des Moments abgibt. Das findet im Fahrzeug mit einem Motor mit angeschraubtem Schwungrad ebenso statt. Nur wird hier die verlorene Energie des Schwungrades durch die Energie des Motors ersetzt. Nach Gleichung 4.185 gilt:

$$P_c = P_e - P_f - I_e \omega_e \alpha_e \tag{4.225}$$

dies zeigt, dass die Kupplung vom Schwungrad auch dann Energie erhält (der letzte Ausdruck ist positiv, sobald die Motordrehzahl abnimmt) wenn der Motor keine Leistung produziert. Die Begrenzung des Kupplungsmoments mit dem Coulomb'schen Reibungsmodell basiert auf dem übertragbaren Drehmoment der Kupplung. Wenn wir annehmen, dass das übertragbare Moment der Kupplung gleich dem maximalen Motordrehmoment sein soll, dann heißt dies, dass die Kupplung, egal welches Moment der Motor abgibt, ein Drehmoment bis zum Maximum des Motordrehmoments entwickeln kann.

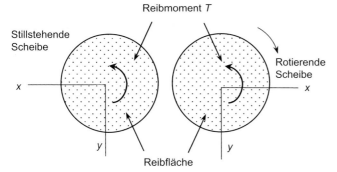

Abb. 4.80 Richtung der Reibmomente bei Scheibenpaaren.

Richtung des Leistungsflusses Der Leistungsfluss verläuft nicht ausschließlich vom Motor zum Getriebe, er kann auch umgekehrt verlaufen. Um die Richtung des Leistungsflusses zu analysieren, betrachten wir zwei Scheiben, von denen eine still steht und die andere rotiert. Wenn die beiden Scheiben miteinander in Berührung kommen, wirken die Reibmomente an den beiden Oberflächen in entgegengesetzte Richtungen. Nach Abb. 4.80 wirkt das Reibmoment einer (um die Z-Achse) rotierenden Scheibe der Richtung der Relativbewegung entgegen. Bei der stillstehenden Scheibe wirkt das Drehmoment in Richtung der relativen Rotation. Mit anderen Worten, das negative Moment an der rotierenden Scheibe verbraucht seine Leistung ($P = [-T]\omega < 0$). Das Drehmoment, das auf die stillstehende Scheibe übertragen wird, gibt Energie an sie ab und bewirkt, dass sie in Drehung versetzt wird, bis die Relativgeschwindigkeit schließlich den Wert null hat. Somit verläuft der Leistungsfluss von der Scheibe mit der höheren Geschwindigkeit zu der mit der niedrigeren Geschwindigkeit.

Wir definieren den Geschwindigkeitsunterschied für zwei rotierende Scheiben mit den Geschwindigkeiten ω_2 und ω_1 wie folgt:

$$\Delta\omega = \omega_2 - \omega_1 \tag{4.226}$$

Bei positiven $\Delta\omega$ findet der Leistungsfluss von Scheibe 2 nach Scheibe 1 statt, bei negativem $\Delta\omega$ ist es umgekehrt. Ein Beispiel für die Übertragung von Energie von der Kupplung zum Motor ist das Herunterschalten. Hier erhöht sich die Motordrehzahl durch das Loslassen der Kupplung. Das bedeutet, dass der Motor über die Kupplung Energie aufnimmt. Daher ist die Drehzahl der Kupplungsscheibe beim Einlegen eines niedrigeren Gangs aufgrund der Rotation der Räder höher als die Drehzahl des Motors.

4.6
Automatische Getriebe

Beim Automatikgetriebe braucht sich der Fahrer beim Fahren nicht mehr um die Wahl der Gangstufen zu kümmern. Das macht das Fahren komfortabler. Früher wurden konventionelle Automatikgetriebe eingesetzt, die keine elektronische Steuerung besaßen. Mit den Fortschritten in der Fahrzeugelektronik wurden neue Automatikgetriebearten möglich. Ein einfaches Automatikgetriebekonzept stellt das automatisierte manuelle Schaltgetriebe (AMT, Automated Manual Transmission) dar. Das AMT erlaubt die elektronisch gesteuerte Nutzung von Handschaltgetrieben, die ja den höchsten Wirkungsgrad besitzen. Ein weitere Automatikvariante, die von der Handschaltung abgeleitet wurde, ist das Doppelkupplungsgetriebe (DCT, Double Clutch Transmission). Das Elegante am DCT ist der kontinuierliche Drehmomentfluss. In den nächsten Abschnitten werden wir detailliert darauf eingehen.

4.6.1
Konventionelle Automatikgetriebe

Bei einem konventionellen Automatikgetriebe wird die Kupplung durch eine Strömungskupplung oder einen Drehmomentwandler ersetzt. Somit ist das Ein- und Auskuppeln beim Gangwechsel überflüssig. Hier wird statt eines konventionellen Zahnradgetriebes ein völlig anderes Gangschaltsystem, das sogenannte Planetengetriebe oder epizyklische Getriebe (s. Abschn. 4.4.2) für das Wechseln der Übersetzungsverhältnisse genutzt. Daher sind konventionelle Automatikgetriebe intern anders aufgebaut als Handschaltgetriebe, obgleich sie sich äußerlich gleichen, wie Abb. 4.81 zeigt.

In konventionellen Automatikgetrieben werden Planetenradsätze verwendet, um die Gangstufen zu realisieren. In Abschn. 4.4.2 wurde ein Planetenradsatz erläutert, und es wurde gezeigt, dass damit verschiedene Übersetzungen bewerkstelligt werden können, wovon drei nützlich waren (zwei Vorwärts- und ein Rückwärtsgang). Somit braucht man für ein Mehrganggetriebe verschiedene Planetenradsätze. Tatsächlich entstehen *gekoppelte Getriebe*, wenn die beiden Radsätze miteinander verbunden sind. Bei einer Kopplung von Planetenradsätzen nimmt

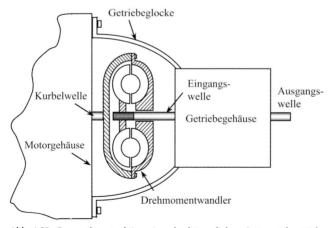

Abb. 4.81 Gesamtkonstruktion eines herkömmlichen Automatikgetriebes.

die Zahl der Übersetzungen zwar zu, allerdings sind sie nur teilweise sinnvoll. Das liegt daran, dass das Gesamtübersetzungsverhältnis von der Eingangs- zur Abtriebswelle des Getriebes von allen verbundenen Zahnrädern abhängig ist. Um die benötigten Übersetzungsverhältnisse (z. B. für die Gangstufen 1–5) zu erhalten, müssen die Zähnezahlen für alle Planetenradsätze aufeinander abgestimmt sein. Die Funktion des Drehmomentwandlers und die Steuerung der Kraftübertragung werden in den folgenden Unterabschnitten erläutert.

4.6.1.1 Drehmomentwandler

Das Funktionsprinzip einer Strömungskupplung besteht darin, das Moment von einem Arbeitsfluid (Öl) auf eine Turbine zu übertragen. Ein Laufrad (Pumpe) mit mehreren Schaufeln ist mit der Kurbelwelle verbunden. Sobald der Motor läuft, wird das Arbeitsmedium beschleunigt. Dabei wird es an den Schaufeln entlang vom kleinen Radius zum großen Radius (s. Abb. 4.82) bewegt. Beim Verlassen der (Pumpen-)Schaufel trifft das Fluid mit großem Drehmoment auf die Turbinenschaufel, die mit der Getriebeeingangswelle verbunden ist. Das Moment wird auf die Turbine übertragen, und das Fluid kehrt mit niedriger Geschwindigkeit zum kleinen Radius und tritt aus der Turbinenschaufel aus. Das Arbeitsfluid gelangt nun wieder von innen zum Laufrad, und der Zyklus beginnt von vorn. Das Fluid zirkuliert kontinuierlich zwischen Turbine und Laufrad. Wenn die Eingangswelle des Getriebes nicht rotiert und der Motor dreht, steht das Fluid unter Spannung, aber es gibt keine mechanische Verbindung zwischen Motor und Getriebe. Dieser Schlupf in der Strömungskupplung ermöglicht es, das Fahrzeug anzuhalten, obwohl der Motor läuft. Allerdings wirkt ein Drehmoment vom Motor an der Getriebeeingangswelle. Wenn der Motor mit Leerlaufdrehzahl dreht, ist das Drehmoment gering. Dennoch hat das Fahrzeug das Bestreben, loszurollen, wenn ein Gang eingelegt ist. Diese Kriechbewegung genannte Bewegung ist bei Fahrzeu-

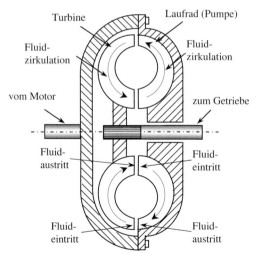

Abb. 4.82 Schematische Darstellung einer Strömungskupplung.

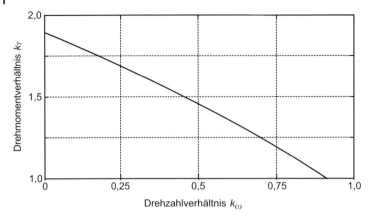

Abb. 4.83 Drehmomentverstärkungseigenschaft eines Drehmomentwandlers.

gen mit Automatikgetrieben durchaus erwünscht. Bei steigender Motordrehzahl nimmt auch das an das Getriebe übertragene Drehmoment zu und das Fahrzeug setzt sich langsam in Bewegung.

Durch Hinzufügen eines dritten Elements, des Stators (Reaktors), in die Strömungskupplung wird dessen Performance verbessert. Der Stator ist ein kleines Flügelrad, das auf einem Freilauf montiert ist (Freilaufkupplung) und zwischen Pumpe und Turbine angeordnet ist. Der Stator lenkt das aus den Turbinenflügeln austretende Öl zur Eintrittsseite des Laufrades. Dadurch geht weniger Energie und Fluidmoment verloren. Die Übertragung des Drehmoments in einem Drehmomentwandler ist recht komplex. Für das Drehzahlverhältnis gilt:

$$k_\omega = \frac{\omega_T}{\omega_P} \qquad (4.227)$$

In Abb. 4.83 ist ein typisches Drehmomentverhältnis k_T (Quotient aus Turbinenmoment T_T und Pumpenmoment T_P) über dem Drehzahlverhältnis für einen Drehmomentwandler abgebildet. Es ist klar, dass das an die Turbine übertragene Drehmoment sogar noch höher als das Eingangsmoment ist, wenn die Drehzahl der Turbine im Vergleich zum Laufrad gering ist. Das liegt am gegenüber der Turbine *relativ großen* Moment des Arbeitsfluids. Bei niedrigeren Turbinendrehzahlen nimmt das Moment zu. Damit kann mehr Energie übertragen werden. Dies ist eine Eigenschaft, die wie ein Untersetzungsgetriebe wirkt und hilft, eine bessere Beschleunigung zu produzieren.

4.6.1.2 Steuerung

Ein Planetenradsatz, wie der in Abschn. 4.4.2 vorgestellte, funktioniert wie ein Getriebe mit einem Eingang und einem Ausgang, sobald eines der drei Elemente festgehalten wird. Das Festhalten des externen Elements erfolgt im Planetenradsatz durch das Betätigen einer *Bandbremse*. Sie umschlingt und fixiert das Hohlrad von außen. Bei einem Automatikgetriebe mit mehreren Radsätzen braucht man auch mehrere Bandbremsen. Beispielsweise können in dem in Abb. 4.84 darge-

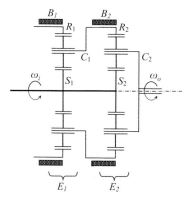

Abb. 4.84 Kopplung eines Planetenradsatzes.

stellten gekoppelten System, das über die beiden Planetenradsätze E_1 und E_2 verfügt, die beiden Bandbremsen B_1 und B_2 die Leistungsübertragung steuern. Wird B_1 aktiviert, so wird der Ausgang an C_2 durch C_1 und S_2 beeinflusst. Wird B_2 aktiviert, dann wird der Ausgang nur von S_2 nach C_2 gelenkt. Jeder Weg besitzt ein eigenes Drehzahl- und Drehmomentverhältnis vom Eingang zum Ausgang. Abgesehen von Bandbremsen werden auch andere Arten von Kupplungen in Automatikgetrieben zur Steuerung der Drehmomentübertragungswege verwendet. Daher sind die Zahnradverbindungen in einem konventionellen Automatikgetriebe fest vorgegeben. Die Übersetzungsverhältnisse werden ausschließlich durch Aktivierung verschiedener Kupplungen und Bremsen, mit deren Hilfe bestimmte Komponenten im Getriebe festgehalten oder losgelassen werden, erreicht.

Ein weiteres Problem bei der Steuerung von Automatikgetrieben besteht in der Bestimmung des Schaltzeitpunkts. Um eine korrekte Schaltentscheidung treffen zu können, müssen die während der Fahrzeugbewegung verfügbaren Fahrinformationen von der Steuerung verarbeitet werden. Die beiden Informationen, die dazu benötigt werden, sind Motordrehzahl und Last. Ist die Motordrehzahl zu niedrig, muss heruntergeschaltet, ist sie zu hoch, muss hochgeschaltet werden. Allerdings ist auch dies von der Motorlast abhängig. Beispielsweise sollte der Motor bei höherer Belastung höher drehen als bei niedrigerer Belastung. Ein gutes Indiz für die Beanspruchung des Motors ist der vom Fahrer vorgegebene Drosselwert. Fahren an Steigungen, mit hoher Geschwindigkeit oder mit starker Beschleunigung stelle beispielsweise eine hohe Beanspruchung des Motors dar. In all diesen Fällen werden große Drosselwerte benötigt. Bei den meisten traditionellen Automatikgetrieben wird die Gangwahl anhand von Schaltmustern, die von der Motordrehzahl und dem Drosselwert abhängig sind, festgelegt. In Abb. 4.85 ist ein typisches Schaltschema abgebildet. Es besteht aus drei Bereichen: niedrige Drehzahl bei geringem Drosselwert, hohe Drehzahl mit hohem Drosselwert sowie mittlere Bereiche. Die durchgezogene Linie ist für das Hochschalten und die gestrichelte Linie für das Herunterschalten gedacht. Der Abstand zwischen den beiden Linien dient dazu, häufiges Hoch-/Herunterschalten zu verhindern. Die Schaltschemen

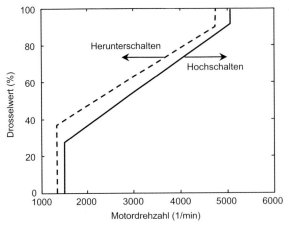

Abb. 4.85 Typische Schaltmuster von Automatikgetrieben.

für die unterschiedlichen Gangstufen sind nicht ähnlich. Sie sind außerdem vom Drehmoment-Drehzahl-Kennfeld des Motors abhängig.

4.6.2
Automatisierte Handschaltgetriebe

Bei einem automatisierten Handschaltgetriebe (AMT, Automated Manual Transmission) werden die Vorteile beider Systeme kombiniert, somit der hohe Wirkungsgrad des Schaltgetriebes mit der einfachen Bedienung des Automatikgetriebes. Unter Zuhilfenahme von elektronischen Steuergeräten lässt sich ein AMT aus einem manuellen Schaltgetriebe entwickeln. Die Kupplungsbetätigung, der schwierige Teil des Schaltvorgangs, wird automatisch vorgenommen. Das macht das Schalten angenehmer. Es gibt keine mechanische Verbindung zwischen Wahlhebel und Getriebe, die Schaltvorgänge werden automatisch ausgeführt (Shift-by-wire). Im Vergleich zum Automatikgetriebe bietet ein AMT einige Vorteile. Dazu zählt unter anderem, dass für manuelle Schaltgetriebe existierende Produktionsanlagen genutzt werden können. Das senkt die Produktionskosten. Zudem sind der Wirkungsgrad hoch und das Gewicht niedriger als beim Automatikgetriebe. Der größte Nachteil des automatisierten Schaltgetriebes ist die Unterbrechung des Drehmomentflusses beim Schaltvorgang.

Bei der Verwandlung eines manuellen Getriebes in ein AMT müssen zwei Hauptaufgaben erledigt werden:

- Für die drei Tätigkeiten, die der normalerweise Fahrer ausführen muss, müssen drei Aktorsysteme eingebaut werden: Für das Kuppeln wird ein Aktor benötigt. Für die Bewegungen bei der Gangwahl werden zwei Aktoren gebraucht (s. Abb. 4.86).
- Es muss eine Steuereinheit, die die Schaltentscheidungen trifft, hinzugefügt werden.

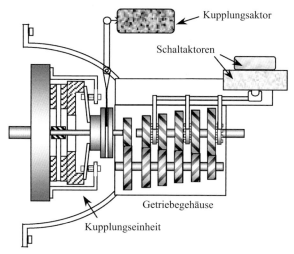

Abb. 4.86 Aktoren für AMT.

Schaltentscheidungen haben großen Einfluss auf die Performance und die Kraftstoffeffizienz eines Fahrzeugs. Die Automatisierung des Schaltvorgangs bei einem manuellen Schaltgetriebe erfordert daher einen Algorithmus für die Schaltentscheidung, der sich an den praktischen Betriebsbedingungen orientiert.

4.6.3
Doppelkupplungsgetriebe (DCT)

Manuelle Schaltgetriebe haben den konstruktiven Nachteil der Drehmomentunterbrechung, trotz des ansonsten hohen Wirkungsgrads. Beim Schaltvorgang wird die Kupplung betätigt und das Motordrehmoment vom Getriebe getrennt, damit der Eingriff der Zähne durch eine Schiebebewegung bewerkstelligt werden kann. Sobald der neue Gang eingelegt ist, wird die Kupplung losgelassen und der Drehmomentfluss zu den Rädern ist wiederhergestellt. Bei dieser Art des verschieblichen Eingriffs ist bei manuellen Schaltgetrieben die Unterbrechung des Drehmomentflusses vom Motor zu den Rädern unvermeidlich.

Eine weitere Getriebekonstruktion, die auf dem Konzept des manuellen Schaltgetriebes aufbaut, ist das Doppelkupplungsgetriebe (DCT, Double Clutch Transmission). Bei einem DCT handelt es sich im Grunde um ein Vorgelege-Getriebe mit zwei Eingangswellen. Daher werden auch zwei Kupplungen benötigt. Die Kupplungen werden hydraulisch und elektronisch gesteuert. Die technische Schwierigkeit besteht darin, dass die beiden Kupplungen sehr präzise koordiniert sein müssen, denn während die eine Kupplung eingekuppelt wird, wird die andere ausgekuppelt. Bei DCT-Getrieben sind die geraden Gangstufen meist auf der einen und die ungeraden Gangstufen auf der anderen Welle montiert. Bei dieser Anordnung kann der Schaltvorgang ohne Drehmomentunterbrechung zwischen Motor und Rädern stattfinden. Angesichts der Tatsache, dass bei DCT-Getrieben das

Herausnehmen des einen Gangs und das Einlegen des neuen Gangs gleichzeitig stattfinden, wird die Diskontinuität des Schaltvorgangs weitestgehend eliminiert. Verglichen mit manuellen Schaltgetrieben und sogar mit Automatikgetrieben ist die Beschleunigung während des Schaltvorgangs weicher und ruckfreier.

Im Gegensatz zu Automatikgetrieben, bei denen Drehmomentwandler das Motordrehmoment an das Getriebe übertragen, werden bei DCT-Getrieben Trocken- oder Mehrscheibenkupplungen im Ölbad verwendet. Neben dem Vorteil des insgesamt verbesserten Fahrverhaltens besteht das Interesse der Automobilindustrie an DCTs im reduzierten Kraftstoffverbrauch.

4.6.3.1 Funktionsweise

DCTs verfügen über zwei Eingangswellen und zwei Leistungspfade für die geraden und ungeraden Gangstufen. Auf der Eingangsseite jeder der Eingangswellen sitzt je eine Kupplung, die für die Leistungsunterbrechung beim Schalten sorgt. Abbildung 4.87 zeigt schematisch die Funktionsweise eines Sechsgang-Doppelkupplungsgetriebes. Ein Alleinstellungsmerkmal eines DCT ist die koaxiale Eingangswelle, bei der die Hohlwelle (Welle 2) eine Vollwelle (Welle 1) aufnimmt. Jede Welle besitzt ihre eigene Kupplung und nimmt die Leistung des Motors über diese Kupplung auf. Auf Welle 1 sitzen drei Zahnräder. Sie drehen mit der Drehzahl von Welle 1. Da bei diesem Getriebetyp die Zahnräder permanent im Eingriff sind, stellen die drei Radpaarungen von Welle 1 die ungeraden Gangstufen 1, 3 und 5 des Getriebes dar. Zwei Radpaarungen befinden sich auf der unteren Welle und die dritte auf der oberen Welle. Auf Welle 2 sind nur zwei Zahnräder montiert, aber auch hier sind drei Räder auf der oberen und unteren Welle mit diesen beiden Rädern verzahnt und stellen die geraden Gangstufen 2, 4 und 6 des Getriebes dar. Die untere und die obere Welle des Getriebes sind auch die Abtriebswellen des Getriebes. Der Leistungsfluss durch diese Wellen wird von der Wahl der Gangstufe bestimmt. Die jeweilige Gangstufe wird mithilfe des Gangwählers eingelegt. In der Tat befinden sich die Zahnräder auf der Ausgangswelle (wie in einem typischen Vorgelege-Getriebe) im Freilauf, bis sie mit der Welle mithilfe des Gangwählers verbunden werden. Daher ist immer nur ein Zahnrad mit der Ausgangswelle verbunden.

Der Hauptunterschied zwischen einem traditionellen Handschaltgetriebe und einem DCT besteht darin, dass beim Handschaltgetriebe die Wahl der Gangstufe nicht vorgenommen werden kann, ohne dass der Motor vom Getriebe getrennt wird. Bei einem DCT hingegen kann die nächste Gangstufe festgelegt und vorgewählt werden, ohne dass der Kraftfluss unterbrochen wird. Wie in Abb. 4.87 zu sehen ist, ist es bei eingelegtem zweiten Gang möglich, dass durch Einkuppeln von Kupplung 2 durch Welle 2 die Kraft über den zweiten Gang an Abtriebswelle 1 übertragen wird. Soll nun der dritte Gang eingelegt werden, wird der Wahlhebel zwischen dem ersten und dritten Gang zum dritten Gang verschoben. Da die Abtriebswelle 1 rotiert, beginnt das Zahnrad des dritten Gangs nach dem Einlegen des Gangs zu rotieren und treibt so das Gegenrad auf Eingangswelle 1 an. Das führt dazu, dass Kupplung 1 rotiert, während sie noch nicht eingekuppelt ist. Das gleiche könnte passieren, wenn Gang 1 gewählt werden soll. Daher führt das Vor-

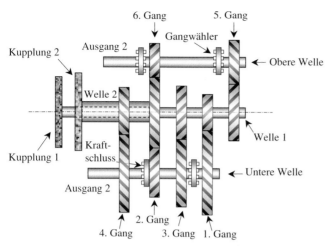

Abb. 4.87 Schematische Darstellung eines Sechsgang-Doppelkupplungsgetriebes.

auswählen einer Gangstufe in einem DCT immer dazu, dass die ausgekuppelte (freie) Kupplung rotiert.

Um den Gang nach der Vorauswahl zu schalten, müssen die beiden Kupplungen sich überschneiden – durch Lösen der aktiven und Einkuppeln der freien Kupplung. In unserem Beispiel erfolgt die Leistungsübertragung durch Welle 1 und Zahnrad 3 an die untere Abtriebswelle. Der andere Wahlhebel ist immer noch mit Zahnrad 2 verbunden. Daher dreht Eingangswelle 2 aufgrund der Rotation von Zahnrad 2 frei. In einem DCT gibt es zwei Wege, den der Drehmomentfluss nehmen kann. Insbesondere beim Schaltvorgang ist der Drehmomentfluss kompliziert. Er ist von verschiedenen Parametern abhängig, beispielsweise von den Anpresskräften der Kupplungen, der Winkelgeschwindigkeit der Vorgelegewelle und der Art des Schaltvorgangs (Hoch- oder Herunterschalten). Ein anderer wichtiger Faktor ist die Regelung der Kupplungskraft. Aufgrund der Tatsache, dass beide Kupplungen gleichzeitig ein- und ausgekuppelt werden, muss unbedingt darauf geachtet werden, die Steuerung so auszulegen, dass starke Drehmomentschwankungen aufgrund ungeeigneter Druckprofile vermieden werden. Ansonsten kommt es zu unerwünschten longitudinalen Beschleunigungen des Fahrzeugs.

Um den Drehmomentfluss ohne Unterbrechung übertragen zu können, müssen beide Kupplungen gleichzeitig rutschen. Das Verhältnis der Winkelgeschwindigkeiten der Kupplung wird vom Verhältnis der eingelegten Gangstufen bestimmt. Das Hochschalten und Herunterschalten findet in zwei getrennten Phasen statt, der Drehmomentphase und der Trägheitsphase. Wenn das Schaltsignal initiiert wird, findet beim Hochschalten zunächst die Drehmomentphase statt. Danach folgt die Trägheitsphase. Beim Herunterschalten ist die Reihenfolge der Phasen vertauscht, begonnen wird mit der Trägheitsphase, gefolgt von der Drehmomentphase. Beim Hochschaltvorgang wird das Motordrehmoment allmählich von der auskuppelnden zur einkuppelnden Kupplung (Zielgang) übertragen. Um

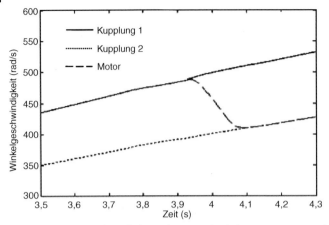

Abb. 4.88 Winkelgeschwindigkeiten beim Hochschalten vom ersten in den zweiten Gang.

den Kupplungsverschleiß aufgrund der unterschiedlichen Winkelgeschwindigkeit von Eingangs- und Ausgangsseite der Kupplung klein zu halten, muss der Kupplungsschlupf genau abgestimmt sein.

4.6.3.2 Performance beim Hochschalten

Um das Fahrzeug aus dem Stillstand in Bewegung zu setzen, muss Kupplung 1 bei eingelegtem ersten Gang eingekuppelt werden. Das Hochschalten vom ersten zum zweiten Gang erfolgt, indem der zweite Gang vorausgewählt wird und die Kupplungen geschaltet werden. Dieser Vorgang wird vom Schaltgerät gesteuert. Um ein schnelles und weiches Schalten zu ermöglichen, müssen die Kräfte an den Kupplungen und der Drosselwert präzise gesteuert werden. In den Abb. 4.88 und 4.89 sind zwei typische Hochschaltvorgänge vom ersten in den zweiten Gang dargestellt. Zu Beginn befindet sich die auskuppelnde Kupplung (Kupplung 1) mit dem Motor im Kraftschluss. Ihre Winkelgeschwindigkeit stimmt mit der Motordrehzahl überein. Aufgrund der Übersetzungsverhältnisse ist zu diesem Zeitpunkt die Winkelgeschwindigkeit der einkuppelnden Kupplung (Kupplung 2) kleiner als die der auskuppelnden Kupplung. Die Anpresskraft der auskuppelnden Kupplung wird langsam auf einen Wert reduziert, bei dem die Kupplung zu rutschen beginnt. Das wiederum verursacht einen Abfall des übertragenen Drehmoments und die Motordrehzahl beginnt zu steigen. Gleichzeitig wird die Anpresskraft der einkuppelnden Kupplung größer. Dadurch wird Schlupf erzeugt und ein Teil des Motordrehmoments aufgenommen. Wenn die Anpresskraft zu groß ist, sinkt die Drehzahl des Motors, und es kommt zu einer Drehmomentreaktion von Kupplung 1 zum Motor. Die Anpresskräfte sind daher so geregelt, dass das aufgenommene Drehmoment nahtlos von Kupplung 1 zu Kupplung 2 geschaltet wird. Diese Phase endet, wenn das Drehmoment vollständig durch Kupplung 2 übertragen wird. Damit ist der Drehmomentfluss zwar erreicht, aber das Übersetzungsverhältnis des Getriebes ist während dieser Phase noch nicht verändert. Wenn keine Regelung der Anpresskraft stattfindet, fällt das Ausgangsdrehmoment des Getriebes wäh-

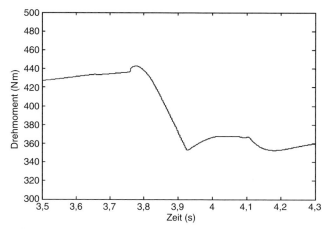

Abb. 4.89 Getriebeausgangsmoment beim Hochschalten vom ersten in den zweiten Gang.

rend der Drehmomentphase aufgrund von Schaltübergängen auf den niedrigsten Wert.

Der Hauptzweck in der Trägheitsphase, die auf die Drehmomentphase folgt, besteht in der Synchronisation der Motordrehzahl mit der Drehzahl von Kupplung 2. In der Tat überträgt diese Kupplung die Leistung mit großen Schlupfwerten.

Die Änderung des Ausgangsdrehmoments während des Hochschaltens ist in Abb. 4.89 dargestellt. Der Vorteil dieses Getriebes besteht darin, dass beim Schaltvorgang keine Unterbrechung der Drehmomentübertragung stattfindet.

4.6.3.3 Leistungsverhalten beim Herunterschalten

Das Herunterschalten ist insbesondere in den höheren Gängen komplexer als das Hochschalten, da hier die Winkelgeschwindigkeit der einkuppelnden Kupplung größer ist als die des Motors. Somit ist eine Drehmomentreaktion zum Motor recht wahrscheinlich, wenn keine vorherige Synchronisation stattfindet. Das kann eine große Übergangsreaktion im Antriebsstrang hervorrufen. Das ist für Fahrzeuginsassen unangenehm und möglicherweise gefährlich für die Komponenten, insbesondere für Zahnräder und Wellen. Beim Herunterschalten wird der folgende Gang vorgewählt und dreht mit Abtriebswelle 1. Dieses Mal muss die Trägheitsphase zuerst stattfinden, da die Rotationsgeschwindigkeit der einkuppelnden Kupplung (Kupplung 1) größer als die des Motors ist. Wenn die Anpresskraft in dieser Kupplung erhöht wird, findet der Drehmomentfluss in der Gegenrichtung statt. Wenn die Anpresskraft der auskuppelnden Kupplung (Kupplung 2) verringert wird, wird das auf den Motor wirkende Drehmoment reduziert, und der Motor wird beschleunigt. Damit passt sich die Motordrehzahl der Drehzahl von Kupplung 1 an, allerdings reduziert sich auch das übertragene Drehmoment. Um das Drehmoment beizubehalten und gleichzeitig den Motor zu beschleunigen, kann der Drosselwert erhöht werden. Dies hilft, die Synchronisation der Drehzahl während der Trägheitsphase zu erreichen. Während der Drehmomentphase wird die Anpresskraft an der einkuppelnden Kupplung (Kupplung 1) größer. Gleichzeitig

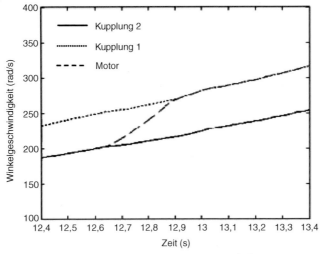

Abb. 4.90 Winkelgeschwindigkeiten beim Herunterschalten vom zweiten in den ersten Gang.

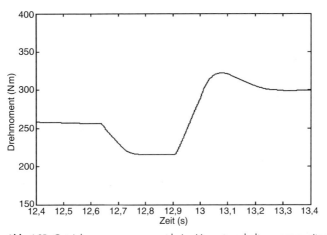

Abb. 4.91 Getriebeausgangsmoment beim Herunterschalten vom zweiten in den ersten Gang.

wird die Anpresskraft an der auskuppelnden Kupplung (Kupplung 2) verringert, bis das gesamte Motordrehmoment über die einkuppelnde Kupplung übertragen wird. Das Herunterschalten vom zweiten in den ersten Gang fällt heftiger als bei den anderen Gangstufen aus. In den Abb. 4.90 und 4.91 ist das Herunterschalten beispielhaft dargestellt.

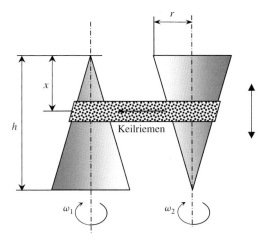

Abb. 4.92 Konzept eines CVT.

4.7
Stufenlose Getriebe

Stufenlose Getriebe (CVT, Continuously Variable Transmission) funktionieren nach einem ausgefeilten Konzept, bei dem die Kraftübertragung von einer zur anderen rotierenden Welle mit kontinuierlich variablen Drehzahlen stattfindet. Das zugrunde liegende Prinzip wird deutlich, wenn man sich zwei Kegel vorstellt, die über einen Flachriemen verbunden sind. Ein solches Konstrukt ist in Abb. 4.92 dargestellt. Wird der Riemen an den parallelen Achsen der Kegel entlang bewegt, ändert sich x. Unter der Annahme, dass es keinen Schlupf gibt, erhält man die Winkelgeschwindigkeit ω_1 der Abtriebswelle für eine gegebene Drehzahl ω_2 der Eingangswelle wie folgt:

$$\omega_2 = \frac{x}{h - x}\omega_1 \tag{4.228}$$

In Abb. 4.93 ist die dimensionslose Änderung der Ausgangsdrehzahl ω_2/ω_1 über der Variation der dimensionslosen Eingangsverschiebung x/h nach Gleichung 4.228 dargestellt. Bei einem fest vorgegebenen Wert an Eingangs-Winkelgeschwindigkeit bewegt sich die Drehzahl auf der Ausgangsseite kontinuierlich von sehr kleinen bis zu sehr großen Werten. Diese Eigenschaft von CVTs ist dann nützlich, wenn neben unterschiedlichen Übersetzungen auch weiche Übergänge zwischen den Übersetzungen benötigt werden.

Einfache Riementriebe, wie die in Abb. 4.92 gezeigte Konstruktion mögen für manche Anwendungen funktionieren, allerdings nicht bei automobiltechnischen Anwendungen. Im Automobil sind die Anforderungen bezüglich Dauerbetrieb und Haltbarkeit so hoch, dass sich nur wenige CVTs als praxistauglich erwiesen haben.

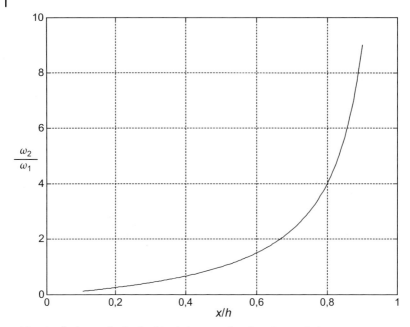

Abb. 4.93 Änderung des Drehzahlverhältnisses über dem Wegeverhältnis.

4.7.1
Klassifizierung

Die in Fahrzeugen eingesetzten CVTs können auf unterschiedliche Weise klassifiziert werden. Das Flussdiagramm in Abb. 4.94 unterteilt CVTs nach der Art der Erzeugung des Ausgangsdrehmoments. Die Einzelheiten der einzelnen Arten werden in den folgenden Abschnitten erläutert.

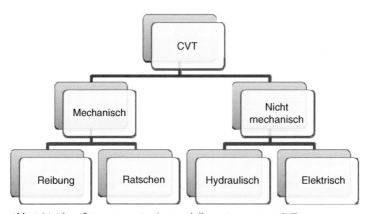

Abb. 4.94 Klassifizierung von im Automobilbau eingesetzten CVTs.

4.7.2
Reib-CVTs

Wie der Name schon sagt, produzieren diese CVTs Drehmoment anhand der Reibung zwischen zwei Fügeflächen, entweder über Riemen oder über Rollen. Zwei Arten von Reib-CVTs, die derzeit in Automobilen verwendet werden, sind Riemen-CVTs und toroidale CVTs. Ein Riemen-CVT-System ähnelt einem normalen Riementrieb. Allerdings sind die Riemenscheiben nicht fixiert, sondern beweglich. Die Geometrie eines Riemen-CVT ist in Abb. 4.95 zu sehen. Beide Riemenscheiben besitzen feste Rotationsachsen. Sie haben den Abstand C. Die Flanken der Riemenscheiben lassen sich auseinander- oder zusammenschieben, allerdings werden die Riemenscheiben jeweils in der entgegengesetzten Richtung verschoben. Die in Abb. 4.95 dargestellte Situation ist der Extremfall, bei dem die Flanken der linken Riemenscheibe vollständig auseinander und die der rechten vollständig zusammengeschoben sind.

Wenn wir zwischen Riemen und Riemenscheibe keinen Schlupf annehmen, kann das Drehzahlverhältnis zwischen antreibender und getriebener Scheibe wie folgt ausgedrückt werden:

$$\frac{\omega_o}{\omega_i} = \frac{r_1}{r_2} = \frac{A - x}{B + x} \tag{4.229}$$

Hier ist x der Abstand zwischen den beiden Seiten der antreibenden Scheibe und:

$$A = \frac{2r_o - h}{2(r_o - r_i)} \cdot l \tag{4.230}$$

$$B = \frac{2r_i + h}{2(r_o - r_i)} \cdot l \tag{4.231}$$

Die Verschiebung x bewegt sich zwischen den beiden Extremwerten:

$$0 \leq x \leq x_m = l\left\{1 - \frac{h}{r_o - r_i}\right\} \tag{4.232}$$

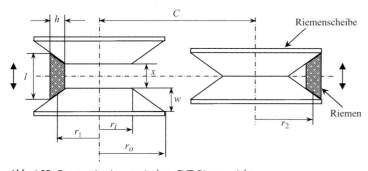

Abb. 4.95 Geometrie eines typischen CVT-Riementriebs.

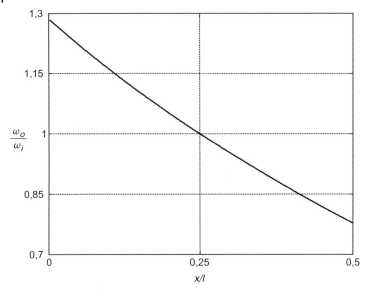

Abb. 4.96 Typische Änderung des Drehzahlverhältnisses beim CVT-Riementrieb.

Das Drehzahlverhältnis an diesen Extrema ergibt sich wie folgt:

$$\frac{\omega_o}{\omega_i}(x=0) = \frac{2r_o - h}{2r_i + h} \tag{4.233}$$

$$\frac{\omega_o}{\omega_i}(x=x_m) = \frac{2r_i + h}{2r_o - h} \tag{4.234}$$

wobei diese jeweils der Kehrwert des anderen sind. Da die triviale Bedingung $r_o > r_i + h$ stets erfüllt ist, ist das Drehzahlverhältnis bei $x = 0$ stets größer als der Wert bei $x = x_m$. Das Drehzahlverhältnis wird eins bei $x = 1/2x_m$. Um die Gesamtübersetzung eines CVT zu erhöhen, muss die Differenz zwischen dem inneren und äußeren Radius vergrößert werden. In Abb. 4.96 ist die Änderung des Drehzahlverhältnisses mit der Änderung der seitlichen Verschiebung x für den Sonderfall $x_m = 1/2l$ dargestellt.

Die Drehmomentübertragung bei einem normalen Standardriementrieb findet dadurch statt, dass der Riemen auf der Lastseite in Rotationsrichtung größere Spannungen und auf der Leerseite kleinere Spannungen erzeugt (s. Abb. 4.97a). Das Drehmoment ergibt sich daher aus der Spannungsdifferenz beider Seiten multipliziert mit dem wirksamen Radius. Aufgrund der Beschränkungen von Gummiriemen werden bei automobiltechnischen Anwendungen andere Umschlingungselemente zur Drehmomentübertragung eingesetzt. Eine solche Art von Umschlingungselement ist das Schubgliederband. Zusätzlich zur Spannung am vorderen Ende des Bands produziert es eine Druckkraft (Schubkraft) am hinteren Ende (s. Abb. 4.97b). Diese Schubkraft trägt zur Drehmomentübertragung des CVT bei. Ein Schubgliederband ist eine Verbundkonstruktion aus zwei Hauptbestandteilen. Ein Bestandteil ist eine Reihe von V-förmigen Stahlsegmenten, die

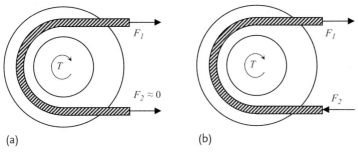

Abb. 4.97 Kunststoffriemen (a); Schubgliederkette (b).

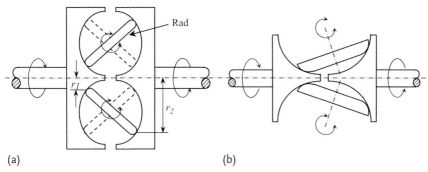

Abb. 4.98 Volltoroid- (a) und Halbtoroid-CVT (b).

zusammengesetzt an die Form eines Keilriemens erinnern. Die Segmente kommen mit den Riemenscheiben in Berührung und nehmen die Kontaktkräfte auf. Das andere Element des Schubgliederbands ist eine Reihe von flachen Verbindungselementen, die die Segmente zusammenhalten und daraus ein Stahlband machen. Diese Schichten halten die Zugkräfte im Schubgliederband aus.

Ein anderes auf Reibung basierendes CVT-System, das im Automobilbau eingesetzt wird, ist das Toroidgetriebe. Hier sind freie Räder oder Rollen zwischen den Hohlräumen zweier Reibscheiben so angeordnet, dass die Drehzahlen von Eingangs- und Ausgangswellen zueinander in Beziehung stehen. Abbildung 4.98 zeigt schematisch die beiden Varianten dieses Getriebetyps, und zwar „voll toroidale" und „halb toroidale" CVTs. Die Innenflächen der Scheiben haben eine sphärische Form, und die Räder oder Rollen lassen sich neben ihrer Eigenrotation auch lateral oszillieren. So ändern sich die Radien der Berührungspunkte von Eingangs- und Ausgangsscheiben und damit das Übersetzungsverhältnis des CVT.

Ein wesentliches Problem bei Reib-CVTs ist die an den Berührpunkten erzeugte Reibung. Die Reibung wird genutzt, um im Kontaktbereich Traktionskräfte zu erzeugen, wodurch wiederum ein Drehmoment erzeugt wird. Reibung hat aber zwei Nachteile: Hitzebildung und Verschleißempfindlichkeit. Um diese Probleme zu mildern, kann Schmieröl verwendet werden. Allerdings reduziert Öl die Reibung und das übertragbare Drehmoment des CVT. Die Reibkraft hängt vom Reibungskoeffizienten und von der Normallast ab. Eine größere Normallast kann die

Verringerung des Reibungskoeffizienten ausgleichen, vorausgesetzt, das Öl hält den hohen Drücken und Temperaturen stand. Spezielle Traktionsöle besitzen die erforderlichen Eigenschaften und werden für diesen Zweck eingesetzt.

4.7.3
Ratschen-CVTs

Eine Ratsche ist eine Vorrichtung, die, unabhängig von der Richtung der Rotation auf der Eingangsseite, eine Rotation in eine Richtung erzeugt. Dies erzeugt einen intermittierenden Ausgang aus einem nicht gleichförmigen, ja sogar einem oszillierenden Eingang. Ratschengetriebe basieren auf dem Konzept, eine Ausgangsrotation aus einer Reihe von diskontinuierlichen Rotationen zu erzeugen, die sich am Ausgang addieren. Zu diesem Zweck ist das Getriebe aus einer Reihe von ähnlichen Mechanismen zusammengesetzt. Um das zu verstehen, betrachten wir den aus vier Stäben bestehenden Mechanismus in Abb. 4.99. Wenn auf der Eingangsseite eine konstante Winkelgeschwindigkeit ω_i am Mechanismus ankommt, so ergibt sich auf der Ausgangsseite die Winkelgeschwindigkeit ω_o. Je nach der Geometrie könnte die Winkelgeschwindigkeit am Ausgang ähnlich wie die in Abb. 4.100 in der normalisierten Form (d. h. ω_o dividiert durch ω_i) dargestellte Kurve verlaufen. Da der Ausgang im Getriebe in derselben Richtung wie der Eingang rotieren muss, sind lediglich die positiven Teile des Ausgangs zulässig. Zudem muss das Getriebe ein festes Übersetzungsverhältnis zur Rotation der Eingangswelle haben.

Wenn mehrere Mechanismen mit gleicher Geometrie so eingesetzt werden, dass deren Eingangsgelenke mit derselben Eingangswelle genau aufeinander abgestimmt verbunden werden, stehen verschiedene Ausgangswinkelgeschwindigkeiten zur Verfügung, wie in Abb. 4.101 für vier Mechanismen dargestellt. Wenn an den Ausgängen nun Freilaufvorrichtungen (Freiläufe) so eingesetzt werden, dass jede Kupplung zu bestimmten Zeitpunkten ein- und auskuppelt, sieht der Ausgang des Gesamtsystems wie in Abb. 4.102 aus. Auch wenn dieser Ausgang unregelmäßig ist (ähnlich den Unregelmäßigkeiten des Ausgangsdrehmoments eines Motors), hat er den Vorteil, dass er in der Praxis als Getriebe genutzt werden kann.

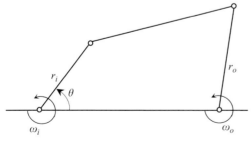

Abb. 4.99 Vier-Stäbe-Mechanismus.

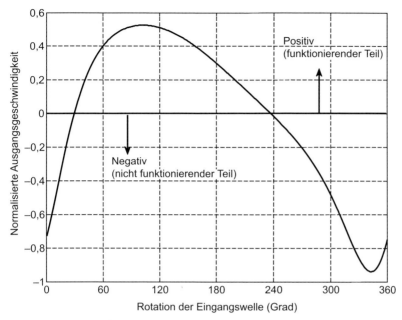

Abb. 4.100 Die normalisierte Ausgangsdrehzahl eines typischen Vier-Stäbe-Mechanismus.

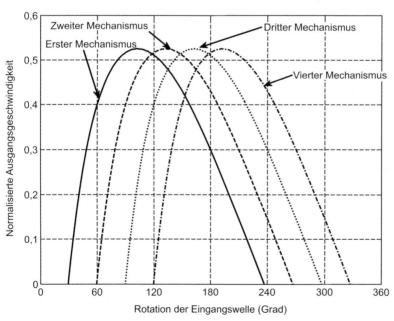

Abb. 4.101 Ausgänge verschiedener Mechanismen.

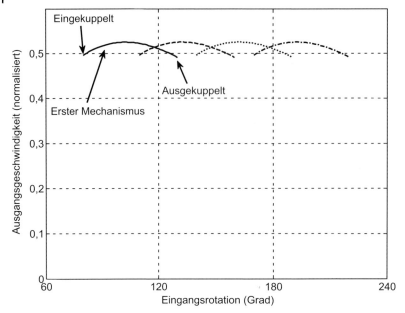

Abb. 4.102 Ausgang des Systems mit Freilaufkupplungen.

Das Gelenkviereck war nur ein Beispiel für einen Mechanismus, den man als Getriebe nutzen kann. Es gibt aber auch Mechanismen, die dafür mitunter besser geeignet sind. Wenn beispielsweise der Ausgang eines Mechanismus in einem bestimmten Winkelbereich des Eingangs nahezu flach ist, dann ist der Getriebeausgang eines solchen Mechanismus vorteilhafter, und es werden weniger Mechanismen zum Bau des Getriebes benötigt. Diese Erklärung zeigt, wie ein Getriebe konstruiert werden kann. Das wesentliche Problem aber ist, ob es als CVT funktionieren kann. Dazu wird die Übersetzung, wenn der Mechanismus während des Betriebs gewechselt werden kann, des Getriebes geändert, sodass eine CVT-Charakteristik entsteht. In Abb. 4.103 sehen Sie den aus vier Stäben bestehenden Mechanismus aus Abb. 4.99, nur mit dem Unterschied, dass er einen einstellbaren Eingangsarm besitzt. Die Änderung des Eingangsarms ändert das Drehzahlverhältnis des Mechanismus. Wird die Änderung kontinuierlich vorgenommen, so liegt tatsächlich der Fall eines CVT vor.

4.7.4
Nicht mechanische CVTs

Zwei wichtige Arten von nicht mechanischen CVTs basieren auf hydraulischen und elektrischen Komponenten. Ein Hydrauliksystem, das aus einer Pumpe und einem Hydraulikmotor besteht, stellt ein Getriebe dar, da die Pumpe einen Ölstrom erzeugt, der den Motor antreibt. Somit wird die mechanische Eingangsleistung zunächst von der Pumpe in Strömungsleistung umgewandelt und anschlie-

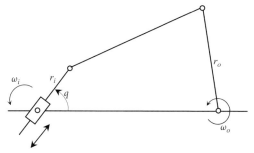

Abb. 4.103 Vier-Stäbe-Mechanismus mit verstellbarem Eingangshebel.

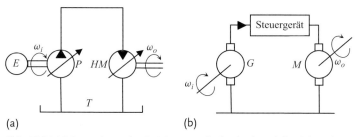

(a) (b)

Abb. 4.104 Nicht mechanische CVT-Arten: (a) hydraulisch und (b) elektrisch.

ßend wieder in die vom Motor abgegebene mechanische Leistung. Die Umwandlung eines solchen Systems in ein CVT kann dadurch vollzogen werden, dass man eine Pumpe und/oder einen Motor mit variablem Hub-/Fördervolumen wählt. Abbildung 4.104a zeigt eine vereinfachte Darstellung eines hydraulischen CVT, bei dem der Motor (*E*) die Pumpe mit variablem Fördervolumen (*P*), auch Verstellpumpe genannt, antreibt. Die Flüssigkeit wird vom Tank (*T*) zur Pumpe angesaugt und zum Hydraulikmotor (*HM*) gefördert. Dann gelangt sie zurück zum Tank. Ein derartiges System nennt man auch Hydrogetriebe. Derartige Getriebe werden sehr erfolgreich im Offroad-Bereich im Automobilbau eingesetzt.

Auch ein elektrisches System, das aus einem Generator und einem Elektromotor besteht, ist dem hydraulischen Getriebe recht ähnlich. Mit der mechanischen Leistung am Eingang kann der Generator gedreht werden und elektrischer Strom erzeugt werden. Der wiederum kann den Elektromotor antreiben und so mechanische Leistung am Ausgang abgeben. Die Umwandlung des Systems in ein CVT wird mithilfe von elektrischen Leistungsschaltungen erreicht, die die Spannung (oder Frequenz) des Motors regeln. Abbildung 4.104b zeigt schematisch ein solches System, das aus einem Generator (*G*) und einem Elektromotor (*M*) besteht und mit einem Steuergerät verbunden ist.

Obschon diese Systeme sehr einfach und praktisch aussehen, haben sie sich noch nicht im Automobilbau durchgesetzt, da sie recht schwer sind und durch die doppelte Energietransformation recht hohe Leistungsverluste aufweisen. Allerdings wird sich dies mit dem beachtlich gewachsenen Interesse an Elektrofahrzeugen im 21. Jahrhundert wohl ändern.

4.7.5
Leerlauf und Start

Das Drehmoment vom Motor zum Antriebsstrang muss unterbrochen werden, wenn sich das Fahrzeug mit laufendem Motor im Stillstand befindet. Bei Handschaltgetrieben unterbricht eine Kupplung das Drehmoment, aber es wird zusätzlich eine Neutralstellung des Getriebes benötigt, damit der Motor auch im Leerlauf drehen kann, wenn die Kupplung nicht getreten wird. Beim Losfahren aus dem Stillstand ermöglicht die Kupplung das Einlegen des Gangs und das anschließende Beschleunigen durch Loslassen der Kupplung. Bei Automatikgetrieben werden Leerlauf und Anfahren vom Drehmomentwandler ermöglicht. Die meisten CVTs verfügen über einen Übersetzungsbereich mit einem oberen und unteren Grenzwert. Die Drehmomentunterbrechung muss bei Leerlaufdrehzahl stattfinden. Damit dies möglich ist, wird eine zusätzliche Vorrichtung benötigt, beispielsweise ein Drehmomentwandler oder eine Reibkupplung. Das Losfahren aus dem Stillstand kann ebenfalls von einer solchen Vorrichtung übernommen werden. Einige CVT-Systeme produzieren Übersetzungsverhältnisse, die von null bis zu sehr hohen Werten reichen. Bei diesen kann die Neutralstellung durch das Übersetzungsverhältnis null realisiert werden, da bei diesem speziellen (neutralen) Übersetzungsverhältnis kein Drehmoment vom Motor übertragen wird. Diese Systeme werden IVT-Systeme genannt, da sie einen unendlichen Übersetzungsbereich abdecken. IVT steht für Infinitely Variable Transmission.

4.8
Fazit

Dieses Kapitel deckt viele Aspekte der Getriebeauslegung ab, darunter Übersetzungsverhältnisse, Zähnezahlen, übertragbare Drehmomente und die dynamischen Vorgänge von Kupplungen. Die Berechnung von Getriebeübersetzungen wurde in die drei Teile der niedrigen, mittleren und hohen Gangstufen gegliedert. Es wurden verschiedene Verfahren zur Bestimmung der Übersetzungen erläutert. Die Berechnung des übertragbaren Drehmoments einer Trockenkupplung wurde ebenfalls untersucht, und es wurden die konstruktiven Probleme erörtert. Es wurden nützliche semiempirische Gleichungen für die Kupplungskraft (MG-Formel) vorgestellt, um die analytischen Lösungen zu vereinfachen sowie eine realistische Simulation des Einkuppelns zu ermöglichen. Die Kupplungsdynamik wurde recht detailliert simuliert, obgleich dieses spezielle Thema im Zusammenhang mit der Auslegung von Doppelkupplungsgetrieben (DCTs, Double Clutch Transmissions) weitere Beachtung fand.

Die Konstruktion und Grundlagen des Betriebs von Getrieben wurden untersucht. Die Unterschiede zwischen Handschalt- und Automatikgetrieben wurden ebenfalls erarbeitet. Auch wurden Automatikgetriebe sowie konventionelle Automatikgetriebe und automatisierte Schaltgetriebe (AMTs, Automated Manual Transmissions) beschrieben. Die jüngsten Entwicklungen von DCTs als verbesserte

Versionen von AMTs wurden erklärt und die DCT-Performance beim Hoch- und Herunterschalten wurden erläutert. Weitere Details zur Qualität der Schaltvorgänge brachten es mit sich, dass auch die Regelung der Kupplungskräfte, des Schlupfverhaltens und der Drosselwerte durchgesprochen wurden. CVTs wurden beschrieben und klassifiziert. Es wurde eine Übersicht über die Funktionsweisen der verschiedenen Typen von CVTs geliefert. Weitergehende Aspekte wie beispielsweise die Dynamik von DCT- und CVT-Systemen gehen über den Rahmen dieses Buches hinaus.

4.9
Wiederholungsfragen

4.1 Erläutern Sie die Gründe, warum ein Getriebe bei einem Fahrzeug erforderlich ist. Wann wäre es möglich, lediglich ein Untersetzungsgetriebe zu verwenden?

4.2 Warum sind die Berechnungsverfahren für die niedrigsten und höchsten Übersetzungsverhältnisse unterschiedlich?

4.3 Beschreiben Sie die Berechnungsverfahren für die niedrigste Gangstufe im Getriebe.

4.4 Erläutern Sie die Faktoren, von denen die Steigfähigkeit des Fahrzeugs bei niedriger Geschwindigkeit abhängig ist.

4.5 Beschreiben Sie die Berechnungsverfahren für die höchste Gangstufe im Getriebe.

4.6 Erklären Sie, wie man den höchsten Gang so auslegt, dass die maximal erzielbare Höchstgeschwindigkeit erreicht wird.

4.7 Ein Student schlägt eine Berechnungsmethode vor, bei der die mittleren Übersetzungen gleichmäßig zwischen der niedrigeren und höheren Übersetzung verteilt sind. Worin besteht der Denkfehler bei diesem Vorschlag?

4.8 Welche Idee steckt hinter der Methode der geometrischen Progression?

4.9 Beschreiben Sie die progressive Berechnungsmethode für die Zwischengangstufen.

4.10 Worin unterscheiden sich die Methode der Gleichheit von ΔV und die progressive Methode?

4.11 Beschreiben Sie die beiden Arten des Eingriffs der Zahnräder in Handschaltgetrieben.

4.12 Erklären Sie, warum eine Synchronisierung bei Handschaltgetrieben erforderlich ist und wie sie funktioniert.

4.13 Worin besteht der Unterschied zwischen einem Handschaltgetriebe mit Achslinienversatz und Handschaltgetriebe mit Vorgelegewelle?

4.14 Der erste Student sagt, dass die Zahnräder in einem Handschaltgetriebe aufhören, zu rotieren, sobald die Kupplung getreten ist. Der zweite Student glaubt, die Zahnräder hören nur auf, zu rotieren, wenn das Getriebe sich in der Neutralstellung befindet. Welcher Student hat Recht?

4.15 Beschreiben Sie für Reibkupplungen die beiden Kriterien der Druckverteilung und ihre Rechtfertigung.

4.16 Vergleichen Sie das übertragbare Drehmoment einer Trockenkupplung für beide Betriebsbedingungen, und erläutern Sie, welcher Fall für die Kupplungsauslegung besser geeignet ist.

4.17 Beschreiben Sie die Betriebsweise eines Reibungskupplungssystems anhand einer schematischen Darstellung.

4.18 Erklären Sie, warum die Kupplungsscheibe gelöst wird, sobald das Ausrücklager in Richtung des Motors gepresst wird.

4.19 Ein Student glaubt, dass die Pedalkraft einer Kupplung maximal ist, wenn die Kupplung neu und die Beläge dick sind. Was meinen Sie dazu?

4.20 Erläutern Sie, warum sich die Anpresskraft der Kupplung beim Treten des Pedals ändert.

4.21 Erklären Sie, wie es möglich ist, dass das Kupplungsmoment größer als das Eingangsmoment des Motors sein kann.

4.22 Beschreiben Sie den Aufbau eines Handschaltgetriebes und eines herkömmlichen Automatikgetriebes.

4.23 Beschreiben Sie die Funktionsweise eines Drehmomentwandlers.

4.24 Ein Student schlägt vor, statt einer Kupplung einen Drehmomentwandler in einem Handschaltgetriebe zu verwenden. Kann dies funktionieren?

4.25 Erklären Sie, warum mehrere Planetenradsätze in herkömmlichen Automatikgetrieben erforderlich sind.

4.26 Beschreiben Sie, wie die Gangwahl in herkömmlichen Automatikgetrieben funktioniert.

4.27 Beschreiben Sie, wie man ein Handschaltgetriebe in ein AMT umwandeln kann. Welche Vorteile bieten AMTs gegenüber Handschaltgetrieben und herkömmlichen Automatikgetrieben?

4.28 Worin besteht der Hauptunterschied zwischen einem DCT und einem AMT? Welche Vorteile bieten DCTs gegenüber herkömmlichen Automatikgetrieben?

4.29 Beschreiben Sie die Funktionsweise eines DCT.

4.30 Erläutern Sie, warum sich die Steuerungen für das Hochschalten und das Herunterschalten im DCT unterscheiden.

4.31 Beschreiben Sie die Klassifizierung von CVTs und benennen Sie die in der Praxis verwendeten Typen von CVTs.

4.10
Aufgaben

Aufgabe 4.1
Erklären Sie, warum der Ausdruck $N_f + N_r$ der Gleichungen 4.19 und 4.20 nicht notwendigerweise gleich $W_{\cos \theta}$ ist, und erläutern Sie die Gleichheitsbedingungen.

Aufgabe 4.2

Wiederholen Sie Übung 4.2 und zeigen Sie, dass für Haftreibungskoeffizienten unter 0,7 frontgetriebene Fahrzeuge bessere Steigfähigkeitsergebnisse haben können als Hecktriebler.

Aufgabe 4.3

Verwenden Sie die Fahrzeugdaten aus Tab. 4.15.

a) Finden Sie einen Ausdruck für die Gesamtübersetzung des hohen Gangs, und zwar für den Fall, in dem die maximale Fahrzeuggeschwindigkeit bei der Motordrehzahl mit dem maximalen Drehmoment erreicht wird.

b) Wiederholen Sie (a) für den Fall, bei dem die maximale Fahrzeuggeschwindigkeit bei der Motordrehzahl mit der maximalen Motorleistung erreicht wird.

Ergebnis: (a) $T^* n^3 - f m g R n^2 - c R (R \Omega^*)^2 = 0$.

Tab. 4.15 Fahrzeugdaten von Aufgabe 4.3.

1	Luftwiderstandskoeffizient	c
2	Rollwiderstandsbeiwert	f
3	Reifenrollradius	R
4	Übersetzungsverhältnis hoher Gang	n
5	maximales Motordrehmoment	T^*
6	Motordrehzahl bei maximalem Drehmoment	Ω^*
7	Drehmoment bei maximaler Leistung	T_P
8	Motordrehzahl bei maximaler Leistung	Ω_P
9	Fahrzeugmasse	m

Aufgabe 4.4

Berechnen Sie für das Fahrzeug in Übung 4.3 das Übersetzungsverhältnis der höchsten Gangstufe in der unten beschriebenen Weise und vergleichen Sie das Ergebnis mit den Ergebnissen aus den Übungen 4.3 und 4.4.

Legen Sie zunächst den vierten Gang so aus, dass Motordrehzahl 10 % über der Drehzahl mit der maximalen Leistung liegt, und anschließend so, dass der fünfte Gang ein 25 %iger Overdrive ist.

Aufgabe 4.5

Beweisen Sie Gleichung 4.37 für das Overdrive-Übersetzungsverhältnis mit der Kinematikgleichung der Fahrzeugbewegung. Nennen Sie die Annahmen, die für diesen Prozess getroffen wurden.

Aufgabe 4.6

Bei einem Allradfahrzeug sind die Raddrehmomente zwischen Vorder- und Hinterachse durch das Verhältnis r bestimmt.

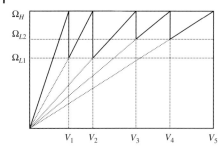

Abb. 4.105 Motordrehzahl-Fahrzeuggeschwindigkeit-Diagramm von Aufgabe 4.7.

a) Nehmen Sie an, dass die Hinterräder gerade anfangen, durchzudrehen, und leiten Sie einen Ausdruck für die größte befahrbare Steigung des Fahrzeugs her (nehmen Sie gleiche Übersetzungen für Vorder- und Hinterachse an, und ignorieren Sie den Rollwiderstand).

b) Wiederholen Sie (a) mit der Annahme, dass die Vorderräder gerade beginnen, durchzudrehen.

c) Leiten Sie für die Fälle (a) und (b) die Ausdrücke für die Grenzen des Drehmomentverhältnisses r her.

d) Nutzen Sie die folgenden numerischen Werte zur Berechnung der Grenzen von r: $l = 2{,}5$, $h = 0{,}5$, $a = 1{,}2$, $\mu = 0{,}8$ und $f_R = 0{,}02$.

Ergebnis: (a) $\tan\theta = \mu\left(1 + r\right)\frac{a - h f_R}{1 - \mu(1+r)h}$ (d) $r \le 0{,}57$ und $r \ge 0{,}57$.

Aufgabe 4.7

Für die Berechnung der Übersetzungen der Zwischengangstufen wird die Methode aus Abbildung 4.105 vorgeschlagen. Dazu werden zwei niedrige Motordrehzahlen gemäß der Definition von $\Omega_{L_2} = \alpha\Omega_{L_1}$ $(\alpha > 1)$ vorgeschlagen.

a) Finden Sie die Ausdrücke für C_{g_1} und C_{g_2}.

b) Finden Sie die Ausdrücke für n_2, n_3 und n_4 in Bezug auf C_{g_i}.

c) Untersuchen Sie den Unterschied zwischen dem Mittelwert von C_{g_1} und C_{g_2} mit C_{gp} der geometrischen Progression.

d) Zeigen Sie, dass diese Methode für $\alpha = 1$ mit der Methode der konventionellen geometrischen Progression identisch ist.

Ergebnisse: (a) $C_{g2} = \sqrt{\alpha}\,C_{gp}$ und $C_{g1} = 1/(\sqrt{\alpha})\,C_{gp}$.

Aufgabe 4.8

In Abbildung 4.106 wird eine Methode zur Berechnung der Übersetzungen der Zwischengänge vorgeschlagen. Nehmen Sie an, dass $\Omega_{L_2} = \alpha\Omega_{L_1}$ $(\alpha > 1)$, $\alpha - 1 = t$, $n_1/n_5 = N$ ist.

a) Finden Sie einen Ausdruck für die Berechnung von $C_g = \Omega_H/\Omega_{L_1}$ in Bezug auf N und t (oder α).

b) Finden Sie die Ausdrücke n_2, n_3 und n_4 in Bezug auf die bekannten Parameter.

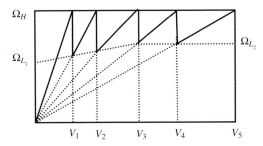

Abb. 4.106 Motordrehzahl-Fahrzeuggeschwindigkeit-Diagramm von Aufgabe 4.8.

c) Zeigen Sie, dass für $\alpha = 1$ die oben genannten Ergebnisse mit denjenigen der konventionellen geometrischen Progression übereinstimmen.

Ergebnis: (a) $C_g^4 - t\,C_g^3 - t\,C_g^2 - N\alpha^2 = 0$.

Aufgabe 4.9

Wiederholen Sie Aufgabe 4.8 für das folgende, in Abbildung 4.107 dargestellte Motordrehzahl-Fahrgeschwindigkeit-Diagramm.

Ergebnis: (a) $C_g^4 - t(C_g^3 + C_g^2 + C_g + 1) - N = 0$.

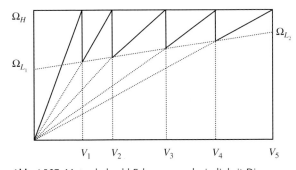

Abb. 4.107 Motordrehzahl-Fahrzeuggeschwindigkeit-Diagramm von Aufgabe 4.9.

Aufgabe 4.10

Eine Fahrzeugkupplung hat einen inneren Radius r und einen äußeren R sowie die maximale Federkraft F^*.

a) Schreiben Sie einen Ausdruck für ΔT, die Differenz zwischen dem abgegebenen Drehmoment für die beiden Fälle des konstanten Drucks und des gleichförmigen Verschleißes in Bezug auf das Drehmoment bei gleichförmigem Verschleiß.

b) Berechnen Sie das Verhältnis r/R für die drei Fälle von $\Delta T = 1, 5$ und $10\,\%$ des Drehmoments des konstanten Verschleißes.

c) Zeichnen Sie die Änderung von $\Delta T / T_{uw}$ über r/R.

Ergebnis: (b) $\left[\dfrac{1}{3} - \dfrac{4R\,r}{3(R+r)^2}\right] T_{uw}$.

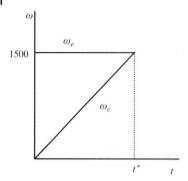

Abb. 4.108 Motordrehzahl-Kupplungsdrehzahl-Diagramm von Aufgabe 4.13.

Tab. 4.16 Daten für Aufgabe 4.13.

Parameter		Wert	Einheit
1	maximales Drehmoment Motor	100	Nm
2	Kraftschlusszeit t^*	1	s
3	mittlerer Kupplungsradius	20	cm
4	Gleitreibungskoeffizient	0,4	–
5	Trägheit Motorrotation	0,25	$\mathrm{kg\,m^2}$

Aufgabe 4.11

Lösen Sie für die Kupplung von Aufgabe 4.10 folgende Aufgaben:

a) Gibt es einen Radius r, der für beide Fälle, d. h. für gleichförmigen Druck und gleichförmigen Verschleiß gleiche Drehmomente liefert? Erklären Sie, warum.
b) Finden Sie mit dem Reibungskoeffizienten μ einen Ausdruck für die maximale Differenz zwischen den Kupplungsmomenten in beiden Fällen.

Ergebnis: (b) $\frac{1}{3}\mu F^* R$.

Aufgabe 4.12

Zeigen Sie für gleichförmigen Druck und gleichförmigen Verschleiß, dass, wenn die Summe der Nutenwinkel des Belags der Kupplungsscheibe θ (in Radiant) ist, der tatsächliche Maximaldruck auf das Material $\frac{1}{1-\theta/2\pi}$ multipliziert mit dem theoretischen Wert des Belags ohne Nuten ist.

Aufgabe 4.13

Während des Loslassens der Kupplung im ersten Gang steigt die Kupplungskraft linear von null bis auf das Maximum von 5000 N an. Die Änderungen von Motordrehzahl und Kupplungsdrehzahl haben die in Abbildung 4.108 dargestellte Form. Bestimmen Sie den Wirkungsgrad der Kupplung mit den in Tab. 4.16 aufgelisteten Daten.

Aufgabe 4.14

Der Fahrer eines Fahrzeugs entscheidet sich, beim Erreichen von 36 km/h vom ersten in den zweiten Gang zu schalten. Zu dem Zeitpunkt, zu dem der Fahrer das Kupplungspedal loslässt, dreht der Motor mit Leerlaufdrehzahl.

a) Bestimmen Sie die Drehzahlen von Motor, der Kupplungsscheibe und Antriebsrädern für den Zeitpunkt, an dem der Fahrer beginnt, das Kupplungspedal loszulassen (verwenden Sie Tab. 4.17).

b) Geben Sie für folgende Fälle die Richtung des Drehmomentflusses an:

    (i) der Fahrer lässt das Kupplungspedal einfach los;

    (ii) der Fahrer erhöht die die Motordrehzahl, bevor er das Kupplungspedal loslässt.

c) Plotten Sie grob die Änderungen der Drehzahlen von Motor und Kupplungsscheibe über die Zeit während des Schaltvorgangs für die beiden Fälle, wenn der Fahrer:

    (i) direkt nach dem Schaltvorgang zu beschleunigen versucht;

    (ii) versucht, eine gleichförmige Geschwindigkeit beizubehalten.

d) Ist es möglich, zu schalten, ohne die Kupplung zu benutzen? Erklären Sie, wie.

Ergebnis: (a) $\omega_e \approx 1000/\text{min}$, $\omega_c = 2578{,}3/\text{min}$ und $\omega_w = 286{,}5/\text{min}$.

Tab. 4.17 Daten für Aufgabe 4.14.

Leerlaufdrehzahl Motor	1000/min
Reifenrollradius	33 cm
Gesamtübersetzung erster, zweiter und dritter Gang	14, 9 und 6

Aufgabe 4.15

Bei einem Allradfahrzeug hat der Schwerpunkt den gleichen Abstand zwischen Vorder- und Hinterachse, die Höhe des Schwerpunkts ist gleich der Hälfte dieses Abstands. Bestimmen Sie für $\mu_p = 1$ und unter der Annahme, dass die Wirkungsgrade der Antriebsstränge beim Fahren mit Vorderrad- und Hinterradantrieb gleich sind, das Verhältnis von Vorderradantrieb zu Hinterradantrieb für die niedrigen Gangstufen.

$$k = \frac{N_L|_{FWD}}{N_L|_{RWD}}$$

Ergebnis: $k \approx 0{,}6$.

Tab. 4.18 Fahrzeugdaten von Aufgabe 4.17.

	Parameter	Einheit	Fahrzeug 1 (RWD)	Fahrzeug 2 (FWD)
1	Gewichtsverteilung V/H	%	55/45	60/40
2	Rollwiderstandsbeiwert		0,02	0,02
3	Reifenrollradius	m	0,30	0,30
4	Übersetzungsverhältnis hoher Gang		13,0	12,0
5	Maximales Motordrehmoment	Nm	150,0	150,0
6	Motordrehzahl bei maximalem Drehmoment	1/min	3000	3000
7	Drehmoment bei maximaler Leistung	Nm	120,0	120,0
8	Motordrehzahl bei maximaler Leistung	1/min	5000	5000
9	Fahrzeugmasse	kg	1200	1150
10	Höhe Schwerpunkt über Boden	m	0,6	0,6
11	Reibungskoeffizient		0,8	0,8
12	Radstand	m	2,2	2,2

Aufgabe 4.16

Das Übersetzungsverhältnis eines Vorgelege-Getriebes im ersten Gang ist 3,85 : 1. Es werden zwei Optionen mit den kombinierten Übersetzungsverhältnissen 1,75 × 2,2 und 1,925 × 2 für die Bestimmung der Zähnezahlen vorgeschlagen (die linke Zahl ist jeweils das Übersetzungsverhältnis des Radpaares auf der Eingangsseite und die rechte Zahl das Übersetzungsverhältnis des Radpaares auf der Ausgangsseite). Der Wellenabstand zwischen oberer und unterer Welle darf 100 mm nicht überschreiten und soll möglichst klein sein. Die Moduln der Zahnräder müssen größer 1 mm sein, in Abständen von 0,25 mm (z. B. 1,25 mm, 1,50 mm etc.). Bestimmen Sie für beide Optionen die Zähnezahlen aller vier Räder und wählen Sie die beste Lösung.

Aufgabe 4.17

Lösen Sie für die Fahrzeuge mit den Fahrzeugdaten aus Tab. 4.18 folgende Aufgaben:

a) Bestimmen Sie die maximale Steigung, die jedes Fahrzeug bewältigen kann.
b) Wie viel Prozent der maximalen Motorleistung wird bei einer Geschwindigkeit von 30 km/h bei Steigung (a) genutzt?
c) Wie viel Prozent des maximalen Motordrehmoments wird bei einer Geschwindigkeit von 30 km/h bei Steigung (a) genutzt?

Aufgabe 4.18

Die Daten einer Kupplungsfeder für einen Pkw finden Sie in Tab. 4.19:

a) Plotten Sie die Kurven F_S-δ_S und F_B-δ_B jeweils unter Verwendung der MG-Formel.

Tab. 4.19 Kupplungsdaten von Aufgabe 4.18.

Parameter	Wert	Einheit
Innendurchmesser D_i	34	mm
Außendurchmesser D_o	185	mm
Innendurchmesser Tellerfeder D_b	151	mm
Federdicke t	2,3	mm
Tellerfederhöhe h	3,4	mm
Sollwert Federweg δ_S^*	3,4	mm
Elastizitätsmodul	206	MPa
Poisson'sche Zahl	0,3	–

b) Berechnen Sie das Hebelverhältnis k_s.
c) Plotten Sie die Änderung der Anpresskraft im ersten Diagramm für F_S-δ_S.
d) Berechnen Sie den anfänglichen Federweg δ_C^*.

Aufgabe 4.19

Bei dem Fahrzeug mit den Daten aus Tab. 4.20 ist der Motor abgestellt. Bestimmen Sie für den Bergauf- und Bergabfall die maximale Steigung, bei der das Fahrzeug ohne zu rutschen stoppen kann, wenn:

a) lediglich der erste Gang eingelegt ist;
b) lediglich die Feststellbremse an den Vorderrädern aktiviert ist;
c) lediglich die Feststellbremse an den Hinterrädern aktiviert ist;
d) nur die Fußbremse aktiviert ist;
e) der erste Gang eingelegt und die Feststellbremse an den Vorderrädern aktiviert ist;
f) der erste Gang eingelegt und die Feststellbremse an den Hinterrädern aktiviert ist;

Vergleichen Sie beide Fälle für Vorderradantrieb und Hinterradantrieb und füllen Sie Tab. 4.21 aus.

Aufgabe 4.20

Untersuchen Sie die Existenz einer bestimmten Steigung und eines bestimmten Reibungskoeffizienten, für die frontangetriebene und heckangetriebene Wagen mit gleichen Eigenschaften gleiche Traktionskräfte erzeugen.

a) In dem Ausdruck für die Traktionskräfte von FWD- und RWD-Fahrzeugen ignorieren Sie den Ausdruck für hf_R, und finden Sie die Bedingung für den Reibungskoeffizienten, der gleiche Traktionskräfte für beide Fälle sicherstellt.
b) Beweisen Sie mithilfe des Ergebnisses (a), dass für beide Fälle gilt: $\tan \theta = 0{,}5\mu_P$.

Tab. 4.20 Fahrzeugdaten von Aufgabe 4.19.

	Parameter	Einheit	Wert
1	Reifenrollradius	m	0,30
2	Übersetzungsverhältnis hoher Gang		14
3	Motorbremsmoment bei 0/min	Nm	30
4	Fahrzeugmasse	kg	1200
5	Maximum Reibkoeffizient Straße		0,8
6	Gewichtsverteilung V/H (FWD)		58/42
7	Gewichtsverteilung V/H (RWD)		55/45
8	Verhältnis Schwerpunkthöhe zu Radstand h/l		0,35
9	Rollwiderstandskoeffizient f_R		0,02

Tab. 4.21 Vorgeschlagene Tabelle zum Eintragen der Ergebnisse.

		Ergebnisse für maximale Steigung (Grad)			
		Bergauf		Bergab	
		FWD	RWD	FWD	RWD
1	Fall a				
2	Fall b				
3	Fall c				
4	Fall d				
5	Fall e				
6	Fall f				

c) Nutzen Sie $a/l = 0{,}45$ und $b/h = 2{,}0$ und berechnen Sie die Werte für μ_P und θ.

d) Behalten Sie den Ausdruck hf_R bei, und wiederholen Sie Fall (a). Zeigen Sie, dass das Ergebnis in (b) auch gültig ist und dass der Reibungskoeffizient die Bedingung $\mu_P = 2f_R + 4/11$ erfüllen muss, wenn Werte in (c) verwendet werden.

Aufgabe 4.21

Ignorieren Sie in den Ausdrücken für die Traktionskräfte von FWD- und RWD-Fahrzeugen den Ausdruck hf_R, und leiten Sie die Gleichung für die Steigung in der Form $\tan \theta = c/(d/\mu_P + e)$ her. Berechnen Sie anschließend:

a) die Werte c, d und e für die beiden gegebenen Fälle $a/l = 0{,}45$ und $b/h = 2{,}0$.

b) Untersuchen Sie aus mathematischer Sicht die Möglichkeit einer maximalen Steigung, die jedes der Fahrzeuge bewältigen kann, durch Differenziation von θ nach μ_P, und finden Sie θ_{max} für jeden Fall.

c) Zeichnen Sie die Änderung von θ über μ_P für beide Fälle (berechnen Sie θ Werte für μ_P bis 4).

d) Wie würden die Werte für θ_{max} für die Fälle in der Praxis aussehen? (Schlagen Sie einen praktischen Wert für μ_{max} vor.)

Aufgabe 4.22

In der Ableitung der Gleichungen 4.212 und 4.213 wurde die Begrenzung des Kupplungsmoments nicht berücksichtigt. Leiten Sie die Gleichungen für den Kupplungswirkungsgrad unter Berücksichtigung dieser Begrenzung her.

4.11
Weiterführende Literatur

Lehrbücher über Getriebe sind im Gegensatz zu den zahlreichen Büchern über Motoren relativ selten. Es ist unklar, warum diese große Diskrepanz besteht – insbesondere, da sich die Entwicklungen von Getrieben sehr auf die Entwicklung und Konstruktion von Fahrzeugen ausgewirkt haben. Trotzdem stehen kaum informative Texte zu Mehrgangautomatikgetrieben, Doppelkupplungsgetrieben und CVTs zur Verfügung.

Die beste Einführung in Automobilgetriebe finden Sie wahrscheinlich in Kapitel 13 in dem von Happian Smith (Hrsg.) herausgegebenen und von Vaughan und Simner geschriebenen Buch [10]. Hier finden Sie eine exzellente Übersicht über die Grundlagen sowie eine Beschreibung der funktionalen Aspekte der verschiedenen Komponenten ohne Betrachtung der Analyse. Details zur Getriebeauslegung und zur Auslegung von Handschaltgetrieben finden Sie in den Büchern von Stokes aus dem Jahre 1992 [11, 12].

Weitere sinnvolle Beschreibungen liefern Heisler [13] und Gott [14]. Beide Bücher sind mittlerweile veraltet und behandeln keine der interessanten Entwicklungen der beiden letzten Jahrzehnte. Das umfangreichste Werk zu Automobilgetrieben ist das Buch von Naunheimer *et al.* [15]. Das ursprünglich 1999 herausgegebene Buch wurde kürzlich erst aktualisiert [2]. Es wendet sich an Experten und Ingenieure aus der Praxis und weniger an Studierende, und es ist relativ teuer. Dennoch ist es ein maßgebliches Lehrbuch. Es behandelt die Grundlagen der Fahrzeug-Performance und bietet Informationen zur Auslegung von Zahnrädern, Wellen, Lagern und Synchronisierungsvorrichtungen. Es beschreibt Handschaltgetriebe, Automatikgetriebe, Drehmomentwandler und stellt allgemeine Aspekte der kommerziellen Konstruktions-, Entwicklungs- und Prüfprozesse in Verbindung mit der Getriebefertigung vor.

Literatur

1 Wong, J.Y. (2001) *Theory of Ground Vehicles*, 3. Aufl., John Wiley & Sons, Inc., ISBN 0-470-17038-7.

2 Lechner, G. und Naunheimer, H. (1999) *Automotive Transmissions: Fundamentals, Selection, Design and Application*, Springer, ISBN 3-540-65903-X.

3 Budynas, R. und Nisbett, K. (2006) *Shigley's Mechanical Engineering Design*, 9. Aufl., McGraw-Hill.

4 Mabie, H.H. und Reinholtz, C.F. (1987) *Mechanisms and Dynamics of Machinery*, 4. Aufl., John Wiley & Sons, Inc. ISBN 978-0-0717-4247-4.

5 Lhomme, W. *et al.* (2008) Switched causal modeling of transmission with clutch in hybrid electric vehicles. *IEEE Trans. Veh. Technol.*, **57** (4).

6 Berger, E.J. (2002) Friction modeling for dynamic system simulation. *Appl. Mech. Rev.*, **55** (6), 535–577.

7 Duan, C. (2004) Dynamic Analysis of Dry Friction Path in a Torsional System. PhD dissertation, The Ohio State University.

8 Amari, R., Tona, P. und Alamir, M. (2009) A Phenomenological Model for Torque Transmissibility During Dry Clutch Engagement, paper presented at 18th IEEE Int. Conf. Control Appl., St. Petersburg, Russia, July.

9 Newbold, D. und Bonnick, A.W.M. (2005) *A Practical Approach to Motor Vehicle Engineering and Maintenance*, Elsevier Butterworth-Heinemann, ISBN 0-7506-6314-6.

10 Happian Smith, J. (Hrsg.) (2002) *An Introduction to Modern Vehicle Design*, Butterworth-Heinemann, ISBN 07506-5044-3.

11 Stokes, A. (1992) *Gear Handbook: Design and Calculations*, Butterworth-Heinemann, ISBN 07506-149-9.

12 Stokes, A. (1992) *Manual Gearbox Design*, Butterworth-Heinemann, ISBN 07506 0417 4.

13 Heisler, H. (2002) *Advanced Vehicle Technology*, 2. Aufl., Butterworth-Heinemann, ISBN 07506-5131-8.

14 Gott, P.G. (1991) *Changing Gears: The Development of the Automatic Transmission*, SAE, ISBN 1-56091-099-2.

15 Naunheimer, H., Bertsche, B., Ryborz, J., Novak, W., Fietkau, P. und Kuchle, A. (2010) *Automotive Transmissions: Fundamentals, Selection, Design and Application*, 2. Aufl., Springer, ISBN 978-3642162138.

5
Kraftstoffverbrauch

5.1
Einleitung

Kraftstoffverbrauch und Emissionen sind wichtige Bereiche bei der Entwicklung von Automobilen und tragen zur Reduzierung von Erdölverbrauch, Treibhausgasen und der globalen Erwärmung bei. Insgesamt sind drei Phasen an der Umwandlung von fossilen Brennstoffen für die Bereitstellung nutzbarer Arbeit zur Steuerung der Fahrzeugbewegung in typischen Fahrsituationen beteiligt. Zwei davon wurden bereits in Kapitel 1 vorgestellt und beschrieben als:

- Bohrung bis Tank (s. Abb. 1.1a);
- Tank bis Rad (s. Abb. 1.1b).

Die dritte Phase beinhaltet die Umwandlung der am Rad verfügbaren Leistung in Nutzarbeit zum Antrieb des Fahrzeugs bei normalen Betriebsbedingungen. Mit dieser Phase sind weitere Energieverluste verbunden, insbesondere durch Rollwiderstände, Luftwiderstand und Reibung der nicht angetriebenen rotierenden Komponenten. Die Analyse des Fahrzeugantriebssystems hängt stark von den einzelnen Fahrsituationen ab, d. h., davon wann gefahren wird, vom Start-Stopp-Verhalten, von der Verkehrsdichte und von den Beschleunigungen und Verzögerungen. Folglich ist weltweit ein großes Interesse an der Entwicklung von genormten Fahrzyklen entstanden. Fahrzyklen sollen für typische Fahrbedingungen repräsentativ sein, etwa für die Bedingungen bei Stadtverkehr, Überland- oder Autobahnfahrten. Sie liefern die Referenzbedingungen, die einen fairen Vergleich von verschiedenen Fahrzeugen ermöglichen sollen.

In diesem Kapitel konzentrieren wir uns auf die Phasen zwei und drei – und hierbei insbesondere auf die Berechnung des Kraftstoffverbrauchs unter normalen Fahrsituationen. Der Kraftstoffverbrauch eines Fahrzeugs wird von zwei Hauptfaktoren beeinflusst, den Betriebsbelastungen und dem Wirkungsgrad des Verbrennungsmotors. Die Betriebsbelastungen sind von der Art der Fahrzeugnutzung abhängig. Der Motorwirkungsgrad ist davon abhängig, wie der Kraftstoff innerhalb des Motors in Arbeit transformiert wird. Er wird häufig in einem Kraftstoffeffizi-

Antriebssysteme in Kraftfahrzeugen, Erste Auflage. Behrooz Mashadi, David Crolla.
©2014 WILEY-VCH Verlag GmbH & Co. KGaA. Published 2014 by WILEY-VCH Verlag GmbH & Co. KGaA.

enzkennfeld abgebildet. Die am Fahrzeug wirkenden Lasten ändern sich mit der Beschleunigung und der Steigung, dem Luftwiderstand sowie dem Rollwiderstand der Reifen. Die Verbesserung des Kraftstoffverbrauchs kann daher durch eine Reduzierung der Fahrzeuglasten durch genaue Steuerung der Fahrzeug-Performance und -bewegung sowie durch Verbesserung des Wirkungsgrads des gesamten Antriebsstrangs sowie der Komponenten des Antriebsstrangs erreicht werden. Um den Motor an Betriebspunkten mit optimaler Effizienz betreiben zu können, muss das Antriebssystem analysiert werden. So ist sichergestellt, dass Kraftübertragung und Kraftmaschine gut aufeinander abgestimmt sind.

Das Ziel dieses Kapitels ist es, die Grundlagen zum Kraftstoffverbrauch eines Fahrzeugs sowie dessen Berechnung für normale Fahrsituationen zu vermitteln. Wir beginnen mit den Eigenschaften des Kraftstoffverbrauchs eines Verbrennungsmotors und der Abhängigkeit des Verbrauchs von den Betriebsbedingungen des Motors. Fahrzyklen werden allgemein für genormte Messungen des Kraftstoffverbrauchs und der Emissionen von Fahrzeugen genutzt. Wir stellen einige Beispielrechnungen vor. Wir beschreiben die Wirkung des Gangschaltens auf die Arbeitspunkte des Motors beim Fahren unterschiedlicher Zyklen. Wir erläutern die Methoden der automatisierten Schaltvorgänge sowie die Strategien zur Verringerung des Kraftstoffverbrauchs.

5.2
Energieverbrauch des Verbrennungsmotors

Die Energieverluste im Verbrennungsmotor wurden bereits in den vorherigen Kapiteln genauer erklärt – dazu gehören Verluste beim Verbrennungsvorgang, thermodynamische Verluste, Pumpverluste, Verluste durch Nebenaggregate wie Generator, Klimaanlage, Servopumpe etc. Zur Berechnung des Kraftstoffverbrauchs müssen die Eigenschaften des Verbrennungsmotors zusammenfassend erläutert werden. Diese Informationen lassen sich auf verschiedene Arten darstellen, sodass der Kraftstoffverbrauch beispielsweise für unterschiedlichen Drehzahlen, Drehmomente und Drosselwerte quantitativ ermittelt werden kann. Das am häufigsten verwendete Verfahren zur Quantifizierung der Gesamtkraftstoffeffizienz von Verbrennungsmotoren ist die Bestimmung des spezifischen Kraftstoffverbrauchs mit BSFC-Kennfeldern.

5.2.1
BSFC-Kennfelder

Der spezifische Kraftstoffverbrauch (BSFC, Brake Specific Fuel Consumption) eines Motors ist ein Maß für den Kraftstoffverbrauch unter bestimmten Betriebsbedingungen. Er ist wie folgt als Momentanwert aus Kraftstoffdurchsatz und abgegebener Leistung definiert:

$$BSFC(t) = \frac{\text{Kraftstoffdurchsatz}}{\text{Abgegebene Leistung}} = \frac{\dot{m}(t)}{P_e(t)} \tag{5.1}$$

wobei:

$$\dot{m}(t) = \frac{d}{dt} m(t) \tag{5.2}$$

$$P_e(t) = T(t) \cdot \omega(t) \tag{5.3}$$

dabei ist m der Momentanwert der Masse an Kraftstoff, T das Motordrehmoment und ω die Motordrehzahl. Die Leistung P_e in den Gleichungen 5.1 und 5.3 ist die Bremsleistung des Motors, somit die an der Kurbelwelle abgegebene Leistung.

Wenn wir SI-Einheiten verwenden, erhalten wir aus Gleichung 5.1 das Ergebnis in kg/J (Kilogramm pro Joule). Allerdings wird in der Praxis die Einheit Gramm pro Kilowattstunde (kW h) verwendet. Umrechnung von kg/J in g/(kW h):

$$BSFC \ \left[\frac{\text{kg}}{\text{J}}\right] \times 3{,}6 \times 10^9 = BSFC \ \left[\frac{\text{g}}{\text{kW h}}\right] \tag{5.4}$$

Die Umrechnung der metrischen in die US-Einheiten können wir mit der folgenden Gleichung bewerkstelligen:

$$BSFC \ \left[\frac{\text{g}}{\text{kW h}}\right] \times 1{,}644 \times 10^{-3} = BSFC \ \left[\frac{\text{lb}}{\text{hp h}}\right] \tag{5.5}$$

Wie in Abb. 5.1 dargestellt, kann der Betriebspunkt eines Motors (EOP, Engine Operating Point) entsprechend den Werten von Drehmoment und Drehzahl an einem bestimmten Punkt im Drehmoment-Drehzahl-Diagramm angegeben werden. Beispielsweise ergibt sich der Punkt EOP_1 aus einem Drosselwert von θ_1 bei einer Ausgangsleistung P_1 mit dem Drehmoment T_1 und der Drehzahl ω_1. Jeder

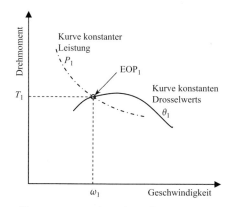

Abb. 5.1 Ein Motorbetriebspunkt (EOP, Engine Operating Point).

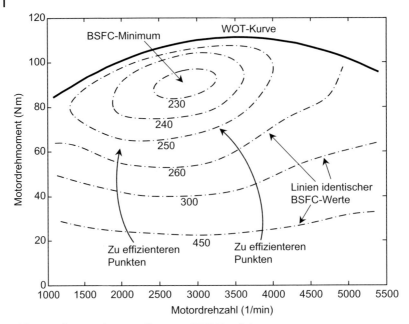

Abb. 5.2 Schematische Darstellung von BSFC-Kennlinien.

EOP hat entsprechend dem Betriebszustand des Motors seinen eigenen BSFC-Wert.

Wenn die Last am Motor sich ändert, ändert sich auch der Betriebspunkt. FolgliDch existieren im Drehmoment-Drehzahl-Diagramm unendlich viele EOPs für alle möglichen Betriebsbedingungen des Motors. Für jeden Punkt im Diagramm ist somit ein BSFC-Wert bekannt. Verschiedene EOPs können in der Drehmoment-Drehzahl-Ebene identische BSFC-Werte annehmen. Werden diese identischen BSFC-Punkte miteinander verbunden, erzeugen sie die Ortslinien für einen bestimmten BSFC-Wert. Dies kann für alle übrigen ähnlichen Punkte wiederholt werden. Die möglichen Ortslinien von konstanten BSFC-Punkten bzw. BSFC-Punkten mit gleichen Werten sind das Ergebnis. Diese werden das BSFC-Kennfeld eines Motors genannt. In Abb. 5.2 ist ein solches Kennfeld schematisch dargestellt.

Die Angabe des spezifischen Kraftstoffverbrauch (BSFC, Brake Specific Fuel Consumption) mithilfe von BSFC-Kurven bietet den großen Vorteil, dass BSFC-Werte für ein breites Spektrum unterschiedlicher Motorgrößen ähnlich sind. Das liegt daran, dass der BSFC im Wesentlichen von konstruktiven Faktoren, wie Verdichtungsverhältnis und Kraftstoffart abhängig ist. Daher sind die BSFC-Werte für eine Motorenfamilie mit ähnlicher Kraftstoffart und ähnlichem Verdichtungsverhältnis ebenfalls ähnlich. Dieselmotoren besitzen geringere BSFC-Werte als Benzinmotoren.

5.2.2
Spezifischer Kraftstoffverbrauch und Motorwirkungsgrad

Der Motorwirkungsgrad η_{fe} ist als das Verhältnis der vom Motor abgegebenen Energie E_e zu der dem Motor über den Kraftstoff zugeführten Energie E_f definiert, d. h.:

$$\eta_{fe} = \frac{E_e}{E_f} \tag{5.6}$$

Jeder Kraftstoff hat eine Energiedichte bzw. spezifische Energie, die sich aus der Energie des Brennstoffs dividiert durch seine Masse ergibt:

$$E_{fs} = \frac{E_f}{m_f} \tag{5.7}$$

Die Energiedichte wird nach einem genormten Prüfverfahren bestimmt. Dabei wird eine bekannte Masse an Kraftstoff mit Luft verbrannt. Die beim Verbrennungsprozess freigegebene Energie während des Abkühlens der Verbrennungsprodukte auf Ausgangstemperatur wird mithilfe eines Kalorimeters gemessen.

Um die Beziehung zwischen Motorwirkungsgrad und BSFC herzustellen, formulieren wir Gleichung 5.1 um:

$$\frac{d}{dt} m(t) = BSFC(t) P_e(t) \tag{5.8}$$

Für die Integration von Gleichung 5.8 brauchen wir den zeitlichen Verlauf des BSFC sowie die Momentanwerte der Motorleistung. Wenn der BSFC-Wert für eine bestimmte Zeitspanne oder eine bestimmte Betriebsbedingung unverändert ist und den Wert $BSFC^*$ annimmt, dann gilt:

$$m_f = BSFC^* E_e(t) \tag{5.9}$$

Durch Ersetzen ergibt sich aus Gleichung 5.6:

$$m_f = \eta_{fe} BSFC^* E_f \tag{5.10}$$

Kombinieren der Gleichungen 5.10 und 5.7 ergibt:

$$\eta_{fe}^* = \frac{1}{E_{fs} \times BSFC^*} \tag{5.11}$$

Gleichung 5.11 zeigt, dass der Motorwirkungsgrad umgekehrt proportional zum Wert des BSFC und zum Wert der spezifischen Energie des Kraftstoffs ist. Sie zeigt auch, dass der Motorwirkungsgrad kein konstanter Wert ist, sondern von den Betriebsbedingungen des Motors und tatsächlich auch von den BSFC-Momentanwerten abhängt.

E_{fs} hat grundsätzlich die Einheit J/kg. Für Gleichung 5.11 ist es bequemer, E_{fs} in kW h/g umzurechnen, indem wir mit $2{,}78 \times 10^{-10}$ multiplizieren.

Tab. 5.1 Typische Motordaten für Übung 5.2.

Motortyp	Minimum BSFC-Wert $\left(\frac{g}{kW\,h}\right)$	Spezifische Energie $\left(\frac{MJ}{kg}\right)$
Diesel	200	43
Benzin	225	44

Übung 5.1

Ein Motor läuft in einem stationären Betriebszustand, bei dem der BSFC-Wert 350 g/(kW h) beträgt. Bestimmen Sie den Wirkungsgrad des Verbrennungsmotors für eine spezifische Kraftstoffenergie von 0,0122 kW h/g.

Lösung:
Die Lösung erhält man einfach mit Gleichung 5.11:

$$\eta_{fe}^* = \frac{1}{E_{fs} \times BSFC^*} = \frac{1}{0{,}0122 \times 350} = 0{,}2342 \,(23{,}42\,\%)$$

Übung 5.2

Die Minima der BSFC-Werte sind für zwei typische Motoren, einen Diesel- und einen Benzinmotor, zusammen mit den spezifischen Energien in Tab. 5.1 aufgelistet. Vergleichen Sie die maximalen Wirkungsgrade beider Motoren.

Lösung:
Wenn wir Gleichung 5.11 verwenden, müssen wir die Einheit in kW h/g umrechnen, somit:

$$\eta_{fe}^* \,(Diesel) = \frac{1}{E_{fs} \times BSFC^*} = \frac{1}{43 \times 2{,}78 \times 10^{-4} \times 200} = 0{,}4183 \,(41{,}83\,\%)$$

$$\eta_{fe}^* \,(Petrol) = \frac{1}{44 \times 2{,}78 \times 10^{-4} \times 225} = 0{,}3634 \,(36{,}34\,\%)$$

5.3
Fahrzyklen

Der Kraftstoffverbrauch oder die Emissionen eines Motors sind davon abhängig, wie der Motor betrieben wird, was wiederum vom Fahrzeugbetrieb abhängt. Der Fahrzeugbetrieb selbst hängt von verschiedenen Faktoren ab, beispielsweise von der Fahrweise, den Schaltvorgängen und den Straßenbelastungen. Nehmen wir an, ein Konstrukteur hat zwei Motorkonstruktionen zur Auswahl und möchte die Performance beider Motoren nach dem Einbau in ein bestimmtes Fahrzeug hinsichtlich Kraftstoffeffizienz und Emissionen vergleichen. Es ist klar, dass beide Motoren auf ähnliche Art und Weise geprüft werden und ein umfangreiches Testprogramm durchlaufen müssen, damit sie verglichen werden können. Fahrzyklen sind so kon-

Abb. 5.3 Unterschiedliche Einflussparameter auf Kraftstoffverbrauch und Schadstoffausstoß von Fahrzeugen.

zipiert, dass alle Testfahrzeuge ein identisches Fahrprogramm durchlaufen müssen. Damit werden die Testergebnisse hinsichtlich des Kraftstoffverbrauchs und Schadstoffausstoßes vergleichbar.

Ein Fahrzyklus ist ein zeitlicher Verlauf der Fahrzeugbewegung und ist so ausgelegt, dass er möglichst alle realen Fahrsituationen abbildet. Fahrzyklen dauern unterschiedlich lang; je nach Testzweck dauern sie 2000 s oder länger. Fahrzyklen bauen auf verschiedenen Datenaufzeichnungsverfahren [1] auf, einschließlich realistischer Fahrsequenzen, die den Normalbetrieb eines Fahrzeugs darstellen. Fahrzyklen stellen einen Kompromiss zwischen realen Fahrbedingungen und reproduzierbaren Messungen unter Laborbedingungen mit vertretbarer Genauigkeit dar.

Die Motorleistung ist in hohem Maße abhängig von geografischen, kulturellen und gesetzlichen Faktoren (s. Abb. 5.3). Sie wird stark von den Klimaschwankungen beeinflusst. Die verschiedenen Regionen der Welt besitzen vielfältige, sehr unterschiedliche klimatische Bedingungen in Bezug auf Luftdruck, Temperatur und Feuchtigkeit. Aufgrund der topografischen Unterschiede sind auch die Straßenlasten sehr verschieden. Einige Gebiete sind flach, andere bergig – somit spielen die Gravitationskräfte unterschiedliche Rollen bei den auf die Motoren einwirkenden Belastungen. Auch die Fahrgewohnheiten unterscheiden sich von Land zu Land aufgrund der Kultur, der wirtschaftlichen Bedingungen und der Verkehrsvorschriften. Auch die lokalen Kraftstoffpreise können sich auf die Fahrweise auswirken. Auch das Durchschnittsalter und die Technik der Fahrzeuge auf den Straßen sind zwei weitere Faktoren, die zu Unterschieden beim Vergleich des Kraftstoffverbrauchs führen können. Die Qualität von Kraftstoffen spielt ebenso eine Rolle beim Kraftstoffverbrauch und bei der Entstehung von Schadstoffen. Aus allen diesen Gründen muss es regional unterschiedliche Fahrzyklen geben, wenn realistische Schätzungen und Vergleiche das Ziel sein sollen. Die Konstruktionsmethoden für Fahrzyklen unterscheiden sich, obwohl die Zielsetzungen identisch sind. Basierend auf den regionalen Einflussfaktoren haben verschiedene Länder eigene Vorschriften für Fahrzyklen geschaffen.

5.3.1
Typische Fahrzyklen

In den letzten zwanzig Jahren wurden verschiedene Testverfahren entwickelt und in unterschiedlichen Regionen der Welt von den jeweiligen Ländern standarisiert. Das gebräuchlichste Prüfverfahren in Europa für die Zulassung von leichten Nutzfahrzeugen ist der Neue Europäische Fahrzyklus (NEFZ), der in Abb. 5.4 dargestellt ist. Der Fahrzyklus besteht aus zwei Teilen. Der mit ECE15 bezeichnete Teil soll die Stadtfahrt und der mit EUDC bezeichnete Teil die Überlandfahrt repräsentieren. Im ECE15-Testzyklus wird eine ca. 4 km lange Stadtfahrt mit einer Durchschnittsgeschwindigkeit von 18,7 km/h und einer Maximalgeschwindigkeit von 50 km/h simuliert. Er dauert 780 s. Dieser Teil des ECE15-Fahrzyklus wird viermal wiederholt, um eine adäquate Fahrstrecke und Motortemperatur zu erzielen. Der NEFZ-Zyklus stellt einen aggressiveren Zyklus mit einem Hochgeschwindigkeitsanteil mit einer Maximalgeschwindigkeit von 120 km/h dar. Er dauert 400 s und hat eine Durchschnittsgeschwindigkeit von 62,6 km/h sowie eine Fahrstrecke von 7 km. Seit dem Jahr 2000 wurde der 40-sekündige Leerlauf zu Beginn des Europäischen Fahrzyklus (EC2000) weggelassen. Damit sind die Emissionen während des Kaltstarts in den Fahrzyklus gewandert, wodurch der Test realistischer wurde.

Der von der US-Umweltbehörde EPA (Environmental Protection Agency) vorgeschriebene FTP (Federal Test Procedure) ist ein weiteres Beispiel für einen Fahrzyklus und in Abb. 5.5 dargestellt. Der FTP-Testzyklus simuliert das Fahren einer Strecke von 11,4 Meilen (17,7 km) mit einer Durchschnittsgeschwindigkeit von 21,2 mph (34,1 km/h). Der Test beinhaltet einen Kaltstart nach einer Zeit des Leerlaufs des Motors, einen Warmstart und eine Kombination von Stadt- und Über-

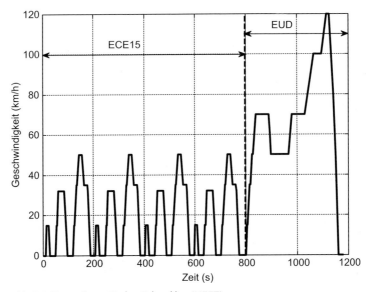

Abb. 5.4 Neuer Europäischer Fahrzyklus (NEFZ).

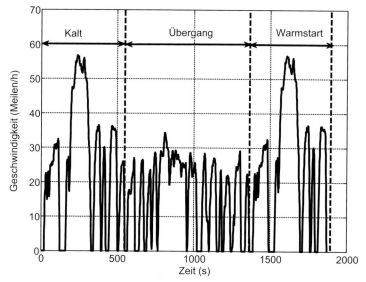

Abb. 5.5 US-Fahrzyklus FTP-75.

landfahrt. Die Anwendbarkeit von genormten Fahrzyklen auf realistische Fahrsze-
narien ist auch umstritten. Es gab auch Bemühungen, neue Fahrzyklen zu schaf-
fen, die den realen Fahrbetrieb besser abbilden [2–4].

5.3.2
Berechnungen

Fahrzyklen lassen sich anhand der bekannten statistischen Daten vergleichen.
Trotz der Tatsache, dass nur die Geschwindigkeit und die Zeit in einem Fahrzyklus
aus ziemlich einfachen Berechnungen bekannt sind, lassen sich andere wichtige Parameter der Bewegung, wie Beschleunigung und Fahrstrecke ermitteln,
beispielsweise:

$$a(t) = \frac{d}{dt} v(t) \tag{5.12}$$

$$S(t) = \int v(t)dt \tag{5.13}$$

Damit lassen sich für einen gegebenen Fahrzyklus die Änderung der Beschleunigung $a(t)$ und die Fahrstrecke $S(t)$ durch Differenziation bzw. Integration der Fahrzeuggeschwindigkeit bestimmen. Auch andere sinnvolle Parameter lassen sich berechnen, etwa:

- Durchschnittsgeschwindigkeit;
- Durchschnittsbeschleunigung;
- Gesamtzeit;

- Höchstgeschwindigkeit;
- maximale Beschleunigung
- sowie andere statistische Werte.

Nachdem Beschleunigung und Strecke aus der Änderung der Geschwindigkeit (Gleichungen 5.12 und 5.13) bestimmt sind, lassen sich auch die Durchschnittsgeschwindigkeit v_{av} und Durchschnittsbeschleunigung a_{av} während eines Fahrzyklus wie folgt berechnen:

$$v_{av} = \frac{1}{T} \int_0^T v(t)\,dt = \frac{S}{T} \qquad (5.14)$$

$$a_{av} = \frac{1}{T} \int_0^T a(t)\,dt \qquad (5.15)$$

dabei ist T die Gesamtfahrzeit und S die Gesamtfahrstrecke. Beachten Sie, dass die aus Gleichung 5.15 erhaltene Beschleunigung a_{av} beim Bremsen auch negative Beschleunigungswerte annehmen kann. Mitunter ist es nützlich, die durchschnittliche positive Beschleunigung a_{av}^+ zu ermitteln, um abschätzen zu können, wie dynamisch ein Fahrzyklus ist.

Übung 5.3

In Abb. 5.6 ist ein idealisierter Fahrzyklus dargestellt:

a) Plotten Sie die Änderung der Beschleunigung und Fahrstrecke über die Zeit.
b) Bestimmen Sie Durchschnittsgeschwindigkeit, mittlere Gesamtbeschleunigung und mittlere positive Beschleunigung.

Lösung:

Da das Geschwindigkeit-Zeit-Profil nur konstante Geschwindigkeits- und Beschleunigungsanteile enthält, werden für die Berechnung der Beschleunigung lediglich die Steigungen an verschiedenen Punkten benötigt. Das Ergebnis ist in Abb. 5.7 gezeichnet.

Auch die Bestimmung der Fahrstrecke ist einfach. Die Fahrstrecke zu einem beliebigen Zeitpunkt ist die Gesamtfläche unter der Geschwindigkeitskurve in der Zeit von null bis zu dem gewünschten Zeitpunkt. Diese erhalten wir durch Berechnen der dreieckigen und rechteckigen Flächenanteile unter der Kurve. Das Ergebnis ist in Abb. 5.8 zu sehen. Die Durchschnittsgeschwindigkeit errechnen wir, indem wir die Gesamtstrecke durch die Gesamtzeit dividieren:

$$v_{av} = \frac{197{,}5}{30} = 6{,}583 \quad \text{(m/s)}$$

Die mittlere Beschleunigung wird einfach aus der Änderung der Beschleunigung (Abb. 5.7) bestimmt. Dazu bilden wir die Summe der Fläche unter der Kurve relativ

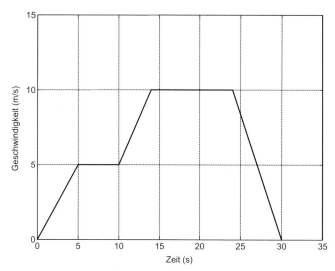

Abb. 5.6 Fahrzyklus für Übung 5.3.

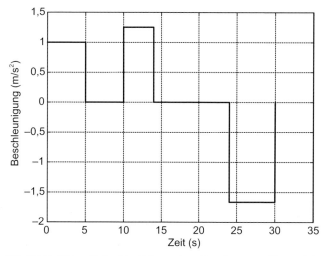

Abb. 5.7 Zeitlicher Verlauf der Fahrzeugbeschleunigung aus Übung 5.3.

zur Beschleunigung null. Das Ergebnis ist:

$$a_{av} = \frac{1}{30}\,(1 \times 5 + 1{,}25 \times 4 - 1{,}67 \times 6) = -6{,}7 \times 10^{-4} \approx 0 \quad (\mathrm{m/s^2})$$

Bei der mittleren positiven Beschleunigung werden lediglich die positiven Beschleunigungen berücksichtigt. Somit setzt sie sich nur aus den ersten beiden Termen der mittleren Beschleunigung zusammen:

$$a_{av}^{+} = 0{,}333 \quad (\mathrm{m/s^2})$$

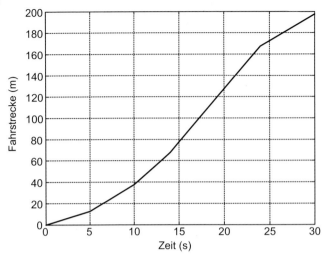

Abb. 5.8 Änderung der Fahrstrecke über die Zeit aus Übung 5.3.

5.3.3
Fahrzeugtests

Testzyklen werden auf Rollenprüfständen durchgeführt. Dabei muss das Fahrzeug dem Geschwindigkeit-Zeit-Muster folgen, das der Fahrzyklus vorgibt. Ein Fahrer steuert den Drosselwert, damit das Fahrzeug die vorgeschriebene Geschwindigkeit möglichst genau einhält. Dabei werden die Emissions- und Kraftstoffverbrauchsdaten aufgezeichnet. Rollenprüfstände simulieren die Straßenlasten. Somit können die Testergebnisse so betrachtet werden, als ob das Fahrzeug auf einer realen Straße bewegt worden wäre.

Die Kraftstoffverbrauchsangaben der Fahrzeughersteller werden anhand von Standardlabortests auf Rollenprüfständen ermittelt. Diese Tests „übersehen" verschiedene Variablen, wie beispielsweise Straßenprofil, Verkehrsaufkommen und Wetterlage, Fahrweise und Fahrzeuggeschwindigkeit, -last und -zustand. Derartige Zahlen können nur bedingt als Kraftstoffverbrauchsangabe für bestimmte reale Betriebsbedingungen interpretiert werden, sie sind eher Richtwerte beim Vergleich mit den Verbrauchsangaben anderer Hersteller.

5.4
Kraftstoffverbrauch eines Fahrzeugs

Der Kraftstoffverbrauch ist eine fundamentale technische Kennzahl und sinnvoll, da er direkt dem Ziel dient, die für eine gegebene Strecke benötigte Kraftstoffmenge zu reduzieren. Die Begriffe *Kraftstoffeffizienz* und *Kraftstoffverbrauch* werden beide verwendet, um die Effizienz, wie Kraftstoff in Fahrzeugen genutzt wird, zu klassifizieren. Diese Ausdrücke sind wie folgt definiert:

- Kraftstoffeffizienz ist ein Maß für die mit einer gegebenen Kraftstoffmenge (z. B. pro Liter oder Gallone) zurückgelegte Fahrstrecke. Sie wird in Kilometer pro Liter oder Meilen pro Gallone (mpg) ausgedrückt. Dieser Begriff wird hauptsächlich in Nordamerika verwendet.
- Kraftstoffverbrauch ist eigentlich der Kehrwert der Kraftstoffeffizienz. Er ist definiert als die Menge Kraftstoff, die über eine gegebene Fahrstrecke (z. B. 100 km oder 100 Meilen) verbraucht wird. Der Kraftstoffverbrauch wird in Litern pro 100 km (oder Gallonen pro 100 Meilen) gemessen.

Der Kraftstoff ist die Energiequelle eines Fahrzeugs, und die vom Fahrzeug geleistete Arbeit geht zu Lasten des Kraftstoffverbrauchs. Ein Teil der beim Fahren des Fahrzeugs verbrauchten Energie E_c wird in kinetische Energie E_k umgewandelt. Die restliche Energie E_R geht aufgrund der Fahrwiderstandskräfte verloren. In mathematischer Form bedeutet dies:

$$E_c = E_k + E_R \tag{5.16}$$

Bei herkömmlichen Fahrzeugen ohne Energierückgewinnung wird selbst die beim Beschleunigen hinzugewonnene kinetische Energie in Wärme umgewandelt, wenn das Fahrzeug irgendwann anhält. Somit ist der Gesamtenergieverbrauch eines herkömmlichen Fahrzeugs die Energie, die der Motor erzeugt:

$$E_c(t) = E_e(t) = \int_0^t P_e(t)\,dt \tag{5.17}$$

Nur ein Bruchteil der Energie des Kraftstoffs E_f wird vom Motor in mechanische Leistung umgewandelt, der Rest (E_L) geht verloren. Es gilt:

$$E_f = E_e + E_L \tag{5.18}$$

Die Kraftstoffeffizienz η_{ef} eines Motors wurde als das Verhältnis aus der vom Motor erzeugten Energie zu der dem Motor zugeführten Energie (Abschn. 5.2.2) definiert. Im Antriebssystem des Fahrzeugs geht auch Energie (E_D) verloren und die verbleibende Energie E_w kommt an den Rädern an. Somit:

$$E_e = E_w + E_D \tag{5.19}$$

Der Gesamtwirkungsgrad des Antriebsstrangs ist wie folgt definiert:

$$\eta_D = \frac{E_w}{E_e} = 1 - \frac{E_D}{E_e} \tag{5.20}$$

Vom Kraftstoff zum Rad ergibt sich daher der Gesamtwirkungsgrad der Fahrzeugbewegung wie folgt:

$$\eta_{fw} = \frac{E_w}{E_f} = \frac{E_w}{E_e} \cdot \frac{E_e}{E_f} = \eta_D \cdot \eta_{fe} \tag{5.21}$$

Die Transformation der am Rad ankommenden Energie in Fahrzeugenergie erfolgt durch Zusammenspiel zwischen Straße und Rad. Durch Rollwiderstand und Schlupf geht ein weiterer Teil an Energie durch die Reifen verloren. Der Anteil des Rollwiderstands wurde in Kapitel 3 bei der Betrachtung der longitudinalen Dynamik berücksichtigt. Der Anteil des Schlupfes kann in der Reifeneffizienz eingeschlossen werden:

$$\eta_t = \frac{E_v}{E_w} \tag{5.22}$$

wobei:

$$E_v = \int_0^t F_T(t) v(t) \, dt \tag{5.23}$$

$$E_w = \int_0^t T_w(t) \omega_w(t) \, dt \tag{5.24}$$

wobei die Bewegungsenergie E_v die Energie ist, die das Fahrzeug bei der Bewegung aufnimmt und E_w die Energie ist, die während der gleichen Zeit an die Räder geliefert wird. Der Gesamtwirkungsgrad des Fahrzeugs vom Kraftstoff bis zur longitudinalen Bewegung wird damit zu:

$$\eta_{fv} = \eta_t \cdot \eta_D \cdot \eta_{fe} \tag{5.25}$$

Kombinieren der Gleichungen 5.21 und 5.22 ergibt:

$$E_f = \frac{E_v}{\eta_{fv}} \tag{5.26}$$

Das bedeutet, wenn Werte für die Energie der Bewegung E_v und der Gesamtwirkungsgrad η_{fv} bekannt sind, lässt sich die Energie des Kraftstoffs E_f einfach bestimmen. Da der kalorische Energieinhalt eines Kraftstoffs E_{fs} (J/kg) bekannt ist, erhalten wir die verbrauchte Kraftstoffmasse m_f auf einfache Weise aus den Gleichungen 5.7 und 5.26:

$$m_f = \frac{E_f}{E_{fs}} = \frac{E_v}{\eta_{fv} E_{fs}} \tag{5.27}$$

Der Gesamtwirkungsgrad η_{fv} ist die inhärente Eigenschaft der Hauptkomponenten des Fahrzeugs, und es wird angenommen, dass diese aufgrund von Testergebnissen bekannt ist. Die Bewegungsenergie E_v ist vom Fahrtverlauf bzw. Fahrprofil des Fahrzeugs abhängig, von dem der zeitliche Verlauf der Geschwindigkeit bekannt ist. Die Methode zur Bestimmung von E_v aus den Fahrzeitverläufen werden wir in den folgenden Abschnitten kennenlernen.

5.4.1
Berechnung des Kraftstoffverbrauchs ohne Kennfeld

Wenn wir annehmen, dass der Motor einen konstanten Wirkungsgrad besitzt, kann das Kennfeld für den Wirkungsgrad des Motors durch einen einfachen Durchschnittswert für die Motorleistung ersetzt werden. Das liefert einfache Schätzungen für den Kraftstoffverbrauch eines Fahrzeugs. Im Allgemeinen beinhalten Fahrzyklen zahlreiche Arten von Geschwindigkeit-Zeit-Variationen. Sie lassen sich in drei Arten unterteilen, wie Abb. 5.9 zeigt: Fahren mit null Beschleunigung, mit konstanter Beschleunigung und mit variabler Beschleunigung. Die dynamische Gleichung der longitudinalen Fahrzeugbewegung in ihrer einfachen Form (s. Kapitel 3) lautet wie folgt:

$$F_T - F_R = m \frac{dv}{dt} \tag{5.28}$$

wobei F_T die Traktionskraft und F_R die Fahrwiderstandskraft sind, die am Fahrzeug wirken, und m die Fahrzeugmasse einschließlich der Wirkung der Rotationsträgheiten (s. Abschn. 3.9) ist. Die Fahrwiderstandskraft (oder Gegenkraft) F_R ist im Allgemeinen von der Geschwindigkeit abhängig. Sie kann bestimmt werden, wenn der Verlauf der Geschwindigkeit über die Zeit bekannt ist. Die Details bei der Berechnung von E_v für den jeweiligen Fahrverlauf sind von der rechten Seite von Gleichung 5.28 abhängig und werden in den folgenden Abschnitten erläutert.

5.4.1.1 Null Beschleunigung
Das Ergebnis der Anwendung von Gleichung 5.28 für null Beschleunigung lautet:

$$F_T = F_R \tag{5.29}$$

Somit folgt aus Gleichung 5.23:

$$E_v = \int_0^t F_R v \, dt \tag{5.30}$$

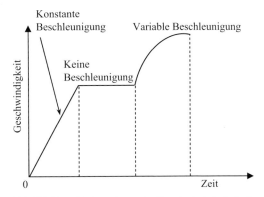

Abb. 5.9 Verschiedene Arten der Geschwindigkeitsänderung.

Beachten Sie, dass die Geschwindigkeit während dieser Zeitspanne auch konstant ist, und daher gilt für eine Zeitdauer von Δt:

$$E_v = F_R v \Delta t \tag{5.31}$$

Bei konstanter Geschwindigkeit v ist auch F_R ein konstanter Wert, und die Energie E_v nimmt lediglich mit der Zeit zu.

5.4.1.2 Konstante Beschleunigung

Für eine konstante Beschleunigung a ergibt sich die Traktionskraft F_T wie folgt:

$$F_T = F_R + ma \tag{5.32}$$

Ersetzen in Gleichung 5.23 führt zu:

$$E_v = ma\,S + \int_0^t F_R v\,dt \tag{5.33}$$

wobei S die zurückgelegte Strecke ist. Der Integralausdruck kann anhand der Fahrzyklusdaten und der Werte für die Fahrwiderstandskraft berechnet werden.

5.4.1.3 Variable Beschleunigung

Betrachten Sie ein Segment, in dem das Fahrzeug eine Phase der variablen Beschleunigung ab der Geschwindigkeit v_0 zum Zeitpunkt $t = t_0$ beginnt. Die Phase endet mit der Zeit t und der Geschwindigkeit v. Der Kraftstoffverbrauch in einem derartigen Abschnitt kann mithilfe der bereits bekannten Gleichungen berechnet werden. Dazu ersetzen wir Gleichung 5.28 in Gleichung 5.23 und erhalten:

$$E_v(t) = \frac{1}{2} m \left(v^2 - v_0^2 \right) + \int_0^t F_R v\,dt \tag{5.34}$$

Der erste Ausdruck auf der rechten Seite ist die Nettobewegungsenergie des Fahrzeugs während seiner Bewegung. Sie berechnet sich aus den beiden Endgeschwindigkeiten. Der zweite Ausdruck muss mithilfe der Fahrzyklusinformationen und der Werte für den Fahrwiderstand berechnet werden.

Beachten Sie, dass die Gleichungen 5.31, 5.33 und 5.34 nur für die Segmente des Fahrzyklus gültig sind, in denen keine Verzögerung (negative Beschleunigung) auftritt. Der Grund ist, dass die während der Beschleunigung gewonnene kinetische Energie beim Verzögern nicht wiedergewonnen werden kann. Daher geht sie verloren, wenn das Fahrzeug anhält. Zur weiteren Verdeutlichung betrachten wir den in Abb. 5.10 dargestellten Fahrverlauf. Er beinhaltet ein Beschleunigungssegment, das bei Punkt A (Ursprung) beginnt und bis Punkt B reicht. Danach ein Segment mit einer negativen Beschleunigung, das von Punkt B bis Punkt C reicht. Wenn wir Gleichung 5.34 zur Berechnung der Fahrzeugenergie E_v verwenden, verschwindet der erste Ausdruck auf der rechten Seite, da die Fahrzeuggeschwindigkeit an beiden Enden null ist. Das Ergebnis kann nicht akzeptiert werden, da

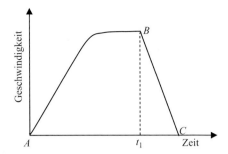

Abb. 5.10 Ein Beispiel-Fahrverlauf.

die kinetische Gesamtenergie nur dem verzögerungsfreien Teil entspricht. Denn wenn dieselbe Gleichung zwischen den Punkten *A* und *B* zuerst berechnet worden wäre, würde dieses Ergebnis zu einer positiven Summe führen. Doch dieser Energiebetrag würde beim Verzögern verloren gehen, wenn der Motor keine Leistung produziert. Das ist nämlich der Fall, wenn die Drosselklappe geschlossen ist und der mit dem Getriebe gekoppelte Motor ein Bremsmoment erzeugt oder wenn der im Leerlauf drehende Motor nicht mit dem Getriebe verbunden ist.

Übung 5.4
Eine Fahrstrecke besteht aus zwei linearen Segmenten der Beschleunigung und Verzögerung, wie in Abb. 5.11 dargestellt. Das Fahrzeug wiegt 1200 kg und der Gesamtwirkungsgrad vom Kraftstoff bis zur longitudinalen Bewegung beträgt 25 %. Die der Fahrzeugbewegung entgegenwirkenden Fahrwiderstandskräfte können mit der folgenden Gleichung geschätzt werden: $F_R = 200 + 0{,}4v^2$.
Der Kraftstoff besitzt einen kalorischen Energieeinhalt von 44 MJ/kg und eine Dichte von 800 kg/m^3. Berechnen Sie den Kraftstoffverbrauch in l/100 km für diese Fahrstrecke.

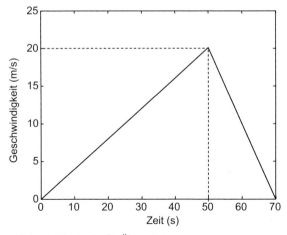

Abb. 5.11 Fahrstrecke für Übung 5.4.

Lösung:

Die Bewegungsenergie E_v erhalten wir entweder mit Gleichung 5.33 oder Gleichung 5.34. Der zweite Term ist in beiden Gleichungen identisch. Die Berechnung des ersten Ausdrucks auf der rechten Seite der Gleichungen ist einfach. Aus Gleichung 5.33 erhalten wir die zurückgelegte Strecke durch Integration (oder einfach durch die Fläche unter der Kurve):

$$S(50) = \int_0^{50} v\, dt = \int_0^{50} 0{,}4t\, dt = 500\,\text{m}$$

Der erste Term ergibt:

$$\text{Term } 1 = m\, a\, S = 1200 \times \frac{20}{50} \times 500 = 0{,}24 \times 10^6\,\text{J}$$

Aus Gleichung 5.34:

$$\text{Term } 1 = \frac{1}{2} \times 1200 \times \left(20^2 - 0\right) = 0{,}24 \times 10^6\,\text{J}$$

d. h. exakt gleich. Beim zweiten Term muss die Änderung der Geschwindigkeit über die Zeit ersetzt werden.

$$\text{Term } 2 = \int_0^{50} \left(200 + 0{,}4v^2\right) v\, dt$$

$$= \int_0^{50} \left\{200 + 0{,}4\,(0{,}4t)^2\right\} (0{,}4t)\, dt = 0{,}14 \times 10^6$$

Somit ergibt sich die Gesamtenergie zu 0,38 MJ. Die Kraftstoffmasse lässt sich mit Gleichung 5.32 berechnen:

$$m_f = \frac{E_v}{\eta_{fv} E_{cf}} = \frac{0{,}38}{0{,}25 \times 44} = 0{,}0345\,\text{kg}$$

Das Kraftstoffvolumen ist $V_f = 43{,}13\,\text{cm}^3 = 0{,}043\,\text{l}$.

Um dies in l/100 km umzurechnen, wird die Gesamtstrecke für einen Zyklus benötigt. Am Ende des Zyklus gilt:

$$S(70) = S(50) + \int_0^{20} (20 - t)\, dt = 700\,\text{m}$$

Es wurde 0,043 l an Kraftstoff für eine Fahrstrecke von 700 m verbraucht; damit ergibt sich ein Kraftstoffverbrauch von 6,14 l/100 km.

5.4.2
Berechnung des Kraftstoffverbrauchs mit Kennfeld

Wie in Abschn. 5.2 erläutert, ändert sich die Motorleistung bei unterschiedlichen Betriebsbedingungen. BSFC-Werte (BSFC, Brake Specific Fuel Consumption) sind ein Maß für den Kraftstoffverbrauch eines Motors. BSFC-Werte sind von den Betriebsbedingungen des Motors abhängig. Andererseits wurde in Abschn. 5.2.2 der Zusammenhang zwischen Wirkungsgrad und den Kraftstoffverbrauchswerten (BSFC-Werten) hergestellt, indem ein bestimmter Betriebszustand angenommen wurde, für den der BSFC-Wert einen konstanten Wert annahm (Gleichung 5.11). Die zur Erzeugung einer Energiemenge E_e auf der Motorabtriebsseite benötigte Kraftstoffmasse kann mit den Gleichungen 5.6 und 5.10 in der folgenden Form berechnet werden:

$$m_f = BSFC^* E_e \tag{5.35}$$

Das Ergebnis ist gültig, wenn der BSFC-Wert als konstanter Wert betrachtet werden kann. Während einer kurzen Zeitspanne der Fahrzeugbewegung ist es vertretbar, $BSFC^*$ als konstant anzunehmen. In diesen Fällen führt Eliminieren von E_e aus Gleichung 5.35 und Verwenden von Gleichung 5.21 und 5.22 zu:

$$m_f = \frac{E_v BSFC^*}{\eta_D \eta_t} \tag{5.36}$$

Gleichung 5.36 ist nur für eine kurze Zeitspanne gültig, während der angenommen werden darf, dass der BSFC-Wert konstant bleibt. Wenn dieses Ergebnis für einen Fahrzyklus genutzt werden soll, muss dieser in kurze Zeitabschnitte aufgeteilt werden. Auf diese Weise kann Gleichung 5.36 für jede Zeitspanne getrennt berechnet werden. Der Gesamtkraftstoffverbrauch wird dann durch Summierung der Verbräuche der kleinen Segmente bestimmt. Zeitspannen von 1 s sind für die Unterteilung der Fahrzyklen geeignet und zudem hinreichend genau. Eine Zeitspanne von 1 s erleichtert die Berechnungen, da die Energie jeder Komponente für jeden Teilabschnitt i durch dessen Leistung ersetzt werden kann, d. h.:

$$E(i) = P(i)\Delta t = P(i) \tag{5.37}$$

Zur Berechnung von Gleichung 5.36 müssen die beiden Parameter E_v und BSFC für jede Zeitspanne berechnet werden. Eine für die Bestimmung von E_v für jeden Teilabschnitt verwendbare Gleichung hat die folgende Form:

$$E_v(i) = F_T(i)v(i) = \eta_D \eta_t P_e(i) \tag{5.38}$$

Die Kombination der Gleichungen 5.36 und 5.38 ergibt:

$$m_f(i) = P_e(i) \cdot BSFC(i) \tag{5.39}$$

$P_e(i)$ ist einfach $T_e(i)$ multipliziert mit den Werten von $\omega_e(i)$, die auch zur Bestimmung von BSFC(i) aus dem Motorkennfeld verwendet werden. Zur Berechnung

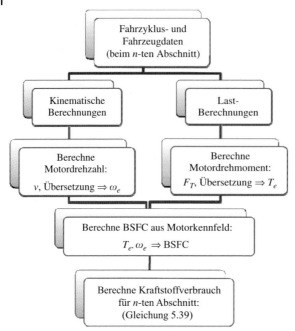

Abb. 5.12 Flussdiagramm zur Berechnung des Kraftstoffverbrauchs für jeden Teilabschnitt.

von BSFC-Werten werden Motordaten für unterschiedliche Betriebsbedingungen benötigt, wie in Abschn. 5.2 erläutert. Abbildung 5.12 zeigt die allgemeine Vorgehensweise für die Berechnung des Kraftstoffverbrauchs für jeden Teilabschnitt des Fahrzyklus.

Bei der Berechnung des Kraftstoffverbrauchs können wieder ähnliche Beschleunigungsverläufe wie die in Abschn. 5.4.1 erläuterten verwendet werden. Allerdings mit der Ausnahme, dass bei der Kürze der Zeitspanne (1 s) stets angenommen werden kann, dass die Beschleunigung entweder konstant oder null ist.

5.4.2.1 Null Beschleunigung

Abschnitte ohne Beschleunigung oder mit konstanter Geschwindigkeit gibt es in verschiedenen Fahrzyklen. Ein Segment eines Fahrzyklus mit konstanter Geschwindigkeit kann in N Teilabschnitte unterteilt werden (s. Abb. 5.13). Für den Teilabschnitt i kann die Traktionskraft mit Gleichung 5.28 bestimmt werden. Dann ergibt sich die Bewegungsgleichung für das Antriebsrad (s. Abschn. 3.10) wie folgt:

$$T_w(i) - F_T(i)r_w = I_w \dot{\omega}_w(i) \tag{5.40}$$

Das Radmoment kann wie folgt formuliert werden (s. Abschn. 3.13.2):

$$T_w(i) = n \cdot \eta_D \cdot T_e(i) \tag{5.41}$$

Hierbei sind n das Gesamtübersetzungsverhältnis und η_D der Wirkungsgrad des Antriebsstrangs.

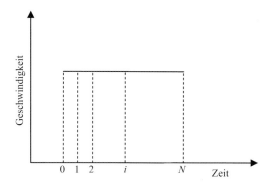

Abb. 5.13 Teile mit konstanter Geschwindigkeit in einem Fahrzyklus.

Die Fahrzeuggeschwindigkeit v hängt unmittelbar mit der Rotationsgeschwindigkeit des Rades zusammen (s. Abschn. 3.10):

$$v(i) = r_w \left(1 - S_x\right) \omega_w(i) \tag{5.42}$$

Hierbei ist S_x der longitudinale Schlupf des Antriebsrades. Da v konstant ist, verschwindet die rechte Seite von Gleichung 5.40. Mit Gleichung 5.40 und Gleichung 5.41 ergibt sich:

$$T_e(i) = \frac{r_w}{n \cdot \eta_D} \cdot F_T(i) \tag{5.43}$$

Die Motordrehzahl für diesen Zeitabschnitt wird mit Gleichung 5.42 berechnet:

$$\omega_e(i) = \frac{n}{r_w \left(1 - S_x\right)} \cdot v(i) \tag{5.44}$$

Mit den für diesen speziellen Punkt i erhaltenen Werten für Motordrehzahl und -drehmoment kann der BSFC-Wert aus dem Motorkennfeld abgelesen werden. E_v für diesen Teilabschnitt kann nun mit Gleichung 5.38 bestimmt werden und in Gleichung 5.39 verwendet werden, um die Kraftstoffmasse für den i-ten Zeitabschnitt zu berechnen.

Wenn der BSFC-Wert in kg/J und die Leistung in Watt angegeben sind, ergibt sich die Kraftstoffmasse für Teilabschnitt i in der Einheit kg/s. Allerdings ist es üblich, BSFC-Werte in g/kWh anzugeben. Daher muss das Ergebnis von Gleichung 5.39 umgerechnet werden. Dazu wird es durch $3{,}6 \times 10^6$ dividiert. Das Ergebnis ist die Kraftstoffmasse in Gramm für die Zeitspanne von 1 s. Die Kraftstoffmasse für den gesamten Zyklus wird durch Summierung der individuellen Kraftstoffmassen der Teilabschnitte berechnet:

$$m_f = \sum_{i=1}^{N} m_f(i) \tag{5.45}$$

Der Kraftstoffverbrauch FC (für Fuel Consumption) kann in g/100 km umgerechnet werden. Dazu wird die Kraftstoffmasse durch die Fahrzeuggeschwindigkeit dividiert und das Ergebnis mit einem geeigneten Faktor multipliziert. Mit der Kraftstoffdichte ρ_f kann das Kraftstoffvolumen bestimmt werden:

$$FC = \frac{m_f}{v \cdot \rho_f} \times 10^2 \quad \left(\frac{1}{100\,\text{km}}\right) \tag{5.46}$$

In Gleichung 5.46 müssen v in km/h, m_f in g/h und die Kraftstoffdichte in kg/m^3 eingesetzt werden. Beachten Sie, dass für alle Teilsegmente die Geschwindigkeit gleich ist. Folglich ist auch der Kraftstoffverbrauch für alle Teilabschnitte identisch. Somit reicht es aus, die Kraftstoffmasse für nur einen Teilabschnitt zu berechnen und diese mit der Anzahl der Teilabschnitte zu multiplizieren, um den Gesamtverbrauch Kraftstoff zu erhalten.

Übung 5.5

Das Fahrzeug in Übung 5.4 wird mit einer konstanten Geschwindigkeit von 45 km/h über das 10 s-Segment eines Zyklus bewegt. An diesem spezifischen Arbeitspunkt beträgt der BSFC-Wert des Motors 330 g/(kW h). Der Wirkungsgrad von Antriebsstrang und Reifen beträgt jeweils 95 %. Bestimmen Sie den Kraftstoffverbrauch in l/100 km.

Lösung:

Aus Gleichung 5.28 gilt:

$$F_T = F_R = 200 + 0{,}4v^2 = 262{,}5\,\text{N}$$

Die Motorleistung kann mit Gleichung 5.38 bestimmt werden:

$$P_e = \frac{F_T v}{\eta_D \eta_t} = \frac{262{,}5 \times 12{,}5}{0{,}95 \times 0{,}95} = 3636\,\text{W}$$

Die Kraftstoffmasse für eine Sekunde an Bewegung (Gleichung 5.39) ist:

$$m_f(i) = P_e(i) \cdot BSFC(i) = \frac{3636 \times 330}{3{,}6 \times 10^6} = 0{,}3333\,\text{g/s}$$

Die Gesamtmasse für 10 s ist daher 3,333 g. m_f für eine Stunde ergibt 1200 g, somit ist der Kraftstoffverbrauch:

$$FC = \frac{m_f}{v \cdot \rho_f} \times 10^2 = \frac{1200 \times 100}{45 \times 800} = 3{,}3 \left(\frac{1}{100\,\text{km}}\right)$$

5.4.2.2 Konstante Beschleunigung

In bestimmten Fahrzyklen können auch Teilbereiche mit konstanter Beschleunigung enthalten sein. Zudem kann auch bei einem in viele kleine Teilabschnitte mit kurzen Zeitspannen unterteilten Fahrzyklus mit variabler Beschleunigung die Beschleunigung in diesen Teilabschnitten als konstant angesehen werden (s. Abb. 5.14).

Daher erhalten wir für diesen Fall die Traktionskraft in Teilabschnitt i aus Gleichung 5.32. Da die Geschwindigkeit v nicht konstant ist, kann die rechte Seite von

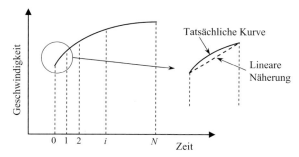

Abb. 5.14 Näherung der konstanten Beschleunigung.

Gleichung 5.40 aus Gleichung 5.44 abgeleitet werden (wobei angenommen wird, dass S_x null ist). Mit den Gleichungen 5.40–5.42 erhalten wir:

$$T_e(i) = \frac{r_w}{n \cdot \eta_D} \cdot \left[F_T(i) + \frac{I_w}{r_w^2} \cdot a(i) \right] \tag{5.47}$$

Die Motordrehzahl für Abschnitt i erhalten wir aus Gleichung 5.44. Da die Fahrzeuggeschwindigkeit nicht konstant ist, setzen wir den Durchschnittswert für jeden Teilabschnitt ein. Das restliche Vorgehen ist analog zu dem Fall ohne Beschleunigung. Die Kraftstoffmasse kann für jeden Teilabschnitt berechnet werden und wird für alle Segmente aufsummiert.

5.4.3
Wirkung rotierender Massen

Die Beschleunigung der Fahrzeugkarosserie findet nicht nur in longitudinaler Richtung statt. Mit ihr werden gleichzeitig auch die Räder, Achsen und sonstigen rotierenden Elemente um ihre jeweiligen Rotationsachsen beschleunigt. In der Tat besitzt eine Masse, die mit der Geschwindigkeit v bewegt wird und die mit der Drehzahl ω rotiert, zwei Energiekomponenten:

$$E = \frac{1}{2} m v^2 + \frac{1}{2} I \omega^2 \tag{5.48}$$

Der erste Term in der Energiegleichung ist die Energie der Translations- und der zweite die der Rotationsbewegung. In den bisherigen Ausführungen wurde der zweite Term für die aus der Rotation der Antriebskomponenten stammende Energie nicht berücksichtigt. Um diesen Effekt in der Rechnung zu berücksichtigen, verweisen wir auf die Ausführungen in Abschn. 3.9. Hier muss es genügen, die Fahrzeugmasse in Gleichung 5.28 durch eine äquivalente Masse m_{eq} (s. Abschn. 3.9.1) zu ersetzen:

$$m_{eq} = m + m_r \tag{5.49}$$

wobei:

$$m_r = \frac{1}{r_w^2} \left[I(\omega_w) + n_f^2 I(\omega_g) + n^2 I(\omega_e) \right] \tag{5.50}$$

Hierbei ist $I(\omega_w)$ die Summe aller Trägheiten, die mit Drehzahl der Antriebsräder rotieren, $I(\omega_g)$ ist Summe aller Trägheiten, die mit der Drehzahl der Getriebeabtriebswelle rotieren, und $I(\omega_e)$ ist die Summe aller Trägheiten, die mit Motordrehzahl rotieren.

5.5
Effekte der Schaltvorgänge

Es gab viele Lösungsansätze, mit denen versucht wurde, die Kraftstoffeffizienz eines Fahrzeugs zu verbessern. Dazu gehörte die Optimierung der Motorleistung selbst, beispielsweise durch Verbesserung des Ansaugtrakts oder der Einspritzsysteme, Verbesserung des Füllungsgrads, Optimierung der Brennkammer etc. Mit der Anwendung dieser Methoden wird die Motorleistung direkt beeinflusst. Hier wird das Kennfeld für den Kraftstoffverbrauch dahingehend verändert, dass es mehr Bereiche mit kraftstoffeffizienten Punkten enthält.

Zusätzlich zu diesen Techniken, die augenscheinlich die Funktionsweise des Motors selbst beeinflussen, ist es möglich, die Art und Weise, wie der Motor beim Fahrbetrieb genutzt wird, zu optimieren. Die Verbesserung des Antriebsstrangsystems ist ein Mittel zur Optimierung des Motorbetriebs. Die Modifikationen am Antriebsstrang können hardware- und softwareseitig vorgenommen werden. Die Hardwaremodifikationen beeinflussen die Struktur und die Mechanik des Antriebsstrangs. Dazu zählen die Auswahl verschiedener Getriebearten und unterschiedlicher Übersetzungsabstufungen. Zu den softwareseitigen Modifikationen gehört die Planung der Schaltverläufe zur Optimierung der Schaltzeitpunkte. Sie basiert auf der Steuerung der Zeit, zu der sich der Motor an optimalen Betriebspunkten (EOPs, Engine Operation Points) befindet.

5.5.1
Wirkung des Schaltvorgangs auf die EOP

Der Betrieb an einem bestimmten EOP hängt von der Steuerung der Eingangsparameter ab, insbesondere von Drosselwert (oder Gaspedal) und Übersetzungsverhältnissen. Um festzustellen, wie sich die EOPs verändern, wenn ein Gang gewechselt wird, betrachten wir das Drehmoment-Drehzahl-Kennfeld aus zahlreichen Perspektiven. Motordrehmoment und -drehzahl sind von der Fahrzeugkinematik und der Fahrzeugbeanspruchung abhängig. Die wichtigsten Gleichungen hierfür lauten wie folgt (s. Kapitel 3):

$$\omega_e = \frac{nv}{r_w} \tag{5.51}$$

$$T_e = \frac{F_T r_w}{n} \tag{5.52}$$

$$F_T = F_R + m\frac{dv}{dt} \tag{5.53}$$

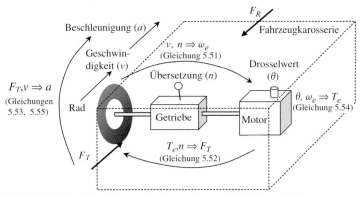

Abb. 5.15 Wechselbeziehungen der Parameter nach Gleichung 5.56

Hierbei ist F_T die Traktionskraft und F_R die am Fahrzeug wirkenden Fahrwiderstandskräfte, n ist die Gesamtübersetzung vom Motor zu den Antriebsrädern. In Gleichung 5.53 ist m die äquivalente Masse einschließlich der Wirkung von Rotationsträgheiten (s. Abschn. 5.4.3). Beachten Sie, dass wir bei der Herleitung der Gleichungen 5.51 und 5.52 voraussetzen, dass kein Reifenschlupf stattfindet. Außerdem wird ein idealisierter Antriebsstrang angenommen. Der Zusammenhang zwischen Motordrehmoment und Motordrehzahl wird in der allgemeinen Gleichung für die Motoreigenschaften wie folgt beschrieben:

$$T_e = f(\omega_e, \theta) \tag{5.54}$$

Die Gesamtfahrwiderstandskraft ist von der Geschwindigkeit abhängig (s. Abschn. 3.4):

$$F_R = g(v) \tag{5.55}$$

Die Gleichungen 5.51–5.55 zeigen also, dass zwei Regelgrößen die Betriebspunkte des Motors maßgeblich bestimmen, sofern die Fahrzeuggeschwindigkeit (und ihr Verlauf über die Zeit) bekannt ist: das Übersetzungsverhältnis n und der Drosselklappenwert θ. Die Kombination dieser beiden Eingangsgrößen birgt vielfältige Möglichkeiten der Beeinflussung des Motorbetriebs durch die Fahrer. In Abb. 5.15 sind diese Zusammenhänge schematisch dargestellt. Sie erklären die Prozesse, die beim Ändern der Betriebspunkte nach Gleichung 5.56 eine Rolle spielen.

Das Drehmoment-Drehzahl-Kennfeld kann aus drei verschiedenen Blickwinkeln betrachtet werden: (1) Änderungen des Drosselwerts, (2) Änderungen der Leistung, (3) spezifischer Kraftstoffverbrauch. Abbildung 5.16 zeigt diese Ansichten in einer Grafik. Die durchgezogenen Linien stellen den Fall des konstanten Drosselwerts dar. Die gestrichelten Linien repräsentieren die Linien konstanter Leistung. Abbildung 5.16 zeigt, dass nur begrenzte Wahlmöglichkeiten für Drosselklappenöffnung und Motorleistung verbleiben, wenn der Motor an einem Betriebspunkt nahe dem minimalen Kraftstoffverbrauch gefahren wird. Es ist klar,

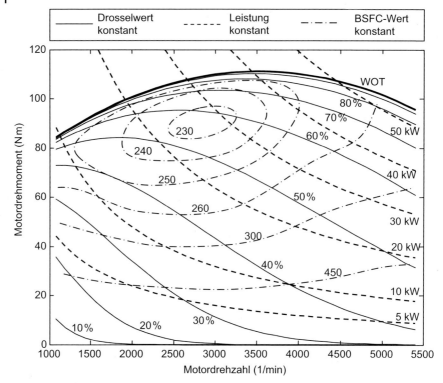

Abb. 5.16 Drehmoment-Drehzahl-Diagramm eines Motors mit Einflussparametern.

dass die effizienten Betriebspunkte bei niedriger und hoher Leistung weit entfernt sind.

Schaltvorgänge werden durchgeführt, um die Betriebspunkte zu ändern, wobei sie mit unterschiedlichen Zielsetzungen erfolgen:

1. Nutzen von mehr Motorleistung zum Beschleunigen: hier wird der EOP an den Leistungslinien entlang bewegt.
2. Erhöhen des Motordrehmoments, wenn mehr Traktion benötigt wird: hier wird der EOP nach oben bewegt.
3. Verlagern des EOP in effizientere Bereiche: dabei wird der EOP zu Punkten mit niedrigeren BSFC-Werten bewegt.
4. Wegbewegen aus sehr niedrigen und hohen Drehzahlen: hier wird der EOP zu den mittleren Bereichen bewegt.
5. Nutzen des Motorbremsmoments (normalerweise durch vollständiges Schließen der Drosselklappe, d. h. Drosselwert 0 %) hier wird der EOP nach unten unter die Null-Drehmoment-Linie bewegt (in Abb. 5.16 nicht dargestellt).

Alle oben erwähnten Zielsetzungen können auf unterschiedliche Weise realisiert werden. Die beiden bekannten Eingangsgrößen sind Drosselwert und Getriebeübersetzung. Bleibt der Drosselwert beim Schaltvorgang unverändert, wird

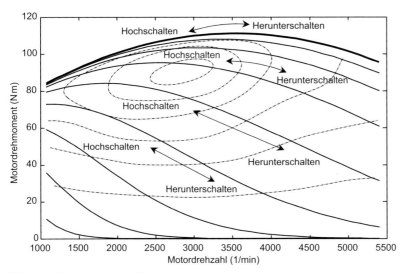

Abb. 5.17 Schaltvorgang mit festem Drosselwert.

der EOP entlang der Linien für konstante Drosselwerte (Abb. 5.17) verschoben. Ansonsten wird der EOP in jede Richtung bewegt, entsprechend der Drosselwerteingabe und dem Übersetzungsverhältnis.

Manchmal wird auch geschaltet, wenn eine konstante Last am Fahrzeug wirkt. In diesen Situationen wird die vom Motor abgegebene Leistung konstant gehalten, und der EOP wird an den Linien konstanter Leistung entlangbewegt, wie Abb. 5.18 zeigt.

Übung 5.6

Das Fahrzeug aus Übung 5.4 wird mit 90 km/h im dritten Gang bei voll geöffneter Drosselklappe (Drosselwert 100 %) gefahren. Die Drehmoment-Drehzahl-Formel für WOT (Wide Open Throttle, vollständig geöffnete Drosselklappe) hat die Form:

$$T_e = -4{,}45 \times 10^{-6} \omega_e^2 + 0{,}0317 \omega_e + 55{,}24$$

Die Gesamtübersetzung für den dritten Gang beträgt 6,86 und für den vierten Gang 4,63. Der Der Reifenrollradius beträgt 30 cm. Für den Fall, dass zu diesem Zeitpunkt in den vierten Gang geschaltet wird:

a) Bestimmen Sie den neuen EOP und vergleichen Sie ihn mit dem alten EOP.
b) Vergleichen Sie die Fahrzeugbeschleunigung für beide Fälle.

Lösung:

Aus Gleichung 5.51 ergibt sich die Motordrehzahl im dritten Gang:

$$\omega_3 = \frac{n_3 v}{r_w} = \frac{6{,}86 \times 90/3{,}6}{0{,}3} \times \frac{30}{\pi} = 5459 \ (1/\text{min})$$

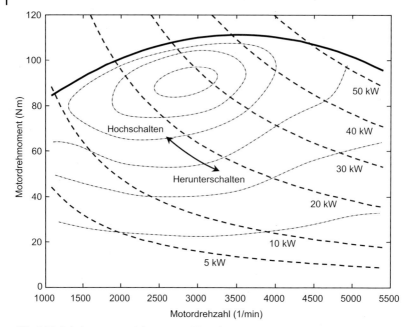

Abb. 5.18 Schaltvorgang mit konstanter Motorleistung.

Das Motordrehmoment bei dieser Drehzahl beträgt:

$$T_3 = -4{,}45 \times 10^{-6} \times 5459^2 + 0{,}0317 \times 5459 + 55{,}24 = 95{,}7\,\text{Nm}$$

Wenn das Hochschalten in den vierten Gang ausgeführt wird, ändern sich Motordrehzahl und -drehmoment wie folgt:

$$\omega_4 = \frac{4{,}63 \times 90/3{,}6}{0{,}3} \times \frac{30}{\pi} = 3684 \ (1/\text{min}) \quad \text{and} \quad T_3 = 111{,}6\,\text{Nm}$$

Damit wird der EOP an der WOT-Kurve entlang nach links bewegt, da es sich um ein Hochschalten handelt. Dieser Schaltvorgang diente dazu, den EOP von der hohen Drehzahl wegzubewegen (Punkt 4 der oben stehenden Liste der Zielsetzungen von Schaltvorgängen). Die Fahrzeugbeschleunigung lässt sich für jeden Fall aus Gleichung 5.53 ermitteln. Die Gegenkraft ist für beide Fälle gleich:

$$F_R = 200 + 0{,}4v^2 = 200 + 0{,}4 \times (90/3{,}6)^2 = 450\,\text{N}$$

$$a_3 = \frac{1}{m}\left(\frac{nT_e}{r_w} - 450\right) = \frac{1}{1200}\left(\frac{6{,}86 \times 95{,}7}{0{,}3} - 450\right) = 1{,}45\,\text{m/s}^2$$

$$a_4 = \frac{1}{1200}\left(\frac{4{,}63 \times 111{,}6}{0{,}3} - 450\right) = 1{,}06\,\text{m/s}^2$$

5.5.2
Effiziente Betriebspunkte

Es gibt verschiedene effiziente Betriebspunkte (EOPs, Efficient Operating Points) für eine gegebene BSFC-Konturlinie, die augenscheinlich ähnliche Kraftstoffverbrauchswerte haben. Nach der Definition des BSFC-Werts für einen Motor kann davon ausgegangen werden, dass der Kraftstoffverbrauch auch von der vom Motor abgegebenen Leistung abhängig ist. Nach Gleichung 5.1 kann der Momentanwert des Kraftstoffverbrauchs in der folgenden Form ausgedrückt werden:

$$\dot{m}(t) = BSFC(t) \cdot P_e(t) \tag{5.56}$$

Gleichung 5.56 zeigt, dass für einen gegebenen BSFC-Wert der Momentanwert des Kraftstoffverbrauchs nicht nur vom BSFC-Wert, sondern auch von der abgegebenen Leistung abhängt. Zur Reduzierung des Kraftstoffverbrauchs muss also einerseits der Motor bei niedrigeren BSFC-Werten betrieben und andererseits mit weniger Ausgangsleistung betrieben werden.

Übung 5.7
Das Fahrzeug aus Übung 5.6 hat die in Tab. 5.2 aufgeführten Getriebewerte und wird mit 85 km/h gefahren. Die Koeffizienten für die MT-Formel (s. Kapitel 2) für den Motor mit der Gleichung für die vollständig geöffnete Drosselklappe aus Übung 5.6 finden Sie in Tab. 5.3. Der minimale BSFC-Punkt befindet sich bei $T = 90$ und $\omega = 2700$.

a) Bestimmen Sie das ideale Übersetzungsverhältnis, das den EOP nahe zum minimalen BSFC-Punkt bewegt.
b) Berechnen Sie für Fall (a) den benötigten Drosselwert.
c) Welche der angebotenen Fahrzeugübersetzungen ist bei vergleichbarer dynamischer Performance bzw. Kraftstoffeffizienz geeigneter?

Tab. 5.2 Getriebedaten für Übung 5.7.

Gangstufe			Wert
1	Übersetzung dritter Gang	n_3	5,56
2	Übersetzung vierter Gang	n_4	3,96
3	Übersetzung fünfter Gang	n_5	3,13

Tab. 5.3 Koeffizienten der MT-Formel für Übung 5.7.

Koeffizient	A	B	C	D
Wert	−11,12	0,0888	1,003	1,824

Lösung:

a) Aus Gleichung 5.51 kann das Übersetzungsverhältnis nach der Zieldrehzahl des Motors am angegebenen Punkt bestimmt werden:

$$n = \frac{r_w\,\omega}{v} = \frac{0.3 \times 2700}{85/3.6} \times \frac{\pi}{30} = 3.59$$

b) Bei diesem Übersetzungsverhältnis entspricht die Fahrzeuggeschwindigkeit der geforderten Motordrehzahl. Allerdings muss der Drosselwert des Motors angepasst werden, damit das Motordrehmoment mit dem geforderten Drehmoment von 90 Nm übereinstimmt. Mit der MT-Formel und den beiden Eingangswerten Motordrehzahl und Motordrehmoment finden wir den Drosselwert mit dem Trial-and-Error-Verfahren. Damit erhalten wir 56 % Drosselklappenöffnung (s. Übung 4.18).

c) Anscheinend liegt das Übersetzungsverhältnis von 3,59 irgendwo zwischen viertem und fünftem Gang, allerdings etwas näher am vierten Gang. Um herauszufinden, wie dynamisch eng sich der vierte und fünfte Gang am idealen Übersetzungsverhältnis befinden, kann die Beschleunigung des Fahrzeugs geprüft werden. Die Fahrwiderstandskraft ergibt sich aus:

$$F_R = 200 + 0.4 \times (85/3.6)^2 = 423 \text{ N}$$

Die Fahrzeugbeschleunigung mit dem idealen Übersetzungsverhältnis beträgt:

$$a = \frac{1}{1200}\left(\frac{3.59 \times 90}{0.3} - 423\right) = 0.545 \text{ m/s}^2$$

Die Motordrehzahlen im vierten und fünften Gang betragen:

$$\omega_4 = 2976/\text{min}, \quad \omega_5 = 2352/\text{min}$$

Um in beiden Gangstufen eine ähnliche Beschleunigung zu erzeugen, berechnen wir die Beschleunigungen (unter der Annahme des verlustfreien Antriebsstrangs):

$$T_4 = 81.7 \text{ Nm} \quad \text{und} \quad T_5 = 103.3 \text{ Nm}$$

Abbildung 5.19 zeigt die EOPs für die ideale Übersetzung (✖), den vierten Gang (⊕) und den fünften Gang (⊗). In Bezug auf den BSFC-Wert befinden sich die beiden resultierenden EOPs für den vierten und fünften Gang an Stellen, die keine allzu großen BSFC-Wert-Unterschiede zeigen – allerdings ist der BSFC-Wert im vierten Gang kleiner. Da das Leistungsniveau für beide Gangstufen gleich 25,45 kW ist (warum wohl?), ist der Kraftstoffverbrauch im vierten Gang bei ähnlicher dynamischer Performance geringer.

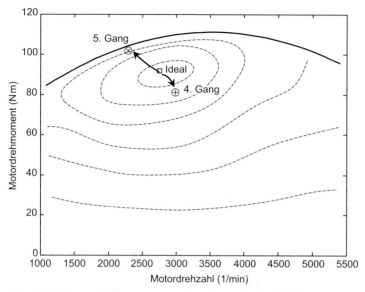

Abb. 5.19 Wirkung des Übersetzungsverhältnisses auf EOP für Übung 5.7.

Ein kraftstoffeffizienter Punkt auf einer BSFC-Konturlinie ist daher der Punkt, an dem die Leistungsanforderung minimal ist. Durch Verbinden von allen kraftstoffeffizienten Punkten auf unterschiedlichen Konturlinien aus dem Drehmoment-Drehzahl-Kennfeld kann die Kurve des effizienten Kraftstoffverbrauchs oder EFCC-Kurve (EFCC, Efficient Fuel Consumption Curve) erstellt werden. Sie wird auch als optimale Betriebslinie oder OOL (Optimum Operating Line) bezeichnet. Mit anderen Worten, für jede Motorleistung ergibt sich der jeweilige Kraftstoffeffizienzpunkt für diese Leistung aus dem Schnittpunkt der Kurve der konstanten Leistung mit der Konturlinie des geringsten Kraftstoffverbrauchs. Werden alle Punkte für die verschiedenen Leistungen miteinander verbunden, dann ergibt dies die EFCC-Kurve. Abbildung 5.20 zeigt eine typische EFCC-Kurve für einen Motor. Das Nachverfolgen der EFCC für alle Motorausgangsleistungen ergibt das Minimum des erreichbaren Kraftstoffverbrauchs für das Fahrzeug. Mit anderen Worten, wenn sich alle EOPs sich bei einer bestimmten Autofahrt auf der EFCC-Kurve befinden könnten, würden alle geforderten Ausgangsleistungen mit minimalen BSFC-Werten nutzbar.

Das Nachverfolgen der EFCC-Kurve eines Motors erfordert ein Getriebe, das keine Einschränkungen hinsichtlich der Übersetzungsverhältnisse besitzt. Nur so führt die Änderung der Getriebeübersetzung nicht zu einer plötzlichen Änderung von Motordrehzahl und Drehmoment. Es wird also ein kontinuierlich stufenloses Getriebe (CVT, Continuously Variable Transmission) benötigt, um einen Motor nahe der EFCC-Kurve fahren zu können. Trotz der Tatsache, dass der mechanische Wirkungsgrad von CVTs im Allgemeinen niedriger als der von gängigen Handschaltgetrieben ist, kann mit diesem Getriebetyp also der Kraftstoffverbrauch gesenkt werden. Wenn das Übersetzungsverhältnis kontinuierlich geändert werden

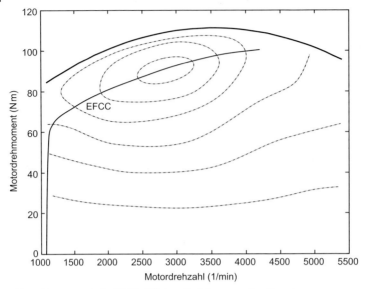

Abb. 5.20 Eine typische EFCC (Efficient Fuel Consumption Curve).

kann, lässt sich der Motor an der EFCC-Kurve entlang betreiben und die optimalen Betriebspunkte des Motors können gewählt werden.

Übung 5.8
Nehmen wir an, das Fahrzeug in Übung 5.7 ist mit einem CVT-Getriebe ausgestattet. Das Ziel ist es, den EOP am Punkt des minimalen BSFC-Werts zu halten. Verwenden Sie die bereits verwendeten Drehmoment-Drehzahl-Angaben. Betrachten Sie zwei Geschwindigkeiten: 70 km/h und 100 km/h.

a) Kann der Punkt mit dem minimalen BSFC-Wert gehalten werden, wenn die Geschwindigkeiten konstant sein sollen?
b) Berechnen Sie die Getriebeübersetzungen und Drosselklappenöffnungen für die beiden gegebenen konstanten Geschwindigkeiten.
c) Schlagen Sie bessere EOPs vor, um die Kraftstoffeffizienz zu verbessern.

Lösung:

a) Im Allgemeinen ist die Antwort nein. Der Grund ist, dass Motordrehmoment und -drehzahl festgelegt sind, wenn der EOP über den vorgegebenen Punkt bewegt wird. Entsprechend den Ausführungen in Abschn. 5.5.1 und der in Abb. 5.15 dargestellten Vorgehensweise erzielt ein Fahrzeug eine Beschleunigung infolge des Kräftegleichgewichts zwischen Traktions- und Gegenkraft. Um eine konstante Geschwindigkeit zu erhalten, muss die Traktionskraft gleich der Gegenkraft bei dieser Geschwindigkeit sein. In der Praxis kann dieser Fall nur zufällig eintreten.

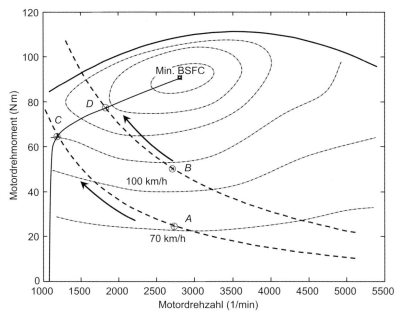

Abb. 5.21 Wirkung des Übersetzungsverhältnisses auf den EOP aus Übung 5.8.

b) Die Übersetzungsverhältnisse erhalten wir wie zuvor mithilfe von Gleichung 5.51. Diese Lösung ist nur davon abhängig, dass die Motordrehzahl dem angegebenen EOP entspricht. Die Ergebnisse für die beiden Geschwindigkeiten sind $n_{70} = 4{,}36$ und $n_{100} = 3{,}05$. Um die erforderlichen Drosselklappenöffnungen zu berechnen, muss Kräftegleichgewicht zwischen Traktions- und Gegenkraft herrschen. Die Gegenkräfte für die beiden Geschwindigkeiten ergeben sich zu $F_{R70} = 351{,}2\,\mathrm{N}$ und $F_{R100} = 508{,}6\,\mathrm{N}$. Durch Gleichsetzen der Gegenkräfte und Traktionskräfte lassen sich die Motordrehmomente $T_{e70} = 24{,}2\,\mathrm{Nm}$ und $T_{e100} = 50{,}0\,\mathrm{Nm}$ für die beiden Fälle berechnen. Die EOPs für die beiden Fälle sind in Abb. 5.21 (Punkte A und B) dargestellt. Es wird klar, dass die EOPs sich in Bereichen befinden, in denen die Kraftstoffeffizienz sehr schlecht ist, insbesondere bei 70 km/h. Auch hier verwenden wir die MT-Formel wieder mit den beiden Eingangswerten Motordrehzahl und -drehmoment, um die Drosselwerte zu erhalten. Die Ergebnisse sind 32,6 und 40 % Drosselklappenöffnung.

c) Da die Geschwindigkeiten konstant bleiben sollen, halten wir die Leistung in beiden Fällen konstant. Dadurch bleibt die Traktionskraft unverändert ($F_T \cdot v = \eta_D\,P_e$), und dadurch bleibt auch die Geschwindigkeit der Bewegung unverändert. Das heißt, die Kraftstoffeffizienz kann verbessert werden, indem der EOP entlang einer Kurve konstanter Leistung zur EFCC-Kurve (Punkte C und D in Abb. 5.21) bewegt wird.

5.6
Software

Zur Bestimmung des Kraftstoffverbrauchs eines Fahrzeugs werden im Allgemeinen die Motordaten, das BSFC-Kennfeld sowie Fahrzeug- und Fahrdaten benötigt. Für genaue Berechnungen werden noch weitere Informationen über die Leistungen und Wirkungsgrade der Komponenten des Antriebsstrangs benötigt. Die Berücksichtigung von Fahrzyklen in den Berechnungen macht sie noch komplexer. Wenn der Schadstoffausstoß des Motors zusätzlich zum Kraftstoffverbrauch bestimmt werden soll, müssen weitere Motorkennfelder für die verschiedenen Schadstoffe als Eingangsgrößen hinzugefügt werden. All dies macht die Berechnungen derart komplex, dass sie nur durch den Einsatz von Softwarepaketen durchführbar sind.

5.6.1
Lösungskonzepte

Es stehen zwei unterschiedliche Methodologien zur Bestimmung des Kraftstoffverbrauchs und der Emissionen eines Fahrzeugs zur Verfügung. Sie werden als *vorwärtsgerichtete* und *rückwärtsgerichtete* Methodologien bezeichnet. Die vorwärtsgerichtete Methodologie gleicht der Bewegung eines realen Fahrzeugs, bei der die Eingaben des Fahrers erforderlich sind, um das Fahrzeug schließlich in Bewegung zu setzen. Einzelheiten zu derartigen longitudinalen Bewegungen wurden in Kapitel 3 erörtert. Abbildung 5.22 fasst die Eingangs-Ausgangs-Relationen für die vorwärtsgerichtete Methodologie zusammen. Bei der vorwärtsgerichteten Methode müssen die Differenzialgleichungen der Bewegung gelöst werden, um die Zustände des Fahrzeugs und seiner Komponenten zu erhalten. Daher stellt dieser Lösungstyp eine dynamische Lösung dar, bei der alle zeitabhängigen Phänomene bearbeitet werden.

Bei der rückwärtsgerichteten Methode besteht das Problem, wie der Name schon vermuten lässt, darin, dass die dem System „unbekannten Eingangsgrößen" ge-

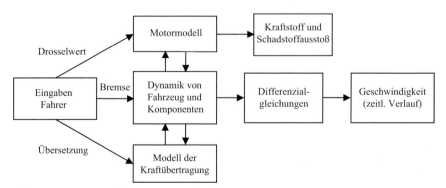

Abb. 5.22 Vorwärtsgerichtete Lösungsmethodologie.

funden werden müssen, die zu „bekannten Ausgangsgrößen" für das System geführt haben. Bei der Bewegung eines Fahrzeugs ist die Ausgangsgröße typischerweise der zeitliche Verlauf der Geschwindigkeit (Fahrzyklus). Die Eingangsgrößen,
beispielsweise Drosselwert und Getriebeübersetzungen, müssen berechnet werden. Ein Fahrzyklus stellt daher eine Eingangsgröße bei der rückwärtsgerichteten
Lösung dar. Abbildung 5.23 zeigt das Flussdiagramm einer rückwärtsgerichteten
Lösung.

Der Eingangsparameter Fahrzyklus wird genutzt, um zunächst die Kinematik
der Bewegung, etwa Fahrzeugbeschleunigung und zurückgelegte Fahrstrecke sowie die Kinematik der Komponenten, wie Rotationsgeschwindigkeiten von Motor
und Getriebe, zu bestimmen. Im nächsten Schritt müssen die Lasten am Fahrzeug
und seinen Komponenten bestimmt werden, um die Motorlast zu ermitteln. Nachdem Motordrehzahl und -last bekannt sind, kann der EOP bestimmt werden. Aus
den Performance-Daten des Motors können schließlich Kraftstoffverbrauch und
Emissionen ermittelt werden.

Zur Bestimmung der Kinematik und dynamischen Beanspruchung des Systems
muss die Änderung der Geschwindigkeit über die Zeit differenziert werden, was
der Berechnung der Beschleunigung gleichkommt. Ein praktischer Weg, dies zu
vereinfachen, besteht darin, die Zykluszeit in kleine Zeitabschnitte zu unterteilen
und für jeden Abschnitt eine konstante Beschleunigung anzunehmen. Mit dieser
Annahme kann die Berechnung der Systemparameter auf einfache Weise mithilfe
von algebraischen Gleichungen durchgeführt werden (s. Abb. 5.12). Da die Effizi-
enzkennfelder, die bei der Rückwärtssimulation verwendet werden, generell durch
stationäre Tests ermittelt werden, werden dynamische Effekte nicht berücksichtigt.
Das ist der Grund, warum diese Lösungsmethoden auch quasistationäre Lösungen
genannt werden.

Im realen Fahrbetrieb müssen die Eingangsparameter, wenn ein Fahrer einem
gegebenen Fahrzyklus folgen soll, anhand der Rückgaben (Rückkopplungssigna-
le) von der Ausgangsseite angepasst werden. Mit anderen Worten, der Fahrer ist
wie ein Steuergerät zu betrachten, das den Kreis des Systems vom Eingang zum
Ausgang schließt. Die Simulation in einer vorwärtsgerichteten Lösung, bei der der

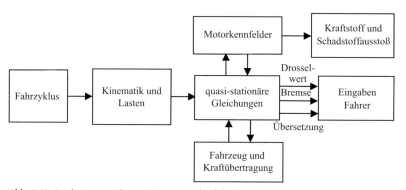

Abb. 5.23 Rückwärtsgerichtete Lösungsmethodologie.

Eingangsparameter für das System das Gaspedal ist, führt zu einem zeitlichen Verlauf der Fahrzeuggeschwindigkeit, aber nicht notwendigerweise zu einem vordefinierten Fahrzyklus. Um also einem vordefinierten Fahrzyklus folgen zu können, wird ein System mit geschlossenem Regelkreis benötigt. Nur so können die korrekten Pedalwinkel zu jedem Zeitpunkt so angewendet werden, dass die Fahrzeuggeschwindigkeit über die Zeit dem gewünschten Fahrprofil entspricht. Bei Rollenprüfstandstests wird ein ähnliches Problem so gelöst, dass der Fahrer die Eingangsparameter entsprechend den Geschwindigkeitsfehlern anpassen muss.

Fahrzeugsimulatoren, die den vorwärtsgerichteten Ansatz nutzen, verfügen über ein Fahrermodell, das den Geschwindigkeitsfehler als die Differenz zwischen der vom Fahrzyklus auf der Eingangsseite geforderten und der aktuellen Geschwindigkeit bestimmt. Damit werden die korrekten Drosselklappen- und Bremskommandos berechnet, sodass das Fahrzeug dem Eingangszyklus mit minimalem Fehler folgt. Obwohl vorwärtsgerichtete Lösungen alle dynamischen Effekte berücksichtigen, sind Rückwärtssimulationen einfacher zu handhaben, da sie keinen geschlossenen Regelkreis verlangen.

5.6.2
ADVISOR®

ADVISOR ist ein Akronym für ADvanced VehIcle SimulatOR (Anm. d. Übersetzers: „Fortschrittlicher Fahrzeugsimulator"). Das Simulations-Softwarepaket ist für die Analyse der Leistung und der Kraftstoffeffizienz von konventionellen Fahrzeugen, von Elektrofahrzeugen und Hybridfahrzeugen gedacht. Die Simulationsumgebung ist MATLAB und Simulink. ADVISOR wurde für die Analyse von Fahrzeugantriebssträngen konzipiert. Die Software fokussiert die Leistungsflüsse zwischen den Komponenten. Die wichtigsten Ausgabeparameter sind Kraftstoffverbrauch und Abgasemissionen von Fahrzeugen.

Die Software wurde zunächst 1994 vom US National Renewable Energy Laboratory (NREL) entwickelt. Das Benchmarking begann 1995. Zwischen 1998 und 2003 wurde die Software kostenlos weltweit von über 7000 Personen, Unternehmen und Universitäten heruntergeladen. Die Eingangsdaten für ADVISOR sind größtenteils empirische Daten. Sie stützen sich auf im Labor gemessene quasistationäre Beziehungen zwischen Eingangs- und Ausgangsparametern von Antriebskomponenten und nutzen die in stationären Erprobungen gesammelten Daten. Die Übergangseffekte, wie beispielsweise Rotationsträgheiten von Antriebskomponenten, werden in den Berechnungen berücksichtigt. Diese Software sollte dazu eingesetzt werden, um die Kraftstoffeffizienz von Fahrzeugen zu schätzen und zu untersuchen, wie konventionelle, Hybrid- oder Elektrofahrzeuge Energie in ihren Antriebssträngen nutzen. Sie wurde auch genutzt, um die während eines Fahrzyklus produzierten Abgasemissionen zu bestimmen.

ADVISOR kann als rückwärtsgerichtete Fahrzeugsimulation bezeichnet werden, da der Informationsfluss rückwärts durch den Triebstrang erfolgt, also vom Rad zur Achse, zum Getriebe usw. Die Software bildet das kontinuierliche Verhalten eines Fahrzeugs in einer Reihe von diskreten Schritten näherungsweise ab. Bei allen Schritten wird angenommen, dass sich die Komponenten in einem stationären Zustand befinden und Berechnungen werden in Zeitabschnitten von 1 s durchgeführt. Durch diese Annahme ist die Verwendung von Kennfelddaten für die genutzte Leistung oder Kraftstoffeffizienz der Komponenten möglich, die ihrerseits von quasistationären Labortests abgeleitet wurden. Diese wesentliche Annahme erlaubt allerdings nicht die detaillierte Untersuchung von dynamischen Vorgängen kurzer Dauer im Antriebsstrang. Beispielsweise treten Schwingungen, Schwingungen des elektrischen Feldes und ähnliche dynamische Erscheinungen in deutlich höheren Frequenzen als 1 Hz (= Zeitspanne 1 s) auf. Als Eingangsparameter braucht die Software die vom Fahrzyklus geforderte Geschwindigkeit. Sie berechnet für die vorgeschriebene Fahrzeuggeschwindigkeit die benötigten Antriebsdrehmomente, -drehzahlen und Leistungen. ADVISOR ist Opensource-Software in einer MATLAB/Simulink-Umgebung und der Anwender kann sie eigenen Anforderungen anpassen. Die Software wurde durch DOE/MRI/NREL urheberrechtlich geschützt, um die Integrität des Codes sicherzustellen, da der Download den vollständigen Quellcode, die grafische Benutzeroberfläche, alle nicht proprietären Datendateien in der ADVISOR-Bibliothek sowie die vollständige Dokumentation beinhaltete. Dennoch initiierte die NREL die Kommerzialisierung von ADVISOR im Jahre 2003. Seither ist diese Software nicht mehr lizenzfrei zugänglich. Kommentare zu den derzeit erhältlichen Softwarepaketen für die Antriebsstranganalyse und Kraftstoffverbrauchsberechnungen sind in Abschn. 1.5 in Kapitel 1 zu finden.

5.7
Automatisierte Schaltvorgänge

Ein wichtiges Thema bei der automatischen Gangschaltung ist die Festlegung eines Plans, der die Gangwahl anhand einer vordefinierten Strategie festlegt. Konstrukteure und Forscher haben eine Vielzahl von Strategien untersucht, den Kraftstoffverbrauch zu reduzieren und die Kraftstoffeffizienz zu verbessern, ohne die Fahrzeug-Performance zu beeinträchtigen. Die Automatisierung der Schaltvorgänge beim Getriebe stützt sich auf Entscheidungsalgorithmen, die von den Betriebsbedingungen des Fahrzeugs abhängig sind. Die Entscheidung, zu schalten, kann anhand von zwei Kriterien erfolgen: dem Betriebszustand des Motors oder die Absicht des Fahrers. Das erste Kriterium basiert auf der Verlagerung des Betriebspunkts des Motors hin zu Punkten, bei denen eine höhere Effizienz, ein geringerer Kraftstoffverbrauch oder geringere Emissionen erzielt werden. Zusammen mit der Motorlast und -drehzahl werden das Drehmoment und die Drehzahl des Motors für einen beliebigen Betriebszustand als Eingangsparameter für die Schaltentscheidung verwendet, ähnlich wie bei einem herkömmlichen Automatikgetriebe. Beim zweiten Kriterium werden zusätzlich zu dem, was motorleistungsmäßig sinnvoll ist, die Anforderungen des Fahrers berücksichtigt [5].

5.7.1
Zustand des Motors

Die Schaltentscheidung kann anhand des Motorzustands und der Motorlast vorgenommen werden, so wie bei Automatikgetrieben üblich. Motorlebensdauer, Effizienz, Emissionen und Kraftstoffverbrauch sind wichtige Faktoren unter normalen Betriebsbedingungen. Die obere und untere Drehzahlgrenze des Motors sind die einschränkenden Faktoren unter bestimmten Betriebsbedingungen. Das übertragbare Drehmoment und die Ausgangsleistung sind zwei entscheidende Einflussgrößen für die meisten Betriebspunkte. Motorkennfelder liefern die erforderlichen Daten hinsichtlich einer möglichen Verlagerung hin zu optimalen Betriebsbedingungen und der Drosselwert ist ein Eingangselement, das den Betrag der verfügbaren Leistung bzw. des verfügbaren Drehmoments steuert. In diesem Fall der auf dem Zustand des Motors basierenden Schaltvorgänge bestimmen also nur dynamische Betriebsbedingungen die Schaltentscheidung. Es wird also ein Steuergerät benötigt, das die Zustandsparameter ausliest und eine Entscheidung über das Beibehalten der Übersetzung, das Hochschalten oder Herunterschalten entsprechend der Schaltstrategie trifft.

Die Motorlast kann generell anhand des Drosselwerts geschätzt werden. Ein größerer Drosselwert bedeutet höhere Motorlast und damit mehr Drehmoment, das zum Überwinden der Last benötigt wird. Die für Schaltvorgänge geltenden, auf dem Motorzustand basierenden Regeln können in Abstimmung mit einem Motorexperten erarbeitet werden, der die Anforderungen des Motors unter realistischen Fahrbedingungen kennt und berücksichtigt.

5.7.2
Absichten des Fahrers

Die Absichten des Fahrers werden anhand der Aktionen des Fahrers während der Fahrt interpretiert. Von den zahlreichen Parametern, die der Kontrolle des Fahrers unterliegen, sind der Gaspedalweg und die Bremspedalkraft die beiden wichtigsten. Ein eher schnelles Durchtreten des Gaspedals (großer positiver Pedalweg) bedeutet, dass der Fahrer die Absicht hat, stärker zu beschleunigen, und das Loslassen des Gaspedals (negativer Pedalweg) bedeutet Verzögerung. Bremspedalwege bedeuten immer, dass Geschwindigkeit verringert und möglicherweise heruntergeschaltet werden soll.

Für auf der Fahrerabsicht basierende Schaltvorgänge benötigt man ein Schlussfolgerungssystem, das die Aktionen des Fahrers in Schaltanforderungen übersetzt. Der Gaspedal-Eingangsparamter beinhaltet drei Arten von Informationen:

- die Pedalstellung;
- die Geschwindigkeit der Pedalbewegung;
- die Richtung der Pedalbewegung.

Der Ausgang des Systems ist ein Indiz für das weitere Vorgehen in Bezug auf die Beschleunigung. Das Schalt-Steuergerät muss alle Eingangsparameter berücksichtigen und den Schaltbefehl entsprechend aussenden.

5.7.3
Kombinierte Schaltvorgänge

Nur auf dem Motorzustand basierende Schaltvorgänge sind gut für die Kraftstoffeffizienz, für den Fahrer hinsichtlich der Fahrbarkeit aber nicht notwendigerweise zufriedenstellend. Schaltvorgänge, die nur nach den Anforderungen des Fahrers erfolgen, wirken sich oft negativ auf den Kraftstoffverbrauch aus. Eine Lösung, die sowohl den Motorzustand als auch die Absicht des Fahrers berücksichtigt, ist also ein guter Kompromiss. Es ist allerdings nicht einfach, zwei gegensätzliche Anforderungen gleichzeitig zu kombinieren. Die beste Kompromisslösung besteht darin, die vom Fahrer angeforderte Leistung zu erzeugen und zugleich zu versuchen, den EOP möglichst nahe an die EFCC-Kurve zu verlagern.

5.7.4
Steuergerät

Die Entscheidungen für Schaltvorgänge und die Position des Motorbetriebspunkts (EOP, Engine Operating Point) werden von einer Steuereinheit getroffen. Die Steuereinheit bestimmt unter Berücksichtigung einer Reihe von Faktoren und entsprechend der Schaltstrategie eine geeignete Schaltmaßnahme. Zu diesen Faktoren gehören beispielsweise Motordrehzahl, Motorlast, Fahrzeuggeschwindigkeit, Drosselklappenwinkel, Gaspedalwinkel, Bremspedalwinkel etc. Eine geeignete Schaltmaßnahme kann Hochschalten, Herunterschalten oder kein Schalten sein.

Bei einem Handschaltgetriebe ist die Entscheidung, zu schalten, einer der Vorgänge, die der Mensch bei normaler Fahrweise erfolgreich kontrolliert. Obwohl intelligente, nicht lineare Steuergeräte augenscheinlich gute Arbeit beim Gangschalten leisten, kann die vom Menschen gesteuerte Bedienung in den meisten Fällen dennoch als ausreichend betrachtet werden. Es kann also davon ausgegangen werden, dass ein regelbasiertes Steuergerät (z. B. ein Fuzzy-Logic-Controller) diesen Zweck zufriedenstellend erfüllt.

Das wichtigste Ziel des Steuergeräts könnte darin bestehen, die Motorbetriebspunkte möglichst nahe an die EFCC-Kurve zu verlagern, und zwar für zahlreiche Straßenbedingungen und alle Eingangsparameter, die vom Fahrer ausgehen. Diese Strategie kann allerdings zu einem Betriebsverhalten führen, das vom Fahrer nicht erwartet wird, beispielsweise unerwartetes Erhöhen oder Verringern der Motordrehzahl für verschiedene Pedaleingaben. Diese Strategie berücksichtigt also nicht die Anforderungen des Fahrers. Sie berücksichtigt lediglich die Kraftstoffeffizienz. Wie bereits erwähnt, muss die Steuerstrategie, wenn sie eine Kompromisslösung darstellen soll, beides gleichzeitig berücksichtigen, also die Anforderung des Fahrers und den Kraftstoffverbrauch. Ein Steuergerät, das sowohl die Absicht des Fahrers als auch den Motorzustand berücksichtigt, ist in der Lage, die Absicht

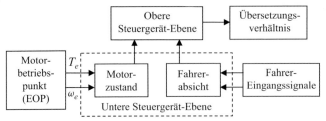

Abb. 5.24 Schematische Darstellung einer Zwei-Ebenen-Steuerung.

des Fahrers zum Erhöhen oder Verringern der Motordrehzahl zu erkennen und kann dies mit der Schaltentscheidung vereinbaren. Das wiederum liefert eine bessere Performance, indem mehr Motorleistung in der Beschleunigungsphase und das Motorbremsmoment in der Verzögerungsphase genutzt werden.

Ein Steueralgorithmus mit zwei Ebenen, wie der in Abb. 5.24 abgebildete, könnte die geforderte Aufgabe erfüllen. In der erste Ebene (der unteren) sind die Ausgangsparameter „Motorzustand" und „Fahrerabsicht" entscheidend. Sie werden einerseits von den Eingängen für den Motorzustand (links, somit Motordrehmoment und -drehzahl) und andererseits von den Eingängen für die Fahrerabsicht (rechts, somit Bremse, Gaspedalposition und Geschwindigkeit) bestimmt. In der zweiten (oberen) Ebene wird vom Controller eine Schaltentscheidung gefällt, indem die beiden Eingangssignale „Motorzustand" und „Fahrerabsicht" verarbeitet werden. Mögliche Befehle sind Hochschalten, Herunterschalten oder Status beibehalten.

5.7.5
Vielganggetriebekonzept

In Abschn. 5.2 wurde die EFCC-Kurve vorgestellt, und es wurde erläutert, dass ein stufenloses Getriebe genutzt werden kann, um den Motor entlang dieser Kurve zu betreiben. Die Frage ist, ob es möglich ist, ein Stufengetriebe zu entwickeln, das annähernd die Leistungsmerkmale eines CVT-Getriebes hat. Augenscheinlich ist es bei Getrieben mit einer endlichen Anzahl von Übersetzungen unmöglich, der EFCC-Kurve so exakt wie mit einem CVT-Getriebe zu folgen. Daher werden wir ein Konzept für ein Vielganggetriebe vorstellen, um die Analyse trotz der technologischen Barrieren durchführen zu können. Die Vergrößerung der Zahl der Zwischengangstufen verringert die Differenz zwischen benachbarten Gängen. Das wiederum verringert den Betrag des EOP-Sprungs beim Schalten. Die Erhöhung der Zahl der Zwischengangstufen kann helfen, die EOPs allmählich an einen Nachbarpunkt zu verlagern. Dadurch kann das System der EFCC-Kurve besser folgen, aber andererseits machen zu viele Gänge auch häufiges Schalten notwendig. Darüber hinaus verursachen zu häufige Schaltvorgänge auch eine große Zahl an Schaltverzögerungen und Drehmomentverluste – beides verschlechtert die Kraftstoffeffizienz. Daher sollte man bei der Erhöhung der Zwischengangzahl eine bestimmte Zahl nicht überschreiten.

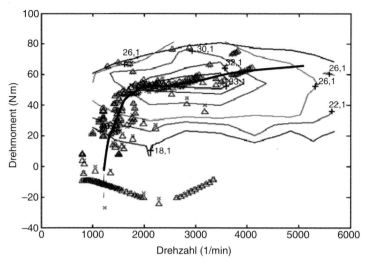

Abb. 5.25 EOP-Anordnung für ein 16-Gang-Handschaltgetriebe.

Um herauszufinden, wie viele Gangstufen sinnvoll sind, wurde eine Reihe von Untersuchungen mit ADVISOR durchgeführt. Das Ergebnis war, dass ein Getriebe mit 16 Gangstufen als Vielganggetriebe betrachtet werden kann. Die Übersetzungen der Zwischenstufen zwischen der niedrigsten und höchsten Gangstufe wurden nach der geometrischen Methode (s. Abschn. 4.3.3) berechnet. Für das Vielganggetriebe mit 16 Gangstufen wurden als Simulationsergebnis auch die Kurven der EOPs ausgegeben, die im Drehmoment-Drehzahl-Kennfeld in Abb. 5.25 festgehalten sind. In der gleichen Abbildung ist auch die EFCC-Kurve dargestellt. So kann die Dichte der EOPs verglichen werden. Die Untersuchung der EOP-Kurve zeigt, dass die Anwendung eines 16-Gang-Getriebes es eindeutig möglich gemacht hat, die Punkte nahe an die EFCC-Kurve zu verlagern [6]. Da die Zahl der Übersetzungen dieses virtuellen Getriebes niedriger als die des CVT ist, sind EOP-Sprünge unvermeidlich. Dennoch war es möglich, sie so zu verlagern, dass die EFCC-Kurve praktisch als Mittelwert dieser Punkte angesehen werden kann.

Zu Vergleichszwecken wurde das Ergebnis auch für ein Fünfgang-Schaltgetriebe ausgegeben. Abbildung 5.26 zeigt die EOP-Anordnung zusammen mit der EFCC-Kurve. Es wird klar, dass die EOPs für das Fünfgang-Schaltgetriebe in einiger Entfernung von der EFCC-Kurve verstreut angeordnet sind.

5.8
Andere Lösungen zur Kraftstoffeffizienz

Augenscheinlich ist der Well-to-Wheel-Prozess (s. Abschn. 1.1) ein recht ineffizienter Prozess, der weiter verfeinert werden muss. Zwei wichtige Ansätze zur Verbesserung der Gesamteffizienz des Prozesses hängen mit den beiden Hauptphasen von Well-to-Tank und Tank-to-Wheel zusammen. Die Verbesserung der Well-to-

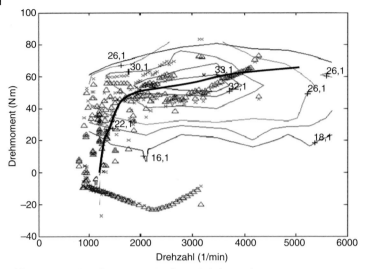

Abb. 5.26 EOP-Anordnung eines Fünfgang-Schaltgetriebes.

Tank-Effizienz hängt nicht mit der Automobilindustrie zusammen. Die Verbesserung kann aber durch die Optimierung aller Teile der vorgelagerten Prozesse erreicht werden. Auch das Ersetzen der fossilen Brennstoffe durch alternative Primärenergiequellen kann sinnvoll sein.

Die Verbesserung der Tank-to-Wheel-Effizienz bietet mehr Raum für Verbesserungen, denn Antriebssysteme und insbesondere Motoren von Fahrzeugen besitzen eine sehr niedrige Treibstoffeffizienz (s. Kapitel 2).

Es gibt drei machbare Ansätze zu Verbesserung des Antriebsstrangs. Beim ersten Lösungsansatz wird die Effizienz jeder einzelnen Antriebskomponente untersucht. Dieser Ansatz wurde in der Vergangenheit immer schon von den Konstrukteuren und Herstellern von Antriebskomponenten verfolgt. Er bietet auch in der Zukunft noch einiges an Herausforderungen.

Der zweite Ansatz erfolgt aus dem Blickwinkel des Energiemanagements. Hier geht es darum, die Komponenten bei der Fahrzeugbewegung optimal einzusetzen, indem die bereits vorhandenen Möglichkeiten des konventionellen Antriebssystems genutzt werden. Der dritte Ansatz ist die Suche nach alternativen Antriebskonzepten. Solche Konzepte können die Energiequellen im Fahrzeug optimal nutzen und fügen die Möglichkeit hinzu, die kinetische und potenzielle Energie des Fahrzeugs, die ansonsten verloren ginge, zurückzugewinnen.

5.8.1
Verbesserungen an Antriebskomponenten

Es wurden zahlreiche Verfahren zur Verbesserung der Kraftstoffeffizienz durch Verbesserung der Effizienz von individuellen Antriebskomponenten erforscht und in den letzten Jahren auch angewendet. Forscher, Konstrukteure und Hersteller

Tab. 5.4 Verbesserungspotenzial von Antriebskomponenten.

	Verbesserungsbereich	Beschreibung	Typisches Einsparpotenzial beim Kraftstoffverbrauch
1	Gewichtsreduktion	Leichtbauwerkstoffe – optimale Verpackung	bis zu 30 %
		Aerodynamikverbesserung	bis zu 10 %
2	Motorverbesserungen	variable Ventilsteuerung	bis zu 15 %
		Direkteinspritzung und Turbolader (Benziner)	bis zu 25 %
		Hochdruckeinspritzung (Diesel)	bis zu 30 %
		sonstige Verbesserungen	bis zu 10 %
3	Kraftübertragung	Doppelkupplungs-, Sechsganggetriebe (oder mehr Gänge), stufenlose Getriebe (CVT, Continuously Variable Transmission)	bis zu 15 %

werden dies auch in den kommenden Jahren tun. Derartige Verbesserungen lassen sich bei der Konstruktion eines Fahrzeugs in fast allen Bereichen durchführen. Die wichtigsten Punkte kann man in drei Kategorien unterteilen: Verbesserungen durch Gewichtseinsparung, Verbesserungen am Motor und Verbesserungen am Getriebe. Eine grobe Schätzung des typischen Einsparpotenzials an Kraftstoffverbrauch wird in Tab. 5.4 gegeben.

5.8.2
Leichtbaufahrzeuge

In den vergangenen Jahren bestand eines der wichtigsten konstruktiven Ziele im Automobilbau darin, Gewicht einzusparen. Dieses Ziel wurde auch erreicht. Dennoch hat der Einbau von zahlreichen Komfort- und Sicherheitskomponenten die Fahrzeuge letztlich wieder schwerer gemacht. Gewichtsreduktion bleibt also auch künftig ein wichtiges Thema. Die direkte Verknüpfung von Fahrzeuggewicht und Kraftstoffverbrauch ist augenscheinlich. Beim Beschleunigen des Fahrzeugs ergibt sich die dazu benötigte Leistung P_a aus Gleichung 3.116:

$$P_a = mav \tag{5.57}$$

dabei ist m die Fahrzeugmasse, a die Beschleunigung und v die Geschwindigkeit. Wenn die kinetische Energie, die vom Fahrzeug absorbiert wird $\left(E = \frac{1}{2}mv^2 \right)$, reversibel wäre, dann wäre eine große Fahrzeugmasse nicht nachteilig aus energetischer Sicht. In der Realität lässt sich diese Energie allerdings nicht vollständig zurückgewinnen, selbst bei Hybridfahrzeugen mit regenerativer Energierückgewinnung (s. Kapitel 7). Die Leichtbauweise ist somit ein wichtiger konstruktiver Einflussfaktor bei der Reduzierung des Energieverbrauchs. Auch hinsichtlich der Fahrzeug-Performance ist eine größere Fahrzeugmasse stets ein Nachteil, da sie niedrigere Beschleunigungswerte zur Folge hat. Darüber hinaus ist auch die der Fahrzeugbewegung entgegenwirkende Rollwiderstandskraft von der Fahrzeugmasse abhängig (s. Abschn. 3.3). Eine Verringerung der Masse führt immer zur Reduktion der Fahrwiderstandskraft und somit zu Kraftstoffeinsparung.

Übung 5.9

Die Masse des Fahrzeugs aus Übung 5.4 wird um 10 % reduziert. Betrachten Sie das Fahrzeug auf der in Abb. 5.11 gezeigten Fahrstrecke. Der Gesamtwirkungsgrad vom Kraftstoff zur longitudinalen Bewegung ist unverändert, aber die Rollwiderstandskraft ist aufgrund der Gewichtsreduktion geringer.
Berechnen Sie für diese Massenreduktion die Kraftstoffeinsparung in l/100 km.

Lösung:

Die Lösung ist ähnlich, nur die Masse und die Rollwiderstandskraft müssen modifiziert werden. Die Masse ist: $m = 1200 \times 0,9 = 1080$ kg. Der Rollwiderstand ist: $F_{RR} = 200 \times 0,9 = 180$ N.
Das Ergebnis des ersten Terms ist:

$$Term\ 1 = m\,a\,S = 1080 \times \frac{20}{50} \times 500 = 0{,}216 \times 10^6\ \text{J}$$

Der zweite Term ergibt:

$$Term\ 2 = \int_0^{50} \left(180 + 0{,}4v^2\right) v\,dt$$

$$= \int_0^{50} \left\{180 + 0{,}4\left(0{,}4t\right)^2\right\} \left(0{,}4t\right) dt = 0{,}13 \times 10^6\ \text{J}$$

Die Gesamtenergie ist 0,346 MJ. Die Kraftstoffmasse ist:

$$m_f = \frac{E_v}{\eta_{fv}\,E_{cf}} = \frac{0{,}346}{0{,}25 \times 44} = 0{,}0315\ \text{kg}$$

Wir erhalten einen Kraftstoffverbrauch von 5,63 l auf 100 km, das sind 10 % Ersparnis gegenüber dem Originalfahrzeug. Beachten Sie, dass die lineare Abhängigkeit in dieser Übung sich deshalb ergibt, weil die Geschwindigkeit gering war und die Berechnung ohne Kennfelddaten erfolgte.

Das Fahrzeuggewicht spielt auch hinsichtlich der Unfallsicherheit eine maßgebliche Rolle, da bei einem leichten Fahrzeug weniger kinetische Energie absorbiert werden muss. Daher ist die Verringerung des Fahrzeuggewichts für Sicherheit, Performance und Kraftstoffeffizienz eines Fahrzeugs stets von Vorteil.
    Leichtbauweise kann mit verschiedenen Methoden erreicht werden, wobei der Schwerpunkt auf der zweckdienlichen Nutzung der Werkstoffe liegt, beispielsweise Stahl, Aluminium und Kunststoffe. Wichtige technologische Bereiche sind das

Downsizing von allen möglichen Fahrzeugkomponenten. Die sachgemäße Beanspruchung von Komponenten ist ein weiteres wichtiges Thema, denn geringere Beanspruchungen an einem Teil verringern dessen Abmessungen. Ein anderer Arbeitsbereich sind X-by-Wire-Systeme. Die mechanische Fernbetätigung wird durch ein Signal ersetzt, das an die Komponente übertragen wird, und die Betätigung erfolgt durch ein elektrisches Gerät. Aufgrund der Unsicherheiten von elektrischen und elektronischen Geräten ist in den meisten Fällen eine mechanische Absicherung erforderlich. Eine Möglichkeit zur Gewichtsoptimierung besteht darin, die Unsicherheit des elektrischen Systems zu eliminieren und die mechanischen Sicherungssysteme zu entfernen. Die optimale Gewichtsreduktion wird nicht alleine durch Leichtbauwerkstoffe und hochfeste Werkstoffe erreicht, sondern durch die optimale Nutzung des verfügbaren Bauraums und eine möglichst kompakte Bauweise der Komponenten.

Ein weiterer Bereich für Herausforderungen beim Karosseriedesign ist die Verringerung der Luftwiderstandskraft (s. Abschn. 3.3). Da sie eine der Fahrzeugbewegung entgegenwirkende Kraft ist, wird Leistung verbraucht. Wenn die Effizienz des Antriebsstrangs mit Gewichtsreduktion verbessert wird, stellen die aerodynamischen Verluste einen größeren Anteil an den Gesamtverlusten dar.

5.8.3
Der Verbrennungsmotor

Trotz des aktuellen Trends zu elektrischen Antriebssystemen ist der Verbrennungsmotor, sowohl der Otto- als auch der Dieselmotor, weit entfernt davon, ersetzt zu werden. Das unterstreicht, dass der Wirkungsgrad der Verbrennungskraftmaschine auch bei künftigen automobiltechnischen Anwendungen ein kritischer Punkt bleibt. Verluste im Motor stellen die größte einzelne Quelle an Ineffizienz bei Fahrzeugen dar. Es gibt viele bekannte realisierbare Möglichkeiten zur Verbesserung der Kraftstoffeffizienz eines Motors. Dazu gehören die Optimierung des Ansaugtrakts und der Einspritzsysteme, die Verbesserung des Füllungsgrads, die Optimierung des Brennraums etc. Durch Anwendung dieser Methoden wird der Aufbau und die Leistung des Motors direkt beeinflusst und das Kennfeld des Kraftstoffverbrauchs (Abb. 5.2) wird ebenfalls modifiziert, sodass mehr Bereiche des Drehmoment-Drehzahl-Kennfelds kraftstoffeffizienten Betriebspunkten zugeordnet werden können.

Weitere Effizienzverbesserungen sind im Teillastbereich von Verbrennungsmotoren erforderlich, denn dieser Bereich ist bei normalem Fahrbetrieb entscheidend für den Kraftstoffverbrauch. Verglichen mit dem Spitzenwert des Wirkungsgrads eines Otto- oder Benzinmotors (unter 40 %) ist der Wirkungsgrad in den Teillastbereichen erheblich geringer (unter 20 %). Das Downsizing von Motoren ist wichtig für die Verringerung der Baugröße, was wiederum eine kompaktere Bauweise ermöglicht und damit weitere Gewichtsreduktion der Komponenten und des Gesamtfahrzeugs zur Folge hat. Ein Maß für die Größe eines Motors ist seine Leistung bezogen auf den Hubraum. Durch Downsizing ist eine spezifische Ausgangsleistung von bis zu 70 kW pro Liter oder mehr möglich.

5.8.3.1 Benzinmotoren

Zwei wichtige Verbesserungsbereiche bei Fremdzündermotoren sind Direktein-spritzung und Downsizing mithilfe von Aufladung. Das Entwicklungspotenzial des Ottomotors ist daher beachtlich. Denn es kann erwartet werden, dass sich die Verbrennungsleistung aufgrund dieser Entwicklungen um rund 25 % verbessern lässt. Dementsprechend lässt sich auch der Kraftstoffverbrauch senken. Damit lässt sich der Hubraum um bis zu 40 % reduzieren. Darüber hinaus bieten variable Ventiltriebe (VVT, Variable Valve Trains) und variable Verdichtungsver-hältnisse (VCR, Variable Compression Ratios) viel Potenzial zur Verbesserung der Kraftstoffeffizienz. In Ottomotoren können alternative Kraftstoffe wie Erdgas und Wasserstoff genutzt werden. Wenn die Probleme bezüglich der Infrastruktur, die zur Nutzung dieser Kraftstoffe erforderlich ist, gelöst sind, werden sich geeignete Verbrennungssysteme relativ einfach entwickeln lassen.

5.8.3.2 Dieselmotoren

Moderne Selbstzündermotoren besitzen ein geringes Leistungsgewicht und die Abgasemissionen von Dieselmotoren wurden im Laufe der Jahre erheblich reduziert. Im Vergleich zu Fremdzündermotoren haben Dieselmotoren durchschnittlich einen um ca. 30 % höheren Wirkungsgrad, und dies hilft bei der Reduzierung des Gesamtkraftstoffverbrauchs von Fahrzeugen. Höhere Drehmomentabgabe bei niedrigen Drehzahlen ist ein weiterer Vorteil von Dieselmotoren. Das Downsizing von Dieselmotoren und eine weitere Reduzierung der Reibungsverluste steigert das Potenzial dieser Motoren bei der Kraftstoffeffizienz. Dies kann beispielsweise durch höhere Turboladerdrücke, Ladeluftkühlung und variable Ventiltriebkonzepte erreicht werden. Fortschrittliche Kraftstoffeinspritzsysteme mit einer variablen Injektionsbohrung reduzieren die Abgasemissionen erheblich. Zur Steigerung des Downsizing-Ausmaßes müssen die Spitzendrücke im Zylinder erhöht werden. Dazu werden moderne Aufladungstechnologien und bessere Materialien benötigt. Größere Emissionsreduzierungen über große Teile des Teillastbereichs ohne Kraftstoffverbrauchsnachteile im Volllastbereich werden von der Homogeneous Charge Compression Ignition oder HCCI-Technologie erwartet.

5.8.4
Kraftübertragung

Die Kraftübertragung im Fahrzeug hat großen Einfluss auf die Kraftstoffeffizienz, sowohl im Bereich der Hardware als auch im Bereich der Software. Mögliche Modifikationen der Kraftübertragungssysteme können in zwei Bereiche unterteilt werden. Erstens geht ein Teil der vom Motor erzeugten Leistung in der Kraftübertragung verloren und wird nicht genutzt, um die Räder anzutreiben. In dieser Hinsicht stellt die Kraftübertragung ein Leistung verbrauchendes Element dar. Es kann verbessert werden, um die Effizienz zu steigern. Diese Hardwaremodifikationen betreffen die Struktur und Mechanik des Antriebssystems und beinhalten die Wahl verschiedener Kraftübertragungsarten und die Auslegung von Getriebeübersetzungen. Diese Arten von konzeptionellen und strukturellen Modifikationen an Kraftübertragungssystemen bringen schätzungsweise bis zu 10 % an Kraftstoffeinsparung.

Der zweite Faktor, mit dem die Kraftübertragung den Kraftstoffverbrauch eines Fahrzeugs beeinflusst, ist die Art und Weise, wie sie den Motor zwingt, zu laufen, denn die Kraftübertragung steuert die Abhängigkeit zwischen Drehzahl des Motors und Fahrzeuggeschwindigkeit. Es wäre also möglich, die Art und Weise, wie der Motor in den unterschiedlichen Fahrbedingungen genutzt wird, zu optimieren. Automatikgetriebe haben jahrelang diese Aufgabe erfüllt und die Gänge in einer vordefinierten Art und Weise geschaltet.

Die Aufgabe, die Gänge auf optimale Art und Weise zu wechseln, ist sowohl von der Hardwareseite als auch von der Softwareseite der Kraftübertragungssysteme abhängig. Eine begrenzte Anzahl an Übersetzungsverhältnissen schränkt das Potenzial für ideale Anpassungen der Motorbetriebspunkte ein. Tatsächlich springt der Betriebspunkt eines Motors, wenn die Gangstufe gewechselt wird, sowohl bei Handschaltgetrieben als auch bei Automatikgetrieben. Um der Effizienzkurve oder idealen Betriebskurve (EFCC, Efficient Fuel Consumption Curve) eines Motors folgen zu können (s. Abschn. 5.5.2), wird ein stufenloses Getriebe (CVT, Coninuously Variable Transmission) benötigt (s. Abschn. 4.6). CVTs ermöglichen es, den Motor dauerhaft an seinen optimalen Betriebspunkten zu betreiben, ohne dass die Leistungsübertragung unterbrochen wird. Daher ist auch bei idealer Softwareprogrammierung keine optimale Betriebsweise des Motors möglich, wenn traditionelle Handschalt- oder Automatikgetriebe mit einer begrenzten Zahl an Übersetzungsverhältnissen verwendet werden.

Andererseits ist die Kraftstoffeffizienz direkt vom Wirkungsgrad der Kraftübertragung abhängig. Handschaltgetriebe stellen die einfachsten und effizientesten Kraftübertragungen dar, die es gibt. Automatisierte Handschaltgetriebe (AMT, Automated Manual Transmissions) bieten aufgrund ihres höheren Wirkungsgrads und der Betriebspunktsteuerung die Möglichkeit, die Kraftstoffeffizienz um bis zu 5 % zu verbessern. Diese Systeme haben aber den Nachteil, dass es zur Drehmomentunterbrechung kommt und die Systeme nicht in der Lage sind, die Arbeitspunkte des Motors auf ideale Weise zu steuern. Konventionelle Automatikgetriebe haben erheblich geringere Wirkungsgrade als Handschaltgetriebe. Daher ist die Kraftstoffeffizienz auch geringer. Die Einführung von Wandler-Überbrückungskupplungen und Getrieben mit sechs oder mehr Gängen mildern den niedrigen Wirkungsgrad.

Weitere Möglichkeiten ergeben sich auch durch neue Technologien in der Kraftübertragung und durch die Erhöhung der Zahl der Gangstufen (sechs oder acht Gangstufen) sowie durch die Beseitigung der Unterbrechung der Drehmomentübertragung. Das Doppelkupplungsgetriebe (DCT, Double-Clutch Transmission) mit nahtlosen Schaltvorgängen besitzt erhebliches Entwicklungspotenzial. Diese Technologie basiert auf manuellen Schaltgetrieben, nutzt aber zwei parallele Kraftübertragungen für die geraden und ungeraden Gangstufen (s. Abschn. 4.7). Dieses System bietet den Komfort eines herkömmlichen Automatikgetriebes und besitzt die Effizienz eines Handschaltgetriebes. Somit lassen sich weitere Kraftstoffeinsparungen erzielen.

Aus Sicht des Gesamtantriebs ist es wichtig, zu beachten, dass die Gesamt-Performance eines Antriebs davon abhängt, wie gut Motor und Getriebe aufeinander abgestimmt sind. In der Praxis muss der Motorkonstrukteur die Mängel von konventionellen abgestuften Kraftübertragungen (ob Automatik- oder Handschaltgetriebe) berücksichtigen und einen breiten Drehzahlbereich vorsehen, um die Motordrehzahl der Fahrgeschwindigkeit aufeinander abzustimmen. Umgekehrt müssen Getriebekonstrukteure den Betriebsbereich des Motors bei der Festlegung der Zahl der Übersetzungsverhältnisse im Getriebe berücksichtigen. Ein ideales integratives Antriebsdesign führt zu einem effizienteren Betrieb des gesamten Systems.

5.9
Fazit

In diesem Kapitel wurden die Grundlagen der Kraftstoffverbrauchsberechnung eines Fahrzeugs erläutert. Es wurde gezeigt, dass die Energieeffizienz an den verschiedenen Betriebspunkten eines Motors unterschiedlich ist und dass sie in BSFC-Kennfeldern festgehalten werden. Es gibt Punkte mit höherer Effizienz im Motorkennfeld und der Betrieb nahe an diesen Punkten resultiert in einem geringeren Kraftstoffverbrauch.

Es gibt zwei Mechanismen, mit denen sich Motorbetriebspunkte oder EOPs (Engine Operating Points) in die gewünschten Regionen im Drehmoment-Drehzahl-Kennfeld verlagern lassen: Übersetzungsverhältnisse und Drosselklappenöffnungen. In allen Fahrsituationen wird Leistung abgerufen und für jede Leistungsanforderung gibt es einen effizienten Kraftstoffverbrauchspunkt im Kennfeld. Werden all diese Punkte miteinander verbunden, so entsteht die sogenannte EFCC-Kurve (EFCC, Efficient Fuel Consumption Curve). Um einen minimalen Kraftstoffverbrauch zu erzielen, muss das Steuergerät versuchen, den Drosselwert und die Getriebeübersetzung so anzupassen, dass sich der gewählte EOP nahe der EFCC-Kurve befindet. Es wurde ein stufenloses Getriebe (CVT, Continuously Variable Transmission) vorgestellt, dass die EOPs an die EFCC-Kurve verlagern kann. Bei anderen Getriebearten mit einer endlichen Zahl von Übersetzungen können die EOPs der EFCC-Kurve nicht folgen und befinden sich verstreut um die EFCC-Kurve.

Es wurde gezeigt, dass für die Berechnung des Kraftstoffverbrauchs für einen typischen Fahrzyklus jede Menge Informationen bezüglich des Motors und Fahrzeugs benötigt werden. Derartige Berechnungen können nicht von Hand durchgeführt werden. Aus diesem Grund wurden verschiedene Softwarepakete entwickelt, die bei der Berechnung des Kraftstoffverbrauchs und Schadstoffausstoßes von Fahrzeugen hilfreich sind. Es muss aber gesagt werden, dass auch mit der Software jede Menge Dateneingaben bezüglich des Motors und der Fahrzeugkomponenten erforderlich sind, darunter Motorkennfelddaten und Komponentenwirkungsgrade. Diese Daten müssen durch Berechnungen oder Labortests ermittelt werden.

Weitere Möglichkeiten für die Verbesserung der Kraftstoffeffizienz bei Fahrzeugen wurden vorgestellt, beispielsweise Leichtbaufahrzeuge, Motor- und Getriebeentwicklungen. Von allen Lösungen besitzen Weiterentwicklungen am Motor und Gewichtsreduktion das größte Potenzial zur weiteren Senkung des Kraftstoffverbrauchs.

5.10
Wiederholungsfragen

5.1   Beschreiben Sie, warum der BSFC beim Motorbetrieb eine variable Größe ist.

5.2   Wo befindet sich der minimale BSFC-Punkt eines Motorkennfelds?

5.3   Wie ist die Kraftstoffeffizienz eines Motors definiert? Gibt es eine allgemeine Beziehung zwischen Kraftstoffeffizienz und BSFC?

5.4   Warum braucht man Fahrzyklen?

5.5   Von welchen Faktoren sind Fahrzyklen abhängig?

5.6   Beschreiben Sie den Unterschied zwischen Kraftstoffverbrauchsberechnung mit und ohne Kennfeld.

5.7   Welche grundsätzliche Annahme liegt der Kraftstoffverbrauchsberechnung mit Kennfeld zugrunde?

5.8   Warum sollten die rotierenden Massen des Fahrzeugs bei der Kraftstoffverbrauchsberechnung berücksichtigt werden?

5.9   Beschreiben Sie die Ziele des Gangschaltens.

5.10 Erklären Sie, wie die EFCC-Kurve aus dem BSFC-Kennfeld eines Motors erstellt wird.

5.11 Erläutern Sie, ob es möglich ist, den EOP eines Motors während der Fahrzeugbewegung am minimalen BSFC-Punkt zu halten.

5.12 Erklären Sie, wie eine EFCC-Kurve bei einem realen Fahrzeug nachgeführt werden kann.

5.13 Ist es möglich, eine gute Kraftstoffeffizienz zu erzielen, indem versucht wird, den EOP so nahe wie möglich am minimalen BSFC-Punkt zu halten?

5.14 Beschreiben Sie die vorwärts- und die rückwärtsgerichtete Fahrzeugsimulation. Welche liefert genauere Ergebnisse?

5.15 Erläutern Sie, welche Rolle Motorzustand und Fahrerentscheidung beim Schaltvorgang spielen. Wie können beide bei automatischen Schaltvorgängen berücksichtigt werden?

5.16 Beschreiben Sie das Konzept des Vielganggetriebes und seine Auswirkung auf die Schaltstrategie. Ist es möglich, die Anzahl der Getriebeübersetzungen grenzenlos zu erhöhen?

5.17 Welche Vorzüge bietet die Massenreduktion beim Fahrzeug?

5.18 Die von einem Bordcomputer produzierten Kraftstoffverbrauchszahlen unterscheiden sich in der Praxis von den tatsächlichen Verbrauchswerten, die der Fahrer misst. Erläutern Sie die Gründe für die existierenden Unterschiede, nehmen Sie an, dass die Berechnungsmethode des Computers nur wenige Fehler hat.

5.11
Aufgaben

Aufgabe 5.1
Nutzen die in Abschn. 5.3.1 gelieferten Informationen und zeigen Sie, dass die Durchschnittsgeschwindigkeiten in den NEDC- und FTP-75-Fahrzyklen nahezu gleich sind.

Aufgabe 5.2
Für den Neuen Europäischen Fahrzyklus (NEFZ):

a) Plotten Sie die Änderung der Beschleunigung über die Zeit.
b) Plotten Sie den zeitlichen Verlauf der zurückgelegten Strecke.
c) Geben Sie das Maximum und den Durchschnitt der Fahrzeugbeschleunigung an.
d) Wiederholen Sie (c) nur für die positiven Werte.

Ergebnisse: (c) $a_{max} = 1,04\,\text{m/s}^2$ und $a_{av} = 0\,\text{m/s}^2$; (d) $a_{max} = 1,04\,\text{m/s}^2$ und $a_{av} = 0,124\,\text{m/s}^2$.

Aufgabe 5.3
Wiederholen Sie Übung 5.4 für den ersten Streckenteil als Sinusfunktion der Form:

$$v = 10 + 10 \sin\left(\frac{\pi}{50}t - \frac{\pi}{2}\right)$$

Aufgabe 5.4
Wiederholen Sie Übung 5.4 für den in Abb. 5.27 dargestellten Fahrzyklus. Verwenden Sie die Daten aus Übung 5.5 für den Bereich mit konstanter Geschwindigkeit.

Aufgabe 5.5
Ein Fahrzeug hat eine Masse von 1500 kg. Berechnen Sie den Kraftstoffverbrauch ohne Kennfeld in l/100 km für den Fall, dass der Fahrzyklus aus Abb. 5.28 wiederholt gefahren wird. Der Fahrwiderstand kann aufgrund der geringen Geschwindigkeit als konstant 250 N angenommen werden. Der Gesamtwirkungsgrad des Antriebsstrangs vom kalorischen Energieinhalt bis zur Traktionsleistung an den Antriebswellen kann als konstant 20 % angenommen werden. Der Kraftstoff besitzt einen kalorischen Energieinhalt von 40 MJ/kg und eine Dichte von 800 kg/m^3. Ergebnis: 5,2 l/100 km.

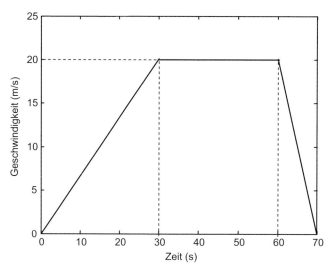

Abb. 5.27 Fahrzyklus für Aufgabe 5.4.

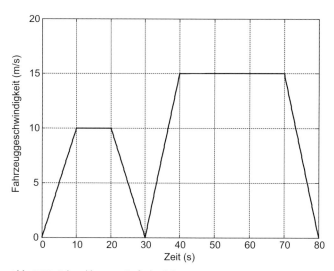

Abb. 5.28 Fahrzyklus von Aufgabe 5.5.

Aufgabe 5.6

Wiederholen Sie Aufgabe 5.5 für den Fahrwiderstand in der Form

$$F_R = 0{,}02\,W + 0{,}5v^2$$

Aufgabe 5.7

Berechnen Sie den Kraftstoffverbrauch ohne Kennfeld in l/100 km für ein Fahrzeug mit einer Masse von 1300 kg für die Stadtfahrt im NEFZ-Fahrzyklus. Der Fahrwiderstand beträgt $F_R = 0{,}015\,W + 0{,}4v^2$, und der Gesamtwirkungsgrad vom kalorischen Energieinhalt bis zur Traktionsleistung an den Antriebswellen ist konstant 30 %. Der Kraftstoff besitzt einen kalorischen Energieinhalt von 40 MJ/kg und eine Dichte von 800 kg/m^3.

Aufgabe 5.8

Um die Wirkung der Zuladung zu untersuchen, verwenden Sie das Fahrzeug aus Aufgabe 5.5 mit einem Zusatzgewicht von 50 kg. Um wie viel Prozent steigt der Kraftstoffverbrauch? Wiederholen Sie dies für Zuladungen von 100 kg und 150 kg.

Aufgabe 5.9

Wiederholen Sie Übung 5.7 für Fahrgeschwindigkeiten von 70 und 100 km/h.

Aufgabe 5.10

Die EFCC-Kurve (Efficient Fuel Consumption Curve) eines Motors wird näherungsweise durch die folgende Gleichung wiedergegeben:

$$T_{opt}(\omega) = T_e^* \left(1 - e^{\frac{-\omega_e}{1865}}\right), \quad \omega_e < 1/\text{min}$$

Das Fahrzeug mit den Daten von Tab. 5.5 ist mit einem CVT bestückt. Das Fahrzeug folgt dem einfachen Fahrzyklus aus Abb. 5.29 und der Motor der EFFC-Kurve.

a) Ignorieren Sie die Effekte niedriger Drehzahlen und nehmen Sie an, dass der Motor mit 1000/min beginnt, wenn das Fahrzeug sich aus dem Stillstand zu bewegen beginnt. Bestimmen Sie das anfängliche Getriebeübersetzungsverhältnis für diesen Augenblick.

b) Bestimmen Sie die Gesamtübersetzung bei Drehzahlen zwischen 1000 und 5000/min in Schrittweiten von 50/min, und plotten Sie das Ergebnis (*n* über ω).

c) Nutzen Sie die kinematische Relation bei der angegebenen Drehzahl, und berechnen Sie die Getriebeübersetzungsverhältnisse bei Geschwindigkeiten zwischen 5 und 20 m/s, und plotten Sie *n* über der Drehzahl.

Ergebnis: (a) $n_g = 3{,}74$.

Tab. 5.5 Daten für Problem 5.10.

1	Fahrzeugmasse	1000	kg
2	Reifenrollradius	30	cm
3	Übersetzung des Achsantriebs	5	
4	Wirkungsgrad Antriebsstrang	0,85	
5	Rollwiderstandsbeiwert	0,02	
6	T_e^*	100	Nm

Aufgabe 5.11

Bei einem Micro-Hybrid-System soll die Trägheit des Motorschwungrades eliminiert werden, um die Kraftstoffeffizienz zu verbessern. Betrachten Sie den in

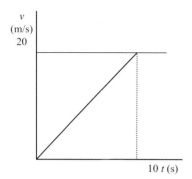

Abb. 5.29 Fahrzyklus für Aufgabe 5.10.

Abb. 5.28 dargestellten Fahrzyklus, und untersuchen Sie die Effizienz dieses Konzepts. Nutzen Sie die Daten aus den Tab. 5.6 und 5.7, um Folgendes zu berechnen (Annahme: kein Energieverlust beim Schalten):

a) die gesamte Energie, die zur Beschleunigung des Schwungrades in einem Zyklus verbraucht wird;

b) den durchschnittlichen Leistungsverlust (aufgrund der Verzögerung des Schwungrades);

c) den in einem Zyklus aufgrund der Schwungraddynamik verbrauchten Kraftstoff;

d) den Kraftstoffverbrauch in l/100 km;

e) die Kraftstoffeinsparung in Prozent bei einem Fahrzeug mit einem Kraftstoffverbrauch von 8 l/100 km.

Ergebnisse: (a) 49,414 J; (b) 618 W.

Tab. 5.6 Getriebedaten.

Übersetzungsverhältnis		Max. Geschwindigkeit (km/h)
Übersetzung erster Gang	3,250	30
Übersetzung zweiter Gang	1,772	50
Übersetzung dritter Gang	1,194	70
Übersetzung des Achsantriebs	4,0	

Aufgabe 5.12

Um die Auswirkungen einer aggressiven Fahrweise auf den Kraftstoffverbrauch eines Fahrzeugs zu untersuchen, betrachten Sie das Fahrzeug und die Fahrstrecke aus Übung 5.4. Erhöhen Sie die Beschleunigung, indem Sie die Höchstgeschwindigkeit nach 40 s erreicht (s. Abb. 5.30) haben. Wiederholen Sie dies für Beschleunigungszeiten von 30, 20, 10 und 5 s, und plotten Sie die Änderung des Kraftstoffverbrauchs mit der Beschleunigung.

Tab. 5.7 Zusatzinformationen für Aufgabe 5.11.

Trägheitsmoment des Schwungrades	$1\,\mathrm{kg\,m^2}$
Leerlaufdrehzahl Motor	$800\,1/\mathrm{min}$
Reifenrollradius	$30\,\mathrm{cm}$
Energieinhalt des Kraftstoffs	$40\,\mathrm{MJ/kg}$
Kraftstoffdichte	$0{,}8\,\mathrm{kg/l}$

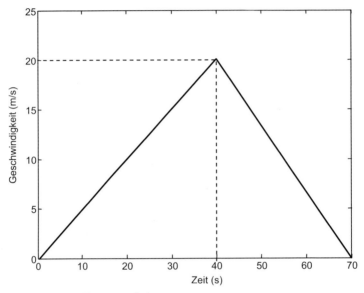

Abb. 5.30 Fahrzyklus von Aufgabe 5.12.

Aufgabe 5.13

Um die Wirkung einer aggressiven Fahrweise bei höheren Geschwindigkeiten zu untersuchen, schlagen wir Abb. 5.31 vor. Nutzen Sie die Informationen aus Aufgabe 5.4, und vergleichen Sie die Zunahme des Kraftstoffverbrauchs für Höchstgeschwindigkeiten von 15, 20, 25 und 30 m/s.

5.12
Weiterführende Literatur

Die Kraftstoffeffizienz stand immer im Zentrum des Interesses von Fahrzeugkonstrukteuren, obgleich sie in einigen Ländern bis vor Kurzem eine untergeordnete Bedeutung hatte. Die jahrelange Fokussierung auf die Entwicklung von großen, Benzin schluckenden Motoren in den USA ist nur ein Beispiel. Im Buch von Lucas [7] werden die Aspekte des Kraftstoffverbrauchs analysiert. Es werden auch konstruktive Merkmale eines Fahrzeugs erläutert und gezeigt, wie sie zur Minimierung des Kraftstoffverbrauchs genutzt werden können.

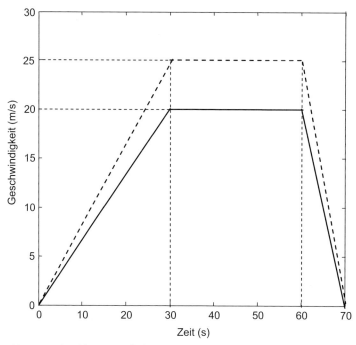

Abb. 5.31 Fahrzyklus von Aufgabe 5.13.

In den vergangenen Jahrzehnten war das wichtigste konstruktive Merkmal im Automobilbau die Kontrolle der Emissionen und Optimierung der Energienutzung. Glücklicherweise passen die beiden Ziele zueinander. Durch staatliche Gesetzgebung wurden die Emissionswerte anhaltend gesenkt. Durch den globalen Druck bei der Energieversorgung und das Verlangen der Verbraucher nach wirtschaftlicher Beförderung wurde der Energieverbrauch gesenkt. Standardisierte Fahrzyklen wurden zur global anerkannten, wenn auch kontroversen Vergleichsmethode für die Kraftstoffeffizienz von Fahrzeugen. Dieses weltweite Interesse hat zwar dazu geführt, dass sich buchstäblich Tausende von Zeitschriftenartikeln und Konferenzbeiträgen diesen Themen widmeten, allerdings bis heute nur sehr wenige Lehrbücher. Das Buch von Guzzella und Sciaretta [8] ist eine exzellente Referenz zur Analyse des Kraftstoffverbrauchs und zur Nutzung von Fahrzyklen beim Vergleich von Antriebskonzepten.

Der Begriff „Kraftstoffeffizienz" wurde traditionell mit der Nutzung von Benzin und Diesel in konventionellen Fremd- und Selbstzündermotoren in Verbindung gebracht. In Kapitel 7 werden wir in allgemeiner Form auf das Thema unter der Rubrik „Energieverbrauch" zurückkommen. Er steht im Zentrum des Interesses bei der Untersuchung von Hybridantriebssystemen, die eine verbesserte Energieeffizienz als herkömmliche Antriebskonzepte bieten können. Daher ist es wichtig, dass wir über verlässliche und sachdienliche Methoden zur Analyse der Antriebskonzepte von Verbrennungsmotoren als Maßstab für Vergleiche verfügen.

Es gibt zwei hilfreiche Bücher, die einen wohlüberlegten Versuch unternehmen, den künftigen Entwicklungen entgegenzusehen. Das Lehrbuch von Fuhs [9] ist eine exzellente Referenz für die Technologie von Hybridfahrzeugen. Es ist auf dem aktuellen Stand, und Kapitel 3 enthält ein umfassende Zusammenfassung aller Hybridfahrzeuge, die 2009 auf dem Markt waren – die meisten davon sind Prototypen, und es werden über 100 Fahrzeuge beschrieben! Ein anderer besonders interessanter Abschnitt ist Kapitel 2 mit dem Titel „Mileage Rating" (Anm. d. Übersetzers: etwa „Kilometerleistung"), in dem die Prüfmethoden und -verfahren zusammengefasst werden.

Das Buch von Mitchell *et al.* [10] verfolgt einen deutlich breiteren Ansatz und behandelt die Zukunft des Individualverkehrs. Diese Branchenexperten „malen sich aus", wie der Individualverkehr der Zukunft aussehen könnte – mit umweltschonenden, vernetzten Fahrzeugen, die Spaß machen. Elektrische Antriebssysteme, drahtlose Kommunikation, Verknüpfungen zu Infrastrukturdaten, intelligente Nachlade-Infrastrukturen etc. All dies wird als Beitrag zur individuellen Mobilität in unseren Städten diskutiert. Es ist ein faszinierendes und teilweise kontroverses Buch, aber es lädt ein, vorausschauend zu denken.

Literatur

1 Niemeier, D.A. *et al.* (1999) *Data Collection for Driving Cycle Development: Evaluation of Data Collection Protocols*, California Department of Transportation.

2 Lina, J. und Niemeier, D.A. (2002) An exploratory analysis comparing a stochastic driving cycle to California's regulatory cycle. *Atmos. Environ.*, **36**, 5759–5770.

3 Andre, M. *et al.* (2006) Real-world european driving cycles, for measuring pollutant emissions from high- and low-powered cars. *Atmos. Environ.*, **40**, 5944–5953.

4 Hung, W.T. *et al.* (2007) Development of a practical driving cycle construction methodology: A case study in Hong Kong. *Transp. Res. Part D*, **12**, 115–128.

5 Mashadi, B., Kazemkhani, A. und Baghaei, L.R. (2007) An automatic gearshifting strategy for manual transmissions, proceedings of IMechE, Part I. *J. Syst. Control Eng.*, **221** (15), 757–768.

6 Mashadi, B. und Baghaei, L.R. (2007) *A Fuel Economy-Based Gearshifting Strategy*, EAEC.

7 Lucas, G.G. (1986) *Road Vehicle Performance*, Gordon und Breach, ISBN 0-677-21400-6.

8 Guzzella, L. und Sciarretta, A. (2005) *Vehicle Propulsion Systems: Introduction to Modelling and Optimization*, Springer, ISBN 978-3-549-25195.

9 Fuhs, A.E. (2009) *Hybrid Vehicles and the Future of Personal Transportation*, CRC Press, ISBN 978-1-4200-7534-2.

10 Mitchell, W.J., Borroni-Bird, C.E. und Burns, L.D. (2010) *Reinventing the Automobile: Personal Mobility for the 21st Century*, MIT Press, ISBN 978-0-262-01382-6.

6
Dynamik des Antriebsstrangs

6.1
Einleitung

Der Antriebsstrang eines Fahrzeugs ist ein dynamisches System, dessen Träg-heitskomponenten und elastische Komponenten Resonanzen verursachen kön-nen, wenn sie entsprechend angeregt werden. Diese Resonanzen finden in einem breiten Frequenzbereich statt. Sie werden gewöhnlich als NVH-Phänomene be-zeichnet. NVH steht für „Noise, Vibration and Harshness", somit für Geräusche, Schwingungen und Stöße. Antriebsstränge von Fahrzeugen mit manuellen Ge-trieben besitzen wenig Eigendämpfung und sind für Schwingungen anfälliger. Torsionsschwingungen im Antriebsstrang werden im Allgemeinen durch Ände-rungen des Drehmoments angeregt und von Motor oder Fahrer verursacht.

Es gibt viele Ursachen für die Schwingungsanregung im Antriebsstrang. Ge-nerell können wir zwei Arten dieser störenden Eingaben unterscheiden: plötz-liche/diskrete und persistente. Zur ersten Art gehören Drosselwert-Eingaben, plötzliches Gas geben/loslassen sowie plötzliche Änderungen des Motordrehmo-ments. Die zweite Art entsteht durch Torsions- bzw. Drehmomentschwankungen im Motor oder durch verschlissene oder nicht fluchtende Bauteile im Antriebs-strang, beispielsweise Kardangelenke. Bei Schwingungen im Antriebsstrang un-terscheiden wir zwischen Schwingungen, die mit der Motordrehzahl, mit der Fahr-zeuggeschwindigkeit und mit der Beschleunigung zusammenhängen. Das Spiel zwischen den Komponenten oder das Zahnradspiel verstärkt oft die Torsions-schwingungen im Antriebsstrang.

Die Schwingung im Antriebsstrang mit der niedrigsten Frequenz (longitudinale Oszillation des Fahrzeugs) wird als Vehicle Shunt oder Lastwechselschlag bezeich-net. Das Phänomen tritt auf, wenn das Gaspedal so ruckartig betätigt wird, dass es zu einer sofortigen Drehmomentänderung im Antriebsstrang kommt. Das Zahn-radspiel im Antriebsstrang verstärkt diese Art der Oszillation, die von einem Ruck eingeleitet wird. Der Fahrer kann daher diese longitudinalen Oszillationen deutlich erkennen. Das reduziert die subjektive Wahrnehmung der Fahrzeug-Performance seitens des Fahrers. Dem Lastwechselschlag folgen häufig Torsionsschwingungen

Antriebssysteme in Kraftfahrzeugen, Erste Auflage. Behrooz Mashadi, David Crolla.
©2014 WILEY-VCH Verlag GmbH & Co. KGaA. Published 2014 by WILEY-VCH Verlag GmbH & Co. KGaA.

im gesamten Triebstrang, die man Shuffle oder Ruckeln nennt. Diese üblicherweise unter 10 Hz stattfindenden Oszillationen entsprechen den Grundresonanzfrequenzen des Antriebsstrangs. Sie werden im Wesentlichen von der Nachgiebigkeit des Antriebsstrangs verursacht.

Tip-in und Tip-out, also das schnelle Durchtreten und Loslassen des Gaspedals, sind häufig die Ursache für die Schwingungsanregung im Antriebsstrang. Sie kommen oft bei Bergauffahrt oder Bergabfahrt vor. Sie sind bei Fahrzeugen mit Handschaltgetrieben meist problematischer, da hier, anders als bei Automatikgetrieben, keine viskose Dämpfung im Antriebsstrang eingebaut ist. Die durch die Stöße zwischen Zahnradpaarungen verursachte Schwingung ist ein weiterer hochfrequenter Schwingungsmechanismus im Antriebsstrang. Unter bestimmten Umständen wird diese Schwingungsart Gear Rattle oder Getrieberasseln genannt. Es tritt impulsartig auf, wobei die unbelasteten Zahnräder gegeneinanderstoßen und ein unangenehmes Rasselgeräusch hervorrufen.

In diesem Kapitel wollen wir die dynamischen Phänomene des Antriebsstrangs analysieren und die konstruktiven Probleme im Zusammenhang mit NVH-Effekten im Antriebsstrang kennenlernen.

6.2
Modellierung der Antriebsdynamik

Das Einschwingverhalten des Fahrzeugantriebsstrangs hat entscheidenden Einfluss auf die subjektive Wahrnehmung der Fahrzeug-Performance durch den Fahrer. Es ist sehr schwierig, objektive Parameter zu definieren, die die Dynamik eines Antriebsstrangs beschreiben. Sie hat großen Einfluss auf das Fahrverhalten bzw. die Fahrbarkeit von Fahrzeugen. Daher ist auch die Interpretation der Ergebnisse schwierig, obwohl die Analyse der Dynamik des Antriebsstrangs zumindest insofern recht einfach ist, als sie anderen Beispielen von Mehrkörpersystemen technisch ähnlich ist. Um das dynamische Verhalten des Antriebsstrangs besser zu verstehen und unerwünschte Oszillationen zu reduzieren, ist Analyse und Modellierung erforderlich. Ziel ist es, den Ingenieuren durch Computersimulationen praktische Konstruktionsinformationen zur Verfeinerung und Abstimmung der Antriebsstrangparameter zu liefern.

6.2.1
Modellierungsverfahren

Zur Modellerstellung physikalischer Systeme gibt es zahlreiche Methoden und Verfahren. Bei mechanischen Systemen wird als Lösung meist die direkte Anwendung der Newton'schen Bewegungsgesetze genutzt. Sie führen uns zu den geltenden Bewegungsgleichungen. Die Fähigkeit zur Skizzierung von Freikörperbildern (FBD, Free Body Diagram) ist der entscheidende Teil dieses traditionellen Lösungsansatzes. Ein anderer Ansatz ist Kane's dynamische Analyse [1], die auf den Systemenergien aufbaut. Das ist insofern vorteilhaft, als hierbei keine unnötigen unbekannten Kräfte und Momente gebraucht werden. Die geltenden Bewegungsgleichungen werden in Form eines Systems von Differenzialgleichungen erster Ordnung erzeugt und numerisch gelöst.

Andere Modellierungswerkzeuge, wie die Blockdiagramm-Methode (BD) oder Signalflussdiagramme (SFG), sind grafische Methoden, die bei der Modellierung dynamischer Systeme verwendet werden. Eigentlich sind all diese Methoden Ableitungen des Energieerhaltungssatzes und zudem auf alle physikalischen Systeme anwendbar. Die grafischen Methoden, BD und SFG, stützen sich auf den Signalfluss in einem dynamischen System. Ein alternativer Lösungsansatz ist die Bondgraphen-Methode, bei dem der Energiefluss untersucht wird.

Bei diesem Ansatz wird ein physikalisches System durch einfache Symbole dargestellt, die die Leistungsflusspfade oder *Bonds* darstellen. Wie bei anderen Modellierungsverfahren auch, werden in Bondgraphen die Grundelemente zu einer Netzwerkstruktur verbunden. Die Anwendung der Grundregeln für die Konstruktion der Bondgraphen erzeugt die geltenden Gleichungen des Systems. Wie beim dynamischen Modell von Kane werden bei der Lösung mittels Bondgraphen die Bewegungsgleichungen in Form von Differenzialgleichungen erster Ordnung generiert, die dann einfach zu lösen sind. Ein wesentlicher Vorteil der Modellierung mit Bondgraphen ist die Möglichkeit, Energiesysteme mit verschiedenen Energieformen abzubilden, also etwa elektromechanische Systeme.

In diesem Kapitel modellieren wir einen Antriebsstrang durch Anwenden der Bondgraphen-Methode. Diejenigen Leser, die damit nicht vertraut sind, finden in Anhang A eine kurze Einführung in die Bondgraphen-Methode als Kurzanleitung. Dies dürfte für die einfachen Modelle, die hier erarbeitet werden, ausreichen. Weiterführende Informationen finden interessierte Leser in den Fachbüchern und Unterlagen unter [2–4].

Übung 6.1
Leiten Sie die Bewegungsgleichungen für das in Abb. 6.1 gezeigte Torsionsschwingungssystem her, bestehend aus einer Rotationsträgheit J, einer Torsionsfeder K_T und einem Torsionsdämpfer B_T:

a) Wenden Sie das Newton'sche Gesetz an.
b) Verwenden Sie die Bondgraphen-Methode.
c) Vergleichen Sie die Ergebnisse.

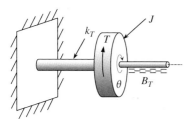

Abb. 6.1 Ein Torsionsschwingungssystem.

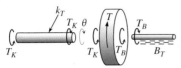

Abb. 6.2 Das Freikörperbild eines Torsionsschwingungssystems.

Lösung:

Das System ist das torsionale Äquivalent des bekannten Masse-Feder-Dämpfungs-systems.

a) Für den Weg θ der Trägheit J erhält man nach dem Freikörperbild (FBD, Free Body Diagram) aus Abb. 6.2 die geltende Bewegungsgleichung durch Kombinieren der Einzelgleichungen:

$$J\ddot{\theta} = T(t) - T_K - T_B, \, T_K = K_T\theta, \, T_B = B_T\dot{\theta}$$

Das Ergebnis ist:

$$J\ddot{\theta} + B_T\dot{\theta} + K_T\theta = T(t)$$

b) Details zur Anwendung der Bondgraphen-Methode für diese Übung finden Sie im Anhang A (Übung A.6). Das Ergebnis ist das folgende Gleichungssystem:

$$\frac{dp_1}{dt} = S_e - k_2q_2 - R_3\frac{p_1}{I_1}$$

$$\frac{dq_2}{dt} = \frac{p_1}{I_1}$$

wobei:

$$S_e = T, I_1 = J, k_2 = k_T, R_3 = B_T, p_1 = J\dot{\theta} \quad \text{und} \quad q_2 = \theta$$

c) Die mithilfe des Bondgraphen hergeleiteten Gleichungen liegen bereits in der Zustandsform vor. Somit können sie mit verschiedenen Verfahren gelöst werden. Die aus der direkten Anwendung des Newton'schen Gesetzes resultierende Gleichung ist eine Differenzialgleichung zweiter Ordnung. Mit den Definitionen $x_1 = J\theta$ und $x_2 = J\dot{\theta}$ kann sie in zwei Gleichungen erster Ordnung überführt werden. Das ergibt:

$$\frac{dx_1}{dt} = x_2$$

$$\frac{dx_2}{dt} = T - \frac{k_T}{J}x_1 - \frac{B_T}{J}x_2$$

Durch Ersetzen von $p_1 = x_2$ und $q_2 = x_1/J$ werden die beiden Gleichungen identisch.

6.2.2
Lineare und nicht lineare Modelle

In der Realität sind alle physikalischen Systeme mehr oder weniger nicht lineare Systeme. Um genaue Antworten auf Schwingungsanregungen über einen breiten Frequenzbereich zu erhalten, müssen nicht lineare Modelle erstellt werden. Der Antriebsstrang eines Fahrzeugs ist ein komplexes dynamisches System, das aus vielen nicht linearen Subsystemen und Elementen besteht. Folglich sind die geltenden Bewegungsgleichungen generell in hohem Maß nicht linear und bestehen aus einem System an nicht linearen Differenzialgleichungen. Für solche Gleichungen stehen Lösungen in der geschlossenen Form im Allgemeinen nicht zur Verfügung. Der einzig gangbare Weg sind die Verfahren der numerischen Integration. Die aus nicht linearen Modellen erzielbaren Ergebnisse beschränken sich im Wesentlichen auf Zeitverlaufslösungen, aus denen man schwerlich Informationen zur Berechnung herausziehen kann. Zu den Nichtlinearitäten bei der Triebstrangdynamik zählen:

- Nichtlinearitäten aus dem Komponentenverhalten, beispielsweise Steifigkeit (Feder), Nichtlinearität von Wellen und trockene Reibung zwischen rotierenden Elementen;
- Losteilspiel und Flankenspiel;
- Nichtlinearitäten aufgrund der Variation des Drehmoments mit den Drosselwerteingaben und der Drehzahl.

Die lineare Analyse bietet dem Analytiker eine breite Palette an Ergebnissen, die möglicherweise einen konstruktiven Einblick in die Probleme der Fahrzeugdynamik liefern. Vieles von dem Wissen zum Verständnis des dynamischen Verhaltens von Systemen basiert auf linearen Eigenschaften. So lassen sich mächtige Werkzeuge zur linearen Analyse auf das Systemmodell anwenden, etwa Eigenwertextraktion, Frequenzganganalyse etc. Wenn große Deformationen, Geschwindigkeiten oder Beschleunigungen im Spiel sind, ist es wahrscheinlicher, dass Nichtlinearitäten einen signifikanten Anteil haben. Somit ist die Anwendung von linearen Werkzeugen nicht mehr zulässig. Dennoch gibt es Situationen, in denen das Verhalten von nicht linearen Elementen als linear betrachtet werden kann. Beispielsweise können die mechanischen Eigenschaften, wenn die relativen Verschiebungen der Subsysteme klein bleiben, ziemlich gut durch lineare Funktionen beschrieben werden. Daher ist es dann möglich, lineare Modelle zu definieren, für die lineare Bewegungsgleichungen abgeleitet werden können. Das System als lineares System zu betrachten, hat folgende Vorteile:

- Lineare Modelle sind einfach zu handhaben (d. h. Bewegungsgleichungen lassen sich einfach herleiten und lösen).
- Es sind Lösungen in der geschlossenen Form für die Bewegungsgleichungen möglich.
- Lineare Analysewerkzeuge, wie Frequenzgang, Eigenwertlösung, Analyse des eingeschwungenen/nicht eingeschwungenen Zustands sowie lineare Rege-

lungstheorie können bei der Interpretation des Systemverhaltens angewendet werden.

Die allgemeinen Annahmen bei der linearen Beschreibung des Systemmodells für den Triebstrang können wie folgt spezifiziert werden:

- das Verhalten der Komponenten des Systems ist linear;
- die Eingänge oder Anregungen sind klein;
- alle resultierenden Verschiebungen, Drehzahlen und Beschleunigungen am Ausgang sind gering.

Bei vielen praktischen Betriebsbedingungen sind diese Annahmen wahr, und somit sind lineare Modelle verlässlich.

Die Modellierungsverfahren sind bei linearen und nicht linearen Systemen ähnlich, aber die Arbeit mit nicht linearen Modellen ist schwierig. Lineare Modelle dagegen sind einfach zu handhaben, und der Konstrukteur ist in der Lage, eine breite Palette an Tools zur linearen Analyse anzuwenden, um Konstruktionsinformationen damit zu extrahieren. In diesem Kapitel beschränken wir uns auf die Modellerstellung und Erläuterung von linearen Modellen, da das nicht lineare Verhalten von Komponenten den Rahmen dieses Buches sprengen würde.

6.2.3
Softwarenutzung

Es gibt mittlerweile verschiedene Dynamikpakete für Mehrkörpersysteme, mit denen die Bewegungsgleichungen von Antriebsstrangmodellen selbst für hochkomplexe Probleme erzeugt und gelöst werden können. Diese Codes liefern üblicherweise statische Lösungen, kinematische und dynamische Analysen, und die Ergebnisse sind Zeitverläufe und/oder Animationen.

Zu den Softwarepaketen zur Triebstrangmodellierung gehören: Adams/Driveline[1], AMESim[2], Dymola[3], GT-Suite[4], Modelica[5], SimDrive[6] und VALDYN[7]. Diese Pakete verfügen über Standardbibliotheken für typische Triebstrangelemente. Der Anwender nutzt die grafischen Benutzerschnittstellen zur Erstellung des Triebstrangmodells und setzt die Elemente zu einem Antriebssystem zusammen.

Obgleich sich diese Pakete als nützlich und leistungsfähig erwiesen haben, sind sie für die Lernphase von Studierenden wenig geeignet. Zwei Fakten sprechen dagegen: Erstens benötigt man ein erhebliches Maß an Erfahrung, denn die Erstellung des Modells und die Extraktion der Ergebnisse ist zeitaufwändig. Zweitens

1) http://simcompanion.mscsoftware.com/infocenter/index?page=content&id=DOC9381&cat=2010_ADAMS_DOCS&actp=LIST.

2) http://www.keohps.com/keohps_english/Amesim.htm.

3) http://www.3ds.com/products-services/catia/capabilities/systems-engineering/modelicasystems-simulation/dymola/.

4) http://www.gtisoft.com/applications/a_Vehicle_driveline.php.

5) https://www.modelica.org/libraries/PowerTrain.

6) http://www.mathworks.com/products/simdrive/.

7) http://www.ricardo.com/en-gb/What-we-do/Software/Products/VALDYN/.

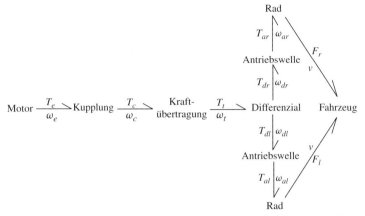

Abb. 6.3 Ein Wort-Bondgraph für einen Fahrzeugantriebsstrang.

erfährt der Anwender nichts über die Relationen zwischen den Systemkomponenten, da keine parametrischen Relationen dargestellt werden. Andererseits besteht der wesentliche Vorteil von zielgerichteten Triebstrangsimulationen darin, dass sie einfacher zu verwenden sind und schnelle Studien ermöglichen. In den Vorlesungen über Triebstrangsysteme lernen Studierende mehr durch die Erstellung eigener Modelle und die Berechnung der Lösungen. Die umfangreicheren Softwarepakete können auch für kommerzielle Konstruktionen und zur Endabstimmung von Triebstrangparametern eingesetzt werden.

6.3
Bondgraph-Modelle von Antriebskomponenten

Ein *Wort-Bondgraph* ist eine einfache Darstellung eines Systems, bei der Bondgraphen-*Halbpfeile* verwendet werden, um die Relationen aufzuzeigen. In Abb. 6.3 ist eine solche Darstellung für ein typisches Fahrzeug mit Frontantrieb (FWD, Front Wheel Drive) zu sehen. Dieser Wort-Bondgraph zeigt die Energieübertragung in den Komponenten eines Antriebssystems auf einen Blick. Wenn der Bondgraph jedes Subsystems oder jeder Komponente des Antriebsstrangs im Wort-Bondgraphen ersetzt werden, entsteht der tatsächliche Bondgraph des Systems. Dadurch kann die einfache Darstellung des Systems als Startpunkt für die Vorbereitung des kompletten Bondgraphen des Antriebsstrangs genutzt werden.

6.3.1
Der Motor

Ursache der Schwingungen im Antriebsstrang sind die vom Motor als Drehmomentimpulse ausgehenden Schwingungen, die von den Arbeitstakten des Motors herrühren. Der Motor ist ein komplexes System, das aus einer Vielzahl von Me-

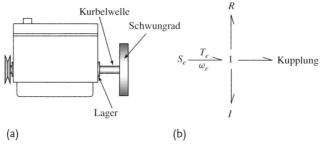

Abb. 6.4 Schematisches Modell (a) und einfacher Bondgraph eines Motors (b).

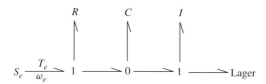

Abb. 6.5 Bondgraph des Motors mit Elastizität.

chanismen und Elementen besteht. Daher ist die Erstellung eines Bondgraphen für einen Motor eine komplizierte Aufgabe.

Allerdings lässt sich ein vereinfachtes Modell eines Motors erstellen, wenn angenommen wird, dass es sich um eine mechanische Kraftquelle handelt, die quasistationäre Eigenschaften hat. In dieser Form werden im Motor stattfindende dynamische Vorgänge nicht berücksichtigt. Es wird lediglich die stetige Drehmoment-Drehzahl-Eigenschaft als Eingangsparameter des Antriebsstrangsystems eingesetzt. In Abb. 6.4a ist dieses vereinfachte Motormodell zu sehen. Es besteht aus einer Kurbelwelle mit einem Lager, die mit einer Schwungmasse verbunden ist. Die Gesamtträgheit am Motor beinhaltet Schwungrad, Kurbelwelle und Kupplungseinheit. Sie rotiert mit der Motordrehzahl. Lagerreibung kann auch in das Modell aufgenommen werden. Der Bondgraph eines derartigen, vereinfachen Motors ist in Abb. 6.4b zu sehen. Dabei stellen I die Trägheitselemente und R das Lagerreibungselement dar.

Dabei wird angenommen, dass die Kurbelwelle ein starres nicht elastisches Element ist. Wenn die Elastizität der Kurbelwelle zwischen Lager und Schwungrad berücksichtigt werden soll (d. h. die Welle sich zwischen diesen beiden Punkten verdrehen kann), dann muss das Bondgraphen-Modell entsprechend modifiziert werden. Abbildung 6.5 zeigt dieses Modell, wobei C das Element für die Elastizität der Kurbelwelle ist.

6.3.2
Die Kupplung

Die Kupplung spielt eine entscheidende Rolle bei Torsionsschwingungen der Kraftübertragung. Normalerweise setzt sie sich aus Trockenreibungsdämpfungs- und

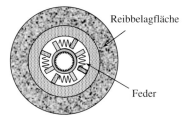

Abb. 6.6 Schematische Darstellung einer Kupplungsscheibe mit Federn.

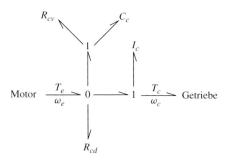

Abb. 6.7 Bondgraph der Kupplung.

Torsionsfeder-Effekten zusammen. Die Kupplung funktioniert in zwei Phasen, der Kraftschluss- und Übergangsphase (s. Kapitel 4). In der Kraftschlussphase hat die Trockenreibung normalerweise keinerlei Einfluss, es sei denn, das übertragbare Drehmoment wird überschritten und es kommt zum Durchrutschen. In der Kraftschlussphase beeinflusst die Federsteifigkeit der (Torsions-)Dämpfungsfedern (s. Abb. 6.6) die Schwingungen im Antriebsstrang. In der Übergangsphase, beim Loslassen der Kupplung, wenn der Leistungsfluss allmählich vom Motor zum Getriebe übergeht, gibt es Trockenreibungs- und Federsteifigkeitseffekte.

Im Bondgraphen in Abb. 6.7 stellt das C-Element für die umlaufenden Dämpfungsfedern und das obere Element R (R_{cv}) eine viskose Dämpfung für die Federn dar. Das untere R-Element (R_{cd}) stellt die Dämpfung der Reibfläche dar. Sie muss für die Kraftschlussphase entfernt werden. Das I-Element schließlich ist das Modell einer äquivalenten Rotationsträgheit im Kupplungsausgang (einschließlich Verzahnung und Anbauteilen). In der Realität weisen die Federn eine Kombination von Steifigkeits-, Trägheits- und Dämpfungseigenschaften auf. Zu Modellierungszwecken werden diese drei Eigenschaften idealisiert und damit als drei separate Elemente betrachtet.

6.3.3
Das Getriebe

Das Getriebe besteht aus verschiedenen Elementen. Dazu zählen Wellen, Zahnräder und Lager. Die Aufstellung eines Bondgraphen für ein Getriebe erfordert daher eine detaillierte Analyse der Komponenten des Systems. Es ist aber dennoch

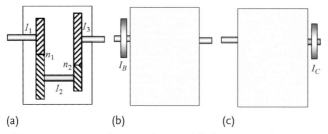

Abb. 6.8 Zusammengefasste Trägheitsmodelle für ein Getriebe.

möglich, ein Getriebe als einfaches System mit starren, nicht elastischen Elementen zu betrachten, die lediglich Trägheits- und Reibungseffekte besitzen. So kann angenommen werden, dass Trägheit nur am Eingang oder Ausgang auftritt. Abbildung 6.8 verdeutlicht dies. In Abb. 6.8a wird ein einfaches Getriebe mit einer Eingangswelle, einer Vorgelegewelle und einer Ausgangswelle betrachtet. Die Trägheiten der drei Wellen (einschließlich Zahnrädern) sind I_1, I_2 und I_3. Die Übersetzungsverhältnisse der Radpaarungen sind n_1 und n_2. Unter der Annahme starrer Wellen und Räder sind die beiden Fälle aus Abb. 6.8b, c möglich. Die zusammengefassten Trägheiten I_B und I_C ergeben sich zu:

$$I_B = \frac{1}{n^2} \left(n^2 I_1 + n_2^2 I_2 + I_3 \right) \tag{6.1}$$

$$I_C = n^2 I_B \tag{6.2}$$

Bei nur einer Übersetzung funktioniert ein Getriebe wie ein Übertrager. Da aber andere Übersetzungen wählbar sind, verwenden wir einen *modulierten* Übertrager (MTF, Modulated Transformer), um darauf hinzuweisen, dass das Übersetzungsverhältnis änderbar ist. In Abb. 6.9 sind die Bondgraphen für die vereinfachten Modelle eines Getriebes dargestellt. Die *R*-Elemente sind die Lager an der Eingangs- und Abtriebswelle des Getriebes, und n_g ist das Übersetzungsverhältnis des Getriebes.

6.3.4
Kardan- und Antriebswellen

Eine Kardanwelle (nur bei Fahrzeugen mit Heckantrieb) oder eine Antriebswelle kann als ein elastisches Element mit zusammengefassten Trägheits- und Reibungselementen betrachtet werden. Die Trägheits- und Reibungselemente können an nur einem oder beiden Enden berücksichtigt werden. In Abb. 6.10 werden die Trägheits- und die Reibungselemente als an beiden Enden, an Eingangs- und Abtriebsseite, vorhanden betrachtet. Um die Eigendämpfung im elastischen Element aufzunehmen, wird eine normale Strömungskupplung verwendet.

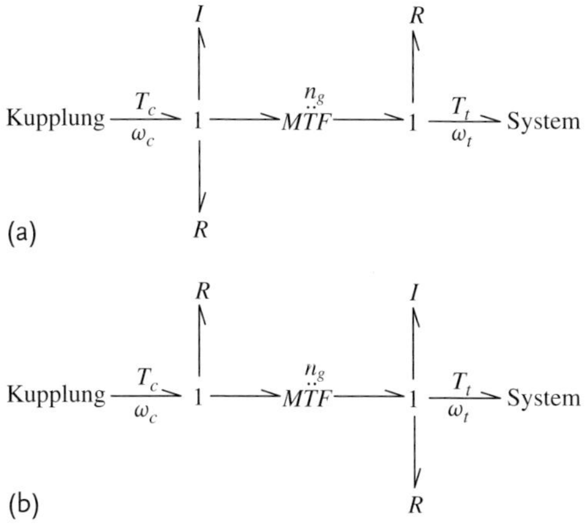

I
R
Kupplung
T_c
ω_c
1
n_g
MTF
1
T_t
ω_t
System
(a)
R
R
I
Kupplung
T_c
ω_c
1
n_g
MTF
1
T_t
ω_t
System
(b)
R

Abb. 6.9 Bondgraphen eines Getriebes mit zusammengefassten Trägheiten an (a) Eingangswelle und (b) Ausgangswelle.

R
C
I
1
I
Getriebe
T_t
ω_t
1
0
1
T_p
ω_p
Differenzial
R
R

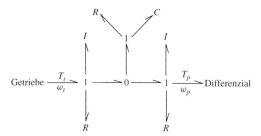

Abb. 6.10 Bondgraph einer Kardan- oder Antriebswelle.

6.3.5 Das Differenzial

Ein Differenzial ist eine Vorrichtung, die dem inneren und äußeren Antriebsrad bei Kurvenfahrt des Fahrzeugs unterschiedliche Drehzahlen ermöglicht. Ein offenes Differenzial besitzt die in Abb. 6.11 dargestellten Komponenten. Es verfügt über eine Eingangswelle mit dem Drehmoment T_p und der Drehzahl ω_p, sowie zwei Abtriebswellen mit dem linken und rechten Drehmoment und der linken und rechten Drehzahl T_L, T_R, ω_L und ω_R.

Ein Getriebe mit integriertem Differenzial mitsamt sechs Gängen, Wellen, und Lagern ist ein System, das nicht einfach zu modellieren ist. Ein vollständiger Bondgraph eines Differenzialgetriebes kann durch Betrachtung der Systemdetails erstellt werden. Der resultierende Bondgraph ist allerdings nicht hilfreich bei der Modellierung des Antriebsstrangs. Um das einfache Differenzialmodell nutzen zu können, müssen die Relationen zwischen den Eingängen und Ausgängen bei der Betrachtung berücksichtigt werden. Beim offenen Differenzial sind die Drehmomente an den Abtriebswellen gleich dem halben Drehmoment an der Eingangs-

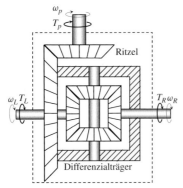

Abb. 6.11 Hauptkomponenten des Differenzials eines Fahrzeugs.

welle. Die Drehzahlen verhalten sich abweichend, besitzen aber eine Abhängigkeit. Wenn wir von einem verlustlosen Differenzial ausgehen, muss die Ausgangsleistung gleich der Eingangsleistung sein:

$$P_L + P_R = P_i \tag{6.3}$$

Bezüglich der Drehmomente und Drehzahlen ergibt sich:

$$T_L \omega_L + T_R \omega_R = T_p \omega_p \tag{6.4}$$

Mit der Drehmomentgleichung $T_L = T_R = \frac{1}{2} T_p$ erhalten wir:

$$\omega_L + \omega_R = 2\omega_p \tag{6.5}$$

In der Tat stellt das Differenzial jeder der beiden Abtriebswellen das halbe Eingangsdrehmoment bereit, ohne die Drehzahlen zu verdoppeln – anders als beim Übertrager. Dieses Phänomen lässt sich mit keiner der für Bondgraphen verfügbaren Grundkomponenten darstellen. Daher muss ein neues Element für ein Differenzial definiert werden, das die Eigenschaft hat, den Einsatz (die Kraft, im Bondgraphen *Effort*) zu halbieren. Es muss auch dem durch Gleichung 6.5 beschriebenen Kraftfluss entsprechen. Da diese Eigenschaft der eines Übertragers ähnlich ist, nennen wir das Element Differenzialübertrager oder DTF (Differential Transformer). Der Bondgraph für einen DTF ist in Abb. 6.12 zu sehen.

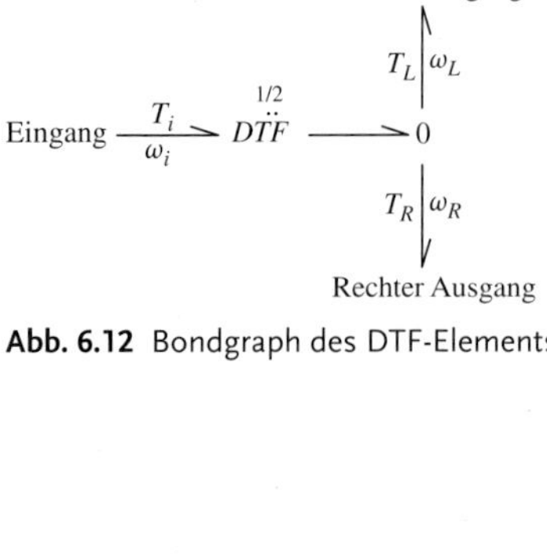

Abb. 6.12 Bondgraph des DTF-Elements (DTF, Differential Transformer, Differenzialübertrager).

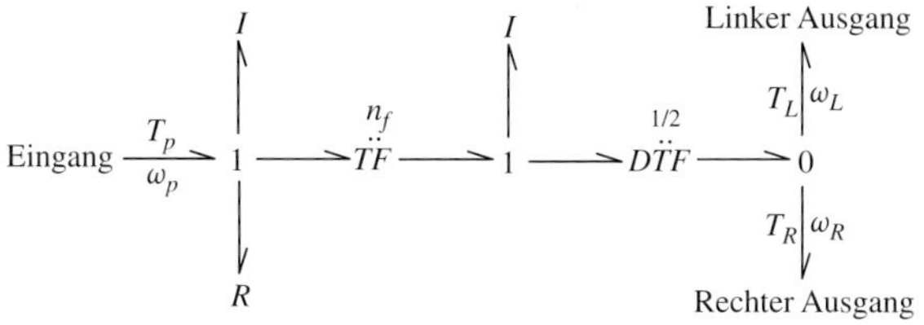

Abb. 6.13 Bondgraph eines Differenzials.

Der gesamte Bondgraph eines Differenzials mit den Tägheitseigenschaften und viskoser Reibung in den Lagern ist in Abb. 6.13 zu sehen. Hier wird ein DTF-Element verwendet. Beachten Sie, dass das TF-Element auf der Eingangsseite für die Übersetzung des Achsantriebs zwischen Teller- und Kegelrad gebraucht wird. Das erste I-Element gehört zur Eingangswelle und das zweite zu Tellerrad und Träger. Die Trägheiten und Reibungen für die Abtriebswellen können ebenfalls im Bondgraphen hinzugefügt werden.

6.3.6
Das Rad

Die Radkomponente besteht aus Felge, starren rotierenden Teilen und dem Reifen. Ein vollständiges dynamisches Modell berücksichtigt die Reifendeformationen, den Radschlupf und die Interaktionen mit der Straße. Aufgrund der komplexen Struktur des Reifens und des Mechanismus der Krafterzeugung sind dies komplizierte Phänomene. Das einfache Modell, das in Abb. 6.14 abgebildet ist, zeigt schematisch die Starrkörper-Radeigenschaften und die Reifendeformation. F_x ist die Traktionskraft, W die Radlast und T_W das Raddrehmoment. Das Rad besitzt den wirksamen Radius r_W, die Masse m_W und die Trägheit I_W. Es wird angenommen, dass die Deformation des Reifens an der Kontaktfläche stattfindet und das Reifenmaterial eine viskoelastische Eigenschaft besitzt. Daher wird davon ausgegangen, dass eine Kombination aus Elastizität und Dämpfung für die Deformation und Eigendämpfung verantwortlich sind.

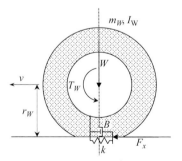

Abb. 6.14 Modell der Rad- und Reifendeformation.

Abb. 6.15 Bondgraph von Rad und Reifen.

Abb. 6.16 Bondgraph der Fahrzeugkarosserie.

In Abb. 6.15 ist der Bondgraph des Rades mit den oben erwähnten Eigenschaften abgebildet. Beachten Sie, dass die eingehende Energie zunächst die Rotation der starren Teile verursacht, dann zu einer Kraft auf der Straßenebene gewandelt wird, wo sie schließlich den Reifen verformt. Die dann verbleibende Energie resultiert in der Traktionskraft, die die Radmasse bewegt. Die übrige Kraft geht in die Fahrzeugkarosserie über.

6.3.7
Fahrzeug

Bei einem konventionellen Fahrzeug mit zwei angetriebenen Rädern resultiert die Antriebskraft aus den von beiden Reifen erzeugten Kräften. Die Fahrzeugmasse führt zu einer Trägheitskraft. Die Trägheitskraft und die Fahrwiderstandskräfte wirken in dieselbe Richtung, somit der Antriebskraft entgegen. Der Bondgraph der Fahrzeugkarosserie ist daher, wie in Abb. 6.16 gezeigt, sehr einfach.

6.4
Modelle des Antriebsstrangs

Sobald die Bondgraphen-Modelle der verschiedenen Komponenten erstellt sind, kann der Bondgraph des gesamten Antriebsstrangs einfach aus den Bondgraphen der Einzelkomponenten zusammengestellt werden. Im resultierenden Bondgraphen müssen die Details aller Antriebskomponenten enthalten sein. Es kann erwartet werden, dass damit die Berechnung für das Verhalten des Systems genau möglich ist. Dennoch kann die Arbeit mit einem solchen Modell schwierig sein. Einerseits können die Gleichungen kompliziert werden. Andererseits sind die detaillierten Informationen, die benötigt werden, in der Praxis schwer zu bekommen. Zudem ist zu sagen, dass nicht alle Parameter kritische Auswirkungen auf das Verhalten des Antriebsstrangs haben. Manchmal können auch einfache Modelle schon die fundamentalen Eigenschaften des Systems zeigen. Daher sollten, zusätzlich zum vollständigen Modell des Antriebsstrangs, einfachere Modelle des Antriebsstrangs mit akzeptabler Komplexität erstellt werden.

6.4.1
Vollständiges Modell des Antriebsstrangs

Bei der Aufstellung eines vollständigen Modells eines Antriebsstrangs lassen sich Vereinfachungen durchführen, indem ähnliche Eigenschaften von zwei benachbarten Elementen (z. B. Trägheiten) zusammengefasst werden. Das Ergebnis ist ein Bondgraph ähnlich wie in Abb. 6.17. Bei diesem Modell wurden die elastischen Eigenschaften der Kurbelwelle ignoriert.

6.4.2
Geradeausfahrt

Die Bewegung eines Fahrzeugs in Längsrichtung ist von entscheidender Bedeutung bei der Untersuchung der Schwingungen des Antriebsstrangs. Daher nehmen wir an, dass sich das Fahrzeug ausschließlich in longitudinaler Richtung

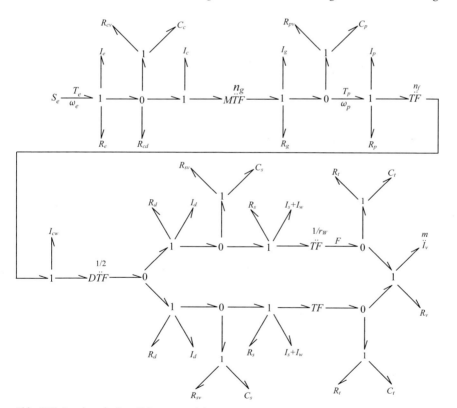

Abb. 6.17 Bondgraph eines Fahrzeugantriebsstrangsystems.

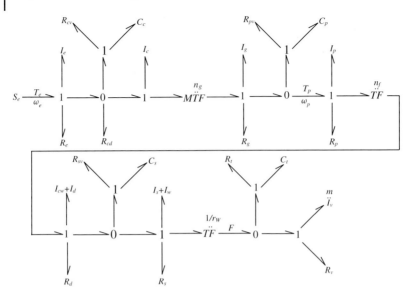

Abb. 6.18 Bondgraph eines Antriebsstrangsystems bei Geradeausfahrt.

bewegt. Dann dient das Differenzial nur dazu, die Hinterachsübersetzung zu erzeugen. Somit lassen sich das linke und rechte Rad zu einem kombinieren. Der sich ergebende Bondgraph für eine derartige Bewegung sieht wie Abb. 6.18 aus. In den folgenden Abschnitten betrachten wir ausschließlich die Longitudinalbewegung bei Geradeausfahrt.

6.4.3
Starrkörpermodell

Wenn wir annehmen, dass alle Komponenten des Antriebsstrangs starre Elemente ohne jegliche Elastizität sind, dann verschwinden alle C-Elemente aus dem Bondgraphen. Der Bondgraph in Abb. 6.19 entstand dadurch, dass alle 0-Knoten mit C-Elementen im Bondgraphen von Abb. 6.18 entfernt wurden und alle daraus resultierenden 1-Knoten kombiniert wurden.

Der Bondgraph in Abb. 6.19 kann mit der die Äquivalenzregel für I (und R) für Übertrager (s. Anhang, Abschn. A.4.5) vereinfacht werden. Beachten Sie, dass zwei

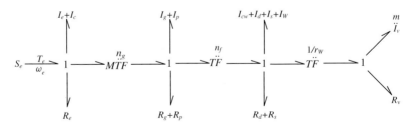

Abb. 6.19 Bondgraph eines Starrkörperantriebsstrangs.

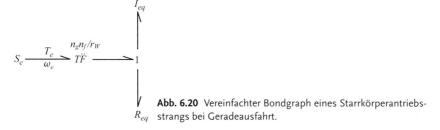

Abb. 6.20 Vereinfachter Bondgraph eines Starrkörperantriebsstrangs bei Geradeausfahrt.

sequenzielle Übertrager durch einen Übertrager durch einfache Multiplikation der Module der beiden Wandler ersetzt werden können. Der resultierende Bondgraph ist in Abb. 6.20 zu sehen. In dem Bondgraphen erhalten wir I_{eq} und R_{eq} durch folgende Gleichungen:

$$I_{eq} = I_v + \frac{1}{r_W^2}\left[I_{cw} + I_d + I_s + I_W + n_f^2 \left(I_g + I_p \right) + n^2 \left(I_e + I_c \right) \right] \quad (6.6)$$

$$R_{eq} = R_v + \frac{1}{r_W^2}\left[R_d + R_s + n_f^2 \left(R_g + R_p \right) + n^2 R_e \right] \quad (6.7)$$

Gleichung 6.6 stellt den Effekt der in Abschn. 3.9 erläuterten Rotationsträgheit dar. Aus dem einfachen Bondgraphen aus Abb. 6.21 ergibt sich die Bewegungsgleichung:

$$\frac{d p_{eq}}{dt} = e_{eq} = \frac{n_g n_f}{r_W} T_e - R_{eq}\frac{p_{eq}}{I_{eq}} \quad (6.8)$$

Da wir wissen, dass p_{eq} gleich $v I_{eq}$ ist, kann Gleichung 6.8 wie folgt formuliert werden:

$$I_{eq}\frac{dv}{dt} = \frac{n_g n_f}{r_W} T_e - R_{eq} v \quad (6.9)$$

was der Form von $F_T - F_R = m_{eq}a$ aus Gleichung 3.129 für die longitudinale Fahrzeugbewegung einschließlich des Effekts der rotierenden Massen entspricht.

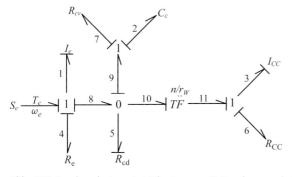

Abb. 6.21 Bondgraph eines Antriebsstrangs mit Kupplungsnachgiebigkeit.

6.4.4
Antriebsstrang mit Nachgiebigkeit der Kupplung

Wenn alle Komponenten als starre Körper betrachtet werden und nur die Nachgiebigkeit der Kupplung berücksichtigt wird, sieht der Bondgraph des Antriebsstrangs für Geradeausfahrt wie in Abb. 6.21 aus. Die Übertrager werden kombiniert, und die beiden Elemente I_{CC} und R_{CC} können mit den folgenden Gleichungen berechnet werden. Dabei werden die Begriffe aus Gleichung 6.18 verwendet:

$$I_{CC} = I_v + \frac{1}{r_W^2} \left[I_{cw} + I_d + I_s + I_w + n_f^2 \left(I_g + I_p \right) + n^2 I_c \right] \tag{6.10}$$

$$R_{CC} = R_v + \frac{1}{r_W^2} \left[R_d + R_s + n_f^2 \left(R_g + R_p \right) \right] \tag{6.11}$$

Entsprechend dem Bondgraphen (mit Kausalitätszeichen) aus Abb. 6.21 ergeben sich die Gleichungen für die Antriebsstrangbewegung wie folgt:

$$\frac{d p_1}{d t} = T_e - \frac{p_1}{I_1} R_e - T_1 \tag{6.12}$$

$$\frac{d q_2}{d t} = \frac{p_1}{I_1} - \frac{k_2}{R_{CV}} q_2 - \frac{n}{r_W} \frac{p_3}{I_3} \tag{6.13}$$

$$\frac{d p_3}{d t} = \frac{n}{r_W} T_1 - \frac{p_3}{I_3} R_{CC} \tag{6.14}$$

wobei:

$$T_1 = k_2 q_2 + R_{CV} \dot{q}_2 \tag{6.15}$$

6.4.5
Antriebsstrang mit Nachgiebigkeit der Antriebswellen

Wenn alle Komponenten als starre Körper angenommen werden und nur die Antriebswellen als elastische Elemente angenommen werden, reduziert sich der Bondgraph von Abb. 6.18 bei Geradeausfahrt auf den Bondgraphen von Abb. 6.22.

$$I_{Eq} = I_e + I_c + \frac{1}{n^2} \left(I_{cw} + I_d \right) + \frac{1}{n_g^2} \left(I_g + I_p \right) \tag{6.16}$$

$$R_{Eq} = R_e + \frac{1}{n^2} R_d + \frac{1}{n_g^2} \left(R_g + R_p \right) \tag{6.17}$$

$$I_{DC} = I_v + \frac{1}{r_W^2} \left(I_s + I_w \right) \tag{6.18}$$

$$R_{DC} = R_v + \frac{1}{r_W^2} R_s \tag{6.19}$$

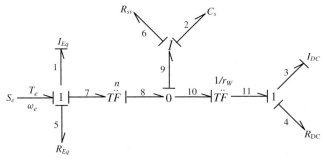

Abb. 6.22 Bondgraph eines Antriebsstrangs mit Antriebswellennachgiebigkeit.

Die Bewegungsgleichungen nach Abb. 6.22 lauten:

$$\frac{d p_1}{d t} = T_e - \frac{p_1}{I_1} R_{Eq} - T_1 \tag{6.20}$$

$$\frac{d q_2}{d t} = \frac{1}{n} \frac{p_1}{I_1} - \frac{1}{r_W} \frac{p_3}{I_3} \tag{6.21}$$

$$\frac{d p_3}{d t} = \frac{1}{r_W} T_1 - \frac{p_3}{I_3} R_{DC} \tag{6.22}$$

wobei:

$$T_1 = \frac{1}{n} \left(k_2 q_2 + R_{Sv} \dot{q}_2 \right) \tag{6.23}$$

6.4.6
Antriebsstrang mit Nachgiebigkeit in Kupplung und Antriebswellen

In den beiden vorstehenden Abschnitten wurden die Nachgiebigkeiten von Kupplung und Antriebswellen voneinander unabhängig betrachtet. In diesem Abschnitt betrachten wir beide gemeinsam in einem einzigen Modell des Antriebsstrangs, wie in Abb. 6.23 dargestellt.

Die beiden End-Elemente I_{CDC} und R_{CDC} sowie die äquivalenten Trägheiten und die Dämpfung I_{deq} und R_{deq} erhält man mit den folgenden Gleichungen (Begriffe wie in Abb. 6.18):

$$I_{CDC} = I_v + \frac{1}{r_W^2} \left(I_s + I_w \right) \tag{6.24}$$

$$R_{CDC} = R_v + \frac{1}{r_W^2} R_s \tag{6.25}$$

$$I_{deq} = I_d + I_{cw} + n_f^2 \left(I_g + I_p \right) + n^2 I_c \tag{6.26}$$

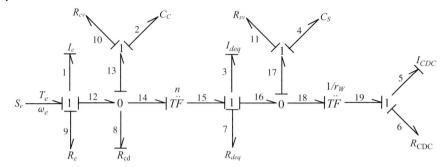

Abb. 6.23 Bondgraph eines Antriebsstrang mit Nachgiebigkeit in Kupplung und Antriebswellen.

$$R_{deq} = R_d + n_f^2 \left(R_g + R_p \right) \tag{6.27}$$

Die Gleichungen der Bewegung des Antriebsstrangs entsprechend Abb. 6.23 lauten wie folgt:

$$\frac{dp_1}{dt} = T_e - \frac{p_1}{I_1} R_e - T_1 \tag{6.28}$$

$$\frac{dq_2}{dt} = \frac{p_1}{I_1} - \frac{T_1}{R_{Cd}} - n\frac{p_3}{I_3} \tag{6.29}$$

$$\frac{dp_3}{dt} = n T_1 - \frac{p_3}{I_3} R_{deq} - T_2 \tag{6.30}$$

$$\frac{dq_4}{dt} = \frac{p_3}{I_3} - \frac{1}{r_W} \frac{p_5}{I_5} \tag{6.31}$$

$$\frac{dp_5}{dt} = \frac{1}{r_W} T_2 - \frac{p_5}{I_5} R_{CDC} \tag{6.32}$$

wobei:

$$T_1 = k_2 q_2 + R_{Cv} \dot{q}_2 \tag{6.33}$$

$$T_2 = k_4 q_4 + R_{Sv} \dot{q}_4 \tag{6.34}$$

6.5
Analyse

Modelle von Antriebssträngen mit verschiedenen elastischen Elementen wurden erstellt, und die geltenden Bewegungsgleichungen wurden in den vorstehenden Abschnitten hergeleitet. In diesem Abschnitt lösen wir die Gleichungen auf, um die Effekte der Nachgiebigkeiten im Antriebsstrang auf die Systemschwingungen zu beobachten.

Es wird angenommen, dass Änderungen des Motordrehmoments aufgrund von Drosselwertänderungen die Schwingungen im Antriebsstrang anregen. Plötzliche Drosselwertänderungen (tip-in/tip-out, schnelles Niedertreten und Loslassen des Gaspedals) sind häufig die Ursache für die Schwingungsanregung im Antriebsstrang. Sie führen zu starken Änderungen in der Fahrzeugbeschleunigung. In den folgenden Abschnitten nehmen wir für verschiedene Modelle eines Antriebsstrangs an, dass das Fahrzeug zunächst gleichförmig bewegt wird. Dann wird der Drosselwert plötzlich verändert, und wir untersuchen die daraus resultierenden Oszillationen.

6.5.1
Effekt der Kupplungsnachgiebigkeit

Die Bewegungsgleichungen des Fahrzeugantriebsstrangs lassen sich in einer gewohnteren Form schreiben, indem wir in den Gleichungen 6.12–6.15 die Äquivalenzwerte $p_1 = I_e \omega_e$, $p_3 = m_{eq} v$ und $q_2 = \theta_C$ einsetzen. Die Ergebnisse lauten wie folgt:

$$I_e \frac{d\omega_e}{dt} = T_e - R_e \omega_e - T_1 \tag{6.35}$$

$$\frac{d\theta_C}{dt} = \omega_e - \frac{n}{r_W} v \tag{6.36}$$

$$m_{CC} \frac{dv}{dt} = \frac{n}{r_W} T_1 - R_{CC} v \tag{6.37}$$

$$T_1 = k_C \theta_C + R_{Cv} \dot{\theta}_C \tag{6.38}$$

Die Lösungen für die oben genannten Gleichungen erhalten wir entweder mit einem MATLAB-Programm oder einem Simulink-Programm. Das MATLAB-Programm gleicht dem Programm, das wir in den vorherigen Kapiteln für die Simulation von Systemen zur Lösung von Differenzialgleichungen verwendet haben. In der folgenden Übung liefert uns ein solches in der MATLAB-Umgebung geschriebenes Programm die Lösung.

Übung 6.2
Nutzen Sie ein Modell für den Antriebsstrang, bei dem lediglich die Nachgiebigkeit der Kupplung in der Kraftschlussphase berücksichtigt wird. Verwenden Sie die Daten aus Tab. 6.1 und die MT-Formeldaten für den Motor aus Übung 6.3:

a) Bestimmen Sie die stetigen Werte für die Zustandsvariablen bei einer Geschwindigkeit von 5 m/s.
b) Bei $t = 1$ s wird das Gaspedal plötzlich durchgetreten. Finden Sie die Änderungen von Motordrehzahl, Neigungswinkel der Kupplungsfeder, Fahrzeuggeschwindigkeit und -beschleunigung.

Tab. 6.1 Numerische Werte der Antriebsstrangparameter.

Element	Name	Wert Einheiten
I_e	Trägheit Schwungrad	0,30 kg m^2
I_c	Trägheit Kupplung	0,04 kg m^2
I_g	Trägheit Getriebeausgang	0,05 kg m^2
I_p	Trägheit Differenzialeingang	0,01 kg m^2
I_{cw}	Trägheit Tellerrad	0,10 kg m^2
I_d	Trägheit Differenzialausgang	0,10 kg m^2
I_s	Trägheit Antriebswellenausgang	0,50 kg m^2
I_W	Radträgheit	2,00 kg m^2
k_C	Steifigkeit Kupplung	500 N m/rad
k_S	Steifigkeit Antriebswelle	10 000 N m/rad
R_e	Dämpfung der Kurbelwelle	0,01 N m s/rad
R_{Cv}	Eigendämpfung der Kupplung	10 N m s/rad
R_g	Dämpfung in der Kraftübertragung	0,50 N m s/rad
R_p	Dämpfung im Differenzialeingang	0,50 N m s/rad
R_d	Dämpfung im Differenzialausgang	0,10 N m s/rad
R_S	Dämpfung des Antriebswellenausgangs	0,1 N m s/rad
R_{Sv}	Eigendämpfung der Antriebswelle	200 N m s/rad
R_v	Dämpfung der Fahrzeugbewegung	20 N s/m
m	Fahrzeugmasse	1200 kg
n_g	Getriebeübersetzung (erster Gang)	3 –
n_f	Übersetzung des Achsantriebs	4 –
r_W	Wirksamer Reifenradius	30 cm
m	Fahrzeugmasse	1200 kg

Lösung:

a) Die stetigen Werte der Systemzustände erhalten wir einfach aus den Gleichungen 6.35–6.37, indem wir diese gleich null setzen. Die Ergebnisse für die vollständig kraftschlüssige Kupplung ($R_C = \infty$) lauten:

$$\omega_{e0} = \frac{n}{r_W} v0$$

$$\theta_{C0} = \frac{r_W R_{CC}}{n k_C} v0$$

Der Wert des Motordrehmoments für stetige (gleichförmige) Fortbewegung ergibt sich aus:

$$T_{e0} = R_e \omega_{e0} + k_C \theta_{C0}$$

b) Für diesen Teil benötigen wir zwei MATLAB-Programmteile, das Hauptprogramm und das Funktionsprogramm. Letzteres enthält die Differenzialgleichungen des Systems. Typische Programme, die diesen Zweck erfüllen, sind in den Abb. 6.24 und 6.25 abgebildet.

```
% Übung 6.2
% Ein Beispielprogramm zur Untersuchung von Triebstrang-Schwingungen
% bei dem nur die Nachgiebigkeit der Kupplung berücksichtigt wird

clc,  close all,  clear all

global thrtl Te0 RCv kC Ie rW n Rcc mcc Re p

% Fahrzeugdaten (s. Tabelle 6.1):
m=1200; Ie=0.3; Ic=0.04; Ig=0.05; Icw=0.1; Ip=0.01;  Id=0.1; Is=0.5; Iw=2;
kC=500;
Re=0.01; RCv=10; Rg=0.5; Rd=0.1; Rp=0.02; Rs=0.1; Rv=20; ng=3.0;
nf=4.0; rW=0.3;
n=ng*nf;

% Motordaten Volllast:
te=[80 98 100 105 110 112 109 111 104 96.6];
ome=[1000 1500 2000 2500 3000 3500 4000 4500 5000 5300];

% Kurve an Volllastdaten angleichen
[p,s]=polyfit(ome,te,2);

% Definiere Äquivalent mcc und Rcc:
mcc=m+(Icw+Id+Is+Iw+(Ig+Ip)*nf^2+Ic*n^2)/rW^2;
Rcc=Rv+(Rd+Rs+(Rg+Rp)*nf^2)/rW^2;

% Anfangsbedingungen:
v0=5;
omegae0=v0*n/rW;
thetac0=Rcc*v0*rW/n/kC;
x0=[omegae0 thetac0 v0];
Te0=Re*omegae0+Rcc*v0*rW/n;    % Stetiges Drehmoment

% Vorgeben des Drosselwerts:
thrtl=100;

% Vorgeben des Differentiationsintervalls t0-tf:
t0=0; tf=5;

% Aufruf der Funktion ode15s (steife Gleichungen):
[t,x]=ode15s(@driveline_cc, [t0 tf], x0); % Aufruf der Funktion 'driveline_cc'
```

```
% Übung 6.2

% Plotten der Änderungen der Parameter über die Zeit
plot(t,x(:,1)*30/pi),
xlabel('Zeit (s)')
ylabel('Motordrehzahl (1/min)')
grid
figure
plot(t,x(:,2)*180/pi)
xlabel('Zeit (s)')
ylabel('Kupplungsfederwinkel (Grad)')
grid
grid
figure
plot(t,x(:,3))
xlabel('Zeit (s)')
ylabel('Fahrzeuggeschwindigkeit (m/s)')

% Erzeuge die Beschleunigung
j=length(t);
for i=1: j
    a(i)=(-Rcc*x(i,3)+kC*x(i,2)*n/rW)/mcc;
end
figure
plot(t,a)
xlabel('Zeit (s)')
ylabel('Fahrzeugbeschleunigung (m/s^2)')
grid
```

Abb. 6.24 MATLAB-Programm-Listing von Übung 6.2.

Beachten Sie, dass die Bewegungsgleichungen ein schwingendes System beschreiben und statt der Funktion „ode45" wird die Funktion „ode15s" für steife Differenzialgleichungen bei der Integration verwendet.
Die Ergebnisse der Programme sind in den Abb. 6.26–6.29 dargestellt.

6.5.2
Wirkung der Nachgiebigkeit der Antriebswelle

Die Bewegungsgleichungen des Fahrzeugantriebsstrangs für diesen Fall lauten in der vereinfachten Form:

$$I_{Eq} \frac{d\omega_e}{dt} = T_e - R_{Eq}\omega_e - T_1 \tag{6.39}$$

$$\frac{d\theta_s}{dt} = \frac{1}{n}\omega_e - \frac{1}{r_W}v \tag{6.40}$$

$$m_{DC}\frac{dv}{dt} = \frac{n}{r_W}T_1 - R_{DC}v \tag{6.41}$$

```
% Vom Hauptprogramm in Übung 6.2 aufgerufene Funktion

function f=driveline_cc(t,x)

global thrtl Te0 RCv kC Ie rW n Rcc mcc Re p

omegae=x(1);
thetac=x(2);
v=x(3);
 if t<1
   Te=Te0;
 else
 % Motor MT-Formel
 pow=(1.003*omegae*30/pi)^1.824;
 den=(1+exp(-11.12-0.0888*thrtl))^pow;
 Te=polyval(p,omegae*30/pi)/den;
 end

f2=omegae-v*n/rW-omc;
T1=kC*thetac+RCv*f2;
f1=(Te-Re*omegae-T1)/Ie;
f3=(-Rcc*v+T1*n/rW)/mcc;

f=[f1
   f2
   f3];
```

Abb. 6.25 MATLAB-Funktionsprogrammteil aus Übung 6.2.

wobei gilt:

$$T_1 = \frac{1}{n}\left(k_S\,\theta_S + R_{Sv}\,\dot{\theta}_S\right) \tag{6.42}$$

Das ähnelt der Gleichung, die wir erhielten, als wir nur die Kupplungsnachgiebig-keit betrachteten. Somit ist die Lösungsmethode analog.

Übung 6.3
Verwenden Sie das Modell des Antriebsstrangs für nur Kupplungsnachgiebigkeit und das Fahrzeug aus Übung 6.2:

a) Bestimmen Sie die stetigen Werte für die Zustandsvariablen bei einer Ge-schwindigkeit von 5 m/s.
b) Bei $t = 1\,$s wird das Gaspedal plötzlich durchgetreten. Finden Sie die Variatio-nen von Motordrehzahl, Torsionswinkel der Antriebswelle, Fahrzeuggeschwin-digkeit und -beschleunigung.

Lösung:
Das MATLAB-Programm der Abb. 6.24 und 6.25 kann für diesen Fall modifiziert werden. Die wichtigsten Änderungen betreffen die Anfangsbedingungen und die abgeleiteten Gleichungen in der Funktionsdatei.

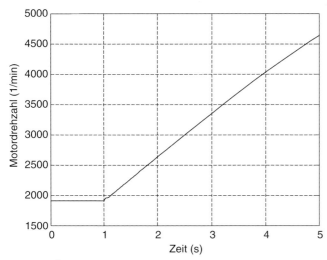

Abb. 6.26 Änderung der Motordrehzahl für plötzliche Drosselklappeneingabe aus Übung 6.2.

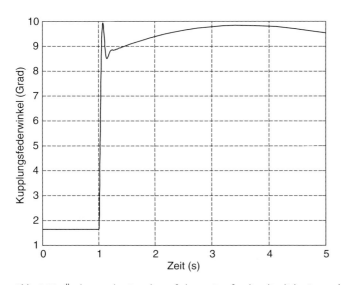

Abb. 6.27 Änderung der Kupplungsfedertorsion für die plötzliche Drosselwerteingabe aus Übung 6.2.

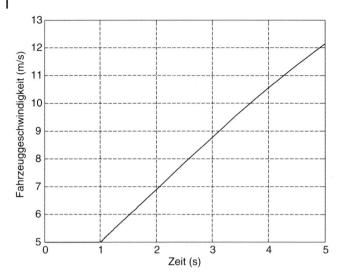

Abb. 6.28 Variationen der Fahrzeuggeschwindigkeit für die plötzliche Drosselwerteingabe aus Übung 6.2.

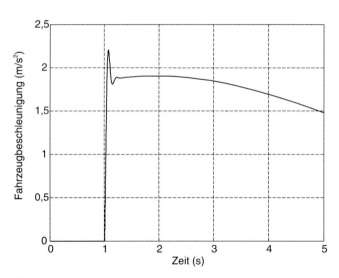

Abb. 6.29 Variationen der Fahrzeugbeschleunigung für die plötzliche Drosselwerteingabe aus Übung 6.2.

a) Die Anfangswertbedingungen oder stetigen Werte der Zustandsvariablen lauten:

$$\omega_{e0} = \frac{n}{r_W} v0$$

$$\theta_{S0} = \frac{r_W R_{DC}}{k_S} v0$$

Der stetige Anfangswert des Motordrehmoments ist:

$$T_{e0} = R_{Eq}\omega_{e0} + \frac{1}{n} k_S \theta_{S0}$$

b) Die Ergebnisse für diesen Fall sind in den Abb. 6.30–6.33 abgebildet. Es ist klar, dass die Anfangswert- und Endwert-Bedingungen in diesem Fall exakt gleich denen aus dem vorherigen Abschnitt entsprechen und nur die Schwingungen abweichen.

6.5.3
Wirkung von Kupplungs- und Antriebswellennachgiebigkeit

Die Bewegungsgleichungen des Antriebsstrangs lauten in diesem Fall (s. Gleichungen 6.28–6.32):

$$I_e \frac{d\omega_e}{dt} = T_e - R_e\omega_e - T_1 \tag{6.43}$$

$$\frac{d\theta_C}{dt} = \omega_e - \frac{T_1}{R_{Cd}} - n\omega_d \tag{6.44}$$

$$I_{deq} \frac{d\omega_d}{dt} = nT_1 - R_{deq}\omega_d - T_2 \tag{6.45}$$

$$\frac{d\theta_S}{dt} = \omega_d - \frac{v}{r_W} \tag{6.46}$$

$$I_{CDC} \frac{dv}{dt} = \frac{1}{r_W} T_2 - v R_{CDC} \tag{6.47}$$

wobei:

$$T_1 = k_C \theta_C + R_{Cv}\dot{\theta}_C \tag{6.48}$$

$$T_2 = k_S \theta_S + R_{Sv}\dot{\theta}_S \tag{6.49}$$

Übung 6.4
Nutzen Sie das Modell des Antriebsstrangs für Kupplungs- und Antriebswellennachgiebigkeit und das Fahrzeug aus Übung 6.2, und berechnen Sie Folgendes:

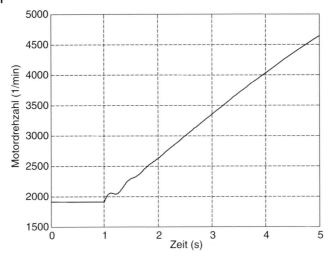

Abb. 6.30 Variationen der Motordrehzahl für die plötzliche Drosselwerteingabe aus Übung 6.3.

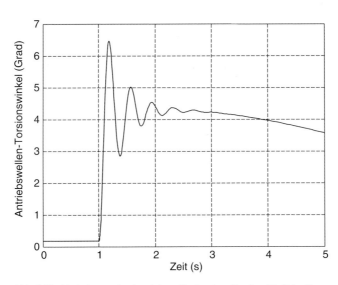

Abb. 6.31 Variationen der Antriebswellentorsion für die plötzliche Drosselwerteingabe aus Übung 6.3.

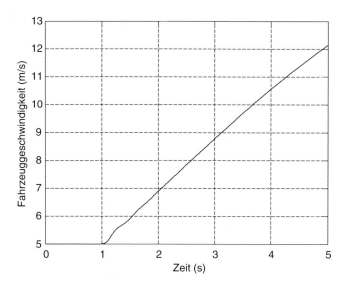

Abb. 6.32 Variationen der Fahrzeuggeschwindigkeit für die plötzliche Drosselwerteingabe aus Übung 6.3.

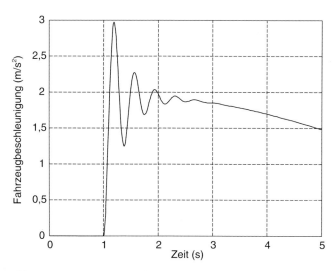

Abb. 6.33 Variationen der Fahrzeugbeschleunigung für die plötzliche Drosselwerteingabe aus Übung 6.3.

a) Bestimmen Sie die stetigen Werte für die Zustandsvariablen bei einer Geschwindigkeit von 5 m/s.

b) Bei $t = 1$ s wird das Gaspedal plötzlich durchgetreten. Finden Sie die Variationen von Motordrehzahl, Kupplungstorsion, Antriebswellentorsion, Fahrzeuggeschwindigkeit und -beschleunigung.

Lösung:

a) Die stetigen Werte erhält man durch Gleichsetzen der zeitlichen Ableitungen von Gleichungen 6.43–6.49 mit null. Die Ergebnisse lauten wie folgt:

$$\omega_{e0} = \frac{n}{r_W} v0$$

$$\theta_{S0} = \frac{r_W R_{CDC}}{k_S} v0$$

$$\theta_{C0} = \frac{r_W k_S \theta_{S0} + R_{deq}}{n r_W k_C} v0$$

Der stetige Anfangswert des Motordrehmoments ist:

$$T_{e0} = R_e \omega_{e0} + k_C \theta_{C0}$$

b) Als Alternative für unsere Lösungen aus den beiden vorherigen Beispielen verwenden wir dieses Mal Simulink. Ein Modell, das diesen Zweck erfüllt, zeigt Abb. 6.34. Die Ausgangsergebnisse sind in den Abb. 6.35–6.39 zu sehen.

6.5.4
Frequenzgänge

Die Bewegungsgleichungen für die Modelle des Antriebsstrangs lagen alle in der Form von Gleichungssystemen aus gewöhnlichen Differenzialgleichungen erster Ordnung vor, die sich problemlos in die Zustandsform bringen lassen. Mit Spezialsoftware wie MATLAB ist die Frequenzganganalyse recht einfach. Zusätzlich zu nützlichen Informationen hinsichtlich der Frequenzen und Dämpfungsverhältnisse von Antriebsstrangsystemen können auch Transferfunktionen zwischen den Eingängen und Ausgängen produziert werden. Das ist für die Durchführung zusätzlicher Linearanalysen und die Reglerauslegungen für aktive Elemente hilfreich.

Die Zustandsraumdarstellung eines Systems hat folgende Grundform:

$$\frac{d X}{d t} = A X + B U \tag{6.50}$$

dabei ist X eine Matrix mit $n \times 1$ Spalten, die die Zustandsvariablen des Systems enthält. U ist eine quadratische Matrix mit $m \times 1$ Spalten, die die System-Eingangsparameter enthält, A ist eine quadratische $n \times n$ Matrix und B eine $n \times m$

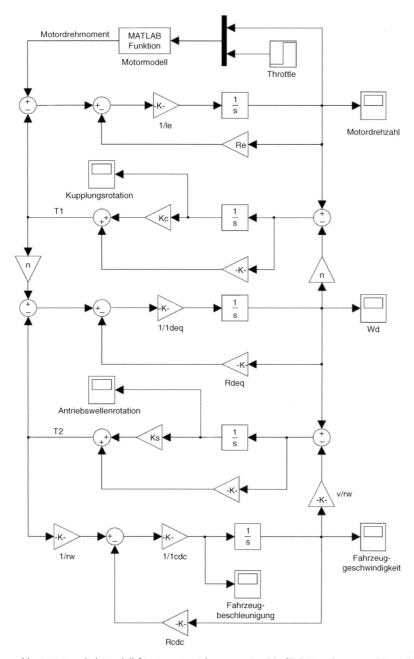

Abb. 6.34 Simulink-Modell für einen Antriebsstrang einschließlich Kupplungs- und Antriebswellennachgiebigkeit.

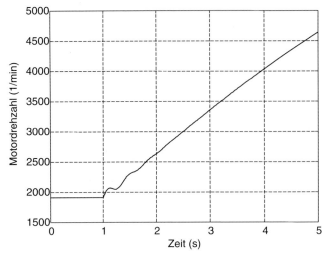

Abb. 6.35 Variationen der Motordrehzahl für die plötzliche Drosselwerteingabe aus Übung 6.4.

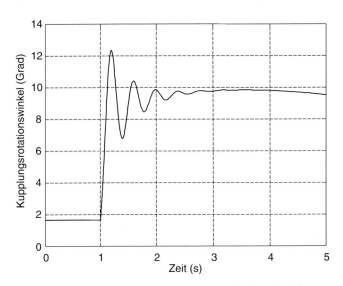

Abb. 6.36 Variationen der Kupplungsfedertorsion für die plötzliche Drosselwerteingabe aus Übung 6.4.

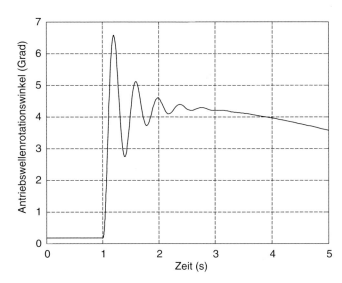

Abb. 6.37 Variationen der Antriebswellentorsion für die plötzliche Drosselwerteingabe aus Übung 6.4.

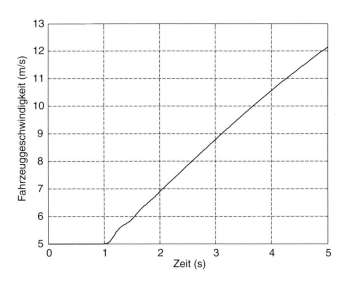

Abb. 6.38 Variationen der Fahrzeuggeschwindigkeit für die plötzliche Drosselwerteingabe aus Übung 6.4.

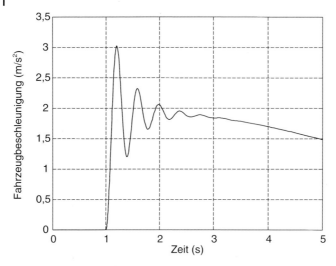

Abb. 6.39 Variationen der Fahrzeugbeschleunigung für die plötzliche Drosselwerteingabe aus Übung 6.4.

Matrix. Elemente von A und B erhalten wir aus den Gleichungen, die für das System gelten.

Wenn bestimmte Systemausgänge in einer Matrix mit $r \times 1$ Spalten vorliegen, wird Y gewählt. Dies kann mit dem folgenden Ausdruck dargestellt werden:

$$Y = CX + DU \tag{6.51}$$

wobei C und D die beiden $r \times n$ und $r \times m$ Matrizen darstellen. Die in diesem Abschnitt folgenden Übungen dienen dazu, den Leser mit der Erstellung von Modellen zur Frequenzganganalyse vertraut zu machen.

Übung 6.5

Leiten Sie die Zustandsraum-Matrizen für die drei Antriebsstrangmodelle her, die in den Abschn. 6.5.1–6.5.3 erstellt wurden. Das Motordrehmoment T_e ist ein Eingangsparameter, Fahrzeuggeschwindigkeit und Beschleunigung hingegen sind Ausgangsparameter.

Lösung:

a) Für das Modell mit Kupplungsnachgiebigkeit können die Gleichungen 6.35–6.37 in Form der Gleichung 6.50 formuliert werden. Die Matrizen A und B lesen sich wie folgt:

$$A = \begin{bmatrix} -\dfrac{R_e + R_{Cv}}{I_e} & -\dfrac{k_C}{I_e} & \dfrac{n R_{Cv}}{r_W I_e} \\ 1 & 0 & -\dfrac{n}{r_W} \\ \dfrac{n R_{Cv}}{r_W I_{CC}} & \dfrac{n k_C}{r_W I_{CC}} & -\dfrac{R_{CC}}{I_{CC}} \end{bmatrix}, \quad B = \begin{bmatrix} \dfrac{1}{I_e} \\ 0 \\ 0 \end{bmatrix}$$

Die Matrizen C und D müssen für die beiden Ausgangsparameter v und a und den Eingangsparameter T_e erzeugt werden:

$$C = \begin{bmatrix} 0 & 0 & 1 \\ \frac{n\,R_{Cv}}{r_W\,I_{CC}} & \frac{n\,k_C}{r_W\,I_{CC}} & -\frac{R_{CC}}{I_{CC}} \end{bmatrix}, \quad D = \begin{bmatrix} 0 \\ 0 \end{bmatrix}$$

b) Für das Modell mit Antriebswellennachgiebigkeit werden die Gleichungen 6.39–6.41 verwendet. Die Matrizen A und B lauten dieses Mal:

$$A = \begin{bmatrix} -\frac{R_{Eq}+\frac{1}{n^2}R_{Sv}}{I_{Eq}} & -\frac{k_S}{n\,I_{Eq}} & \frac{R_{Sv}}{n\,r_W\,I_{Eq}} \\ \frac{1}{n} & 0 & -\frac{1}{r_W} \\ \frac{R_{Sv}}{n\,r_W\,I_{DC}} & \frac{k_S}{r_W\,I_{DC}} & -\frac{R_{Sv}+r_W^2\,R_{DC}}{r_W^2\,I_{DC}} \end{bmatrix}, \quad B = \begin{bmatrix} \frac{1}{I_{Eq}} \\ 0 \\ 0 \end{bmatrix}$$

Die Matrizen C und D für die gleichen Eingangs- und Ausgangsparameter lauten:

$$C = \begin{bmatrix} 0 & 0 & 1 \\ \frac{R_{Sv}}{n\,r_W\,I_{DC}} & \frac{k_S}{r_W\,I_{DC}} & -\frac{R_{Sv}+r_W^2\,R_{DC}}{r_W^2\,I_{DC}} \end{bmatrix}, \quad D = \begin{bmatrix} 0 \\ 0 \end{bmatrix}$$

c) Für das Modell mit Kupplungs- und Antriebswellennachgiebigkeit werden die Gleichungen 6.43–6.47 verwendet. Somit haben die Matrizen A und B fünf Zeilen:

$$A = \begin{bmatrix} -\frac{R_e+R_{Cv}}{I_e} & -\frac{k_C}{I_e} & \frac{n\,R_{Cv}}{I_e} & 0 & 0 \\ 1 & 0 & -n & 0 & 0 \\ \frac{n\,R_{Cv}}{r_W\,I_{deq}} & \frac{n\,k_C}{I_{deq}} & -\frac{R_{Sv}+n^2\,R_{Cv}+R_{deq}}{I_{deq}} & -\frac{k_S}{I_{deq}} & \frac{R_{Sv}}{r_W\,I_{deq}} \\ 0 & 0 & 1 & 0 & -\frac{1}{r_W} \\ 0 & 0 & \frac{R_{Sv}}{r_W\,I_{CDC}} & \frac{k_S}{r_W\,I_{CDC}} & -\frac{R_{Sv}+r_W^2\,R_{CDC}}{r_W^2\,I_{CDC}} \end{bmatrix},$$

$$B = \begin{bmatrix} \frac{1}{I_e} \\ 0 \\ 0 \\ 0 \\ 0 \end{bmatrix}$$

Die Matrizen C und D für die gleichen Eingangs- und Ausgangsparameter lauten:

$$C = \begin{bmatrix} 0 & 0 & 0 & 0 & 1 \\ 0 & 0 & \frac{R_{Sv}}{r_W\,I_{CDC}} & \frac{k_S}{r_W\,I_{CDC}} & -\frac{R_{Sv}+r_W^2\,R_{CDC}}{r_W^2\,I_{CDC}} \end{bmatrix}, \quad D = \begin{bmatrix} 0 \\ 0 \end{bmatrix}$$

Übung 6.6
Nutzen Sie die Antriebsstrangdaten aus Übung 6.2 und bestimmen Sie Folgendes für die Antriebsstrangmodelle mit den in der letzten Übung erhaltenen Zustandsraumform-Matrizen:

Tab. 6.2 Frequenzen und Dämpfungsverhältnisse aus Übung 6.6.

Element	Modi	Nachgiebigkeit Kupplung	Nachgiebigkeit Antriebswelle	Nachgiebigkeiten Kupplung und Antriebswelle
Eigenfrequenz (rad/s) [Hz]	erster	0,073 [0,012]	0,073 [0,012]	0,073 [0,012]
	zweiter	47,75 [7,6]	17,03 [2,7]	16,97 [2,6]
	dritter	47,75 [7,6]	17,03 [2,7]	16,97 [2,6]
	vierter	–	–	66,11 [10,5]
	fünfter	–	–	201,87 [32,1]
Dämpfungsverhältnis	erster	1	1	1
	zweiter	0,478	0,175	0,165
	dritter	0,478	0,175	0,165
	vierter	–	–	1
	fünfter	–	–	1

a) Bestimmen Sie die Frequenzen und Dämpfungsverhältnisse für jedes Antriebsstrangmodell.

b) Plotten Sie die die Bode-Diagramme für die Ausgangsparameter für das dritte Antriebsstrangmodell.

Lösung:

a) Die Frequenzen und Dämpfungsverhältnisse sind nur von der Matrix A des jeweiligen Systems abhängig. In der MATLAB-Umgebung liefert das einfache Kommando „[wn,z]=damp(A)“ die Ergebnisse, die Eigenfrequenzen (wn) und Dämpfungsverhältnisse (z) werden angezeigt.
In Tab. 6.2 sind die Werte für die Eigenfrequenzen und Dämpfungsverhältnisse der drei Antriebsstrangmodelle aufgelistet.

b) Die Zustandsraumform kann in einem MATLAB-System mithilfe des folgenden Kommandos umgewandelt werden:

$$\text{sys} = \text{ss}(A, B, C, D)$$

Die Bode-Kurve erhalten wir einfach mit dem Kommando: „bode(sys)“. In Abb. 6.40 ist das Ergebnis für das dritte Antriebsstrangmodell abgebildet.

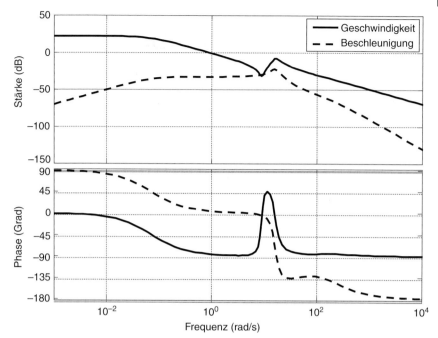

Abb. 6.40 Bode-Kurven der Systemausgänge für Übung 6.6.

6.5.5
Verbesserungen

Beim Konstruktionsprozess können die Parameter des Antriebsstrangs mithilfe der Softwaresimulationen modifiziert werden. So kann man das Schwingungsverhalten in Antriebssträngen bei unterschiedlichen Betriebsbedingungen verbessern. Im Allgemeinen sind folgende Lösungsansätze zur Reduktion von Schwingungen im Antriebsstrang generell möglich:

1. Einstellen der Eigenfrequenzen des Systems durch Verändern der Steifigkeiten oder Trägheiten der Komponenten.
2. Anpassen der Dämpfung des Antriebsstrangsystems. Viskose Dämpfung im System reduziert die Amplitude der Schwingungen und muss auf die gewünschten Werte abgestimmt werden, um schnellere Reaktionen und zugleich Schwingungen mit niedrigen Amplituden zu erhalten.
3. Regeln der Eingangsleistung für das System durch Steuerung des Motordrehmoments.

Motordrehmomentschwankungen können die Ursache für die Schwingungsanregung im Antriebsstrang sein. Motordrehmomentschwankungen können die Oszillationen auslösen und verstärken. Passive Kurbelwellen-Torsionsdämpfer sind bei der Verringerung der Amplituden von Schwingungen hilfreich. Dazu zählen einfache Gummidämpfer oder komplexe Zweimassensysteme. Die angemessene

Steuerung des Motordrehmoments kann ebenso zu weicher Leistungsübertragung in unterschiedlichen Fahrbedingungen führen. Motormanagementsysteme können dies erreichen, indem sie Drosselwert und Zündung so regeln, dass eine weiche Drehmomentabgabe erfolgt. Das Steuergerät berechnet die Frühverstellung des Zündzeitpunkts sowie die Drosselklappenposition, die erforderlich ist, um Drehmomentschwankungen entgegenzuwirken und die Schwingungen im Antriebsstrang insgesamt zu reduzieren.

6.6
Fazit

In diesem Kapitel wurde die Modellierung des Fahrzeugantriebsstrangs erläutert, und die Erstellung verschiedener Modelle mit der Bondgraphen-Methode wurde vorgestellt. Diese Methode ermöglicht die Hinzunahme detaillierter Komponenteneigenschaften des Antriebsstrangsystems. Die Ableitung der zugrunde liegenden Gleichungen ist einfach. Die resultierenden Gleichungen liegen in Form eines Gleichungssystems aus gewöhnlichen Differenzialgleichungen erster Ordnung vor und sind für die direkte numerische Integration geeignet. Wir haben MATLAB/Simulink-Programme verwendet, um die Lösungsmethode für die Systemgleichungen zu zeigen. Diese wurde für drei unterschiedliche Fälle angewendet, darunter Steifigkeit von Kupplungsscheibe, Steifigkeit von Antriebwelle sowie beide Steifigkeiten zusammen.

Sobald die Bewegungsgleichungen abgeleitet sind, stehen auch andere Analysetechniken zur Verfügung. Dazu zählen die Zustandsraum- und Frequenzganganalyse. Die Untersuchung des Antriebsstrangverhaltens kann erweitert werden, indem die Effekte der Veränderung von Parametern auf die Schwingungen des Systems sowie die Modifikation von Parameterwerten zur Reduktion der Schwingungen betrachtet werden.

6.7
Wiederholungsfragen

6.1 Beschreiben Sie, warum Antriebsstränge von Fahrzeugen schwingungsanfällig sind.

6.2 Erläutern Sie den Unterschied beim Konzept der Bondgraphen-Methode zu anderen Methoden wie Blockdiagrammen und Signalflussdiagrammen.

6.3 Erklären Sie, warum im Bondgraphen einer Kupplungsscheibe zwei Reibungselemente enthalten sind.

6.4 Was ist ein modulierter Übertrager?

6.5 Erklären Sie, wie die Trägheit sich auf einer Seite eines Elements zusammenfassen lässt. Macht es einen Unterschied auf welcher Seite man dies tut?

6.6 Ist das Differenzial des Fahrzeugs ein echter Übertrager? Warum?

6.7   Erklären Sie, warum die Endzustandswerte für die Übungen 6.2–6.4 ähnlich
       sind.
6.8   Erklären Sie, wie man die Eigenfrequenzen des Systems bestimmt, wenn die
       Bewegungsgleichungen abgeleitet sind.
6.9   Welche praktischen Möglichkeiten zur Reduktion der Antriebsstrangschwin-
       gungen gibt es in der Auslegungsphase?
6.10   Welche praktischen Möglichkeiten zur Reduktion der Fahrzeugvibration gibt
       es beim Betrieb?

6.8
Aufgaben

Aufgabe 6.1
Betrachten Sie die schematische Darstellung einer Verbrennungskraftmaschine in
Abb. 6.41:

a) Erläutern Sie, wie viele Übertrager, *Gyratoren*, *Trägheitslemente (I-Elemente)*,
    C-Elemente und *R-Elemente* sie im Bondgraphen finden.
b) Erstellen Sie einen vollständigen Bondgraphen, nummerieren Sie ihn und fü-
    gen Sie das Kausalitätszeichen hinzu.
c) Bestimmen Sie die Zustandsvariablen des Systems.

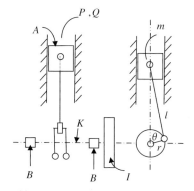

Abb. 6.41 Schematische Darstellung des Motors von Aufgabe 6.1.

Aufgabe 6.2
Betrachten Sie die schematische Darstellung eines Zweizylinder-Verbrennungs-
motors in Abb. 6.42:

a) Erstellen Sie den Bondgraphen.
b) Legen Sie die Kausalitätszeichen fest und bestimmen Sie die Zustandsvaria-
    blen.

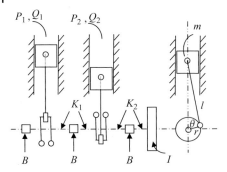

Abb. 6.42 Schematische Darstellung des Motors für Aufgabe 6.2.

Aufgabe 6.3

Betrachten Sie die schematische Darstellung eines Vierzylinder-Verbrennungsmotors in Abb. 6.43:

a) Erstellen Sie den Bondgraphen.
b) Legen Sie die Kausalitätszeichen fest, und bestimmen Sie die Zustandsvariablen.

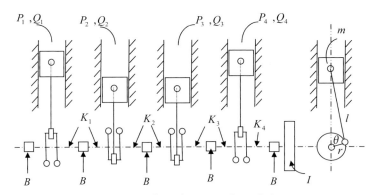

Abb. 6.43 Schematische Darstellung des Motors für Aufgabe 6.3.

Aufgabe 6.4

Betrachten Sie das Fünfganggetriebe mit permanentem Eingriff in Abb. 6.44:

a) Erstellen Sie einen Bondgraphen für das System, wenn der erste Gang eingelegt ist.
b) Fügen Sie die Kausalitätszeichen hinzu, und bestimmen Sie die Zustandsvariablen.
c) Was verändert sich am Bondgraphen, wenn ein anderer Gang eingelegt wird? Erklären Sie, warum.

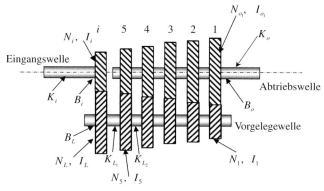

Abb. 6.44 Schematische Darstellung des Getriebes für Aufgabe 6.4.

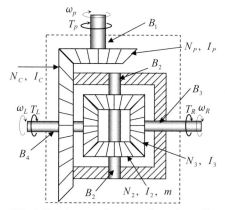

Abb. 6.45 Schematische Darstellung des Differenzials für Aufgabe 6.5.

Aufgabe 6.5

Betrachten Sie das Fahrzeugdifferenzial in Abb. 6.45:

a) Zeichnen Sie einen vollständigen Bondgraphen.
b) Legen Sie geeignete Kausalitätszeichen fest.
c) Bestimmen Sie geeignete Zustandsvariablen.

Aufgabe 6.6

Erstellen Sie den Bondgraphen für den in Abb. 6.46 gezeigten Planetenradsatz für die folgenden Fälle:

a) Träger C steht (T_R-Eingang und T_S-Ausgang).
b) Sonnenrad S steht (T_R-Eingang und T_C-Ausgang).
c) Hohlrad R steht (T_S-Eingang und T_C-Ausgang).
d) Formulieren Sie die Bewegungsgleichungen des Systems in Fall (a).

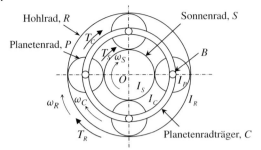

Abb. 6.46 Schematische Darstellung des Planetenradsatzes für Aufgabe 6.6.

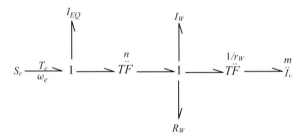

Abb. 6.47 Starrkörper-Bondgraphen-Modell von Aufgabe 6.7.

Aufgabe 6.7

Betrachten Sie das vereinfachte Starrkörpermodell eines Antriebsstrangs in Abb. 6.47; die Dämpfung wird ignoriert:

a) Leiten Sie die Bewegungsgleichungen des Systems ab (beachten Sie Differenzial-Kausalzusammenhänge).
b) Bestimmen Sie die Gleichung für die Winkelbeschleunigung α_W des Rades.
c) Finden Sie einen Ausdruck für das maximale Gesamtübersetzungsverhältnis $n\alpha_W$.
d) Ist das Ergebnis sinnvoll?

Aufgabe 6.8

Wiederholen Sie die Übung 6.2–6.4 für eine Anfangsgeschwindigkeit von 15 m/s und ein Übersetzungsverhältnis von 2.

Aufgabe 6.9

Wiederholen Sie die Übung 6.2–6.4 für eine Anfangsgeschwindigkeit von 10 m/s und plötzliches Loslassen des Gaspedals. In diesem Fall erzeugt der Motor ein Bremsmoment, das mit der Relation $T_{be} = -0.1\omega_e$ (ω_e in rad/s) modelliert werden kann.

Aufgabe 6.10

Wiederholen Sie Aufgabe 6.6 für eine Anfangsgeschwindigkeit von 15 m/s und ein Übersetzungsverhältnis von 2.

Aufgabe 6.11

Wiederholen Sie die Übung 6.2–6.4 für den in Abb. 6.48 dargestellten Drosselklappenimpuls von 3 s. Verwenden Sie das Bremsmoment aus Aufgabe 6.9.

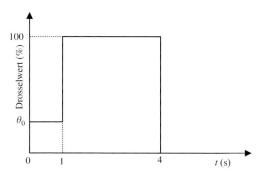

Abb. 6.48 Drosselklappenimpuls von Aufgabe 6.11.

Aufgabe 6.12

Betrachten Sie den Bondgraphen für ein komplettes Fahrzeug bei Geradeausfahrt und ignorieren Sie die Elastizität der Kardanwelle.

a) Vereinfachen Sie ihn, indem Sie die Elemente um die mittleren Übertrager kombinieren.

b) Fügen Sie kausale Stöße hinzu, und bestimmen Sie die Zustandsvariablen des Systems.

c) Leiten Sie die Bewegungsgleichungen des resultierenden Bondgraphen ab.

Aufgabe 6.13

Betrachten Sie den Bondgraphen eines kompletten Fahrzeugs bei Geradeausfahrt.

a) Vereinfachen Sie ihn durch Kombinieren der Elemente rund um die Übertrager.

b) Fügen Sie für (a) die Kausalitätszeichen hinzu, und bestimmen Sie die Zustandsvariablen des Systems.

c) Leiten Sie die Bewegungsgleichungen des Systems ab.

Aufgabe 6.14

Betrachten Sie das Starrkörpermodell des Antriebsstrangs.

a) Vergleichen Sie das System aus Aufgabe 6.7 mit dem Starrkörpermodell, und bestimmen Sie R_W und I_{EQ}.

b) Geben Sie an, welche Komponenten ignoriert wurden.

c) Beschreiben Sie, was Ihnen das System aus Aufgabe 6.7 sagt und ob es vergleichbar ist mit dem, was in Kapitel 3 erläutert wurde.

6.9
Weiterführende Literatur

Das Torsionsverhalten der miteinander verbundenen Komponenten in einem Antriebsstrang ist für das Beherrschen der Feinabstimmung des Antriebsstrangsystems insgesamt sowie der Auswirkungen auf die NVH-Phänomene (NVH, Noise, Vibration and Harshness) von Bedeutung. Es gibt verschiedene Methoden, dieses dynamische Problem anzugehen. In diesem Buch wurde der Bondgraphen-Ansatz gewählt. Es gibt verschiedene Lehrbücher zu diesem Thema, aber die beste und umfangreichste Einführung in die Bondgraphen-Methode liefert das Buch von Borutzky [4]. Zwar gibt es zahlreiche veröffentlichte Studien zum Thema Dynamik des Antriebsstrangs in der Automobiltechnik, jedoch ist nur wenig davon in Nachschlagewerken zu finden. Allerdings gibt es einen guten Abschnitt bei Kienke [5] (Kapitel 5 in diesem Buch) mit einer einfachen Antriebsstranganalyse mithilfe des Newton'schen Ansatzes. Anschließend werden die Steuerungsprobleme im Zusammenhang mit der Funktionalität und dem Fahrverhalten erläutert.

Literatur

1 Kane, T.R. und Levinson, D.A. (1985) *Dynamics: Theory and Applications*, McGraw-Hill Book Company, ISBN 0-07-037846-0.

2 Karnopp, D.C., Margolis, D.L. und Rosenberg, R.C. (1990) *System Dynamics: A Unified Approach*, John Wiley & Sons, ISBN 0-471-62171-4.

3 Mukherjee, A. und Karmakar, R. (1999) *Modeling and Simulation of Engineering Systems Through Bond Graphs*, CRC Press, ISBN 978-0849309823.

4 Borutzky, W. (2010) *Bond Graph Methodology: Development and Analysis of Multidisciplinary Dynamic System Models*, Springer, ISBN 978-1848828810.

5 Kienke, U. und Nielsen, L. (2000) *Automotive Control Systems: For Engine, Driveline and Vehicle*, Springer, ISBN 3-540-66922-1.

7
Hybridelektrische Fahrzeuge

7.1
Einleitung

Konventionelle Antriebssysteme mit nur einer auf fossilen Brennstoffen basierenden Kraftquelle haben die Automobiltechnik in der Vergangenheit dominiert. In jüngster Zeit haben Bedenken hinsichtlich Kraftstoffeffizienz und Umweltverschmutzung Hybridantriebskonzepte als alternative Antriebslösungen ins Gespräch gebracht. Das kommerzielle Interesse an Hybridfahrzeugtechnologie hat viel stärker zugenommen, als noch vor zehn Jahren erwartet wurde. Damals waren viele Branchenbeobachter so optimistisch, zu glauben, dass uns ein Entwicklungssprung von der Erdöl-basierten Technologie direkt zu Wasserstoff-, Brennstoffzellen- und Biokraftstoffsystemen führen könnte. Mittlerweile wird allerdings weitgehend anerkannt, dass Hybridfahrzeugen eine bedeutende Zwischenrolle in den nächsten Jahrzehnten zukommen wird, während diesen andere Technologien weiterentwickelt werden.

Das Interesse an Hybridtechnik wurde von den zunehmenden Bedenken hinsichtlich der Umwelt und Kraftstoffeffizienz vorangetrieben. Die Schadstoffemissionen eines Autos setzen schädliche Gase frei, die zum Treibhauseffekt beitragen, die schützende Ozonschicht schädigen und die globale Erwärmung verstärken. Darüber hinaus ist Erdöl eine begrenzte natürliche Ressource, sodass Versorgungsprobleme in der Zukunft erwartet werden müssen. Hybridfahrzeuge sind zwar noch auf Erdöl angewiesen. Dennoch bieten sie die Flexibilität, die Kraftstoffeffizienz und Emissionen von Fahrzeugen zu verbessern, ohne Performance-Faktoren wie Sicherheit, Zuverlässigkeit und andere Features konventioneller Fahrzeuge zu opfern. Das hat Wissenschaftler veranlasst, innovative Hybridantriebskonfigurationen zu entwickeln und Gestaltungsrichtlinien zu Dimensionierung und Regelstrategien von Komponenten zu erarbeiten.

Bei hybridelektrischen Fahrzeugen wird versucht, die Vorzüge von Verbrennungsmotoren und Elektromotoren zu kombinieren. Der Verbrennungsmotor liefert die größere Leistung und der Elektromotor die Leistung, die beim Beschleunigen und Überholen gebraucht wird. Damit können kleinere, effizientere

Antriebssysteme in Kraftfahrzeugen, Erste Auflage. Behrooz Mashadi, David Crolla.
©2014 WILEY-VCH Verlag GmbH & Co. KGaA. Published 2014 by WILEY-VCH Verlag GmbH & Co. KGaA.

Tab. 7.1 Hybridfahrzeuge.

	Hybridfahrzeuge			
konventionelles Fahrzeug	Fahrzeug mit Elektromotor-unterstützung	hybridelektrisches Fahrzeug	Plug-in-Elektro-fahrzeug	rein elektrisches Fahrzeug

Verbrennungsmotoren im Fahrzeug verbaut werden, die möglichst im optimalen Betriebsbereich betrieben werden. Die elektrische Leistung des Elektromotors wird nicht nur vom Verbrennungsmotor geliefert, sondern auch durch regeneratives Bremsen. Diese ansonsten verschwendete Energie wird in Elektrizität umgewandelt und in der Batterie gespeichert.

Dieses Kapitel soll die wichtigsten Themenbereiche von hybridischen Triebsträngen verständlich zu machen. Zudem geben wir einige Übungen, die Leistungsfluss und Leistungsmanagement herausheben.

7.2
Arten von hybridelektrischen Fahrzeugen

Ein hybridelektrisches Fahrzeug (HEV) ist ein Fahrzeug, das über einen Verbrennungsmotor und einen Elektromotor verfügt. Hybridfahrzeuge können auf verschiedene Weise konfiguriert werden. Dazu steht eine Vielzahl von Technologien zur Verfügung. So kann die Verbrennungskraftmaschine als primäre Antriebsquelle dienen, ebenso der Elektromotor (s. Tab. 7.1). Das macht es schwierig, Hybridfahrzeuge in Kategorien zu gruppieren. Es ist zudem möglich, dass künftig andere, weiter diversifizierte HEVs entwickelt werden, denn die Hybridtechnologien werden immer ausgereifter.

7.2.1
Grundlegende Klassifizierung

Nach der Art, wie die Kraftquellen im HEV genutzt werden, unterscheidet man traditionell zwischen *seriellen* und *parallelen* Hybridfahrzeugen. Beim seriellen HEV wird das Fahrzeug durch den Elektromotor mechanisch angetrieben. Der Verbrennungsmotor wird zur Erzeugung der elektrischen Energie eingesetzt. Beim parallelen HEV wird die mechanische Leistung entweder vom Verbrennungsmotor, vom Elektromotor oder von beiden zusammen an die Räder geliefert.

7.2.1.1   Der serielle Hybrid
Beim seriellen Hybridfahrzeug ist der Elektromotor für den Vortrieb des Fahrzeugs verantwortlich. Die notwendige elektrische Energie wird von einem Generator erzeugt, der von einem Verbrennungsmotor mechanisch angetrieben wird. Bei dieser Art von Hybridsystem ist die Hauptenergiequelle der fossile Kraftstoff. Der

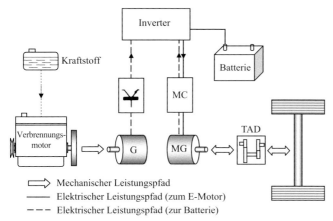

Mechanischer Leistungspfad
Elektrischer Leistungspfad (zum E-Motor)
Elektrischer Leistungspfad (zur Batterie)

Abb. 7.1 Typische serielle Hybridkonfiguration.

wird vom Verbrennungsmotor verbrannt und in elektrische Energie umgewandelt. Diese wird im Batteriepaket gespeichert oder direkt für den Antrieb des Elektromotors eingesetzt, der wiederum das Fahrzeug antreibt. Das bedeutet, der eingebaute Verbrennungsmotor treibt das Fahrzeug nicht direkt mechanisch an.

Abbildung 7.1 zeigt eine typische Serienhybridkonfiguration mit den wichtigsten Komponenten. Die mechanische Leistung des Verbrennungsmotors ICE (Internal Combustion Engine) treibt einen Generator G. Der im Generator erzeugte elektrische Strom wird zunächst gleichgerichtet. Anschließend wird er durch den Inverter (elektronischen Wandler) entweder für das Laden des Batteriepakets B oder für den Antrieb der E-Maschine MG (MG, Motor-Generator) genutzt. MG kann sowohl als Generator und Motor betrieben werden. Die E-Maschine wird von einer Leistungselektronik (MC, Motor Controller) gesteuert. Die von der E-Maschine erzeugte mechanische Antriebsleistung gelangt normalerweise über einen Drehmomentverstärker TAD (steht für Torque Amplification Device, d. h. ein Getriebe, Reduziergetriebe oder Achsantrieb) zu den Rädern.

Man könnte einwenden, dass die zweifache Energiewandlung – mechanische Leistung des Verbrennungsmotors in elektrische Leistung und deren Rückumwandlung in mechanische Leistung – zu größeren Leistungsverlusten im Vergleich zum konventionellen Fahrzeug führt. Das ist im Prinzip richtig, aber es gibt zwei Gründe, warum ein serieller Hybrid effizienter als ein konventionelles Fahrzeug sein kann. Der eine ist die regenerative Leistung. Damit wird die kinetische und potenzielle Energie (z. B. beim Bremsvorgang oder aufgrund der Gravitationskräfte) des Fahrzeugs zurückgewonnen. Der andere Vorteil des seriellen Hybrids besteht in der Unabhängigkeit des verbrennungsmotorischen Betriebs von der momentanen Fahrzeuglast und Geschwindigkeit. Damit kann der Verbrennungsmotor bei nahezu optimalen Betriebsbedingungen betrieben werden. Allerdings hat der serielle Hybrid den Nachteil, dass er einen starken Elektromotor benötigt. Als alleinige Traktionsquelle muss er die gesamte Antriebskraft für das Fahrzeug erzeugen.

Die regenerative Leistung ist die bei bremsendem oder schiebendem Fahrzeug von den Rädern im MG erzeugte elektrische Leistung. MG fungiert als Generator und der elektrische Strom (gestrichelte Linie in Abb. 7.1) wird vom Batteriepaket aufgenommen, wenn B nicht schon vollständig aufgeladen ist. In Abb. 7.1 ist der mechanische Energiefluss in zwei Richtungen durch die großen Doppelpfeile dargestellt.

7.2.1.2 Der parallele Hybrid

Abbildung 7.2 zeigt eine Beispielkonfiguration eines parallelen Hybrids. Hier können zwei unterschiedliche mechanische Leistungspfade für den Fahrzeugantrieb genutzt werden. Hier kann die mechanische Leistung beider Quellen (ICE und MG) unabhängig voneinander oder *parallel* für den Antrieb der Räder genutzt werden. Die Kopplung der mechanischen Leistung von ICE und MG wird von der mechanischen Leistungsverzweigung MPD (Mechanical Power Distribution) vorgenommen. Sie steuert die Aufteilung der Leistungsanteile auf unterschiedliche Art und Weise. Die mechanische Leistung vom Verbrennungsmotor kann vollständig an die Antriebsräder abgegeben werden oder teilweise, wobei der andere Teil an den MG (im Generatorbetrieb) abgegeben wird. Die mechanische Ausgangsleistung des MG (im motorischen Betrieb) kann nur an die Räder abgegeben werden. Sie kann aber auch zur Ausgangsleistung des ICE hinzugefügt werden. Beim regenerativen Betrieb wird der MG (im Generatorbetrieb) von der mechanischen Leistung der Räder angetrieben. Die elektrische Energie wird an die Batterie abgegeben. Anders ausgedrückt, ein paralleles Hybridsystem benötigt eine leistungskombinierende Einrichtung sowie eine Regenerationsstrategie, damit das Fahrzeug mit jeder möglichen Kombination von Quellen angetrieben werden kann. Zudem muss die Batterie vom Verbrennungsmotor oder von der kinetischen Energie des Fahrzeugs wieder aufgeladen werden können.

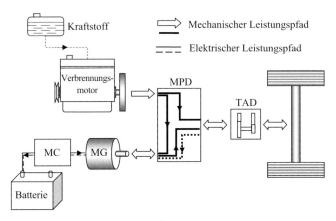

Abb. 7.2 Typische parallele Hybridkonfiguration: Verbrennungsmotor, MPD – Mechanical Power Distribution (mechanische Leistungsverzweigung), TAD – Torque Amplification Device (Drehmomentverstärker/Getriebe), MC – Motor Controller (Motorsteuergerät E-Machine), MG – Motor-Generator.

Ein Vorteil der parallelen Hybridanordnung besteht in den relativ geringeren Energiewandlungsverlusten, da die Leistung des Verbrennungsmotors, anders als in der seriellen Konfiguration, direkt an die Antriebsräder übertragen wird. Allerdings kann die direkte Verbindung zwischen Verbrennungsmotor und Rädern auch als Nachteil angesehen werden, da sie einen unsteten Motorbetrieb zur Folge hat. Zudem wird wegen der direkten Verbindung zwischen Verbrennungsmotor und Antriebsrädern ein Getriebe benötigt, das beim seriellen Hybrid entfiel. Bei den elektrischen Komponenten wird in der parallelen Konfiguration lediglich ein MG verwendet, bei der seriellen Konfiguration wurde zusätzlich ein Generator gebraucht.

7.2.2
Grundlegende Betriebsarten

Je nach Verfügbarkeit der Leistungsquellen bieten serielle und parallele hybridelektrische Fahrzeuge verschiedene Betriebsarten. Der zentrale Gedanke zur Nutzung unterschiedlicher Betriebsarten besteht darin, den Energieverbrauch möglichst niedrig zu halten. Dazu müssen die drei Energiequellen (fossiler Kraftstoff, Batterie und mechanische Energie des Fahrzeugs) jeweils optimal eingesetzt werden. Typischerweise ist der Verbrennungsmotor beim Starten des Fahrzeugs abgestellt, und die elektrische Energie fungiert als Antriebsquelle. Der Verbrennungsmotor übernimmt den Antrieb bei Reisegeschwindigkeit und bei starkem Beschleunigen. Wenn zusätzlich Leistung benötigt wird, wird auch die elektrische Energie für den Vortrieb eingesetzt. Wenn das Fahrzeug für eine bestimmte Zeit angehalten wird, wird der Verbrennungsmotor automatisch abgestellt, sodass keine Energie im Leerlauf verschwendet wird. In diesen Fällen übernimmt die Batterie den Antrieb der Nebenaggregate, etwa der Klimaanlage und der elektrischen Verbraucher im Fahrgastraum.

Es gibt folgende grundlegenden Betriebsweisen:

1. *Reiner ICE-Betrieb (nur Verbrennungsmotor)*: Der Verbrennungsmotor produziert die gesamte Leistung für die Fahrzeugbewegung. Es wird keine Leistung aus den Batterien entnommen.
2. *Rein elektrischer Betrieb (nur Elektromotor)*: Der abgestellte Verbrennungsmotor produziert keine Leistung. Die gesamte für die Fahrzeugbewegung benötigte Leistung wird den Batterien entnommen.
3. *Hybridbetrieb*: Die für die Fahrzeugbewegung benötigte Leistung wird gleichzeitig aus dem Verbrennungsmotor und den Batterien genommen.
4. *ICE- und Ladebetrieb*: Der Verbrennungsmotor erzeugt nicht nur die für die Fahrzeugbewegung benötigte Leistung, sondern auch die zum Wiederaufladen der Batterie.
5. *Regenerationsbetrieb*: Die kinetische Energie des Fahrzeugs beim Bremsen (oder die potenzielle Energie beim Bergabfahren) kann genutzt werden, um die Elektromotoren anzutreiben und Elektrizität zu erzeugen. Wird die Energie von den Rädern für den Antrieb des Elektromotors genutzt, so wird das Fahrzeug

Tab. 7.2 Beteiligung der Komponenten an den unterschiedlichen Betriebsmodi.

Modus	Bezeichnung	Serienhybrid			Parallelhybrid	
		ICE	G	MG	ICE	MG
a	rein verbrennungsmotorisch					–
b	rein elektromotorisch	–	–		–	
c	hybrid					
d	Verbrennungsmotor + laden					
e	Regeneration	–	–		–	
f	laden			–		
g	hybrid laden	–			–	

langsamer. Diese Energie wird erzeugt, wenn die Batterie Energie aufnehmen kann. Sie wird dann zur späteren Nutzung im Elektromotor- oder Hybridbetrieb in ihr gespeichert. In dieser Betriebsart ist der Verbrennungsmotor abgestellt, und die Batterie wird vom MG (im Generatorbetrieb) geladen.

6. *Ladebetrieb*: Es gibt Fälle, wo das Fahrzeug sich im Stillstand befindet und keine Leistung für die Fahrzeugbewegung genutzt wird. Wenn die Batterie in diesem Fall nachgeladen werden muss, wird der Verbrennungsmotor gestartet und die Batterie wird geladen.

7. *Hybrid-Ladebetrieb*: Hier benötigt die Batterie mehr Energie zum Nachladen, als durch Regeneration zur Verfügung steht. Auch die ICE-Generatoreinheiten sind an der Elektrizitätserzeugung beim Bremsen beteiligt.

In Tab. 7.2 finden Sie eine Zusammenfassung der Betriebsarten von seriellen und parallelen Hybridkonfigurationen sowie die jeweils beteiligten Komponenten.

7.2.3
Sonstige Derivate

Die Parallelkonfiguration bietet mehr Flexibilität, da sie zahlreiche unterschiedliche Leistungspfade durch die beiden mechanischen Leistungserzeuger ermöglicht. Andererseits bietet auch die serielle Konfiguration einige Vorteile, wie wir gesehen haben. Folglich schafft die Kombination der beiden Anordnungen unter Umständen noch mehr Gestaltungsmöglichkeiten für die Hybridisierung.

Es wurden viele Typen an Hybridkonzepten entwickelt. Sie verfügen alle über die erwähnten Grundkonzepte und werden zu unterschiedlichen Antriebskonzepten und Leistungsmanagementkonzepten kombiniert. Es gibt keine allgemein gültige Klassifizierung für Hybridantriebe, und meist existieren zudem unterschiedliche Handelsbezeichnungen für die gleichen Grundkonzepte. Einige Typen werden anhand der technischen Anordnung, andere anhand der Art der Nutzung der elektrischen Energie unterschieden. In diesem Abschnitt betrachten wir die erste Art. Die anderen Konzepte werden in einem späteren Abschnitt erläutert.

7.2.3.1 Seriell-paralleler Hybrid

Das seriell-parallele hybridelektrische Fahrzeug (SP-HEV) ist die am häufigsten anzutreffende Bauart, bei der die Vorzüge der seriellen und parallelen Anordnung zu einem System kombiniert wurden. Beim SP-HEV muss das Fahrzeug sowohl in der seriellen wie auch in der parallelen Betriebsart betrieben werden können. Im seriellen Betrieb wird die Traktion vom Elektromotor produziert und die Leistung des Verbrennungsmotors wird nur zum Wiederaufladen der Batterie genutzt. Daher muss bei dieser Bauart auch ein Generator eingebaut sein.

In den parallelen Betriebsmodi werden Verbrennungsmotor und Elektromotor entweder unabhängig voneinander oder zusammen betrieben. Darüber hinaus kann der ICE sowohl zur Traktionsleistung als auch zum Wiederaufladen der Batterie beitragen. Bei dieser Kombination wird der breite Wirkungsgrad des Elektromotors im unteren Geschwindigkeitsbereich genutzt. Bei höheren Fahrzeuggeschwindigkeiten kommt der Verbrennungsmotor zum Einsatz.

Entsprechend dem jeweiligen mechanischen System zur Leistungsverteilung (MPD, Mechanical Power Distribution) findet man viele verschiedene Bauarten bei SP-HEVs. Wie Abb. 7.3 zeigt, kann die MPD genutzt werden, um die mechanische Leistung von ICE und MG zu kombinieren, aber auch, um die Leistung für die Generatornutzung aufzuteilen. Alternativ kann MPD die Leistung zwischen Verbrennungsmotor ICE und Generator G aufteilen, während MG direkt mit dem Antriebsstrang verbunden ist. Der Drehmomentverstärker TAD (Torque Amplification Device), etwa ein Getriebe oder ein Reduziergetriebe, kann vor und hinter dem MPD angeordnet sein.

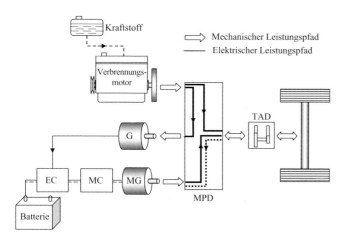

Abb. 7.3 Typische seriell-parallele Hybridkonfiguration: ICE – Internal Combustion Engine (Verbrennungsmotor), MPD – Mechanical Power Distribution (mechanische Leistungsverzweigung), TAD – Torque Amplification Device (Drehmomentverstärker/Getriebe), MC – Motor Controller (Motorsteuergerät E-Machine), MG – Motor-Generator, EC – Elektronik-Controller, G – Generator.

7.2.3.2 Power-split-Hybridfahrzeuge

Wegen der speziellen Kraftübertragungen, die beim Kombinieren der mechanischen Leistung von zwei Leistungsquellen verwendet werden, werden SP-HEVs manchmal auch Power-split-Hybridsysteme oder leistungsverzweigende Hybridsysteme genannt. Um die Drehzahlen und Drehmomente im System hinreichend kontrollieren zu können, besitzen Power-split-Konfigurationen meist zwei Motor-Generator-Einheiten (MG). Die Kombination der beiden MG ermöglicht es, mit dem Verbrennungsmotor einen der beiden MG als Generator anzutreiben. Der damit erzeugte Strom kann zum Laden der Batterie oder zum Antrieb des anderen Elektromotors genutzt werden.

Von den zahlreichen Power-split-Konstruktionen wurden zwei Konfigurationen an leistungsverzweigenden Systemen kommerziell erfolgreich eingesetzt: der Single-Mode- und der Dual-Mode-Hybrid. Der Begriff Single-Mode ist der Tatsache geschuldet, dass es nur eine Art der Leistungsverzeigung zwischen dem mechanischen und elektrischen Pfad gibt. Bei der Dual-Mode-Anordnung gibt es mehr als eine Planetengetriebeeinheit. Hier sind im Antriebsstrang Kupplungen eingebaut, die den Leistungspfad im System ändern.

Das Toyota Hybrid System (THS) wird beispielsweise bei den Hybridmodellen Prius und Camry eingesetzt. Die Leistungverzweigungseinrichtung (PSD, Power Split Device) ermöglicht es, den Verbrennungsmotor in Bereichen mit hohem Wirkungsgrad zu betreiben, unabhängig von der Fahrzeuggeschwindigkeit. Eigentlich handelt es sich um ein elektronisch gesteuertes, stufenloses Getriebe. Die PSD, die eine Planetengetriebeeinheit (s. Abschn. 7.3) ist, steuert den Leistungsanteil, der direkt an die Räder und an den Generator geht, auf stufenlose Weise (s. Abb. 7.4). Folglich kommt es aufgrund des Wirkungsgrads der Kraftübertragung zu Verlusten bei der Energieumwandlung.

Das von Ford, Volvo und Aisin (Abb. 7.5) entwickelte FHS-System ist dem THS ähnlich. Allerdings ist hier eine der MG-Einheiten über einen zusätzlichen „Ab-

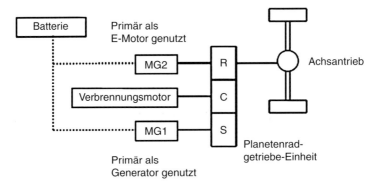

Abb. 7.4 Toyota Prius, THS-Anordnung: Verbrennungsmotor, MG2 – Motor-Generator 2, MG1 – Motor-Generator 1, R – Ring Gear (Hohlrad), C – Carrier (Planetenradträger), S – Sun Gear (Sonnenrad).

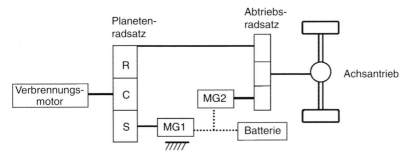

Abb. 7.5 Ford, Volvo, Aisin, FHS-Anordnung: Verbrennungsmotor, MG2 – Motor-Generator 2, MG1 – Motor-Generator 1, R – Ring Gear (Hohlrad), C – Carrier (Planetenradträger), S – Sun Gear (Sonnenrad).

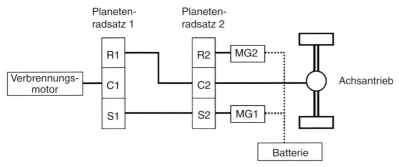

Abb. 7.6 NexxtDrive-Anordnung.

triebsradsatz" mit dem Planetengetriebe verbunden. Eine alternative Version des Single-Mode-Hybrids von NexxtDrive (Abb. 7.6) setzt zwei Planetengetriebeeinheiten in Verbindung mit MG-Einheiten ein. Diese Anordnung bietet potenziell Wirkungsgradvorteile gegenüber Systemen mit einem Planetengetriebe, da sie mehr Flexibilität bei der Steuerung der Ausgewogenheit der Leistungspfade durch die mechanischen und elektrischen Zweige liefert. Sie hat den entscheidenden Vorteil, dass sie zwei Punkte bietet, an denen der elektrische Zweig keinerlei Leistung überträgt und daher auch keine Verluste verursacht [1].

Das GM Allison System (AHS) ist ein Dual-Mode-Hybridsystem (Abb. 7.7). Es verfügt über zwei Planetengetriebeeinheiten und zwei Kupplungen. Eine Betriebsart funktioniert genau wie ein Single-Mode-Hybridsystem. Die zweite, der Verbundbetrieb, teilt die Eingangsleistung effektiv auf zwei Pfade auf und kombiniert sie in der zweiten Planetengetriebeeinheit wieder. Eine Arbeitsgemeinschaft von GM, Daimler Chrysler und BMW hat ein Dual-Mode-System herausgebracht, das die in Abb. 7.8 gezeigte Anordnung und vier feststehende Übersetzungsverhältnisse besitzt. In dem System sind drei Planetengetriebeeinheiten verbaut, die über Kupplungen verbunden sind. Obwohl es auf den ersten Blick recht komplex erscheint, umfasst es letztlich nur die Gesamtgröße und Mechanik eines modernen Mehrgang-Automatikgetriebes.

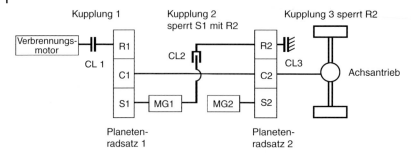

Abb. 7.7 GM Allison AHS-Anordnung: Verbrennungsmotor, CL1 – Kupplung 1, CL2 – Kupplung 2, CL 3 – Kupplung 3, MG2 – Motor-Generator 2, MG1 – Motor-Generator 1, R – Ring Gear (Hohlrad), C – Carrier (Planetenradträger), S – Sun Gear (Sonnenrad).

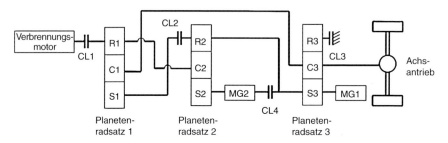

Abb. 7.8 GM/Daimler Chrysler/BMW Power-split-Anordnung: Verbrennungsmotor, CL1 –Kupplung 1, CL2 – Kupplung 2, CL3 – Kupplung 3, CL4 – Kupplung 4, MG1 – Motor- Generator 1, MG2 – Motor-Generator 2, R – Ring Gear (Hohlrad), C – Carrier (Planetenradträger), S – Sun Gear (Sonnenrad).

7.2.3.3 **Plug-in-Hybridfahrzeuge**

Elektrofahrzeuge (EVs, Electrical Vehicles), die eine Batterie als einzige Energiequelle verwenden, müssen an das Stromnetz angeschlossen werden können, um die Batterien wieder aufzuladen. HEVs sind auf die Energie aus fossilen Brennstoffen angewiesen und ihre Batterien werden durch einen vom ICE angetriebenen Generator geladen. Ein Hybridfahrzeug, das die elektrische Energie zum Laden der Batterien aus dem Stromnetz bezieht, nennt man „Plug-in Hybrid Electric Vehicle" (Plug-in-Hybrid oder PHEV). Die Größe der Batterie definiert die Reichweite des Fahrzeugs bei elektromotorischem Betrieb. Sollen also längere Strecken rein elektrisch zurückgelegt werden, so benötigen PHEVs vergleichsweise größere Batteriepakete als andere HEVs. Neben der höheren Batteriekapazität ist auch eine Änderung des Fahrzeugsteuergeräts und des Energiemanagementsystems erforderlich. Zudem sollte die Batterie vorzugsweise nachts geladen werden. Das ist für den Fahrzeughalter und Energieversorger praktischer und kostengünstiger.

7.2.4
Hybridisierungsgrad

Bei einem elektrischen Hybridfahrzeug mit zwei verschiedenen Energiequellen kann die Balance zwischen den Quellen durch das folgende einfache Kriterium definiert werden, den Hybridisierungsgrad (DOH, Degree of Hybridization):

$$DOH = \frac{P_E}{P_T} \qquad (7.1)$$

wobei P_E die elektrische und P_T die gesamte verbaute Leistung sind. Die installierte elektrische Leistung entspricht der maximalen Leistung des Elektromotors (beziehungsweise der Elektromotoren). Die Gesamtleistung P_T ist die Summe der maximalen Leistung des Verbrennungsmotors P_{ICE} plus der maximalen Leistung des Elektromotors (bzw. der Elektromotoren). Abbildung 7.9 zeigt typische Variationen von DOH für unterschiedliche Verbrennungsmotor- und Elektromotorleistungen. In der Fachliteratur findet man auch abweichende DOH-Definitionen. Beispielsweise das Verhältnis der Elektromotor- zur Verbrennungsmotorleistung (P_E/P_{ICE}). Dies führt natürlich zu höheren DOH-Werten.

HEVs können auch anhand ihres Hybridisierungsgrads klassifiziert werden. Die Konfiguration mit dem höchsten DOH wird als Full-Hybrid, die mit dem geringsten als Light-Hybrid oder Micro-Hybrid bezeichnet. HEVs mit mittleren DOH-Werten werden Mild-Hybrid genannt. Bei dieser Art der Klassifizierung sind die Architekturen der Hybridfahrzeuge nicht von Bedeutung. So können zwei Hybridfahrzeuge mit einer ähnlichen Anordnung aufgrund ihrer DOH-Werte zu unterschiedlichen Kategorien gehören. Dennoch wurden keine bestimmten Werte für

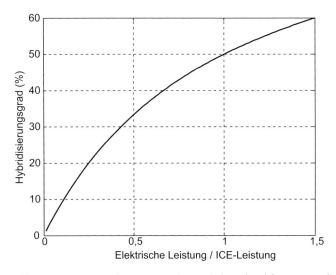

Abb. 7.9 Die Variation des DOH mit dem Verhältnis der elektromotorischen zur verbrennungsmotorischen Leistung.

die drei Hybridkategorien vereinbart, und die Klassifizierung unterliegt dem eigenen Ermessen.

7.2.4.1 Full-Hybrid

Ein hoher Hybridisierungsgrad in einem Full-Hybrid-Elektrofahrzeug bedeutet, es muss ein starker Elektromotor verwendet werden. Dies ist aber nicht die einzige Anforderung, denn rein elektrisches Fahren bedeutet, die Batterie muss groß genug sein, um dies zu ermöglichen. Darüber hinaus bieten Full-HEV eine breite Palette an Hybridfunktionen, darunter Start-Stopp-Betrieb, regeneratives Bremsen und elektromotorische Unterstützung der Fahrzeugbewegung.

7.2.4.2 Mild-Hybrid

Selbst bei einer ähnlichen Architektur wie beim parallelen Full-Hybrid werden HEV-Konfigurationen mit geringerem Hybridisierungsgrad oft als Mild-Hybrid betrachtet. Bei einem Mild-Hybrid ist der Verbrennungsmotor für die Fahrzeugbewegung allein verantwortlich. Allerdings kann er elektromotorisch bei hohen Lasten bei der Erzeugung der Antriebskraft unterstützt werden. Daher bietet der Mild-HEV Funktionen wie Start-Stopp-Funktion, elektromotorisch unterstütztes Fahren und auch regeneratives Bremsen. Aber es ist nicht möglich, rein elektrisch zu fahren.

7.2.4.3 Light-/Micro-Hybrid

Ein Light-Hybrid ist ein HEV mit einem Startermotor („Anlasser") in Übergröße, der auch als Generator genutzt werden kann, üblicherweise als integrierter Starter-Generator (ISG) oder Belted Alternator Starter (BAS) bezeichnet. Der ISG dreht den Verbrennungsmotor elektromotorisch beim Anlassen und treibt die riemengetriebenen Nebenaggregate bei abgestelltem Verbrennungsmotor an. Bei geringer Last des Verbrennungsmotors wird die Batterie ebenfalls vom ISG geladen.

Micro- oder Light-Hybrid beherrschen die Start-Stopp- und regenerative Ladefunktion. Abstellen des Verbrennungsmotors bei nicht bewegtem Fahrzeug verbessert die Kraftstoffeffizienz um wenige Prozent. Die Realisierung eines Mild-Hybrid bei einem Fahrzeug erfordert nur geringe Veränderungen, darunter einen größeren Motor-Generator und eine (über)große Batterie und eine einfache Leistungselektronik.

Der Begriff Micro-Hybrid wird verwendet, um dies HEV von den Mild-Hybrids zu unterscheiden. Eigentlich ist Micro-HEV die einfachste Form eines hybridelektrischen Fahrzeugs mit einem sehr niedrigen DOH-Wert. Die gängigste Begriffsdefinition für ein Micro-HEV ist das Start-Stopp-System. Hier wird Verbrennungsmotor abgestellt, wenn das Fahrzeug anhält, und wieder angelassen, wenn der Fahrer beschleunigt. Wie beim Mild-Hybrid werden ISG-Systeme eingesetzt. Daher sind die verfügbaren Funktionen ähnlich. Einige Micro-Hybrids verfügen neben der Start-Stopp-Funktion auch über eine regenerative Bremsanlage zum Laden der Batterie.

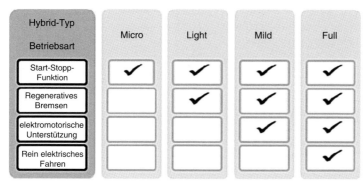

Abb. 7.10 Vergleich der Grundfunktionsweisen der verschiedenen Hybridarten.

In Abb. 7.10 werden die vier HEV-Typen hinsichtlich ihrer Funktionen verglichen. Beachten Sie, dass Hybridfahrzeuge im Allgemeinen irgendwo zwischen Micro- und Full-Hybrid-Fahrzeugen anzutreffen sind und es manchmal schwierig ist, zwei benachbarte Typen zu unterscheiden.

7.3
Power-split-Vorrichtungen

Für den Erfolg von Hybridfahrzeugen ist die Planung der Kraftübertragung von entscheidender Bedeutung. Spezielle Kraftübertragungseinrichtungen, oft als Leistungsverteiler (PSD, Power Split Devices) bezeichnet, sind besonders wichtig. Ein PSD ist eine mechanische Vorrichtung, die es möglich macht, die Leistung zwischen Verbrennungsmotor und Elektromotor(en) in einem Hybridsystem aufzuteilen. In Abschn. 7.2.3.2 wurde kurz erklärt, wie die Power-split-Hybridfahrzeuge kategorisiert werden (s. Abb. 7.4 bis 7.8). In diesem Abschnitt werden wir die Funktionsweise eines PSD genauer anschauen.

7.3.1
Einfache PSD

Der einfachste PSD-Mechanismus ist das Planetengetriebe, das über drei Eingangs-/Abtriebswellen verfügt (s. Abschn. 4.4.2). Dieser vielfach in konventionellen Automatikgetrieben genutzte Mechanismus wird von Toyota in THS-Hybridsystemen (s. Abb. 7.4) als Einrichtung zur Leistungsverzweigung genutzt. Abbildung 7.11 zeigt einen typischen Planetenradsatz in schematischer Form sowie ein vereinfachtes „Stick Diagram".

Beim THS-System ist die Abtriebswelle des Verbrennungsmotors direkt mit dem Träger *C*, der Motor-Generator 1 (MG1) mit dem Sonnenrad *S* und der Motor-Generator 2 (MG2) mit dem Hohlrad *R* verbunden. Wenn wir die Winkelgeschwindigkeiten von Verbrennungsmotor (Engine) sowie MG1 und MG2 mit ω_e, ω_1 und ω_2 benennen, dann ergibt sich die kinematische Beziehung zwischen den drei

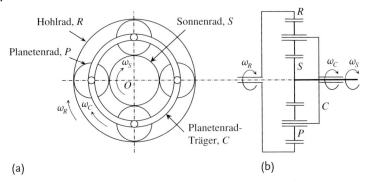

Abb. 7.11 Typisches Planetengetriebe; (a) schematisch, (b) Stick-Diagramm.

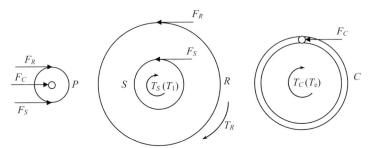

Abb. 7.12 Freikörperbilder der Komponenten eines Planetenradsatzes.

Winkelgeschwindigkeiten (Gleichung 4.90) wie folgt:

$$(N_S + N_R)\,\omega_e = N_S\omega_1 + N_R\omega_2 \tag{7.2}$$

Entsprechend den Freikörperbildern (FBD, Free Body Diagram) der Räder eines Planetenradsatzes (Abb. 7.12) gelten für an den Eingängen/Ausgängen (dynamische und Reibungseffekte ignoriert) anliegenden Momente folgende quasistatischen Relationen:

$$T_R N_S = T_1 N_R \tag{7.3}$$

$$T_1 = -\frac{N_S}{N_S + N_R}\,T_e \tag{7.4}$$

$$T_R = -\frac{N_R}{N_S + N_R}\,T_e \tag{7.5}$$

Wie aus Abb. 7.12 ersichtlich ist, implizieren die Minuszeichen in Gleichung 7.4 und 7.5, dass kein Momentenausgleich hergestellt werden kann, wenn die drei Momente im Uhrzeigersinn wirken. Wirkt T_e gegen den Uhrzeigersinn, dann herrscht Gleichgewicht.

Summieren der Gleichungen 7.4 und 7.5 ergibt:

$$T_C + T_S + T_R = 0 \tag{7.6}$$

was eine naheliegende Schlussfolgerung ist, denn das PSD-System befindet sich unter der Einwirkung der externen Momente im Gleichgewicht. In Bezug auf die Momente von Verbrennungs- und Elektromotor gilt:

$$T_e + T_1 + T_R = 0 \qquad (7.7)$$

7.3.1.1 Randbedingungen für die Geschwindigkeiten

Gleichung 7.2 ist die für ein einfaches PSD-System geltende Relation dreier Geschwindigkeitskomponenten. Diese drei Geschwindigkeiten sind eigentlich physikalische Parameter der Fahrzeugbewegung und beziehen sich auf die Geschwindigkeit des Verbrennungsmotors, Elektromotors und Fahrzeugs. Es ist klar, dass Gleichung 7.2 als Randbedingung der Geschwindigkeiten der wichtigen Fahrzeugkomponenten fungiert. Die jeweiligen Geschwindigkeitskomponenten lassen sich also nicht unabhängig voneinander variieren.

Andererseits besitzen Verbrennungsmotor und beide Motor-Generatoren Drehzahlgrenzen. Der Verbrennungsmotor darf nur in eine Richtung drehen, zudem nur zwischen Leerlauf- und Höchstdrehzahl. Die beiden Motor-Generatoren arbeiten in beide Richtungen, zwischen ihrer unteren (negativen) und oberen (positiven) Grenzdrehzahl.

Die mit Gleichung 7.2 geltende Zwangsbedingung entspricht einer geneigten Verbindungslinie, die die drei Geschwindigkeiten ω_e, ω_1 und ω_2 an den relevanten geometrischen Punkten verbindet. Abbildung 7.13 zeigt dies geometrisch zusammen mit den Einschränkungen für die Geschwindigkeit der Komponenten. Die drei vertikalen Linien repräsentieren von links nach rechts jeweils die Achsen für die Geschwindigkeiten von MG1, Verbrennungsmotor und MG2. Sie sind mit den relativen, zu N_R und N_S proportionalen Entfernungen eingezeichnet. In

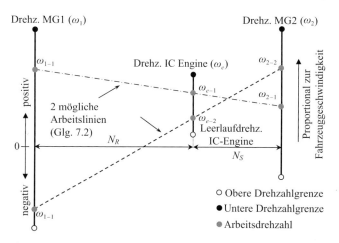

Abb. 7.13 Zwangsbedingungen bezüglich Geschwindigkeiten in einem einfachen PSD-System. Drehz. MG1 – Rotationsgeschwindigkeit Motor-Generator 1, Drehz. MG2 – Rotationsgeschwindigkeit Motor-Generator 2, IC Engine – Verbrennungsmotor.

Abb. 7.13 sind zur Klarstellung des Konzepts zwei mögliche Arbeitslinien einge-zeichnet. In der folgenden Übung werden numerische Werte für die Parameter eingesetzt.

Da die Geschwindigkeit von MG2 sich stufenlos variieren lässt, ändert sich die Fahrzeuggeschwindigkeit, die proportional dazu ist, ebenso stufenlos. Daher fun-giert dieser Typ PSD wie ein stufenloses CVT-Getriebe (CVT, Continuously Varia-ble Transmission).

Übung 7.1

Bei einem PSD besitzt das Hohlrad 78 und das Sonnenrad 30 Zähne. Das Hohl-rad ist direkt mit der Welle von MG2 und, über ein Untersetzungsgetriebe mit der Gesamtübersetzung $n_f = 4$, mit den Antriebsrädern verbunden. Bestimmen Sie für einen Radradius von 30 cm die Geschwindigkeiten von MG1 und MG2 für folgende Fälle:

a) das Fahrzeug befindet sich im Stillstand und der Verbrennungsmotor ist abge-stellt;
b) das Fahrzeug befindet sich im Stillstand und der Verbrennungsmotor dreht im Leerlauf mit 1000/min;
c) das Fahrzeug bewegt sich mit 60 km/h und der Verbrennungsmotor befindet sich im Leerlauf;
d) das Fahrzeug bewegt sich mit 160 km/h vorwärts und der Verbrennungsmotor dreht mit 4000/min.

Lösung:

Nach Gleichung 7.2 gilt für die Rotationsgeschwindigkeit von MG1 und die Dreh-zahl des Verbrennungsmotors sowie MG2:

$$\omega_1 = \left(1 + \frac{N_R}{N_S}\right)\omega_e - \frac{N_R}{N_S}\omega_2$$

Andererseits ist die Drehzahl von MG2 direkt proportional zur Fahrzeuggeschwin-digkeit:

$$\omega_2 = \frac{n_f}{r_W}v$$

Durch Ersetzen in der ersten Relation und durch Einsetzen der gegebenen Daten erhalten wir:

$$\omega_1 = 3{,}6\omega_e - 91{,}956v$$

wobei ω_e in 1/min und v in km/h angegeben sind. Die Zahlenwerte für die vier Fälle fasst Tab. 7.3 zusammen. Die Zwangsbedingung setzt den Komponenten im Betrieb einige Grenzen, beispielsweise dem Verbrennungsmotor, der nur mit einer bestimmten Drehzahl kann. Beispielsweise kann der Verbrennungsmotor bei klei-nen Fahrzeuggeschwindigkeiten nicht mit seiner Höchstdrehzahl betrieben wer-den. Die Drehzahlgrenze des Verbrennungsmotors wird von der Drehzahl von

Tab. 7.3 Numerische Ergebnisse von Übung 7.1.

Fall	ω_e	v (km/h)	ω_1	ω_2
a	0	0	0	0
b	1000	0	3600	0
c	1000	60	−1917	2122
d	4000	160	−313	5659

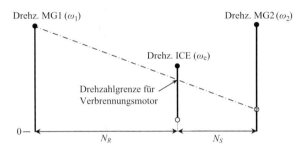

Abb. 7.14 Drehzahlgrenze des Verbrennungsmotor bei niedrigen Fahrzeuggeschwindigkeiten. Drehz. MG1 – Rotationsgeschwindigkeit Motor-Generator 1, Drehz. MG2 – Rotationsgeschwindigkeit Motor-Generator 2, Drehz. ICE – Verbrennungsmotor.

MG1 vorgegeben. Wie aus Abb. 7.14 ersichtlich, liegt die Drehzahl des Verbrennungsmotors bei der höchsten Drehzahl von MG1 unter der Maximaldrehzahl des Verbrennungsmotors. Die die Drehzahl einschränkende Relation lautet:

$$\omega_{e_{max}} = \frac{1}{N_S + N_R} \left(N_R \omega_2 + N_S \omega_{1_{MAX}} \right) \tag{7.8}$$

7.3.1.2 Leistungsfluss
Mit den Gleichungen 7.2–7.5 lässt sich einfach zweigen, dass gilt:

$$T_e \omega_e + T_1 \omega_1 + T_R \omega_R = 0 \tag{7.9}$$

oder einfach:

$$P_e + P_1 + P_R = 0 \tag{7.10}$$

Das zeigt die energieerhaltende und zugleich leistungsverzweigende Funktion der Einrichtung. Die vom Fahrzeug aufgenommene Leistung ist die Summe der Verbrennungsmotor- und Batterieleistung minus die verlorene Leistung:

$$P_V = P_e + P_B - P_L \tag{7.11}$$

Vorausgesetzt, dass keine Leistungsverluste auftreten (die Berücksichtigung von Leistungsverlusten wird in Aufgabe 7.2 untersucht), gilt: Die gesamte, an die Räder abgegebene Leistung ist die Summe der Leistungen am PSD-Ausgang plus die Leistung von MG2 (s. Abb. 7.4):

$$P_V = -P_R + P_2 \tag{7.12}$$

Das Minuszeichen bei P_R ist notwendig, um die Richtung des Moments und die Rotationsrichtung in Übereinstimmung zu bringen. Durch Ersetzen aus Gleichung 7.10 erhalten wir:

$$P_V = P_e + P_1 + P_2 \tag{7.13}$$

$$P_B = P_1 + P_2 \tag{7.14}$$

Nach Gleichung 7.11 überträgt die Batterie durch MG1 und MG2 auch Leistung, wenn die Fahrzeugleistung P_V größer als die Leistung des Verbrennungsmotors P_e ist (Gleichung 7.14). Umgekehrt arbeiten MG1 oder MG2 bei P_e größer P_V im Generatorbetrieb und empfangen vom Verbrennungsmotor Leistung zum Wiederaufladen der Batterie. Es ist wichtig, zu beachten, dass wir angenommen haben, dass die PSD-Abtriebswelle (Hohlrad R) direkt mit MG2 verbunden ist. Damit ist nur die Drehzahl von MG2 mit der Drehzahl am PSD-Ausgang identisch und dessen Drehmoment T_2 ist unabhängig vom Ausgangsmoment T_R der PSD.

Übung 7.2

Bei dem Fahrzeug aus Übung 7.1 beträgt die Fahrwiderstandskraft auf ebener Straße $F_R = 300 + 0{,}25v^2$ (v in m/s). Der Motor arbeitet unter Volllast und seine Drehmoment-Drehzahl-Kurve wird beschrieben durch:

$$T_e = -4{,}45 \times 10^{-6}\,\omega_e^2 + 0{,}0317\,\omega_e + 55{,}24 \,, \quad 1000/\text{min} < \omega_e < 6000/\text{min}$$

Nehmen Sie an, dass für Fall (d) in Übung 7.1 das Fahrzeug mit einer stetigen Geschwindigkeit fährt.

a) Berechnen Sie das Drehmoment und die Leistung für jede Komponente.
b) Geben Sie die Richtung des Leistungsflusses im System an.

Lösung:

a) Da die Geschwindigkeit stetig ist, wirkt bei der gegebenen Geschwindigkeit an der gemeinsamen Welle von Hohlrad und MG2 das Moment:

$$T_O = \frac{F_R r_W}{n} = \frac{(300 + 0{,}25v^2)\,r_W}{n} = 59{,}537\,\text{Nm}$$

Mit der Gleichung für das Moment des Verbrennungsmotors bei der gegebenen Drehzahl (1/min) erhalten wir $T_e = 110{,}84\,\text{Nm}$. Mit Gleichung 7.5 kann das Moment am PSD-Ausgang bestimmt werden: $T_R = -80{,}051\,\text{Nm}$.

Das Minuszeichen bedeutet, dass die Rotationsrichtungen von Verbrennungsmotor und MG2 sich unterscheiden. Das Moment des Verbrennungsmotors ist
größer als der benötigte Wert, und das überschüssige Moment an der Abtriebswelle (80,051 − 59,537 = 20,514) wird von MG2 aufgenommen. Das Moment
von MG1 erhalten wir mit Gleichung 7.3. Es beträgt −30,79 Nm.

Die Leistung jeder der Komponenten berechnet sich aus dem Moment multipliziert mit seiner Drehzahl:

$$P_e = 110,84 \times 4000 \times \frac{\pi}{30} = 46,429 \, \text{W}$$

$$P_1 = -30,79 \times (-313) \times \frac{\pi}{30} = 1009 \, \text{W}$$

$$P_2 = -20,514 \times 5659 \times \frac{\pi}{30} = -12,156 \, \text{W}$$

Da die Rotationsrichtung von MG2 und das Drehmoment entgegengesetzt
sind, befindet sich MG im Generatorbetrieb. Seine Leistung ist negativ.

b) Der Leistungsbedarf P_V des Fahrzeugs ist gleich $P_V = F_R v = 35,281 \, \text{W}$.

Da die Motorleistung größer als der Leistungsbedarf ist, kann die Batterie mit der
Leistung $P_B = P_V - P_e = -11,147 \, \text{W}$ (Gleichung 7.11) geladen werden. Tatsächlich verbraucht MG2 12,156 W von der Leistung des Verbrennungsmotors und liefert sie an die Batterie. Andererseits arbeitet MG1 im Motorbetrieb und nimmt
1,009 W an Batterieleistung auf. Die Leistungsbilanz zur Batterie beträgt daher
$P_B = -12,156 + 1,009 = -11,147 \, \text{W}$, wie Gleichung 7.14 zeigt.

7.3.1.3 Leistungszirkulation

Im reinen verbrennungsmotorischen Betrieb wird der Batterie keine Leistung
entnommen, allerdings kann die Motorleistung aufgrund der Drehzahlabhängig-
keiten durch den PSD nicht direkt an die Antriebsräder abgegeben werden. Unter
diesen Bedingungen arbeiten MG1 und MG2 entweder als Generatoren oder Motoren. Dadurch wird die mechanische Leistung in elektrische Leistung und durch
die beiden elektrischen Maschinen anschließend wieder zurückkonvertiert. In
Übung 7.2 konnte eine zirkulierende Leistung von 1009 W beobachtet werden.

Abbildung 7.15 zeigt zwei mögliche Fälle an Leistungszirkulation beim reinen
Verbrennungsmotorbetrieb. In Abb. 7.15a wird ein Teil der mechanischen Leistung vom Verbrennungsmotor von MG1 abgegriffen und in elektrische Energie
umgewandelt. Diese wird von MG2 in mechanische Energie zurückkonvertiert
und an die Antriebsräder abgegeben. Abbildung 7.15b zeigt die Leistungszirkulation in umgekehrter Richtung.

In Abb. 7.15a ist die zirkulierende Leistung P_{Cir} im reinen Verbrennungsmotorbetrieb gleich der Leistung von MG1 für Fall (a) und gleich der Leistung von MG2
für Fall (b). Vorausgesetzt, Leistungsverluste werden nicht berücksichtigt, dann
verschwindet P_B, und wir erhalten mit Gleichung 7.14:

$$P_{Cir} = |P_1| = |P_2| \tag{7.15}$$

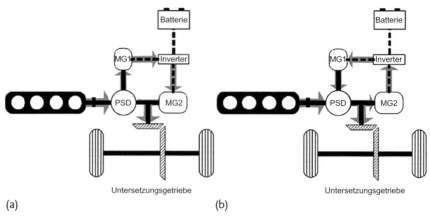

(a)   (b)

Abb. 7.15 Leistungszirkulation.

Mit den Gleichungen 7.5 und 7.9 erhalten wir:

$$\frac{P_{Cir}}{P_e} = \left| 1 - \frac{N_R}{N_R + N_S}\frac{\omega_2}{\omega_e} \right| \tag{7.16}$$

Abb. 7.16 zeigt die Variation an zirkulierender Leistung P_{Cir}/P_e über dem Drehzahlverhältnis ω_2/ω_e für die Drehzahlverhältnisse aus Übung 7.1.

Es ist klar, dass Leistungszirkulation aufgrund der Ineffizienz bei der Konvertierung der mechanischen und elektrischen Leistungen zu Leistungsverlust führt.

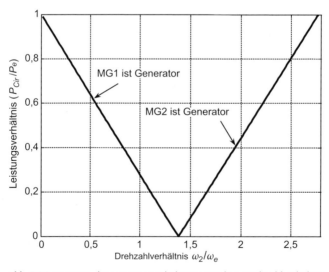

Abb. 7.16 Variation der Leistungszirkulation mit dem Drehzahlverhältnis.

Übung 7.3

Das Fahrzeug aus Übung 7.2 hat eine Masse von 1500 kg. Der Verbrennungsmotor arbeitet unter Volllast und das Fahrzeug beschleunigt auf eine Fahrzeuggeschwindigkeit von 120 km/h. Bestimmen Sie folgende Werte für den reinen Verbrennungsmotorbetrieb (Leistungsverluste liegen nicht vor):

a) Berechnen Sie die Fahrzeugbeschleunigung.
b) Bestimmen Sie die Leistungszirkulation des Systems mithilfe der Leistungen der Komponenten.
c) Bestimmen Sie die Leistungszirkulation mithilfe von Gleichung 7.16.

Lösung:

a) Um maximale Beschleunigung zu haben, muss der Verbrennungsmotor das maximale Drehmoment abgeben. Aus der Motordrehmomentgleichung erhalten wir: $T_e = 111{,}7$ Nm und $\omega_e = 3562$/min.

Da der Batterie keine Leistung entnommen wird, wird der gesamte Leistungsbedarf des Fahrzeugs vom Verbrennungsmotor produziert: $F_T = \frac{T_e \omega_e}{v} = 1250$ N. So ergibt sich die Fahrzeugbeschleunigung:

$$a = \frac{F_T - F_R}{m} = 0{,}45 \, \frac{m}{s^2}$$

b) Das an der gemeinsamen Abtriebswelle von Hohlrad und MG2 anliegende Drehmoment beträgt:

$$T_O = \frac{F_T r_W}{n} = 93{,}737 \text{ Nm}$$

Nach dem in Übung 7.1 erläuterten Vorgehen erhalten wir folgende Momente und Drehzahlen:

$$T_1 = -31{,}026 \text{ Nm}, \quad T_R = -80{,}668 \text{ Nm}$$
$$\omega_1 = 1787{,}7/\text{min}, \quad \omega_2 = 4244{,}1/\text{min}$$

Das Abtriebsdrehmoment (T_R) der PSD ist kleiner als das Gesamt-Abtriebsmoment (T_O). Die Differenz ist das Moment von MG2:

$$T_2 = 93{,}737 - 80{,}668 = 13{,}069 \text{ Nm}$$

Die Leistungen der Komponenten betragen:

$$P_1 = -5{,}8 \text{ kW}, \quad P_2 = 5{,}8 \text{ kW} \quad \text{und} \quad P_{Cir} = 5{,}8 \text{ kW}$$

Dies zeigt, dass MG1 im Generator- und MG2 im Motorbetrieb arbeiten.

c) Das Drehzahlverhältnis in Gleichung 7.16 ist 1,1916, und auf der rechten Seite ergibt sich:

$$1 - \frac{N_R}{N_R + N_S} \frac{\omega_2}{\omega_e} = 0{,}1394 \quad \text{und} \quad P_{Cir} = 5{,}8 \text{ kW}$$

Tab. 7.4 Zusatzdaten für Übung 7.4.

Parameter	Beschreibung	Wert	Einheit
T_{mmax}	maximales Drehmoment MG2	400	Nm
r_{Wf}	Frontachsen-Gewichtsverhältnis	0,6	–
μ	Reibungskoeffizient Reifen-Straße	0,9	–

7.3.1.4 Maximale Antriebskraft

Wenn man annimmt, dass hinreichend Reibung an der Reifenaufstandsfläche zur Verfügung steht, ergibt sich die Antriebskraft des Fahrzeugs aus dem an den Antriebsrädern verfügbaren Drehmoment. Das maximale Drehmoment, das an den Rädern zur Verfügung steht, ist gleich die Summe aus dem am PSD-Ausgang verfügbaren Drehmoment (T_R) und dem von MG2 generierten Drehmoment (T_2) multipliziert mit ihren Übersetzungsverhältnissen. Daher ergibt sich das an das Antriebsrad abgegebene Moment aus dem Drehmoment am PSD-Ausgang mit dem Übersetzungsverhältnis n_1 und dem Moment von MG2 mit dem Übersetzungsverhältnis n_2 wie folgt (s. Abb. 7.5):

$$T_W = n_1 T_R + n_2 T_2 \tag{7.17}$$

Das PSD-Abtriebsmoment ist wiederum das Ergebnis des Zusammenwirkens der Momente von Verbrennungsmotor und MG1. Mit Gleichung 7.5 erhalten wir:

$$T_W = \frac{n_1 N_R}{N_S + N_R} T_e + n_2 T_2 \tag{7.18}$$

Für den Fall, dass sich PSD-Antrieb und MG2 auf einer Welle befinden, ergibt sich die verfügbare Antriebskraft zu:

$$F_T = \frac{n_f}{r_W} \left(\frac{N_R}{N_S + N_R} T_e + T_2 \right) \tag{7.19}$$

Die maximale Traktionskraft variiert also in Abhängigkeit von der Betriebsweise des Fahrzeugs. Bei reinem Batteriebetrieb ist der Verbrennungsmotor abgestellt. In Gleichung 7.19 bleibt nur T_2 übrig. Bei reinem Verbrennungsmotorbetrieb hingegen ist der Ausdruck T_2 dank der Leistungszirkulation auch vorhanden.

Übung 7.4

Das Fahrzeug aus Übung 7.3 beschleunigt aus dem Stillstand mit Volllast. Anfänglich dreht der Motor mit der Leerlaufdrehzahl von 1000/min. Die übrigen Informationen, die Sie benötigen, finden Sie in Tab. 7.4.

Es findet kein Leistungsverlust statt. Plotten Sie für den reinen Verbrennungsmotorbetrieb die folgenden Daten: Variation von Fahrzeuggeschwindigkeit, Beschleunigung, Traktionskraft, Momente sowie Leistungen der Komponenten über die Zeit.

Lösung:

Um dieses Problem zu lösen, müssen jede Menge Gleichungen gelöst werden. Daher ist es sinnvoll, ein Programm dafür zu schreiben. Lesen Sie die folgenden hilfreichen Anmerkungen, bevor Sie das Problem zu lösen beginnen:

1. Obwohl das Fahrzeug im reinen Verbrennungsmotorbetrieb läuft, ist zirkulierende Leistung vorhanden, und beide Motor-Generatoren sind beteiligt.
2. Da die Fahrzeuggeschwindigkeit zu Anfang null ist, ist auch die Drehzahl von MG2 null. Zu Beginn der Berechnungen kann MG2 somit die zirkulierende Leistung weder aufnehmen noch an die Räder abgegeben. Es darf angenommen werden, dass die Traktionskraft zum Zeitpunkt null maximal ist.
3. Kein Leistungsverlust vorausgesetzt, gilt $F_T v = P_e$ für jeden Augenblick (beachten Sie, das Fahrzeug wird rein verbrennungsmotorisch angetrieben).
4. $\omega_2 (= \omega_m)$ bezieht sich direkt auf die Fahrzeuggeschwindigkeit, wogegen wir ω_1 aus der zirkulierenden Leistung berechnen müssen (beachten Sie, dass die zirkulierende Leistung auch gleich der Leistung von MG1 ist).

Für die Lösung von Übung 7.4 verwenden Sie das MATLAB-Programm, das in den Abb. 7.17 und 7.18 abgebildet ist. Zur Lösung muss die numerische Integration der Fahrzeuggeschwindigkeit durchgeführt werden. Daher finden Sie im Hauptprogramm eine Funktion mit dem Namen „v_find". Um die Programme verständlicher zu machen, sind Kommentare eingearbeitet. Die Ergebnisse sind in den Abb. 7.19–7.23 abgebildet.

7.3.2
EM-Verbund-PSD

Das in Abschn. 7.3.1 betrachtete PSD-System unterliegt trotz der einfachen Konstruktion Einschränkungen hinsichtlich Leistungsmanagement und Betriebsweise des Fahrzeugs. In Abschn. 7.2.3.2 wurden verschiedene PSD-Typen erläutert. Die Zielsetzung für neue Entwürfe besteht darin, mehr Flexibilität im Betrieb und Leistungsfluss des Hybridsystems zu liefern.

An der Iran University of Science & Technology (IUST) wurde ein kompakt bauendes PSD-System entwickelt, das auf einem Planetenradsatz basiert und über eine zusätzliche Eingangswelle für MG2 verfügt. Die Anordnung dieses PSD-Systems wird *Easier Management* oder EM-PSD genannt (wobei EM auch für Emadi-Mashadi steht). Das EM-PSD ist in Abb. 7.24 zu sehen (s. auch [2]). Die mit einem zweiten Hohlrad verbundene Eingangswelle „N" ist das zusätzliche Merkmal dieses einfachen Planetenradsatzes.

Die kinematischen Beziehungen für diese Vorrichtung können wie folgt beschrieben werden:

$$\omega_{MG1} = (1 + m)\,\omega_e - m\omega_R \tag{7.20}$$

$$\omega_{MG2} = (1 - n)\,\omega_e + n\omega_R \tag{7.21}$$

```
% Übung 7.4 (Hauptprogramm)
clc, clear all, close all
global m n rW k1 k2 Pcir T1 Tmmax FTmax
NR=78; NS=30;            % Zähnezahlen
n=4;                     % Achsübersetzung
rW=0.3;                  % Wirksamer Reifenradius
m=1500;                  % Fahrzeugmasse
Tmmax=400;               % Max. Drehmoment E-Motor
FWR=0.6;                 % Frontachsengewichtsverhältnis
mio=0.9;                 % Haftreibung Reifen-Straße
vm0=eps;                 % Anfangsgeschwindigkeit Fahrzeug (m/s)
omega_e0=1000;           % Anfangsgeschwindigkeit Motor (1/min)
FTmax=mio*FWR*m*9.81;           % Max. Traktionskraft
k2=NR/NS; k1=1+k2;      % siehe Übung 7.1
omega_2=30*n*vm0/rW/pi;        % siehe Übung 7.1
omega_1=k1*omega_e0-k2*omega_2;% siehe Übung 7.1
Te=-4.45e-6*omega_e0^2+0.0317*omega_e0+55.24;
TR0=-NR*Te/(NR+NS);            % Anfangsmoment TR
T1=NS*T20/NR;           % Anfangsmoment T1
Pe0=pi*Te*omega_e0/30; % Anfangsleistung Verbrennungsmotor (Watt)
S_ratio=omega_2/omega_e0;
Pratio=abs(1-S_ratio*k2/k1);            % Gleichung 7.16
Pcir=-Pe0*Pratio*30/pi; % W*30/pi wird in function-Programmteil verwendet
% Aufruf von der Funktion 'v_find' zur Integration von dv/dt (siehe Kapitel 3)
[t,v]=ode45(@v_find, [0 20], vm0);

% Nun ist Fahrzeuggeschwindigkeit über die Zeit bekannt und alle anderen Informationen
% müssen erstellt werden. Das wir in der folgenden Schleife erledigt:
Pcir0=-Pe0*Pratio*30/pi;   % Anfangswert für zirkulierende Leistung
(W*30/pi)
T10=NS*TR0/NR;  % Anfangswert für Drehmoment von MG1
for i=1: length(v)
    vm=v(i);
omega_2(i)=30*n*vm/rW/pi;
omega_1(i)=Pcir0/T10;       % Siehe Kommentar 4
omega_e(i)=(omega_1(i)+k2*omega_2(i))/k1;
Te(i)=-4.45e-6*omega_e(i)^2+0.0317*omega_e(i)+55.24;
TR(i)=-k2*Te(i)/k1;
T1(i)=TR(i)/k2;
Pe(i)=pi*Te(i)*omega_e(i)/30;
FT(i)=Pe(i)/vm;    % Siehe Kommentar 3
if FT(i)>FTmax, FT(i)=FTmax; end   % Traktionskraft begrenzen
Tout(i)=FT(i)*rW/n;   % Gesamtmoment an PSD-Abtriebswelle
T2(i)=Tout(i)+TR(i);   % Berechne Drehmoment MG2 (TR ist negativ)
if T2(i)>Tmmax         % Drehmoment von MG2 begrenzen
    T2(i)=Tmmax;
end
Tout(i)=T2(i)-TR(i); % Gleichung 7.19
FT(i)=n*Tout(i)/rW;    % Traktionskraft korrigieren
S_ratio=omega_2(i)/omega_e(i);

S_ratio=omega_2(i)/omega_e(i);
Pratio=1-S_ratio*NR/(NR+NS);
Pcir1(i)=Pe(i)*Pratio; % zirkulierende Leistung Gleichung 7.16
T10=T1(i);
FR=300+0.25*vm^2;     % Fahrwiderstandskraft berechnen
a(i)=(FT(i)-FR)/m;    % Beschleunigung berechnen
P1(i)=pi*T1(i)*omega_1(i)/30;  % Leistung MG1
PR(i)=pi*TR(i)*omega_2(i)/30;  % PSD-Ausgang
power
P2(i)=pi*T2(i)*omega_2(i)/30;  % Leistung MG2
end
% Grafiken plotten.
```

Abb. 7.17 MATLAB-Hauptprogramm-Listing für Übung 7.4.

```
% Übung 7.4 (Funktionsteil)

function vdot=v_find(t,v)

global m n rW k1 k2 Pcir T1 Tmmax FTmax

vm=v;
omega_2=30*n*vm/rW/pi;
omega_1=Pcir/T1;
omega_e=(omega_1+k2*omega_2)/k1;
Te=-4.45e-6*omega_e^2+0.0317*omega_e+55.24;
Pe=pi*Te*omega_e/30;
S_ratio=omega_2/omega_e;
Pratio=abs(1-S_ratio*k2/k1);
Pcir=-Pe*Pratio*30/pi;
FT=Pe/vm;
FT(FT>FTmax)=FTmax;
Tout=FT*rW/n;
TR=-k2*Te/k1;
T1=T2/k2;
T2=Tout+TR; % Gleichung 7.17
if T2>Tmmax
   T2=Tmmax;
   Tout=T2-TR;
   FT=n*Tout/rW;
end
FR=300+0.25*vm^2;
vdot=(FT-FR)/m;
```

Abb. 7.18 MATLAB-Funktionsprogramm-Listing.

wobei:

$$m = \frac{N_R}{N_S} \tag{7.22}$$

$$n = \frac{2m k_P}{2m + (k_P - 1)(m - 1)} \tag{7.23}$$

$$k_P = \frac{N_Q}{N_P} \tag{7.24}$$

Die grafischen Darstellungen von Gleichung 7.20 und 7.21 sind in Abb. 7.25 zu finden. Dabei handelt es sich um eine PSD-Anordnung mit $k_P < 1$ (wie Abb. 7.24). Die beiden vertikalen Linien links und rechts sowie die Verbrennungsmotorlinie entsprechen Gleichung 7.20, die exakt der Gleichung 7.2 für ein einfaches PSD-System entspricht. Andererseits entsprechen die drei vertikalen Linien auf der rechten Seite der durch Gleichung 7.21 definierten Relation.

Für k_P-Werte größer eins werden die beiden Linien auf der rechten Seite vertauscht. Bei $k_P = 1$ ist das EM-PSD-System identisch zum einfachen PSD-System.

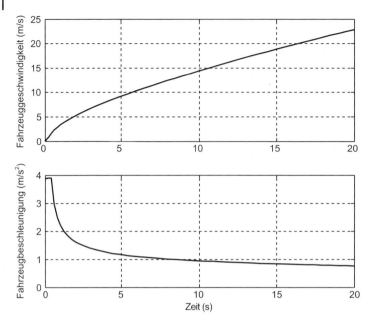

Abb. 7.19 Variationen von Fahrzeuggeschwindigkeit und Beschleunigung.

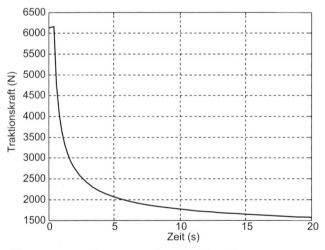

Abb. 7.20 Variation der Gesamttraktionskraft des Fahrzeugs.

Übung 7.5

Verwenden Sie die Informationen aus Übung 7.1. Bestimmen Sie die Drehzahlen von MG1 und MG2 für die vier Fälle des gleichen Beispiels. Ermitteln Sie die Ergebnisse für die beiden Fälle mit dem Radiusverhältnis des kleinen Planetenrades zum großen Planetenrad für $k_P = 0{,}75$ und $k_P = 1{,}5$.

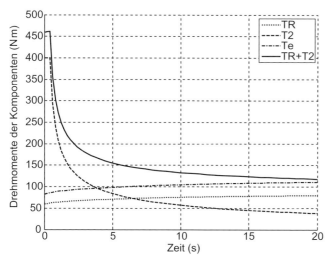

Abb. 7.21 Variationen der Komponentenmomente.

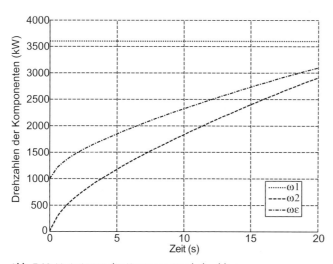

Abb. 7.22 Variationen der Komponentendrehzahlen.

Lösung:

Ähnlich wie in Übung 7.1 bezieht sich die Fahrzeuggeschwindigkeit direkt auf die Drehzahl am PSD-Ausgang, in diesem Fall die Drehzahl des Hohlrades R. Die Gleichung für die Rotationsgeschwindigkeit des Hohlrades lautet:

$$\omega_R = \frac{n_f}{r_W} v$$

Mit Gleichung 7.20 und 7.21 kennen wir auch die Abhängigkeiten zwischen den Drehzahlen von MG1 und MG2 und den Drehzahlen von Verbrennungsmotor und Hohlrad. Wenn wir also mithilfe der Fahrzeuggeschwindigkeit die Drehzahl des

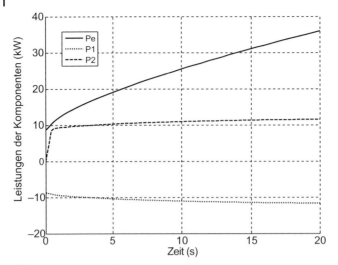

Abb. 7.23 Variationen der Komponentenleistungen.

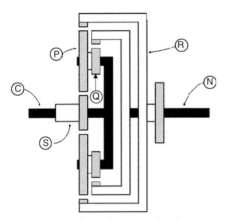

Abb. 7.24 Anordnung des EM-Verbund-PSD.

Hohlrades berechnet haben, sind die geforderten Drehzahlen einfach zu ermitteln. Die nummerischen Ergebnisse für die vier Fälle sind in Tab. 7.5 aufgeführt.Man erkennt, dass die Drehzahlwerte von MG1 mit denen von Übung 7.1 übereinstimmen.

7.3.2.1 Drehmoment und Leistung

Das quasistatische Momentengleichgewicht des Systems hat folgende Form:

$$T_e + T_{MG1} + T_{MG2} + T_R = 0 \tag{7.25}$$

Vorausgesetzt, dass kein Leistungsverlust stattfindet, gilt:

$$P_e + P_{MG1} + P_{MG2} + P_R = 0 \tag{7.26}$$

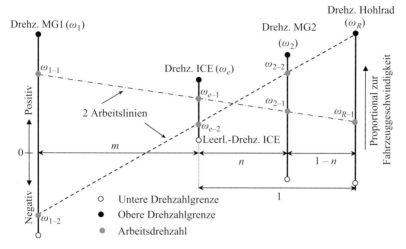

Abb. 7.25 Zwangsbedingungen für die Geschwindigkeiten im EM-PSD-System. Drehz. MG1 – Rotationsgeschwindigkeit Motor-Generator 1, Drehz. MG2 – Rotationsgeschwindigkeit Motor-Generator 2, ICE – Verbrennungsmotor.

Tab. 7.5 Numerische Ergebnisse von Übung 7.5.

Fall	ω_e	v (km/h)	$k_P = 0,75$		$k_P = 1,5$	
			ω_1	ω_2	ω_1	ω_2
a	0	0	0	0	0	0
b	1000	0	3600	187,5	3600	−300
c	1000	60	−1917	1912	−1917	2459
d	4000	160	−313	5348	−313	6157

Durch Ersetzen aus Gleichung 7.20 und 7.21 in Gleichung 7.26 erhalten wir:

$$n T_{MG2} - m T_{MG1} + T_R = 0 \qquad (7.27)$$

Mithilfe von Gleichung 7.25 erhalten wir die Gleichungen für die Drehmomente von MG1 und MG2:

$$T_{MG1} = -\frac{n}{m+n} T_e + \frac{1-n}{m+n} T_R \qquad (7.28)$$

$$T_{MG2} = -\frac{m}{m+n} T_e - \frac{1+m}{m+n} T_R \qquad (7.29)$$

Der gesamte Leistungsbedarf des bewegten Fahrzeugs wird vom Verbrennungsmotor und der Batterie produziert und wird nur durch das Haupt-Hohlrad abgegeben (s. Abb. 7.24):

$$P_V = P_e + P_B = -P_R \qquad (7.30)$$

Ersetzen aus Gleichung 7.26 ergibt:

$$P_V = P_e + P_{MG1} + P_{MG2} \tag{7.31}$$

Das führt zu:

$$P_B = P_{MG1} + P_{MG2} \tag{7.32}$$

Das Ergebnis bestätigt, dass der Leistungsaustausch mit der Batterie tatsächlich durch MG1 und MG2 gemeinsam erfolgt.

Übung 7.6

Wiederholen Sie Übung 7.2 für das Fahrzeug und PSD-System aus Übung 7.5. Lösen Sie folgende Aufgaben für eine stetige Fahrzeugbewegung für Fall (d) aus Tab. 7.5:

a) Berechnen Sie das Drehmoment und die Leistung für jede Komponente.
b) Geben Sie die Richtung des Leistungsflusses im System an.

Lösung:

a) Für die vorgegebene Geschwindigkeit und beide Werte von k_P erhalten wir für das an der Hohlradwelle wirkende Drehmoment und das Motordrehmoment bei der vorgegebenen Geschwindigkeit $T_R = 59{,}537$ Nm und $T_e = 110{,}84$ Nm (s. Übung 7.2).
Aus den Gleichungen 7.28 und 7.29 können die Drehmomente von MG1 und MG2 bestimmt werden. Die Leistung der einzelnen Komponenten erhalten wir durch einfaches Multiplizieren des jeweiligen Drehmoments mit der Drehzahl der jeweiligen Komponente. Die Leistung des Verbrennungsmotors berechnen wir zu $P_e = 46{,}429$ kW.
Die übrigen Ergebnisse sind in Tab. 7.6 wiedergegeben.
b) Der Leistungsbedarf des Fahrzeugs ist in beiden Fällen P_V gleich $P_V = F_R v = 35{,}281$ W.

Die Leistung des Verbrennungsmotors ist größer als die angeforderte Leistung. Daher wird die Batterie mit einer Leistung von $P_B = P_V - P_e = -11{,}147$ W (Gleichung 7.31) geladen. Tatsächlich greift MG2 einen Teil der Leistung des Verbrennungsmotors ab und gibt sie an die Batterie ab. Andererseits arbeitet MG1 als Elektromotor und entnimmt Leistung aus der Batterie. Die Leistungsbilanz für die Batterie lautet daher: $P_B = P_{MG1} + P_{MG2} = -11{,}147$ W (eine negative Leistung bedeutet hier, dass die Batterie Leistung aufnimmt).

7.3.2.2 Leistungszirkulation

Beim reinen Verbrennungsmotorbetrieb ist der Verbrennungsmotor die einzige Leistungsquelle. Die Leistung, die er produziert, wird nur über das Hohlrad R abgegeben. Vorausgesetzt, dass kein Leistungsverlust auftritt, gilt also:

$$P_e + P_R = 0 \tag{7.33}$$

Tab. 7.6 Numerische Ergebnisse von Übung 7.6.

Fall	n	T_1 (Nm)	T_2 (Nm)	P_1 (kW)	P_2 (kW)	P_B (kW)
$k_P = 0{,}75$	0,81	−29,662	−21,641	0,972	−12,12	−11,147
$k_P = 1{,}5$	1,30	−32,367	−17,936	1,061	−12,21	−11,147

$$P_{MG1} + P_{MG2} = 0 \tag{7.34}$$

Gleichung 7.34 stellt die Leistungszirkulation zwischen MG1 und MG2 bei einem im reinen Verbrennungsmotorbetrieb bewegten Fahrzeug dar. Es gilt:

$$P_{cir} = |P_{MG1}| = |P_{MG2}| \tag{7.35}$$

Mit den Gleichungen 7.20, 7.28 und 7.33 (oder Gleichungen 7.21, 7.29 und 7.33) erhalten wir folgenden Ausdruck für die zirkulierende Leistung als Teil der Leistung des Verbrennungsmotors:

$$\frac{P_{cir}}{P_e} = \left| 1 - \frac{2n(m+1)}{m+n} + \frac{mn}{m+n} \times \frac{\omega_R}{\omega_e} + \frac{(1+m)(n-1)}{m+n} \times \frac{\omega_e}{\omega_R} \right| \tag{7.36}$$

Im Allgemeinen verschwindet die zirkulierende Leistung an zwei Punkten, und zwar bei einem Drehzahlverhältnis von $1 + \frac{1}{m}$ oder $1 - \frac{1}{n}$. Der erste Punkt ist nur vom Parameter m, d. h. von der Anordnung des Original-Planetenradsatzes abhängig (s. Gleichung 7.22). Dieser Punkt mit einem Drehzahlverhältnis größer 1 ist physikalisch stets möglich. Der letzte Punkt ist von den relativen Größen der Planetenräder im EM-PSD abhängig. Für Werte $n < 1$ liegt er auf der negativen Seite der Drehzahlverhältnisachse. Somit ist er bei Vorwärtsbewegung des Fahrzeugs nicht vorhanden. $n = 1$ bezieht sich auf den Fall, bei dem die beiden PSD-Systeme identisch sind.

In Abb. 7.26 ist die Variation des Leistungsverhältnisses von Gleichung 7.36 mit der Variation des Drehzahlverhältnisses $\frac{\omega_R}{\omega_e}$ für verschiedene Werte des Parameters n abgebildet. Der Parameter m wird durch die Zähnezahlen $N_S = 30$ und $N_R = 77$ bestimmt und ist gleich 2,6. Klar ist, dass für Werte von $n > 1$ die zirkulierende Leistung in bestimmten Arbeitsbereichen im Vergleich zum ursprünglichen PSD-System erheblich abnimmt.

Übung 7.7

Berechnen Sie die Leistungszirkulation des Systems für das Fahrzeug und die Bedingungen von Übung 7.3 und das PSD-System aus Übung 7.5.

Lösung:

Die Fahrzeugbeschleunigung beträgt 0,45 m/s^2 mit einem Drehmoment $T_e = 111{,}7$ Nm und einer Drehzahl von $\omega_e = 3562$/min. Das an der Abtriebswelle (des Haupt-Hohlrades) anliegende Drehmoment beträgt 93,737 Nm (s. Übung 7.3). Sie erhalten die Ergebnisse für beide Werte von k_P mit der in Übung 7.3 erläuterten Vorgehensweise. Die Ergebnisse sind in Tab. 7.7 zusammengefasst.

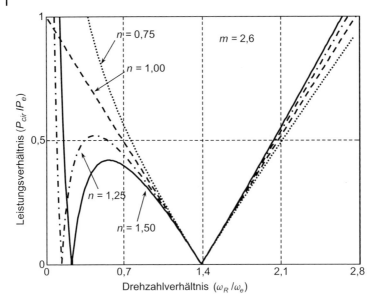

Abb. 7.26 Die Variation des zirkulierenden Leistungsanteils über dem Drehzahlverhältnis für das EM-PSD.

Tab. 7.7 Numerische Ergebnisse von Übung 7.7.

Fall	n	ω_1	ω_2	T_1 (Nm)	T_2 (Nm)	P_1 (kW)	P_2 (kW)	P_{cir} (kW)
$k_P = 0{,}75$	0,81	1788	4116	−31,744	13,787	−5,943	5,943	5,943
$k_P = 1{,}5$	1,30	1788	4449	−30,021	12,064	−5,620	5,620	5,620

7.4
HEV-Komponenteneigenschaften

In hybridelektrischen Fahrzeugen (HEV) werden Elektromotoren eingesetzt, um das Fahrzeug entweder beim rein elektrischen Betrieb elektromotorisch anzutreiben oder um den Verbrennungsmotor in Phasen des hohen Drehmomentbedarfs kurzzeitig elektromotorisch zu unterstützen. Andererseits werden sie auch genutzt, um die Fahrzeugenergie beim Bremsvorgang zurückzugewinnen und die Batterie wieder aufzuladen. Der substanzielle Vorteil eines Hybridfahrzeugs ist jedoch die optimale Nutzung seiner leistungserzeugenden Komponenten. Verbrennungsmotoren und elektrische Maschinen haben unterschiedliche Betriebsverhalten. Das beeinflusst Gesamtleistung und -wirkungsgrad eines HEV. Bei der Planung von Hybridfahrzeugen ist es daher oberstes Ziel, den Gesamtwirkungsgrad zu maximieren und die Fahrzeugemissionen zu reduzieren.

7.4.1
Der Verbrennungsmotor

Die Verbrennungskraftmaschine ist immer noch die dominierende Kraftquelle in einem hybridelektrischen Fahrzeug. Zu den maßgeblichen Eigenschaften eines Verbrennungsmotors gehören das Drehmoment-Drehzahl-Verhalten, das Effizienzverhalten und der Schadstoffausstoß. Die Performance-Eigenschaften von Verbrennungsmotoren wurden in Kapitel 2 detailliert betrachtet. Das Thema Kraftstoffverbrauch wurde in Kapitel untersucht. Die Leser, die mit den Themen aus den Kapiteln 2 und 5 vertraut sind, werden beim Durcharbeiten des folgenden Kapitels keine Verständnisprobleme haben.

7.4.2
Elektrische Maschinen

Elektrische Maschinen sind in konventionellen Fahrzeugen bestens bekannte Komponenten. Als Startermotor (Anlasser) drehen sie die Kurbelwelle, um den Verbrennungsmotor zu starten. Als Generator („Lichtmaschine") laden sie die Batterie. Bei HEVs kommt ihnen eine wichtigere Rolle zu, sie müssen höhere Leistungen über eine längere Zeit abgeben.

Entsprechend ihrer Konstruktion besitzen auch elektrische Maschinen unterschiedliche Leistungsmerkmale. Aus Sicht des HEV-Konstrukteurs sind die beiden wichtigsten Merkmale von elektrischen Maschinen das Drehmoment-Drehzahl- und das Wirkungsgradverhalten. Es wurden unzählige Arten von DC- oder AC-Maschinen entwickelt, und jede hat ihren optimalen Platz in der Industrie gefunden. Die Palette an Elektromotoren, die in HEV-Konstruktionen eingesetzt wird, ist breit. Sie reicht von fremderregten Gleichstrommotoren über Permanentmagnet-Synchron- und -Asynchron-Wechselstrommotoren, Brushless Gleichstrommotoren (BLDC) bis hin zu geschalteten Reluktanzmotoren.

Allgemein sind AC-Motoren (Wechselstrommotoren) kostengünstiger und wartungsfrei, sie benötigen aber ausgeklügeltere Leistungselektroniken. Aber infolge der höheren Leistungsdichte und des höheren Wirkungsgrads von AC-Motoren kommen diese Motorenarten bei einem Großteil der HEV"-Konstruktionen zum Einsatz.

7.4.2.1 Drehmoment von Elektromotoren
Die markante Eigenschaft von Elektromotoren ist, dass sie im Gegensatz zu Verbrennungsmotoren Drehmoment schon im Stillstand produzieren. Generell hängen die Drehmoment-Drehzahl-Eigenschaften von verschiedenen Typen von Elektromotoren von ihrem konstruktiven Aufbau ab. Aber bei allen findet man eine Phase konstanter Drehmoment- und Leistungsabgabe, die man mit der Leistungselektronik steuern kann.

Abbildung 7.27 zeigt eine typische Drehmoment- und Leistungskurve eines Elektromotors über der Drehzahl. Wird die Versorgungsspannung für den Elek-

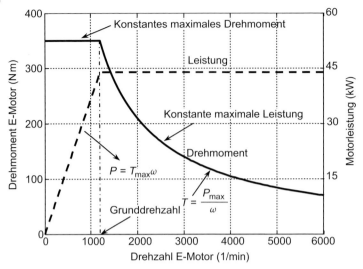

Abb. 7.27 Typische Maximalleistungskurven von HEV-Elektromotoren.

tromotor erhöht und der Fluss dabei konstant gehalten, nimmt die Motordrehzahl zu, und man erzielt ein hohes konstantes Drehmoment. An dem Betriebspunkt, an dem die Spannung im Motor und Spannung der Quelle sind, endet die Phase konstanten Drehmoments. In einer zweiten Phase nimmt der Fluss bei dieser konstanten Spannung ab, und die maximale konstante Leistung wird erreicht. Diese Eigenschaft ist sehr hilfreich, wenn der Elektromotor im Fahrzeug als Traktionsmotor genutzt wird. Dadurch kann er große Antriebskräfte bei kleinen Fahrzeuggeschwindigkeiten (selbst im Stillstand ohne Kupplung) abgeben. Zudem sind dadurch starke Beschleunigungen mit der maximalen verfügbaren Leistung des Elektromotors möglich.

7.4.2.2 Wirkungsgrad des Elektromotors

Ein Elektromotor nimmt elektrische Leistung auf und wandelt sie in mechanische Leistung um. Aufgrund der Leistungsverluste der am Energiefluss beteiligten Komponenten ist die Ausgangsleistung in jedem physikalischen System stets kleiner als die Eingangsleistung. Nach Abb. 7.28 geht ein Teil der Eingangsleistung P_E

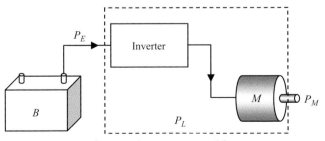

Abb. 7.28 Leistungsfluss von der Batterie zum Elektromotorausgang.

auf dem Weg durch den Inverter zum Motor und im Motor selbst verloren. Mit dieser Definition des Leistungsverlusts P_L erhalten wir die abgegebene mechanische Leistung P_M wie folgt:

$$P_M = P_E - P_L \tag{7.37}$$

Für alle Betriebsbedingungen ist der Wirkungsgrad η_M des Elektromotors durch das Verhältnis von Ausgangsleistung zu Eingangsleistung definiert:

$$\eta_M = \frac{P_M}{P_E} = 1 - \frac{P_L}{P_E} \tag{7.38}$$

Damit ergibt sich der Leistungsverlust in Bezug auf die Eingangsleistung wie folgt:

$$P_L = (1 - \eta_M)\, P_E \tag{7.39}$$

Wenn man den Wirkungsgrad eines Elektromotors unter Laborbedingungen prüft, stellt sich heraus, dass der Wirkungsgrad eines Elektromotors von den Betriebsbedingungen abhängig und damit nicht konstant ist. Mathematisch ausgedrückt:

$$\eta_M = \eta_M(T, \omega) \tag{7.40}$$

In der T-ω-Ebene des E-Motors besitzt der Wirkungsgrad jedes Betriebspunkts einen eigenen Wert. Durch Verbinden der verschiedenen Punkte mit jeweils identischem Wirkungsgrad-Wert erhält man die Kurve gleichen Wirkungsgrads. Wiederholt man dies für alle anderen Punkte mit identischem Wirkungsgrad, so erhält man ein „Wirkungsgradkennfeld" für den Elektromotor. In Abb. 7.29 ist ein typisches Wirkungsgradkennfeld für einen Elektromotor dargestellt.

Bei einem Generator ist der Leistungsfluss aus Abb. 7.29 umgekehrt. Die an den Batterieklemmen aufgenommene elektrische Leistung P'_E ist:

$$P'_E = P_M - P'_L \tag{7.41}$$

wobei P'_L der Leistungsverlust im Generatorbetrieb ist. Ähnlich wie beim Elektromotor, definieren wir den Wirkungsgrad:

$$\eta_G = \frac{P'_E}{P_M} = 1 - \frac{P'_L}{P_M} \tag{7.42}$$

$$P'_L = (1 - \eta_G)\, P_M = (1 - \eta_G)\, \eta_M P_E \tag{7.43}$$

Vorausgesetzt, der Leistungsverlust ist unabhängig von der Richtung des Leistungsflusses, dann erhalten wir durch Gleichsetzen der rechten Seite der Gleichungen 7.39 und 7.43:

$$\eta_G = 2 - \frac{1}{\eta_M} \tag{7.44}$$

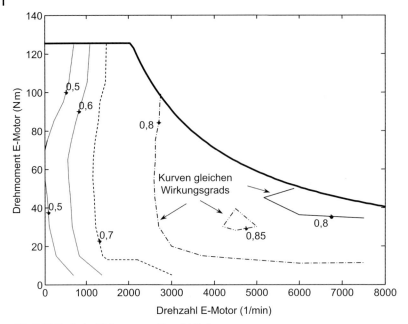

Abb. 7.29 Typische Elektromotor-Kennfeldlinien.

Tab. 7.8 Wirkungsgradwerte des Elektromotors von Übung 7.8.

Drehmoment (Nm)	0	5	15	30	45	55	65	75	85	95	105	124
Drehzahl (1/min)						Wirkungsgrad						
0	0,1	0,4	0,45	0,48	0,49	0,5	0,51	0,49	0,46	0,4	0,37	0,32
1500	0,1	0,62	0,72	0,75	0,76	0,76	0,75	0,75	0,74	0,74	0,71	0,71
2200	0,1	0,62	0,72	0,75	0,76	0,76	0,75	0,75	0,74	0,74	0,71	0,71
3000	0,1	0,7	0,79	0,83	0,84	0,84	0,84	0,84	0,83	0,83	0,82	0,71
4500	0,1	0,71	0,82	0,86	0,85	0,84	0,8	0,84	0,83	0,83	0,82	0,71
6000	0,1	0,74	0,84	0,84	0,74	0,84	0,8	0,84	0,83	0,83	0,82	0,71
7500	0,1	0,76	0,83	0,83	0,74	0,84	0,8	0,84	0,83	0,83	0,82	0,71
9000	0,1	0,76	0,83	0,83	0,74	0,84	0,8	0,84	0,83	0,83	0,82	0,71

Übung 7.8

Tab. 7.8 enthält Effizienzwerte eines Elektromotors im motorischen Betrieb. Ziel ist es, diese Daten zu nutzen, um dasselbe Ergebnis desselben Motors für den generatorischen Betrieb zu erhalten. Verwenden Sie Gleichung 7.44 und erstellen Sie die Wirkungsgradkennlinien für den generatorischen Betrieb.

Lösung:

Zur Lösung dieser Übung stellen wir ein MATLAB-Programm zur Verfügung. Das Programm-Listing ist in Abb. 7.30 zu sehen. Der wesentliche Teil der Lösung nutzt

```
% Übung 7.8
% Wirkungsgrade E-Motor- und Generator

clc, close all, clear all

% Drehmomentvektor E-Motor entsprechend den Spalten der Wirkungsgradtabelle
mg_trq=[0   5   15  30  45  55  65  75  85  95  105 124]; % Nm

% Wirkungsgradtabelle E-Motor und Inverter
motor_eff =[...
0.1 0.40  0.45  0.48  0.49  0.50  0.51  0.49  0.46  0.40  0.37  0.32  % 0
0.1 0.62  0.72  0.75  0.76  0.76  0.75  0.75  0.74  0.74  0.71  0.71  % 1500
0.1 0.62  0.72  0.75  0.76  0.76  0.75  0.75  0.74  0.74  0.71  0.71  % 2200
0.1 0.70  0.79  0.83  0.84  0.84  0.84  0.84  0.84  0.83  0.83  0.82  0.71  % 3000
0.1 0.71  0.82  0.86  0.85  0.84  0.80  0.84  0.83  0.83  0.82  0.71  % 4500
0.1 0.74  0.84  0.84  0.74  0.84  0.80  0.84  0.83  0.83  0.82  0.71  % 6000
0.1 0.76  0.83  0.83  0.74  0.84  0.80  0.84  0.83  0.83  0.82  0.71  % 7500
0.1 0.76  0.83  0.83  0.74  0.84  0.80  0.84  0.83  0.83  0.82  0.71]; % 9000

% Geschwindigkeitsvektor E-Motor entsprechend den Zeilen der Wirkungsgradtabelle
mg_rpm=[0 1500 2200 3000 4500 6000 7500 9000];

% Maximales Moment und entsprechende Drehzahlen
trq_c=ones(1,24)*124;   % Bereich konstanten Drehmoments
for i=1: 67, trq_v(i)=124*2200/90/(i+24); end % Bereich konstanter Leistung
max_trq=[ trq_c, trq_v];
mg_spd=0: 100: 9000;
figure
plot(mg_spd, max_trq)
xlabel('E-Motordrehzahl (1/min)')
ylabel('Motor/Generator Drehmoment (Nm)')
hold on

% Konturen gleichen Wirkungsgrades für E-Motor erzeugen
[C,h]=contour(mg_rpm, mg_trq(2:12), motor_eff(:,2:12)',[0.5 0.6 0.7 0.8 0.85]);
clabel(C)

% Wirkungsgrad Generator und Inverter
for i=1: 12
    for j=1:8
    gen_eff(j,i)= 2 -1/motor_eff(j,i); % Gleichung 7.44
    end
end
plot(mg_spd, -max_trq)

% Konturen gleichen Wirkungsgrades für Generator erzeugen
[C,h]=contour(mg_rpm, -mg_trq(2:12), gen_eff(:,2:12)',[0.4 0.5 0.6 0.7 0.8 0.85]);
clabel(C)
grid
```

Abb. 7.30 MATLAB-Programm-Listing für Übung 7.8.

die MATLAB-Funktion „`contour`". Um das Programm lesbarer zu machen, wurden Kommentare eingearbeitet. Das Plot-Ergebnis ist in Abb. 7.31 zu sehen.

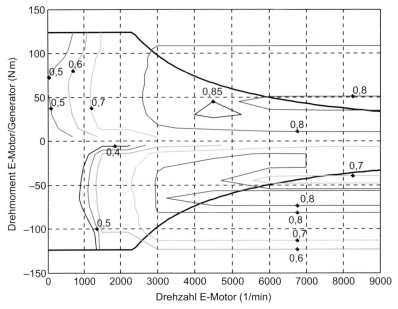

Abb. 7.31 Wirkungsgrad-Kennfeldlinien aus Übung 7.8.

7.4.3
Die Batterie

Die Batterie ist die Komponente, die für den Erfolg von Elektro- und Hybridfahrzeugen entscheidend ist. Durch die hohen Leistungsanforderungen und Lebensdauererwartungen wird die Fahrzeugbatterie zu einem komplizierten System, das ein stetiges Batteriemanagement benötigt. Beim Zusammenbau eines Batteriepakets für HEVs werden die Batteriezellen typischerweise seriell geschaltet, um die hohen Spannungen für den elektromotorischen Antrieb erzielen zu können. Um aber höhere Ströme zu entwickeln, sind die Zellen manchmal auch parallel geschaltet. In einem Batteriepaket sind auch einige Subkomponenten enthalten: Sensoren für Spannungen, Strom und Temperatur, ein System zur thermischen Stabilisierung, ein Batteriemanagementsystem sowie Leistungselektronik zum Trennen des Batteriepakets vom Hochvolt-Bordnetz.

Die beiden wichtigsten Eigenschaften einer Batterie sind die Energiespeicherfähigkeit und der Wirkungsgrad. Die Speicherfähigkeit benötigt man, um das Fahrzeug längere Zeit elektrisch fahren zu können. Gewiss ist es möglich, größere Batteriepakete zu verbauen. Das erhöht jedoch Kosten und Gewicht des Fahrzeugs. Daher ist die „Energiedichte" einer Batterie ein sehr wichtiger Faktor. Die Energiedichte ist das Verhältnis von Speicherfähigkeit zum Gewicht der Batterie.

Die Batteriekapazität Q kann als der Betrag an freier Ladung, die innerhalb der Batterie erzeugt wird, definiert werden. Sie wird in Amperestunden (Ah) gemessen. Sie stellt die Fähigkeit der Batterie dar, Strom für eine bestimmte Zeitdauer

(z. B. eine Stunde) zu erzeugen. Ein solcher Strom wird Entladestrom der Batterie genannt. Die Kapazität kann auch in Wattstunden (Wh) angegeben werden. Dieser Wert ist das Produkt aus Ah-Zahl und Spannung der Batterie.

7.4.3.1 Ladezustand (SOC)

Eine Batteriezelle ist ein empfindliches System, das durch falsche Behandlung permanent beschädigt oder zerstört werden kann. Überladen oder zu starkes Entladen (Tiefentladen) einer Batteriezelle kann sie beschädigen und ihre Lebensdauer verkürzen. Um eine Beschädigung der Batterie zu vermeiden und zu beurteilen, wie viel sie geladen oder entladen werden kann, ist es also notwendig, ihren tatsächlichen Ladezustand zu kennen.

Der „State of Charge" (SOC) oder Ladezustand ist ein Maß für die tatsächliche Ladekapazität der Batterie. Es ist der Betrag an Kapazität, der nach Beginn des Entladens der Batterie aus dem vollständig geladenen Zustand verbleibt. Was mit SOC gemeint ist, ist ein Hinweis auf den Teil der Ladung, der in jeder Zelle verbleibt. Der SOC wird als prozentualer Anteil (%) der vollen Kapazität der Zelle gemessen. Durch eine genaue SOC-Messung lässt sich eine Beschädigung der Zelle durch Überwachen des Stromes vermeiden. Da es keinen Sensor zur direkten Messung des SOC gibt, muss der Ladezustand berechnet werden. In mathematischer Form lässt sich der Momentanwert des SOC wie folgt ausdrücken:

$$SOC(t) = 1 - \frac{1}{Q_0} \int_0^t I(t)\, dt \qquad (7.45)$$

Dabei ist Q_0 die Kapazität der vollständig geladenen Batterie und $I(t)$ der Momentanwert des Entladestroms aus der Batterie. $I(t)$ hat beim Entladen einen positiven und beim Laden einen negativen Wert.

7.4.3.2 Wirkungsgrad der Batterie

Wie in jedem physikalischen System, arbeitet auch eine Batterie nicht verlustfrei. In Abb. 7.32 ist der Leistungsverlust der Batterie durch eine von einem Innenwiderstand R_i verbrauchte ohmsche Leistung modelliert. Der Verlust für einen Batteriestrom I berechnet sich wie folgt:

$$P_L = R_i I^2 \qquad (7.46)$$

Die Beziehung zwischen Ruhespannung der Batterie V_O und Entladespannung V_d (auch Lastspannung) erhalten wir durch Schreiben des Kirchhoff'schen Spannungsgesetzes (Maschenregel) für die Entladeschaltung aus Abb. 7.32:

$$V_d = V_O - R_i I \qquad (7.47)$$

Nach Multiplikation beider Seiten mit dem Strom I und der Ausgangsleistung $V_d I$ erhalten wir:

$$P_o = P_i - P_L \qquad (7.48)$$

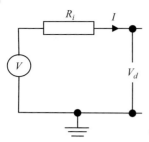

Abb. 7.32 Der Innenwiderstand der Batterie.

Der Wirkungsgrad beim Entladen kann als das Verhältnis zwischen Ausgangsleistung zu Eingangsleistung definiert werden, also:

$$\eta_{Bd} = \frac{R_d}{R_i + R_d} \tag{7.49}$$

hierbei ist R_d der Lastwiderstand beim Entladen (d steht für Discharge, Entladen):

$$R_d = \frac{V_d}{I} \tag{7.50}$$

R_d kann durch Messen der Spannungs- und Stromwerte an den Klemmen der Batterie bestimmt werden.

Während des Ladens wird die Stromrichtung in Abb. 7.32 umgekehrt, und die Ladespannung V_c ist größer als die Ruhespannung. Analog können wir den Wirkungsgrad der Batterie während des Ladevorgangs bestimmen:

$$\eta_{Bc} = 1 - \frac{R_i}{R_c} \tag{7.51}$$

wobei R_c ähnlich definiert ist:

$$R_c = \frac{V_c}{I} \tag{7.52}$$

Der Innenwiderstand R_i einer Batterie ist kein konstanter Wert und unterschiedlich in der Lade- und Entladephase. Zudem ist er von der Menge der aufgenommenen Ladung (SOC, somit vom Ladezustand) der Batterie abhängig. In Abb. 7.33 ist eine typische Änderung des Innenwiderstands der Batterie über dem SOC für Lade- und Entladephase abgebildet.

Übung 7.9

Die Änderung des Batterieinnenwiderstands (in Ohm) mit dem SOC in der Lade- und Entladephase berechnet sich wie folgt:

$$R_{ic} = 0{,}456 \times SOC^2 - 0{,}539 \times SOC + 0{,}933$$
$$R_{id} = -SOC^3 + 2{,}705 \times SOC^2 - 1{,}965 \times SOC + 1{,}498$$

Plotten Sie die Wirkungsgradkennfelder der Batterie in einem Leistung-SOC-Diagramm. Nehmen Sie an, die Klemmenspannung beträgt konstant 280 V.

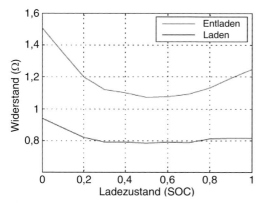

Abb. 7.33 Typische Variation des Batterieinnenwiderstands.

Lösung:

Für eine gegebene Leistung P gilt für Strom und Lastwiderstand:

$$I = \frac{P}{V} \quad \text{und} \quad R = \frac{V}{I}$$

Beim Laden und Entladen besitzen beide Parameter identische Werte bei gegebener Klemmenspannung und Leistung.

Für die Lösung verwenden Sie das MATLAB-Programm, das in Abb. 7.34 abgebildet ist. Die Werte für die oben stehenden Parameter sollen an 150 Punkten, jeweils für die Lade-/Entladephase für Leistungen von 0–15 kW berechnet werden. Unter Verwendung von Gleichung 7.49 (oder Gleichung 7.51) soll der Wirkungsgrad der Batterie für 10 *SOC*-Werte von 0–100 % bestimmt werden. Mit der MATLAB-Funktion „contour" lassen sich die Umlauflinien (Konturen) des Batteriewirkungsgrads zeichnen. Das Ergebnis ist in Abb. 7.35 zu sehen.

Übung 7.10

Ein serielles Hybridfahrzeug mit einer Masse von 1000 kg verfügt über ein Batteriepaket mit einer Spannung von 150 V. Das Fahrzeug beginnt den in Abb. 7.36 abgebildeten Fahrzyklus mit vollständig aufgeladener Batterie.

Das Fahrzeug wird von einem Elektromotor über ein einstufiges Untersetzungsgetriebe angetrieben. Die Wirkungsgradkurve des verwendeten Elektromotors ist in Abb. 7.31 zu finden. Das Verhältnis der Geschwindigkeit des Elektromotors zur Fahrzeuggeschwindigkeit ist 0,03. Die am Fahrzeug wirkenden Fahrwiderstandskräfte erhalten wir mit $F_R = 200 + 0{,}4v^2$ (v ist die Fahrzeuggeschwindigkeit in m/s).

Die Batterie hat zu Beginn einen Ladezustandswert von $Q_0 = 50$ A h. Der maximale Ladestrom beträgt 20 A und der Wirkungsgrad beim Laden und Entladen beträgt konstant 0,9.

```
% Übung 7.9
% Batterie-Wirkungsgradkennfeld

clc, close all, clear all

% Klemmenspannung Batterie  Vt=280;
% Polynome Innenwiderstand Batterie
% Laden  Pol_Ri_c=[0.456 -0.539 0.933];
% Entladen  Ppl_Ri_d=[-1 2.705 -1.965 1.498];
% Erzeugen von 150 Werten für 'power' (Leistung), 'current' (Strom)
% und 'circuit resistance' (Schaltungswiderstand)
Rcd(i)=Vt/I(i); end  I(i)=p(i)/Vt;  for i=1: 150 ,   p(i)=i*100;
for j=1: 11

% 10 SOC-Werte 10% auseinander     SOC(j)=(j-1)/10;
for i=1: 150
    % Für Entladephase:
    Bat_eff_d(i, j)=Rcd(i)/(Rcd(i)+polyval(Pol_Ri_d, SOC(j)));
    % Für Ladephase:
    Bat_eff_c(i, j)=1-polyval(Pol_Ri_c, SOC(j))/Rcd(i);
end
end

[Cd,hd]=contour(SOC*100, p/1000 ,Bat_eff_d,[0.82 0.86 0.9 0.94 0.98]);
clabel(Cd, hd)
hold on
[Cc,hc]=contour(SOC*100, -p/1000 ,Bat_eff_c,[0.86 0.9 0.94 0.98]);
clabel(Cc, hc)
xlabel('SOC (%)')
ylabel('Batterieausgangsleistung (kW)')
grid
```

Abb. 7.34 Das MATLAB-Programm-Listing aus Übung 7.9.

a) Leiten Sie die Gleichungen für den Elektromotor Drehzahl, Drehmoment und Leistung her. Bestimmen Sie den Batteriestrom und den Ladezustand (SOC) über die Zeit.

b) Plotten Sie für die verschiedenen Teile des Fahrzyklus die Variationen der Parameter in (a).

Lösung:

a) Für eine gegebene Fahrzeuggeschwindigkeit ergibt sich die Drehzahl des Elektromotors wie folgt: $\omega_M = \frac{v}{0,03}$ (rad/s).
Für Motormoment und Traktionskraft der Räder gilt $T_M = 0,03 \times F_T$. Die Traktionskraft ist gleich Fahrwiderstandskraft plus Beschleunigungskraft: $F_T = 200 + 0,4v^2 + ma$.
Die Ausgangsleistung des Motors ist das Produkt aus Motormoment und Winkelgeschwindigkeit.

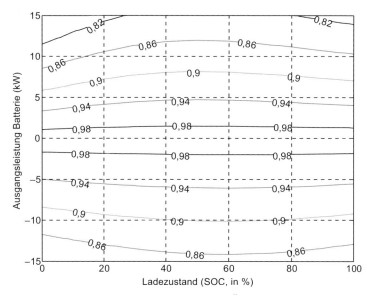

Abb. 7.35 Wirkungsgradkennfeld der Batterie aus Übung 7.9.

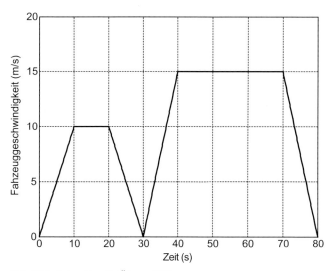

Abb. 7.36 Fahrzyklus für Übung 7.10.

Die Eingangsleistung des Elektromotors (die elektrische Leistung) ist gleich der Ausgangsleistung plus Leistungsverlust des Elektromotors:

$$P_E = P_M + P_L$$

Den Leistungsverlust bestimmen wir aus dem Wirkungsgradkennfeld des Elektromotors, denn Elektromotordrehzahl und -drehmoment sind bekannt. Den Batteriestrom erhalten wir aus dem elektrischen Leistungsbedarf des Elektromotors dividiert durch die Batteriespannung. Den Ladezustand der Batterie erhalten wir mit Gleichung 7.45 sowie durch Integration des Batteriestroms.

b) In Abb. 7.37 ist ein für diese Übung geeignetes MATLAB-Programm aufgelistet. Die Werte für die oben stehenden Parameter werden an verschiedenen Punkten in Schritten von 0,1 s für den Fahrzyklus berechnet. Das Programm aus Übung 7.8 wird auch für die Erzeugung der Wirkungsgradwerte des Elektromotors genutzt.

Für die Teile des Fahrzyklus mit negativer Beschleunigung wird angenommen, dass der Elektromotor generatorisch arbeitet und somit die Batterie mit einem Maximalstrom von 20 A geladen wird.

In den Abb. 7.38–7.41 sind die Ergebnis-Plots für die Variationen der verschiedenen Parameter für einen Fahrzyklus abgebildet.

7.4.3.3 Batteriemanagementsystem

Das Batteriepaket ist ein sehr teures Bauteil in Hybridfahrzeugen. Es ist also wichtig, die Nutzungsdauer mit geeigneten Batteriemanagementstrategien zu verlängern. Es gibt mehrere Faktoren, die die Leistungsfähigkeit und Lebensdauer der Batterie beeinträchtigen. Insbesondere die Entladestrategie einer Batterie ist von großer Bedeutung, da die Leistungsfähigkeit der Batterien reduziert wird, wenn sie regelmäßig tiefentladen werden. Die Batterieleistung ist in hohem Maße temperaturabhängig. Jeder Batterietyp besitzt einen bestimmten Temperaturbereich, in dem die Batterie optimal funktioniert.

Ein Batteriepaket besteht aus mehreren in Reihe angeordneten Batteriezellen. Je größer die Anzahl der Batteriezellen in einem Paket ist, desto höher ist die Gesamtspannung des gesamten Pakets. Um eine Spannung von 400 V mit Zellen à 4,2 V zu erhalten, benötigt man 96 Zellen. Wenn seriell geschaltete Batterien genutzt werden, ist es von entscheidender Bedeutung, dass jede einzelne Zelle in einwandfreiem Zustand ist. Wenn auch nur eine Zelle in einem schlechten Zustand ist, fällt das gesamte Batteriepaket aus. Wenn eine Zelle im Batteriepaket eine etwas geringere Kapazität als die übrigen Zellen besitzt, unterscheidet sich ihr Ladezustand nach mehreren Lade-/Entladezyklen allmählich von dem der restlichen Zellen. Das kann unter Umständen die Tiefentladung der Zelle nach sich ziehen und so dauerhaften Schaden verursachen. Um dies zu verhindern und um den Ladezustand (SOC) der Zelle bestimmen zu können, muss die Spannung jeder einzelnen Zelle überwacht werden. Ist der Ladezustand (SOC) einer Zelle nicht auf dem Niveau der anderen Zellen, muss sie einzeln geladen (oder entladen) werden, um den Ladezustand auszugleichen.

Ein automobiltechnisches Batteriemanagementsystem (BMS) muss in Echtzeit funktionieren und schnell auf wechselnde Bedingungen mit kontinuierlichem Laden/Entladen reagieren. Die Lebensdauer von Antriebsbatterien in HEVs beträgt mehr als zehn Jahre, und das BMS muss die Batterien sorgfältig steuern und überwachen. Batterien von Hybridfahrzeugen müssen beim regenerativen Bremsen höhere Ladeleistungen und beim Starten des Assist- oder Boost-Modus höhere Entladeleistungen verkraften. Daher müssen die Batterien auf einem Ladezustand

```
% Übung 7.10

clc, close all, clear all

m=1000;         % Fahrzeugmasse
Q=10*3600;      % Batteriekapazität
Vb=150;         % Batteriespannung
Bat_eff=0.9;    % Batteriewirkungsgrad

Example_741  % Übung 7.8 ausführen, um Motor/Generator-Daten zu erzeugen


t=0: 0.1:80; % Fahrzykluszeit
% Definiere den Fahrzyklus, Fahrzeuggeschwindigkeit (m/s)
v=t.*(t<=10)+10*(t>10 & t<=20)+(30-t).*(t>20 &t<=30)+1.5*(t-30).*(t>30 &t<=40)+...
    15*(t>40 &t<=70)+(120-1.5*t).*(t>70 &t<=80);
Dv=[diff(v)./diff(t) 0];       % Fahrzeugbeschleunigung (m/s^2)
Ft=200+0.4*v.^2+m*Dv;     %Traktionskraft (N)

% Angefordertes Moment und Leistung
Wm=(v/0.03);         % E-Motor-Drehzahl (rad/s)
Tm=Ft*0.03;          % E-Motor-Moment (Nm)
Pm=Tm.*Wm;           % Ausgangsleistung E-Motor (W)
mg_spd=mg_rpm*pi/30; % Motor/Generator-Drehzahl in rad/s
mg_trq=[-fliplr(mg_trq(2:12)) mg_trq(1) mg_trq(2:12)]; % M/G voller Drehmomentbereich

% Berechne Verluste E-Motor/Generator
[T1,w1]=meshgrid(mg_trq(12:23),mg_spd(2:8));
mg_out_pwr1=T1.*w1;
m_loss_pwr=(1./motor_eff(2:8, 1:12)-1).*mg_out_pwr1;
g_loss_pwr=(1./gen_eff(2:8, 1:12)-1).*mg_out_pwr1;

% Verluste bei Drehmoment null analog benachbarte Punkte
mg_loss_pwr=[fliplr(g_loss_pwr(:,2:12)) m_loss_pwr(:,2)
m_loss_pwr(:,2:12)];

% Verluste bei Drehzahl null analog benachbarte Punkte
mg_loss_pwr=[mg_loss_pwr(1,:);mg_loss_pwr];

% Berechne Eingangsleistung
[T,w]=meshgrid(mg_trq, mg_spd);
mg_out_pwrg=T.*w;
mg_in_pwrg=mg_out_pwrg+mg_loss_pwr;

Pin=interp2(mg_trq, mg_spd, mg_in_pwrg, Tm, Wm); % Interpoliere Eingangsleistungen
Ib=Pin/Vb/Bat_eff;    % Batteriestrom
Ib(Ib<-20)=-20;       % Ladestrom darf -20 A nicht überschreiten
I=zeros(length(t),1);SOC=zeros(length(t),1);
for i=1:length(t)
   I(i)=quad(@(x)interp1(t,Ib,x),eps,t(i)); % Integration des Batteriestroms
   SOC(i)=1-I(i)/Q;   % Ladezustand (SoC)
end
% Plotte Grafiken
```

Abb. 7.37 MATLAB-Listing aus Übung 7.10.

gehalten werden, bei dem die geforderte Leistung entladen werden kann, andererseits muss genügend Freiraum zur Aufnahme der notwendigen regenerativen Leistung vorhanden sein, ohne dass das Risiko besteht, die Zellen zu überladen.

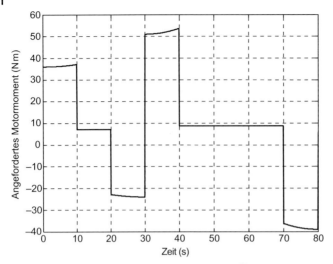

Abb. 7.38 Ausgangsdrehmoment des E-Motors aus Übung 7.10 für einen Zyklus.

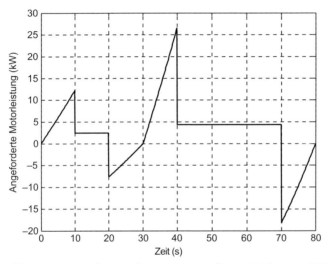

Abb. 7.39 Ausgangsleistung des E-Motors aus Übung 7.10 für einen Zyklus.

Das BMS hat zwei wesentliche Aufgaben: (1) Es sorgt für den Schutz der Zellen und (2) hält den SOC der Zellen auf optimalem Niveau. Eine der primären Funktionen des BMS ist die notwendige Überwachung und Steuerung zum Schutz der Zellen vor nicht zulässigen Betriebsbedingungen. Ein Beispiel für die Aufgabe des BMS ist der Fall der Überhitzung der Batterie; hier muss zunächst Kühllüfter eingeschaltet werden. Ist die Überhitzung zu stark, muss die Batterie vom Bordnetz getrennt werden. Überladen und Tiefentladen sind die primären Gründe für einen Batterieausfall. Daher ist es zur Bestimmung des SOC der einzelnen Zellen im Bat-

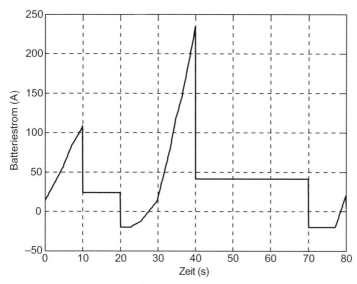

Abb. 7.40 Batteriestrom von Übung 7.10 für einen Zyklus.

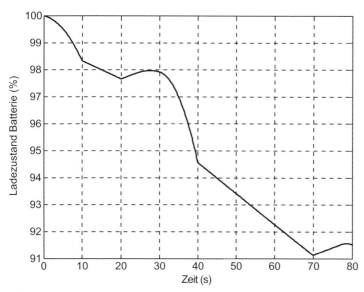

Abb. 7.41 SOC der Batterie aus Übung 7.10 für einen Zyklus.

teriepaket unumgänglich, zu prüfen, ob die Zellen alle gleichmäßig geladen sind. Erst dann ist sichergestellt, dass nicht einzelne Zellen zu stark belastet werden.

Wenn die HEV-Batterie vollständig geladen ist, ist die Fähigkeit zur Energie-aufnahme beim regenerativen Bremsen eingeschränkt. Damit ist die regenerati-ve Bremswirkung geringer. Andererseits muss Tiefentladen vermieden werden, weil dies die Batterie schädigt. Daher werden obere und untere SOC-Grenzwerte

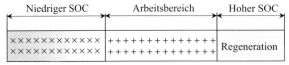

Abb. 7.42 Betriebsbereiche der Batterie.

definiert. Der untere Grenzwert verhindert übermäßiges Entladen. Dies verkürzt die Nutzungsdauer der Batterie. Der obere Grenzwert sorgt für den Freiraum für die Aufnahme der kinetischen Energie des Fahrzeugs beim regenerativen Bremsen. Abbildung 7.42 zeigt, dass sich die typischen Werte für die Betriebsbereiche der Batterien für EVs, HEVs und PHEVs aufgrund der unterschiedlichen Verwendungsart im Fahrzeug unterscheiden. Bei EVs und PHEVs reicht der Arbeitsbereich typischerweise von 20–95 %. Bei HEVs reicht der Minimalwert für den *SOC*-Wert von 40–60 % und der Maximalwert für den *SOC*-Wert von 60–80 %. Bei *SOC*-Werten unterhalb des Arbeitsbereichs ist Entladen nicht zulässig. Somit kann das Fahrzeug nicht im elektrischen Modus betrieben werden. Wenn der *SOC*-Wert höher als der obere Arbeitswert ist, wird die Batterie niemals vom Verbrennungsmotor geladen, aber mitunter beim regenerativen Bremsen.

7.5
HEV-Leistungsanalyse

Die Fahrbedingungen eines Fahrzeugs können sehr unterschiedlich sein und nicht in vollem Umfang vorhergesehen werden. Insbesondere beim normalen Fahrbetrieb eines Fahrzeugs wird der Teillastbereich intensiv genutzt. Die Modellierung des Teillastbereichs ist hingegen nicht einfach. Die Modellierung spezieller Volllastfälle mit maximaler Leistung gestaltet sich einfacher.

Die Leistungsfähigkeit und Betriebsweise von hybridelektrischen Fahrzeugen hängt andererseits in hohem Maße von der Art der Hybridisierung ab. Die Leistungsfähigkeit eines seriellen Hybridfahrzeugs ist grundsätzlich von den Eigenschaften des verwendeten Elektromotors abhängig. Die Betriebsweise eines parallelen HEV in den drei wichtigsten Betriebsarten, reiner Verbrennungsmotorantrieb, reiner Elektromotorbetrieb und Hybridantrieb, wird dagegen von der Art und Weise, wie die Leistung gesteuert und geregelt wird, bestimmt.

7.5.1
Serielles HEV

Die Fahrleistung eines seriellen Hybridfahrzeugs wird von den Eigenschaften des verwendeten Elektromotors bestimmt. Die an den Antriebsrädern erzeugte Traktionskraft ergibt sich aus dem Drehmoment T_m des Elektromotors, das vom Übersetzungsverhältnis n des Untersetzungsgetriebes verstärkt wird:

$$F_T = \frac{n \eta_d T_m}{r_W} \qquad (7.53)$$

Hierbei sind η_d der Wirkungsgrad des Antriebsstrangs vom Elektromotor zu den Rädern und r_W der wirksame Radius der Antriebsräder. Das typische Volllastleistungsverhalten eines Elektromotors ist in Abb. 7.27 dargestellt. Hier sind zwei Bereiche mit konstantem Drehmoment- bzw. Leistungsverlauf zu sehen. Wenn der Elektromotor der Volllastkurve folgt, wird das Fahrzeug mit der vollen Leistung vorangetrieben. Die Gesamtleistung des Fahrzeugs kann in zwei getrennte Bereiche unterteilt werden: einer mit konstantem Drehmoment und einer mit konstanter Leistung. Für jede Phase gelten andere Gleichungen.

7.5.1.1 Phase konstanten Drehmoments

Bezugnehmend auf Abschn. 3.6 gilt für die Geschwindigkeit des aus dem Stillstand startenden Fahrzeugs während der Phase konstanten Drehmoments:

$$v(t) = \beta \tanh \frac{\beta c}{m} t, \quad \beta > 0 \qquad (7.54)$$

wobei:

$$\beta = \sqrt{\frac{F_T - F_0}{c}} \qquad (7.55)$$

Mit der maximalen Geschwindigkeit beim Ende der Phase konstanten Drehmoments erreicht der Elektromotor seine Grunddrehzahl ω_b:

$$v_b = \frac{r_w}{n} \omega_b \qquad (7.56)$$

Die Zeit zum Erreichen dieser Geschwindigkeit erhält man durch folgende Beziehung:

$$t_b = \frac{m}{\beta c} \tanh^{-1} \frac{v_b}{\beta} \qquad (7.57)$$

Die während dieser Periode konstanten Drehmoments zurückgelegte Strecke beträgt:

$$s_b = \frac{m}{c} \left(\ln \sqrt{\frac{\beta^2}{\beta^2 - v_b^2}} \right) \qquad (7.58)$$

Es ist augenscheinlich, dass zum Zeitpunkt t_b die maximale Leistung des Elektromotors genutzt wird und dass nach diesem Punkt die Leistung weiterhin den konstanten Wert P_{max} hat:

$$P_{max} = T_{max} \omega_b = \frac{F_T v_b}{\eta_d} \qquad (7.59)$$

somit proportional zur Grunddrehzahl ω_b des Elektromotors bzw. zur Grundgeschwindigkeit v_b des Fahrzeugs ist. Anders ausgedrückt, für höhere Geschwindigkeiten muss die Leistung des Elektromotors größer sein. Andererseits bedeutet eine höhere Grundgeschwindigkeit, dass die Zeitdauer zum Erreichen dieser Geschwindigkeit, t_b größer ist. Das heißt auch, die starke Beschleunigung dauert länger. In Bezug auf die Leistungsfähigkeit des Fahrzeugs ist dies vorteilhaft, allerdings kann dies nur auf Kosten größerer Motorleistungen erreicht werden.

7.5.1.2 Phase konstanter Leistung

Durch Verwenden der Ergebnisse aus den Abschn. 3.5.4 und 3.5.8 erhalten wir die geltenden Gleichungen für die Phase konstanter Leistung bei der Fahrzeugbewegung. Die maximale Fahrzeuggeschwindigkeit bestimmt man mit:

$$v_{max} = e + h \tag{7.60}$$

wobei:

$$e = (a + d)^{\frac{1}{3}} \, , \quad h = \text{sgn}\,(a - d)\,|a - d|^{\frac{1}{3}} \tag{7.61}$$

$$a = \frac{P_{max}}{2c} \, , \quad b = \frac{F_0}{3c}, d = \left(a^2 + b^3\right)^{0,5} \tag{7.62}$$

Die Zeit bis zum Erreichen der gewünschten Geschwindigkeit v erhalten wir mit der unten stehenden Gleichung:

$$t = k_1 \ln \frac{v_{max} - v}{\sqrt{v^2 + v v_{max} + k}} + k_2 \arctan \frac{2v + v_{max}}{\sqrt{4k - v_{max}^2}} + C \tag{7.63}$$

dabei ist C die Integrationskonstante. Sie wird aus der Anfangswertbedingung bestimmt. Die Koeffizienten k, k_1 und k_2 finden wir mit:

$$k = \frac{P_{max}}{c v_{max}} \tag{7.64}$$

$$k_1 = -\frac{m}{c} \cdot \frac{v_{max}}{2 v_{max}^2 + k} \tag{7.65}$$

$$k_2 = \frac{k_1}{v_{max}} \cdot \frac{2k + v_{max}^2}{\sqrt{4k - v_{max}^2}} \tag{7.66}$$

Theoretisch ist die Zeit zum Erreichen der Maximalgeschwindigkeit unendlich. Ein angemessener Zeitraum kann allerdings für eine Zeit zum Erreichen einer Geschwindigkeit nahe der Endgeschwindigkeit (z. B. 98 %) gefunden werden, indem zuerst die Konstante C für die Anfangsbedingung v_b bei t_b (d. h. Ende der Phase konstanten Drehmoments) bestimmt wird und anschließend ein Sollwert für v (z. B. 0,98 von v_{max}) in Gleichung 7.63 eingesetzt wird.

Übung 7.11

In einem EV wird ein Motor verwendet, der sein maximales Drehmoment von 124 Nm bis zur Grunddrehzahl von 2200/min entfaltet. Die Fahrzeugdaten sind in Tab. 7.9 aufgeführt:

Tab. 7.9 Fahrzeugdaten für Übung 7.11.

Parameter	Beschreibung	Wert	Einheit
m	Fahrzeugmasse	1200	kg
f_R	Rollwiderstandskoeffizient	0,02	–
c	Gesamtluftwiderstandsbeiwert	0,4	–
r_W	wirksamer Radradius	0,3	m
n_f	Achsantrieb (Untersetzungsgetriebe) Übersetzung	5,0	–
η_d	Wirkungsgrad des Triebstrangs	0,95	–

a) Plotten Sie das Drehmoment-Drehzahl-Diagramm des Elektromotors.
b) Bestimmen Sie die Grundgeschwindigkeit und die Maximalgeschwindigkeit des Fahrzeugs. Bestimmen Sie Motordrehzahl und Maximalgeschwindigkeit.
c) Überprüfen Sie das Ergebnis (b) anhand einer Grafik, in der Traktionskraft und Gegenkraft (Fahrwiderstandskraft) abgebildet sind.
d) Bestimmen Sie die Zeit bis zum Erreichen der Grunddrehzahl und die Zeit zum Erreichen von 98, 99 und 99,5 % der Maximalgeschwindigkeit des Fahrzeugs.

Lösung:
Direkte Verwendung der verfügbaren Gleichungen kann zu den geforderten Informationen führen. Allerdings ist ein MATLAB-Programm aufgrund der komplexen Formeln hilfreich. Das Programm-Listing ist in Abb. 7.43 zu finden.

a) Die Abbildung des Drehmoment-Drehzahl-Diagramms des Elektromotors besteht aus zwei Bereichen, einem mit konstantem Drehmoment und einem mit konstanter Leistung. Den ersten Teil erstellt man einfach mit den gegebenen Daten für das maximale Drehmoment und die Grunddrehzahl. Die konstante Leistung für den zweiten Teil erhalten wir durch Multiplikation des maximalen Drehmoments mit der Grunddrehzahl. Das Drehmoment für eine beliebige Drehzahl ist schließlich der Wert für die konstante Leistung dividiert durch die Drehzahl (in rad/s). Das Ergebnis ist in Abb. 7.44 dargestellt.
b) Aus Gleichung 7.56 erhalten wir die Grunddrehzahl von 13,8 m/s. Mit Gleichung 7.60 erhalten wir die Endgeschwindigkeit von 36 m/s. Die Motordrehzahl bei maximaler Fahrzeuggeschwindigkeit beträgt 600 rad/s (somit 5730/min).
c) Der Schnittpunkt des Kraftdiagramms von Abb. 7.45 bestätigt das Ergebnis von Teil (b).
d) Mit Gleichung 7.57 erhalten wir die Zeit für die Grunddrehzahl von 9,8 s. Mithilfe der Gleichungen 7.63–7.66 berechnen wir die Zeit bis zum Erreichen der maximalen Geschwindigkeit, indem wir die Werte 0,98, 0,99 und 0,995 der maximalen Geschwindigkeit einsetzen. Die Ergebnisse lauten 88, 104,7 und 121,4 s.

```
% Übung 7.11

clc, close all, clear all

m=1200;        % Fahrzeugmasse (kg)
fR=0.02;       % Rollwiderstandskoeffizient
Ca=0.4;        % Gesamt-Luftwiderstandskoeffizient
rW=0.3;        % Wirksamer Reifenradius (m)
nf=5.0;        % Übersetzungsverhältnis Untersetzungsgetriebe
Tm=124;        % Konstantes Moment E-Motor (N m)
wb=2200;       % Grunddrehzahl E-Motor (1/min)
eta=0.95;      % Wirkungsgrad Antriebsstrang

F0=m*9.81*fR; Pmax=Tm*wb*pi/30;

% Teil (a) Drehmoment-Drehzahl-Diagramm
m_spd=0: 100: 9000;
m_spd=m_spd*pi/30;
nt=round(91*wb/9000);
trq_c=ones(1,nt)*Tm;   % Bereich konstanten Drehmoments
for j=nt+1: 91, trq_v(j)=Pmax/m_spd(j); end % Bereich konstanter Leistung
m_trq=[trq_c, trq_v(nt+1:91)];
figure, plot(m_spd*30/pi, m_trq), hold on, grid
xlabel('E-Motordrehzahl (1/min)'), ylabel('Motor/Generator-Drehmoment (N m)')

% Teil (b) Grund- und Maximalgeschwindigkeiten
beta=sqrt((nf*eta*Tm/rW-F0)/Ca);
vb=min(wb*pi*rW/nf/30, beta);
Pmax=eta*Pmax;
a=Pmax/2/Ca;
b=F0/3/Ca;
d=sqrt(a^2+b^3);
e=(a+d)^(1/3);
h=sign(a-d)*abs(a-d)^(1/3);
vmax=e+h;

% Teil (c) – Plotten der FT-FR-Kurve
FT=nf*eta*m_trq/rW;
v=rW*m_spd/nf;
FR=F0+Ca*v.*v;
figure, plot(v, FT, v, FR, '--'), grid
xlabel('Geschwindigkeit (m/s)'), ylabel('Traktions-/Gegenkraft (N)')

% Teil(c) – Maximale Fahrzeit
tb=m*atanh(vb/beta)/beta/Ca;
v98=0.98*vmax;
k=Pmax/Ca/vmax;
k1=-m*vmax/Ca/(2*vmax^2+k);
k4=sqrt(4*k-vmax^2);
k2=k1*(2*k+vmax^2)/vmax/k4;
k3=sqrt(vb^2+vb*vmax+k);
C=tb-k1*log((vmax-vb)/k3)-k2*atan((2*vb+vmax)/k4);
k3=sqrt(v98^2+v98*vmax+k);
t=C+k1*log((vmax-v98)/k3)+k2*atan((2*v98+vmax)/k4)
```

Abb. 7.43 Das MATLAB-Programm-Listing aus Übung 7.11.

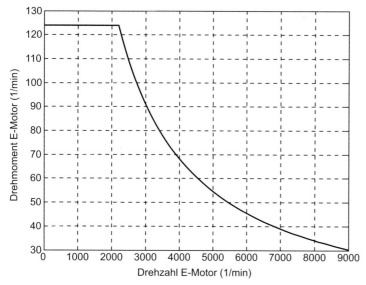

Abb. 7.44 Drehmoment-Drehzahl-Verlauf des E-Motors.

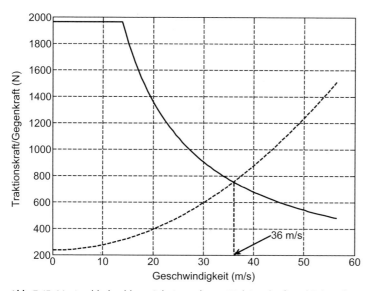

Abb. 7.45 Maximaldrehzahl am Schnittpunkt von Traktionskraft und Fahrwiderstandskraft.

7.5.2
Parallel-HEV

Die Performance eines parallelen HEV hängt primär von seiner Betriebsweise ab. Beim rein elektrischen Betrieb ähnelt das Leistungsverhalten dem seriellen HEV, der in Abschn. 7.5.1 erläutert wurde. Beim reinen Verbrennungsmotorbetrieb ist

Tab. 7.10 Fahrzeugdaten für Übung 7.12.

Parameter	Beschreibung	Wert	Einheit
m	Fahrzeugmasse	1500	kg
f_R	Rollwiderstandskoeffizient	0,02	–
c	Gesamtluftwiderstandsbeiwert	0,4	–
r_W	wirksamer Radradius	0,3	m
n_f	Übersetzung des Achsantriebs	4,0	–
η_t	Wirkungsgrad des Getriebes	0,95	–
η_f	Wirkungsgrad des Achsantriebs	0,95	–

das Leistungsverhalten ähnlich wie beim konventionellen Fahrzeug. Es wurde detailliert in den Kapiteln 3 und 4 besprochen.

Beim hybrischen Antrieb kann das Leistungsverhalten in Abhängigkeit von der Kontrollstrategie erfolgen, denn sie bestimmt über die Leistungsaufteilung zwischen beiden Energiequellen. Die Maximalleistung eines parallelen Hybridfahrzeugs wird erzielt, wenn Verbrennungsmotor und Elektromotor gleichzeitig ihre jeweils maximalen Drehmomente für den Vortrieb des Fahrzeugs zur Verfügung stellen. Die resultierende Traktionskraft hängt von den Übersetzungsverhältnissen von Verbrennungsmotor und Elektromotor ab:

$$F_T = \frac{n_e \eta_{de} T_e}{r_W} + \frac{n_m \eta_{dm} T_m}{r_W} \qquad (7.67)$$

dabei ist n das Übersetzungsverhältnis der Kraftmaschine zum Antriebsrad (die tiefgestellten e und m stehen für „engine" und „motor", somit Verbrennungsmotor und Elektromotor). In der folgenden Übung wird das Leistungsverhalten eines parallelen HEV untersucht.

Übung 7.12

Verwenden Sie die Daten aus Tab. 7.10 für ein HEV mit einem Elektromotor, dessen Daten in Übung 7.11 angegeben sind. Die Volllastkurve des Verbrennungsmotors hat die folgende Form:

$$T_e = -4,45 \times 10^{-6} \omega_e^2 + 0,0317 \omega_e + 55,24 \,, \quad 1000/\text{min} < \omega_e < 6000/\text{min}$$

Der Ausgang des Elektromotors ist direkt mit dem Achsantrieb verbunden. Der Ausgang des Verbrennungsmotors ist mit einem Fünfganggetriebe verbunden. Die Übersetzungsverhältnisse betragen 4,0, 2,8, 1,85, 1,25 und 0,85.

Berechnen bzw. plotten Sie für maximale Fahrleistungen des Fahrzeugs:

a) Plotten Sie die Drehmoment-Drehzahl-Diagramme für Verbrennungsmotor und Elektromotor in einer Grafik.

b) Plotten Sie für die Vorwärtsbewegung das Diagramm für die maximale Traktionskraft des Fahrzeugs über seiner Geschwindigkeit. Plotten Sie auch die Kurve für die Fahrwiderstandskraft, und bestimmen Sie die Maximalgeschwindigkeit des Fahrzeugs.

c) Bestimmen Sie die Endgeschwindigkeit des Fahrzeugs bei rein elektrischem Antrieb. Verwenden Sie hierzu die Methode, die in Übung 7.11 beschrieben wurde.

d) Berechnen Sie die Endgeschwindigkeit des Fahrzeugs im reinen Verbrennungsmotorbetrieb. Plotten Sie Die Diagramme für Traktions- und Widerstandskraft. Fügen Sie auch ein Diagramm für den rein elektrischen Betrieb hinzu.

Lösung:

Das MATLAB-Programm aus Abb. 7.46 ist für diese Übung vorbereitet.

a) Die Drehmoment-Drehzahl-Variationen gleichen der vorherigen Übung, mit dem Unterschied, dass die Drehzahl bis auf 6000/min ansteigt. Die Drehmoment-Drehzahl-Variation berechnen wir mit der vorgegebenen Formel. Das Ergebnis ist in Abb. 7.47 dargestellt.

b) Die aus dem Drehmoment des Verbrennungsmotors resultierende Traktionskraft ist für jede Gangstufe unterschiedlich. Die Geschwindigkeit des Fahrzeugs im jeweiligen Gang variiert entsprechend der Umlaufgeschwindigkeit der Kraftmaschinen. Die Gesamttraktionskraft erhalten wir für jeden Gang, indem wir den Beitrag des Verbrennungsmotors und den des Elektromotors addieren. Das Ergebnis ist in Abb. 7.48 gezeichnet. Der Schnittpunkt des Traktionskraftdiagramms mit der Gegenkraftkurve im fünften Gang entspricht der Höchstgeschwindigkeit des Fahrzeugs und beträgt 198,5 km/h. Beachten Sie, dass für die erste Gangstufe angenommen wird, dass die Traktionskraft bei Stillstand (Geschwindigkeit null) dem Drehmoment des Verbrennungsmotors bei 1000/min entspricht.

c) Dieser Teil gleicht exakt der vorherigen Übung und wurde dementsprechend aus dem Programm-Listing herausgenommen. Das Ergebnis lautet 34,8 m/s (125,4 km/h) für die Höchstgeschwindigkeit bei rein elektrischem Antrieb.

d) In Abb. 7.49 ist das Kraftdiagramm für den reinen Verbrennungsmotorantrieb im fünften Gang abgebildet. Die maximale Fahrzeuggeschwindigkeit ist demnach 156 km/h. In der gleichen Grafik ist auch das Traktionsdiagramm des Elektromotors enthalten. Das Ergebnis von Fall (c) ist damit bestätigt.

7.6
Dimensionierung von HEV-Komponenten

Eine der kritischen Entscheidungen bei der Planung von Hybridfahrzeugen ist die relative Größe des Verbrennungsmotors und des Elektromotors. Wenn man einen großen Elektromotor einsetzt, braucht man mehr elektrische Leistung und eine größere, schwerere und demzufolge teurere Batterie. Die Dimensionierung der Komponenten hängt wiederum von den Leistungsanforderungen ab. So ist eine große Batterie unumgänglich, wenn eine große elektrische Reichweite gefordert

```
Parallel HEV performance  % Übung 7.12

% Fahrzeugdaten: siehe Tabelle 7.9

n_g=[4.0 2.8 1.8 1.2 0.8];              % Getriebeübersetzungen 1-4
n=n_g*nf;                              % Gesamtübersetzungen
F0=m*9.81*fR;


Pmmax=Tm*wb*pi/30;                     % Max. Drehmoment E-Motor


% Teil (a) Drehmoment-Drehzahl-Diagramm
e_spd=1000: 60: 6000;                  % Drehzahlbereich Verbrennungsmotor (1/min)
m_spd=0: 50: 6000;                     % Drehzahlbereich E-Motor
m_spd=m_spd*pi/30;
trq_c=ones(1,45)*Tm;                   % Bereich konstanten Drehmoments
for j=46: 121, trq_v(j)=Pmmax/m_spd(j); end % Bereich konstanter Leistung
m_trq=[trq_c, trq_v(46:121)];  % Drehmoment E-Motor
e_trq=-4.45e-6*e_spd.*e_spd+0.0317*e_spd+55.24; % Drehmoment Verbrennungsmotor

figure, hold on, grid
plot(m_spd*30/pi, m_trq, '--', e_spd, e_trq)
xlabel(Drehzahl (1/min)'), ylabel(Drehmoment (N m)')


% Teil (b) Traktionskraft-Diagramm
Figure, hold on, grid
FTm=nf*eta_f*m_trq/rW;  % Traktionskraft E-Motor
nn=0;  % Nur für 1. Gang
for j=1: 5
   max_vn=max(e_spd)*pi*rW/n(j)/30;                % Max. Drehzahl  für Gangstufe j
   v=0: max_vn/120: max_vn;                        % Drehzahlbereich Gangstufe j
   e_spd=1000: 5000/(120-nn): 6000;   % Drehzahlbereich Verbrennungsmotor (1/min)
   e_trq=-4.45e-6*e_spd.*e_spd+0.0317*e_spd+55.24; % Drehmoment Verbrennungsmotor
   FTs_en=[zeros(1, nn), eta_t*eta_f*e_trq*n(j)/rW]; % Traktion vom Verbrennungsmotor
   FT(:, j)=FTs_en+FTm;   % gesamte Traktionskraft

 plot(v*3.6, FT(:, j))
   nn=20;  % Für Gänge 2 bis 5
end
   FR=F0+Ca*v.*v;
   plot(v*3.6, FR, '--')
xlabel('Fahrzeuggeschwindigkeit (km/h)'), ylabel('Gesamttraktionskraft (N)')

% Teil (d) verbrennungsmotorische Maximalgeschwindigkeit
figure, grid, hold on
   FTe=eta_t*eta_f*e_trq*n(5)/rW; % Traktion vom Verbrennungsmotor
   max_vn=max(e_spd)*pi*rW/n(5)/30;
   min_vn=min(e_spd)*pi*rW/n(5)/30;
   v=min_vn: (max_vn-min_vn)/100: max_vn; % Geschwindigkeitsbereich 5. Gang

 plot(v*3.6, FTe)

% Hinzufügen Plot für elektromotorische Höchstgeschwindigkeit
FTm=nf*eta_f*m_trq/rW; % Traktion vom E-Motor
v=rW*m_spd/nf;

FR=F0+Ca*v.*v; % Fahrwiderstandskraft
plot(v*3.6, FTm, v*3.6, FR, '--'), xlabel('Geschwindigkeit (m/s)')
ylabel('Traktions-/Gegenkraft (N)')
```

Abb. 7.46 Das MATLAB-Programm-Listing aus Übung 7.12.

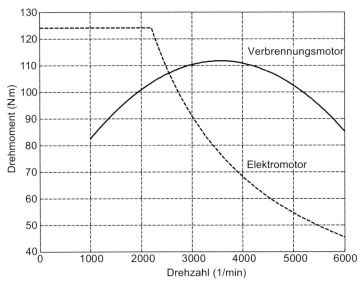

Abb. 7.47 Drehmoment-Drehzahl-Verläufe von Verbrennungs- und Elektromotor.

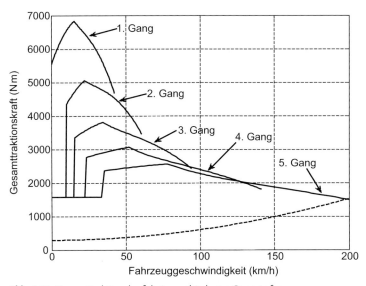

Abb. 7.48 Gesamttraktionskraft bei verschiedenen Gangstufen.

ist. Oder man braucht einen großen Elektromotor, wenn eine starke Beschleunigung bei elektromotorischem Antrieb gewünscht ist.

Weitere Entscheidungsfaktoren bei der Auswahl der HEV-Komponenten sind Gesamtkosten und Kraftstoffeffizienz des Fahrzeugs. Somit ist eine gute HEV-Konstruktion eine, die die geforderte Performance bei geringeren Kosten und niedrigerem Kraftstoffverbrauch bietet.

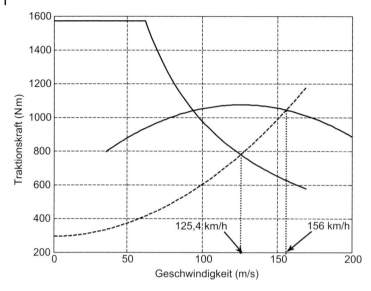

Abb. 7.49 Maximale Fahrzeuggeschwindigkeiten bei rein verbrennungsmotorischer und rein elektromotorischer Betriebsweise.

7.6.1
Allgemeine Überlegungen

Die Planung eines HEV ist eine komplexe Aufgabe. Sie erfordert multidisziplinäres Fachwissen aus den zahlreichen, jeweils relevanten Wissenschaftsbereichen.
In diesem Abschnitt befassen wir uns kurz mit den allgemeinen Problemen der
konstruktiven Auslegung. Um ein allgemeines Verständnis der Unterschiede zwischen konventionellen und Hybridantrieben zu bekommen, wollen wir beispielhaft ein konventionelles in ein hybridelektrisches Fahrzeug umwandeln. Zu den
wesentlichen Änderungen am Basisfahrzeug gehören Aufnahme mindestens eines Elektromotors mit den zugehörigen mechanischen Einrichtungen und dem
Batteriepaket. Bei einem derartigen Umbau tauchen unter anderem folgende Probleme auf:

- zu wenig Raum zur Unterbringung von Elektromotor, Batterie und Steuergeräten;
- Konflikte zwischen existierenden Steuergeräten (z. B. ECU, Electronic Control
  Unit) und neuen Steuergeräten;
- es werden zusätzliche Sensoren und Displayanzeigen benötigt;
- die existierende Lichtmaschine kann die Antriebsbatterie nicht laden;
- das Fahrzeug gewinnt an Masse hinzu.

Darüber hinaus vertragen sich einige der bestehenden Komponenten nicht mit
dem neuen System, beispielsweise die existierende Batterie, der Anlassermotor
und die Lichtmaschine. Es müssen zudem weitere unerwartete Probleme gelöst

werden, wenn der rein elektrische Betriebsmodus gewählt wird. Etwa Probleme durch den Wegfall des Motorunterdrucks für die Bremskraftunterstützung, der Lenkunterstützung und des Klimaanlagenkompressors.

Das Beispiel zeigt, dass Aufbau und Konfiguration eines HEV sich grundsätzlich von einem herkömmlichen Fahrzeug unterscheiden. Somit muss ein HEV unabhängig anhand eigener technischer Spezifikationen und Anforderungen geplant werden. Die kritischen konstruktiven Themenbereiche werden im folgenden Abschnitt untersucht.

7.6.1.1 Downsizing des Verbrennungsmotors

Es ist augenscheinlich, dass die gewünschte Performance eine bestimmte installierte Leistung im Fahrzeug erfordert. Wenn der Elektromotor einen Teil der verbauten Leistung übernimmt, kann der Verbrennungsmotor, verglichen mit der ursprünglichen Größe im konventionellen Fahrzeug, entsprechend verkleinert werden. Downsizing ermöglicht den Einsatz eines kleiner bauenden und leichteren Verbrennungsmotors im HEV.

Andererseits besitzt der Verbrennungsmotor bei Teillast und hohen Drehzahlen (s. Kapitel 5) einen geringen Wirkungsgrad. Der optimale Betriebsbereich ist auf einige wenige Regionen beschränkt. Beim HEV ermöglicht der Einsatz eines Elektromotors, den Verbrennungsmotor für eine Vielzahl von Fahrzeuggeschwindigkeiten und Lastbereichen nahe an seinen optimalen Betriebspunkten zu betreiben. Das verbessert Kraftstoffeffizienz und Emissionen insgesamt. Es ist klar, dass ein kleinerer Verbrennungsmotor nicht die Leistung desjenigen aus dem konventionellen Fahrzeug abgeben kann. Mit Unterstützung des Elektromotors können aber Performance und Kraftstoffeffizienz gesteigert werden.

7.6.1.2 Elektrischer Antrieb der Nebenaggregate

Wenn das Fahrzeug elektromotorisch angetrieben wird, müssen die sonst vom Verbrennungsmotor angetriebenen Nebenaggregate auf andere Weise betrieben werden. Zu den typischen Nebenaggregaten gehören Lichtmaschine, Servopumpe der Lenkunterstützung, Klimaanlagenkompressor und Wasserpumpe. Wasserpumpe und Lichtmaschine müssen auch angetrieben werden, wenn der Verbrennungsmotor abgestellt ist. Die übrigen Aggregate können beim abgestellten Verbrennungsmotor nur bei Bedarf zugeschaltet werden. Daher ist es notwendig, die Nebenaggregate elektrisch anzutreiben.

7.6.1.3 Dimensionierung/Auslegung

Die Auslegung von HEV-Komponenten kann man aus verschiedenen Blickwinkeln betrachten. Die Gesamt-Performance des Fahrzeugs ist ein wichtiger Maßstab für die Auslegung der Komponenten, sodass die Größe des Elektromotors passend sein muss. Andererseits muss ein Fahrzeug mit ausreichender Performance auch einen geringen Energieverbrauch und Schadstoffausstoß haben. Darüber hinaus müssen die Kosten für Fahrzeug und Komponenten möglichst niedrig sein. Üblicherweise sind diese Faktoren widersprüchlich, sodass bei der Auslegung von Komponenten einige Kompromisse gemacht werden müssen.

7.6.2
Performance-Auslegung

Die Performance des Fahrzeugs ist ein Schlüsselfaktor bei der Kaufentscheidung. Einer der grundlegenden Schritte bei der Auslegung der Komponenten ist die Bestimmung der Mindestgrößen, die die Komponenten zum Erreichen der geforderten Fahrzeugleistung haben müssen. Betrachten wir die vier wichtigsten Performance-Anforderungen für ein Fahrzeug:

- Erreichen der gewünschten Höchstgeschwindigkeit v_{max} auf ebener Strecke;
- Erreichen der gewünschten Höchstgeschwindigkeit v'_{max} bei einer gegebenen Steigung θ;
- Beschleunigen auf die gewünschte Geschwindigkeit v_d in der Zeit t_d;
- Passieren einer gewünschten Steigung bei geringen Geschwindigkeiten.

Die ersten drei Anforderungen hängen mit der installierten Leistung zusammen, die vierte dagegen mit dem verfügbaren Drehmoment. In den folgenden Abschnitten erläutern wir die Auslegung der wichtigsten HEV-Komponenten im Einzelnen.

7.6.2.1 Serielle HEVs
Bei seriellen HEVs stellt er Elektromotor die einzige Traktionsquelle dar. Er muss in der Lage sein, alle gewünschten Performance-Anforderungen, wie geforderte maximale Beschleunigung und Geschwindigkeit, zu erfüllen. Anhand dieser Anforderungen können die gesamten Eigenschaften des Elektromotors festgelegt werden.

Größe des Elektromotors   Wir haben die gewünschten Performance-Merkmale für das Fahrzeug als vier Anforderungen an Geschwindigkeit, Beschleunigungszeit und Steigfähigkeit des Fahrzeugs definiert. Die erste kann auch als die Fähigkeit zum Befahren einer ebenen oder abschüssigen Strecke mit einer stetigen Geschwindigkeit v_{max} betrachtet werden. Um diese Performance zu erbringen, muss der Elektromotor das notwendige Drehmoment und die notwendige Leistung aufbringen können. Der Traktions- oder Fahrwiderstandsleistungsbedarf P_{rfs} zum Erreichen der stetigen Geschwindigkeit ergibt sich wie folgt:

$$P_{rfs} = F_R v_{max} \tag{7.68}$$

wobei F_R die gesamte Fahrwiderstandskraft einschließlich Rollwiderstands-, Gravitations- und Luftwiderstandskraft (s. Abschn. 3.4) ist:

$$F_R = F_{RR} + F_g + F_A = mg\left(f_R \cos\theta + \sin\theta\right) + cv_{max}^2 \tag{7.69}$$

θ ist der Steigungswinkel. Die Ausgangsleistung des Elektromotors ist also:

$$P_{mfs} = \frac{v_{max}}{\eta_d} \left[mg \left(f_R \cos\theta + \sin\theta \right) + c v_{max}^2 \right] \tag{7.70}$$

wobei η_d der Wirkungsgrad des Antriebsstrangs ist.

Andererseits kann die gewünschte Fahrzeug-Performance als Fähigkeit zum Erreichen der Sollgeschwindigkeit v_d beim Beschleunigen aus dem Stillstand innerhalb der Sollzeit t_d betrachtet werden. Auch hier muss der Elektromotor die zur Beschleunigung des Fahrzeugs ausreichende Leistung P_{ma} abgeben können. Betrachten Sie Abb. 7.50. Sie zeigt den Drehmoment-Drehzahl-Verlauf eines typischen Elektromotors. Die Sollzeit ergibt sich durch Summieren der beiden Ausdrücke:

$$t_d = t_{CT} + t_{CP} \tag{7.71}$$

Dabei ist t_{CT} die Zeitdauer während der Phase konstanten Drehmoments und t_{CP} die Zeitdauer während der Phase konstanter Leistung beim Beschleunigen des Fahrzeugs (Abb. 7.50). Beide Zeiten können mit den Gleichungen 7.57 und 7.63 bestimmt und wie folgt ausgedrückt werden:

$$t_{CT} = \frac{m}{\beta c} \tanh^{-1} \frac{v_b}{\beta} \tag{7.72}$$

$$t_{CP} = k_1 \ln \frac{v_{max} - v_d}{\sqrt{v_d^2 + v_d v_{max} + k}} + k_2 \arctan \frac{2v_d + v_{max}}{\sqrt{4k - v_{max}^2}} + C \tag{7.73}$$

wobei:

$$C = -k_1 \ln \frac{v_{max} - v_b}{\sqrt{v_b^2 + v_b v_{max} + k}} - k_2 \arctan \frac{2v_b + v_{max}}{\sqrt{4k - v_{max}^2}} \tag{7.74}$$

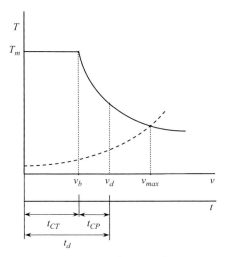

Abb. 7.50 Von einem Elektromotor benötigte Leistung.

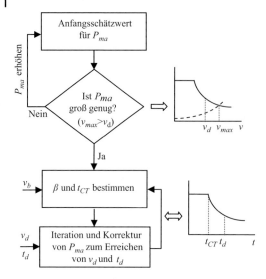

Abb. 7.51 Prozess zur Bestimmung der E-Motorleistung für eine vorgegebene Geschwindigkeit v_b.

Die Koeffizienten k, k_1 und k_2 in Gleichung 7.73 sind nur von der Leistung P_{ma} des Elektromotors, β in Gleichung 7.72 hingegen vom max. Drehmoment T_{max} des Elektromotors abhängig. Am Ende der Phase konstanten Drehmoments (d. h. bei $t = t_{CT}$) gilt:

$$\eta_d P_{ma} = F_T v_b \tag{7.75}$$

Somit kann β in Abhängigkeit von P_{ma} und v_b ausgedrückt werden:

$$\beta = \sqrt{\frac{1}{c}\left(\frac{\eta_d P_{ma}}{v_b} - F_0\right)} \tag{7.76}$$

Wenn nur v_b bekannt ist, kann die Leistung des Elektromotors P_{ma} für eine beliebige Zeit t_d mithilfe eines iterativen Verfahrens und mit Gleichung 7.71 als Randbedingung bestimmt werden. Dieses Verfahren ist in Abb. 7.51 gezeigt. Man beginnt mit einer Anfangsschätzung für die Leistung des Elektromotors und verfeinert dies mit dem iterativen Verfahren und Gleichung 7.71 als Randbedingung.

Übung 7.13

Ein serieller HEV soll in 20 s von 0 auf 100 km/h beschleunigen können. Die Fahrzeugdaten für das Fahrzeug sind in Tab. 7.11 aufgeführt. Plotten Sie die Variationen von P_{ma}, Raddrehmoment T_W sowie die Zeiten t_{CT} und t_{CP} für den Geschwindigkeitsbereich v_b von 5–25 m/s.

Lösung:

In den Abb. 7.52 und 7.53 finden Sie ein MATLAB-Programm, das das Vorgehen nach Abb. 7.51 und den Gleichungen 7.72–7.76 beinhaltet. Das Hauptprogramm

Tab. 7.11 Fahrzeugdaten für Übung 7.13.

Parameter	Beschreibung	Wert	Einheit
m	Fahrzeugmasse	1200	kg
f_R	Rollwiderstandskoeffizient	0,02	–
c	Gesamtluftwiderstandsbeiwert	0,4	–
r_W	wirksamer Radradius	0,3	m
η_d	Wirkungsgrad des Triebstrangs	0,95	–

beinhaltet den Iterationsprozess. Er wird mit der separaten Funktion „delta_t" realisiert, die vom Hauptprogramm aufgerufen wird. Die Funktion gibt den Endwert von P_{ma} zurück, damit die Randbedingung Gleichung 7.73 erfüllt und die Sollgeschwindigkeit v_d in der Sollzeit t_d erreicht wird. Die Bedingung, dass die Elektromotordrehzahl bei Höchstgeschwindigkeit des Fahrzeugs maximal sein muss, wird genutzt, um die Übersetzung des Untersetzungsgetriebes zu bestimmen.

In den Abb. 7.54 und 7.55 sind die Ergebnisse des Programms dargestellt. Wie man sieht, vergrößert sich die Nennleistung des Elektromotors für das Fahrzeug mit der Erhöhung der Grunddrehzahl. Andererseits erhält man die minimale Nennleistung bei der minimalen Grunddrehzahl (sogar null). Dagegen nimmt das Raddrehmoment mit der Grunddrehzahl ab, hat aber sein Minimum an einem bestimmten Punkt. Das Drehmoment des Elektromotors kann bestimmt werden, nachdem die Untersetzung des Getriebes gewählt ist.

Abbildung 7.55 zeigt andererseits auch die Randbedingung, dass die gewünschte Geschwindigkeit bei 20 s erreicht sein muss.

Die oben stehende Übung zeigt, dass die Eigenschaften des Elektromotors bestimmt werden können, wenn die Grundgeschwindigkeit feststeht. Bei einem realen Problem ist aber selbst v_b eine unbekannte Größe, die von den Eigenschaften des Elektromotors abhängig ist und nicht bestimmt werden kann, bevor der Elektromotor feststeht.

Ein anderer Ansatz besteht darin, nur die gewünschte Geschwindigkeit v_d für die Performance des Fahrzeugs zu betrachten und hilfreiche Plots für die konstruktiven Parameter zu erstellen. Bei dieser Vorgehensweise werden alle anderen Parameter, wie v_b oder t_{CT} für die gewählten Leistungen verändert und die übrigen Parameter bestimmt. Betrachten Sie die Abb. 7.56–7.59. Sie zeigen die Ausgaben dieses Ansatzes für das Fahrzeug aus Übung 7.13 mit der gleichen gewünschten Geschwindigkeit von 100 km/h für $n_g = 5{,}0$. Abbildung 7.56 zeigt, dass für kürzere Beschleunigungszeiten größere Motorleistungen benötigt werden. Nach Abb. 7.56 scheinen alle Nennleistungen (33 kW und mehr) bei der gewünschten Beschleunigungszeit von 20 s aus Übung 7.13 wählbar. Der andere Faktor bei der Auswahl des Elektromotors ist dessen Drehmomentvermögen. Abbildung 7.57 kann dafür verwendet werden. Wenn beispielsweise das Drehmoment des Elektromotors auf 200 Nm begrenzt ist, benötigt der Elektromotor mit einer minimalen Leistung von 33 kW etwas mehr als 22 s, um die gewünschte Geschwindigkeit zu

```
% Übung 7.13

clc, close all, clear all

global eta vb Ca F0 m vd td    % Daten Funktion 'delta_t' bekannt machen

m=1200;       % Fahrzeugmasse (kg)
fR=0.02;      % Rollwiderstandskoeffizient
Ca=0.4;       % Gesamt-Luftwiderstandskoeffizient
rW=0.3;       % Wirksamer Radradius (m)
eta=0.95;     % Wirkungsgrad Antriebsstrang
vd=100;       % Gewünschte Geschwindigkeit (km/h)
td=20;        % Gewünschte Beschleunigungszeit (s)

F0=m*9.81*fR;
vd=vd/3.6;

Pmax =(F0*vd+Ca*vd^3)/eta; % Mindestleistung zum Erzielen von 'vmax = vd'

for i=1: 81
    vb=5+(i-1)/4;
    vbi(i)=vb;

% Iterationsverfahren wird in separater Funktion 'delta_t' abgearbeitet
    Pmax=fsolve(@delta_t, Pmax, optimset('Display','off'))
    Pma(i)=Pmax;
% Pmax ist bekannt, bestimme E-Motor-Eigenschaften
    Tw(i)= eta*Pmax*rW/vb; % Raddrehmoment
FT= Tw(i)/rW;
beta=sqrt((FT-F0)/Ca);
if vb >= vd     % d.h. gewünschte Geschw. wird in Phase konstanten Drehmoments erzielt
    tct(i)=m*atanh(vd/beta)/beta/Ca;    % Das wird die gewünschte Zeit
    tcp(i)=0;
else
    tct(i)=m*atanh(vb/beta)/beta/Ca;

a=eta*Pmax/2/Ca; b=F0/3/Ca; d=sqrt(a^2+b^3); e=(a+d)^(1/3);
h=sign(a-d)*abs(a-d)^(1/3); vmax=e+h;
k=eta*Pmax/Ca/vmax;
k1=-m*vmax/Ca/(2*vmax^2+k);
k4=sqrt(4*k-vmax^2);
k2=k1*(2*k+vmax^2)/vmax/k4;
k3=sqrt(vb^2+vb*vmax+k);
C= -k1*log((vmax-vb)/k3)-k2*atan((2*vb+vmax)/k4);
k3=sqrt(vd^2+vd*vmax+k);
tcp(i)=C+k1*log((vmax-vd)/k3)+k2*atan((2*vd+vmax)/k4);
end
end
% Ergebnisse plotten
```

Abb. 7.52 Hauptprogramm-Listing aus Übung 7.13.

erreichen. Der Elektromotor mit 43 kW und der Drehmomentgrenze von 200 Nm erreicht t_d bei rund 17 s. Die Interpolation zwischen den beiden ergibt die Nennleistung von rund 37 kW, die zum Erreichen der gewünschten Beschleunigungszeit von 20 s erforderlich ist. Die Grundgeschwindigkeit für diesen Elektromo-

```
function dt=delta_t(Pmax)  % Funktion wird vom Hauptprogramm aufgerufen

global eta vb Ca F0 m vd td

beta=sqrt((eta*Pmax/vb-F0)/Ca);
if vb >= vd   % d.h. gewünschte Geschwindigkeit wird in Phase konst. Drehmoments erreicht
  tct=m*atanh(vd/beta)/beta/Ca;    % Das wird die gewünschte Zeit
  tcp=0;
else
  tct=m*atanh(vb/beta)/beta/Ca;

a=eta*Pmax/2/Ca; b=F0/3/Ca; d=sqrt(a^2+b^3); e=(a+d)^(1/3);
h=sign(a-d)*abs(a-d)^(1/3); vmax=e+h;
k=eta*Pmax/Ca/vmax;
k1=-m*vmax*Ca/(2*vmax^2+k);
k4=sqrt(4*k-vmax^2);
k2=k1*(2*k+vmax^2)/vmax/k4;
k3=sqrt(vb^2+vb*vmax+k);
C= -k1*log((vmax-vb)/k3)-k2*atan((2*vb+vmax)/k4);
k3=sqrt(vd^2+vd*vmax+k);
tcp=C+k1*log((vmax-vd)/k3)+k2*atan((2*vd+vmax)/k4);
end

dt= tct+tcp-td; % Wenn dt=0,  kehrt Funktion z. Hauptprogramm zurück
```

Abb. 7.53 Funktionsprogrammteil für Übung 7.13.

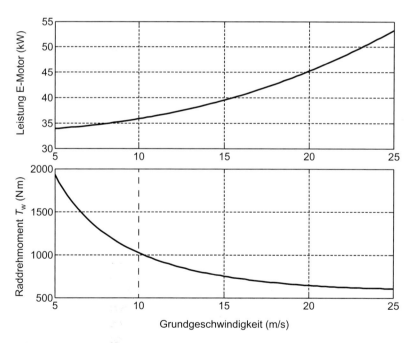

Abb. 7.54 Die Variation der Leistung und des Drehmoments des Elektromotors mit Grundge-schwindigkeit v_b.

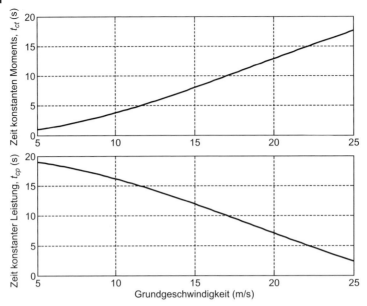

Abb. 7.55 Variation von t_{CT} und t_{CP} mit der Grundgeschwindigkeit v_b.

tor beträgt rund 11 m/s. Dieses Ergebnis kann auch mithilfe der Ergebnisse an Übung 7.13 (Abb. 7.54) überprüft werden.

Es ist klar, dass niedrige Werte für die gewünschte Beschleunigungszeit nicht erreicht werden können, wenn Drehmomentgrenzwerte des Elektromotors niedriger sind. Um dieses Problem zu lösen, müssen die Untersetzungen größer werden.

Wir haben zwei alternative Ansätze erläutert, um die Leistung eines Elektromotors anhand der Anforderungen für die maximale Geschwindigkeit oder die maximale Beschleunigung zu bestimmen. Offensichtlich führen die beiden Performance-Kriterien hinsichtlich Endgeschwindigkeit und Beschleunigung nicht zwangsläufig zu den gleichen Leistungsanforderungen. Man muss somit den größeren der beiden Leistungswerte wählen. Nachdem die Leistung P_m des Elektromotors bekannt ist, können die anderen benötigten Motorparameter bestimmt werden. Die Anforderungen für die Höchstgeschwindigkeit führen zu eindeutigen Leistungswerten (Gleichung 7.73). Die Beschleunigungsleistung hingegen führt zu impliziten Ergebnissen und erfordert einen weiteren Auswahlprozess.

Es gibt zwei Wege, $P_{mfs} > P_{ma}$ bzw. $P_{mfs} < P_{ma}$ zu bestimmen. Für den ersten Fall gehen Sie wie folgt vor: Betrachten Sie Abb. 7.54. Zur Planung der Beschleunigungsleistung für verschiedene Grundgeschwindigkeiten suchen Sie den Schnittpunkt der horizontalen Linie für die Leistung P_{mfs} mit der Kurve, übertragen diesen Punkt dann auf die untere Kurve und erhalten das Radmoment für diese Grundgeschwindigkeit. Das auf der Leistung P_{mfs} des Elektromotors basierende

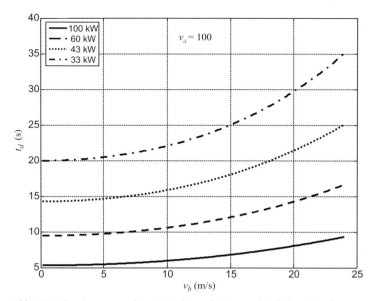

Abb. 7.56 Plot der gewünschten Zeit über v_b bei unterschiedlichen Nennleistungen.

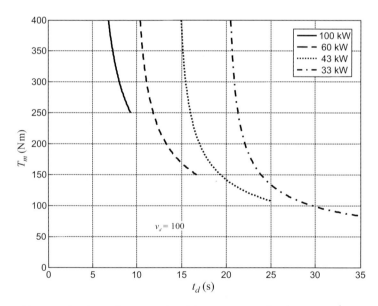

Abb. 7.57 Plot des Drehmoment des Elektromotors T_m über der gewünschten Zeit t bei unterschiedlichen Nennleistungen.

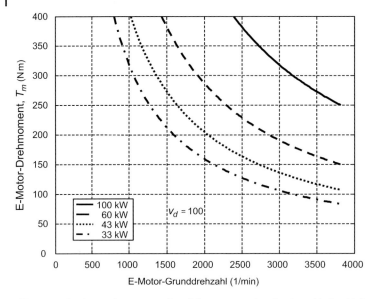

Abb. 7.58 Plot des Drehmoments des Elektromotors über der Grunddrehzahl des Elektromotors bei unterschiedlichen Nennleistungen.

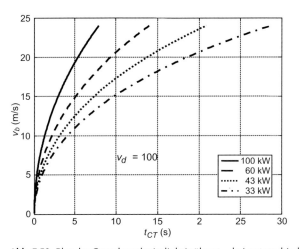

Abb. 7.59 Plot der Grundgeschwindigkeit über t_{CT} bei unterschiedlichen Nennleistungen.

Drehmoment T_{mP} berechnen wir mit:

$$T_{mP} = \frac{P_{mfs} r_W}{n_g v_b} \tag{7.77}$$

falls die Untersetzung n_g bekannt ist. Die Drehzahl des Elektromotors ist normalerweise nach oben begrenzt. Diese Grenzdrehzahl kann zur Bestimmung von n_g

genutzt werden:

$$n_g = \frac{\omega_{max} r_W}{v_{max}} \tag{7.78}$$

dabei sind ω_{max} die Grenzdrehzahl des Elektromotors und v_{max} die maximale Fahrzeuggeschwindigkeit. Der Wert von n_g beeinflusst sowohl die Drehzahl als auch das Drehmoment des Elektromotors. Ein niedriger Wert für n_g ergibt eine niedrige Motordrehzahl und ein hohes Motormoment.

Das Motormoment muss zudem der Anforderung genügen, die gewünschte Steigung mit niedrigen Geschwindigkeiten befahren zu können, somit gilt:

$$T_{mG} \geq \frac{F_G r_W}{\eta_d n_g} \tag{7.79}$$

wobei F_G die Kraft aufgrund der Steigungskraft bei stetigen niedrigen Geschwindigkeiten ist:

$$F_G = mg(f_R \cos\theta + \sin\theta) \tag{7.80}$$

Der aus Gleichung 7.79 bestimmte Wert für das Drehmoment des Elektromotors muss nicht notwendigerweise mit dem Ergebnis von Gleichung 7.77 übereinstimmen. Wenn T_{mP} größer T_{mG} ist, ist die bereits bestimmte Grundgeschwindigkeit korrekt und ω_b kann wie folgt berechnet werden:

$$\omega_b = \frac{v_b n_g}{r_W} \tag{7.81}$$

Wenn nicht, muss v_b erneut berechnet werden mit:

$$v_b = \frac{\eta_d P_{mfs}}{F_G} \tag{7.82}$$

und die E-Motoreigenschaften P_{mfs}, T_{mG} und ω_b werden mit den Gleichungen 7.81 und 7.82 berechnet. Beachten Sie, dass die Beschleunigungsleistung in diesem Fall besser als die ursprünglich angegebene ist. Mit anderen Worten, die Zeit zum Erreichen der gewünschten Geschwindigkeit v_d liegt unter der gewünschten Zeit t_d. Betrachten Sie Abb. 7.60a. Hier ist der gesamte Vorgang abgebildet.

Betrachten wir nun den zweiten Fall, bei dem $P_{mfs} < P_{ma}$ ist. Das bedeutet, nach dem Plotten der Performance-Kurven zur Beschleunigung (s. Abb. 7.60b) sind alle Leistungswerte in der oberen Kurve größer als P_{mfs}. Um für diesen Fall die passende Leistung des Elektromotors zu wählen, untersuchen wir erneut die Steigfähigkeit. Mit dem Wert von T_{mG} findet man in der unteren Grafik die Grundgeschwindigkeit und in der oberen bestimmt man die Leistung P_{ma}. Somit berechnen wir für diesen Fall die Eigenschaften des Elektromotors P_{ma}, T_{mG} und ω_b mit Gleichung 7.81. Beachten Sie, dass in diesem Fall die maximale Fahrzeuggeschwindigkeit größer als der ursprünglich bestimmte Wert ist.

Zur schnellen Übersicht finden Sie im Folgenden eine Zusammenfassung der Schritte zur Bestimmung der Eigenschaften des Elektromotors:

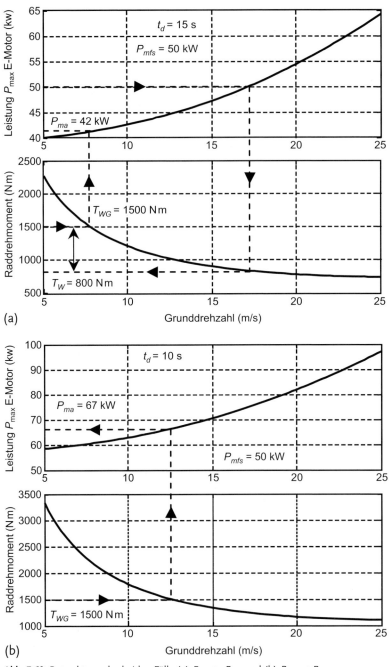

Abb. 7.60 Betrachtung der beiden Fälle (a) $P_{mfs} > P_{ma}$ und (b) $P_{mfs} < P_{ma}$.

1. Bestimmen Sie die E-Motorleistung(en), die zum Erzielen der gewünschten Geschwindigkeit(en) auf ebener und abschüssiger Strecke benötigt wird/werden. Setzen Sie den größeren Wert als Prüfwert für die Motorleistung P_m ein.

   - Generieren Sie die Beschleunigungswerte analog zu Abb. 7.59.
   - Berechnen Sie n_g aus Gleichung 7.78.
   - Liegt der in (a) erhaltene Wert für die E-Motorleistung in der oberen Grafik für die Beschleunigungs-Performance (also in Abb. 7.60a) (die Leistung zum Erreichen der maximalen Fahrzeuggeschwindigkeit ist also größer als die zum Erreichen der Beschleunigungsleistung), dann ist P_{mfs} die Leistung des Elektromotors und Sie müssen nun:
     - das Motormoment aus den beiden Gleichungen 7.75 und 7.77 (T_{mP} und T_{mG}) berechnen.
     - Ist $T_{mP} > T_{mG}$, dann ist die E-Motoreigenschaft T_{mP} und der zugehörige Wert ist v_b.
     - Ist $T_{mP} < T_{mG}$, dann sind die E-Motoreigenschaften T_{mG}, und Sie erhalten v_b aus Gleichung 7.82.

2. Liegt der in (a) erhaltene Wert für die E-Motorleistung in der oberen Grafik für die Beschleunigungs-Performance (also in Abb. 7.60b) (die Leistung zum Erreichen der maximalen Fahrzeuggeschwindigkeit ist also kleiner als die für die Beschleunigung), dann ist die E-Motorleistung P_{ma}, und Sie müssen:

   - das E-Motor-Moment (T_{mG}) mit Gleichung 7.79 berechnen.
   - Bestimmen Sie in der unteren Grafik für die Beschleunigungsleistung bei dem Wert T_{mG} die Grundgeschwindigkeit und in der oberen Grafik die Leistung P_{ma} des Elektromotors.

Größe des Verbrennungsmotors   Im seriellen HEV muss der Verbrennungsmotor so viel Energie erzeugen können, wie zur Aufrechterhaltung der Fahrzeugbewegung ohne Rückgriff auf die Energie der Batterie notwendig ist. Die zur Überwindung der Fahrwiderstandskräfte bei der Reisegeschwindigkeit v_c erforderliche elektromotorische Ausgangsleistung kann mit Gleichung 7.73 bestimmt werden. In der Leistung des Verbrennungsmotors muss auch der Leistungsverlust im Triebstrang enthalten sein. Daher ergibt sich die Gesamtleistung des Verbrennungsmotors P_{ec} wie folgt:

$$P_{ec} = \frac{v_c}{\eta_G \, \eta_{Ec} \eta_M \eta_d} \left[mg \left(f_R \cos\theta + \sin\theta \right) + c v_c^2 \right] \tag{7.83}$$

dabei sind η_G, η_{Ec}, η_M und η_d die Wirkungsgrade von Generator, elektrischem Inverter, Elektromotor und Triebstrang.

Für den normalen Fahrbetrieb mit Beschleunigung a_G muss der Ausdruck ma_G in Klammern auch berücksichtigt werden. Da starke Beschleunigungen bei niedrigen Geschwindigkeiten v_L auftreten, kann der aerodynamische Ausdruck ignoriert werden. Für diesen Fall errechnet sich die verbrennungsmotorische Leistung P_{ea}

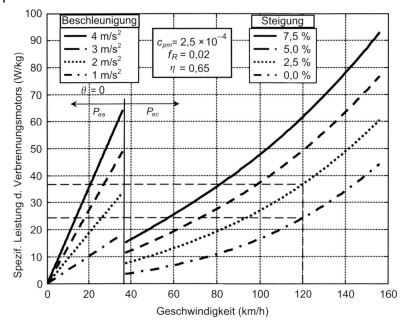

Abb. 7.61 Spezifische Nennleistung des Verbrennungsmotors.

zum Beschleunigen:

$$P_{ea} = \frac{m \, v_L}{\eta_G \, \eta_{Ec} \, \eta_M \, \eta_d} \left[a_G + g \left(f_R \cos \theta + \sin \theta \right) \right] \tag{7.84}$$

Um diese beiden Arten von Anforderungen an die Verbrennungsmotorleistung zu vergleichen, definieren wir einen Koeffizienten c_{pm} für den spezifischen Gesamtluftwiderstand, d. h. pro Masse des Fahrzeugs:

$$c_{pm} = \frac{\rho_A \, C_d \, A_F}{2 \, m} \tag{7.85}$$

Nun ist es möglich, eine spezifische Motorleistung (Leistung pro Masse) für unterschiedliche Geschwindigkeiten und Beschleunigungen zu berechnen. Abbildung 7.61 wurde für $c_{pm} = 2{,}25 \times 10^{-4}$, einen Rollwiderstandsbeiwert von 0,02 und einen Gesamtwirkungsgrad von 0,65 für einen Bereich mit geringer und einen Bereich mit hoher Geschwindigkeit generiert. Für den niedrigen Geschwindigkeitsbereich wird eine ebene Fahrstrecke betrachtet und für Fahrzeugbeschleunigungen von 1, 2, 3 und 4 m/s² werden die Motorleistungsanforderungen bei verschiedenen Geschwindigkeiten bis 20 m/s berechnet. Für den hohen Geschwindigkeitsbereich werden Steigungen von 0, 2,5, 5,0 und 7,5 % betrachtet, und es werden die Variationen der spezifischen Motorleistung bei verschiedenen Fahrzeuggeschwindigkeiten bestimmt.

Um eine Reisegeschwindigkeit von 120 km/h auf ebener Strecke beizubehalten, muss eine spezifische Leistung von 24 W/kg aufgebracht werden. Um sie bei einer Steigung von 2,5 % beizubehalten, müssen 37 W/kg aufgewendet werden. Bei

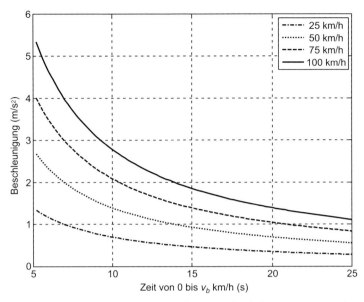

Abb. 7.62 Konstante Beschleunigungen für unterschiedliche Zeitwerte von 0 bis v_b (km/h).

einem 1200 kg schweren Fahrzeug entspricht dies einer Verbrennungsmotorleistung von 28,8 bzw. 44,4 kW. Der erste gewählte Wert liefert auch die Leistung, die für das Reisen mit 93, 72 und 58 km/h auf ebener Strecke und Steigungen mit 2,5, 5,0 und 7,5 % benötigt wird. Es ist möglich, dass verbrennungsmotorische Leistung nur einen Teil der für die stetige Beschleunigung des Fahrzeugs erforderlichen Leistung ist (Beschleunigungen von 41, 3, 2 und 1 m/s² auf Geschwindigkeiten von 12, 18, 25 und 45 km/h).

Da die starken Beschleunigungen des Fahrzeugs in der Phase konstanten Drehmoments des elektrischen Antriebsmotors stattfinden, ist die Beschleunigung in dieser Phase nahezu konstant. Für hohe Beschleunigungs-Performance aus dem Stillstand bis zur Grundgeschwindigkeit v_b (km/h) bewegt sich die Variation der Beschleunigung während der Phase konstanten Drehmoments in den Bereichen, die in Abb. 7.62 dargestellt sind. Um eine Grundgeschwindigkeit von 50 km/h in 5 s zu erreichen, braucht man eine Beschleunigung von rund 3 m/s². Dazu wird eine elektromotorische Leistung von rund 60 kW (s. Abb. 7.59) und eine verbrennungsmotorische Leistung von rund 90 kW benötigt. Dieses Fahrzeug kann also in rund 12 s von 0 auf 100 km/h beschleunigt werden (s. Abb. 7.56). Somit liefert auch der zweite für den Verbrennungsmotor gewählte Wert (44,4 kW) nur die Hälfte der für eine solche Beschleunigung benötigten Leistung. Da die Vergrößerung des Verbrennungsmotors das Gewicht und die Kosten in die Höhe treibt, ist es sinnvoller, die verbleibende Leistung der Batterie zu entnehmen, wenn derart hohe Beschleunigungen benötigt werden.

Größe der Batterie Die Batterie muss genügend Energie produzieren, um die geforderte Performance für eine Vielzahl von Fahrbedingungen zu erzielen. Im vorherigen Abschnitt erläuterten wir einen Auslegungsfall, bei dem der Momentanwert der vom Elektromotor angeforderten Leistung größer war als die vom Verbrennungsmotor bereitgestellte Leistung. Die fehlende Leistung muss durch die Batterie produziert werden. In der mathematischen Form ist die Ausgangsleistung der Batterie:

$$P_B \geq \frac{P_M}{\eta_M} - P_e \qquad (7.86)$$

Der erste Ausdruck ist P_{in}, die Eingangsleistung für den Elektromotor. Die Kapazität einer Batterie wird normalerweise in Kilowattstunden (kWh) angegeben. Zur Dimensionierung der Fahrzeugbatterie werden aber noch weitere Informationen benötigt, darunter die rein elektrische Reichweite des Fahrzeugs und Lade-/Entladestrategien. Wenn die elektromotorische Reichweite groß sein soll (z. B. 60 km), benötigt man größere Kapazitäten.

Auch die Lade-/Entladestrategie hat großen Einfluss auf die Größe der Batterie. Konstante Arbeitsspannung vorausgesetzt, können wir Gleichung 7.45 in der folgenden Form schreiben:

$$SOC(t) = 1 - \frac{1}{E_0} \int_0^t P(t) \, dt \qquad (7.87)$$

darin ist E_0 die Batteriekapazität in Wh. Zurzeit t_1 ist der Ladezustand SOC:

$$SOC(t_1) = 1 - \frac{1}{E_0} \int_0^{t_1} P(t) \, dt \qquad (7.88)$$

Mit $\Delta SOC = SOC(t_2) - SOC(t_1)$ erhalten wir:

$$\Delta SOC = -\frac{1}{E_0} \int_{t_1}^{t_2} P(t) \, dt \qquad (7.89)$$

Der Integralausdruck ist die Nettoenergie ΔE, die der Batterie in der Zeit t_1 bis t_2 entnommen oder zugeführt wird. Für ΔE gleich null ist SOC unverändert. Für negative und positive ΔE-Werte nimmt SOC zu oder ab. Wenn sowohl ΔSOC als auch ΔE für ein vernünftiges Arbeitsintervall berechnet werden können, ergibt sich die Batteriekapazität E_0 aus:

$$E_0 = \frac{\Delta E}{\Delta SOC} \qquad (7.90)$$

Der in Abschn. 7.4.3.3 untersuchte Arbeitsbereich ist als ΔSOC-Wert gut geeignet. ΔE sollte möglichst so bestimmt werden, dass über einen großen Batteriebetriebsbereich der ΔSOC-Wert enthalten ist. Zu Beginn des Fahrzyklus ist der SOC-Wert am oberen Rand des Batteriebetriebsbereichs SOC_H. Am Ende des Fahrzyklus muss das gleiche SOC-Niveau erreicht sein. Der Batterie wird Energie zugeführt, um den SOC zwischen Anfang und Ende des Zyklus unverändert zu halten.

Der Nettoenergieverbrauch während solcher Zyklen entspricht der mittleren Leistungsaufnahme (Wirkungsgrad der Batterie eingeschlossen) multipliziert mit der Zyklusdauer Δt. So können wir die Batteriekapazität mit der folgenden Gleichung bestimmen:

$$E_0 = \frac{P_{av}\Delta t}{SOC_H - SOC_L} \tag{7.91}$$

Übung 7.14
Bestimmen Sie die Auslegung der Komponenten des seriellen HEV mit den Fahrzeugeigenschaften aus Tab. 7.11, um die folgenden Performance-Werte zu erzielen:

a) Maximalgeschwindigkeit auf ebener Strecke 160 km/h;
b) Steigfähigkeit von 5 % bei 120 km/h;
c) Beschleunigung von 0 auf 100 km/h in 15 s;
d) Steigfähigkeit von 45 % bei niedrigen Geschwindigkeiten;
e) Reichweite bei rein elektrischem Antrieb und einer Geschwindigkeit von 60 km/h soll 20 km betragen.

Die zulässige Höchstdrehzahl des Elektromotors ist 6000/min. Der maximale SOC-Wert ist 0,8 – der minimale 0,2.
Die Gesamtwirkungsgrade η_G, η_{Ec}, η_M und η_d betragen 85, 95, 85 und 95 %. Der Batteriewirkungsgrad beträgt 90 %.

Lösung:

Eigenschaften des Elektromotors Gehen Sie analog zur Auslegung des Elektromotors vor. Um die erste Anforderung der Endgeschwindigkeit von 160 km/h zu erhalten, bestimmen wir die Ausgangsleistung des Elektromotors wie folgt (Gleichung 7.70)

$$P_{mfs} = \frac{v_{max}}{\eta_d} \left(m f_R g + c v_{max}^2 \right). \text{ Das numerische Ergebnis ist 48 kW}.$$

Die zweite Anforderung bestimmen wir auf ähnliche Art:

$$P_m = \frac{v}{\eta_d} \left[c v^2 + mg \left(f_R \cos \theta + \sin \theta \right) \right].$$

Das nummerische Ergebnis von 44,5 kW ist hier niedriger als das für die maximale Geschwindigkeit. Somit muss $P_m = 48$ kW gewählt werden.
Für (c) kann das MATLAB-Programm aus Übung 7.13 für $t_d = 15$ s verwendet werden. Das Ergebnis ist in Abb. 7.63 zu sehen. Die Untersetzung erhalten Sie mit der Drehzahlgrenze des Elektromotors (Gleichung 7.78): $n_g = \frac{\omega_{max}}{v_{max}} r_w = 4{,}24$.
Für eine elektromotorische Leistung von 48 kW beträgt die Grunddrehzahl 13,4 m/s und das Radmoment 1020 Nm. Das entsprechende Motormoment ist $T_{mP} = 1020/4{,}24 = 240$ Nm.

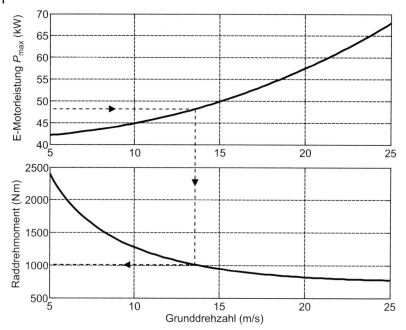

Abb. 7.63 Beschleunigungsleistungen für Übung 7.14.

Für (d) muss die Traktionskraft größer als die Fahrwiderstandskraft bei niedriger Geschwindigkeit sein. Aus Gleichung 7.79 folgt: $T_{mG} = 376$ Nm.

Da $T_{mP} < T_{mG}$, muss das Motormoment T_{mG} eingesetzt werden. Damit ergibt sich v_b aus Gleichung 7.80 zu: $v_b = 9{,}03$ m/s und $\omega_b = 1220$/min. In Abb. 7.64 sind die Eigenschaften des Elektromotors dargestellt. In Abb. 7.65 sind die mit diesen Werten erzielten Performance-Werte abgebildet. Es ist ersichtlich, dass die Anforderungen bzgl. Endgeschwindigkeit und Steigfähigkeit exakt erfüllt werden, während die Endgeschwindigkeit bei 5 % Steigung höher ist (125 statt 120 km/h). Auch die geforderte Zeit t_d ist von ursprünglich 15 auf 13,5 s reduziert (in Abb. 7.65 nicht abgebildet).

Leistung des Verbrennungsmotors Mit Gleichung 7.83 erhalten wir eine Verbrennungsmotorleistung von 34,9 kW bei einer Reisegeschwindigkeit von 120 km/h auf ebener Strecke und einem Gesamtwirkungsgrad von 65,21 %. Für die gleiche Geschwindigkeit auf einer Strecke mit einer Steigung von 5 % ist die Leistung mit 65,0 kW erheblich höher. Der erste Leistungswert reicht auch für eine mittlere Beschleunigung von 0,75 m/s² bei einer mittleren Geschwindigkeit von 20 m/s aus.

Größe der Batterie Nach Gleichung 7.86 und für einen elektromotorischen Gesamtwirkungsgrad von 85 % beträgt die minimale Ausgangsleistung der Batterie 21,7 kW.

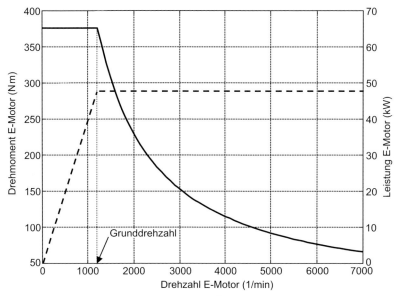

Abb. 7.64 Eigenschaften des Elektromotors für Übung 7.14.

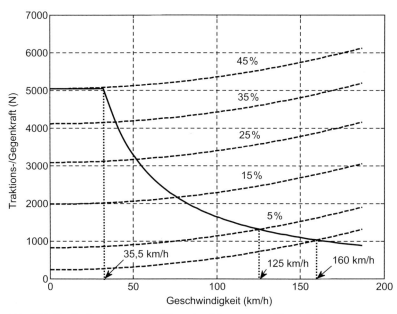

Abb. 7.65 Die finalen Performance-Werte des Fahrzeugs aus Übung 7.14.

Zur Bestimmung der Batteriekapazität benötigen wir die mittlere Leistung sowie deren Dauer. Diese erhalten wir aus:

$$P_{av} = \frac{v_{av}}{\eta_G \eta_{Ec} \eta_b} \left(m f_R g + c v_{av}^2 \right) = 7{,}95 \text{ kW} \quad \text{und} \quad \Delta t = \frac{20}{60} = 0{,}33 \text{ h} .$$

Nach Gleichung 7.91 ergibt sich schließlich die Batteriekapazität: $E_0 = 4{,}4$ kW h.

7.6.2.2 Parallele HEVs

Die rein elektrische Betriebsart eines parallelen HEV ist lediglich von den technischen Daten des Elektromotors abhängig. Allerdings sind die Performance-Erwartungen für rein elektrischen Betrieb normalerweise nicht allzu hoch. Um die gewünschte Performance des Fahrzeugs in diesem Modus zu erreichen, können wir den Elektromotor anhand der im vorherigen Abschnitt erläuterten Verfahren dimensionieren. In der Praxis muss die Dimensionierung des Elektromotors allerdings zusammen mit der des Verbrennungsmotors erfolgen, da die beiden Traktionsquellen die Vortriebskraft für die Fahrzeugbewegung produzieren.

Leistung des Verbrennungsmotors Der Verbrennungsmotor in einem parallelen HEV ist dafür ausgelegt, das Fahrzeug bei konstant hohen Geschwindigkeiten alleine anzutreiben, ohne jegliche Unterstützung von der elektrischen Quelle. Bei der gewünschten hohen Geschwindigkeit v_H gleichen sich Traktionsleistung und Fahrwiderstandsleistung aus und die Antriebsleistung muss auch die Antriebsstrangverluste überwinden. Daher ergibt sich die erforderliche verbrennungsmotorische Leistung wie folgt:

$$P_e = \frac{v_H}{\eta_d} \left[mg \left(f_R \cos \theta + \sin \theta \right) + c v_H^2 \right] \tag{7.92}$$

Die Auslegung könnte für ebene Strecke ($\theta = 0$) oder leichte Steigung mit der gewünschten Geschwindigkeit v_H analysiert werden. Beachten Sie, dass die hohe stetige Geschwindigkeit nicht durch die Leistung des Verbrennungsmotors, sondern durch sein Drehmoment sowie durch die Gesamtübersetzung bestimmt wird (s. Kapitel 3). Daher ist die Nennleistung, die wir mit dieser Analyse erhalten, lediglich ein erster Schätzwert für die Maximalleistung des Verbrennungsmotors, die wir erst abschließend bestimmen, wenn der Drehmoment-Drehzahl-Verlauf bekannt ist.

Leistung des elektrischen Antriebsmotors Wir betrachten hier einen parallelen Hybrid mit nur einem Elektromotor, der mit den Antriebsrädern über ein einstufiges Untersetzungsgetriebe verbunden ist. Der Elektromotor liefert die unterstützende Zusatzleistung in Phasen starker Beschleunigung sowie den Start-Stopp-Phasen der Fahrzyklen. Da die Fahrbedingungen sehr stark variieren, ist eine exakte Einschätzung der Elektromotoreigenschaften unmöglich.

Als versuchsweise Schätzung der Elektromotorleistung ist es sinnvoll, die Phase der starken Beschleunigung des Fahrzeugs zu betrachten. Dabei soll das Fahrzeug aus dem Stillstand eine gewünschte Geschwindigkeit v_d in einer vorgegebenen Zeit t_d erreichen. Diese Fahrzeug-Performance muss vom Verbrennungs- und

Elektromotor zusammen erbracht werden. Die Gesamtleistung P_{tot}, die von Verbrennungsmotor und Elektromotor geliefert wird, wird durch folgende Gleichung bestimmt (s. Abschn. 7.5.1.2):

$$t_d = k_1 \ln \frac{v_{max} - v_d}{\sqrt{v_d^2 + v_d v_{max} + k}} + k_2 \arctan \frac{2v_d + v_{max}}{\sqrt{4k - v_{max}^2}} + C \qquad (7.93)$$

wobei:

$$C = -k_1 \ln \frac{v_{max}}{\sqrt{k}} - k_2 \arctan \frac{v_{max}}{\sqrt{4k - v_{max}^2}} \qquad (7.94)$$

$$k = \frac{P_{tot}}{c v_{max}} \qquad (7.95)$$

$$k_1 = -\frac{m}{c} \cdot \frac{v_{max}}{2v_{max}^2 + k} \qquad (7.96)$$

$$k_2 = \frac{k_1}{v_{max}} \cdot \frac{2k + v_{max}^2}{\sqrt{4k - v_{max}^2}} \qquad (7.97)$$

$$v_{max} = e + h \qquad (7.98)$$

$$e = (a + d)^{\frac{1}{3}}, h = sgn\,(a - d)\,|a - d|^{\frac{1}{3}} \qquad (7.99)$$

$$a = \frac{P_{tot}}{2c}, b = \frac{F_0}{3c}, d = \left(a^2 + b^3\right)^{0,5} \qquad (7.100)$$

Durch Anwendung der Gleichung 7.93 erhält man die Gesamtleistung für eine gegebene gewünschte Geschwindigkeit v_d und Zeit t_d. Dann kann man die Elektromotorleistung für die starke Beschleunigung als Differenz zwischen Gesamt- und Verbrennungsmotorleistung ansehen:

$$P_{ma} = P_{tot} - P_e \qquad (7.101)$$

Beachten Sie aber, dass die Beschleunigungs-Performance eigentlich auf der verfügbaren Gesamttraktionskraft und nicht auf der Leistung basiert. Infolgedessen führt die Annahme der maximalen Gesamtleistungsentfaltung durch Elektromotor und Verbrennungsmotor nicht notwendigerweise zu einer tatsächlichen Zugkraft mit der gewünschten Beschleunigungsperformance.

Die zweite Anforderung an den Elektromotor ist die Erzeugung einer ausreichenden Traktionsleistung für Start-Stopp-Bedingungen im niedrigen Geschwindigkeitsbereich. Das beinhaltet eine Vielzahl von Fahrbedingungen mit unterschiedlichen Leistungsanforderungen. Eine Schätzung können wir über die bekannten Standardfahrzyklen erhalten. Die für Start-Stopp-Bewegungen mit niedriger Geschwindigkeit benötigte elektromotorische Leistung ergibt sich wie folgt (s. Gleichung 7.84):

$$P_{msg} = \frac{mv}{\eta_d} a_G + \frac{mv}{\eta_d} g \left(f_R \cos \theta + \sin \theta\right) \qquad (7.102)$$

Der erste Ausdruck ist der Leistungsbedarf für die Beschleunigung. Diese Leistung ist nur vom Fahrprofil abhängig. Der zweite Ausdruck ist der Leistungsbedarf aufgrund der Fahrwiderstandskräfte. Diese Leistung ist primär von der Steigung der Strecke abhängig. Um die Größenordnungen für den jeweiligen Teil in Gleichung 7.102 zu berechnen, untersuchen wir in der folgenden Übung einen Standardstadtfahrzyklus.

In einem Entwurfsprozess für den Elektromotor können unterschiedliche Fahrzyklen und Steigfähigkeitsanforderungen für langsame Start-Stopp-Fahrten betrachtet werden, sodass die Traktionskraft allein vom Elektromotor produziert wird. Der Maximalwert, den man in diesem Prozess erhält, ist P_{msg} aus Gleichung 7.102. Beachten Sie, dass P_{msg} durch die Annahme größerer Steigungen nicht unnötig groß werden sollte, denn bei größeren Steigungen kann auch der Verbrennungsmotor den Elektromotor unterstützen.

Nachdem die beiden Leistungswerte P_{ma} und P_{msg} aus den Gleichungen 7.101 und 7.102 bestimmt sind, muss in jedem Fall der größere der beiden Werte für den Elektromotor gewählt werden. Die übrigen technischen Daten, wie Drehmoment und Grundgeschwindigkeit müssen unter Verwendung zusätzlicher Informationen bestimmt werden.

Übung 7.15

In Tab. 7.12 finden Sie die Geschwindigkeit-Zeit-Daten der ersten 200 s des Fahrzyklus ECE15 (s. Abschn. 5.3). (Im tatsächlichen Fahrzyklus wird dieses Segment vier Mal durchfahren.)

a) Plotten Sie den Fahrzyklus.
b) Berechnen und plotten Sie die Beschleunigung für den Zyklus.
c) Berechnen und plotten Sie den spezifischen Leistungsbedarf für das Beschleunigen (d. h. pro Masseneinheit) des Fahrzeugs.
d) Berechnen und plotten Sie den spezifischen Leistungsbedarf (d. h. pro Masseneinheit) des Fahrzeugs zur Überwindung der Fahrwiderstandskräfte. Betrachten Sie Steigungen von 0, 10, 20 und 30 % bei einem Rollwiderstandsbeiwert von 0,02.
e) Das Fahrzeug besitzt eine Masse von 1200 kg und einen Wirkungsgrad im Antriebsstrang von 95 %. Bestimmen Sie den Leistungsbedarf an den Elektromotor für diesen Zyklus.

Lösung:

a) In Abb. 7.66 ist das Segment des ECE15-Zyklus mit den ersten 200 s grafisch dargestellt.
b) Die Beschleunigung für den Zyklus erhalten wir mit den folgenden MATLAB-Kommandos:

```
t=0:0.1:max(t0); v=interp1(t0,v0,t);
a=[diff(v)./diff(t)0];      % Fahrzeugbeschleunigung (m/s^2)
```

Tab. 7.12 Zyklusinformationen für Übung 7.15.

Zeit (s)	Geschwindigkeit (km/h)	Zeit (s)	Geschwindigkeit (km/h)	Zeit (s)	Geschwindigkeit (km/h)
0	0	56	15	135	35
6	0	61	32	143	50
11	0	85	32	155	50
15	15	93	10	163	35
23	15	96	0	176	35
25	10	112	0	178	32
28	0	117	0	185	10
44	0	122	15	188	0
49	0	124	15	195	0
54	15	133	35	200	0

Dabei sind t0 und v0 die beiden Zeilenvektoren, die die Zeit- und Geschwindigkeitswerte enthalten. Der Beschleunigungsverlauf ist in Abb. 7.67 dargestellt.

c) Die Leistungsanforderung zum Beschleunigen von 1 kg Fahrzeugmasse ist das Produkt aus Geschwindigkeit und Beschleunigung ($v \cdot a_G$) und berechnet sich mit dem Kommando „va=a.*v". Das Ergebnis ist in Abb. 7.68 wiedergegeben.

d) Die Fahrwiderstandskräfte beinhalten Rollwiderstands-, Gravitations- und Luftwiderstandskraft. Da es sich um den langsamen Zyklus handelt, ist die Luftwiderstandskraft gering und kann ignoriert werden (Gleichung 7.102). Die Leistung pro Masseneinheit, somit die spezifische Leistung, ergibt sich aus $F_R \cdot v/m$. Die folgende MATLAB-Schleife liefert die Ergebnisse für die vier Steigungen 0, 10, 20 und 30 %:

```
for i=1:4,
   vfr(i,:)=v*9.81*(0.02*cos(atan((i-1)/10))+sin (atan((i-1)/10)))
end
```

Abb. 7.69 zeigt die Leistungsanforderung für die Masseneinheit des Fahrzeugs.

e) Nach Abb. 7.68 ergibt sich für das gegebene Fahrzeug und die in diesem Zyklus geforderte Beschleunigung ein maximaler Leistungsbedarf von $8{,}2 \times 1200/0{,}95$ oder 10,4 kW. Nach Abb. 7.69 ergibt sich der Leistungsbedarf zum Überwinden der Fahrwiderstandskräfte zu rund 3,0 kW für ebene Strecke, 20 kW für 10 %, 36,5 kW für 20 % oder 53 kW für 30 % Steigung. Die Gesamtleistung des Elektromotors ist die Summe der beiden Teile (Gleichung 7.102).

Größe der Batterie Der Momentanwert der Leistung, der zum Erfüllen der Performance-Anforderungen erforderlich ist, muss von der Batterie abgegeben werden

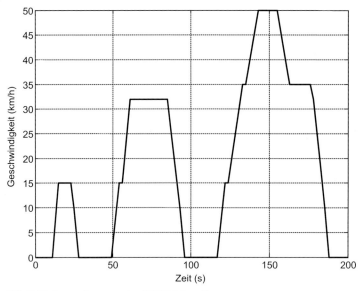

Abb. 7.66 Erstes Segment des ECE15-Fahrzyklus.

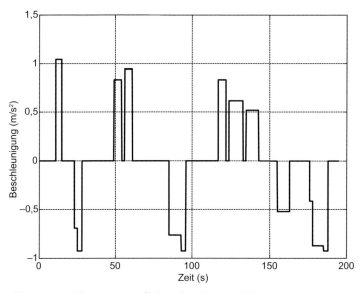

Abb. 7.67 Beschleunigungsprofil des Fahrzyklus aus Abb. 7.66.

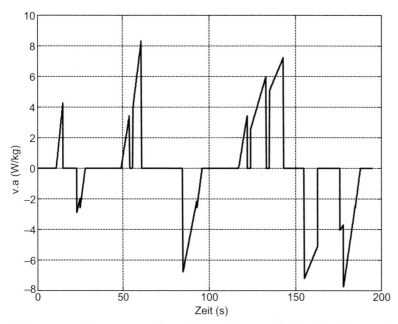

Abb. 7.68 Spezifische Leistung aufgrund der Beschleunigung für den Fahrzyklus von Abb. 7.66.

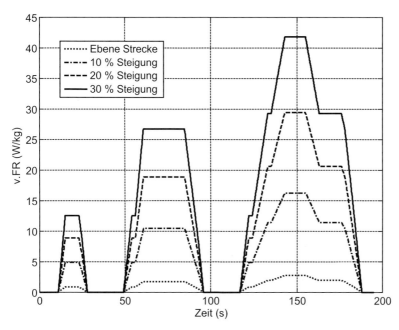

Abb. 7.69 Spezifische Leistung aufgrund der Fahrwiderstandskräfte für den Fahrzyklus von Abb. 7.66.

können. Außerdem muss die Batterie genügend Energie enthalten, um den kontinuierlichen Betrieb des Systems zu gewährleisten. Die elektrische Leistung der Batterie muss in einem Parallelhybrid größer sein als die vom Elektromotor angeforderte Leistung, somit:

$$P_B \geq \frac{P_M}{\eta_M} \qquad (7.103)$$

Die Batteriekapazität ist so zu bemessen, dass die Energieanforderungen des Elektromotors sowohl während einer rein elektrischen Beschleunigungsphase als auch beim Abfahren eines Stadtzyklus erfüllt werden können. Auch hier erfüllen die Gleichungen 7.90 und 7.91 den gewünschten Zweck.

Übung 7.16
Berechnen Sie die Bauteilgrößen eines Parallel-HEV mit den gleichen Eigenschaften und Performance-Werten wie in Übung 7.14 mit Ausnahme der Beschleunigungszeit:

a) Betrachten Sie eine Beschleunigungszeit von 0 auf 100 km/h von 10 s.
b) Mit dem Elektromotor muss das Fahrzeug die im ECE15-Fahrzyklus vorgegebene Steigung von 5 % überwinden können.
c) Wir betrachten eine rein elektrische Reichweite von 10 km auf dem ebenen Teil des ECE15-Fahrzyklus ohne Energierückgewinnung.
d) Der minimale *SOC*-Wert beträgt 0,4 und der maximale 0,8.
e) Der Gesamtwirkungsgrad des Elektromotors beträgt 85 % und der Gesamtwirkungsgrad der Batterie 90 %.

Lösung:
Die Entwurfsschritte sind einfach durchzuführen. Zum besseren Verständnis der Lösung finden Sie ein MATLAB-Programm in Abb. 7.71. Der Funktionsteil ist in Abb. 7.70 zu finden.

Leistung des Verbrennungsmotors   Die Anforderung ist dieselbe wie in Übung 7.14, daher ist auch hier die Nennleistung des Verbrennungsmotors 48 kW.

Leistung des Elektromotors   Zur Berechnung der Leistung des Elektromotors aus Gleichung 7.101 muss ein Iterationsverfahren angewendet werden. Dieses wird in der Funktion „`Ptot`" abgearbeitet. Nach Rückgabe der „`fsolve`"-Anweisung ergibt sich die zur Beschleunigung von 0–100 km/h in 10 s erforderliche Gesamtleistung zu 57,3 kW und P_{ma} ist $57{,}3 - 48 = 9{,}3$ kW. Allerdings führt Gleichung 7.102 unter Verwendung der Abb. 7.68 und 7.69 (Interpolation für 5 % Steigung) zu $P_{msg} = 20{,}6$ kW. Daher wird der Elektromotor mit einer Leistung von 21 kW gewählt.

Batterie   Nach Gleichung 7.103 muss die Leistung der Batterie größer als 24,2 sein, und es könnte beispielsweise eine Leistung von 25 kW gewählt werden.
Die Batteriekapazität ist so zu bemessen, dass 10 km Reichweite auf ebener Strecke im ECE15-Fahrzyklus möglich sind. Den gesamten Leistungsbedarf ohne Regeneration für den Zyklus erhält man durch Summieren der Ergebnisse aus Abb. 7.68

```
% Übung 7.16

clc, close all, clear all

global eta Ca F0 m vd td

% Fahrzeugdaten
m=1200;          % Fahrzeugmasse (kg)
fR=0.02;         % Rollwiderstandskoeffizient
Ca=0.4;          % Gesamtluftwiderstandskoeffizient
rW=0.3;          % Wirksamer Radradius (m)
eta=0.95;        % Wirkungsgrad Antriebsstrang
theta_1=5;       % Steigfähigkeit hohe Geschwindigkeit (%)
theta_2=45;      % Steigfähigkeit niedrige Geschwindigkeit (%)
vmax=160;        % Maximalgeschwindigkeit des Fahrzeugs (km/h)
v2=120;          % Geschwindigkeit schnelle Bergauffahrt (km/h)
SOC_H=0.8;
SOC_L=0.4;
vd=100;          % Gewünschte Geschwindigkeit (km/h)
td=10;           % Gewünschte Zeit (s)

F0=m*9.81*fR;
vmax=vmax/3.6;
v2=v2/3.6;
theta_1=atan(theta_1/100);
theta_2=atan(theta_2/100);
vd=vd/3.6;

% Berechne Leistung des Verbrennungsmotors,
% die zum Erreichen der gewünschten max. Geschwindigkeit
% erforderlich ist
Pmax_e1=(Ca*vmax^3+F0*vmax)/eta;

% Berechne Leistung des Verbrennungsmotors,
% die zum Erreichen der gewünschten Steigfähigkeit
% erforderlich ist
Pmax_e2=(Ca*v2^3+m*9.81*(fR*cos(theta_1)+sin(theta_1))*v2)/eta;
Pe=max(Pmax_e1, Pmax_e2); % Verbrennungsmotor-Leistg. ist das Maximum beider

% Berechne Gesamtleistung von Verbrennungsmotor + E-Motor,
% die zum Erreichen von 'vd' in 'td' erforderlich ist
Pt=fsolve(@Ptot, Pe, optimset('Display','off')) % Funktion 'Ptot' aufrufen
Pma=Pt-Pe; % Gleichung 7.101

% Bestimme E-Motor-Leistung für ECE15-Fahrzyklus
vaG=8.3; % Aus Abbildung 7.68
vFR=8.0; % Aus Abbildung 7.69 bei 5 % Steigung
Pmsg=(vaG+vFR)*m/eta; % Gleichung 7.102
Pm=max(Pma, Pmsg); % Die Leistung des E-Motors ist das Maximum beider

% Bestimme Batterieleistung
% Nutzen von 'va' und 'vfr' aus Übung 7.15
pcycle=m*(va/3.6^2+vfr(1, :)/3.6); % Der Leistungsbedarf in einem (ebenen) Zyklus

% pcyclep ist der positive Teil des Zyklus
pcm=mean(pcyclep)/etam/etab;% Durchschnitt der Leistung dividiert durch Wirkungsgrade

nc=10000/x;             % Anzahl der Segmente in 10 km ('x' ist Distanz pro Zyklus)
tc=nc*200/3600;         % Gesamtfahrzeit in Stunden
Ec=pcm*tc/1000;         % Gesamtenergieverbrauch (kWh) auf 10 km Strecke
Eb=Ec/(SOC_H-SOC_L);    % Batteriekapazität (kWh)
```

Abb. 7.70 Das MATLAB-Funktionsprogramm für Übung 7.16.

```
function dt=Ptot(Pmax)  % Funktionsaufruf aus Hauptprogramm

global eta Ca F0 m vd td

a=eta*Pmax/2/Ca;
b=F0/3/Ca;
d=sqrt(a^2+b^3);
e=(a+d)^(1/3);
h=sign(a-d)*abs(a-d)^(1/3);
vmax=e+h;

k=eta*Pmax/Ca/vmax;
k1=-m*vmax/Ca/(2*vmax^2+k);
k4=sqrt(4*k-vmax^2);
k2=k1*(2*k+vmax^2)/vmax/k4;
k3=sqrt(k);
C=-k1*log(vmax/k3)-k2*atan(vmax/k4);
k3=sqrt(vd^2+vd*vmax+k);

tcp=C+k1*log((vmax-vd)/k3)+k2*atan((2*vd+vmax)/k4);
dt=tcp-td;  % Rückkehr zum Hauptprogramm zurück, wenn dt=0
```

Abb. 7.71 Das MATLAB-Hauptprogramm für Übung 7.16.

sowie dem unteren Teil (ebene Strecke) aus Abb. 7.69 multipliziert mit der Fahrzeugmasse. In Abb. 7.72 ist das Ergebnis für den positiven Teil dargestellt. Der Mittelwert dieser Leistung dividiert durch die Wirkungsgrade des Elektromotors und der Batterie ergibt 2,4 kW. Der Gesamtleistungsbedarf für eine Strecke von 10 km ist der Mittelwert der Leistung mal die Gesamtfahrzeit und ergibt 1,32 kWh. Aus Gleichung 7.91 erhält man die Batteriekapazität von 3,3 kWh.

7.6.3
Optimale Dimensionierung/Auslegung

Hybridelektrische Fahrzeuge werden mit dem Ziel konzipiert, den Kraftstoffverbrauch, Schadstoffausstoß und die Fertigungskosten zu minimieren. Dabei sollten Performance-Werte wie Höchstgeschwindigkeit, erwartete Beschleunigung und Steigfähigkeit möglichst nicht beeinträchtigt werden. Die im vorherigen Abschnitt erläuterte leistungsorientierte Auslegung von HEV-Komponenten führt nicht notwendigerweise zu den oben genannten Zielen. Für eine erfolgreichere HEV-Konfiguration müssen die wichtigen mechanischen und elektrischen Komponenten optimal dimensioniert werden. Nur so können die Fahrleistungen beibehalten oder verbessert werden. Darüber hinaus lassen sich damit die Zielparameter – Kraftstoffverbrauch, Emissionen, Kosten und Verschleiß – für die zahlreichen vorzusehenden Fahrbedingungen minimieren.

Das in Abb. 7.73 dargestellte Optimierungskonzept impliziert, dass es ein System an optimalen Parametern für ein Fahrzeug gibt (z. B. für verbrennungsmotorische Leistung P_e, elektromotorische Leistung P_m, Batteriegröße E_b etc.). Dieses

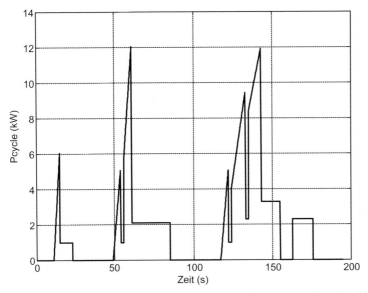

Abb. 7.72 Der positive Leistungsbedarf in einem einzelnen Segment des Fahrzyklus.

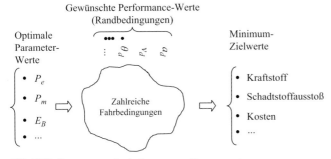

Abb. 7.73 Konzept zur Optimierung von Komponenten.

System optimaler Parameter gewährleistet, dass unter den gewünschten Betriebsbedingungen und mit den gewünschten Performance-Eigenschaften Energieverbrauch und Emissionen sowie andere objektive Kenngrößen minimal sind.

Mathematisch ausgedrückt handelt es sich um ein Optimierungsproblem der
folgenden allgemeinen Form: Finden einer Lösung von

$$x = [x_1, x_2, x_3, \ldots, x_n] \tag{7.104}$$

für das Minimum der Zielfunktion:

$$J(x) = w_1 f_1(x) + w_2 f_2(x) + \cdots + w_m f_m(x) \tag{7.105}$$

mit den folgenden Nebenbedingungen:

$$g_i(x) \geq 0, \, i = 1, 2, \ldots, p \tag{7.106}$$

wobei

x_i $(i = 1, 2, \ldots, n)$	die n Optimalwerte der HEV-Parameter sind,
f_i $(i = 1, 2, \ldots, m)$	die m Zielwerte, die es zu minimieren gilt,
w_i $(i = 1, 2, \ldots, m)$	die Gewichtungsfaktoren für den Ausgleich zwischen den Zielwerten und
g_i $(i = 1, 2, \ldots, p)$	die zusätzlich zu erfüllenden p Randbedingungsgleichungen.

Beispiele für x_i sind die Verbrennungsmotorleistung P_e und die Elektromotorleistung P_m. Beispiele für f_i sind der Kraftstoffverbrauch *FC* (für Fuel Consumption) und die Kosten *C*. Beispiele für g_i sind die Beschleunigungszeit von 0 auf 100 km/h von 10 s (d. h. $g_1 = 10 - t_{100}$) und die Höchstgeschwindigkeit von 180 km/h (d. h. $g_2 = v_{max} - 180$).

Theoretisch muss das Optimierungsergebnis unabhängig von den Fahrbedingungen/-zyklen des Fahrzeugs sein. Mit anderen Worten, die HEV-Komponenten wären für jedwede Fahrbedingung optimal. Allerdings kann das Problem mit den Optimierungsprozessen nicht unabhängig von Fahrbedingungen/-zyklen gelöst werden. Daher betrachtet man stattdessen zahlreiche unterschiedliche Fahrzyklen, um ihre Sinnhaftigkeit zu verbessern. Wenn beim Entwurf eines HEV nur wenige Fahrzyklen berücksichtigt werden, dann ist das Ergebnis wahrscheinlich nur teilweise optimal.

Die Effizienz eines HEV ist zudem vom Management der verschiedenen Energieelemente abhängig. Daher muss ein erfolgreicher Komponentenoptimierungsprozess eines HEV auch die Parameter für die Leistungssteuerung beinhalten. Das bedeutet, dass vor der Dimensionierung/Auslegung von Komponenten auch die Regelstrategien für das Leistungsmanagement des HEV-Systems entwickelt werden müssen. Es gibt verschiedene Ansätze zur Lösung dieses Problems (s. auch [3]). Sie sind aber nicht Thema dieses Buches.

7.7
Leistungsmanagement

Der Energieaufwand eines Hybridfahrzeugs ist der wesentliche Punkt bei dem Ziel, die Kraftstoffeffizienz gegenüber konventionellen Fahrzeugen zu verbessern. Dazu müssen die Energiequellen wie die chemische (Brennstoff-)Energie oder die elektrische (Batterie-)Energie effizienter genutzt werden. Der Energiefluss muss also in einem Hybridfahrzeug kontinuierlich überwacht und kontrolliert werden, um den Gesamtenergieaufwand möglichst niedrig halten zu können. Dies erfordert eine Strategie für das *Leistungsmanagement*, denn dies ist ja genau die Stärke bei einem Hybrid. Wir benötigen also bei einem Hybridfahrzeug ein Steuerungssystem, das alle Elemente, also Verbrennungsmotor, Motor-Generator, Batterie und Kraftübertragung, jeweils an ihren optimalen Betriebspunkten hält. Jedes der Elemente benötigt ein Steuerungssystem, das dessen Ausgänge entsprechend den gewünschten Werten für unterschiedliche Bedingungen regelt. Beispielsweise ist das EMS (Engine Management System, Motorsteuergerät) für die Überwachung und

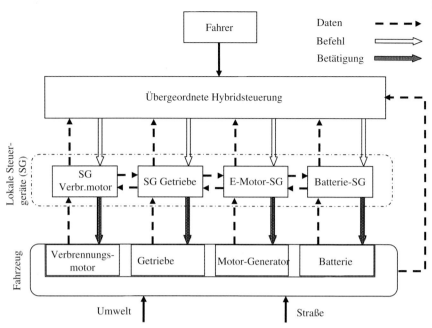

Abb. 7.74 Hierarchische Struktur der HEV-Steuerung.

Steuerung des Betriebs des Verbrennungsmotors bei den diversen Arbeitsbedingungen (s. Abschn. 2.7) verantwortlich. Je nach Eingangssignal (Drosselwert) regelt das EMS die Einspritz- und Zündanlage und optimiert die Motorleistung.

Betrachten Sie Abb. 7.74. Die hier abgebildete übergeordnete Hybridsteuerung übernimmt die Steuerung des gesamten Hybridfahrzeugs. Die übergeordnete Hybridsteuerung bestimmt den Betriebspunkt für jede Komponente, je nach Fahreranforderungen, empfangenen Fahrzeuginformationen, Umgebungs- und Komponentenausgängen. Die von dieser Steuerung ausgegebenen Signale werden an die Steuergeräteeingänge der Komponenten gesendet. Diese Low-Level-Controller sind für die Regelung der erforderlichen Ausgänge der individuellen Komponenten verantwortlich.

7.7.1
Steuerungspotenzial

Das Potenzial für die energieeffiziente Bewegung von Hybridfahrzeugen entsteht aus der Möglichkeit, dass zwei Energiequellen genutzt und effizienter eingesetzt werden als dies bei Verwendung von nur einer Energiequelle möglich wäre. Die Kombination der beiden Quellen erlaubt es, je nach Lastanforderung jede einzeln oder beide zusammen zu nutzen, und damit bieten sich Möglichkeiten zur Energieoptimierung.

7.7.1.1 **Abstellen des Verbrennungsmotors**

Leerlauf des Verbrennungsmotors ist eines der alltäglichen Ereignisse beim Fahrbetrieb, etwa beim Warmlauf des Motors, beim Warten auf eine Person, im Stau oder an der Ampel. Es gab Diskussionen darüber, dass es notwendig ist, den Motor im Leerlauf abzustellen, da hierbei Kraftstoff vergeudet und die Luft unnötigerweise verschmutzt wird. Das Abstellen des Verbrennungsmotors bei Fahrzeugstillstand hilft somit, die Luftverschmutzung, Wärmeabgabe, Lärmemission und Kraftstoffverbrauch zu reduzieren. Andererseits liefert der Verbrennungsmotor beim stehenden Fahrzeug auch die Leistung für den Antrieb der Nebenaggregate, wie Klimaanlage oder Lichtmaschine (falls die Batterie geladen werden muss). Darüber hinaus kann ein stehendes Fahrzeug mit abgestelltem Verbrennungsmotor nicht unverzüglich losfahren. Zudem wird für das Starten des Verbrennungsmotors Energie benötigt und häufiges Starten und Stoppen wirkt sich schädigend auf Anlassermotor und Batterie aus. Daher bleibt die Frage, wie häufig der Verbrennungsmotor abgestellt und wieder angelassen werden kann, aber mit Bezug auf die Zusatzkosten und verbrauchte Energie. Die Antwort ist aufgrund der Vielfältigkeit an Fahrzeugen, Verbrennungsmotoren und Betriebsbedingungen nicht einfach zu beantworten, allerdings wurde vorgeschlagen, dass sich ein Abstellen des Verbrennungsmotors bereits ab 10 s Fahrzeugstillstand lohnt.

Bei Hybridfahrzeugen hingegen kann das Abstellen des Verbrennungsmotors bedenkenlos genutzt werden. Mit anderen Worten, wenn das Fahrzeug zum Stillstand kommt, kann der Verbrennungsmotor abgestellt werden, ohne dass die Klimaanlage abgestellt wird und ein HEV kann unverzüglich mit elektrischem Antrieb anfahren.

7.7.1.2 **Wirtschaftliche Bereiche des Verbrennungsmotors**

In Kapitel 5 haben wir die Kraftstoffeffizienz des Verbrennungsmotors erörtert und herausgearbeitet, dass der Kraftstoffverbrauch niedriger ist, wenn der Motor in niedrigen BSFC-Regionen des Drehmoment-Drehzahl-Kennfelds des Verbrennungsmotors arbeitet. Bei HEVs ist es möglich, den Verbrennungsmotor in effizienteren Kennfeldregionen (Abb. 7.75) zu betreiben, indem man die Last für eine gegebene Arbeitsbedingung verändert.

7.7.1.3 **Regeneration**

Das Fahrzeug gewinnt kinetische Energie, wenn es auf eine bestimmte Geschwindigkeit beschleunigt wird. Diese Energie geht bei normalen Fahrzeugen verloren, da sie in Wärme umgewandelt wird, wenn das Fahrzeug stoppt. Bei Hybridfahrzeugen ist es möglich, einen Teil der kinetischen Energie zurückzugewinnen (Regeneration), indem man den Generator nutzt, um ein Bremsmoment zu erzeugen. Es gibt aber auch andere Faktoren, die den regenerativen Bremsvorgang beeinflussen. Diese werden wir im Folgenden besprechen.

Der Generator Die Funktion des Generators bringt ein Gegenmoment am Rad auf, das den Reifen die Bremskraft erzeugen lässt (s. Abschn. 3.10). Wie in

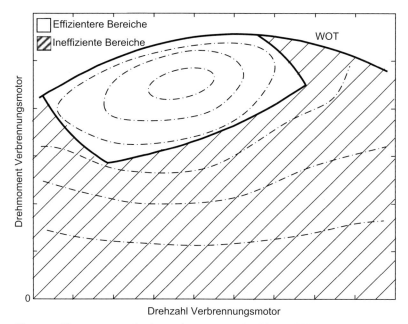

Abb. 7.75 Effizientere Bereiche des Drehmoment-Drehzahl-Kennfelds des Verbrennungsmotors.

Abb. 7.27 (für einen Elektromotor) gezeigt, ist das Drehmoment des Generators von der Rotationsgeschwindigkeit und Leistung abhängig. Es ist klar, dass der Generator nur bei niedrigen Geschwindigkeiten hohe Drehmomente aufbringen kann und dass das Drehmoment (und damit die Bremskraft) niedrig ist, wenn die Geschwindigkeit hoch ist. Mit anderen Worten, der Generator kann keine hohen Bremsmomente bei hohen Geschwindigkeiten erzeugen.

Die Batterie   Der Batterieladezustand (SOC, State of Charge) bzw. der Ladestrom der Batterie schränken die Möglichkeiten zur Energierückgewinnung ebenfalls ein. Ist der *SOC*-Wert hoch, so ist ein Laden der Batterie mitunter nicht möglich. Der Ladestrom der Batterie ist stets der entscheidende Begrenzungsfaktor für die Aufnahme von Energie durch regeneratives Bremsen. Daneben verringern die Wirkungsgrade von Generator und Batterie zusätzlich die Effektivität des regenerativen Bremsens. Die am Generatoreingang während des Bremsvorgangs verfügbare Leistung P_m ergibt sich wie folgt:

$$P_m(t) = ma(t)v(t) - P_R(t) \tag{7.107}$$

dabei ist $a(t)$ der (positive) Momentanwert der Verzögerung, und P_R ist der Leistungsverlust durch Fahrwiderstandskräfte (d. h. Rollwiderstands- und Luftwiderstandskraft). Die Leistung, die der Batterie zur Absorption beim regenerativen Bremsen zur Verfügung steht, ergibt sich aus:

$$P_{ba}(t) = \eta_{gb} P_m(t) \tag{7.108}$$

wobei η_{gb} der Gesamtwirkungsgrad des Generator-Batterie-Systems beim Laden ist. Vorausgesetzt, dass während des regenerativen Ladens die konstante Spannung V anliegt und der Strom für die Batterie I ist, dann ergibt sich die maximal von der Batterie absorbierbare Leistung zu:

$$P_{bm} = V I \tag{7.109}$$

Wenn der Anteil an induzierter mechanischer Energie größer P_{bm}/η_{gb} ist, absorbiert die Batterie nur P_{bm}, ansonsten wird der Wert in Gleichung 7.108 absorbiert. Der zeitunabhängige Wirkungsgrad des regenerativen Bremsens ist nach seiner Definition der Quotient aus absorbierter Leistung P_b und der am Generatoreingang potenziell verfügbaren mechanischen Leistung:

$$\eta_r(t) = \frac{P_b(t)}{P_m(t)} \tag{7.110}$$

Der Gesamtwirkungsgrad des regenerativen Bremsens während der Bremsphase ist das Verhältnis der relevanten Energien:

$$\eta_r = \frac{E_b}{E_m} = \frac{\int_{t_0}^{t_1} P_b(t)\,dt}{\int_{t_0}^{t_1} P_m(t)\,dt} \tag{7.111}$$

Für geringe Geschwindigkeiten mit $P_m < P_{bm}/\eta_{gb}$ vereinfacht Gleichung 7.110 sich zu $\eta_r = \eta_{gb}$. Gleichung 7.111 ergibt den Gesamtwirkungsgrad des Generator-Batterie-Systems für konstante Werte.

Übung 7.17

Ein Hybridfahrzeug besitzt eine Masse von 1000 kg. Es wird innerhalb einer Strecke von 100 m von der Anfangsgeschwindigkeit von 100 km/h bis auf Stillstand abgebremst. Welchen Prozentsatz der kinetischen Energie kann die Batterie aufnehmen, wenn die Batterie mit einer Spannung von 200 V mit einem maximalen Strom von 100 A geladen werden kann? Der Gesamtwirkungsgrad der Generator-Batterie-Kombination beträgt 85 %. Ignorieren Sie den Leistungsverlust durch Fahrwiderstandskräfte.

Lösung:

Die Gesamtenergie des Fahrzeugs beträgt $0{,}5\,m v^2 = 385{,}8\,\text{kJ}$ (Energie rotierender Massen wird ignoriert). Die Verzögerung und die Zeit, nach der das Fahrzeug steht, ergeben sich wie folgt (alle Gegenkräfte außer der Bremskraft werden ignoriert):

$$a = \frac{v^2}{2x} = 3{,}858\,\text{m/s}^2 \quad \text{und} \quad t_b = \frac{v}{a} = 7{,}2\,\text{s} \,.$$

Nach Gleichung 7.109 ist $P_{bm} = 20\,\text{kW}$. Nach Gleichung 7.107 ist die zugeführte mechanische Leistung von der Zeit $t^* = t_b - \frac{P_{bm}}{\eta m a^2} = 5{,}619\,\text{s}$ größer als die maximal aufnehmbare Leistung. Daher ergibt sich die gesamte, von der Batterie aufgenommene Energie zu:

$$E_b = P_{bm}\,t^* + \int_{t^*}^{t_b} \eta_{gb}\,P_m(t) = 128{,}2\,\text{kJ}$$

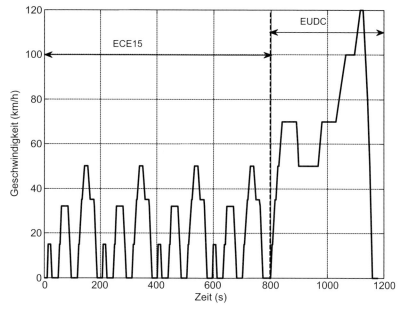

Abb. 7.76 NEDC-Zyklus aus Übung 7.18.

somit zu 33,2 % der Gesamtenergie.

Ablauf von Autofahrten Der Verlauf einer Autofahrt hat großen Einfluss auf den Wert an Energie, der beim Bremsen verloren geht. Beispielsweise besteht eine Stadtfahrt aus Zyklen von Beschleunigung und Verzögerungen mit geringer Geschwindigkeit. Überlandfahrten finden bei höheren Geschwindigkeiten statt, es wird mehr Energie produziert, die beim Bremsen auch verloren geht. Gleichwohl kann der Energierückgewinnungsanteil bei einem Hybridfahrzeug in der Stadt mit häufigen Beschleunigungs- und Verzögerungsphasen höher als bei Überlandfahrt sein. Der Grund ist, dass die hohen Energiemengen der hohen Geschwindigkeiten bei Überland- oder Autobahnfahrt vom elektrischen System nicht effizient wiedergewonnen werden können.

Übung 7.18
Wir betrachten das Fahrzeug aus Übung 7.17. Es soll den Neuen Europäischen Fahrzyklus (NEFZ) mit der gleichen Batterie absolvieren. Vergleichen Sie die maximal regenerierbare Energie während des in Abb. 7.76 dargestellten Stadt- und Überlandzyklus, indem Sie die regenerativen Wirkungsgrade bestimmen. Ignorieren Sie den Leistungsverlust durch Fahrwiderstandskräfte.

Lösung:
Der ECE-Teil des Zyklus stellt eine vierfache Wiederholung eines dreiteiligen Zyklus dar. Im ersten Teil findet 5 s nach Erreichen der Anfangsgeschwindigkeit von 15 km/h ein Bremsvorgang statt. Die maximale Bremsleistung während dieser Zeit

beträgt $mav_0 = 3,47\,\text{kW} < 20/0,85 = 23,53\,\text{kW}$. Somit ist die wiedergewonnene Energie

$$E_{b11} = \int\limits_0^5 \eta\, mav(t) = 7,38\,\text{kJ}$$

Im zweiten Teil findet der Bremsvorgang aus 32 km/h in 11 s statt. Die maximale Bremsleistung beträgt $7,18\,\text{kW} < 23,53\,\text{kW}$ und die in diesem Teil zurückgewonnene Energie $E_{b12} = 33,58\,\text{kJ}$. Im dritten Teil wird die Geschwindigkeit innerhalb von 8 s durch den Bremsvorgang von 55 auf 35 km/h verringert. Anschließend wird das Fahrzeug in 12 s vollständig gestoppt. In beiden Phasen ist die verfügbare Leistung geringer als die maximal absorbierbare Leistung. Somit ist die absorbierte Energie $E_{b13} = 99,2\,\text{kJ}$. Daher ergibt sich die gesamte, während des ECE-Zyklus zurückgewonnene Energie zu $E_{bECE} = 4 \times E_{b1} = 560,64\,\text{kJ}$.

Im rechten Teil, dem EUDC-Teil, findet der Bremsvorgang bei 70 km/h statt und die Geschwindigkeit wird innerhalb von 8 s auf 50 km/h verringert. In diesem Teil ist die Bremsleistung immer noch kleiner 23,53 kW und $E_{b21} = 78,7\,\text{kJ}$. Die zweite Bremsung beginnt bei 120 km/h und das Fahrzeug kommt innerhalb von 34 s zum Stillstand. Die maximale mechanische Leistung erreicht $32,68\,\text{kW} > 23,53\,\text{kW}$. Analog zu Übung 7.17 ist die Zeit, bei der sich die Bremsleistung auf 23,53 kW verringert, 9,52 s (bei einer Geschwindigkeit von 86,4 km/h). Wir berechnen die regenerierte Energie mit $E_{b22} = 435,2\,\text{kJ}$. In dieser Phase beträgt die gesamte regenerierte $E_{bEUDC} = 513,9\,\text{kJ}$.

Im ECE-Teil des Fahrzyklus steht eine Energie von $E_{ECE} = 659,6\,\text{kJ}$ und im EUDC-Teil eine Energie von $E_{EUDC} = 648,2\,\text{kJ}$ zur Verfügung. Damit berechnen wir die Wirkungsgrade für das regenerative Bremsen:

$$\eta_r(ECE) = 85\,\% \quad \text{und} \quad \eta_r(EUDC) = 79,3\,\%$$

Bitte beachten Sie, dass der höhere Wirkungsgrad in der zweiten Phase des EUDC-Zyklus, verglichen mit dem Wert, den wir in Übung 7.17 erhalten hatten, darauf zurückzuführen ist, dass beim EUDC weniger stark verzögert wird.

Die Antriebsachse Beim normalen Bremsvorgang wirken die Bremskräfte auf Vorder- und Hinterachse. Allerdings ist der Generator (normalerweise ein Motorgenerator) typischerweise mit den Antriebsrädern nur einer Achse verbunden. Daher ist die maximal mögliche Energieaufnahme von der Bremsfähigkeit dieser Achse abhängig (ob Vorder- oder Hinterachse). Andererseits sind die in Fahrzeugen benötigten Bremsmomente größer als die Bremsmomente, die ein Generator erzeugen kann. Das heißt, elektrisches Bremsen alleine reicht nicht aus, in einem HEV muss auch eine konventionelle mechanische Bremsanlage vorhanden sein.

Bremsstabilität Das beste Bremsverhalten erreicht man, wenn die Bremskraft bei einem Fahrzeug entsprechend der idealen Bremskurve verteilt ist. Sie ist in Abb. 7.77 dargestellt. Entlang dieser Kurve blockieren die Hinterräder nicht vor

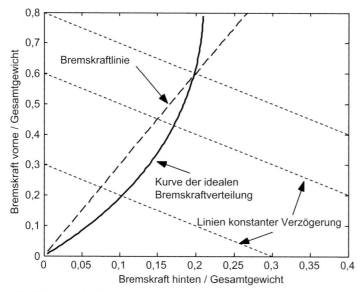

Abb. 7.77 Bremskraftverteilung.

den Vorderrädern. Allerdings werden die Bremskräfte beim Fahrzeug normalerweise auf linearer Basis angewendet (Bremskraftlinie). Damit ist das Kriterium nicht vorzeitig blockierender Hinterräder auch für starke Verzögerungen noch erfüllt. Die regenerative Bremsanlage sollte also den gleichen Regeln folgen und einen ausgewogenen Anteil an der gesamten Bremskraft darstellen. Weiterführende Details zu Bremsverhalten und regenerativem Bremsen finden Sie bei [5, 6].

7.7.2
Steuerung

Um Kraftstoffverbrauch und Emissionen zu verringern, muss das Steuergerät für das Leistungsmanagement den zu nutzenden Betriebsmodus des Hybridfahrzeugs festlegen. Zudem muss es für die optimale Aufteilung der Energiequellen sorgen, dabei den Anforderungen des Fahrers entsprechen und für den korrekten Ladezustand der Batterie sorgen. Dazu verfolgt man üblicherweise verschiedene Methodologien und Strategien.

7.7.2.1 Methodologie
Leistungsmanagementmethodologien kann man in zwei Kategorien unterteilen: *regelbasierte* Verfahren und auf *mathematischen Modellen basierende* Verfahren. Bei der ersten Methode kommen Steueralgorithmen, wie einfache Regeln oder Fuzzy-Logic-Regeln, bei der Entscheidungsfindung zur Anwendung. Diese Steuerungen unterscheiden die Betriebsbedingungen anhand unterschiedlicher Fälle und nutzen „if-then"-Regeln, um den besten Betriebspunkt unter mehreren möglichen

Fällen auszuwählen. Regeln-basierte Algorithmen nutzen keine formalen mathematischen Lösungsansätze. Stattdessen stützen sie sich auf der Sachkenntnis über das Systemverhalten. Die Performance ist von den aufgestellten Regeln abhängig.

Die Modell-basierten Methodologien nutzen Optimierungsverfahren, die auf mathematischen Modellen der Systemkomponenten aufbauen. Damit wird die optimale augenblickliche Leistungsaufteilung zwischen beiden Quellen so bestimmt, dass die bestmögliche Performance bei minimalem Kraftstoffverbrauch und minimalen Emissionen erzielt wird. Diese Methodologien beinhalten *statische* und *dynamische Methoden*. Bei der ersten Methode werden Wirkungsgradkennfelder von stationären Zustandswerten der Komponente genutzt, während bei der zweiten Methode der dynamische Charakter des Systems bei der Optimierung berücksichtigt wird. Folglich führt der dynamische Ansatz bei Übergangsbedingungen zu genaueren Ergebnissen, wenn auch auf Kosten eines höheren Rechenaufwandes.

7.7.2.2 Strategie

Die Gesamtstrategie der Steuerung für das Leistungsmanagement ist tatsächlich das Regel(n)system, das angewendet werden muss, um die Ziele des Steuerungssystems zu erfüllen. Bei regelbasierten Methodologien werden die Regeln für jeden Augenblick direkt angewendet, und es werden Ausgangssignale für die Steuerung ausgegeben. Bei anderen Methodologien, bei denen Optimierungsprozesse genutzt werden, wird normalerweise eine Zielfunktion eingesetzt, deren Größenordnung zusätzlich zu erfüllende Randbedingungen minimiert (ähnlich wie die in Abschn. 7.6.3 diskutierte Methode).

Die grundsätzlichen Regeln bauen auf den Anforderungen an Drehmoment und Leistung des Fahrzeugs auf (s. Abb. 7.78):

- Wenn der Drehmomentbedarf höher als das Drehmoment des Verbrennungsmotors ist, muss der Elektromotor unterstützend eingreifen, wenn der *SOC*-Wert dies erlaubt.
- Wenn bei niedrigen Geschwindigkeiten der Leistungsbedarf gering ist, wird nur der Elektromotor genutzt, da der Verbrennungsmotor in diesen Fällen ineffizient ist.
- Bei größerem Leistungsbedarf unterhalb der Maximalleistungskurve des Verbrennungsmotors kann der Elektromotor allein genutzt werden, wenn der *SOC*-Wert groß genug ist, ansonsten kann der Verbrennungsmotor die Leistung alleine liefern. Auch der hybridische Betrieb kann genutzt werden, wobei die Leistungsteilung zwischen Verbrennungsmotor und Elektromotor anhand der augenblicklichen Effizienz des Systems erfolgt.

In der Praxis ist die Basisstrategie die *Ladungserhaltung (CS, Charge Sustaining)*. Die CS-Strategie ist von Vorteil, wenn das maximale Potenzial des elektromotorischen Antriebs genutzt werden soll. Das bedeutet, dass der Elektromotor möglichst immer genutzt wird, um das Fahrzeug anzutreiben, entweder als rein elektrisch oder in den unterstützenden Betriebsmodi. Die Strategie ist unter Start-Stopp-Bedingungen im Stadtverkehr besonders sinnvoll, wo der Elektromotor das Fahrzeug

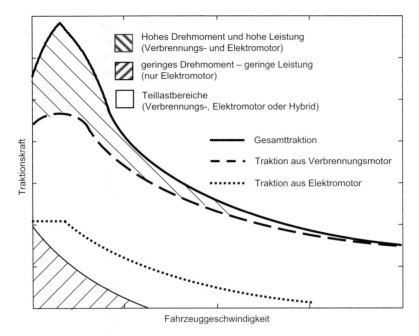

Abb. 7.78 Traktionskraft-Drehzahl-Diagramm mit Bereichen hohen und niedrigen Drehmoments.

oft in Bewegung setzen muss. Offensichtlich muss die Ladungsmenge oder der SOC (Ladezustand) der Batterie unverändert bleiben, aufgenommene und abgegebene Energie müssen sich die Waage halten. Sobald der *SOC*-Wert der Batterie auf ein unzulässiges Niveau sinkt, wird der Verbrennungsmotor zugeschaltet, um der Batterie Energie zuzuführen (*Engine-on/off*-Verfahren). Wenn keine Eingangsleistung vom Verbrennungsmotor von der Batterie benötigt wird (SOC erreicht oberen Wert) und der Vortrieb des Fahrzeugs unabhängig vom Verbrennungsmotor ist, kann dieser abgeschaltet werden.

7.8
Fazit

In diesem Kapitel haben wir die Grundlagen von hybridelektrischen Fahrzeugkonzepten sowie die Probleme beim Entwurf erläutert. Wir erklärten Klassifizierung und Betriebsmodi von HEVs, beginnend mit den einfachen seriellen und parallelen Hybridarten bis hin zu den komplexeren Versionen mit Leistungsteilern. Die technischen Merkmale und Eigenschaften von HEV-Komponenten wurden ebenso wie ihre Modellierungsproblematik erläutert. Dann wurde die Performance-Analyse von Hybridfahrzeugen betrachtet, und es wurden mathematische Modelle bereitgestellt. Da die Dimensionierung/Auslegung von Komponenten ein wichtiges Thema bei der HEV-Planung ist, wurde diese auch untersucht. Einzelheiten der

Dimensionierung, die auf der Fahrzeug-Performance aufbaut, wurden vorgestellt. Das HEV-Leistungsmanagement wurde kurz vorgestellt, und einige generelle Gestaltungsrichtlinien wurden erklärt.

Beachten Sie, dass der entscheidende Vorteil am Hybridfahrzeugkonzept die Energieeinsparung gegenüber konventionellen Fahrzeugen ist. Sie wird durch sehr sorgfältige Berechnung und Planung der Komponenten sowie deren Nutzung an den optimalen Betriebspunkten erreicht. Der Erfolg eines Hybridkonzepts hängt davon ab, wie effizient die Energie im Fahrzeug verbraucht und wiedergewonnen wird. Für den Entwurf und die Planung von Hybridsystemen wird spezielle Software benötigt. Zudem benötigt man detaillierte Kenntnisse über das detaillierte Betriebsverhalten der Komponenten, insbesondere hinsichtlich ihres Wirkungsgradverhaltens.

7.9
Wiederholungsfragen

7.1   Nennen Sie die wichtigsten Gründe für die Entwicklung von Hybridfahrzeugen?

7.2   Welche grundlegenden Arten von hybridelektrischen Fahrzeugen kennen Sie?

7.3   Ist ein serielles HEV effizienter als ein konventionelles Fahrzeug? Warum?

7.4   Nennen und erläutern Sie die Betriebsarten eines HEV.

7.5   Welche Vorteile bietet ein paralleles HEV gegenüber dem seriell-parallelen HEV?

7.6   Welcher Hauptunterschied besteht zwischen den seriell-parallelen HEVs und den Power-split-HEVs?

7.7   Erläutern Sie den Begriff Hybridisierungsgrad sowie die darauf basierende Klassifizierung.

7.8   Was sind Power-split-Vorrichtungen?

7.9   Beschreiben Sie die Leistungszirkulation. Ist sie hilfreich?

7.10 Was bedeutet SOC, und warum ist er wichtig?

7.11 Was bedeutet BMS, und welche Aufgaben hat BMS?

7.12 Beschreiben Sie die Methoden zur Dimensionierung/Auslegung von HEV-Komponenten.

7.13 Erläutern Sie den Zusammenhang zwischen optimaler Dimensionierung einer HEV-Komponente und Fahrverläufen.

7.14 Welche Funktionen übernimmt die übergeordnete Hybridsteuerung in HEVs? Welches sind die Low-Level-Controller?

7.15 Erläutern Sie die potenziellen Bereiche, in denen die HEV-Steuerung die Kraftstoffeffizienz und die Emissionen verbessern kann.

7.16 Was heißt Regeneration? Erläutern Sie die Einflussfaktoren bei der Regeneration.

7.17 Erklären Sie die Methodologien und Strategien von HEV-Regelungssystemen.

7.10
Aufgaben

Aufgabe 7.1

Betrachten Sie das einfache PSD-System von Abschn. 7.3.1 im Übergangszustand (dynamischen Zustand), und leiten Sie die Gleichungen ab, um die Gleichungen 7.4, 7.5 und 7.7 zu ersetzen.

Aufgabe 7.2

Wiederholen Sie Übung 7.4, indem Sie die globalen Wirkungsgrade der Komponenten, somit die Wirkungsgrade $MG1 = 0,8$, $MG2 = 0,8$, $PSD = 0,95$ und des Untersetzungsgetriebes von 0,98 berücksichtigen. Verwenden Sie für die MGs identische Wirkungsgrade im Motor- und Generatormodus. (Hinweis: Leiten Sie die benötigten Relationen für die Leistungsverluste und die zirkulierende Leistung ab.)

Aufgabe 7.3

Das Fahrzeug aus Übung 7.4 wird bis zu einer Geschwindigkeit von 30 km/h rein elektrisch beschleunigt. Dann wird der Verbrennungsmotor gestartet und das Fahrzeug wird mit Volllast vorangetrieben. Plotten Sie die Performance-Kurven für das Fahrzeug für die ersten 20 s ab Stillstand. Der Elektromotor verfügt über eine Grunddrehzahl von 1200/min.

Aufgabe 7.4

Erarbeiten Sie Übung 7.4 für das EM-PSD-System mit $k_p = 1,5$.

Aufgabe 7.5

Der Gesamtwirkungsgrad einer Batterie kann wie folgt betrachtet werden:

$$\eta_b = \frac{E_d}{E_c}$$

dabei ist E_d die entnommene und E_c die aufgenommene Energie der Batterie. Betrachten Sie ein einfaches Experiment, bei dem eine Batteriezelle in kontrollierter Weise entladen und wieder geladen wird. Die Energie wird von der Batterie an einen Verbraucher mit dem konstanten Strom I während der Zeit t_f abgegeben. Für diese Zeitspanne bleibt die Spannung V der Batterie konstant. Anschließend wird die Batterie mit den gleichen Spannungs-, Strom- und Zeitwerten V, I und t_f wieder aufgeladen:

1. Leiten Sie die Gleichung für den Gesamtwirkungsgrad der Batterie ab.
2. Plotten Sie für verschiedene Ströme den Wirkungsgrad einer Batterie mit einer Ruhespannung von 11,2 V und einem Innenwiderstand von 0,05 Ω.

Aufgabe 7.6

Betrachten Sie Übung 7.10. Bestimmen Sie für den Fall, dass die Batterie geladen werden muss, wenn der SOC unter 60 % fällt, den Zeitpunkt, zu dem der Verbrennungsmotor zum Wiederaufladen der Batterie gestartet werden muss. Berechnen Sie auch die bis dahin zurückgelegte Strecke.

Aufgabe 7.7

Betrachten Sie das Fahrzeug und den Fahrzyklus aus Übung 7.10, und bestimmen Sie:

a) den Gesamtverbrauch an Traktionsenergie in einem Zyklus;
b) die gesamte regenerative Energie und ihr Anteil an der Traktionsenergie.

Aufgabe 7.8

Arbeiten Sie Übung 7.11 erneut durch. Berücksichtigen Sie dieses Mal die Drehmoment-Drehzahl-Eigenschaften des Elektromotors mit einer Grunddrehzahl von 1000/min und identischer maximaler Leistung.

Aufgabe 7.9

Wiederholen Sie Übung 7.17 für die maximalen Batterieladeströme 20, 50 und 70 A. Plotten Sie auch die Variation des Wirkungsgrads der regenerativen Energie bei maximalem Ladenstrom.
Ergebnisse: 7,3, 78,6 und 31,6 %.

Aufgabe 7.10

Wiederholen Sie Übung 7.18 für maximale Batterieladeströme von 20, 50 und 70 A. (Hinweis: schreiben Sie ein MATLAB-Programm.)
Ergebnis für $I = 20$ A: 78,6 und 31,6 %.

Aufgabe 7.11

Wiederholen Sie Übung 7.17 mit einem Rollwiderstandsbeiwert von 0,015 und einem Gesamtluftwiderstandswert von 0,3.

Aufgabe 7.12

Wiederholen Sie Übung 7.17 mit einem Rollwiderstandsbeiwert von 0,015 und einem Gesamtluftwiderstandswert von 0,3.

Aufgabe 7.13

Der Generator von Übung 7.17 verfügt bis zu einer Grunddrehzahl von 1200/min über ein maximales Drehmoment von 200 Nm sowie eine Untersetzung von 5,0. Der Rollradius des Rades beträgt 30 cm. Berechnen Sie den Wirkungsgrad beim regenerativen Bremsen (die Bremskraft wird nur vom Generator produziert).

Aufgabe 7.14

Verwenden Sie den Generator von Aufgabe 7.13 mit einem maximalen Drehmoment von 150 Nm und arbeiten Sie Übung 7.18 erneut durch.

7.11
Weiterführende Literatur

Mit dem seit der Jahrtausendwende gesteigerten Interesse an Hybridfahrzeugen erschienen verschiedene Lehrbücher zum Thema Elektrofahrzeuge (EV, Electrical Vehicle), hybridelektrische Fahrzeuge (HEVs) und Brennstoffzellenfahrzeuge (FCVs, Fuel Cell Vehicles).

Eine exzellente Einführung in die EV-Thematik liefern Larminie und Lowry [6]. Das Buch beschreibt anschaulich die Auslegung von EVs und enthält Kapitel speziell für deren Komponenten – Batterien und Elektromotoren beispielsweise. Es enthält auch einige Grundlagen, die die Funktionsweise von Brennstoffzellen und die Nutzung von Wasserstoff als Energiequelle beschreibt. Das Buch wird von Studierenden intensiv genutzt und enthält im Anhang einige hilfreiche Programmbeispiele im MATLAB-Code. Die definitive Referenz zu EVs liefern Chan und Chau [7]. Professor Chan ist ein Vorreiter der EV-Technologie in akademischen Kreisen und hat ein weltweit anerkanntes Kompetenzzentrum an der Hong Kong University aufgebaut. Das Buch fokussiert die umfassende Analyse für die Planung und Konstruktion von EVs, enthält aber auch eine allgemeiner gehaltene Diskussion hinsichtlich Energie und Umwelt. Zudem ist ein substanzielles Kapitel den Problembereichen Infrastruktur und Laden gewidmet.

Es gibt zwei gute Lehrbücher über HEVs. Das Buch von Ehsani *et al.* [5] liefert die Grundlagen, Theorie und Dimensionierung von EVs, HEVs und FCVs. Daneben bietet es Hintergrundinformationen zu Theorie und Gleichungen. Auch werden Entwurfsbeispiele mit Ergebnissen der Simulation geliefert. Das Lehrbuch entstammt der Forschung und Lehre an der Texas A&M University. Es liefert somit eine exzellente Einführung in den Themenbereich. Die Autoren verwenden viel Zeit auf die Beschreibung des Verhaltens von Verbrennungskraftmaschinen (ICEs, Internal Combustion Engines). ICEs sind im Hybridtriebstrang natürlich ebenso wichtig wie die elektrischen Komponenten – und ICE-Leistungskennfelddaten für hybride Anwendungen unterscheiden sich von denjenigen konventioneller Fahrzeuge. Auch das Buch von Miller [8] ist ein exzellentes Nachschlagewerk für EVs und HEVs. Hier werden insbesondere die Vorzüge der verschiedenen HEV-Architekturen kritisch gegenübergestellt. Anschließend geht Miller in den Kapiteln und in bewundernswerter Tiefe auf Auslegungsvorschriften von Hybridtriebwerken ein. Es folgt eine detaillierte Untersuchung zur Dimensionierung/Auslegung des Antriebssystems. Das ganze Buch ist an der Entwurfspraxis orientiert.

Schließlich möchte ich Lesern, die weiterführende Hintergrundinformationen zu Brennstoffzellen benötigen, den Einführungstext von Larminie und Dicks [9] empfehlen, der einen sorgfältigen Überblick über den Aufbau und die Leistungsfähigkeit von Brennstoffzellen bietet.

Literatur

1 Ren, Q., Crolla, D.A. und Wheatley, A. (2007) Power Split Transmissions for Hybrid Electric Vehicles, Proc. EAEC 2007 Congr., Budapest.

2 Mashadi, B. und Emadi, M. (2010) Dual mode power split transmission for hybrid electric vehicles. *IEEE Trans. Veh. Technol.*, **59** (7).

3 Guzzella, L. und Sciarretta, A. (2005) *Vehicle Propulsion Systems: Introduction to Modelling and Optimisation*, Springer, ISBN 978-3-549-25195.

4 Wong, J.Y. (2001) *Theory of Ground Vehicles*, 3. Aufl., John Wiley & Sons, Inc., ISBN 0-470-17038-7.

5 Ehsani, M., Gao, Y., Gay, S.E. und Emadi, A. (2005) *Modern Electric, Hybrid Electric and Fuel Cell Vehicles: Fundamentals, Theory and Design*, CRC Press, ISBN 0-8493-3154-4.

6 Larminie, J. und Lowry, J. (2003) *Electric Vehicle Technology Explained*, John Wiley & Sons, Ltd, ISBN 0-470-85163-5.

7 Chan, C.C. und Chau, K.T. (2001) *Modern Electric Vehicle Technology*, Oxford University Press, ISBN 0-19-850416-0.

8 Miller, J.M. (2004) *Propulsion Systems for Hybrid Vehicles*, Institution of Electrical Engineers, ISBN 0-86341-336-6.

9 Larminie, J. und Dicks, A. (2003) *Fuel Cell Systems Explained*, 2. Aufl., John Wiley & Sons, Ltd, ISBN 978-0-470-84857-9.

Anhang: Einführung in die Modellierung mit Bondgraphen

A.1
Grundlegendes Konzept

Das der Bondgraphen-Analyse zugrunde liegende Konzept besteht darin, den Energiefluss in einem System zu bestimmen. Der Energiefluss in einem beliebigen System wird stets durch die simultane Intervention (Eingriff) zweier unabhängiger Parameter bestimmt. Bei der Bondgraphen-Methode sind diese beiden Parameter durch die allgemeinen Begriffe Effort e (Einsatz) und Flow f (Fluss) definiert. Der Momentanwert des Energieflusses ist die Leistung und somit das Produkt der beiden Faktoren:

$$P(t) = e(t) \cdot f(t) \tag{A1}$$

Das Moment (p) und die *Verschiebung* (q) sind wie folgt definiert:

$$p = \int e(t)\,dt \tag{A2}$$

$$q = \int f(t)\,dt \tag{A3}$$

Daher ist die *Energie* (E) aus Gleichung (A1):

$$E = \int e \cdot f\,dt = \int f(t)\,dp = \int e(t)\,dq \tag{A4}$$

Ein Energie-Port in einem Bondgraphen ist die Schnittstelle für den Austausch von Energie. Ein Element, das nur Energie in einer Richtung austauscht (z. B. Wärme) wird Eintor-Element genannt. Ein Multitor-Element ist daher ein Element, das Energie auf unterschiedliche Weisen (z. B. thermisch, elektrisch, mechanisch etc.) austauscht.

Antriebssysteme in Kraftfahrzeugen, Erste Auflage. Behrooz Mashadi, David Crolla.
©2014 WILEY-VCH Verlag GmbH & Co. KGaA. Published 2014 by WILEY-VCH Verlag GmbH & Co. KGaA.

A.2
Standardelemente

Die Elemente in einem Bondgraphen sind Modelle von Komponenten realer Systeme. Sofern es sich um Energie handelt, kann ein Element entweder eine Quelle oder ein Verbraucher von Energie sein. Das Verbrauchen von Energie kann den Verlust (Abfließen) von Energie (üblicherweise Wärme), die vorübergehende Speicherung von Energie oder die Umformung von Energie in eine andere nutzbare Energieform bedeuten. Mit dieser kurzen Erläuterung können wir folgende Bonds unterscheiden: *Quellen* (oder *aktive* Elemente), *passive* Elemente, *Transformatoren* (auch Übertrager, Wandler) und *Junctions*.

A.2.1
Quellen

Quellen von Energie sind Vorrichtungen, die eine Art von Energie enthalten, die, sobald sie an ein System angeschlossen sind, einen Energiefluss herstellen. Wie bereits erwähnt besitzt jede Art von Energie sowohl Flow- als auch Effort-Komponenten (Fluss-/Potenzialkomponenten). Quellen in Bondgraphen kann man entsprechend ihrer diktierenden Komponente unterscheiden. Mit anderen Worten, eine Quelle von Energie kann nur entweder den Faktor für das Potenzial oder den Faktor für den Fluss diktieren, nicht aber beide.

Daher ist eine *Flussquelle* S_f eine Energiequelle, die einen bestimmten Flusswert f^* besitzt. Sobald mit einem System verbunden ist, wird Energie an das System mit dem Flusswert f^* übertragen. Der Wert des Potenzials der Flussquelle hängt von der angeforderten Energie des angeschlossenen Systems ab. Bei einer idealisierten Flussquelle ist der Wert des Flusses f^* unabhängig von der Energienachfrage und bleibt stets unverändert. Ein großer Körper (z. B. die Erde, ein Zug etc.), der sich mit einer konstanten Geschwindigkeit bewegt, ist beispielsweise eine Flussquelle in einem mechanischen System. Die Stromquelle eines elektrischen Schaltkreises ist ein Beispiel für eine Flussquelle in einem elektrischen System.

Eine Effort- oder *Potenzialquelle* S_e ist eine Quelle von Energie, die einen bestimmten Potenzialwert e^* besitzt. Wenn sie mit einem System verbunden ist, wird die Energie mit dem Potenzialwert e^* an das System übertragen. Der Wert des Flusses zum System hängt wieder vom Energiebedarf des Systems ab und kann von der Quelle nicht kontrolliert werden. Bei einer idealisierten Potenzialquelle ändert sich der Wert e^* nicht durch den Energiabfluss aus der Quelle. Ein Beispiel für eine Potenzialquelle in einem mechanischen System ist die Kraft. Eines für die Potenzialquelle in einem elektrischen System ist die Batterie. Bei Bondgraphen werden einfache Halbpfeile (Harpunen) zur Anzeige der Energieflussrichtung verwendet. Die grafischen Symbole von Bondgraphen für Potenzial- und Flussquellen sind in Abb. A.1 dargestellt.

Energiequellen sind Eintor-Elemente (engl. Single-Port), denn sie übertragen nur eine Art von Energie an die Systeme.

$$S_f \xrightarrow[f^*]{e} \text{System} \qquad\qquad S_e \xrightarrow[f]{e^*} \text{System}$$

(a)   (b)

Abb. A.1 Grafiksymbole für einen Bondgraphen für (a) Flussquelle und (b) Potenzialquelle.

A.2.2
Passive Elemente

Es gibt drei Arten von passiven Elementen in Bondgraphen, resistive, kapazitive und Trägheitselemente (R-, C- und I-Elemente). Sie sind allesamt Eintor-Elemente, die Energie vom System empfangen. Diese wird entweder verbraucht, oder sie erhöht das Energieniveau.

Ein *Widerstandslement* (*R-Element*) ist jedes Element, das eine statische Relation zwischen *Potenzial-* und *Flussvariablen* der folgenden Form besitzt:

$$e = \Phi_1(f) \tag{A5}$$

Die Funktion Φ_1 ist im Allgemeinen nicht linear. Aus Gründen der Einfachheit gehen wir im Folgenden aber dennoch von einer linearen Funktion aus. Somit kann Gleichung (A5) wie folgt vereinfacht werden:

$$e = R f \tag{A6}$$

Hier ist, Linearität vorausgesetzt, R die konstante Steigung von e über f. Nach Gleichung (A1) ergibt sich der Leistungsfluss aus diesem Element wie folgt:

$$P = R f^2 \tag{A7}$$

In Abb. A.2 ist das Grafiksymbol für ein R-Element zu sehen. In Tab. A.1 sind Beispiele für R-Elemente von mechanischen und elektrischen Systemen aufgelistet.

Ein *Kapazitives* Element (*C-Element*) ist jedes Element, das eine statische Relation zwischen seinem *Potenzial* (Effort) und seiner *Verschiebung* hat, d. h.:

$$e = \Phi_2(q) \tag{A8}$$

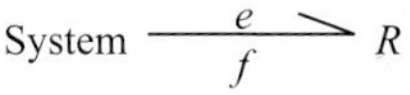

$$\text{System} \xrightarrow[f]{e} R$$ **Abb. A.2** Grafiksymbole für das Resistive oder R-Element.

Tab. A.1 Beispiele für R-Elemente.

Element	System	Standardsymbol	Bondgraph-Symbol	Mathematische Relationen
Widerstand	elektrisch	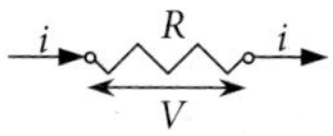 $\xrightarrow{i} \;R\; \xrightarrow{i}$ $\xleftarrow{V}$	$\xrightarrow[f(i)]{e(V)} R$	$V = Ri,\ P = Ri^2$
Dämpfer	mechanisch	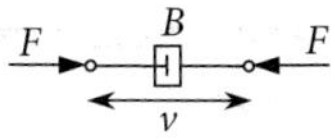 $\xrightarrow{F} \;B\; \xrightarrow{F}$ $\xleftarrow{v}$	$\xrightarrow[f(v)]{e(F)} R$	$F = Bv,\ P = Bv^2$

System $\xrightarrow{\quad e \quad}_{\;f}$ C **Abb. A.3** Grafiksymbol für ein kapazitives oder C-Element.

Tab. A.2 Beispiele für C-Elemente.

Element	System	Standardsymbol	Bondgraph-Symbol	Mathematische Relationen
Kondensator	elektrisch	$i \to \begin{matrix}C\\ \dashv\vdash\end{matrix} \to i$ $\xleftrightarrow{\;V\;}$	$\xrightarrow{\dfrac{e(V)}{f(i)}}C$	$V = kq = \frac{1}{C}\int i\,dt$
Feder	mechanisch	$F \to \begin{matrix}k\\ \mathrm{\wedge\!\wedge\!\wedge}\end{matrix} \to F$ $\xleftrightarrow{\;v\;}$	$\xrightarrow{\dfrac{e(F)}{f(v)}}C$ $(1/k)$	$F = kx = k\int v\,dt$

Wieder gehen wir von einer linearen Funktion Φ_2 aus und erhalten:

$$e = kq \tag{A9}$$

Hierbei ist, Linearität vorausgesetzt, k die konstante Steigung von e über q. In Abb. A.3 ist das Grafiksymbol eines C-Elements dargestellt. In Tab. A.2 sind Beispiele solcher kapazitiver Elemente für elektrische und mechanische Systeme aufgelistet.

Das *Trägheitselement* (I-Element, für englisch *inertia*, *Trägheit*) ist jedes Element, das eine statische Relation zwischen seinem *Moment* und *Fluss* besitzt, somit:

$$p = \Phi_3(f) \tag{A10}$$

Linearität der Funktion Φ_3 vorausgesetzt, ergibt sich für diesen Fall:

$$p = I f \tag{A11}$$

Hierbei ist, Linearität vorausgesetzt, I die konstante Steigung von p über f. In Abb. A.4 ist das Grafiksymbol für ein I-Element dargestellt. In Tab. A.3 sind Beispiele für Trägheitselemente (I-Elemente) in elektrischen und mechanischen Systemen zusammengestellt.

System $\xrightarrow{\quad e \quad}_{\;f}$ I **Abb. A.4** Grafiksymbol für ein Trägheits- oder I-Element.

A.2.3
Zweitor-Elemente

Zweitor-Elemente (Two-Port-Elemente) sind im Grunde *Wandler* oder *Transformatoren* von Energie. Sie empfangen Energie auf der Eingangsseite, konvertieren sie

Tab. A.3 Beispiele für *I*-Elemente.

Element	System	Standardsymbol	Bondgraph-Symbol	Mathematische Relationen
Spule	elektrisch		$\dfrac{e(V)}{f(i)} \searrow I(L)$	$p_L = Li = \int V_L dt$
Masse	mechanisch		$\dfrac{e(F)}{f(v)} \searrow I$	$p = mv = \int F dt$

$\dfrac{e_1}{f_1} \searrow \text{TP} \dfrac{e_2}{f_2} \searrow$ **Abb. A.5** Bondgraphen-Symbol für ein allgemeines Zweitor-Element.

und übertragen sie auf die Ausgangsseite. Ein ideales Zweitor-Element hat keinen Energieverbrauch oder -verlust. In Abb. A.5 ist die allgemeine Darstellung eines Zweitor-Elements für einen Bondgraphen zu sehen.

Für ein idealisiertes Zweitor-Element ist die Energiebilanz:

$$e_1 f_1 = e_2 f_2 \tag{A12}$$

Es gibt zwei Arten von Zweitor-Elementen, *Transformatoren (Wandler)* und *Gyratoren*, sie werden im Folgenden beschrieben.

A.2.3.1 Transformatoren

Ein Transformator *TF* (Wandler) ist ein Zweitor-Element, bei dem die Eingangs- und Ausgangspotenziale proportional sind:

$$e_2 = m e_1 \tag{A13}$$

Dabei ist *m* die Proportionalitätskonstante. Sie wird Modul des Transformators genannt. Wie Abb. A.6 zeigt, wird *m* in Bondgraphen über dem Transformator angegeben.

Nach Gleichung A12 gilt für die Flüsse eines Transformators:

$$f_1 = m f_2 \tag{A14}$$

In einem elektrischen System nutzt ein Transformator zwei oder mehr um einen Eisenkern gewickelte Windungen, um Energie von der Eingangswindung zur Ausgangswindung bzw. Ausgangswindungen zu übertragen. Das von einem Wechselstrom erzeugte magnetische Feld in der Eingangsspule induziert einen Wechselstrom in der Ausgangsspule. Ist die Ausgangsspannung größer als die Eingangsspannung, so handelt es sich um einen Aufwärts-Transformator, andernfalls um einen Abwärts-Transformator. Beispiele für Transformatorelemente bei mechanischen Systemen sind Hebel, Riementriebe oder Zahnradgetriebe.

$\dfrac{e_1}{f_1} \searrow \overset{m}{\underset{\cdots}{\text{TF}}} \dfrac{e_2}{f_2} \searrow$ **Abb. A.6** Bondgraphen-Darstellung des Transformatorelements.

A.2.3.2 **Gyratoren**

Ein Gyrator *GY* ist ein Zweitor-Element, bei dem Eingangspotenzial und Ausgangsfluss proportional sind:

$$f_2 = re_1 \tag{A15}$$

Hierbei ist *r* die Proportionalitätskonstante und wird Gyratorverhältnis genannt. Ähnlich wie beim Transformator wird auch *r* wird über den Gyrator geschrieben. Nach Gleichung A12 gilt für ein Gyratorelement zwischen Eingangsfluss und Ausgangspotenzial:

$$f_1 = re_2 \tag{A16}$$

Eine rotierende Masse in einem mechanischen System besitzt ein Gyratorelement. Abbildung A.7 zeigt ein einfaches Gyroskop. Es besteht aus einem drehenden Rotor mit einer feststehenden Achse und einem leichten Rahmen. Aufgrund des gyroskopischen Effekts dreht der Rahmen nach Aufbringen eines Drehmoments T_x um die *x*-Achse nicht um die *x*-Achse, sondern um die *y*-Achse. Es gilt die Gleichung:

$$T_x = J\Omega\,\omega_y \tag{A17}$$

wobei *J* das Massenmoment der Rotorträgheit und Ω die Umdrehungsgeschwindigkeit ist. Ähnliches gilt für das Eingangsmoment T_y, die Rotation erfolgt um die *x*-Achse (genauer um die $-x$)

$$T_y = J\Omega\,\omega_x \tag{A18}$$

Die *x*- und *y-Achsen* können als Eingangs- und Ausgangsachsen betrachtet werden. Da Drehmoment und Drehzahl dem Potenzial und dem Fluss entsprechen, haben die Gleichungen A17 und A18 jeweils die Form der Gleichungen A15 und A16, wobei *r* die Umkehrung von $J\Omega$ ist.

Bei einem elektrischen System ist das Ausgangsdrehmoment eines Gleichstrommotors proportional zum Eingangsstrom. Zugleich ist die Ausgangsdrehzahl proportional zur Eingangsspannung. Unter Bezug auf Abb. A.8 gilt also:

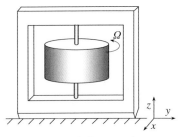

Abb. A.7 Ein einfaches Gyroskop.

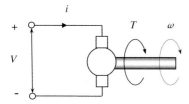

Abb. A.8 Ein Gleichstrommotor.

$$T = k_m i \,, \quad (e_2 = k_m f_1) \tag{A19}$$

$$V = k_m \omega \,, \quad (e_1 = k_m f_2) \tag{A20}$$

Gleiches gilt für einen Gyrator, bei dem r die Umkehrung der Proportionalitäts-konstante k_m ist.

A.2.4
Junctions

Junctions sind diejenigen Elemente in Bondgraphen, die für die Einführung des Energieerhaltungssatzes verantwortlich sind. Es gibt zwei Arten von Junctions: Common-effort (gleiches Potenzial) und Common-flow (gleicher Fluss).

Eine Junction mit gleichem Potenzial wird auch als 0-Knoten bezeichnet und ist ein Knotenpunkt für mehrere Energie-Bonds gleichen Potenzials. Betrachten Sie Abb. A.9. Hier ist ein allgemeiner Fall von drei Bonds dargestellt, die sich beim Knoten 0 treffen.

Unter der Bedingung gleichen Potenzials (Common-effort) gilt:

$$e_1 = e_2 = e_3 \tag{A21}$$

Die Anwendung des Energieerhaltungssatzes ergibt:

$$f_1 + f_2 + f_3 = 0 \tag{A22}$$

Ähnliches gilt für die *Common-flow*-Junction (gleicher Fluss), auch 1-Knoten ge-nannt. Dies ist der Knotenpunkt für mehrere Energie-Bonds gleichen Flusses. Be-trachten Sie in Abb. A.10 die drei Bonds beim Knoten 1 aufeinander. Unter der Bedingung gleichen Flusses gilt:

$$f_1 = f_2 = f_3 \tag{A23}$$

$$e_1 + e_2 + e_3 = 0 \tag{A24}$$

Abb. A.9 Eine Common-effort-Junction (0-Knoten).

Abb. A.10 Eine Common-flow-Junction (1-Knoten).

A.3
Erstellen von Bondgraphen

Die Erstellung eines Bondgraphen für ein physikalisches System erfolgt einfach durch Zusammenstellen der Bondgraphen-Symbole der individuellen Elemente im System. Die beste Methode, die Erstellung von Bondgraphen zu lernen, ist das Durcharbeiten der folgenden Übungen.

Übung A.1
Erstellen Sie den Bondgraphen für das mechanische Basissystem aus Abb. A.11.

Lösung:
In Abb. A.11 kann man vier verschiedene Elemente unterscheiden: die forcierende Funktion $F(t)$, das Massenelement m, das Federelement k und das Dämpferelement B. Die forcierende Funktion ist die Quelle der Energie. Da die diktierende Komponente der Quelle ihr Potenzial (d. h. die Kraft) ist, handelt es sich um eine Potenzialquelle S_e. Die drei übrigen Elemente sind allesamt passive Elemente oder Verbraucher. Die entsprechenden Bondgraphen-Symbole wurden bereits vorgestellt.

Um den Bondgraphen erstellen zu können, müssen wir uns die Verbindungen zwischen den Elementen ansehen. Beachten Sie, dass die Elemente des Systems nur mithilfe von Junctions und Zweitor-Elementen verbunden werden können. Hier gibt es kein Zweitor-Element, also suchen wir nur nach Junctions. Eine 0-Junction liegt vor, wenn Elemente gleichen Potenzials (Kräfte) verbunden sind. Eine 1-Junction liegt vor, wenn Elemente gleichen Flusses (Geschwindigkeit) verbunden sind. Es ist zu sehen, dass das Feder- und das Dämpferelement unten und oben fest angebracht sind und die gleiche Geschwindigkeit am oberen Ende haben. Somit haben die beiden Elemente gleiche Geschwindigkeiten und müssen mit einer 1-Junction verbunden werden.

Das Element für die Masse besitzt nur ein Ende. Beim Vergleich mit den Feder- und Dämpferelementen mit zwei Enden im mechanischen System kann das verwirrend sein. Um diese Konfusion aufzulösen, kann das Massenelement stets

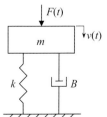

Abb. A.11 Mechanisches Basissystem aus Übung A.1.

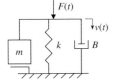

Abb. A.12 Äquivalente Skizze für das System aus Abb. A.11.

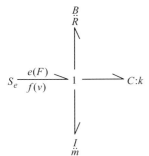

Abb. A.13 Bondgraph von Übung A.1.

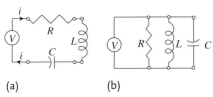

(a)   (b)

Abb. A.14 Elektrische Schaltkreise von Übung A.2; (a) seriell, (b) parallel.

durch ein Element mit zwei Enden ersetzt werden, dessen zweites Ende am Boden befestigt ist. Die Anwendung dieser Regel auf das System von Abb. A.11 führt zu Abb. A.12. Hier sieht man, dass das Element für die Masse in der gleichen Situation wie die beiden anderen Elemente ist. Da auch die Kraft eine ähnliche Geschwindigkeit besitzt, sind alle vier Elemente über eine Common-flow-Junction verbunden, wie in Abb. A.13 zu sehen ist.

Übung A.2
Betrachten Sie Abb. A.14. Erstellen Sie den Bondgraphen für die beiden elektrischen Systeme.

Lösung:
In Schaltkreis (a) sind die drei passiven Elemente in Reihe geschaltet, sodass der Strom i, der alle Elemente durchfließt, gleich ist. Er fließt auch durch die Spannungsquelle. Somit sind alle vier Elemente mit einer Common-flow-Junction (gleicher Fluss) verbunden. In Abb. A.15a ist der resultierende Bondgraph dargestellt. Abbildung A.14b zeigt die gleichen Elemente in Parallelschaltung. Die drei passiven Elemente sind an beiden Enden mit der Spannungsquelle verbunden, sodass sie durch eine Common-effort-Junction (gleiches Potenzial) im Bondgraphen als Verbindung dienen. Abbildung A.15b zeigt das Ergebnis.

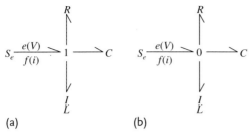

(a) (b)

Abb. A.15 Bondgraphen von Übung A.2.

Übung A.3

Betrachten Sie Abb. A.16. Erstellen Sie den Bondgraphen für das dargestellte elektromechanische System.

Lösung:

Das System besteht aus einem Gleichstrommotor, dessen Abtriebswelle mit einem Radsatz verbunden ist. Zur Modellierung der Lagerreibungen ist auch ein Element für viskose Reibung vorhanden. Das Lastmoment T_L wirkt auf die Abtriebswelle.

Die Hauptenergiequelle ist die elektrische Spannungsquelle, die den Ankerstrom i_a für den Motor liefert. Dieser Strom fließt durch den Widerstand R_a und der Anker erzeugt ein Wellenmoment, das proportional zu i_a ist. Im Bondgraphen bedeutet dies, dass die Eingangsquelle am Knoten 1 mit dem Widerstand und Anker verbunden ist. Andererseits ist der Anker auch ein Gyrator, der elektrische Energie erhält und ein mechanisches Moment erzeugt, das proportional zu seinem Eingangsstrom ist. Das Ankermoment treibt sowohl den Dämpfer als auch das kleine Rad (Ritzel) mit identischer Drehzahl an (somit sind diese beiden Elemente über eine Common-flow-Junction verbunden). Das verbleibende Moment wird vom Radsatz verstärkt (d. h. ein Transformator) und treibt das größere Rad mit der Trägheit J_2 an. Das Lastmoment wirkt wie eine Potenzialquelle an der Abtriebswelle. Abbildung A.17 zeigt die Bondgraphen-Darstellung eines solchen Systems.

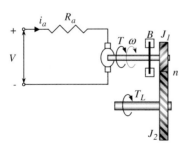

Abb. A.16 System aus Übung A.3.

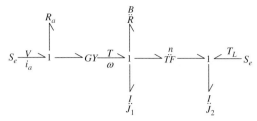

Abb. A.17 Bondgraph des Systems aus Übung A.3.

A.4
Bewegungsgleichungen

Es gibt Tools zur Modellierung, die möglicherweise die Ableitung der zugrunde liegenden Bewegungsgleichungen der Systeme liefern. Bei Bondgraphen beginnt dieser Prozess mit der Bestimmung der Zustandsvariablen. Daher legt man in Bondgraphen Kausalitäten mithilfe des Kausalitätszeichens fest.

A.4.1
Kausalität

Für die I- und C-Elemente wird die Beziehung ihrer Potenziale und Flüsse durch Integrale bestimmt. Wenn wir beispielsweise das I-Element betrachten, so erhalten wir den Fluss durch Integration seines Potenzials (s. Gleichungen A2 und A11):

$$f(t) = \frac{1}{I} \int e(t)\,dt \tag{A25}$$

Gleichung (A25) bedeutet, dass das Potenzial in einem I-Element die Ursache der Energieübertragung ist. Anders ausgedrückt, wenn das Element das Potenzial empfängt, wird der Fluss mit einer Verzögerung erzeugt. Das ist beispielsweise bei der Masse in einem mechanischen System der Fall. Anwenden der Kraft auf eine Masse erzeugt Geschwindigkeit. Tatsächlich ist zum Zeitpunkt null eine Kraft vorhanden, aber die Geschwindigkeit ist null. Nach einiger Zeit folgt Geschwindigkeit. Daher hinkt der Fluss bei I-Elementen immer dem Potenzial hinterher. Das spricht dafür, dass das Potenzial in diesen Elementen die *Ursache* und der Fluss die *Wirkung* sind.

Bei C-Elementen ist das Gegenteil der Fall, da Potenzial und Fluss ihren Platz in Gleichung (A25) tauschen:

$$e(t) = \frac{1}{C} \int f(t)\,dt \tag{A26}$$

Daher ist bei einem C-Element der Fluss die *Ursache* und das Potenzial die *Wirkung*. Die Kausalität spielt bei der Bestimmung der Zustandsvariablen des Systems eine wichtige Rolle. Daher muss sie im Bondgraphen angegeben werden. Dazu wird ein senkrechter Strich, das Kausalitätszeichen „|" verwendet, um die Kausa-

Tab. A.4 Kausalitätszeichen für Bondgraphen-Elemente.

Element	Basissymbol	Kausalitätssymbol	Alternative
I	$\longrightarrow I$	$\longrightarrow\!\!\mid I$	vermeiden
C	$\longrightarrow C$	$\mid\!\!\longrightarrow C$	vermeiden
R	$\longrightarrow R$	$\mid\!\!\longrightarrow R$	
S_e	$S_e\!\longrightarrow$	$S_e\!\longrightarrow\!\!\mid$	keines
S_f	$S_f\!\longrightarrow$	$S_f\!\mid\!\longrightarrow$	keines
TF	$\longrightarrow\!TF\!\longrightarrow$	$\mid\!\longrightarrow\!TF\!\mid\!\longrightarrow$	$\longrightarrow\!\!\mid TF\!\longrightarrow\!\!\mid$
GY	$\longrightarrow\!GY\!\longrightarrow$	$\mid\!\longrightarrow\!GY\!\longrightarrow\!\!\mid$	$\longrightarrow\!\!\mid GY\!\mid\!\longrightarrow$

lität für jedes Element im Bondgraphen anzugeben. Tabelle A.4 fasst die Kausalitätszeichen von verschiedenen Bondgraphen-Elementen zusammen.

Die letzte Spalte in Tab. A.4 zeigt die alternativen Kausalitätszuweisungen, die es für die Bondgraphen-Elemente gibt. Für die *I*- und *C*-Elemente ist das Kausalitätszeichen jeweils am anderen Ende. Tatsächlich werden die in Tab. A.4 aufgelisteten *I*- und *C*-Elemente Integralkausalität genannt, da die Relation zwischen Fluss und Potenzial dieser Elemente integraler Art ist. Dennoch ist es in einem physikalischen System möglich, dass die *I*- und *C*-Elemente eine alternative Kausalität bekommen können (Differenzialkausalität). Eine derartige Kausalität sollte vermieden werden. Bei *R*-Elementen ist die Kausalität nicht von Bedeutung, und es können beide Formen zugewiesen werden. Bei Quellen sind Alternativen für die Kausalitätszuweisung nicht zulässig.

Junctions sind sehr wichtig bei der Zuweisung von Kausalitätszeichen. Der Grund ist, dass es in jeder Junction nur ein Bond gibt, das die Eigenschaft dieser Junction (d. h. Fluss oder Potenzial) steuert. Dieses wird *Strong* (starkes) Bond genannt. Beispielsweise heißt dies, dass in einem 1-Knoten alle verbundenen Elemente den gleichen Fluss haben, und der Fluss wird nur von einem der Elemente diktiert. Ein Beispiel ist die Flussquelle, die mit einem 1-Knoten verbunden ist. Es ist offensichtlich, dass alle Elemente den Fluss (Strom) der Quelle haben. Regulär erhält der Strong Bond in einer Common-flow-Junction den Kausalstrich außerhalb der Junction und andere Bonds erhalten ihre Striche innerhalb der Junction. Bei einer Common-effort-Junction gilt das Gegenteil (d. h. das starke Bond erhält den Strich innerhalb der Junction). Abbildung A.18 zeigt die Kausalitätszeichen von Common-flow- und Common-effort-Junctions. Klar ist, dass in einer 0-Junction nur ein Kausalitätszeichen innerhalb der Junction (Verzweigung) auftaucht und in einer 1-Junction nur ein Kausalitätszeichen außerhalb der Junction auftaucht. Die Existenz von mehr als einem starken Bond in einer Junction deutet auf eine Verletzung des Energieerhaltungssatzes hin und das Ergebnis ist entsprechend ungültig.

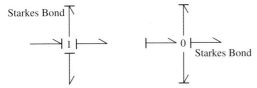

Abb. A.18 Kausalitätszeichen von typischen 1-Junctions und 0-Junctions.

A.4.2
Vorgehensweise bei der Zuweisung

Die Vorgehensweise bei der Kausalitätszuweisung in Bondgraphen ist nicht eindeutig und jeder kann eine verschiedene Art beim Hinzufügen der Kausalitätszeichen entwickeln. Dennoch ist es sinnvoll, einige wenige Punkte vor dem Zuweisen der Kausalitätszeichen zu beachten.

- Quellen sind für den Anfang gut geeignet, da ihre Striche feststehen.
- Versuchen Sie, die Integralkausalitäten für alle I- und C-Elemente festzulegen.
- Um Fehler zu vermeiden, legen Sie sie einzeln fest.
- Prüfen Sie die Kausalitätszeichen in allen Junctions, und vergewissern Sie sich, dass in jedem Knoten nur ein starkes Bond vorhanden ist.

Übung A.4
Legen Sie die Kausalitätszeichen in dem Bondgraphen von Übung A.3 fest.

Lösung:
Das Ergebnis ist in Abb. A.19 zu sehen. Wenn wir, wie in diesem Fall, mit den Quellen begonnen haben, legen wir lediglich die Kausalitäten der Quellen fest, erhalten aber keine weiteren Informationen. Der zweite Schritt besteht darin, den Integralstrich am I-Element in der Mitte der 1-Junction anzubringen. Damit ist das starke Bond der Verzweigung (Junction) bestimmt, und die anderen Striche werden in der Verzweigung eingefügt. Der Gyrator links der Verzweigung und der Transformator rechts davon erhalten auch ihre Striche (s. Tab. A.4). Die beiden übrigen Elemente sind R_a und I in der ersten und letzten 1-Verzweigung und erhalten die Striche, die dem Status der Striche in den Verzweigungen, zu denen sie gehören, entsprechen. Hierbei ist zu beobachten, dass für das I-Element der letzten Junction ein Differenzialstrich angebracht ist. Das ist zulässig, da zwischen den beiden

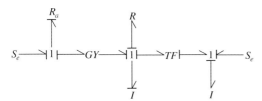

Abb. A.19 Kausalitätszeichen für den Bondgraphen des Systems aus Übung A.4.

Zahnrädern in Abb. A.16 kein elastisches Element existiert und die Drehzahlen der beiden Räder direkt verbunden sind.

A.4.3
Nummerierung von Bondgraphen

Die Nummerierung in Bondgraphen ist optional aber hilfreich. Da jedes Element im Bondgraphen eine Nummer erhält, wird die Beschreibung des Systems vereinfacht. Auch die Nummerierungsmethode ist optional. Bondgraphen können auf verschiedene Weisen nummeriert werden. Es ist allerdings besser, den Graphen sequenziell beginnend mit 0 oder 1 zu nummerieren. Wir empfehlen folgendes Verfahren:

1. Weisen Sie der Quelle die 0 zu.
2. Wenn mehrere Quellen vorhanden sind, weisen Sie der Hauptquelle die 0 zu und den anderen die Nummer 00 etc.
3. Weisen Sie die Zahlen 1, 2, 3 etc. den *I*- und *C*-Elementen mit Integralstrichen zu.
4. Als nächsten weisen Sie den *I*- und *C*-Elementen mit Differenzialstrichen zu.
5. Nummerieren Sie dann die *R*-Elemente.
6. Setzen Sie die Nummerierung mit den übrigen Bonds fort.

Übung A.5
Nummerieren Sie den Bondgraphen aus Übung A.4.

Lösung:
Die Hauptquelle erhält die 0 und die andere die 00. Es gibt nur ein *I*-Element mit einem Integralstrich, es erhält die Nummer 1, und das zweite *I*-Element erhält die Nummer 2. Die beiden *R*-Elemente erhalten die Nummern 3 und 4, und die übrigen Bonds werden mit 5–8 nummeriert. Das Ergebnis ist in Abb. A.20 zu sehen.

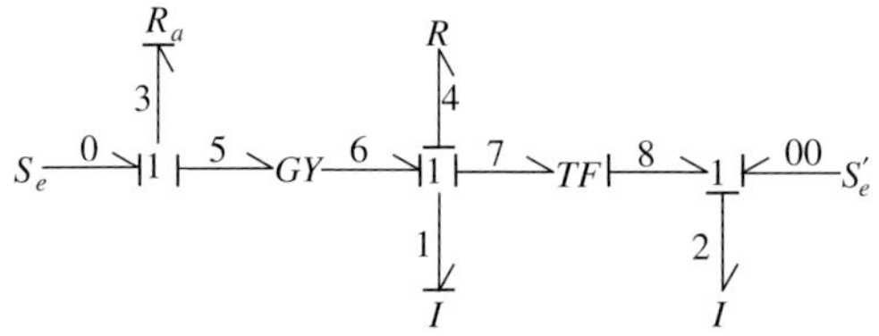

Abb. A.20 Bondgraphen-Nummerierung für das System aus Übung A.5.

A.4.4
Komponentengleichungen

Normalerweise erhält man die dem System zugrunde liegenden Gleichungen durch Zusammensetzen der Gleichungen der individuellen Elemente des Systems. Sinnvolle Formen von Gleichungen im Bondgraphen sind in Tab. A.5 aufgelistet.

A.4.5
Vereinfachen von Bondgraphen

Manchmal lassen sich Knoten und Elemente in einem Bondgraphen so anordnen, dass Teile des Graphen vereinfacht werden können. Im Folgenden finden Sie einige Beispiele hierfür.

- Benachbarte 1- oder 0-Junctions des gleichen Typs können zusammengefasst werden, um nur einen Knoten zu erhalten. In Abb. A.21 finden Sie Beispiele dieser Art.
- Äquivalent I oder R: Manchmal findet man an beiden Enden eines Transformators 1-Junctions mit I- oder R-Elementen. Diese Kombination lässt sich vereinfachen, indem man die Elemente an beiden Enden des Transformators durch einen äquivalenten Wert ersetzt. In Abb. A.22 sind das ursprüngliche System sowie die beiden Alternativen für die I-Elemente dargestellt. Die beiden äquivalenten Trägheiten I' und I? erhält man durch die folgenden Gleichungen. Für die R-Elemente sind die Ergebnisse exakt gleich.

$$I' = I_1 + \frac{1}{m^2} I_2 \tag{A27}$$

$$I = I_2 + m^2 I_1 \tag{A28}$$

Tab. A.5 Nützliche Gleichungen für Bondgraphen-Elemente.

Element	Name	Gleichung	Verweis
S_e	Potenzialquelle	$e = S_e$	–
S_f	Flussquelle	$f = S_f$	–
I	Trägheitselement	$f = \frac{p}{I}$	Gl. (A11)
C	kapazitives Element	$e = kq$	Gl. (A9)
R	resistives Element	$e = Rf$	Gl. (A7)
TF	Transformator	$e_o = me_i$	Gl. (A13)
GY	Gyrator	$f_o = re_i$	Gl. (A15)
0	0-Junction	$\sum f_i = 0$	Gl. (A22)
1	1-Junction	$\sum e_i = 0$	Gl. (A24)

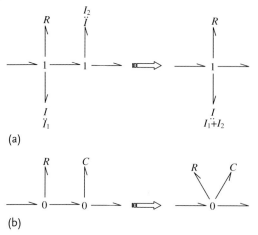

(a)

(b)

Abb. A.21 Vereinfachung von benachbarten Knoten: (a) 1-Junctions und (b) 0-Junctions.

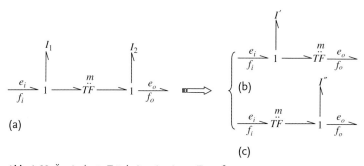

(a)

(b)

(c)

Abb. A.22 Äquivalente Trägheiten in einem Transformator.

Beachten Sie, dass durch Verwendung der äquivalenten Trägheiten auch das Vorkommen der derivativen Kausalität für I-Elemente verhindert wird.

A.4.6
Ableitung der Bewegungsgleichungen

Sobald der Bondgraph erstellt ist und die Kausalitätszeichen festgelegt sind, kann man mit der Ableitung der Bewegungsgleichungen beginnen. Der erste Schritt in diesem Prozess besteht darin, die Zustandsvariablen des Systems zu finden, d. h. das Moment und die Verschiebungen der I- und C-Elemente des Bondgraphen mit Integralkausalität. Da eine unzureichende Zahl von Zustandsvariablen das Systemverhalten nicht erklären kann, sollte man beim Zuweisen von Integralstrichen an möglichst viele I- und C-Elemente vorsichtig sein. Tatsächlich sind Zustandsva-

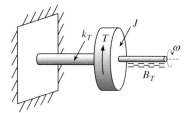

Abb. A.23 Ein Torsionsschwingungssystem.

riablen definitionsgemäß die minimale Anzahl von Variablen, die das System zu jeder Zeit vollständig beschreiben.

Nach der Bestimmung der Zustandsvariablen bekommt man eine Differenzialgleichung der Bewegung pro Zustandsvariable. Da die Zustandsvariablen entweder zu den *I*-Elementen oder den *C*-Elementen gehören, haben die Differenzialgleichungen der Bewegung grundsätzlich folgende Form:

$$\frac{d\,p_i\,(t)}{d\,t} = e_i\,(t) \tag{A29}$$

$$\frac{d\,q_j\,(t)}{d\,t} = f_j\,(t) \tag{A30}$$

Dabei sind e_i ($i = 1, 2, \ldots$) die Potenziale der *I*-Elemente mit Integralkausalität und p_i deren Momente (die Zustandsvariablen des Systems). Gleichermaßen sind f_j ($j = 1, 2, \ldots$) die Flüsse der *C*-Elemente mit Integralkausalität und q_j deren Verschiebungen. Die Aufgabe der Bestimmung der geltenden Bewegungsgleichungen reduziert sich daher darauf, die Potenziale und Flüsse der bestimmten *I*- und *C*-Elemente in Bezug auf die Zustandsvariablen (d. h. in Bezug auf p und q) zu formulieren. Dazu können die Gleichungen aus Tab. A.5 genutzt werden. Die Gleichungen (A29) und (A30) zeigen, dass man die Bewegungsgleichungen des Systems in Form eines Gleichungssystems aus Differenzialgleichungen erster Ordnung erhält. Das ist der Vorteil der Bondgraphen-Methode, denn die Lösung solcher Gleichungen ist einfach, wenn man Software wie MATLAB nutzt.

Übung A.6

Betrachten Sie das Torsionsschwingungssystem in Abb. A.23 und leiten Sie die Bewegungsgleichungen her.

Lösung:

Das System ist das torsionale Äquivalent des Masse-Feder-Dämpfer-Systems aus Übung A.1. Das externe Moment T, Trägheit J, Torsionsfeder k_T und Torsionsdämpfer B_T ersetzen F, m, k und B des linearen Systems. Der Bondgraph des Systems ähnelt exakt dem Graphen aus Abb. A.13. Den resultierenden Bondgraphen finden Sie in Abb. A.24. Er ist durchnummeriert und mit Kausalitätszeichen versehen. Es ist klar, dass die *I*- und *C*-Elemente Integralstriche erhalten und das System somit die beiden Zustandsvariablen p_1 und q_2 besitzt.

Die Bewegungsgleichungen des Systems sind $\frac{dp_1}{dt} = e_1$ und $\frac{dq_2}{dt} = f_2$. Um die endgültige Form der Gleichungen zu erhalten, müssen die Parameter e_1 und f_2 in

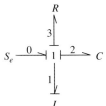

Abb. A.24 Bondgraph aus Übung A.6.

Bezug auf die Zustandsvariablen p_1 und q_2 formuliert werden. Aus Tab. A.5 kennen wir die Gleichungen für die Elemente:

$$f_1 = \frac{p_1}{I_1}$$

$$e_2 = k_2 q_2$$

$$e_3 = R_3 f_3$$

$$e_0 = S_e$$

Diese Gleichungen liefern keine direkte Lösung für die beiden Unbekannten. Für Junction 1 gilt:

$$f_2 = f_3 = f_1 = \frac{p_1}{I_1}$$

Dies stellt die Lösung für die zweite Differenzialgleichung dar. Um e_1 zu bestimmen, müssen wir die Potenziale für die Junction summieren ($e_0 - e_1 - e_2 - e_3 = 0$) und erhalten:

$$e_1 = e_0 - e_2 - e_3 = S_e - k_2 q_2 - R_3 \frac{p_1}{I_1}$$

d. h. nur in Bezug auf die Zustandsvariablen (und bekannten Größen). Somit erhalten wir folgende Bewegungsgleichungen in ihrer endgültigen Form:

$$\frac{dp_1}{dt} = S_e - k_2 q_2 - R_3 \frac{p_1}{I_1}$$

$$\frac{dq_2}{dt} = \frac{p_1}{I_1}$$

Man mag sich die Frage stellen, wie dieses Ergebnis mit der traditionellen Lösung des Standardsystems Masse-Feder-Dämpfer der Form $m\ddot{x} + B\dot{x} + kx = F$ (oder für unseren Fall $J\ddot{\theta} + B_T \dot{\theta} + k_T \theta = T$) zusammenhängt, das eine Differenzialgleichung zweiter Ordnung ist. Um diese Frage zu beantworten, sollte man sich an das Verfahren zur Ordnungsreduktion erinnern, bei dem eine Differenzialgleichung zweiter Ordnung in zwei Differenzialgleichungen erster Ordnung durch Ändern der Variablen umgewandelt wird. Beispielsweise kann durch Definieren von $x_1 = J\theta$ und $x_2 = J\dot{\theta}$ die Gleichung zweiter Ordnung $J\ddot{\theta} + B_T \dot{\theta} + k_T \theta = T$

auf zwei Gleichungen erster Ordnung der folgenden Form reduziert werden:

$$\frac{dx_2}{dt} = T - \frac{k_T}{J}x_1 - \frac{B_T}{J}x_2$$

$$\frac{dx_1}{dt} = x_2$$

Wenn wir $p_1 = J\dot{\theta}$ (Moment der rotierenden Trägheit) und $q_2 = \theta$ (Verschiebung der Torsionsfeder) ersetzen und $S_e = T$, $I_1 = J$, $k_2 = k_T$ und $R_3 = B_T$ nutzen, dann erhalten wir Bewegungsgleichungen für den Bondgraphen, die exakt identisch mit den beiden oben stehenden Gleichungen sind. Daher haben die Bondgraphen-Bewegungsgleichungen bereits die reduzierte Form.

Übung A.7

Leiten Sie die Bewegungsgleichungen für das System aus Übung A.3 ab.

Lösung:

Verwenden Sie den in Abb. A.20 gezeigten, nummerierten und mit Kausalitäten versehenen Bondgraphen. Da in dem System nur ein Element mit Integralzeichen existiert, gibt es nur 1 Zustandsvariable p_1. Die Gleichung für das System lautet also:

$$\frac{dp_1}{dt} = e_1 = e_6 - e_4 - e_7$$

e_6 erhalten wir durch die Relation für einen Gyrator:

$$e_6 = r f_5 (f_3) = r\frac{e_3}{R_3}$$

Der Wert in Klammern ist gleich dem angrenzenden Parameter (z. B. $f_5 = f_3$) und e_3 erhält man durch den Potenzialausgleich des ersten Knotens:

$$e_3 = e_0 - e_5 = S_e - \frac{f_6 (f_1)}{r} = S_e - \frac{p_1}{r I_1}$$

e_4 ist gleich

$$e_4 = R_4 f_4 (f_1) = R_4 \frac{p_1}{I_1}$$

Um e_7 aus der Gleichheit des Transformators und Potenzials des letzten Knotens zu bestimmen, haben wir:

$$e_7 = \frac{e_6}{m} = \frac{1}{m}(e_2 + e_{00})$$

e_{00} ist die Potenzialquelle rechts (S'_e), aber e_2 bekommen wir nicht auf die übliche Weise, da I_2 ein Differenziationszeichen hat. In solchen Fällen muss die Differenziation durchgeführt werden.

Für I_2 schreiben wir:

$$\int e_2 dt = I_2 f_2 (f_8) = I_2 \frac{f_7 (f_1)}{m} = \frac{I_2}{m I_1} p_1$$

Somit:

$$e_2 = \frac{I_2}{m I_1} \frac{d p_1}{d t}$$

Nach dem Ersetzen von e_6, e_4 und e_7 in der ersten Gleichung und Umstellung erhalten wir das Endergebnis:

$$\frac{d p_1}{d t} = \frac{m^2 I_1}{I_2 + m^2 I_1} \left[\frac{r}{R_3} \left(S_e - \frac{p_1}{r I_1} \right) - R_4 \frac{p_1}{I_1} - \frac{S_e'}{m} \right]$$

Stichwortverzeichnis

Antriebssysteme in Kraftfahrzeugen, Erste Auflage. Behrooz Mashadi, David Crolla.
©2014 WILEY-VCH Verlag GmbH & Co. KGaA. Published 2014 by WILEY-VCH Verlag GmbH & Co. KGaA.